Das Korallenriff-Aquarium

Svein A. Fosså
Alf Jacob Nilsen

Band 1

Grundlagen für den erfolgreichen Betrieb

NTV Meerwasseraquaristik

Titelbild: Herrliches Korallenriff-Aquarium von Pieter van Suijlekom, Vlaardingen, Niederlande
Foto: Bioquatic Photo
Hintergrund: Röhrenkoralle *Knopia octocontacanalis* Foto: D. Knop

ISBN: 978-3-86659-072-4

An der Kleimannbrücke 39/41 · 48157 Münster
Tel.: 0251-13339-0 · Fax: 0251-13339-33 · E-Mail: verlag@ms-verlag.de
www.ms-verlag.de
Geschäftsführung: Matthias Schmidt
Redaktion: Dr. Dieter Brockmann, Daniel Knop
Lektorat: Dr. Dieter Brockmann, Daniel Knop, Kriton Kunz
Übersetzung: Dr. Dieter Brockmann, Inken Krause
Layout: Tanja Denker
Druck: Alföldi, Debrecen

Inhalt

Vorwort

Nun ist es schon 19 Jahre her, dass wir die erste Auflage von „Das Korallenriff-Aquarium“ veröffentlichten, die auf unserer viel kleineren, schwedischsprachigen Buchserie „Korallrevsakvariet“ von 1988 basierte. Seitdem hat sich im Hobby eine Menge verändert, und die Fortschritte sind enorm! Die Erfolge, die Hobbyaquarianer bei der Haltung von Korallenrifforganismen verbuchen konnten, sind schlicht und einfach beeindruckend. Die meisten Ziele, die sich die Pioniere der modernen Riffaquaristik gesetzt haben, wurden bis heute erreicht, und auf vielen Gebieten wurden sogar die optimistischsten Träume übertroffen.

Dennoch war es nie wichtiger als heute, sich die historische Entwicklung der Meerwasseraquaristik zu vergegenwärtigen. Die Worte, die J. G. Wood bereits 1868 schrieb, können mit gutem Grund noch jetzt als Einleitung zu unserer Buchreihe dienen:

So kam es, dass nach einiger Zeit neun von zehn Aquarien wieder aufgegeben wurden; viele Läden wurden geschlossen, weil es keine Kunden mehr gab. Allem Anschein nach war das Aquarienfieber vorüber, um niemals wiederzukehren, wie Hunderte ähnlicher Epidemien.

Doch das Aquarium besaß ein Element der Stärke, über die keine der anderen verfügte. Diese Stärke war das Studium der Natur in einer bislang unbekannten Form. Jene, die das Aquarium vorwiegend als Spielzeug betrachteten, waren schnell gelangweilt und warfen es folglich weg. Aber diejenigen, die sein wahres Potenzial erkannten, schätzten es von Tag zu Tag mehr.

J.G. Wood (1868): The Fresh and Salt Water Aquarium

Schon vor 150 Jahren erkannte J. G. Wood, dass das Interesse für Aquarien von Zeit zu Zeit schwankt. So war es in der Viktorianischen Zeit, und so ist es auch heute noch. Die Aquarienbegeisterung wird weiterhin von bestimmten Trends beeinflusst, die unter Hobbyisten aufkommen.

Heute scheint ein Riffaquarium geradezu leicht zu betreiben zu sein. Mittlerweile ist es ein gängiger Blickfang in vielen Wohnungen. Was vor ein paar Jahrzehnten als unmöglich erschien, ist nun ganz einfach. Zu der Zeit, als wir unsere ersten Bücher veröffentlichten, war es schwer, zweckmäßige technische Ausstattung für ein Riffaquarium zu finden. Heute hingegen ist die größte Schwierigkeit, aus der stetig wachsenden Flut von mehr oder weniger nützlichen technischen Geräten das richtige Zubehör auszuwählen. Man könnte sogar den Eindruck bekommen, dass wir in der Riffaquaristik das Maximum des Möglichen erreicht haben.

Bei genauerer Betrachtung stellen wir aber schnell fest, dass die Realität ganz anders aussieht. Es gibt immer noch viele Tiergruppen, die nicht in unseren Aquarien gehalten werden können. Kaum Fortschritte wurden etwa bei den azooxanthellaten Nesseltieren gemacht. Ebenso werden wir bemerken, dass bei der Aquariendekoration viel zu wenig erreicht wurde. Warum ist ein massiver Steinhaufen für die meisten Aquarianer immer noch die bevorzugte Form, ihr Wohnzimmerriff einzurichten? Außerdem unterhalten viele Aquarianer riesige Aquarien voller Fische und Wirbelloser, während nur wenige Hobbykollegen kleinere, stärker spezialisierte Aquarien pflegen. Dies sind in der Tat wichtige Ansätze für die zukünftige Entwicklung eines Hobbys, das immer noch optimiert werden kann.

Während Aquarienriffe eine großartige Entwicklung durchlaufen, leidet das natürliche Vorbild unter ernsten Problemen! Verschiedene Arten menschlicher Einflussnahme, weltweites Korallenbleichen und nicht zuletzt die globale Erwärmung sind Bedrohungen, die auch den vielfältigsten marinen Biotop ernsthaft schädigen können. Alle Riff-Liebhaber sollten sowohl über den natürlichen Lebensraum als auch über den Einfluss der Riffaquaristik darauf gut informiert sein.

Beim vorliegenden Buch handelt es sich um eine umfassende Weiterentwicklung des ersten Bandes unserer Buchserie „Das Korallenriff-Aquarium". Es ist viel neuer Text hinzugekommen, und das gesamte Manuskript wurde zum größten Teil umgearbeitet. Über 80 % der Illustrationen sind durch aktuellere ersetzt, darunter einige, die zum ersten Mal veröffentlicht werden.

Sie werden feststellen, dass wir sog. „Themenseiten" eingearbeitet haben, die komplexere Informationen enthalten und vor allem für erfahrene Aquarianer gedacht sind. Großer Wert wurde bei dieser Ausgabe darauf gelegt, sowohl für Einsteiger als auch für fortgeschrittene Aquarianer nützliche und praxisnahe Informationen bereitzustellen.

Ebenfalls neu ist eine Auswahl privater Aquarien, die von ihren Eigentümern in Wort und Bild vorgestellt werden. Wir danken diesen Aquarianern vielmals dafür, dass sie ihre atemberaubenden Becken in dieser Ausgabe präsentieren.

Aber nicht nur beim Inhalt des Buches gibt es Veränderungen, sondern wir haben auch einen neuen Verlag. Lange Jahre waren Birgit und Werner Schmettkamp mit dem Birgit Schmettkamp Verlag unsere Verleger, bis sie im Januar 2006 aufgrund der Übernahme durch den Natur und Tier - Verlag in Münster ausschieden. Wir nutzen die Gelegenheit, um Birgit und Werner für die langjährige, großartige Arbeit an unserer Buchreihe zu danken! Auch danken wir dem Verleger Matthias Schmidt, der uns im Natur und Tier - Verlag die Möglichkeit gab, die Buchreihe sogar weiterzuentwickeln. Danke auch an Daniel Knop und Dr. Dieter Brockmann für ihre Unterstützung und die Hilfe bei der Aktualisierung dieser Ausgabe sowie an Tanja Denker für ihre ausgezeichnete Arbeit am Layout und an Inken Krause und Dr. Dieter Brockmann für die Übersetzung aus dem Englischen.

Kein Teil dieses Buches hätte ohne die Hilfe zahlreicher Personen aus aller Welt geschrieben werden können. Wir möchten gerne damit beginnen, den Aquarianern zu danken, die wir 1985 kennen lernten: dem kürzlich verstorbenen

Dieses Buch ist den vielen deutschen Aquarianern der 1980er-Jahren gewidmet, die die Pioniere der modernen Riffaquaristik waren und die Grundsteine für den heutigen unglaublichen Erfolg legten. Während unseres Deutschlandbesuchs 1985 hatten wir das Glück einige von ihnen besuchen und ihre zur damaligen Zeit revolutionären Aquarien studieren zu können. Damals sahen wir das erste Mal Steinkorallen, die im Aquarium wuchsen.

Bild oben links: Peter Wilkens (1937–2008), der Aquarianer, der den größten Einfluss auf die Entwicklung der Riffaquaristik hatte: durch seine Bücher, Artikel und seinen großen Enthusiasmus.
Foto: D. Ramirez

Auf dem Bild oben rechts besuchten wir Johannes Birkholz in Linz. Von rechts nach links: Johannes Birkholz, Ingwald Erga (ein Freund aus Norwegen), Svein A. Fosså und Alf Jacob Nilsen.
Foto: J. Birkholz

Peter Wilkens (Winterthur, Schweiz); Erhard Ewald, Rudi Krause, Dietrich Stüber und den anderen Mitgliedern des Vereins Meeresaquaristik Berlin; dem verstorbenen Peter Chlupaty (München), Johannes Birkholz (Linz), Jürgen Spitters, Klaus Klamma und den übrigen Mitgliedern des Siegerländer Meeresaquarien-Clubs; Horst Schmidt (Wesel), Peter Findeisen (Witten), Helmut Schmidt und Franz Vennewald (Lünen). Nie vergessen werden wir die entscheidende Rolle dieser Aquarianer, die uns in die moderne deutsche Riffaquaristik einführten.

Vielen Dank an Prof. J.E.N. „Charlie" Veron (ehemaliger Direktor des Australian Institutes of Marine Science, AIMS, Townsville, Australien) für die vielfältigen Informationen und die Erlaubnis, Material aus seinen Büchern verwenden zu dürfen. Ein herzlicher Dank gilt Dr. Bruce Carlson, dem biologischen Direktor des Georgia Aquarium (Atlanta, Georgia, USA) und seiner Frau Marj Awai, die unser Projekt von Anfang an unterstützt haben. Ebenso danken wir Jan Olsen, Leiter von Aqua Design (Oldenburg), Roy Brude, dem Besitzer des Akvariemagasinet (Oslo, Norwegen) und dem Aquarianerkollegen Kenneth Olsen (Moss, Norwegen), die stets hilfsbereit waren.

Vielen Dank auch an Dr. Charles Mazel (NightSea LLC, Andover, USA) und Dr. Jörg Wiedenmann (Ulm, Deutschland) für die Bereitstellung von Informationen und Fotos über Korallen-Fluoreszenspigmentierung. Besten Dank an Erling Svensen von Ocean Photo (Egersund, Norwegen) für die Versorgung mit beeindruckenden Fotos von Tiefwasserkorallenriffen, an Dr. Eric H. Borneman (University of Huston, Texas, USA) für Fotos von Korallenkrankheiten, an Nathalie Gamain (Marine Aquarium Council) für die Hilfe bei der Beschaffung imposanter Fotos von der MAC-Arbeit auf den Philippinen, an Dean and Chapter of Westminster (London) für die Rechte, das Porträt von Anna Thynne zu nutzen, an Dr. Katharina Fabricius (AIMS, Townsville, Australien) für die Erlaubnis, ihre herrlichen Fotos vom Großen Barriereriff zu drucken, an Dr. Ray Berkelmans (AIMS, Townsville, Australia) für die Fotos und Informationen über das Korallenbleichen am Großen Barriereriff sowie an Prof. Dr. D. Hopley, (James Cook University, Townsville, Australien), Dr. Tina

Das Bild oben links zeigt Dietrich Stüber bei seinem Besuch in Norwegen 1992. Dietrich Stüber war wohl der erste Aquarianer, der *Acropora*-Steinkorallen in einem geschlossenen Aquariensystem in seiner Wohnung in Berlin pflegte. Das Aquarium mit der entsprechenden *Acropora*-Kolonie ist auf Seite 282 gezeigt.
Foto: A. J. Nilsen

Das Bild oben rechts zeigt Peter Chlupaty (1912–1991), den wohl bekanntesten Pfleger mariner Fischaquarien. Als wir ihn 1985 in seinem Münchner Apartment besuchten, lebten in seinen Aquarien Fische, die er schon seit mehr als 20 Jahren pflegte.
Foto: S. A. Fosså

Carvalho (University of Hawaii, Manoa, Hawaii, USA), Prof. K. P. Lillerud (University of Oslo), Heiko Blessin (Fa. JBL GmbH & Co. KG, Neuhofen, Deutschland), Dr. Manfred Schlüter (Fa. Aqua Medic GmbH, Bissendorf, Deutschland), Hermann Schuran (Fa. Schuran, Jülich, Deutschland) und die Firma Tunze Aquarientechnik GmbH (Penzberg, Deutschland).

Jürgen Schmitt (Mendig, Germany) hat seine Erfahrungen mit der Balling-Methode beschrieben und Fotos zur Verfügung gestellt. Mike Paletta (Pittsburg, USA) hat über seinen „Ökosystem-Schlammfilter“ berichtet und hilfreiche Fotos beigesteuert – vielen Dank an die beiden. Wir möchten David Saxby, London, einerseits für die Möglichkeit danken, sein fantastisches Aquarium zu fotografieren, andererseits für die Informationen über seinen „Wodka-Filter“.

Ohne den Aquarienhandel könnte das Hobby nicht überleben. Daher gilt unser Dank auch den vielen Leuten, die uns inspiriert und für unsere Studien zu den Themen Handel, Auswirkungen des Handels, Handelspraktiken und Gesetzgebung mit Informationen versorgt haben; Paul Holthus (ehemals Marine Aquarium Council, USA), Gayatri Reksodihardjo-Lilley (LINI, Indonesien), Alex Ploeg (Ornamental Fish International, Niederlande), Keith Davenport (Ornamental Aquatic Trade Association, Großbritannien), Marshall Meyers (Pet Industry Joint Advisory Council, USA), Thomas Heeger (Marinefauna Inc., Cebu, the Philippines) und vielen, vielen Menschen in aller Welt, die sich mit dem Fang, der Kultivierung und Zucht, dem Export, Import und Handel von Riffbewohnern beschäftigen. Der verantwortungsbewusste Handel ermöglicht ein umweltverträgliches Hobby!

Und nun die beiden Personen, denen der meiste Dank für die Erschaffung und Wiedergeburt dieser Serie gebührt: Lise Nilsen and Kristin Fosså. Wir danken euch, liebe Ehefrauen, dafür, dass Ihr unsere nicht enden wollende Leidenschaft für marine Organismen in Glaskästen noch immer ertragt!

Svein A. Fosså und Alf Jacob Nilsen
Grimstad und Hidra, im Frühjahr 2010

Eine Luftaufnahme des Hardy Reef im zentralen Großen Barriereriff. Diese beeindruckende Struktur ist das Resultat des Wachstums kleiner Tiere, der Korallenpolypen.
Foto: Bioquatic Photo

Korallenriffe

Besucher von Korallenriffen sind von deren Schönheit überwältigt. Farbenfrohe Organismen überall. Aus dem Weltall betrachtet sehen Korallenriffe wie Muster aus blauen, grünen, braunen und gelben Farben aus. Ist man erst einmal unter Wasser, wird die Komplexität der Korallenriffe offensichtlich. Zwischen Tausenden großer Steinkorallenkolonien blüht vielfältiges Leben. Fische, Korallen, Riesenmuscheln, Krebstiere, Weichtiere – kleine und riesige Organismen, Leben, wohin man nur schaut. Schwimmt man über das Riff, werden Muster und Zonen sichtbar, die jeweils von einer unterschiedlichen Gesellschaft an Organismen dominiert werden. Das Riff ist ein Schlachtfeld um Siedlungsraum und ein Szenario für verschiedenste Überlebensstrategien.

Riesenmuschel *Tridacna gigas*. Dieses Individuum war mehr als 1 m lang.
Foto: Bioquatic Photo

Tropische Riffe basieren auf dem Zusammenleben mikroskopisch kleiner Algen und Korallenpolypen. Alle Lebensformen des Riffs sind letztlich von dieser Beziehung abhängig. Korallenpolypen sind Tiere, die sich über bewegliche Larven verbreiten. Eine Korallenlarve setzt sich auf Siedlungssubstrat fest, bildet einen sog. Primärpolypen, beginnt sich zu teilen, zu wachsen und bildet

Schnell wachsende Steinkorallen eines Saumriffs einer Insel im Whitsunday-Island-Komplex, mittleres Großes Barriereriff
Foto: Bioquatic Photo

Bei extremen Niedrigebben vor der Insel Nananu-I-Ra an der Nordküste von Viti Levu, Fidschi, sind farbenprächtige Steinkorallen der Luft und intensiver Sonnenstrahlung ausgesetzt.
Foto: Bioquatic Photo

Empfindlich und schön sind die Weichkorallen der Gattung *Dendronephthya*. Sie beherbergen keine Symbiosealgen und ernähren sich sehr wahrscheinlich von Phytoplankton (FABRICIUS et al. 1995). Derzeit ist ihre Pflege im Aquarium fast unmöglich.
Foto: Bioquatic Photo

Der wunderschöne, lilafarbene Schwamm aus der Gattung *Clathria* und die kleine Nacktschnecke *Phyllidiopsis* sp. sind nur zwei von Tausenden farbenfroher Wirbelloser, die in den tropischen Korallenriffen leben.
Foto: Bioquatic Photo

Eine große Schule von Makrelen (*Caranx sexfasciatus*) in der Korallensee. Fische wie diese sind viel zu groß, um sie in einem privaten Aquarium pflegen zu können. Ihre artgerechte Haltung ist nur in gigantischen Aquarien möglich, wo sie in entsprechenden Schulen zusammen leben können.
Foto: Bioquatic Photo

Der Diadem-Kaiserfisch (*Pomacanthus xanthometopon*) ist einer der farbenfrohesten Kaiserfische. Er ist häufig in indopazifischen Riffen anzutreffen.
Foto: Bioquatic Photo

Der periphytonische Bewuchs (oder Aufwuchsalgen, engl. „turf algae“) ist eine Ansammlung mikroskopisch kleiner Organismen, Algen und kleiner Wirbelloser, die die Oberfläche von Korallenfelsen überwachsen. Diese Fauna und Flora bilden ein wichtiges Element in der Riffökologie.
Foto: Bioquatic Photo

dabei ein Skelett aus Kalziumkarbonat, dessen Bausteine sie aus dem Umgebungswasser aufnimmt. Sind die Umweltbedingungen hervorragend, können bestimmte Korallenkolonien bis zu 15 cm pro Jahr wachsen. Ihre symbiotischen Algen (winzige Dinoflagellaten aus der Gattung *Symbiodinium*, die auch unter dem Namen Zooxanthellen bekannt sind und auf die wir im zweiten Band dieser Buchserie im Detail zurückkommen) benötigen wie alle Pflanzen Licht, um zu wachsen. Durch die Aufnahme des Lichts und die dadurch mögliche Fotosynthese „füttern“ die kleinen Algen die Korallen mit den meisten Nährstoffen, die sie benötigen. Während der Nacht strecken viele Polypen Fangarme aus, um Plankton zu fangen, das zu einer zusätzlichen Nährstoffquelle für die Koralle wird.

Die Korallen wachsen nach und nach der Wasseroberfläche entgegen. Schicht für Schicht wird das Kalziumkarbonat produziert, aus dem das Kalkgerüst besteht, das wir als „Riff“ kennen. Nur die obere Schicht lebt. Diese aber bildet das weltweit vielfältigste heute bekannte marine Ökosystem. Ein Korallenriff ist Heimat für eine Unmenge an Organismen – von den kleinsten einzelligen Foraminiferen bis hin zum riesigen Walhai, dem größten Fisch unseres Planeten.

Korallenpolypen zeigen eine große Vielfalt in Form und Größe. Viele beherbergen symbiotische Algen in ihrem Gewebe, die für die braune Färbung verantwortlich sind. Das Foto zeigt Polypen einer Steinkoralle der Gattung *Goniopora*.
Foto: Bioquatic Photo

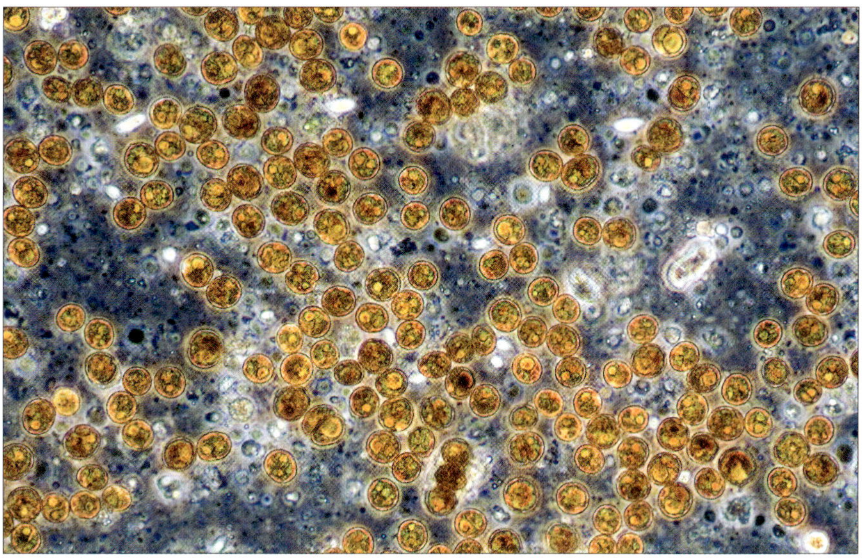

Zooxanthellen – oder symbiotische Algen (*Symbiodinium* sp.) – sind einzellige Dinoflagellaten. Bis zu 1 Mio. Algen können in einem Kubikzentimeter Korallengewebe leben. Vergrößerung: 1.700fach
Foto: Bioquatic Photo

Es gibt zwar nach wie vor zahlreiche Korallenriffe, diese stehen aber leider heute unter starkem Stress. Das langfristige Überleben der Korallenriffe ist abhängig vom globalen Klima, der Höhe des Wasserspiegels, ozeanischen Strömungen und der Wassertemperatur. Kleine Änderungen in diesen Parametern können dramatische Auswirkungen auf die Existenz der tropischen Korallenriffe haben. Heute hängt das Überleben der Korallenriffe in starkem Maß von menschlichen Aktivitäten ab (siehe auch Seite 44ff. für weitere Informationen zu diesem Thema).

Tausende lebender Korallenriffe existieren weltweit in Gewässern, deren Temperatur nur selten unter 18 °C fällt. Fast man alle diese Riffe zusammen,

Heute können kleine Korallenriffe zu Hause im Aquarium heranwachsen. Dieses beeindruckende Aquarium gehört Franky van den Houdt, Temse, Belgien. Das Foto stammt von 2005. Foto: Bioquatic Photo

so kommt man auf eine Oberfläche von mehr als 280.000 km^2 (SPALDING et al. 2001), die eine unüberschaubare Vielfalt an Formen, Lebensgemeinschaften, Artenvielfalt und struktureller Organisation umfasst. Bezüglich der Artenvielfalt werden Korallenriffe häufig mit Regenwäldern verglichen. In Korallenriffen findet man zwar weniger Arten als in Regenwäldern, es gibt aber eine viel größere phyletische Artenvielfalt, was bedeutet, dass nirgendwo anders so viele verschiedene Gruppen von Tieren und Pflanzen in einem so kleinen Areal zusammenleben.

Beide, der Regenwald und das Korallenriff, besitzen sehr effiziente Nährstoffzyklen, was eine extreme Tier- und Pflanzenvielfalt in einer Nährstoffwüs-

Wenn es um Artenvielfalt geht, werden Korallenriffe häufig mit tropischen Regenwäldern verglichen. Hier steht Lise Nilsen, Gattin des Autors Alf Jacob Nilsen, neben einem riesigen Mahagoni-Baum in einem noch ursprünglichen australischen Regenwald.
Foto: Bioquatic Photo

te möglich macht. Korallenriffe und Regenwälder sind jeweils Ökosysteme, die sich über einen langen Zeitraum entwickelt haben. Korallenriffe beherbergen mehr Arten und in Koevolution entstandene gegenseitige Abhängigkeiten zwischen Arten als jedes andere marine Ökosystem. Die Artenvielfalt der Tiere und Pflanzen ist extrem groß, aber außer bei Fischen und Steinkorallen wissen wir über die meisten Organismen nur sehr wenig, sie sind kaum erforscht (Done et al. 1996).

Unglücklicherweise können nur wenige Menschen jemals Korallenriffe in freier Natur beobachten. Die meisten von uns werden nur Bilder betrachten oder Bücher über dieses Thema lesen. Glücklicherweise haben sich das Wissen, die Fähigkeiten und die Technik, die für ein modernes Korallenriff-Aquarium benötigt werden, in den letzten 20–30 Jahren enorm entwickelt, was uns befähigt hat, Riffe in Aquarien nachzubauen und zu pflegen. Noch vor einigen wenigen Jahrzehnten glaubte man, es sei unmöglich, riffbildende Organismen überhaupt in Aquarien halten zu können. Sicherlich hatte damals niemand eine Vorstellung davon, dass Korallen in geschlossenen Aquariensystemen gepflegt und vermehrt werden könnten. Zu dieser Zeit war es üblich, einige farbenfrohe Meerwasserfische zusammen mit mehr oder weniger bunten, toten Korallenskeletten in ein Aquarium zu setzen und, wann immer es nötig war, verschiedene Chemikalien hinzuzugeben, um Parasiten abzutöten und Krankheiten der Fische zu heilen – und dies war in der Tat sehr oft nötig. Heute ist die Situation ganz anders. Neue Technologien und aktuelles Wissen haben es ermöglicht, ein geschlossenes Aquariensystem zu schaffen und dauerhaft zu erhalten, in dem viele Tiere der tropischen Korallenriffe gepflegt und vermehrt werden können, einschließlich der riffbildenden Steinkorallen. Der ehemalige Chefwissenschaftler des Australian Institute of Marine Science (AIMS), ein Experte auf dem Gebiet der Korallen und tropischer Korallenriffe, Dr. J.E.N. „Charlie" Veron, sagt in seiner monumentalen Buchserie „Corals of the World": *„Die moderne Riffaquaristik ist ein wichtiges und brauchbares Instrument für die Korallenriffforschung* (Veron 2000)." (Weitere Informationen über Dr. Veron erhält man auf der Web-Seite www.coralreefresearch.org.)

Wir sind also heute dazu in der Lage, „lebende Riffe" in unseren Aquarien zu pflegen, aber das bedeutet nicht, dass wir die Natur kopieren können. Es ist sehr wichtig, dass Sie als Aquarianer Grundlagenwissen über die natürlichen Biotope sammeln, um einerseits die Möglichkeiten, andererseits aber auch die Limitierungen eines Korallenriff-Aquariums zu verstehen.

Viele Menschen sind direkt von den tropischen Korallenriffen abhängig. Dicht besiedelte Küsten wie hier in Karimunjawa (Indonesien) haben einen großen Einfluss auf die Lebensgemeinschaft unter Wasser.
Foto: D. Knop

Touristen nähern sich einer entlegenen und fast unberührten Malediven-Insel. Die Touristik-industrie hat es möglich gemacht, dass viele Menschen die fantastische Welt der Korallen sehen und erleben können. Leider hat der Tourismus aber auch zu einer Überbeanspruchung und Ausbeutung vieler Riffe geführt.
Foto: Bioquatic Photo

Die ältesten bekannten Riffe bestehen aus Mikrobialithen und entstanden vor etwa 3,5 Milliarden Jahren. Mikrobialithen sind Kalkablagerungen, die durch Interaktionen benthischer Mikroben und organischer oder chemischer Zersetzungsprozesse im Sediment geformt wurden. Stromatolithen sind mikrobielle Schichten, die als gesteinsähnliche Hügel erkennbar sind und durch fotosynthetische Prozesse von Cyanobakterien (sogenannten Blaualgen) gebildet werden. Die ältesten bekannten Stromatolithen sind etwa 2,7 Milliarden Jahre alt und bilden atollähnliche Riffe rund um versunkene Vulkane oder lang gestreckte Gebirgszüge. Heute sind Stromatolithen als Fossilien an verschiedenen Orten der Erde zu finden, z. B. in der Finnmark, Nord-Norwegen (Foto S. 23 oben). Es gibt aber auch heute noch an wenigen Orten Stromatolithen, z. B. in der Shark Bay, West-Australien. Die heutigen Stromatolithen wachsen allerdings mit 0,4–1 mm/Jahr nur sehr langsam.
Foto: C. Bryce

Aspekte zur geologischen Geschichte der Korallenriffe

Während der Erdgeschichte hat sich das Aussehen der Korallenriffe dramatisch verändert. Betrachten wir den Begriff „Riff" im weitesten Sinne, zeigen uns geologische Aufzeichnungen, dass die ersten riffbildenden Organismen (u. a. Gruppen von Algen, die als „Stromatolithen" bekannt sind) bereits vor 3,5 Milliarden Jahren existierten. Diese Gemeinschaften waren dafür verantwortlich, dass der erste atmosphärische Sauerstoff freigesetzt wurde. Dieser Faktor war ein entscheidender Antrieb für die Evolution der Tiere.

Im Kambrium (vor 530 Mio. Jahren) bildeten schwammähnliche Tiere kalkhaltige Geflechte im Flachwasser. Vom Ordovizium (vor 450 Mio. Jahren) bis zum Ende des Devons (vor 355 Mio. Jahren) gab es eine beträchtliche Riffentwicklung. Korallen waren selten dominant in diesen Riffen. Häufig wurde in fossilen Riffen aus dieser Periode jedoch eine Vielzahl an rugosen und tabulaten Korallen gefunden (VERON 2000). Die ersten Arten riffbildender Korallen tauchten erst in der Trias auf (vor ungefähr 210 Mio. Jahren), und damit begann ein starkes Riffwachstum. Die heutigen Korallenriffe dagegen sind erdgeschichtlich gesehen noch sehr jung; sie traten erstmals vor etwa 50 Mio. Jahren im Eozän in Erscheinung (WOOD 1999).

Fossile Stromatolithen in der Finnmark, Nord-Norwegen
Foto: E. Thomsen

Seit diesen längst vergangenen Zeiten hat die Erde ihr Gesicht aufgrund starker geologischer Veränderungen mehrfach gewandelt, was im Verlauf der

Das Bild zeigt einen lebenden Brachiopoden der Gattung *Lingula* von den Philippinen. Er ist ein „lebendes Fossil". Brachiopoden dominierten die Gewässer während der Trias-Periode (vor 251–199 Mio. Jahren), als sich sowohl das marine als auch das terrestrische Leben immens entwickelten. Diese starke Entwicklung war zum Teil das Resultat des Perm-Trias-Aussterbens (bekannt als das „Große Sterben"), das vor etwa 251,4 Mio. Jahren stattfand.
Foto: Bioquatic Photo

Modell eines Riffs aus dem Silur (vor ca. 435 Mio. Jahren):

1 + 4 *Halysites* sp. aus der Ordnung Tabulata

2 solitäre Korallen *Tryplasma* sp. aus der Ordnung Rugosa

3 *Stauria* sp. aus der Ordnung Rugosa

5 *Favosites* sp. aus der Ordnung Tabulata

6 Schwamm *Stromatopora* sp.

Foto: H. A. Nakrem & A. Jensen, Paleontological Muesum, Oslo

Modell einer marinen Lebensgemeischaft aus dem Ordovizium (vor ca. 450 Mio. Jahren) mit spiraligen und gestreckten Nautiloiden (ausgestorbene Kopffüßer), Gastropoden und Algen
Foto: Bioquatic Photo

Erdgeschichte auch zu einer Verschiebung des Riffgürtels führte. Vor 400 Mio. Jahren umgab ein riesiges Meer, das man heute Tethys-Meer nennt, den Urkontinent Pangäa. Mit 10–20 °C war das Tethys-Meer relativ warm, und es gab keine geografischen Barrieren, die eine Verbreitung der Korallen behinderten. Die reichste Korallenrifffauna gab es damals im heutigen Mittelmeergebiet. Insgesamt wurden aus diesem erdgeschichtlichen Zeitalter bisher mehr als 7.000 Korallenarten beschrieben. Viele von ihnen sind sog. nominale Arten (d. h., außer dem Namen ist über sie nichts weiter bekannt) und keine wissenschaftlich gültig beschriebenen Arten. Mehr als 5.000 Korallenarten, unter ihnen alle Spezies aus den Unterordnungen Tabulata und Rugosa, sind bereits ausgestorben. Tabulata-Arten existierten vom späten Kambrium bis zur Trias.

Bei ihnen lebten die Polypen in Röhren. Rugosa-Arten hatten ihre Blütezeit im Silur und starben in der frühen Jurazeit aus. Unter ihnen gab es sowohl koloniebildende als auch solitär lebende Arten. Unsere heutigen riffbildenden Korallen, die Scleractinia, lassen sich zur frühen Trias zurückdatieren, denn es gibt einige 250 Mio. Jahre alte fossile Nachweise. Die Ordnung Scleractinia entwickelte sich während des Jura, der Kreide und des frühen Tertiärs (vor 200–65 Mio. Jahren) zu großer Vielfalt. Am Ende der Kreidezeit (vor ungefähr 65 Mio. Jahren) kam es zu einem Massenaussterben vieler Korallenarten. Die wenigen Überlebenden aus dieser Zeit entwickelten sich aber ab dem Paläogen in eine vielgestaltige, weltweit vorkommende Artengruppe (VERON 2000).

Im Miozän, vor 24–2,5 Mio. Jahren, änderten sich die Bedingungen. Das Tethys-Meer wurde durch eine Landbarriere zwischen Eurasien und Afrika geteilt. Dies führte im Laufe der Jahrmillionen zu großen Unterschieden in der Entwicklung der Korallenriffe in den heutigen indopazifischen und atlantischen Regionen. Im indopazifischen Raum, mit der indomalaiischen Region als Zentrum, entstanden zahlreiche Korallenriffe mit vielen Gattungen riffbildender Korallen. Im atlantischen Meeresgebiet, das nun vom indopazifischen Raum isoliert war, verlief die Entwicklung gegensätzlich. Hier starben viele Korallengattungen aus, da eine geografische Barriere ihre Ausbreitung in günstigere westliche Lebensräume verhinderte.

Verschiedene Riffe des Pliozäns erheben sich auf der Insel Misima, Papua-Neuguinea, bis zu 300 m über den Meeresspiegel.
Foto: D. Hopley, James Cook University, Townsville, Australia

Die Formationen Old Sea Stack und Cave bei Cave Hill, Barbados. Das fossile Riff stammt aus dem Pleistozän und ist etwa 290.000 Jahre alt.
Foto: D. Hopley, James Cook University, Townsville, Australia

Kleine, fossile *Favosites*-Art (unten) und Nahaufnahme fossiler Röhren (links), in denen die Polypen einer *Heliolites*-Art gelebt haben. Beide Korallen gehören zur Unterordnung Tabulata und wurden in einem fossilen Riff in der Umgebung von Oslo, Norwegen, gefunden.
Fotos: H. A. Nakrem & A. Jensen, Paleontological Muesum, Oslo

Diese Situation bestand 10–15 Mio. Jahre, dann wurde der West-Atlantik völlig vom östlichen Pazifik getrennt. Dies führte zu einer geografischen und damit auch genetischen Isolation, die seitdem die Evolution der Faunenregionen im Indopazifik und in der Karibik bestimmt hat. Seitdem entwickelten sich beide Gebiete unabhängig voneinander (Newell 1959; Fell 1967; Wood 1983).

Aus geologischer Sicht betrachtet, sind die heutigen Korallenriffe recht jung. Eiszeiten führten zu außerordentlich starken Schwankungen des Meeresspiegels: von 120 m unter dem heutigen Niveau (vor etwa 15.000 Jahren) bis zu 20 m darüber (vor etwa 7.000 Jahren). Korallenriffe, wie wir sie heute kennen, entwickelten sich wahrscheinlich erst vor etwa 5.000 Jahren (Stoddart 1973).

Die Bücher „Reef Evolution" von Rachel Wood (1999) und „Coral in Space and Time" von J.E.N. Veron (1995) sind exzellente Quellen für diejenigen, die sich mit dem Thema „Evolution der Riffe" näher beschäftigen wollen. Auch der erste Band der dreiteiligen Buchserie „Corals of the World" vom selben Autor (Veron 2000) behandelt Aspekte der Riff- und Korallenentwicklung.

Typen von Korallenriffen

Kaltwasser-Tiefseeriffe

Beim Wort „Korallenriff" denken Aquarianer automatisch an tropische Strände, warmes Wasser und Korallen, die im Flachwasser unter intensivem Sonnenlicht wachsen – mit anderen Worten, sie stellen sich tropische Korallenriffe vor. Aber obwohl fast alle Korallen, die wir in unseren Aquarien pflegen, aus den Tropen stammen, sind nicht alle Riffe tropisch. Korallenriffe gibt es auch in der

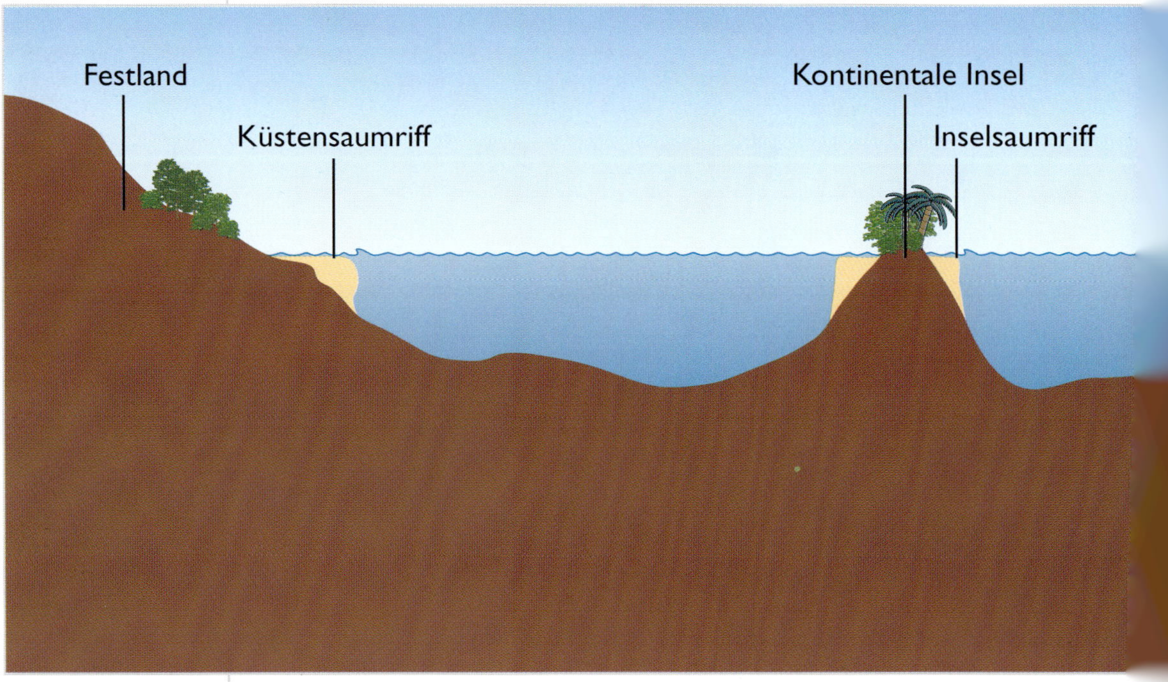

Solitäre Steinkoralle *Caryophyllia smithii*. Die Larven dieser Koralle siedeln sich oft an der Elternkoralle an und beginnen hier zu wachsen. Dies kann eine koloniale Wuchsform vortäuschen, die jedoch nicht gegeben ist. *Caryophyllia smithii* ist eine echte solitär lebende Steinkoralle des tieferen Wassers.
Foto: E. Svensen

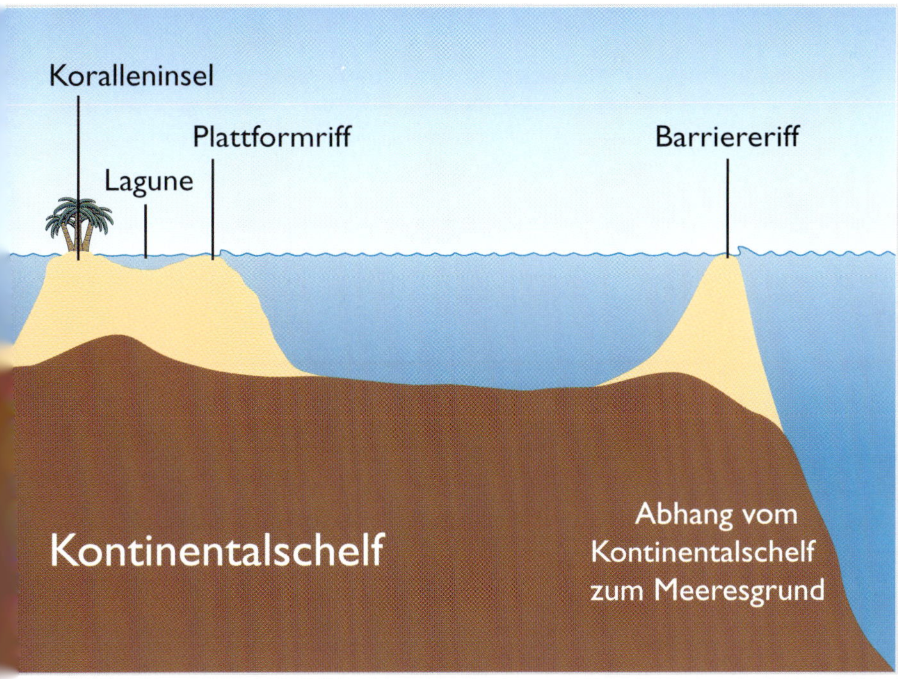

Dieser fiktive Schnitt zeigt die verschiedenen auf einem Kontinentalschelf vorkommenden Arten von Riffen.
Darstellung modifiziert nach VERON (1986)

Nahaufnahme lebender Polypen der Steinkoralle *Lophelia pertusa*
Foto: E. Svensen

Nordsee und in allen anderen kalten Meeren der Erde. Viele solitäre Steinkorallen leben ebenfalls im Kaltwasser, und obwohl sie keine Riffe produzieren, sind es dennoch Korallentiere. *Caryophyllia smithii* ist hierfür ein Beispiel.

Abgestorbener Ast einer *Lophelia pertusa* aus einem norwegischen Tiefwasserriff
Foto: Bioquatic Photo

Lophelia pertusa ist eine Tiefenwasser-Steinkoralle, die in Tiefen zwischen 40 und 2.000 m riesige Riffe an beiden Seiten des Nord-Atlantiks, in den norwegischen Fjorden, im Mittelmeer, im Indischen und im Pazifischen Ozean bildet. *Lophelia*-Riffe oder Bioherme, wie sie auch genannt werden, kennt man schon seit Jahrhunderten von den norwegischen Fjorden. In der Tat stammen die ersten Beobachtungen zu Biohermen aus dem Jahr 1752, vom norwegischen Bischof Erik PONTOPPIDAN und seinem Kollegen Johan E. GUNNERUS, die dann 1768 einen Artikel über norwegische riffbildende Korallen publizierten. In diesem Artikel ist auch eine sehr hübsche Zeichnung von „*Madrepora pertusa*" zu sehen, wie die Art damals genannt wurde.

Eine zweite Art riffbildender Korallen ist *Madrepora oculata*, die ebenfalls von Norwegen bekannt ist. Sie ist aber sehr viel seltener als *Lophelia pertusa*. Weiter von der norwegischen Küste entfernt, im Tiefenwasser des Atlantiks, finden wir eine dritte Art, *Solenosmila variabilis*. Und wenn wir in Richtung Tiefenwasser im Süden der Ozeane gehen, nimmt die Zahl der Tiefenwasser-Riffbauer zu. Es gibt also viel mehr riffbildende Steinkorallen als „nur" die der Flachwasserzonen tropischer Gewässer.

Im Jahr 1944 berichtet der norwegische Zoologe Carl DONS, es seien ungefähr 100 Korallenriffe aus norwegischen Gewässern bekannt. In den späten 1960ern begannen die ersten seismischen Untersuchungen des norwegischen Kontinentalschelfs, und damit setzte auch eine intensive Kartierung des Meeresbodens ein. Diese Untersuchungen führten zu der Entdeckung mehrerer Tiefenwasser-Korallenriffe, und vor kurzem wurden etliche große *Lophelia*-Bioherme – einige über 45 m hoch und mehr als 2 km lang – auf dem norwegischen Kontinentalschelf aufgespürt.

Die Wachstumsrate von *Lophelia pertusa* ist sehr niedrig, ungefähr 6 mm/Jahr im Durchschnitt, maximal 20 mm/Jahr. Riffe, die 45 m hoch sind, sind daher mehrere tausend Jahre alt (MORTENSEN et al. 1995; HOVLAND et al. 1997). Radioaktive Datierungsmethoden haben gezeigt, dass das jüngste Riff an der 200 km langen Haltenpipe-Trasse (die Trasse vor Tröndelag, wo Gas an Land gepumpt wird) 2.000 Jahre alt ist, während die ältesten 8.500 Jahre zählen. Das bedeutet, dass diese Riffe nach dem Ende der letzten Eiszeit anfingen zu wachsen, als sich die ersten Menschen an der Küste Norwegens niederließen. Somit handelt es sich hier um die ältesten lebenden Organismen, die in den Gewässern Norwegens gefunden werden.

Ein *Lophelia*-Korallenriff, auch bekannt unter dem Namen „Biohermen", von Tautraryggen in Trondheimsfjord, Norwegen, in 42 m Tiefe. Weiße Kolonien von *Lophelia pertusa* dominieren; es gibt in diesem Riff aber auch seltene orangefarbene Kolonien derselben Art. Der große Schwamm gehört zur Art *Mycale lingua*. Die Spinnenkrabbe *Lithodes maja* ist überwachsen mit Rankenfüßern. Kleine Gorgonien, mehrere Seescheiden und viele Schlangensterne können hier ebenso gefunden werden wie *Sebastes viviparus*, ein häufiger Fisch in *Lophelia*-Riffen. Foto: E. Svensen

Eine Menge verschiedener Wirbelloser und Fische ist ökologisch mit den *Lophelia*-Riffen vernetzt, und diese Riffe zeigen generell eine hohe Artenvielfalt. Schwämme, viele verschiedene Würmer, Weichtiere, Krebstiere, Stachelhäuter und viele Fische sind mit den Korallen assoziiert, und neue Arten wurden von diesen Lebensgemeinschaften beschrieben. Dazu gehören auch andere Korallentiere, wie etwa die drei spektakulären Tiefwassergorgonien *Paragorgia arborea*, *Paramuricea placomus* und *Primnoa resedaeformis*.

Fischerei und Ölbohrungen setzen diese einzigartigen Ökosysteme unter Druck. Die Riffe sind wichtige Laichgründe für Fische. Da sich die Fische in großer Zahl um diese Tiefwasserstrukturen ansammeln, können Fischtrawler schweres und ausgetüfteltes Gerät einsetzen, um so viele Fische wie möglich zu fangen. Häufig ist dann das Ergebnis, dass *Lophelia*-Riffe, die Tausende von Jahren zur Entstehung brauchten, in nur wenigen Momenten zerstört werden. Aus diesen Gründen sind einige norwegische Tiefwasserriffe geschützt, einschließlich einer der größten bekannten Biohermen der Welt, die bei Haltenbanken liegt und nun zum norwegischen Nationalpark erklärt wurde.

Um es noch einmal zu betonen: Korallenriffe sind also kein rein tropisches Phänomen, sondern kommen auch in Tiefwasser und kalten Meeren vor. Dort werden sie jedoch im Gegensatz zu tropischen Riffen primär nicht von

Fantastisches Wachstum von Korallen im Heath Reef, Princess Charlotte Bay, nördliches Großes Barriereriff. Dieses Riff ähnelt einem küstennahen Saumriff. Viele küstennahe Riffe stehen heute unter starkem Umweltdruck. Diese Bilder aber zeigen ihre ganze Pracht, wenn sie in einem guten Zustand sind (vergl. auch das Bild auf Seite 55).
Foto: K. Fabricius/AIMS

der Sonnenenergie angetrieben, sondern sind von Nährstoffen abhängig, die vom umgebenden Meer und dem Meeresboden stammen. Einige Wissenschaftler nehmen sogar an, dass aufsteigende Kohlenwasserstoffe aus den Tiefen des Meeresbodens für Tiefwasser-Biohermen essenziell sind (HOVLAND & MORTENSEN 1999).

Tropische Korallenriffe

Heute unterscheidet man zwischen zwei Hauptkategorien tropischer Korallenriffe:

- küstennahe oder litorale Riffe und
- küstenferne oder neritide Riffe

1) Das küstennahe (litorale) Riff

Küstennahe Riffe entstehen dort, wo das Wasser relativ flach ist und der Meeresgrund langsam bis auf 200 m abfällt. Diese Region bezeichnet man als Kontinentalschelf oder Festlandsschelf. Solche Flachwasserzonen bieten in den Tropen oft gute Entwicklungsbedingungen für Korallen. Litorale Riffe haben eine sehr vielfältige Fauna. Im Vergleich zu küstenfernen Riffen, die oft sehr nährstoffarm sind, handelt es sich bei ihnen meist um nährstoffreichere Riffe. Dies führt zu einer charakteristischen Zusammensetzung von Fauna und Flora, bei der oft Weichkorallen und Algen dominieren.

Küstennahe Korallenriff-Fauna bei Daintree, Cape Tribulation, Nord-Queensland (siehe auch Seite 102–104 für weitere Informationen zu diesen Riffen)
Foto: Bioquatic Photo

Ein Saumriff an der westlichen Seite von Border Island, einer der schmaleren und am weitesten seewärts gelegenen Inseln der Whitsunday-Gruppe, Queensland, Australien
Foto: Bioquatic Photo

Korallen und Fische am äußeren Barriereriff
Foto: Bioquatic Photo

2) Das küstenferne (neritide) Riff

Küstenferne Riffe entstehen in Meeresgebieten außerhalb des Kontinentalschelfs. Vulkanische Aktivitäten warfen dort Erhebungen auf, die als Inseln über die Wasseroberfläche ragen. Beispiele für solche vulkanische Inseln sind Tahiti und Hawaii. Derartige Inseln bieten im Gegensatz zum umgebenden tiefen Meeresgrund gute Entwicklungsbedingungen für Korallen und damit auch die Voraussetzung zur Riffbildung. Küstenferne Riffe sind in weit geringerem Maße von Süßwasserzuflüssen betroffen als küstennahe. Die meisten küstenfernen Riffe beheimaten deshalb eine reichere Fauna mit größerer Artenvielfalt als küstennahe, besonders in Hinsicht auf Steinkorallen. Küstenferne Riffe, die außerhalb der Schifffahrtsrouten liegen und damit am wenigsten von menschlichen Aktivitäten beeinflusst werden, weisen eine verschwenderische Artenfülle auf.

Litorale und neritide Korallenriffe können in eine Reihe unterschiedlicher Rifftypen eingeteilt werden. Die wichtigsten sind:

- Saumriffe
- Plattformriffe
- Bankriffe
- Barriereriffe
- Atolle

Beeindruckendes Steinkorallenwachstum eines seewärts gelegenen Riffhangs am äußeren Barriereriff
Foto: Bioquatic Photo

Flache und tiefere Sandbänke (bläulich und grün) sowie lebende Korallen (braun) im Hardy Reef (Großes Barriereriff). Das flache ozeanische Riff wird vom Hook Reef durch einen 200 m tiefen Riffkanal getrennt.
Foto: Bioquatic Photo

Bild links: Schönes Stein- und Weichkorallenwachstum in einen Saumriff vor Fidschi
Foto: Bioquatic Photo

Bild rechts: Breites Saumriff entlang der Coral Coast von Viti Levu, Fidschi
Foto: Bioquatic Photo

a) Saumriffe

Saumriffe oder „fringing reefs", wie diese Riffe auf Englisch heißen, machen die Mehrzahl der litoralen Riffe aus. Die Entwicklung eines Saumriffs beginnt damit, dass sich Korallenpolypen im flachen Wasser längs der Landseite ansiedeln. Voraussetzung ist jedoch, dass die richtigen Milieuverhältnisse vorhanden sind. Dort z. B., wo sich Süß- mit Meerwasser vermischt, können keine Riffe entstehen. Während sich in großen Gebieten Nordost-Australiens und im indomalaiischen Raum zahlreiche litorale Riffe finden, sind etwa die Ostküste Brasiliens, die Küste Surinams und Venezuelas fast völlig ohne Riffe. Das liegt vor allem an der immensen Süßwasserzufuhr des Amazonas und des Orinokos.

Die Fauna der Saumriffe längs der Kontinente kann in ihrer Zusammensetzung sehr stark variieren. Saumriffe existieren auch um Inseln außerhalb des Kontinentalschelfs, wo sie sehr gut entwickelt sein können. Beispiele für diese Riffe gibt es bei den Seychellen im Indischen Ozean und den Riffen, die entlang der Küste von Ost-Australien liegen.

Ein Plattform-Riff in Indonesien, weit entfernt von der Küste
Foto: D. Knop

b) Plattformriffe

Plattformriffe oder „patch reefs" findet man dort, wo Erhebungen im Kontinentalschelf bis zur Oberfläche reichen. Teile des Riffs können dabei bis an die Oberfläche ragen und einen Komplex aus Korallenbrocken, Kanälen, kleinen Lagunen und Sandbänken bilden.

Kleine Plattformriffe beobachtet man auch innerhalb von Atollen. In solchen Riffen können wir das schönste und großartigste Korallenwachstum entdecken. Vor den Malediven, die nach und nach zu einem sehr beliebten Touristenziel geworden sind, gibt es diese Riffe in großer Zahl. An einigen Stellen haben sie sogar die Wasseroberfläche erreicht und ihrerseits kleine Koralleninseln mit eigenen Saumriffen ausgebildet. Auf den Malediven werden diese Riffe als

„Faros“ bezeichnet. Im Bereich der zentralen und der nördlichen Inseln sind sie häufig, im Süden dagegen aus unbekannten Gründen nicht. Man weiß nicht genau, warum diese ringförmigen Riffe auf den Malediven in so großer Zahl entstanden sind. Es gibt zwei Theorien, die als Erklärung dienen können: Entweder formten sich die Faros aus Inselformationen aufgrund der Wellenbewegung, oder sie resultieren aus dem Wachstum alter ringförmiger Riffformationen aus der vorsteinzeitlichen Periode (ANDERSON 1990).

Luftaufnahme eines Atolls im Norden der Malediven im Indischen Ozean. Die zahlreichen Plattformriffe, hier als Faros bezeichnet, sind gut zu erkennen.
Foto: Bioquatic Photo

c) Bankriffe

Bankriffe entstehen gleichfalls auf Erhöhungen des Kontinentalschelfs. Sie reichen nicht so nah bis an die Wasseroberfläche heran wie Plattformriffe, und ihr höchster Punkt kann sich in 40 m Tiefe befinden. Das Korallenwachstum ist wegen des höheren Lichteinfalls normalerweise in der oberen Region am stärksten. Bankriffe können auch bei neritiden Riffen vorkommen.

d) Barriereriffe

Barriereriffe bilden sich weit entfernt vom Kontinent, normalerweise in einer Entfernung von 10–100 km und meistens an der Ostseite, was hauptsächlich auf die Hauptrichtungen der ozeanischen Strömungen zurückzuführen ist. Das Barriereriff ist durch eine Lagune vom Festland getrennt. Die äußere Kante eines Barriereriffs fällt steil bis zum Meeresgrund in großen Tiefen ab. Wellen, Wind und Strömungen treffen mit voller Wucht darauf. Auf der Rückseite des Barriereriffs sind die Bedingungen ruhiger, und das Riff fällt häufig sanft zum Lagunenboden hin ab. Zwischen dem äußeren und dem inneren Teil des Barriereriffs befindet sich normalerweise ein ausgedehntes Riffdach mit kleinen Lagunen, Korallenfelsen und Sandbereichen.

Zwischen der Fauna der Seeseite (Außenseite) und derjenigen der Landseite (Innenseite) eines Barriereriffs bestehen große Unterschiede. Die meisten Korallen der Außenseite sind kräftiger, robuster Natur. Hier entwickeln sich auch Kalkalgen gut. An der Innenseite dagegen findet man wesentlich zartere Korallenformen, die an ruhiges Wasser und schwache Strömung angepasst sind.

Ein Barriereriff kann auch als Folge einer Landabsenkung aus einem Saumriff entstehen. Handelt es sich um neritide Riffe, können sich Barriereriffe zu Atollen entwickeln.

Küsten- und Barriereriffe vor Neukaledonien, Pazifischer Ozean
Foto: Bioquatic Photo

Bird's Island ist eine kleine Vulkaninsel an der Nordküste von Viti Levu, Fidschi. Weit um die Insel herum hat sich ein ringförmiges Riff ausgebildet, während die Insel selbst ein Saumriff umgibt. Diese Insel verdeutlicht die Theorie von Darwin über die Entstehung eines Atolls sehr schön. Foto: Bioquatic Photo

Bildfolge rechts: Entstehung eines Atolls nach der Theorie von Charles Darwin: Um eine Vulkaninsel herum entsteht zuerst ein Saumriff 1. Gleichzeitig mit der Absenkung der Insel entwickelt sich ein aufragendes Barriereriff 2. Wenn die Absenkung der Insel so weit fortgeschritten ist, dass ihre Oberfläche unter dem Wasserspiegel liegt, entsteht ein Atoll 3. Darstellung modifiziert nach THYSSEN in VERON (1986)

Es gibt viele Barriereriffe weltweit, aber das berühmteste und beste Beispiel ist das Große Barriereriff vor der Ostküste Australiens. Es ist die größte marine lebende Struktur auf der Erde und sogar vom Mond sichtbar (siehe auch Seite 97ff. für weitere Informationen zum Großen Barriereriff). Das zweitgrößte Barriereriff der Welt ist das mittelamerikanische Barriereriffsystem (MBRS), das sich von der Isla Contoy der Yucatán-Halbinsel nach Süden bis zu den Bay Islands von Honduras ausbreitet. Es ist aufgrund seiner Länge, der Zusammensetzung der Rifftypen und der Mannigfaltigkeit der Korallen und verwandter Arten einzigartig in der westlichen Hemisphäre. Das drittbekannteste Barriereriff ist das Große Astrolabe-Riff – es erstreckt sich von der südöstlichen Spitze der Insel Kadavu, Fidschi, über 110 km nach Norden.

e) Atolle

Atolle entstehen fast ausschließlich außerhalb des Kontinentalschelfs. Atollinseln umschließen mehr

Krustenanemonen, *Zoanthus* sp., wachsen in dichten Kolonien auf den Korallenfelsen in der Aitutaki-Lagune.
Foto: Bioquatic Photo

oder weniger kreisförmig eine Lagune. Die Größe dieser Lagunen kann sehr unterschiedlich sein. Das Kwajalein-Atoll im Pazifik beispielsweise umfasst eine Lagune von 100 km im Durchmesser und einer Tiefe von 55 m, während die Lagune von Astore im Indischen Ozean nur 3 km im Durchmesser misst und nicht tiefer als 1 m ist.

Innerhalb eines Atolls finden sich oft zahlreiche kleine Plattform- und Saumriffe. Diese Riffe liegen im ruhigen Wasser und sind Paradiese für Meeresaquarianer, die natürliche Korallenbiotope kennen lernen möchten.

Das Majura-Atoll der Marshall-Inseln im zentralen Pazifik vom Flugzeug aus gesehen. Das Atoll hat eine Ausdehnung von etwa 30 x 13 km.
Foto: M. Awai

Umweltfaktoren wie Strömung, Wellen und Wind formen die Korallenriffe. Dies wird offensichtlich, wenn man die Inseln der Malediven aus der Vogelperspektive betrachtet. Die Inseln sind zum Ozean (die Außenseite des Atolls) ausgerichtet (untere Seite des Bildes), wohingegen sich die Lagune (Atollinnenseite) an der oberen Seite des Bildes befindet. Man beachte, wie schmal die Lagune hinter der sandigen Insel ist und dass sie praktisch dieselbe Form wie die Insel hat.
Foto: Bioquatic Photo

Atoll der Malediven in typischer Ringform. Vor dem Atoll kann das Wasser mehrere tausend Meter tief sein, innen im Atoll beträgt die Tiefe dagegen maximal 70 m.
Foto: Bioquatic Photo

Fähnchenfalterfisch, *Chaetodon auriga*, Aitutaki-Lagune
Foto: Bioquatic Photo

Nur die obersten Teile eines Atolls beherbergen noch lebende Korallenpolypen. Weiter unten gibt es nur noch abgestorbenes Material früherer Entwicklungsstadien des Riffs. Die Theorie von Darwin über die Entstehung eines Atolls ist immer noch die anerkannteste. In der Abbildung auf Seite 36–37 ist diese Theorie verdeutlicht. Man sieht, dass die Entwicklung von einem Saumriff ausgeht, das als Folge einer Absenkung des Untergrunds zu einem Barriereriff und später zum Atoll wird.

Wir haben die Malediven im Indischen Ozean mehrfach bereist, weil sie die für uns Europäer nächstgelegenen Atolle bieten. Viele der Unterwasseraufnahmen in diesem Band (und auch in den weiteren Bänden) sind dort entstanden. Aus der Luft betrachtet ist ein Atoll ein atemberaubender Anblick. Der Besuch einer weit entfernten Lagune wie Aitutaki im Süd-Pazifik ist eine ganz besondere Erfahrung und

Kristallklares Wasser, Kokosnusspalmen, die sich in der warmen Brise hin und her bewegen, wie hier in der Aitutaki-Lagune von Cook Island, sind die Vorstellungen, die viele Menschen mit dem Begriff Südsee assoziieren. Auf dem weißen Sand der Lagune liegen einige riesige Felsblöcke, um die das Leben pulsiert.
Fotos: Bioquatic Photo

zeigt die wirkliche Schönheit der Südsee. Das Wissen, dass eine solche Lagune durch den Prozess der Riffevolution entsteht, den Charles Darwin bereits vor 175 Jahren entdeckt und beschrieben hat, ist nicht weniger beeindruckend. Wenn Sie dann in dieser Lagune tauchen, werden Sie bald entdecken, dass der reine, weiße Korallensand, den Sie zuvor schon aus dem Flugzeug heraus gesehen hatten, ein eigener Lebensraum mit reichemРиffleben ist. Der Gedanke, dass unzählige kleine, ja sogar winzige Tiere im Verlauf der Jahrtausende solch fantastische Gebilde aufgebaut haben, ist faszinierend und mahnt zum Respekt vor der Natur.

Der Zitronen-Zwergkaiserfisch, *Centropyge flavissimus*, in der Aitutaki-Lagune, Cook Island
Foto: Bioquatic Photo

Pazifischer Rippenfalterfisch, *Chaetodon lunulatus*, in der Aitutaki-Lagune
Foto: Bioquatic Photo

Eine *Acropora*-Kolonie bietet Schwärmen von *Chromis* sp. und *Dascyllus* sp. in der Aitutaki-Lagune Schutz.
Foto: Bioquatic Photo

Die Korallenriffe von Radja Ampat, Indonesien, weisen eine extrem hohe Biodiversität auf. Das Bild oben zeigt zwei Schnapper-Arten (*Lutjanus kasmira* und *L. lutjanus*), die zusammen schulen. Sie repräsentieren die beweglichen Jäger der Riffe. Im unteren Bild frisst ein kleiner Strudelwurm an kolonial lebenden Tunikaten, die zusammen mit Krustenanemonen, Hydrozoen und vielen anderen Wirbellosen hier wachsen.
Fotos: D. Knop

Geografische Verbreitung tropischer Korallenriffe

Die Entstehung eines Korallenriffs und sein Wachstum hängen in erster Linie von der Wassertemperatur und der Lichtfülle ab. Die hohen Wassertemperaturen in tropischen Gebieten beschleunigen den Stoffwechselprozess (Metabolismus) der Tiere sowie die chemischen Reaktionen im Meer, und in Kombination mit der Tatsache, dass die riffbildenden Korallen in einer Partnerschaft mit Algen leben, begünstigen sie die Fixierung von Kalzium – oder in anderen Worten: den eigentlichen Prozess der Riffbildung. Dies sind komplexe Abläufe, auf die wir in diesem Buch und im nächsten Band unserer Buchserie eingehen werden.

Die Verbreitung tropischer Korallenriffe ist auf Gebiete innerhalb der 20-°C-Isothermen begrenzt, d.h. also ungefähr auf den Bereich zwischen 30° nördlicher und 30° südlicher Breite. Innerhalb dieser geografischen Zone wird das Vorkommen durch Meeresströmungen bestimmt, die Wasser mit unterschiedlicher Temperatur sowie unterschiedlichem Salz- und Sauerstoffgehalt, verschiedenen Nährstoffen, Korallenlarven und Plankton mit sich führen.

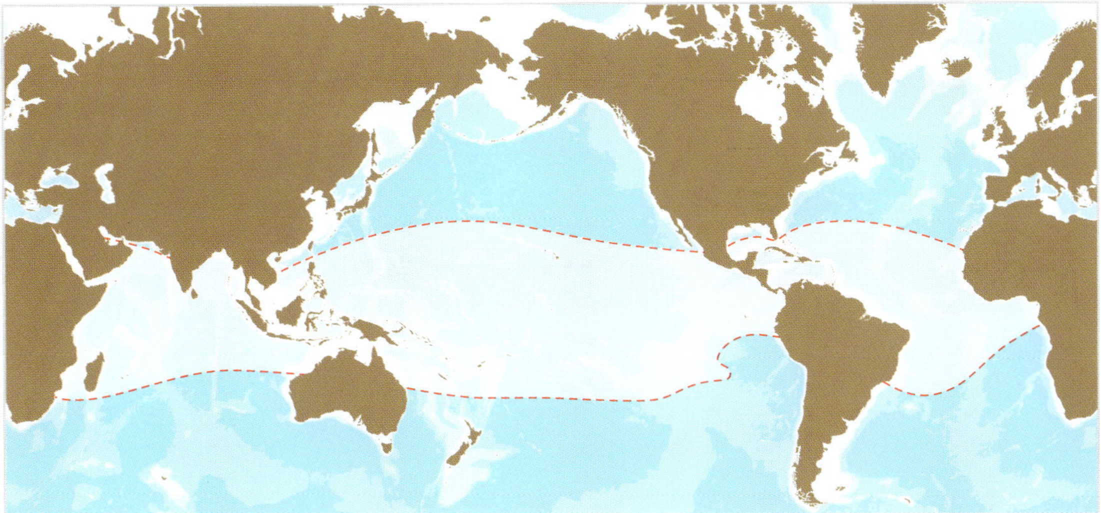

Nur innerhalb der 20-°C-Isothermen (hellblauer Bereich zwischen den rot gestrichelten Linien) können tropische riffbildende (hermatypische) Steinkorallen gedeihen. Somit kommen auch nur in diesem Bereich tropische Korallenriffe vor.

Kalte und warme Meeresströmungen haben große Bedeutung für die verschiedenen Riffe. Das Karibische Meer beispielsweise ist aufgrund unterschiedlicher Temperaturen wesentlich reicher an Korallengattungen als das westliche zentralamerikanische Meeresgebiet (Ost-Pazifik). Viele andere Bedingungen, die sich von Ort zu Ort unterscheiden, wie das Einmünden von Flüssen, Bodenverhältnisse, Lage zum Wind, Stürme, Gezeiten und vieles mehr, nehmen ebenfalls großen Einfluss auf die Entwicklung eines Riffs.

Wie die Karte auf Seite 44 zeigt, haben tropische Korallenriffe eine weite Verbreitung. Die nördlichsten werden im Golf von Aqaba im Roten Meer gefunden. Ein Riff dieser Region wird auf Seite 90ff. beschrieben. Die größte Artenvielfalt im Hinblick auf Fische, Korallen und andere Wirbellose finden wir im Gebiet von Zentral-Indonesien und Papua-Neuguinea. Einige der dortigen Korallenriffe beherbergen eine nahezu unglaubliche Anzahl verschiedener Organismen. Um das südlichste Korallenriff der Erde zu erreichen, müssen wir zum südlichen Ende des Großen Barriereriffs fahren, zu Lord Howe Island (31,5 °S). Hier finden wir einige interessante und seltene Arten wie den Lord-Howe-Engelfisch (*Chaetodontoplus conspicillatus*).

Im Süd-Pazifik gibt es eine Menge interessanter Korallenriffe – das Saumriff von Rarotonga beschreiben wir auf Seite 124ff.

Obwohl Korallenriffe in nahezu allen tropischen Regionen gefunden und von den gleichen Tieren gebaut werden, unterscheiden sie sich doch sehr von Region zu Region. Darum sind Besuche in Korallenriffen so interessant – ein neues Korallenriff hält auch immer einige Überraschungen bereit.

Tabelle 1.1 | Geschätzte weltweite Riffflächen
nach Spalding et al. (2001)

Region	Fläche (km^2)	% aller Riffe
Atlantik und Karibik	**21.600**	**7,6**
Karibik	20.000	7,0
Atlantik	1.600	0,6
Indopazifik	**261.200**	**91,9**
Rotes Meer und Golf von Aden	17.400	6,1
Arabischer Golf und Arabisches Meer	4.200	1,5
Indischer Ozean	32.000	11,3
Südostasien	91.700	32,3
Pazifik	115.900	40,8
Ost-Pazifik	**1.600**	**0,6**
Insgesamt	**284.300**	

Bedrohungen für die Korallenriffe

Die Korallenriffe sind von größter Bedeutung für die Menschen. Nahezu 500 Mio. Anrainer hängen in ihrer Ernährung, dem Schutz ihrer Wohnstätten gegen Erosion durch das Meer und Springfluten etc., für ihr Kunsthandwerk und bei Einkünften durch Touristen von den Riffen ab. Ungefähr 30 Mio. der ärmsten Menschen der Erde sind vollständig in ihrer Ernährung auf sie angewiesen. Dies alleine sind schon mehr als genug Gründe, die Korallenriffe zu schützen! Dennoch gehören tropische Korallenriffe zu den am meisten gefährdeten Ökosystemen unseres Planeten. Es gibt wenig Zweifel daran, dass menschliche Aktivitäten einen direkten Einfluss auf die Zerstörung der Korallenriffe haben. Obwohl die Korallen auch mit natürlichen Bedrohungen zu kämpfen haben, denen sie aber seit Millionen von Jahren trotzen, sind es die menschgemachten Probleme, die die Riffe umbringen.

Tabelle 1.2

Bedrohte Korallenriffe nach SPALDING et al. (2001)

Region	Grad der Bedrohung (%) niedrig	mittel	hoch
Naher Osten	39	46	15
Karibik	39	32	29
Atlantik (außer Karibik)	13	32	55
Indischer Ozean	46	29	25
Südostasien	18	26	56
Pazifik	59	31	10
Weltweit insgesamt	**42**	**31**	**27**

Das politische Interesse, Korallenriffe zu schützen, ist noch relativ jung. Obwohl der Schutz der Korallen schon 1930 begann, kam er erst Ende der 1980er-Jahre auf die politische Agenda – mit Australien als führendem Land (VERON 2000). Im Jahr 2000 gab es 660 geschützte marine Gebiete weltweit, von kleinen Zonen bis hin zu den beiden weltweit größten marinen Schutzgebieten. Das gesamte geschützte Gebiet bedeckt 900.000 km^2, aber 75 % davon verteilen sich auf zwei Gebiete: den Great Barrier Reef Marine Park (Australien) und die Northern Hawaiian Island Coral Reef Ecosystem Reserve

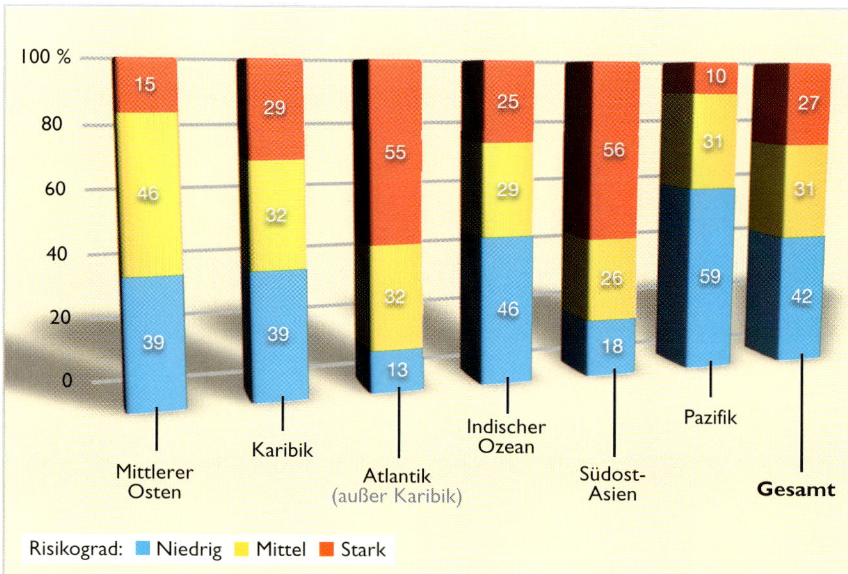

Diagramm 1.1: Bedrohte Riffe. Überblick über die Anzahl (in Prozent) der bedrohten Riffe in einem gegebenen Riffgebiet, aufgeschlüsselt nach niedrig, mittel und stark bedroht.
Nach SPALDING et al. (2001)

(USA; SPALDING et al. 2001). Geschützte Regionen gibt es in fast allen Riffgebieten, aber einige, wie der Nahe Osten (ausschließlich des Roten Meeres), Teile des zentralen Indopazifiks und des Pazifischen Ozeans, besitzen nur relativ wenige geschützte Korallenriffe. In manchen Gebieten existiert überhaupt kein Riffschutz, oder er ist nur sehr schlecht gemanagt.

Nach SPALDING et al. (2001) sind 90 % aller tropischen Korallenriffe gefährdet. 27 % davon gelten als sehr stark gefährdet, darunter 29 % der karibischen und 56 % der der südostasiatischen Riffe (siehe Tabelle 1.2 und Diagramm 1.1).

Das Australian Institute of Marine Science (AIMS), das im tropischen Queensland (Australien) in der Nähe von Townsville beheimatet ist, publiziert etwa alle zwei Jahre den aktuellen Status der tropischen Korallenriffe einschließlich des Großen Barriereriffs sowie neue biologische Erkenntnisse über Korallenriffe. Diese Berichte können von der Webseite des AIMS heruntergeladen werden (www.aims.gov.au). Sie sind eine einzigartige Informationsquelle nicht nur für Wissenschaftler, sondern auch für den engagierten Aquarianer und für die breite Öffentlichkeit.

Zu den Hauptbedrohungen der Korallenriffe zählen (modifiziert nach WILKINSON 2004):

- Die Korallenbleiche
- Der verminderte pH-Wert des Meerwassers als Ursache für eine verminderte Kalzifizierungsrate von Korallen und anderen kalzifizierenden Rifforganismen
- Korallenkrankheiten
- Ausbrüche der Dornenkronenseestern-Plage (COTS)
- Überfischung
- Sedimenteinspülungen
- Nährstoffe und chemische Verschmutzungen, die z. B. durch Flüsse in die Riffe transportiert werden
- Die Erschließung von Küstenstreifen für Urbanisierung, Industrie und Tourismus
- Steigende Armut, Anstieg der Bevölkerung
- Schlechtes Riffmanagement und zu wenige Ressourcen für den Schutz der Riffe
- Fehlender politischer Wille, die Riffe zu schützen und zu managen

Das Sammeln und der Handel mit marinen Organismen für die Riffaquaristik erscheinen ebenfalls manchmal auf Listen der Bedrohungen für Korallenriffe. Wir haben dies absichtlich auf unserer Liste außen vor gelassen, nicht, weil wir nicht die potenzielle Gefährdung durch Überfischung und zerstörerische Fangmethoden sähen, sondern weil es viele Belege dafür gibt, dass die kontrollierte Nutzung erneuerbarer Riffressourcen mit hohem Handelswert ein sehr wichtiger Gesichtspunkt für den Riffschutz ist. Eine intensive Diskussion über das Pro und Kontra des Handels für die Meerwasseraquaristik findet sich in Kapitel 2.

Die Korallenbleiche (Coral Bleaching)

Das Ausbleichen von Korallen ist definiert als das Massenausstoßen von Zooxanthellen oder deren Pigmenten durch die Korallen, wodurch die Polypen dann typischerweise weiß oder zumindest abnormal hell aussehen. Während des Ausbleichens werden 50–90 % der symbiotischen Algen von der Koralle ausgestoßen. Die ausgebleichte Korallen lebt nach wie vor, kann

Schweres Korallenausbleichen im zentralen Indo-Pazifik, 1998
Foto: B. Carlson

aber natürlich keine Vorteile mehr aus den Fotosyntheseprodukten symbiotischer Algen ziehen und muss daher ihren Nährstoffbedarf aus anderen Quellen decken. Das Ergebnis ist eine Energieverknappung, was wiederum dazu führt, dass die Korallen ihre eigenen Reserven an Fettsäuren aufbrauchen. Langfristig bedeutet dies, dass die Koralle verhungert, falls sie nicht dazu in der Lage ist, neue Zooxanthellen anzusiedeln. Weiterhin ist die Produktion der lebensnotwendigen Schleimschicht der Korallen reduziert, SIMULdurch die sie sich gegen Krankheitserreger und andere Bedrohungen schützen. Somit werden ausgebleichte Korallen auch ein leichtes Opfer von Fressfeinden (Borneman 2001).

Erhöhte Wassertemperaturen führten im Lauf der letzten Jahrzehnte zu massiven Korallenbleichen. Man erwartet, dass die kontinuierliche globale Erwärmung zunehmend zu weiteren Ausbleich-Ereignissen führen wird. Dies würde in den kommenden Jahrzehnten zu einem geschätzten Korallensterben von bis zu 60 % führen (Wilkinson & Hodgson 1999; Loya et al. 2001). Wissenschaftler haben beobachtet, dass sich einige Korallen erholen können, die Mechanismen hierfür sind aber nur schlecht und wenig verstanden. Grottoli et al. (2006) untersuchten dieses Phänomen und entdeckten, dass die Koralle (und nicht die symbiotischen Algen, die ausgestoßen werden) die treibende Kraft dabei sind. Sie fanden heraus, dass ausgebleichte und sich anschließend erholende Korallen der Art *Montipora capitata* (eine verzweigt wachsende Art aus der Familie Acroporidae) 100 % ihres täglichen Energiebedarfs durch eine Erhöhung der Fressrate decken können. Mit anderen Worten: Diese Korallen wechselten von einer autotrophen Ernährungsweise (die natürliche Situation, bei der Nährstoffe von den symbiotischen Algen zum Korallenpolypen transferiert werden) zum Fang von Futterorganismen mit ihren kleinen Polypen und deren Tentakeln. Zwei andere Korallenarten, *Porites compressa* und *P. lobata* (beides Mitglieder der Familie Poritidae), hatten dagegen nicht die Fähigkeit,

Korallenausbleichen im Großen Barriereriff im April 1998
Foto: K. Fabricius/AIMS

sich an die neue Situation anzupassen. Die Autoren schlussfolgern, dass Korallen mit einer ausgeprägten Fähigkeit zum Wechsel von einer auto- zu einer heterotrophen Ernährungsweise langfristig Ausbleichereignisse sehr viel besser tolerieren und somit in Zukunft die dominierenden Arten der Riffe werden könnten. Sie würden demnach vom Ausbleichen betroffene Riffe vor dem Aussterben schützen, lokal ebenso wie weltweit (siehe hierzu auch BROCKMANN & KNOP 2006).

Das Ausbleichen ist nicht auf Steinkorallen beschränkt. Alle Organismen mit symbiotischen Algen können ausbleichen, z. B. einige Schwämme, viele Weichkorallen, einige Gorgonien und Riesenmuscheln.

Ausbleichen von Weichkorallen (*Sinularia flexibilis*) bei Iris Point, Großes Barriereriffe, im März 1998
Foto: K. Fabricius/AIMS

Nach dem ersten dokumentierten Auftreten der Korallenbleiche 1931 wurde das Phänomen sehr intensiv studiert. Es handelt sich dabei wohl um den am gründlichsten erforschten Stressfaktor, der Steinkorallen schädigen kann. Zwischen 1982 und 1983 trat das Ausbleichen in dramatischem Umfang in der Nähe von Thousand Islands (Indonesien) auf, wobei mehr als 80 % der Korallen betroffen waren (BROWN & SUHARSONO 1990). 1998 kam es zu einem globalen Jahrtausendereignis, was das Ausbleichen betrifft. In einigen Regionen und Ländern wie Palau und anderen Teilen Mikronesiens war es besonders katastrophal. Hier starb mehr als die Hälfte der Korallen, von denen einige Kolonien mehr als 1.000 Jahre alt waren. Es hatte sich dabei um einige der ältesten Organismen gehandelt, die auf der Erde lebten, und es ist daher unnötig zu betonen, was für ein Desaster dieses Ausbleich-Ereignis war. In einigen Gebieten starben nahezu alle schnell wachsenden Geweihkorallen (*Acropora* spp.). Es gibt keine historischen Erfahrungen oder Berichte von einem vergleichbaren Ereignis. Seit 1998 trat das Ausbleichen eher lokal auf, doch 2000 und 2003 wurden dadurch große Riffschäden verursacht. Das Phänomen El Niño/La Niña, das die Temperatur des Meerwassers erhöht und 1998 das globale Korallenausbleichen auslöste, zerstörte rund 16 % aller Korallenriffe, und nur rund 40 % der zerstörten Riffe haben sich bis zum Jahr 2004 wieder erholt (WILKINSON 2004).

Neben der erhöhten Wassertemperatur gibt es viele andere Ursachen für das Ausbleichen. Bakterien, Ciliaten, Veränderungen in Lichtquantität und -qualität, Schwankungen in Salzgehalt, Chemikalien, Umweltverschmutzung, Stress, das Fehlen von Nährstoffen und von Wasserbewegung – dies sind alles Gründe dafür, warum Korallen ihre symbiotischen Algen ausstoßen können und ausbleichen. Normalerweise spielt immer eine Kombination dieser Ursachen eine Rolle, ein einzelner der genannten Stressfaktoren ist wohl nur selten am Ausbleichen schuld.

Die am besten dokumentierte Ursache für das Ausbleichen ist die erhöhte Wassertemperatur. Werden Korallen durch eine hohe Temperatur und intensives Licht gestresst, funktionieren einige biochemische Reaktionen der Fotosynthese nicht mehr richtig. Anstatt als Quelle für die Produktion von „Nahrung" für die Korallen und die Zooxanthellen zu dienen, wird die Sonnenenergie (das Licht) in entsprechenden Reaktionen in Verbindungen umgewandelt, die unter dem Namen Sauerstoffradikale bekannt sind. Solche Radikale sind z. B. auch an der Alterung von Mensch und Tier beteiligt und führen zum Rosten von Metallen. In den Korallen schädigen sie die Chloroplasten der symbiotischen Algen – also den Ort der Fotosynthese. Temperaturen nur 2–3 Grad über dem Normalwert können Korallen umbringen. Die exakte Temperaturschwelle, die das Korallenausbleichen verursacht, hängt davon ab, wo die Korallen leben.

Verminderte Kalzifizierungsrate

Die globale Erwärmung ist heute vielleicht das ernsteste Umweltproblem, dem wir uns gegenüber sehen. Vor einigen Jahren hatten die Wissenschaftler unterschiedliche Meinungen darüber, ob die globale Erwärmung vom Menschen verursacht wird oder ein natürliches Phänomen ist. Heute gibt es wenig Zweifel daran, dass sie menschgemacht und das Resultat einer angestiegenen Menge von Treibhausgasen in der Atmosphäre ist. Das wichtigste Treibhausgas ist Kohlendioxid (CO_2). Weitere sind verdunstetes Wasser, Methan (CH_4), Distickstoffoxid (N_2O) und Fluorchlorkohlenwasserstoffe. Die Gase gelangen u. a. durch das Verbrennen fossiler Brennstoffe in die Atmosphäre.

Methan (CH_4) findet sich heute in höheren Konzentrationen in unserer Atmosphäre als in den letzten 420.000 Jahren (IPCC, 2001). Sein Gehalt liegt aktuell bei 151 % im Vergleich zur vorindustriellen Phase. Die Konzentration an Distickstoffoxid ist in den letzten 200 Jahren um ungefähr 18 % angestiegen und nimmt weiterhin zu. Es ist jedoch die Konzentration an Kohlendioxid (CO_2), die in diesem Zusammenhang wohl am bedenklichsten ist. CO_2 macht natürlicherweise 0,03 % der Erdatmosphäre aus. Die Menge an CO_2 in der Atmosphäre stieg jedoch von ungefähr 0,028 % in der vorindustriellen Phase auf 0,0379 % im Jahr 2005 an, gemäß den Daten vom 2005 State of the Climate Report der National Oceanic and Atmospheric Administration (NOAA). Dies ist eine Zunahme um 35%, aber vielleicht noch wichtiger ist, dass sich der Anstieg auch heute noch beschleunigt. Lag die Rate der Erhöhung der CO_2-Konzentration im Jahr 2000 bei 1 % im Jahr, betrug sie 2006 bereits 2,5 %. Die momentane Konzentration an CO_2 ist höher als zu irgendeiner anderen Zeit in den letzten 420.000 Jahren, und der größte Teil des Anstiegs ist auf menschliche Aktivitäten zurückzuführen (IPCC 2001; PHINNEY et al. 2006).

Leider müssen wir immer häufiger den negativen Einfluss menschlicher Aktivitäten auf die Riffe beobachten, wie industrielle Verschmutzung, das Verbrennen fossiler Brennstoffe und den dadurch hervorgerufenen, dramatischen Anstieg der Kohlendioxid-Konzentration und anderer Treibhausgase in der Atmosphäre. Unter anderem ist davon der pH-Wert der Ozeane betroffen, was wiederum einen direkten Einfluss auf die kalkbildenden Organismen wie etwa Korallen hat. Foto: Bioquatic Photo

Kalkbildende Organismen wie diese Geweihkoralle *Acropora formosa* (violett), die häufig unmittelbar benachbart zu *Acropora nobilis* (cremefarben) wächst, werden es schwer haben, bei einem weiterhin abfallenden pH-Wert des Ozeanwassers zu überleben. Foto: Bioquatic Photo

Die Effekte des Kohlendioxid-Anstiegs und der globalen Erwärmung sind vielseitig und dramatisch. Erhöhte Wassertemperatur, Klimawechsel und extreme Wasserbedingungen, Anstieg des Meeresspiegels, Zunahme der Erosion und Landverlust sind nur einige von ihnen. Ein weiterer Effekt für die Korallenriffe ist die Abnahme der Kalzifizierungsrate. Eine Erhöhung der CO_2-Konzentration in der Atmosphäre führt zu einer erhöhten Menge an gelöstem Kohlendioxid im Meerwasser. Dies verursacht eine verstärkte Produktion von Kohlensäure und damit einen Abfall des pH-Wertes im Meerwasser (siehe auch Kapitel 4). Heute steigt die CO_2-Konzentration so schnell an, dass das natürliche Puffersystem der Ozeane, das den pH-Wert im Mittel auf früher 8,16 ausbalancierte, nicht folgen kann. Die Sedimente des Meeresbodens, die diesem Abfall des pH-Wertes entgegenwirken, lösen sich einfach nicht schnell genug auf, um die Menge an erzeugter Kohlensäure aufzufangen.

Vor der Phase der Industrialisierung (also vor etwa dem Jahr 1800) lag der mittlere pH-Wert des Ozeans bei 8,16. Heute beträgt er 8,05 und kann bis zum Ende dieses Jahrhunderts bis auf 7,9 abfallen, wenn sich die Situation nicht ändert (Ruttimann 2006). Dies hört sich vielleicht nicht so viel an, aber ein Schritt auf der pH-Wert Skala entspricht einer zehnfachen Erhöhung bzw. Herabsetzung der Alkalinität – dies zeigt, wie dramatisch diese Änderungen wirklich sind.

Das Ergebnis ist für kalzifizierende Organismen katastrophal. Korallen und andere kalzifizierende Lebewesen sind an ein Leben in einem Ökosystem mit einem stabilen pH-Wert um 8,16 angepasst. Sie können sich nicht einfach von heute auf morgen an ein saureres Milieu gewöhnen. Unter diesen Bedingungen haben sie große Probleme, ihr Kalkskelett zu bilden, von dem sie vollständig abhängig sind. Kleine Organismen werden ihre schützenden Schalen aus Kalk verlieren. Ein verminderter pH-Wert wird nicht nur die Korallenriffe der tropischen Flachwasser betreffen, sondern alle kalzifizierenden Organismen einschließlich Mollusken, Krabben, die Lebewesen der Tiefwasserbiohermen (die aufgrund ihrer sehr niedrigen Kalzifizierungsrate wahrscheinlich sehr große Probleme bekommen werden), Kalkalgen und – vielleicht am wichtigsten – eine große Vielfalt planktonischer Organismen (Pflanzen und Tiere), die von essenzieller Bedeutung für die Nahrungsketten im Meer sind.

Korallenkrankheiten

Das Wissen über viele Krankheiten, die Korallen befallen können, hat in den letzten zehn Jahren beträchtlich zugenommen, und zwar sowohl was die Anzahl der betroffenen Arten als auch die geografische Region betrifft. 2004 waren 29 Korallenkrankheiten bekannt, die mehr als 150 Korallenarten befallen können. Stress vermindert die Resistenz der Korallen gegenüber Krankheiten. Erhöhung der Wassertemperatur, wie wir es heute weltweit beobachten, ist ein wesentlicher Stressfaktor für diese Tiere. Die globalen Klimaveränderungen könnten daher zu einem erhöhten Vorkommen von Korallenkrankheiten in der Zukunft führen, und ihre ansteigende Anzahl ist somit sehr eng mit menschlichen Aktivitäten verknüpft (Wilkinson 2004).

Zu den Korallenkrankheiten, die man heute beobachtet, gehören Korallentumoren, Schwarzpunktkrankheit (Dark Spot Disease, DSD), *Porites*-Weißpunkt-

Weißbandkrankheit (White Band Disease, WBD) auf der Elchgeweihkoralle *Acropora palmata* in der Karibik. Diese Krankheit ist dadurch charakterisiert, dass sich das Gewebe vom Korallenskelett bandähnlich ablöst. Normalerweise beginnt der Ablösungsprozess an der Basis der Kolonie und wandert dann nach oben bis zu den Spitzen der Äste. WBD ist nur eine von vielen Krankheiten, die heute die Korallenriffe bedrohen. Foto: E. Borneman

Geschwürkrankheit (*Porites* Ulcerative White Spot Disease, PUWSD), Purpurrot-Ring-Krankheit (Purple-ring Disease), Gelbklecks-Krankheit (Yellow-blotch Disease, YBD), Gelbband-Krankheit (Yellow Band Disease), Schwarzband-Krankheit (Black Band Disease, BBD), Weißband-Krankheit (White Band Disease, WBD), Weiße Plage (White Plague), Weiße Pocken-Krankheit (White Pox Disease) und Rotband-Krankheit (Red Band Disease, RBD). Wir werden auf diese Korallenkrankheiten im nächsten Band dieser Serie im Detail eingehen.

Weiße Seuche (White Plague, WP) ist eine andere desaströse Korallenkrankheit, die vor kurzem entdeckt wurde. Ihre Symptome sind denen der WBD vergleichbar, sie befällt aber verschiedene Arten. Hier attackiert sie die Gehirnkoralle *Montastrea cavernosa* in der Karibik. Foto: E. Borneman

Krankheiten von Korallen wie auch Krankheiten anderer Organismen haben sehr große Schäden in den tropischen Korallenriffen angerichtet, vergleichbar denen, die durch die Korallenbleiche und den Dornenkronenseestern verursacht wurden (siehe Seite 52). Der West-Atlantik (einschließlich der Karibik) und das Rote Meer sind diejenigen Regionen, die am härtesten von Korallenkrankheiten betroffen sind. Ein Beispiel hierfür ist die Weißband-Krankheit (White Band Disease), die in den 1980ern und 1990ern in der gesamten Karibik einen enormen Verlust unter den riffbildenden Korallen *Acropora cervicornis* und *Acropora palmata* verursachte.

Krankheiten können für dramatische Abnahmen in der Korallenpopulation sorgen, wie das gerade erwähnte Beispiel aus der Karibik zeigt. Ein weiteres Beispiel ist eine Krankheit, die in der Karibik in den Jahren 1983–1984 den Tod von mehr als 95 % des langstacheligen Seeigels der Art *Diadema antillarum* zur Folge hatte. Keine andere Seeigelart war davon betroffen. Obwohl die

Ursache der Krankheit niemals geklärt werden konnte, kann sie ggf. mit Bakterien der Gattung *Clostridium* assoziiert sein (LEWBART 2006). Sie wurde eventuell durch das Ablassen von Ballastwasser aus Schiffen in der Nähe des Panama-Kanals heraufbeschworen. Der Massentod der Seeigel verursachte eine dramatische Veränderung in der Zusammensetzung der Riffgemeinschaft, und der Algenwuchs stieg enorm an. Selbst 2005 hatte sich die Seeigelpopulation noch nicht erholt.

Korallenkrankheiten beeinträchtigen die Korallenriffe also stark und gehören daher heute zu den Schwerpunkten der Korallenriffforschung. Die Krankheiten bedrohen auch Aquarienkorallen, sowohl in öffentlichen Schauaquarien als auch in privaten Becken. Die steigende Anzahl von Korallenriffaquarien, die weltweit gepflegt werden, das Wissen darum, wie man riffbildende Korallen in Aquarien erfolgreich wachsen lässt sowie das Beobachten von Korallenkrankheiten in Aquarien halfen den Wissenschaftlern sogar dabei, die Natur dieser Krankheiten besser zu analysieren. Aber es ist noch ein langer Weg, bis man die Mehrzahl der Korallenkrankheiten wirklich verstehen wird. Unserer Meinung nach ist es für den Riffaquarianer sehr wichtig, Grundkenntnisse über die verschiedenen Krankheiten zu besitzen: wie sie Korallen der Riffe beeinflussen, wie man sie erkennt und – obwohl dies häufig am schwierigsten ist – wie man diese Krankheiten im Aquarium behandeln kann.

Dornenkronenseestern (Crown of Thorns Starfish, COTS)

Der Ausbruch von Dornenkronenseestern-Plagen (*Acanthaster planci*) ist unter Riffwissenschaftlern wie auch Aquarianern gut bekannt und eine der Hauptbedrohungen für das Große Barriereriff und andere indopazifische Korallenriffe – seit mehr als 40 Jahren. Die Invasion von Riffen durch *Acanthaster* verursacht ein Desaster. Die Dornenkrone hinterlässt totenweiße Skelette von Steinkorallen, wenn sie fressend über das Riff wandert.

Während der Ablaichperiode der Dornenkronenseesterne von Dezember bis April, wenn die Wassertemperatur um 28 °C liegt, kann eine einzelne Dornenkrone 50 Mio. Eier ausstoßen. Es gibt nun einige Theorien dazu, wie es zu solchen Massenvermehrungen von Dornenkronen kommt:

- Es handelt sich um ein natürliches Phänomen.
- Das Entfernen natürlicher Fressfeinde durch Überfischung erlaubt den Dornenkronenseesternen, ihre Populationsdichte zu vergrößern.
- Der Rückgang von Herbivoren, die Algen fressen und dabei auch die *Acanthaster*-Larven mit aufnehmen
- Erhöhter Nährstoffeintrag in das Meer führt zu einem gesteigerten Nährstoffangebot für die Dornenkronenseestern-Larven, was seinerseits eine gesteigerte Überlebensrate der Tiere zur Folge hat.

Die letztgenannte Theorie ist besonders interessant und führte zu Untersuchungen, die unser Verständnis solcher Seesternplagen verbesserten. Viele Studien weltweit deuten eine Beziehung zwischen Phasen starker Regenfälle und dem Anfang einer Dornenkronenseestern-Plage an. In Laborexperimenten resultierte eine Verdoppelung des Chlorophyllgehalts (ein indirektes Maß für die Anzahl der Algenzellen im Wasser) in einem zehnfachen Anstieg der Überlebensrate der Seesternlarven. Dies wiederum hat eine erhöhte Häufigkeit von

Große Populationen des Dornenkronen-Seesterns (*Acanthaster planci*) fressen das Gewebe der Steinkorallen und bedrohen somit das Große Barriereriff.
Foto (aus dem Jahr 2002): K. Fabricius/AIMS

Sind die Dornenkronen-Seesterne mit dem Angriff auf eine Steinkoralle fertig, bleibt nur noch das totenweiße Skelett zurück.
Foto (aus dem Jahr 2002): K. Fabricius/AIMS

Ausbrüchen der Dornenkronenseestern-Plagen sowie dadurch einen erheblich reduzierten Korallenbewuchs zur Folge. Die Menge an Chlorophyll steht in einer direkten Beziehung zu der Menge an Nährstoffen, die in den Ozean gelangen. Daten zeigen auch, dass das Massenauftreten der korallenfressenden Dornenkronen entlang von Kontinentalküsten und kontinentalen Inseln

Flussmündung mit nährstoffreichem Wasser vom Murry River, Australien (Foto von 2004). Der Anstieg der Nährstoffkonzentrationen und anderer Verbindungen (Pestizide und Herbizide) aufgrund intensiver Landwirtschaft ist heute eines der größten Probleme küstennaher Korallenriffe.
Foto: K. Fabricius/AIMS

stattfindet, aber nicht im gleichen Ausmaß in Atollen. Es ist eine Tatsache, dass Süßwasserzuflüsse in Atolle sehr viel geringer sind als die von Kontinenten oder hohen Inseln. Falls die Schlussfolgerungen aus all dem zutreffen, sind diese desaströsen Massenvermehrungen von uns Menschen verursacht, denn die Regenfälle sorgen heute für verstärkte Zufuhr von Nährstoffen in die Gewässer, indem sie diese z. B. von gedüngten Feldern in die Flüsse spülen. Warum aber gerade diese Seesternart sich unter solchen Bedingungen so dramatisch vermehrt und nicht irgend eine andere, ist nach wie vor unbekannt (G. De'ath pers. Mittlg; Webseite des AIMS: www.aims.gov.au).

Sedimenteinspülungen und erhöhte Nährstoffkonzentration

Tropische Korallenriffe sind in der Regel nährstoffarme Habitate mit relativ klarem Wasser. Während der letzten Jahrzehnte aber haben sich diese Parameter aber zum Schlechteren verändert, und Faktoren setzen die Korallenriffe enorm unter Druck.

Sediment- und Nährstoffeinspülungen sind verknüpft mit Küstenentwicklung, Landwirtschaft, Erosion, Landerschließung, Abholzung und bestimmten landwirtschaftlichen Praktiken (Spalding et al. 2001). Der Einfluss auf küstennahe Riffe ist groß. Die Vegetation spielt hier eine wichtige Rolle, da die Wurzeln den Boden zurückhalten und davor bewahren, in Flüsse und Ströme gespült zu werden. Das Abholzen der Wälder jedoch hat die Situation in vielen Gebieten gewandelt. Wenn die Bäume gefällt und Flächen für die Landwirtschaft erschlossen werden, ist ein negativer Effekt daraus eine ansteigende Menge an Sedimenten, die die Küste und die Korallenriffe erreichen. Und mit den Sedimenten kommen die Nährstoffe, die in der Landwirtschaft verwendet werden (meistens Phosphat und Stickstoff), außerdem chemische Verunreinigungen (wie Pestizide und Herbizide). Der positive Effekt ist, dass die lokale Bevölkerung Nahrungsmittel anbauen kann und somit ein gutes Einkommen aus der Landwirtschaft erzielt. Wenn jedoch die Vegetation den ganzen Weg bis hinunter zu den Flüssen und Strömen entfernt wird, leiden die Riffe. Denn diese Vegetation spielt eine entscheidende Rolle dabei, die Erosion zu verhindern, die Uferböschungen zu stabilisieren und Verunreinigungen aufzufangen. Außerdem fungiert sie als Schattenspender für im Wasser lebende Tiere (Fabricius & De'ath 2004). Zahlen von Queensland, Australien, wo die Verschmutzung des Großen Barriereriffs im Detail analysiert wurde, zeigen, dass die Sedimentmenge, die auf das Riff trifft, seit 1850 um 300–900 % zugenommen hat, der Phosphateintrag um 300–1.500 %, die Menge an Gesamtstickstoff

Bild links: Schwer geschädigtes Küstenriff in der Whitsunday-Gruppe, zentrales Großes Barriereriff. Dies ist das Ergebnis der Eutrophierung (Nährstoffanreicherung) der Küstengewässer. Als Vergleich ein gesundes Küstenriff rechts: Heath Reef, Princess Charlotte Bay, nördliches Großes Barriereriff.
Foto: K. Fabricius/AIMS

um 150–400 %, und dass Pestizidrückstände nun in Riffsedimenten gefunden werden können (Great Barrier Reef Marine Park Authority Pamphlet Publication 2004). Es gibt nur wenig Grund zu glauben, die Situation in anderen Teilen der Welt sei sehr viel anders.

Viele arme Länder haben keine Kläranlagen gebaut, die mit den Abwässern einer wachsenden Stadtbevölkerung fertig werden. Das Resultat ist auch hier eine steigende Menge an Nährstoffen und Chemikalien, die in die Ozeane gespült werden.

Korallen und Korallenriffe sind extrem sensibel gegenüber Sedimenten. Im Wasser schwebende Sedimente blockieren den Lichteinfall und beschränken die Fotosynthese der symbiotischen Algen, wenn sie diese nicht sogar unmöglich machen. Dadurch wird das Wachstum der Korallen reduziert oder gestoppt. Sedimente, die sich absetzen, überdecken die Korallen, und obwohl diese durch Schleimbildung und -absonderung Partikel von ihrer Oberfläche entfernen können, verbraucht dieser Prozess Energie und schwächt die Korallen langfristig. Fabricius et al. (2007) dokumentierten Sedimentschäden und das daraus folgende Absterben bestimmter Steinkorallen in den Riffen von Ngardmau, Palau (Mikronesien). Dort waren kleinpolypige Steinkorallen am stärksten betroffen.

Ansteigende Nährstoffkonzentrationen und Eutrophierung des Riffsystems haben viele komplexe Einflüsse auf diesen Lebensraum. Normalerweise ändert sich dadurch die Struktur der Riffgemeinschaft. Ein Überangebot an Nährstoffen fördert das Wachstum von Fadenalgen, und in einigen Küstengebieten mit starker Einspülung von Sedimenten und Chemikalien gibt es nun nur noch Felsen, die vollständig mit Algen bedeckt sind – dort, wo einst blühende Korallenriffe gediehen. Vergleiche hierzu auch die beiden Fotos oben.

Riffe sind zerbrechliche und komplexe Ökosysteme, gleichzeitig aber auch zähe Strukturen, die natürliche Klimaveränderungen und andere ökologische Veränderungen über Millionen von Jahren überlebt haben. Das Entscheidende ist jedoch, dass die heutigen Veränderungen sehr schnell ablaufen, so schnell, dass sie sehr wahrscheinlich kein Produkt natürlicher Prozesse sind, sondern vom Menschen verursacht. Können sich die tropischen Riffe an diese plötzlichen Veränderungen anpassen? Diese Frage kann nur die Zukunft beantworten.

Einführung in die Ökologie der Korallenriffe

Es gibt mehrere Definitionen für den Begriff „Ökologie“. Eine der brauchbarsten lautet: „Ökologie ist das Studium der Interaktionen von Organismen mit ihrer Umwelt und mit anderen Organismen“. Welche Definition auch immer verwendet wird, eine Tatsache bleibt immer gleich: Die Ökologie tropischer Korallenriffe ist extrem komplex und mannigfaltig – sie ist weit davon entfernt, vollständig verstanden zu werden.

Den Begriff „Korallenriff-Aquarium“ zu definieren, ist ebenfalls nicht einfach, aber man kann sagen, dass ein Korallenriff-Aquarium ein geschlossenes, künstliches System unter menschlicher Obhut ist, in dem wir versuchen, Tiere aus dem natürlichen Ökosystem Korallenriff artgerecht zu pflegen. Diese Tiere interagieren hierbei mit anderen Organismen und mit dem System (einschließlich dem Aquarianer). Die sexuelle und/oder vegetative Vermehrung von Tieren und Pflanzen kann in diese Definition eingeschlossen werden, soweit sie bei artgerechter Pflege in einem modernen Aquariensystem routinemäßig erfolgt, wie das bei vielen Organismengruppen der Fall ist. Die erfolgreiche Aufzucht der meisten Lebewesen wird jedoch durch den Platz und die Verfügbarkeit der richtigen Nahrung limitiert. Wir sind daher zögerlich, die Vermehrung als eine Forderung in die Definition eines Riffaquariums einzuschließen, obwohl dieser Bereich einen sich sehr schnell entwickelnden Zweig des Hobbys darstellt.

Immer aber gilt für unser Aquarienriff: Wir benötigen ein Grundlagenwissen über die Korallenriffökologie, um Erfolg zu haben und die Verantwortung für die Lebewesen tragen zu können, die wir pflegen. Darum haben wir in dieses Kapitel einige Informationen über die generelle Ökologie aufgenommen, mit besonderem Schwerpunkt auf Riffökologie und Nährstoffzyklen der Korallenriffe.

Energie

Alle Ökosysteme hängen von der Zufuhr von Energie ab, und außer für einige isolierte Tiefwasserökosysteme, die durch chemische Energie, die aus dem Erdinnern stammt, angetrieben werden, kommt diese Energie in Form von Licht von der Sonne. Licht wird von Pflanzen (einschließlich Algen) absorbiert und ist die treibende Kraft für die lebenswichtige Reaktion, die unter dem Namen Fotosynthese bekannt ist. Organismen, die eine Fotosynthese durchführen können, werden Primärproduzenten genannt. Bei der Fotosynthese werden die anorganischen Verbindungen Kohlendioxid und Wasser in organische Kohlenstoffverbindungen (häufig Zuckerverbindungen genannt) und das für uns lebenswichtige Gas Sauerstoff umgesetzt; Letzteres wird in die Atmosphäre abgegeben. Auf diese Weise wird die Lichtenergie der Sonne in chemische Energie umgewandelt, die in nährstoffreichen organischen Verbindungen (Zuckern) enthalten ist.

Die Zucker (oder Nährstoffe) bilden ihrerseits Nahrung für alle Organismen (einschließlich der Pflanzen). Vereinfacht können wir sagen, dass Tiere den Zucker fressen und in ihrem Verdauungstrakt zersetzen. Die abgebauten Nährstoffe werden u. a. über das Blutsystem zu den Körperzellen transportiert, wo sie z. B. mit Sauerstoff reagieren. Während dieser Reaktion, die unter dem Begriff Atmung bekannt ist, wird Energie freigesetzt, und Wasser sowie Kohlendioxid entstehen als Abfallprodukte. Die Energie wird für alle lebenserhaltenden Funktionen verwendet, jedoch geht eine Menge davon als Wäme verloren.

Primärproduzenten, Konsumenten und abbauende Organismen

Primärproduzenten sind diejenigen Organismen, die Lichtenergie zur Fotosynthese verwenden können. Wir nennen sie generell „Pflanzen" und denken dabei hauptsächlich an Gräser und Bäume, die wichtige terrestrische Primärproduzenten sind. In nordischen Gewässern sind Primärproduzenten planktonische Algen und Kelpwälder. In Korallenriffen sind die hauptsächlichen Primärproduzenten Algen. In diesem Zusammenhang sind insbesondere diejenigen kleinen Algen wichtig, die zwischen den Korallen auf den Felsen wachsen. Sie werden Aufwuchsalgen („turf algae") oder „Periphyton-Aufwuchs" genannt. Planktonische Algen sind jedoch ebenfalls lebenswichtig für die Riffe. Algen sind ein wichtiger Bestandteil des Riff-Ökosystems, wo sie in außergewöhnlich großer Vielfalt wachsen. Sie sollten auch eine Hauptkomponente im Korallenriff-Aquarium sein. Um mehr über Algen zu erfahren, lesen Sie bitte Band 2 dieser Buchserie.

Außer dem Licht benötigen die Algen auch Nährstoffe, um wachsen zu können. Die Hauptnährstoffe für Pflanzen sind stickstoff- und phosphorhaltige Verbindungen. Während diese Verbindungen in nördlichen Gewässern aufgrund von nach oben strömendem Tiefenwasser reichlich vorhanden sind, gibt es sie in tropischen Korallenriffen in nur sehr geringen Konzentrationen. Die Frage, wie ein solch diverses Ökosystem in einer Umwelt existieren kann, wo Nährstoffe so knapp sind, hat die Wissenschaftler über Jahrzehnte beschäftigt. Heute ist klar, dass diese Nährstoffe in dem Ökosystem Korallenriff effizient recycelt werden.

Alle Organismen, die keine Produzenten sind, gehören zu den Konsumenten. Die Konsumenten, die direkt, sozusagen aus erster Hand organische Verbindungen aufnehmen, werden Primärkonsumenten oder Pflanzenfresser genannt. Sie ernähren sich unmittelbar von den Pflanzen. Ein gutes Beispiel hierfür sind die herbivoren Fische, wie der Gelbe Doktorfisch (*Zebrasoma flavescens*), die hauptsächlich benthische Algen verzehren.

Konsumenten, die keine Pflanzen fressen, sind karnivor oder Zweit-, Dritt- oder Viertkonsumenten (usw.). Einige Organismen sind omnivor, was bedeutet, dass sie sich von allen verfügbaren Nährstoffen ernähren, von Pflanzen wie auch von Tieren. Der Pfauenaugen-Mirakelbarsch (*Calloplesiops altivelis*), der ein sehr populärer und ausdauernder Fisch für das Korallenriff-Aquarium ist, ernährt sich nicht von Algen, frisst jedoch kleine Garnelen und sehr kleine Fische. Er ist ein gutes Beispiel für einen Sekundärkonsumenten im Aquarium. Die größeren Muränen, wie die fischfressende Leoparden-Muräne (*Gymnothorax favagineus*), werden sich den Pfauenaugen-Mirakelbarsch als Beute schnappen und sind damit ein Beispiel für einen Konsumenten höherer Ordnung. Im Korallenriff gibt es Konsumenten, die weitaus größer und räuberischer sind als die Muränen, wie etwa die großen Haie, Rochen und Zackenbarsche. Diese stehen an der Spitze der Konsumenten des Ökosystems Korallenriff.

Die Primärproduzenten, -konsumenten und alle weiteren Konsumenten bis hin zur Spitze der Nahrungskette interagieren mit allen anderen Arten im Korallenriff. Die Energie, die ursprünglich durch die Primärproduzenten in das System eingeführt wurde, wird in einem extrem komplexen Nährstoff-Netzwerk von Organismus zu Organismus weitergegeben. Dabei geht allerdings ein Großteil der Energie verloren.

Sterben Organismen, sind sie für dieses Netzwerk nicht verloren, sondern werden von abbauenden Organismen zersetzt. Diese verwerten totes Material und zerlegen Verbindungen in kleinere Bausteine. Auf diese Weise fördern sie Nährstoffe (meistens stickstoffhaltige Verbindungen) zurück ins Wasser, die dann von den Algen wieder verwendet werden können. Typische abbauende Organismen in Korallenriffen sind verschiedene Mikroorganismen und Bakterien.

Diversität

Ökologie ist aber viel mehr als nur ein Netzwerk aus Nährstoffen. Ökologen müssen nach Faktoren wie Vermehrung, Verhalten, Überlebensstrategien, Parasitismus und Kommensalismus (Organismen, die in einem engen Verhältnis miteinander leben) und nach Einflüssen von Umweltfaktoren wie Strömung, Wellen, Temperatur und Süßwassereinspülungen schauen. Viele dieser Punkte kommen zur Sprache, wenn wir in den nachfolgenden Bänden die einzelnen Organismen behandeln.

In Korallenriffen ist die Diversität der Organismen unglaublich groß – sie ist sogar größer als in jedem anderen marinen Ökosystem unserer Erde. Korallenriffe in unterschiedlichen Regionen besitzen aber auch eine jeweils unterschiedlich große Biodiversität. Die größte Biodiversität findet man dort, wo der Indische und der Pazifische Ozean aufeinander treffen. Die Anzahl der Arten von Riffpflanzen und -tieren nimmt ab, je weiter man sich von dieser Region entfernt.

Man schätzt, dass zwischen 0,5 und 2 Mio. Arten in den Biotopen der Korallenriffe leben, doch nur wenige von ihnen sind bereits bekannt. Das macht es unmöglich, einen kompletten Überblick über dieses Ökosystem zu erhalten. Obwohl wir mehr und mehr über die Ökologie der tropischen Korallenriffe lernen, werden wir diese wahrscheinlich niemals ihrer Gesamtheit verstehen.

Tabelle 1.3 | Diversität von Korallenriffen

Hauptgruppen	Ungefähre Zahl beschriebener Arten in tropischen Korallenriffen
Mangroven	90
Seegräser	52
Schwämme	360
Steinkorallen	815
Weichkorallen	700
Weichtiere	4.000
Krebstiere	570
Stachelhäuter	1.560
Fische	6.500

Die Diversität von Korallenriffen ist ein Faktor, den wir in unseren Aquariensystemen nicht kopieren können. Es gibt einige wichtige Unterschiede zwischen natürlichen Korallenriffen und den „Riffen“ in unseren Aquarien. Einer davon ist das Verhältnis von Wasser zu Biomasse. In der Natur ist es sehr viel höher als im Aquarium. Mit anderen Worten: Die Organismen des Meeres haben Zugang zu sehr viel mehr Wasser als die in unseren Aquarien zu Hause.

Diese Tatsache wie auch andere Faktoren zeigen Grenzen dafür auf, welche Organismen wir gemeinsam in einem Aquarium pflegen können. Die großen Räuber wie Rochen, Haie und Zackenbarsche fehlen in unseren

Riffaquarien. Gleiches gilt für große herbivore Fische, wie z. B. Papageifische. Normalerweise halten wir auch nicht viele Seeigel und Seegurken. Dies sind aber Wirbellose, die in der Regel in großer Anzahl in relativ kleinen Riffarealen gefunden werden. Und während wir auf einigen Quadratmetern vielleicht 50 verschiedene Korallenarten pflegen, finden wir auf derselben Fläche im natürlichen Biotop nur einige wenige oder vielleicht sogar nur eine Korallenspezies.

Es ist verständlich, dass Aquarianer so viele Arten wie möglich im selben Aquarium pflegen möchten. Dies erhöht die Farbigkeit, zeigt viele verschiedene Verhaltensweisen und gibt die Möglichkeit, mehrere Lebensformen recht nahe beobachten zu können. Man sollte sich allerdings darüber im Klaren sein, dass es vielleicht besser wäre, nur einige wenige Arten zu halten, jedoch in höherer Individuenanzahl – zumindest dann, wenn wir uns dem Vorbild der Natur nähern wollen. Wir werden auf diese Frage noch einmal in Band 2 dieser Buchreihe zurückkommen.

Allgemeine Korallenriffökologie

Ein Korallenriff ist ein Ökosystem von großer Vielfalt (Diversität). Hinsichtlich ihrer Vielfalt und Komplexität sind Korallenriffe mit tropischen Regenwäldern vergleichbar. Alle Organismen eines Korallenriffs stehen in äußerst komplizierten Wechselwirkungen zueinander. Letztlich weiß zwar niemand wirklich Genaueres über die Gesamtheit dieser Beziehungen, doch die Meeresforschung liefert hierzu ständig neue Erkenntnisse.

Alle lebenden Organismen sind aus organischem Material aufgebaut, enthalten also Verbindungen aus Kohlenstoff (Gegensatz: anorganische Verbindungen). Ein Beispiel für organische Verbindungen sind Proteine (Eiweißstoffe). Man spricht von organischen Verbindungen, weil man früher glaubte, sie könnten nur von lebenden Organismen gebildet werden. Anorganische Stoffe sind chemische Elemente wie z. B. Sauerstoff, Wasserstoff, Natrium oder Silizium und deren Verbindungen (z. B. Wasser und Glas).

Fotosynthese

Pflanzen haben die großartige Fähigkeit entwickelt, mit Hilfe komplexer chemischer Reaktionen aus anorganischen Stoffen organische Verbindungen (Kohlenhydrate) aufzubauen. Diesen Prozess nennt man „Fotosynthese". Die hierfür benötigte Energie liefert das Licht. Organismen, die zur Fotosynthese fähig sind, werden als photoautotroph bezeichnet; sie nutzen die Lichtenergie. Lebewesen, die ihre Nährstoffe nicht selbst synthetisieren können, nennt man heterotroph. Zu den autotrophen Organismen zählen vor allem die Pflanzen. Daneben gibt es jedoch auch autotrophe Bakterien. Die übrigen Lebewesen auf der Erde sind heterotroph, d. h. um leben zu können, sind sie letztlich abhängig von Pflanzen, ob nun direkt oder indirekt.

Verschiedene Algenarten wachsen in etwa 20 m Tiefe im nährstoffarmen Wasser der Korallensee. Primärproduzenten bilden die erste Ebene in der Nahrungskette eines Ökosystems. Algen sind somit ein lebensnotwendiger Faktor im Ökosystem Korallenriff.
Foto: Bioquatic Photo

Algen, hier *Caulerpa racemosa* in 10 m Tiefe im Großen Barriereriff, sind Primärproduzenten im Riff. Ihre Bedeutung für die Riffökologie wurde oft falsch eingeschätzt.
Foto: Bioquatic Photo

Zur Fotosynthese sind Wasser (H_2O), Kohlendioxid (CO_2) und Lichtenergie notwendig. Die Pflanzen bauen daraus Zuckerverbindungen auf, meist Traubenzucker (Glucose, $C_6H_{12}O_6$) bzw. Stärke ($C_6H_{10}O_5$), wobei gleichzeitig Sauerstoff (O_2) freigesetzt wird. Vereinfacht kann man diese Reaktion so darstellen:

$$\text{Licht (Energie)} + 6\ CO_2 + 6\ H_2O \longleftrightarrow C_6H_{12}O_6 + 6\ O_2$$

Die Bildung von einem Mol Kohlenhydrat erfordert 2.000–2.500 kcal Lichtenergie. Davon sind allerdings nur 30 % in den Kohlenhydraten als chemische Energie gebunden, die dann in die Nahrungskette transportiert und von anderen Organismen genutzt wird. Man beachte auch, dass der Sauerstoff ein Produkt der Fotosynthese ist und von Pflanzen abgegeben wird. Heterotrophe und (z. B. nachts) auch autotrophe Organismen sind vom Sauerstoff abhängig, der 21 % der atmosphärischen Gase ausmacht. Sauerstoff ist in Wasser leicht löslich, dort allerdings immer noch in erheblich geringerer Konzentration als in der Luft.

Die Fotosynthese ist die chemische Basisreaktion der meisten Ökosysteme. Im Korallenriff, wo die Menge der vorhandenen Nährstoffe normalerweise nur minimal ist, sind die Korallen eine Symbiose mit Algen (Zooxanthellen) eingegangen, um direkt von der Fotosynthese profitieren zu können. Wir werden auf diese Symbiosebeziehung noch zurückkommen.

Respiration (Zellatmung)

Den Prozess, bei dem Sauerstoff verbraucht wird, nennt man Respiration oder Atmung. Die Respiration ist sozusagen das Gegenteil der Fotosynthese und lässt sich wie folgt darstellen:

$$C_6H_{12}O_6 + 6\ O_2 \longleftrightarrow 6\ CO_2 + 6\ H_2O + \text{Energie}$$

Bei der Atmung entstehen Kohlendioxid und Wasser, außerdem Energie. Organische Stoffe werden zu anorganischen abgebaut. Die dabei frei werdende Energie wird für alle Lebensvorgänge benötigt, wie z. B. Bewegung, Aufrechterhaltung der Körpertemperatur, Bildung von Geschlechtszellen usw. Wird ein Mol an Kohlenhydraten verbrannt, werden dabei 672 kcal an chemischer Energie freigesetzt, aber bis zu 75 % der Energie gehen als Wärme in die Umgebung verloren.

Alle sog. aerob lebenden Organismen – ob heterotroph oder autotroph – benötigen Sauerstoff zur Respiration. Autotrophe Organismen produzieren Sauerstoff aber auch selbst. Wenn der bei der Fotosynthese erzeugte Sauerstoff bei der Respiration völlig verbraucht (veratmet) wird, kann natürlich kein überschüssiger Sauerstoff mehr abgegeben werden. Dies ist der Fall bei einer bestimmten Lichtintensität. Wird diese Lichtintensität unterschritten, verbrauchen autotrophe Organismen mehr Sauerstoff als sie produzieren. Das geschieht etwa in den Nachtstunden. Ansonsten ist jedoch die Sauerstoffmenge, die produziert wird, weitaus größer als die bei der Atmung verbrauchte. Auf diese Weise entsteht auch für die heterotrophen Lebewesen genügend Sauerstoff.

Produzenten, Konsumenten und abbauende Organismen

Die autotrophen Organismen werden „Primärproduzenten" genannt, weil sie organische Substanz erzeugen, die dann (sekundär) von den heterotrophen Organismen genutzt wird. Diese Herstellung organischer Verbindungen durch die Primärproduzenten wird entsprechend „Primärproduktion" genannt. Die gesamte Energiemenge (Stoffmenge), die von den Primärproduzenten erzeugt wird, nennt man Bruttoprimärproduktion (BPp). Die Nettoprimärproduktion (NPp) berechnet sich durch die Subtraktion der Respiration (Rp) von der Bruttoprimärproduktion:

$$BPp - Rp = NPp$$

Solange das Verhältnis BPp : Rp größer als 1 ist, übersteigt die Energie bzw. Stoffmenge, die die Primärproduzenten erzeugen, die bei der Atmung verbrauchte Menge. In diesem Fall spricht man von einem autotrophen Ökosystem. Es ist also ein Ökosystem, das seine Hauptenergie aus dem Sonnenlicht bezieht.

Wenn das Verhältnis BPp : Rp kleiner als 1 ist, handelt es sich um ein heterotrophes System. Die Energie wird auf andere Art und Weise bezogen, d. h. durch Aufnahme von Nahrung. Organismen, die sich von Primärproduzenten ernähren, sind Primärkonsumenten. Zusätzlich gibt es andere heterotrophe Organismen, die Fleischfresser und/oder Pflanzenfresser sind. Sie alle werden unter dem Sammelbegriff Konsumenten zusammengefasst.

Eine weitere Gruppe, die Bedeutung für alles Leben hat, sind die abbauenden Organismen. Sie bauen totes organisches Material zu anorganischen Verbindungen ab. Diese Organismen leben genau wie die Konsumenten von organischer Nahrung. Die wichtigsten abbauenden Organismen sind die Bakterien. Sie sind für ein Korallenriff-Aquarium von großer Bedeutung und werden in diesem Band noch eingehender behandelt.

Viele Wissenschaftler erforschen überall auf der Erde die Korallenriffe. Diese Arbeit ist von enormer Bedeutung, um das komplexe Ökosystem Korallenriff zu verstehen. Nur durch neue Erkenntnisse können wir die Korallenriffe schützen und retten. Das Foto zeigt Forschungsarbeiten im Großen Barriereriff.
Foto: K. Fabricius/AIMS

Anorganische Nährstoffe im Korallenriff

Die Konzentration an anorganischen Nährstoffen in den Gewässern, die die Korallenriffe umgeben, ist normalerweise sehr niedrig (siehe Tabelle 1.4). Dies limitiert aber nicht die Primärproduktion, die sehr groß ist und damit die Basis für die hohe Diversität der koexistierenden Organismen darstellt. Wissenschaftler haben sich lange Zeit mit der faszinierenden Frage beschäftigt, wie es möglich ist, dass eine solche Vielzahl an Organismen in einem Lebensraum existieren kann, der, was Nährstoffe betrifft, extrem arm ist. Es ist offensichtlich, dass eine Nährstoffbalance im Korallenriff existiert, denn sonst würde es dieses Ökosystem nicht geben. Die Mechanismen hinter dieser Balance sind jedoch sehr komplex. Einige der anorganischen Verbindungen (wie z.B. das Phosphat) werden in so geringer Konzentration im Meerwasser gefunden, dass sie an der Grenze zum Wachstumslimit von Primärproduzenten wie Phytoplankton liegen. Die anorganische Nährstoffkonzentration des Wassers sagt daher wenig über die aktuelle Größe des Nährstoffpools im System aus. Auch die organischen Formen der Nährstoffe, die in den Sedimenten und in den Organismen selber gefunden werden, sind wichtig, um das Ökosystem in der Balance zu halten.

In Gezeitentümpeln, wie hier auf einem Riffdach bei Fidschi, können Ammoniak und andere Nährstoffe wesentlich höhere Konzentrationen erreichen als im Wasser, das ein Riff durchströmt.
Foto: Bioquatic Photo

Tabelle 1.4

Gehalt (in µmol/l) von gelöstem, anorganischem Stickstoff und Phosphor in tropischen Korallenriffen Auf der Grundlage von D'Ella & Wiebe (1990)

Ort	Stickstoff		Phosphor		Anmerkungen
	Außenriff oder Vorriff	Innenriff	Außenriff oder Vorriff	Innenriff	
Karibik					
Discovery Bay, Jamaika	0,59	3,6	0,2	0,2	Stickstoffeintrag durch Grundwasser
Great Sound, Bermudas	0,5	–	0,025	–	
St. Croix, US Virgin Islands	> 0,283	> 0,512	0,08	0,1	Nur Nitrat und Nitrit
Indischer Ozean					
Albrolhos Islands	1,503	–	0,375	–	Im Winter
	0,982	–	0,21	–	Im Sommer
Kavaratti Atoll, Lakshadweep Archipel	1,2	–	0,34	0,67	
Peros Banhos, Malediven	0,4	0,51	0,43	0,58	
Salomon Atoll, Malediven	0,98	1,2	0,43	0,67	
Pazifischer Ozean					
Canton Atoll, Phoenix-Inseln	3,8	–	0,56	–	Aufsteigendes Tiefenwasser
Enewetak Atoll, Marshall-Inseln	0,349	0,912	0,174	0,169	
Großes Barriereriff (a)	< 0,69	–	0,31	–	
Großes Barriereriff (b)	1,02	1,26	0,26	0,26	
Großes Barriereriff (c)	–	–	0,14	0,14	Im Winter
	–	–	0,07	0,07	Im Sommer
Pago Bay, Guam	0,22	0,45	0,21	0,16	Grundwassereintrag
Tuman Bay, Guam	0,86	8,04	0,18	0,55	
Sesoko Island, Okinawa	< 0,4	< 1,8	< 0,7	< 0,9	Grundwassereintrag
Tarawa Lagoon, Kiribati	3,02	–	0,33	–	Aufsteigendes Tiefenwasser

Die am häufigsten akzeptierte Erklärung für dieses scheinbare Paradoxon ist, dass die Riffgemeinschaften die Nährstoffe sehr effizient zurückhalten und recyceln – Prozesse, die eher biologisch anstatt physikalisch-chemisch kontrolliert werden.

Aus der Sicht des Aquarianers sind Stickstoff und Phosphor die wichtigsten Nährstoffe (siehe auch Kapitel 6). Sie sind lebenswichtig für die Algen, um mit ihrer Hilfe über die Fotosynthese organische Verbindungen aufzubauen. Biochemische Prozesse, die die Verfügbarkeit von Stickstoff und Phosphor regeln, beeinflussen die Produktivität eines Korallenriffs.

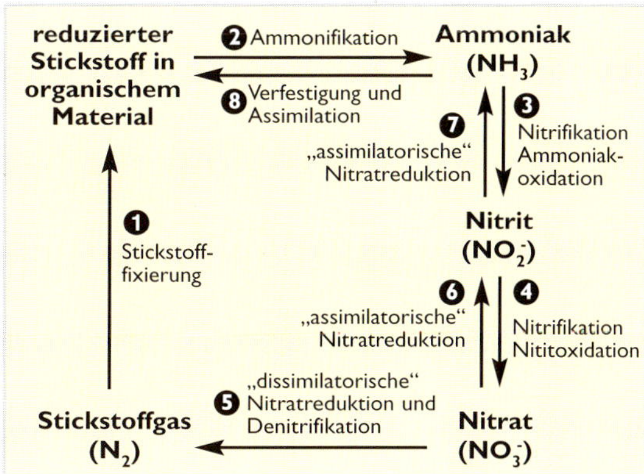

Diagramm 1.2: Die wichtigsten Stickstoffverbindungen im Korallenriff und die bedeutensten Umwandlungsprozesse des Stickstoffs aus diesen Pools. Nach D'Ella & Wiebe (1990)

Der Stickstoffkreislauf, der für das Korallenriff in allen seinen Einzelheiten gründlich untersucht worden ist, läuft vor allem in biochemischen Prozessen ab (siehe Diagramm 1.2, rechts). Gelöster Stickstoff wird durch verschiedene blaugrüne Algen fixiert (wie *Stychnema, Calotrix, Nostoc, Hermothamnion, Hyella, Oscillatoria, Symploca* und *Lyngbya*. Dies ist der Hauptprozess, der dazu führt,

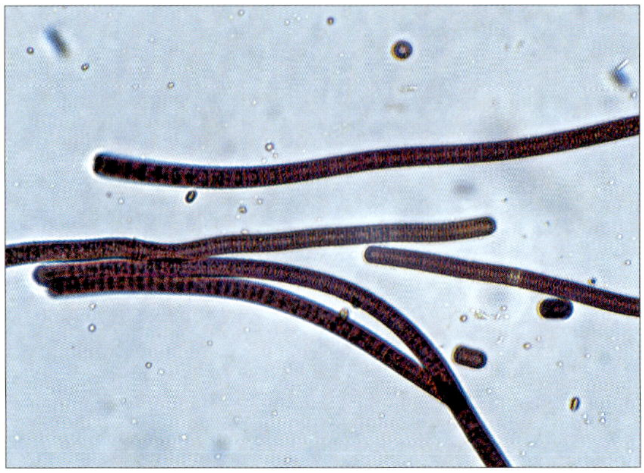

Cyanobakterien, sog. Blaualgen, (links) wachsen zwischen Seegras auf einem flachen Riffdach in Strandnähe von Green Island, Großes Barriereriff. Sie sind, wie andere Blaualgen auch, von großer Bedeutung für die Riffökologie, da sie den im Wasser gelösten Stickstoff fixieren und somit dieses lebenswichtige Element in das Ökosystem Riff einbringen. Im rechten Bild sind einige Fäden einer Blaualge durch das Mikroskop fotografiert. Vergrößerung: ungefähr 800fach
Fotos: Bioquatic Photo

dass die Korallenriffgemeinschaft mit Stickstoff versorgt wird. Die Fixierungsrate variiert von 1–30 mg N_2/g/h, entsprechend etwa 500–900 kg N_2/ha/Jahr (SOROKIN 1995; siehe Tabelle 1.5).

Stickstoff findet sich in verschiedenen Oxidationsstadien vom Nitrat (+5) bis zum Ammoniak (-3) und kann daher sowohl oxidierend als auch reduzierend wirken. Der Pool an anorganischem Stickstoff variiert im Wasser der Korallenriffe von 0,6–1,5 mmol/l, was normalerweise ein wenig mehr ist als der Gehalt im umgebenden ozeanischen Wasser. Ammonium (NH_4^+) dominiert in den Gewässern der Korallenriffe, während Nitrat (NO_3^-) in den tropischen ozeanischen Gewässern vorherrscht. In einigen Biotopen, z. B. Gezeitentümpeln, kann die Konzentration von Ammonium Werte von 16 mmol/l (= 0,29 mg/l) erreichen. Ammonium wird durch Bakterien zu Nitrat oxidiert, die im oberen Bereich der Bodensedimente und zwischen den Algen leben, die das Substrat bewachsen.

Um mmol in mg/l umzurechnen, multipliziert man die Menge an mmol der entsprechenden Verbindung mit deren Molekulargewicht und dividiert dann durch 1.000. Möchte man die Werte in µg/l, muss man durch 1.000.000 dividieren.

Tabelle 1.5

Berechneter jährlicher Durchschnittswert der Fixierung von Stickstoff (kgN_2/ha)
Modifiziert nach SOROKIN (1995)

Substrat/Habitat	N_2-Fixierung
Periphyton* auf Schutt	493
Periphyton auf Felsen, seewärtiges Riffdach	684
Periphyton auf Felsen, landwärtiges Riffdach	4,4
Periphyton am Außenriffdach	20
Korallensand	15–91

* Periphyton = Aufwuchs (Algenwuchs und darin lebende Organismen), der Felsen, Schutt, tote Korallen usw. bedeckt – ein „Rasen", der normalerweise 2–5 mm hoch ist

Phosphat ist ebenfalls ein wichtiger Algennährstoff, und wie bei Stickstoff ist in den Gewässern der Korallenriffe auch die Konzentration des gelösten anorganischen Phosphats sehr niedrig. Sie beträgt etwa 0,1–0,4 mmol/l, was wiederum in der Nähe der Grenze liegt, an der die Phosphat-Konzentration für das Wachstum von Phytoplankton limitierend ist (SOROKIN 1995). Das im Wasser gelöste Phosphat ist jedoch nur ein Teil des gesamten verfügbaren Phosphats. Es gibt Phosphatpools in den feinen Spalten des Riffs, in den Sedimenten und in den Organismen selber. Die gleiche Situation haben wir im Riffaquarium, jedoch ist hier die Konzentration an gelöstem

Phosphat und gelösten Stickstoffverbindungen normalerweise viel höher als im Korallenriff (für weitere Informationen siehe Kapitel 6).

Studien haben gezeigt, dass bei einem Anstieg der Konzentration von Phosphat im Wasser auch die Phosphataufnahme durch Algen ansteigt. In Riffwasser mit einer niedrigen Phosphatkonzentration geben die Algen Phosphate ab, wohingegen sie in Wasser mit höherer Phosphatkonzentration diesen Stoff aufnehmen. Das liegt daran, dass die Primärproduzenten Phosphate benutzen, die von Wirbellosen freigesetzt werden, die in den Sedimenten leben. Wenn die Konzentration jedoch im Wasser ansteigt, wird Phosphat leichter verfügbar, und die Algen konsumieren es.

Wie Stickstoff, so bildet auch Phosphat einen halb geschlossenen Zyklus in Tieren, die symbiotische Algen beherbergen. Anorganisches Phosphat, das von den Korallen aufgenommen wird, sammelt sich in den symbiotischen Algen und wird in die Zellen der Korallen transportiert. Hier wird das Phosphat als PO_4^{3-} mineralisiert und wiederum von den Zooxanthellen verwendet, was den Zyklus beendet. Weitere detaillierte Informationen über den Phosphatzyklus im Korallenriff findet man bei Atkinson 1981, 1987a&b, 1988; Bilger & Atkinson 1992; Atkinson & Smith 1987.

Lebende Organismen nutzen Nährstoffe, um sie in Gewebe einzubauen, sie in Stoffwechselprozessen umzuformen oder zu verbrauchen. Bei der Zersetzung toter Zellen werden diese Nährstoffe wieder frei. Strömungen und andere Wasserbewegungen können die Nährstoffe zum Riff hin, das Riff entlang oder vom Riff weg transportieren. Ein Zuwachs an organischem Material kann in einem Riff (oder in jedem anderen Ökosystem) nur erfolgen, wenn die Nährstoffaufnahme die Nährstoffverluste übertrifft. Ist dies der Fall, werden Nährstoffe im Riff angereichert, und man kann eine Veränderung der Fauna und Flora beobachten. Häufig verursacht dies einen verstärkten Algenwuchs.

Nährstoffreiche Riffe existieren z. B. bei Rarotonga (Cook Islands; siehe hierzu auch das Zonierungsprofil auf Seite 124ff.), wo das äußere Riffdach dicht mit verschiedenen Algen bewachsen ist. Korallen finden sich nur spärlich zwischen den Primärproduzenten. Crossland et al. (1984) beschreiben eine ähnliche Situation von West-Australien.

In manchen Gegenden können Nährstoffe, die aus der Tiefe des Meeres durch Strömungen oder durch Zufuhr von Oberflächenwasser aus dem Küstengebiet herangeführt werden, die Korallenriffe beeinflussen. (Wie auf Seite 54–55 beschrieben, ist heute die ansteigende Menge an Nährstoffen von Süßwassereinflüssen und Sedimenten ein großes Umweltproblem für Korallenriffe in vielen Gebieten). In solchen Riffen – meist handelt es sich um Küstenriffe mit wechselnden Nährstoffkonzentrationen – kann bereits ein etwas höherer Nährstoffgehalt zu einer sog. Algenblüte führen, die die Vielfalt der Korallenfauna erheblich beeinträchtigt. Die meisten neritiden und viele litorale Riffe werden jedoch von solchen Faktoren nicht beeinflusst. Die Nährstoffkonzentration ist dort ständig sehr niedrig. Die Menge des Planktons und anderer Partikel im Wasser ist minimal, und jegliche Veränderungen in den biologischen Vorgängen stehen im Zusammenhang mit Veränderungen im Bodenbereich des Riffs (vgl. D'Elia & Wiebe 1990).

Die direkte Aufnahme und Nutzung gelöster anorganischer und organischer Substanzen und die Bindung des Stickstoffs durch die Algen wurden üb-

Organische Partikel eines Korallenriff-Aquariums werden von Bakterien und anderen abbauenden Organismen zersetzt. Vergrößerung: ungefähr 230fach
Foto: Bioquatic Photo

licherweise als die wichtigsten Nährstoffquellen für das Ökosystem Riff betrachtet. Die Zufuhr von Nährstoffen (z. B. durch Einspülungen von Flüssen) wird das Wachstum von Algen stark fördern und einen großen Einfluss auf die Korallenriffökologie im Allgemeinen haben. Neuere Theorien besagen, dass die Riffe durch Kanäle, die zu Wasservorräten tief unter ihnen führen, mit nährstoffreichem Wasser versorgt werden. Bei Bohrungen bis zu 500 m Tiefe im Mururoa-Atoll und bis zu 30 m Tiefe im Großen Barriereriff fanden Wissenschaftler Wasseransammlungen, die 28–30 Mal mehr Nitrat enthielten als das Wasser des Riffs. Die erwähnte Theorie wird jedoch kontrovers diskutiert (siehe Rougerie & Wauthy 1993; Tribble et al. 1994).

Organische Substanzen in Korallenriffen

Viele der organischen Substanzen, die in den Korallenriffen produziert werden, gelangen als Detritus (totes organisches Material) in die Nahrungskette. Hierbei handelt es sich entweder um gelöste organische Substanzen (dissolved organic matter, DOM), hauptsächlich aus direkten Ausscheidungen von Abfallstoffen durch den Metabolismus von Pflanzen oder Korallen, oder um suspendiertes organisches Material (suspended organic matter, SOM) aus sich zersetzendem Kot herbivorer Tiere oder sich zersetzender Makroalgen. Phytoplankton, benthische Algen und Korallen scheiden 5–40 % ihrer fotosynthetischen Produktion als DOM oder in Form von Aminosäuren und Zucker aus (Sorokin 1995). Korallen setzen sowohl anorganische als auch organische Verbindungen frei. Der Korallenschleim ist ein Beispiel für das Aus-

Tabelle 1.6

Gehalt an gelöstem organischen Material (DOM) und suspendiertem organischen Material (SOM) im Riffwasser
Modifiziert nach Sorokin (1995)

Ort	Riffzone	DOM (mg C/l)	SOM (µg C/l)
Eniwetok Atoll, Marshall-Inseln	Umgebendes Meer	1,03	10–30
	Außenriffhang	1,08	–
	Riffdach	1,3–3,5	20–240
	Lagune	1,2	20–30
Fanning Atoll, Line-Inseln	Lagune	1,6–1,9	80
	Riffdach	–	150
Abroholhos Reefs, Westaustralien	Umgebendes Meer	0,15–0,39	14–42
	Riffkante	–	870–940
	Riffdach	2,1–2,88	–
	Innenriff	3,61–4,18	–
	Lagune	1,56–3,66	330–870
Lizard Island, Großes Barriereriff	Außenriffhang	–	150–280
	Innenriff	–	180–310
Kaneohe Bay, Oahu, Hawaii	Riffdach	1,64	500
	Lagune	1,77	420
Andros Atoll, Bahamas	Lagune	0,6	–
Abako Reef, Bahamas	Riffdach	–	130–240
Reef Grand, Cayman	Riffdach	0,82	–
South Caicos Reef, Karibik	Lagune	–	130
Grand Lameshur, US Virgin Islands	Riffdach	–	710

scheiden organischen Materials – es kann im Riff wie auch im Aquarium beobachtet werden.

Die Konzentrationen von DOM und SOM sind normalerweise im Riffwasser höher als im Umgebungswasser der Korallenriffe. Beide Typen von organischem Material sind für die Filtrierer der Riffe wichtig. Tabelle 1.6 dokumentiert die Mengen an DOM und SOM in einigen Korallenriffen. Wissenschaftler verwenden auch den Begriff „labiles organisches Material" (LOM) für denjenigen Teil des gesamten organischen Materials (SOM und DOM), der für mikrobielle Aktivitäten verfügbar ist. Wir werden hierauf aber nicht weiter eingehen, sondern verweisen in diesem Zusammenhang auf SOROKIN (1995).

Zusammenfassend kann man festhalten, dass organische Stoffe von Primärproduzenten aufgebaut werden, im Meer normalerweise von einzelligen und höheren Meeresalgen. Die Primärproduzenten werden von den Pflanzenfressern verzehrt, diese wiederum von Fleischfressern, die ihrerseits wieder Nahrung für noch größere Fleischfresser sind usw. Auf diese Weise durchwandert die von den Primärproduzenten aufgebaute Energie das Ökosystem. Bedeutungsvoll dabei ist, dass zwischen jedem Schritt der Nahrungskette ein großer Energieverlust entsteht.

Die abbauenden Organismen wandeln organische Stoffe in anorganische Verbindungen um – die Stoffe, die einmal von Primärproduzenten hervorgebracht wurden, sind also nun wieder in anorganische Substanzen zerlegt. Damit ist der Kreislauf geschlossen. Auf diese Weise hat in der Natur jedes Element seinen eigenen Kreislauf.

Vieles von der Ökologie eines Korallenriffes in der Natur ist von großer Bedeutung für das Korallenriff im Aquarium, weshalb wir in diesem Buch immer wieder darauf zurückkommen werden.

Primärproduktion im Korallenriff

Obwohl die Konzentration an anorganischen Nährstoffen wie Ammonium, Nitrit, Nitrat und Phosphat normalerweise sehr niedrig ist, ist die Primärproduktion von Korallenriffen die Höchste, die von allen marinen und terrestrischen Ökosystemen bekannt ist. Die mittlere Produktionsrate liegt bei 5–10 gC/m^2/Tag, was viele Male höher ist als die Produktivität im Wasser, das die Korallenriffe umgibt, wo das Phytoplankton 0,05–0,3 gC/m^3/Tag hervorbringt. Für eine kürzere Zeitperiode kann die Primärproduktion in den Riffen sogar bis zu 40 gC/m^2/Tag erreichen (BERNER 1990). Korallenriffe haben aber nicht nur eine extrem hohe Produktivität, sondern verwenden diese auch sehr effizient in heterotrophen Prozessen zwischen der sehr diversen Fauna, die in Korallenriffen gefunden wird (siehe Tabelle 1.7, Seite 68).

Normalerweise bestimmt man die Produktionsfähigkeit eines Korallenriffs, indem man die Veränderung des Sauerstoffgehalts im Wasser misst, das von der äußeren zur inneren Riffseite strömt. Das Diagramm 1.3 auf Seite 68 zeigt eine solche Sauerstoffverlaufskurve in Abhängigkeit von der Tageszeit. In dem Diagramm repräsentiert die gestrichelte Linie die im Riff selber produzierte Sauerstoffmenge, während die durchgezogene Linie die von außen kommende Sauerstoffmenge wiedergibt. Der Unterschied zwischen beiden Kurven, denen

Tabelle 1.7

Gesamte Primärproduktion (Pp) und Bakterienproduktion (Bp) in drei Lagunen im Großen Barriereriff
Nach DUCKLOW (1990)

Ort	Pp mgC/m² pro Tag	Bakterien -Biomasse (Bb) (mgC/m²)	-Produktion (Bb) (mgC/m² pro Tag)	Bp/Bb pro Tag	Bp/Pp
Lizard Island (im Sommer)					
- Wassersäule	100–290	200	180	0,9	0,6–2,0
- Sediment	200	207	120	0,6	0,6
- gesamt	300–490	407	300	0,7	0,6–1
Davis Reef (im Winter)					
- Wassersäule	250	17	6	0,35	0,02
- Sediment in vitro	210	1.190	150	0,13	0,71
- Sediment in vitro	270	–	270	–	1
- gesamt	460–520	1.208	156–276	0,12–0,23	0,34–0,53
Lizard Island (im Sommer)					
- Wassersäule	60	25	46	1,8	0,8

Sauerstoffverlaufskurve in Abhängigkeit von der Tageszeit

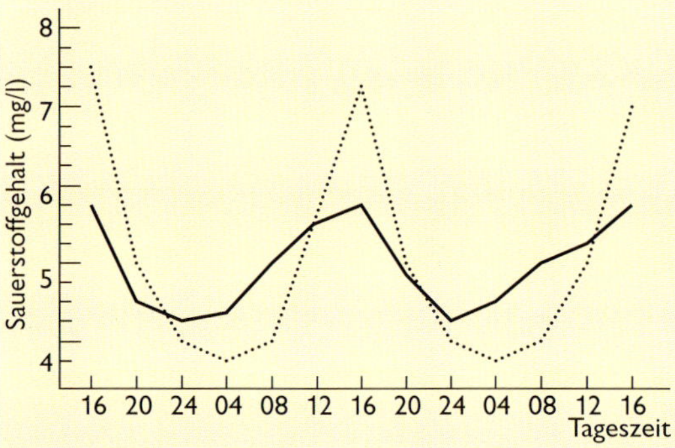

Diagramm 1.3: Die Kurven stellen das Ergebnis von Messungen des Sauerstoffgehalts des Wassers dar, das durch das Riff strömt. Die gepunktete Linie spiegelt den Sauerstoffgehalt an der Innenkante, die durchgezogene Linie den der Außenkante des Riffs wider. Die Differenz zwischen beiden Kurven verdeutlicht, ob das Riff Sauerstoff produziert oder verbraucht – es also als autotrophes oder heterotrophes Ökosystem „arbeitet".

jeweils eine ganze Serie von Messungen zugrunde liegt, steht für die Bruttoprimärproduktion der Riffbewohner. Die Steigerung zwischen den Werten während des Tages zeigt die Nettoprimärproduktion, die Minderung während der Nacht die Respiration. Die Kurve belegt, dass ein Riff zwischen 12:00 und 20:00 Uhr autotroph ist.

FURNAS et al. (1990) haben die Primärproduktion von Planktonalgen in Lagunen des Großen Barriereriffs untersucht und mit Verhältnissen außerhalb der Lagune verglichen. Dabei konnten sie feststellen, dass innerhalb der Lagune normalerweise mehr Planktonalgen vorhanden waren als außerhalb. Wie alle Algen sind auch Planktonalgen von einem bestimmten Nährstoffgehalt im Wasser abhängig. Da es im Riff zumeist an Algennährstoffen mangelt, war es von Interesse, die Konzentration der wichtigsten Nährstoffe und ihren Einfluss auf die Primärproduktion zu ermitteln. Merkwürdigerweise waren innerhalb der Lagune nur die Nitratwerte bedeutend höher als außerhalb. Andere essenzielle Nährstoffe waren in ihren Konzentrationen gleich, allerdings könnte der höhere Nitratgehalt innerhalb der Lagune eine höhere Primärproduktion bewirken. Bemerkenswert ist auch, dass im dortigen Hochsommer (Dezember bis Januar auf der südlichen Erdhalbkugel) eine Zunahme des Phytoplanktons zu beobachten war, und zwar sowohl innerhalb als auch außerhalb der Lagune (REVELANTE & GILMARTIN 1982; RICHARD 1977).

Vergleicht man die Messergebnisse der Primärproduktion in verschiedenen Korallenriffen, kann man deutliche Unterschiede feststellen (LEWIS 1977). Sie beruhen u. a. darauf, dass die Produktionsmessungen an verschiedenen Stellen im Riff vorgenommen wurden. So zeigt die Messung in einer Lagune mit starkem

Algenwachstum eine höhere Produktion als eine über einer Korallengruppe. Im Normalfall ist die Produktion größer als die Respiration, doch nicht immer. Die Frage, ob Korallenriffe als autotrophe Systeme betrachtet werden sollten oder nicht, wird noch heftig diskutiert. Weitere Einzelheiten finden sich bei ATKINSON (1988, 1991), ATKINSON & GRIGG (1984), ATKINSON (1995), CROSSLAND et al. (1984).

Primärproduzenten im Korallenriff

Die Wichtigkeit von Pflanzen und Algen für das Netz von Beziehungen der Organismen im Riff wurde oft unterschätzt. Sie verschwanden praktisch hinter der Vielzahl der Korallentiere, von denen man glaubte, sie seien der wichtigste Faktor in der Ökologie eines Korallenriffs. Die Forschungen der letzten zehn Jahre haben indes gezeigt, dass die Algen zahlreicher und bedeutungsvoller sind, als man früher glaubte. Ihre Primärproduktion ist entscheidend für die Existenz eines Korallenriffs. Außerdem sind viele Algen Riffbauer und sedimentbindend. Zudem nehmen sie Nährstoffe auf und machen sie somit für andere Organismen verfügbar. Nach WANDERS (1976) waren auf einer Substratfläche von 5,5 m^2 unter einer Wasserfläche von 1 m^2 ganze 2,9 m^2 mit Algen bedeckt, davon 0,8 m^2 mit Blattalgen und 2,1 m^2 mit korallinen Algen. Die Fläche, die mit Korallen bewachsen war, umfasste 2,1 m^2. Die Berechnung für die Algen schließt die Zooxanthellen nicht mit ein. Einige Autoren schlagen sogar vor, der Begriff „Korallenriff“ solle durch „Algenriff“ ersetzt werden (HILLIS-COLINVAUX 1986 a, b, d; BERNER 1990). Mit dieser Frage und anderen Einzelheiten, die Algen betreffen, befassen wir uns in Band 2 dieser Buchserie.

In den Riffen müssen wir unterscheiden zwischen den Primärproduzenten, die im freien Wasser über dem Riff leben – Phytoplankton und Bakterioplankton –, und denjenigen, die auf Substrat siedeln. Phytoplankon wurde lange Zeit als unwichtig bezüglich der Primärproduktion in Korallenriffen angesehen. Neuere Untersuchungen zeigen jedoch, dass diese Annahme falsch ist. Obwohl die benthischen Algen und die symbiotischen Algen die Hauptgruppen der Primärproduzenten in den Riffen sind, kann das Phytoplankton doch nicht vernachlässigt werden. Ältere Methoden zum Sammeln und Untersuchen von Phytoplankton waren einfach nicht ausreichend entwickelt, um die wirkliche Rolle dieser kleinen planktonischen Algen in der Ökologie der Korallenriffe aufzuklären. Phytoplankton ist die Basis der primären Nahrung im pelagischen Ökosystem, und viele Korallen, unter ihnen die wunderhübschen *Dendronephthya* spp., fressen hauptsächlich dieses kleine Phytoplankton (FABRICIUS et al. 1995).

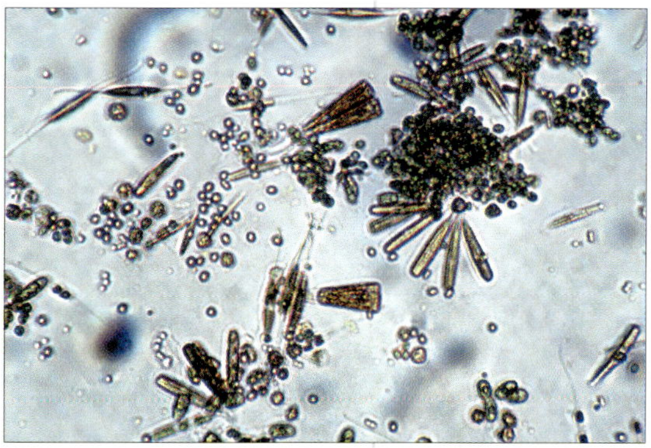

Dinoflagellaten (die kleinsten Zellen im Bild) und Diatomeen gehören zu den wichtigsten Gruppen planktonischer Algen der Korallenriffe. Vergrößerung: 850fach
Foto: Bioquatic Photo

Das Wasser über den Korallenriffen kann manchmal sehr viel Phytoplankton enthalten. Normalerweise variiert die Menge während des Jahres mit einem Maximum im tropischen Sommer (November bis April). Dinoflagellaten (wie die Gattungen *Ceratium, Goniaulax, Peridinium* und *Platymonas*), Diatomeen

Tabelle 1.8

Dominierende Arten und Anzahl der Zellen (x 10^3) pro Liter Wasser der verschiedenen taxonomischen Gruppen im Phytoplankton der Faa-Lagune im Barriereriff von Tahiti
Modifiziert nach Sorokin (1995)

Monate	Dominierende Arten	Diatomeen	Dinoflagellaten	Blaualgen	Coccolithophoridae	Silicoflagellaten	Gesamt
März	*Gyrosigma balticum*	2,8	1,2	0,8	0,2	0,06	5,06
Mai	*Ethmodiscus appendiculatus*	3,2	0,85	0,82	0,02	0,24	4,93
Juli	*Chaetoceros curvisetum*	1,83	1,46	0,03	0,31	0,19	3,82
September	*Nitzschia seriata*	3,05	0,89	0,17	0,03	0	4,09
November	*Synedrea acus*	3,79	0,56	0,37	0,52	0,01	4,73
Januar	*Coscinodiscus moelleri*	4,24	2,41	0,33	0	0,01	7

(viele Gattungen, u. a. *Navicula, Actynocyclus, Ethmodiscus, Gyrosigma, Melosira* und *Surirella*) und blau-grüne Algen (wie *Lyngbya, Nostoc, Oscillatoria* und *Trichodesmium*) sind die hauptsächlichen Phytoplanktongruppen, die man im Korallenriff findet. Eine große Menge der Biomasse des Phytoplanktons im Korallenriff besteht aus sog. nanoplanktonischen Zellen, also Zellen mit einer Größe von weniger als 15 µm, und kleine Dinoflagellaten können mehr als 50 % der Gesamtmenge des Phytoplanktons in tropischen Gewässern ausmachen. Dinoflagellaten sind meistens individuenstärker als Diatomeen und können in Dichten

Tabelle 1.9

Primärproduktion und Biomasse des Phytoplanktons verschiedener Riffe
Modifiziert nach Sorokin (1995)

Ort		Tägliche Primärproduktion mgC/m³	gC/m³	Biomasse (mg/m³)
Marshall-Inseln	Rongelap Atoll	5	–	–
	Eniwetok Atoll	2	–	–
	Majuro Atoll	4–36	0,01–0,4	–
Line-Inseln	Fanning Atoll	9,7	0,1	–
Tuamotu-Inseln	Takapoto Atoll	4–31	0,02–0,4	–
Fidschi, Lau	Ngellelevu Atoll	1,2–2,6	0,01–0,03	10–40
	Tuvutha (Barriereriff)	–	–	6–20
Kiribati, Mikronesien	Tarawata Atoll	28–52	0,03–0,5	–
	Butaritari Atoll	20–35	0,02–0,3	–
Vanuatu	Panarora Island (Saumriff)	–	–	13–23
	Paama Island (Saumriff)	–	–	25–90
	Velangilala Atoll	–	–	5–39
Admiralitäts-Inseln	Ninigo Atoll	6,1–12,1	0,16–0,72	–
Großes Barriereriff	Heron Island	20–65	0,02–0,25	–
Südchinesisches Meer	Sinton Atoll	10–40	0,02–0,6	–
	Spratly Island	6–10	0,02–0,2	–
Timorsee	Scott Reef	5–29	0,01–0,2	28–100
Seychellen	Koetivi Island	9–16	0,02–0,24	80–640
	Pralin Island (Saumriff)	–	–	450–8.750
Mauritius	Kargados Karahos Island	6–250	0,01–1	30–5.200
Karibik	Curtaun Reef	0,5–4,0	0,01–0,05	–
	Cays de Albuquerque	0,5–8,0	0,01–0,1	–

(Falls nicht anders vermerkt, beziehen sich die Angaben auf Lagunen und Atollriffe)

Tabelle 1.10

Bakterienzahl sowie Biomasse (Bb) und tägliche Produktion (Bp) des Bakterioplanktons in einigen Riffen des Großen Barriereriffs, Australien
Modifiziert nach SOROKIN (1995)

Ort	Tiefe (m)	Bakterien -Zahl ($10^6/m^2$)	-Biomasse (mgC/m^3)	-Produktion (mgC/m^3)	Bp/Pp
Heron Island					
- Offenes Meer	22	0,22	12,9	17,6	1,4
- Außenriffhang	17	0,35	20,7	20,2	1
- Riffdach	0,4	0,91	77,5	38,2	0,5
- Plattformriff-Zone	0,6	0,41	34,8	20	0,6
- Lagune	5,5	0,81	41,3	43,3	1
	0,7	0,46	31,6	24,6	0,8
One Tree Island					
- Offenes Meer	20	0,31	10,3	6,3	0,6
- Plattformriff	3	0,46	27,5	31,9	1,2
- Lagune	6	0,57	19,5	10,8	0,6
- Riffdach	0,5	0,31	18,4	27,1	1,5
- Sandzone	2	0,23	15,3	21,2	1,4
Wistari Island, Saumriff					
- Plattformriff-Zone	3	1,04	26,5	14	0,5
- Riffdach	5	0,61	15,6	14,7	0,9
- Lagune	1	0,94	39,3	26,6	0,7
Lizard Island, Saumriff					
- Offenes Meer	20	0,58	11,9	8,5	0,7
- Riffdach	1	1,28	26,2	12,2	0,5
- Lagune	8	0,81	22	7,4	0,3
	4	1,28	26,4	9,1	0,3
- Riffhang	3	0,75	25,5	6,9	0,3
- Sandzone	3	0,87	19,7	5,6	0,3

von 1 Mio. Zellen pro Liter vorkommen, wohingegen Diatomeen häufig artenreicher sind. Diatomeen können jedoch während Algenblüten sehr hohe Populationsdichten aufbauen. Ein Beispiel von Socotra Island in der Arabischen See zeigt, dass während der Algenblüte vier Diatomeen-Arten dominierten (*Nitzschia closterium, N. delicatissima, Chaetoceros affinis* und *C. compressum*), die 40 % der Gesamtalgen ausmachten. 1,8 Mio. Algenzellen konnten in einem Liter Wasser gefunden werden, mit einer Biomasse von mehr als 9 g/m^3. Die Gesamtanzahl der Arten betrug 99, davon 74 Diatomeen- und 20 Dinoflagellatenarten. Weitere Informationen findet man bei SOROKIN (1995). Tabelle 1.8 gibt einen Überblick über die verschiedenen Gruppen planktonischer Algen in Tahiti, in Tabelle 1.9 finden Sie Informationen über die planktonische Primärproduktion.

Bakterioplankton besteht aus Bakterien, die in der Wassersäule leben. Sie sind klein, häufig nur 3–10 µm groß, und im Vergleich zum ozeanischen Wasser recht häufig im Wasser der Korallenriffe zu finden. Die Vertreter des Bakterioplanktons fungieren als abbauende Organismen, Primärproduzenten und auch als Nahrungsquelle für Korallen und andere Filtrierer. Häufig findet man Bakterioplankton in Ansammlungen von Detrituspartikeln und Korallenschleim. Nach SOROKIN (1995) wird die höchste Biomasse von Bakterioplankton mit etwa 120–170 mg/m^3 und einer Produktion von 10–30 mgC/m^3/Tag in Gewässern über Riffen mit starkem Korallenwachstum gefunden. Tabelle 1.10, Seite 71, zeigt hierzu weitere Details auf.

Die benthische Flora und Fauna der Korallenriffe kann in vier Hauptgruppen aufgeteilt werden, die zusammen mehr als 50 % der Primärproduktion der Korallenriffe ausmachen. Hierbei handelt es sich um:
1) die Mikroflora und -fauna der Weichsedimente
2) den periphytonischen Aufwuchs harter Oberflächen
3) die Algen und Seetange
4) die Seegräser

Im Mittel variiert der Bewuchs des Bodens mit verschiedenen Pflanzen zwischen 20 und 30 % in Lagunen, 40 und 80 % auf den Riffdächern sowie 5 und 20 % am äußeren Riffhang (SOROKIN 1995).

Die Mikroflora und -fauna der Weichsedimente ist hauptsächlich aus Bakterien und Mikroalgen zusammengesetzt. Auf die Bakterien gehen wir auf Seite 84–86 weiter ein. Weiche Riffsedimente, die hauptsächlich aus Korallensand bestehen, bedecken 60–80 % des Riffbodens. Dieser Sand beheimatet dichte Populationen von Mikroalgen, die in schleimigen Mikrohabitaten um und in den porösen Sandkörnchen leben. Hier finden wir benthische Diatomeen, blau-grüne Algen und symbiotische Algen, die mit Foraminiferen assoziiert sind. Diatomeen sind besonders zahlreich und können in einer Größenordnung von bis zu 5x10^5 Zellen pro Gramm Sediment gefunden werden (SOROKIN 1995). Es ist nicht ungewöhnlich, dass das Sediment in ruhigen Zonen aufgrund des Wachstums von Mikroalgen leicht braun gefärbt ist. Die Gesamtprimärproduktion dieser Mikroflora und -fauna liegt in Riffen, die ein gutes Korallenwachstum aufweisen, bei 1–3 gC/m^2/Tag, ist aber in Zonen mit geringem Korallenwachstum um mehr als 90 % reduziert. Die gesamte Biomasse der Algen umfasst etwa 1–2 % des gesamten organischen Materials, das in Riffsedimenten gefunden wird.

Der Sandboden dieses Flachwasserriffs bei Puerto Rico besitzt eine dichte Population von Mikroalgen. Sie leben in den Mikrohabitaten um und in den porösen Sandkörnern. Auf dem Bild sind die Dinoflagellaten als dünne, rötliche „Blätter" auf dem Sand zu erkennen. Braune Diatomeen bedecken den Thallus der *Chaetomorpha. Penicillus capitatus*, erkennbar an den hübschen Thalli, wächst ebenfalls auf dem Sand. Foto: Bioquatic Photo

Der periphytonische Aufwuchs ist die dicht von Aufwuchsalgen („turf algae") und anderen Kleinstlebewesen besiedelte Oberfläche von Riffgestein (Lebendgestein), Korallenschotter und toten Korallen. Dieser Aufwuchs ist normalerweise 2–5 mm stark und setzt sich aus verschiedenen Bakterien, Algen, Ciliaten, Foraminiferen und anderen Wirbellosen zusammen; er kann rot oder grün gefärbt sein, je nach dominanter Algenart. Viele Aquarianer kennen diese Art von Bewuchs, der sich, ausgehend von Lebendgestein, im Aquarium ausbreitet. Die Biomasse aus Bakterien und Mikroalgen variiert im Periphyton von 0,04–0,4 mgC/cm^2 (Trockengewicht) bzw. von 0,4–5 mgC/cm^2 (Nassgewicht; SOROKIN 1995). Die Anzahl der Bakterien- und Algenarten in diesem Aufwuchs ist groß. Die Algengesellschaft besteht normalerweise aus Makroalgen, Fragmenten koralliner Algen sowie faserig wachsenden Mikroalgen, ein-

Periphytonischer Aufwuchs (auch „Turf-Algen“ genannt) auf der Oberfläche von Rifffelsen; Korallenkies und tote Korallen sind dicht mit solchen Algen und ihrer Begleitfauna bewachsen. Die Schichtdicke des Bewuchses beträgt 2–5 mm. Er besteht aus verschiedenen Algen- und Bakterien-Arten sowie Ciliaten, Foraminiferen und anderen Invertebraten. Die Farben können in Abhängigkeit von der dominanten Algenart Rot oder Grün sein. Hier (oben) sind die Turf-Algen an der Basis von Gorgonien, die in der Korallensee wachsen, deutlich sichtbar. Das untere Bild zeigt den Aufwuchs eines Felsens im Sand in der Nähe des Strands von Heron Island, südliches Großes Barriereriff.
Fotos: Bioquatic Photo

schließlich der Cyanobakterien. Bekannte Gattungen sind *Bryopsis, Caulerpa, Chaetomorpha, Laurencia* und *Cladophora* wie auch die blau-grünen Formen der Gattungen *Spirulina, Lyngbya, Nostoc* und *Rivularia* (siehe hierzu auch Band 2).

Der periphytonische Aufwuchs zählt zu den produktivsten Gemeinschaften eines Korallenriffs, mit einer geschätzten fotosynthetischen Produktion von 5–10 mgC/m^2/Tag. In einem gesunden Riff übersteigt die Produktion (P) bei weitem die Respiration (R), das Verhältnis P : R (siehe Seite 61) ist also größer als 1 (siehe Tabelle 1.11, Seite 75). Das weite Auftreten dieses Aufwuchses in Verbindung mit seiner großen Primärproduktion macht es zu einer Schlüsselgesellschaft in den Korallenriffen. Zusätzlich bildet er eine Hauptnahrungsquelle für die Weidegänger unter den Fischen und herbivoren Wirbellosen.

Größere Algen oder Makrophyten sind auffälliger Bestandteil der Riffe, wo sie auf sandigem Boden oder zwischen den Korallen gefunden werden. Rote Kalkalgen machen einen großen Teil ihrer Biomasse aus. In Korallenriffen, die an der Grenze zu tropischen Gebieten liegen (z. B. Rarotonga, siehe auch das Zonierungsprofil auf Seite 124), können fleischige Algen die Korallen dominieren. Hier könnte man von „Algenriffen" an Stelle von „Korallenriffen" sprechen. Im Allgemeinen leisten die Makrophyten 40–80 % der Gesamtprimärproduktion, und genau wie der periphytonische Aufwuchs sind sie eine wichtige Nahrungsquelle für herbivore Organismen. Das intensive Abgrasen durch pflanzenfressende Fische ist der Hauptfaktor, der ihren Wuchs im Korallenriff kontrolliert.

Makroalgen sind oft „blättrig" oder „fleischig". Sie können im Riff leicht entdeckt werden. Wir denken im Allgemeinen, Makroalgen seien in tropischen Riffen nur selten anzutreffen. Das stimmt aber nicht. Auf Sandböden wachsen wunderhübsche „blättrige" Algen wie z. B. diese *Udotea*-Art (unten), während fleischige Arten auf Riffdächern anzutreffen sind (oben).
Fotos: Bioquatic Photo

In der Algenpopulation der Korallenriffe (Tabelle 1.12) findet man grüne, braune und rote Algen, und die Anzahl der Arten beträgt in einem ozeanischen Riff normalerweise zwischen 100 und 250. In küstennahen Riffen und in solchen, die am Übergang tropischer Gewässer zur gemäßigten Zone liegen, kann ihre Zahl zweimal so groß sein. Wir selbst haben Riffdächer gesehen, z. B. „South Beach", Rarotonga, Cook Islands, wo fleischige Makrophyten das äußere Riffdach nahezu vollständig bedeckten.

Die Grünalgen werden durch die *Caulerpa*-Arten repräsentiert. *Caulerpa cupressoides* fanden wir häufig auf dem Sandboden in der Nähe des Strandes, wohingegen *C. racemosa* weiter außerhalb auf dem Riffdach zwischen den Korallen wuchs. Kalkalgen der Gattungen *Halimeda, Penicillus* und *Udotea* sind auch sehr häufig, ebenso die faserigen Algen der Gattungen *Cladophora* und *Chaetomorpha*. *Halimeda* spp. werden häufig auf dem Boden von Lagunen sowie in tieferen Bereichen der Riffhänge beobachtet. Wir fanden sie jedoch in nahezu allen Riffhabitaten, wobei die einzelnen Arten unterschiedliche Zonen des Riffes bevorzugen. An Braunalgen trifft man auf die Gattungen *Turbinaria* (nicht zu verwechseln mit der Steinkorallengattung *Turbinaria*) und *Sargassum*. Rotalgen bilden taxonomisch betrachtet die häufigste Gruppe unter den Riffalgen. Die roten Kalkalgen der Gattungen *Porolithon, Sporolithon* und *Lithothamnion* sind weit verbreitet und werden normalerweise am häufigsten an der Riffkante gefunden. Mehrere Gattungen mit faserigen Thalli, wie *Galaxeura, Leurencia* und *Cera-*

Tabelle 1.11

Tägliche Primärproduktion (Pp) und Respiration (Rp) des Periphytons in verschiedenen Riffen
Modifiziert nach SOROKIN (1995)

Ort	Bewachsene Oberfläche	Pp (mgC/m^2)	Rp (mgC/m^2)	Pp/Rp
Phantom Bank, Timorsee	Schutt	1,08	1,13	0,9
Hon Ke Island, Vietnam	tote Korallen	1,95	1,48	1,3
Heron Island, Großes Barriereriff	flache, glatte Steine	0,75	0,3	2,5
Curaçao, Karibik	flache, glatte Steine	2,42	1,42	1,7
Eniwetok Atoll, Marshall-Inseln	tote Korallen	1,23	–	–
Velangiala Atoll, Lau, Fidschi	flache, glatte Steine	2,12	2,65	0,8
Conflict Atoll, Louisiada, Papua-Neuguinea	tote Korallen	1,34	1,8	0,7
Funafuti Atoll, Tuvalu	tote Korallen	2,9	1,41	2,1
Sinton Atoll, Südchinesisches Meer	flache, glatte Steine	3,03	2,09	1,5
One Tree Island, Großes Barriereriff	flache, glatte Steine	1,38	–	–

mium wachsen ebenfalls bevorzugt auf dem Riffdach. Die Primärproduktion der Makroalgen wurde in vielen Experimenten bestimmt – Tabelle 1.14 (Seite 76) fasst einige Daten dazu zusammen.

Weitere Informationen zu Algen finden Sie in Tabelle 1.13 (Seite 76) sowie in Band 2 dieser Buchserie.

Makroalgen oder Makrophyten sind in den meisten Riffen sehr auffällig. Hier wachsen sie vor allem auf sandigen Böden und zwischen Korallen. Das Bild zeigt die hübsche karibische Art *Codium isthmocladum* zwischen kürzeren Braunalgen der Gattung *Dictyota*.
Foto: Bioquatic Photo

Tabelle 1.12

Anzahl der Makroalgenarten in verschiedenen subtropischen und tropischen Regionen im Vergleich zu zwei kalten bis gemäßigten Regionen
Modifiziert nach SOROKIN (1995)

Region	Grünalgen (Chlorophyta)	Braunalgen (Phaeophyta)	Rotalgen (Rhodophyta)	Gesamt
Subtropische und tropische Regionen				
Bermudas	59	23	63	145
Florida	143	55	216	414
Belize	73	32	124	239
Inseln im Indischen Ozean	50	26	46	122
Südvietnam	97	60	154	311
Malediven	28	8	22	58
Gilbert Islands	21	5	29	55
Ifaluk Atoll, Mikronesien	46	3	37	86
Marshall-Inseln	108	24	117	249
Salomonen	–	–	–	243
Südliches Großes Barriereriff	–	–	–	230
Kalte bis gemäßigte Regionen				
Britische Inseln	198	198	353	749
Süd-Australien	94	191	725	1.010

Tabelle 1.13

Biomasse der dominierenden Algengattungen und des Seegrases auf Bodenbereichen verschiedener Riffe bezogen auf das Feuchtgewicht

Modifiziert nach SOROKIN (1995)

Ort	Algengattungen/Seegras	Biomasse (kg/m²)
Socotra Island, Jemen	*Sargassum, Padina*	0,4–1,6
Praslin Island, Seychellen	*Sargassum, Turbinaria, Padina*	5,4–9
Koetivi Island, Seychellen	*Thalassiodendron, Syringodium*	1–16
Kargados Karahos Island, Mauritius	*Halimeda, Thalassiodendron*	3–21
Ben Goy Bay, Vietnam	*Galaxura, Padina*	1,2
Thu Island, Vietnam	*Sargassum*	2,5
Namsu Island, Golf von Siam	*Turbinaria, Ralphasia*	0,2–4,5
Karibische Riffe	Blaualgen	0,5
	Thalassia (Seegras)	0,4
Curaçao, Karibik	*Sargassum, Dictyosphaeria*	1,8
Enewetak Atoll, Marshall-Inseln	*Caulerpa, Dictyosphaeria, Dictyota*	4–7
Golf von Alpha	Seegras	0,7–1,5
Puerto Rico	Seegras	12–20
Florida	Seegras	1,6–7,6

Seegräser sind marine Blütenpflanzen, keine Algen. Sie wachsen häufig auf Weichböden in der Nähe des Strandes, in Lagunen oder auf dem Riffdach. Die größten Seegrasbestände findet man in der Shark Bay, West-Australien, wo sie etwa 4.000 km² bedecken. Sie sind die Heimat vieler interessanter Lebewesen, unter ihnen die Dugongs (Seekühe), die sich von diesen Pflanzen ernähren. Für den Aquarianer ist dieses Habitat von besonderem Interesse, da viele der Organismen, die wir im Handel finden, hier leben. Beim Schnorcheln über dem Seegras oder bei einem Nachttauchgang in einer Lagune, die mit Seegras bewachsen ist, wird man immer etliche Tiere sehen, die einem neu sind. Gerade in den Weichböden-Habitaten leben viele der spektakulärsten und seltenen Organismen eines Riffs. Die dominanten Seegrasarten des Indopazifiks

Tabelle 1.14

Tägliche Bruttoprimärproduktion (BPp) und Respiration (Rp) von Pflanzengemeinschaften auf Bodenbereichen verschiedener Riffe

Modifiziert nach SOROKIN (1995)

Ort	Pflanzengemeinschaft	BPp (gC/m²)	Rp (gC/m²)	BPp/Rp
Einwetok Atoll, Marshall-Inseln	krustenförmig wachsende koralline Algen	1,5	0,84	1,8
	Makroalgen auf dem Riffdach	11,6	6	1,9
Curaçao, Karibik	koralline Algen auf dem Riffdach	2,4	1,4	1,7
	Rasen, kleine Mikroalgen und koralline Algen	3,4	1	3,4
	Sargassum-Dickicht	10,5	3,5	3,0
Moorea Island, Französisch-Polynesien	Mikroalgen und koralline Algen auf dem Riffdach	3,8	1,2	3,1
Oahu Island, Hawaii	Mikroalgen und koralline Algen auf dem Riffdach	3,4	0,8	4,4
Jamaika	koralline Algen	4	1,7	2,4
	Seegras	13,6	9,6	1,4
Großes Barriereriff	*Halimeda*-Arten in der Lagune	0,78	0,32	2,4
	Mangrovenwald	2,2	–	–
St. Croix, US Virgin Island	Rasen von kleinen Makroalgen	10,1	3,2	3,2
Clipperton Atoll, Ostpazifik	Seegras	8,6	8	1,1
Baja Flourescente, Puerto Rico	Seegras	5,6	6,7	0,8
Florida	Seegras	10,6	7,7	1,4
	Mangrovenwald	8,2	6,8	1,2
	Dickichte von Zwergmangroven	1,4	2	0,7

Bei der Insel Cabilao, Philippinen, fanden wir dichte Seegras-Bestände am Übergang vom Riffdach, das von 2 m bis in 10 m Tiefe abfällt. Die Lebensformen, die hier insbesondere während der Nacht beobachtet werden können, sind unglaublich divers: Jungfische, viele adulte Lippfische, Blenniiden und andere kleinere Fische, die mit Kopffüßern, Zylinderrosen (*Cerianthus* spp.), mehreren Seefederarten, Krebstieren und der Steinkoralle *Catalaphyllia jardinei* zusammen leben. Seegrashabitate sind sowohl für den Riffaquarianer als auch den Taucher interessante Rifflebensräume, da sich hier eine Vielzahl von verschiedenen Organismen zeigt, die man normalerweise nicht auf einem Riffdach oder in tieferen Riffzonen sieht. Einen Seegras-Lebensraum nachzubilden, ist ebenfalls eine Option für ein Riffaquarium. Allerdings gehört diese Variante zu den am schwierigsten zu pflegenden Biotop-Aquarien.
Foto: Bioquatic Photo

sind *Thalassiodendron ciliatum, T. hemprichii* und *Halophila stipulacea*, aber auch Vertreter der Gattungen *Thalassia, Zostrea, Halodule, Cymodocea, Syringodium, Enhalus* und *Posydonia* kommen dort vor. Im westlichen Atlantik herrscht das Schildkrötengras (*Thalassia testudinum*) vor.

Diese Seegraswiesen leisten eine hohe Primärproduktion: 12–20 gC/m^2/Tag sind es in dichten Beständen, die Mittelwerte betragen 5–10 gC/m^2/Tag. Die Nettoproduktion dagegen ist mit 1–4 gC/m^2/Tag relativ gering, weil die Pflanzen eine hohe Respirationsrate aufweisen und außerdem viele heterotrophe Organismen hier leben. Zusammenfassend kann man schließen, dass Pflanzen ein wesentlicher Bestandteil der Korallenriffe sind und daher auch in einem Korallenriff-Aquarium nicht fehlen sollten.

Wichtige Primärproduzenten der Korallenriffe sind die symbiotischen Algen, die in gegenseitiger Abhängigkeit gemeinsam mit Korallen, Riesenmuscheln und einigen anderen Wirbellosen leben. Diese Zooxanthellen wurden 1930 entdeckt. Seitdem wurde ihre Bedeutung viel diskutiert. Ursprünglich dachte man, die Art *Symbiodinium* (= *Gymnodinium*) *microadriaticum* sei die einzige Art. Heute hat sich dieses Bild geändert, und es ist nun klar, dass es viele Zooxanthellenarten gibt und sich viele Stämme entwickelt haben, die an verschiedene Umweltbedingungen angepasst sind (Loh et al. 1998; Riddle 2007; Phinney et al. 2006). Diese Vielfalt könnte für die Korallenriffe in einer Ära des Klimawechsels ein Hoffnungsschimmer sein, da sich einige Arten ggfs. an höhere Temperaturen adaptiert haben (Berkelmans & van Oppen 2006).

Nahaufnahme von Seegras auf schlammigem Boden bei Cebu, Philippinen
Foto: Bioquatic Photo

Es herrscht inzwischen Einigkeit darüber, dass die Zooxanthellen sehr wichtig für die Tiere

Leben in Seegrasfeldern: eine Schule juveniler Korallenwelse, *Plotosus* sp. (linke Seite oben), große Zylinderrose, *Cerianthus* sp. (linke Seite unten links), hübsche Seefeder, *Cavernularia* sp. (linke Seite unten rechts), kleine Sepie, wahrscheinlich *Sepia* sp. (oben), große Krabbe der Gattung *Calappa* (links)
Fotos: Bioquatic Photo

Die Steinkoralle *Cataphyllia jardinei* wächst typischerweise in schlammigen Habitaten und Seegrasfeldern und wird niemals auf einem Riffdach zwischen anderen Steinkorallen gefunden.
Foto: Bioquatic Photo

sind, mit denen sie in Symbiose leben. Ihre Sauerstoffproduktion ist meist ausreichend oder gar größer als die Menge, die die Wirtstiere benötigen. Es ist bewiesen, dass sowohl Sauerstoff als auch organische Produkte der Zooxanthellen direkt von den Wirtstieren genutzt werden. Tagsüber fördern die Zooxanthellen außerdem indirekt die Kalkbildung und sind damit am Riffaufbau beteiligt. Es ist auch wahrscheinlich, dass diese winzigen Algen, von denen ca. eine Million in 1 cm^3 Gewebe lebt, Stoffwechselendprodukte der Wirtstiere verwerten können und sie somit erneut dem Ökosystem zuführen. Im Detail gehen wir auf die Zooxanthellen in Band 2 ein.

Tabelle 1.15

Ernährungsweisen des dominierenden Makrozoobenthos auf dem Riffdach des Eniwetok-Atolls, Marshall-Inseln Modifiziert nach SOROKIN (1995)

Lebensweise	Wirtstiere photoautotropher Symbionten	Wasserfiltrierer Sedimentfiltrierer Planktonfresser	Bodenpflanzenfresser Detritusfresser Omnivore	Predatoren und Parasiten
Krustenförmig wachsende Tiere	Foraminiferen, Schwämme, Seescheiden	Schwämme, Moostierchen, Seescheiden	Foraminiferen	Keine
Sessil lebende Tiere	Schwämme, Hydroiden, Anemonen, Riesenmuscheln, Seescheiden	Schwämme, Borstenwürmer, Muscheln, Seescheiden	Keine	Hydroiden, Anemonen
Bohrtiere	Schwämme	Schwämme, Muscheln, Seepocken	Spritzwürmer, Seeigel	Keine
Kryptisch (verborgen) lebende Tiere	Keine	Schwämme, Borstenwürmer, Moostierchen, Schlangensterne	Borstenwürmer, Spritzwürmer, Igelwürmer, Krebstiere, Schnecken, Seegurken	Schnurwürmer, Borstenwürmer, Schnecken, Fangschreckenkrebse, Krebstiere
Symbiotisch und kommensal lebende Tiere	Nacktschnecken	Borstenwürmer, Garnelen	Flohkrebse	Plattwürmer („Planarien"), Nacktschnecken, Krebstiere
Im Sand eingebohrt lebende Tiere	*Corculum cardissa* (Muschel)	Borstenwürmer, Muscheln	Verschiedene Würmer, Krebstiere, Seeigel, Seegurken	Fadenwürmer, Borstenwürmer, Schnecken, Krabben, Seeigel
Frei lebende Tiere	Foraminiferen	Haarsterne	Foraminiferen, Schnecken, Krebstiere, (Ostracoden und Decapoden), Seeigel, Seegurken	Schnecken, Krebstiere, Seeigel

Konsumenten im Korallenriff

Die Konsumenten eines Korallenriffs können auf verschiedene Art und Weise klassifiziert werden, z. B. in Tiere, die im Bodensubstrat leben (Zoobenthos), und solche, die auf dem Boden oder in der freien Wassersäule vorkommen. Die benthische Tierwelt ist extrem mannigfaltig. Wir alle kennen die herrliche Vielfalt von Tieren, die in Riffaquarien aus dem Lebendgestein herauswachsen. Untersuchungen im Korallenriff haben ergeben, dass ein 2–3 kg schwerer Felsblock über 100 Arten aus zahlreichen Familien enthält. Die benthische Makrofauna von Flachwasserriffen ist sehr gut untersucht und enthält im Mittel 50–150 Foraminiferen-, 50 Schwamm-, 100–200 Wurm-, 150–500 Weichtier-, 100–250 Krebstier- und 50–100 Stachelhäuterarten.

Die Mikrofauna des Benthos wurde im Gegensatz zur Makrofauna nicht sehr umfassend untersucht. Tabelle 1.15 und Tabelle 1.16 fassen Ernährungsweisen und Biomasse des dominierenden Makrobenthos auf dem Riffdach im Eniwetok-Atoll im Pazifik zusammen, während Tabelle 1.17 Informationen über Individuenzahlen und Biomassen von Wirbellosen und Fischen in einem indopazifischen Riff bietet, das von der riffbildenden Steinkoralle *Porites furcata* dominiert wird.

Viele, aber nicht alle Einsiedlerkrebse sind Pflanzenfresser und ernähren sich von den Aufwuchsalgen. Dies macht sie zu wichtigen Weidegängern im Korallenriff ebenso wie im Riffaquarium. Auf dem Bild ist der pflanzenfressende *Calcinus elegans* zu sehen. Foto: Bioquatic Photo

Große Schule des Algen abweidenden Weißkehl-Doktorfischs (*Acanthurus leucosternon*) auf einem Riffdach der Malediven. Diese Doktorfische leben normalerweise solitär oder in Paaren. Gelegentlich rotten sie sich aber auch zu solchen Fressgemeinschaften zusammen (siehe auch Nilsen 2004).
Foto: Bioquatic Photo

Man kann alle diese Organismen aber auch gemäß ihrer Ernährungsweise gruppieren. In diesem Fall sind zwei Hauptgruppen zu unterscheiden: Zum einen diejenigen Tiere, die sich von Pflanzen ernähren (Herbivore, Primärkonsumenten). Diese Gruppe enthält u. a. viele Fische, einige Stachelhäuter, Weichtiere und Krebstiere. Die andere Gruppe umfasst Tiere, die sich von lebenden anderen Tieren ernähren (Karnivore, Beutegreifer genannt). Die Mehrzahl der Korallen gehört in diese umfangreiche Gruppe, die eine große Vielfalt von Lebensformen enthält, einschließlich vieler Fische. Unter ihnen finden sich auch die Spitzen der Nahrungskette, die Top-Raubfische der Riffe: die Haie. Einige dieser Karnivoren – wie viele Nacktschnecken – sind Nahrungsspezialisten,

Tabelle 1.16

Biomasse in g/m² (Nassgewicht) des dominierenden Makrozoobenthos auf dem Riffdach des Eniwetok-Atolls, Marshall-Inseln
Modifiziert nach Sorokin (1995)

Tiergruppen	Biotope		
	Schutt an der Riffkante	Koralline Algen des seewärtigen Riffdachs	Sand und Korallen des tieferen seewärtigen Riffdachs
Seeigel	187	0,5	31
Seegurken	0,5	1	200
See- und Schlangensterne	0,5	17	18
Weichtiere	0,5	5	0,7
Würmer	81	40	117
Krebstiere	58	3	0,5
Anemonen	0,5	22	0,5
Schwämme	0,5	0,5	0,5
Gesamtgewicht	**328,5**	**89**	**368,2**

Tabelle 1.17

Individuenzahl und Biomasse in g/m² (Trockenmasse) von Wirbellosen und Fischen in einem „*Porites-furcata*-Riff"
Modifiziert nach Lewis (1977)

Tiergruppe	Individuenzahl	Biomasse
Steinkorallen	Zahlreiche Kolonien	12.003,3
Krustenanemonen	2 Kolonien	1,1
Borstenwürmer	23.160	6,7
Spitzwürmer	20	0,9
Krebstiere	2.668	40,3
Weichtiere	137	59,4
Stachelhäuter	2.002	163,3
Fische	15	6,1

Ein nächtlicher Räuber: der Rotfeuerfisch *Pterois antennata*. Die Stacheln des Rotfeuerfisches sind giftig, und ein Stich kann unter bestimmten Umständen auch für den Menschen fatale Folgen haben. Rotfeuerfische ernähren sich von kleineren Fischen und Krebstieren.
Foto: Bioquatic Photo

Haie gehören zu den Top-Jägern der Meere. Sie haben nur wenige Fressfeinde und stehen ganz oben in der Nahrungskette. Haie sind in großer Zahl in den Riffen zu Hause, und obwohl sie gefährlich aussehen, sind die meisten für Taucher relativ harmlos. Dennoch sollten sie – wie alle großen Raubfische – mit Respekt und Vorsicht behandelt werden.
Foto: Bioquatic Photo

die sich nur von einem sehr engen Nahrungsspektrum ernähren. Andere erbeuten viele unterschiedliche Typen von Nahrungstieren.

Wieder eine andere Gruppe sind die Filtrierer, die sehr kleine organische Substanzen und Lebewesen aus dem Wasser heraussieben bzw. -greifen. Schwämme sind hierfür ein gutes Beispiel, wobei einige der Riffschwämme auch symbiotische Algen enthalten, die fotosynthetisch tätig sind. Solche Tiere leben dann also teilweise autotroph, teilweise heterotroph.

Aasfresser dagegen sind keine Beutegreifer im engeren Sinn, da sie sich von totem organischen Material ernähren.

Für die Existenz eines Riffs spielen alle Organismen eine wichtige Rolle, und die Wichtigkeit der Herbivoren kann durch das folgende Beispiel veranschaulicht werden: Sperrt man einen Teil eines Riffs ab, so dass keine größeren Tiere hineingelangen können, und entfernt danach alle Herbivoren, erhält man einen überzeugenden Beweis für die Bedeutung der Pflanzenfresser: Im Verlauf weniger Tage beginnen die grünen Fadenalgen intensiv zu wuchern. Schon in 1–2 Wochen kann das ganze Gebiet überwachsen sein, und die Korallen sterben ab. Die Herbivoren üben also eine lebensnotwendige, regulierende Funktion im Riff aus, indem sie ständig Algen abweiden, so dass diese nicht überhand nehmen können.

Für den Besucher des Korallenriffs ist die große Zahl der Fische, die darin leben, offensichtlich.

Manche Tiere sind Nahrungsspezialisten, die sich ausschließlich von einer Futtersorte ernähren. Ein typisches Beispiel hierfür ist die Nacktschnecke *Chromodoris magnifa*, die nur einige wenige Schwammarten frisst.
Foto: Bioquatic Photo

Viele Organismen eines Riffs sind Filtrierer, wie dieser hübsche Schwamm *Haliclona koremella*, den wir zwischen Seegras bei den Philippinen fanden. Er enthält symbiotische Algen, die für seine herrliche Farbe mitverantwortlich sind. Foto: Bioquatic Photo

Einige Organismen sind Allesfresser. Der Seestern *Fromia monilis* ist hierfür ein gutes Beispiel. Er ernährt sich von Detritus, Aufwuchsalgen und den kleinen Organismen, die zwischen diesen Aufwuchsalgen leben. Foto: Bioquatic Photo

Fische in allen Formen und Farben schwärmen über den Korallen. Tabelle 1.18 listet ein Beispiel auf, wie die Menge an Fischbiomasse von Gebiet zu Gebiet variieren kann. Wir werden auf die Fische der Korallenriffe in einigen nachfolgenden Bänden dieser Buchserie zurückkommen.

Tabelle 1.18

Biomasse von Fischen in verschiedenen Riffen

Modifiziert nach Sorokin (1995)

Ort	Biotop	Biomasse (kg/ha)
US Virgin Islands	Saumriffe	1.540
	Künstliche Riffe	17.400
Bermudas	Plattformriffe	500
Rotes Meer	Saumriffe	350
Hawaii	Plattformriffe	1.850
Eniwetok Atoll	Plattformriffe	425
One Tree Island,	Außenriffhang	500
Großes Barriereriff	Riffdach	350
	Vorriff	1.950
	Innenriffhang	1.400
Großes Barriereriff	Außenriffhang	2.370
	Küstenzone	920
	Lagunen	1.560
Süd-Kalifornien	Riffdach	350
Florida	Riffdach	210

Mikroorganismen des Korallenriffs

Mikroorganismen spielen im ökologischen Gefüge des Korallenriffs eine große Rolle als Zersetzer. Indem sie organische Verbindungen aufbrechen, bringen sie wertvolle Nährstoffe in einer für die Produzenten verwertbaren Form wieder in den Kreislauf ein. Solche Organismen werden als „Destruenten" bezeichnet. Im Riff besteht diese Gruppe vor allem aus einzelligen Tieren und Bakterien. Die Einzeller werden oft noch zum Unterreich Protozoa im Reich Protista gezählt. Zu den Protozoa rechnet man mehr als 40.000 Arten aus 4–6 Klassen, je nach Systematiker. Die Bakterien (zusammen mit den blaugrünen Algen) gehören zum Reich Monera mit einer unbekannten Zahl von Arten. In beiden Reichen finden wir sowohl autotrophe als auch heterotrophe Arten. Somit können Mikroorganismen auch Produzenten sein. Einige komplexere Organismen wie Fadenwürmer (Stamm Nematoda) sind ebenfalls wichtige Destruenten.

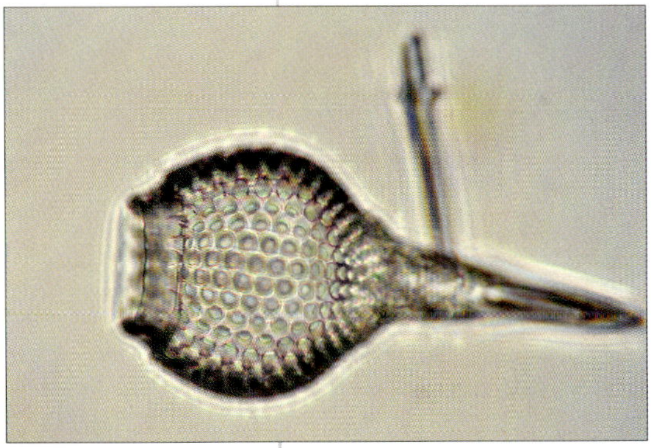

Radiolarien sind häufiger Bestandteil des marinen Planktons.
Foto: Bioquatic Photo

Die meisten zersetzenden Organismen im Riff leben im Sediment. Bakterien trifft man allerdings auch an vielen anderen Stellen an, z. B. im porösen Riffgestein, in abgestorbenen Korallen und auch im Wasser selbst (Tabelle 1.19). Aber die Verteilung der Bakterien auf diese Bereiche ist keineswegs gleichmäßig. Die Anzahl der Bakterien im Sediment eines Korallenriffs kann man mit der in einem eutrophen, also sehr nährstoffreichen Süßgewässer vergleichen. Die mittlere Zahl von Bakterienzellen pro Gramm Trockengewicht des Sediments ist mit 1,3 x 10^9 berechnet worden. Viele Bakterien sind autotroph, und ihre fotosynthetische Leistung (Produktion) variiert von 1,2–11,6 mgC/cm²/Tag (Hansen et al. 1987). Die Anzahl der Bakterien im Wasser ist im Allgemeinen viel geringer als die im Sediment (Tabelle 1.19). Das Diagramm 1.4 zeigt die Zusammensetzung der Mikroorganismen im Wasser des Davis Reef im Großen Barriereriff. Wie man sieht, sind sowohl Zooplankton als auch Phytoplankton ebenso wie Wimpertierchen (Ciliaten) und Bakterien vorhanden.

Tabelle 1.19

Anzahl der Zellen und Biomasse in der Wassersäule und im Sediment einiger Riffe des Großen Barriereriffs
Modifiziert nach Ducklow (1990)

Ort			Anzahl der Zellen/1 x 10^8	Biomasse (µgC/l)
Wassersäule	Lizard Island	Außenriffe	1–5	24–40
		Innenriffe	3–5	24–62
		Umgebendes Wasser	2–6	17–20
		Seegrasfelder	16–25	24–38
		Lagune	10–16	15–24
	Davis Reef	Lagune	0,6–4,3	0,3–2,2
	One Tree Island	Gesamtes Riff	1–11	1–16
		Außenriff	6,8	7,4
		Innenriff	2,5	2,6
		Lagune	5,1	5,4
Sediment	Lizard Island	Riffdach (im Sommer)	36–60	72–120
		Riffdach (im Winter)	72	144
	Davis Reef	Lagune	0,9–20	23–50

Die Einzeller des Riffs findet man vor allem auf dem Substrat und darin. Viele autotrophe Arten leben aber auch frei im Wasser. Zum Stamm Sarcomastigophora gehören die Flagellaten und die Foraminiferen. Einige Flagellaten sind wichtige Primärproduzenten, während die Foraminiferen eine bedeutende Rolle bei der Entstehung von Sediment und Sand spielen. Das Substrat, das Aquarianer als Korallensand kennen, enthält viele Schalen dieser winzigen, zarten Organismen. Andere Einzeller, wie z. B. viele Wimpertierchen des Stammes Ciliophora, dienen Korallen als Nahrung, während sie ihrerseits überwiegend Bakterien fressen. Die Diagramme 1.5 und 1.6 (nach HANSEN et al. 1987) auf Seite 86 zeigen das unterschiedliche Vorkommen von Ciliaten und Flagellaten an verschiedenen Messstationen eines Riffs in Australien.

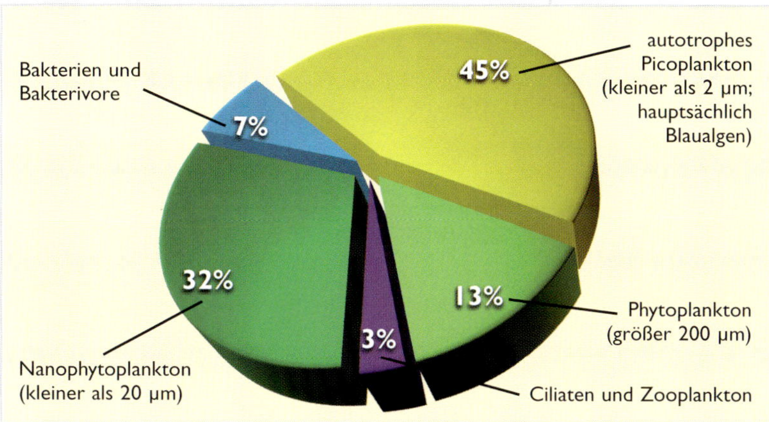

Diagramm 1.4: Prozentuale Anteile der im Plankton des Davis-Riffs, Australien, vorhandenen Mikroorganismen
Nach Ducklow (1990)

Die Rolle der Bakterien als zersetzende Organismen und ihr Beitrag zu Ökologie und Nährstoffkreislauf im Korallenriff ist sehr komplex (SOROKIN 1971, 1973a, b, 1978; DUCKLOW 1990). Eine der Hauptfunktionen ist ihre Rolle als Zersetzer von organischen Verbindungen. Sie sind daher wichtig für den Stickstoff- und den Kohlenstoffzyklus im Korallenriff. Diese Bakterien sind heterotroph und auf die Energie der organischen Verbindungen angewiesen, um zu überleben. Die *Nitrobacter*- und *Nitrosomonas*-Arten sind in den Stickstoffzyklus eingebunden. Indem sie organische Verbindungen zerlegen, versorgen die Bakterien die Primärproduzenten mit regenerierten Nährstoffen. Dies ist die hauptsächliche und die bedeutsamste ökologische Funktion der Bakterien. Aber es gibt noch einen weiteren Aspekt, der ebenso wichtig sein könnte. Die große Bakterienpopulation im Korallenriff – die überwiegend im Sediment zu finden ist – dient auch als Nahrungsquelle für Einzeller und andere räuberisch lebende Mikroorganismen.

Viele Bakterien sind, wie erwähnt, autotroph und bauen mit Hilfe der Fotosynthese organische Verbindungen auf. Dies wird

Foraminiferen sind Mikroorganismen, die in Korallenriffen und im Aquarium sehr häufig vorkommen und in selbsterzeugten Kammergehäusen leben. Das Bild zeigt die zooxanthellate Foraminifere *Elphidium crispa*.
Foto: D. Knop

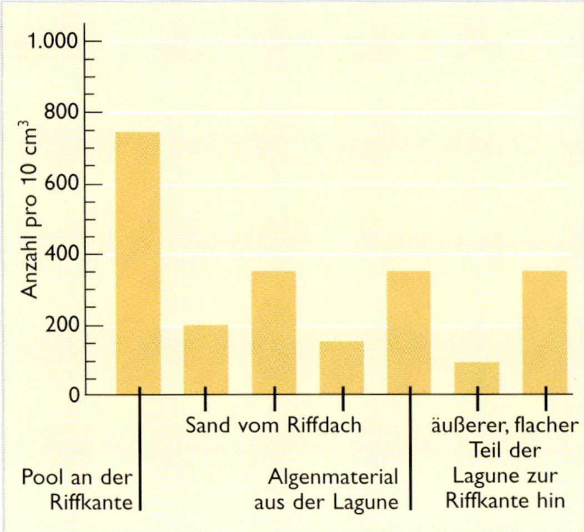

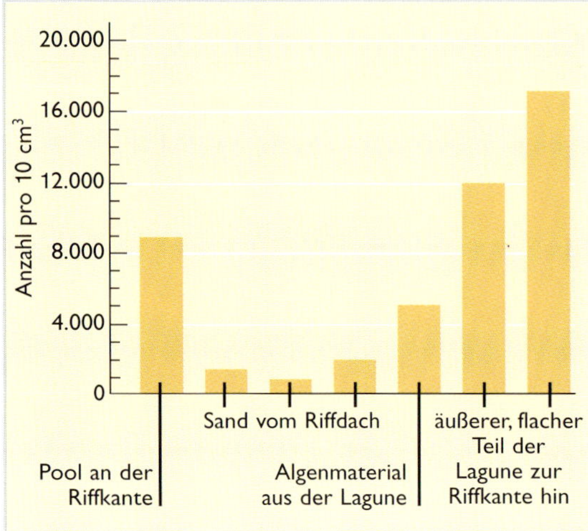

Diagramm 1.5 und 1.6: Anzahl an Ciliaten (links) und Anzahl an Flagellaten (rechts) im Sediment des Davis-Riffs, Großes Barriereriff
Nach Hansen et al. (1987)

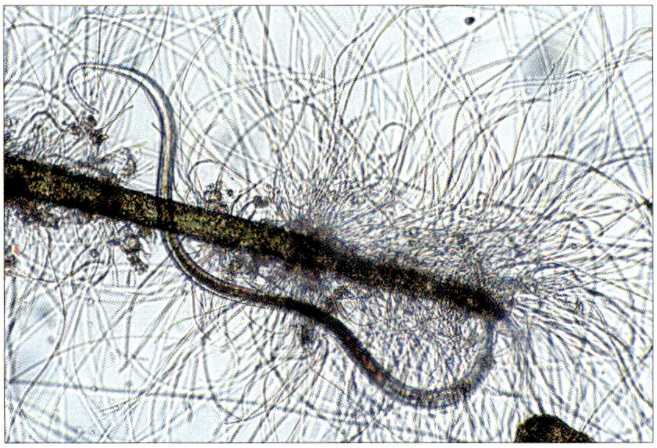

Ein Fadenwurm (Nematode) und Bakterien fallen im Aquarium über eine Grünalge her. Vergrößerung: 200fach
Foto: Bioquatic Photo

als „bakterielle Produktion" bezeichnet, ein Vorgang, den man mit der Produktion bei anderen autotrophen Organismen wie denen des Periphytons vergleichen kann. Die bakterielle Produktivität ist im Korallenriff allerdings im Allgemeinen wenig effizient (Ducklow 1990).

Bakterien werden in großen Mengen am Riff entlang transportiert. Ein Bruchteil dieser Bakterien wird von Organismen gefangen und verwertet, aber die meisten driften am Riff vorbei, ohne erbeutet zu werden. Bakterien vermehren sich sehr schnell, und während der Ebbe kann die Biomasse der Bakterien auf dem Riffdach erheblich anwachsen.

Typische heterotrophe Bakterien (Vergrößerung: 39.600fach)
Foto: F. Langvad, UiB, Norwegen

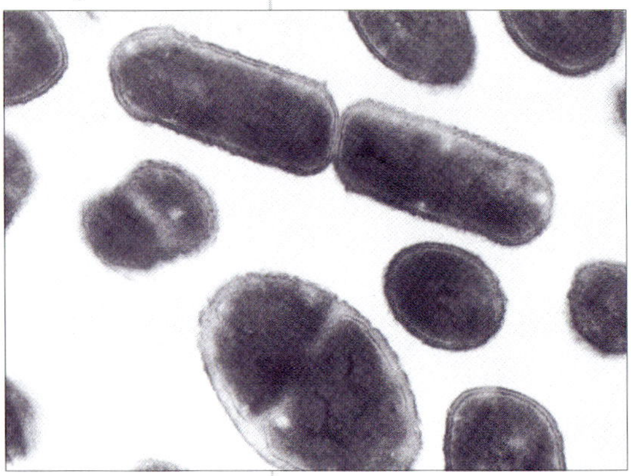

Zusammenfassend lässt sich sagen, dass ein Korallenriff reich an Bakterien und Mikroorganismen ist. Sie bilden eine Abbaukette, die wie ein riesiger biologischer Filter wirkt. Ein Teil der Bakterien ist zur Fotosynthese fähig, es handelt sich bei ihnen also um Primärproduzenten. Schließlich sind Bakterien als Nahrung für viele Lebewesen des Riffs wichtig: Protisten haben wir schon erwähnt, aber auch Schwämme, Muscheln und Korallen scheinen teilweise große Mengen von Bakterien als Nahrung zu nutzen, desgleichen Detritusfresser wie Schnecken und Seegurken.

Die Zonen des Korallenriffs und der Besuch einiger spezifischer Riffe

Die Tiere eines Korallenriffs lassen sich auf verschiedene Art und Weise unterteilen, wie z. B. in die sessilen (= festgewachsenen) und die frei lebenden. Wir können sie aber auch gemäß der Größe einteilen oder danach, wie sie manche Teile eines Riffes dominieren. Wenn wir während einer extremen Niedrigebbe über ein trockengefallenes Riffdach gehen, scheinen meistens die Korallen die dominanten Organismen zu sein, zumindest an den äußeren Teilen. In Gebieten, die näher zum Strand liegen, herrschen normalerweise andere Tiere vor.

Generell kann jedes Korallenriff in unterschiedliche Zonen eingeteilt werden. Die Abbildung zeichnet ein für ein Saumriff typisches Profil auf. Man beachte aber, dass es viele Variationen bezüglich der Riffzonierung gibt.

Im Folgenden werden wir versuchen, die typische Fauna und Flora innerhalb dieser Grenzen zu beschreiben. Wir stützen uns dabei auf persönliche Beobachtungen und auf zahlreiche Quellen in der Literatur. Die als Beispiele

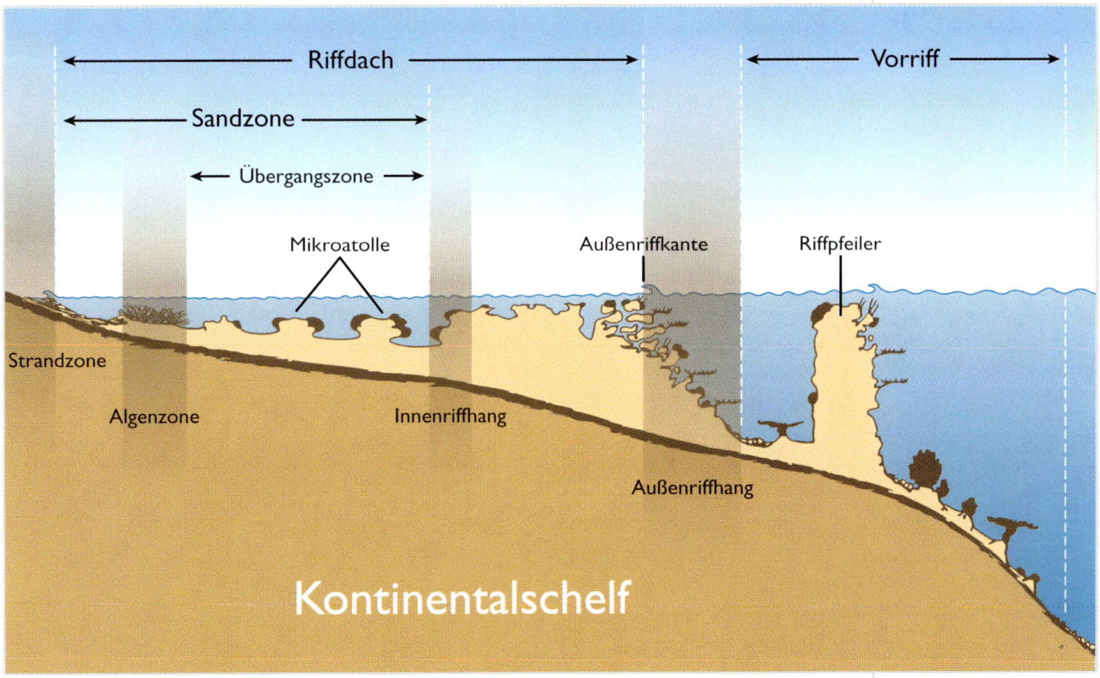

Schematische Darstellung der Gliederung eines litoralen Saumriffs im Roten Meer
Modifiziert nach MERGNER & SCHUHMACHER (1974)

genannten Arten sind charakteristisch für den westlichen Indopazifik und vielleicht nicht in allen Einzelheiten repräsentativ für andere Bereiche der Welt. Eine detaillierte Darstellung des weltgrößten Korallenriffs, des Großen Barriereriffs von Australien, beginnt auf Seite 97. Auf den Seiten 118–123 haben wir eine andere Zonierung aufgezeigt, die aus unseren eigenen Beobachtungen in einem Riff in Fidschi im Zentralpazifik resultiert. Und auf den Seiten 124–132 finden Sie die Zonierung eines „Algenriffs" in Rarotonga, Cook Islands.

1 Strand und innere Sandzone, Malediven

2 + 3 Flachwasserriffdach (innerer Bereich) eines Küstensaumriffs im zentralen Großen Barriereriff

4 Riffkante und oberer Riffhang mit dichtem Steinkorallenbewuchs, Fidschi

5 Oberer Bereich eines Außenriffhangs in der Korallensee, der bis in eine Tiefe von 2.000 m abfällt

6 Unterer Riffhang im Großen Barriereriff

7 zeigt eine große Höhle im unteren Riffhang eines Riffs der Malediven: Hier findet man zahlreiche Arten nicht fotosynthetisierender Korallen und kleiner Fische.

8 Tiefes Vorriff in der Korallensee mit Höhlen und nicht fotosynthetisierenden Korallen. Hier, in 30 m Tiefe, ist die Strömung stark und die Lichtstärke deutlich schwächer als an der Wasseroberfläche.
Fotos: Bioquatic Photo

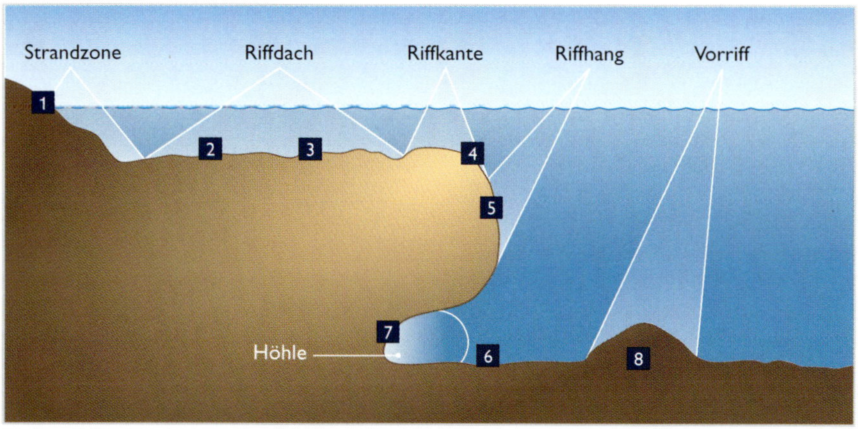

3

4

6

8

5

Ein Saumriff im Roten Meer

Die Korallenriffe des Roten Meeres gehören zu den nördlichsten unserer Erde. Das Rote Meer beginnt bei 12° im Norden mit der Straße von Mandeb (Bab al Mandab), der Meerenge, die es vom Golf von Aden trennt. Dschibuti in Afrika liegt auf der westlichen Seite und Jemen auf der östlichen. Am anderen Ende des Roten Meeres trifft man auf das berühmte Tauchgebiet Ras Mohammed – an der südlichen Spitze des Sinai, bei 27°45' Nord, wo sich auch der Eingang des Golfs von Akaba befindet. Eilat, am südlichsten Ende Israels, liegt bei 29°30' Nord. Entlang den beiden Seiten des Roten Meeres und des Golfs von Akaba erstrecken sich Küstensaumriffe sowie Saumriffe um kleine, küstennahe Inseln. Die Fauna des Roten Meeres ist einzigartig und enthält einige endemische, also nur hier vorkommende Arten. Die nachfolgende Beschreibung der Zonen eines Saumriffes im Roten Meer basiert auf den Arbeiten von MERGNER (1979), MERGNER & SCHUHMACHER (1974, 1981) sowie SCHUHMACHER & MERGNER (1985a, b).

Saumriff im Roten Meer
Foto: E. Svensen

Dem Festland am nächsten befindet sich die Strandzone. Sie liegt im Gezeitenbereich und fällt im Tagesverlauf jeweils mehrere Stunden trocken bzw. wird zweimal täglich vom auflaufenden Wasser überschwemmt. Hier leben viele Krabben und Schnecken. Zwischen der Niedrigwassermarke (Ebbespiegel) und dem mittleren Wasserniveau gibt es eine Zone mit unterschiedlichem Bodenmaterial, das durch Wellenschlag zerfallen ist. Der Boden ist rissig, und das Wasser rinnt in kleine Vertiefungen. Die häufigsten Algen hier sind *Enteromorpha*- und *Ulva*-Arten, aber man findet auch einige Braunalgen. Schnecken, z. B. *Nerita*-Arten und Käferschnecken wie *Acanthopleura* spp., aber auch manche kleine Muscheln sind oft zahlreich zu finden. Dies gilt auch für kleine Einsiedlerkrebse, z. B. *Clibanarius*-Arten. Dort, wo das ablaufende Wasser bei Ebbe seinen Tiefststand erreicht, ist ein Gürtel von Seepocken (Cirripedia) fest am Boden verwachsen.

Unter Wasser leben bekanntere potenzielle Aquarientiere. Der horizontale Teil des Riffs, das Riffdach, zeigt landseitig eine Algenzone, in der Braun- und Blaualgen dominieren. Weiter seewärts gibt es einige Rotalgen. Hier findet man nicht viele Tierarten, Seeigel wie *Echinometra mathaei* und *Tripneustes gratilla* können allerdings zahlreich sein. Außerdem trifft man einige Schlangensterne und vereinzelt Krebstiere an. Unter den wenigen Fischarten, die man hier öfter sieht, sind kleinere Grundeln (Gobiidae) und Schleimfische (Blenniidae).

Außerhalb der Algenzone, weiter seewärts, wird der Grund unebener. Zahlreiche kleine Vertiefungen sind mit losem Korallensand gefüllt. Durch die Einwirkung der Wellenbewegung werden große Mengen von Partikeln aufgewirbelt, wodurch sich die Lichtstärke am Boden, verglichen mit der an der Wasseroberfläche, auf die Hälfte verringert. In dieser Zone sind rote Kalkalgen häufig, ebenso wie einige Arten der grünen Kalkalgen der Gattung *Halimeda*. Manche Braunalgen, unter ihnen *Dictyota-*, *Lobophora-*, *Padina-* und *Sargassum*-Arten, wachsen hier ebenfalls zahlreich. Stellenweise finden sich Ansammlungen von Grünalgen der Gattung *Caulerpa*. Auf der Schattenseite von Steinen gedeihen andere Arten als auf den im Licht liegenden Bereichen. Die große, runde oder birnenförmige Blasenalge, *Ventricaria ventricosa*, die Aquarianern so gut bekannt ist, lässt sich hier typischerweise antreffen.

In dieser Zone treten die ersten Kolonien von Weichkorallen auf, darunter *Cladiella-*, *Sinularia-* und *Xenia*-Arten, die alle gut für das Aquarium geeignet sind. Steinkorallen – u. a. aus den Gattungen *Favia, Favites, Goniastrea, Porites* und *Stylophora* – trifft man in vereinzelten Kolonien. Hier gibt es die meisten Schneckenarten, darunter viele aus Gattungen, die bei Aquarianern sehr bekannt sind, wie z. B. die herbivoren *Trochus-* und *Turbo*-Arten. Das Algenwachstum und der Detritus sind außerdem die Nahrungsgrundlage für viele Seeigel, einschließlich der beiden Arten, die wir bei der Algenzone erwähnt haben, aber ebenso auch z. B. *Diadema-* und *Heterocentrotus*-Arten. Verglichen mit den weiter seewärts gelegenen Zonen ist der innere Teil des Riffdachs relativ artenarm. Vor allem ist hier die Anzahl hermatypischer Korallen noch gering.

Typische Bewohner der Saumriffe des Roten Meeres: Bunte Weichkorallen, flächig wachsende Feuerkorallen und Fahnenbarsche
Foto: D. Brockmann

Als Nächstes schließt sich eine Übergangszone an, die mit zu den artenreichsten Gebieten im Riff zählt. Die Ursache hierfür ist in den entsprechenden hydrografischen Verhältnissen zu suchen: Die Brandung des Meeres wird von der Riffkante abgefangen und hat deshalb innerhalb des Riffs nur noch eine geringe Wirkung. Indessen führt die lebhafte Wasserbewegung zu einer starken Zirkulation von Sauerstoff, Kohlendioxid, Nährstoffen und Abfallprodukten. Die Wassertiefe ist hier größer als weiter landwärts, doch das Wasser ist klarer. Die Lichtintensität am Grund beträgt etwa 50–65 % derjenigen an der Wasseroberfläche.

Teile dieses Gebiets fallen zuweilen trocken. Das hat zur Folge, dass dicht wachsende Korallen absterben können. Auf diese Weise bilden sich allmählich kleine, atollähnliche Formationen, die Mikroatolle. Meistens werden sie von *Porites*-Arten gebildet. Man findet aber auch Mikroatolle, die von anderen Arten aufgebaut wurden. Rote Kalkalgen überwachsen die toten Korallenskelette, wodurch langsam eine sehr unebene Oberfläche entsteht. Die Artenzahl ist hier größer, und man trifft die ersten Bestände der Gattungen *Capnella, Nephthea* und *Sarcophyton* an. Hier kommen auch junge Riesenmuscheln der Gattung *Tridacna* vor.

Chaetodon semilarvatus ist einer der häufigsten Schmetterlingsfische in den Riffen des Roten Meeres.
Foto: D. Knop

Die letzten 10 m bis zur Riffkante (mit einer Wassertiefe von 40 cm bis zu 1 m) fallen niemals trocken. Es gibt hier eine beträchtliche Anzahl von Korallenarten, darunter mehrere Spezies von Weichkorallen der bereits erwähnten Gattungen. Zwischen ihnen wachsen kleine, dicht gedrängte Kolonien von Steinkorallen. Zu ihnen zählen hier alle bereits erwähnten sowie auch *Platygyra*-Arten und einige vereinzelte *Acropora*-Arten. Da die Riffkante nahe ist, wirkt sich die Brandung mit einer beträchtlichen Wellenbewegung aus. Daher bleibt in den Bodenspalten kein Sand liegen. Das Wasser bahnt sich Tunnel und Kanäle, in denen die Strömung besonders stark ist. Hier lebt eine Vielzahl von Arten, die diesen speziellen Bedingungen angepasst ist. Dagegen finden sich nur wenige Algen, wahrscheinlich der Grund dafür, dass hier auch nur wenige Schnecken leben.

Typische Fische des Riffdachs sind in erster Linie Lippfische (Labridae) und sehr territoriale Riffbarsche (Pomacentridae), z. B. *Chrysiptera*-Arten. Mehrere Arten von Doktorfischen der Gattung *Acanthurus* können in großen Schwärmen auf der Suche nach ihrer wichtigsten Nahrung, den Algen, angetroffen werden.

Die Riffkante und der Riffhang sind interessante Gebiete. Sie sind sehr stark der Brandung ausgesetzt. In der oberen Region der Riffkante herrscht eine Lichtstärke von 50–65 % derjenigen an der Wasseroberfläche, während in der Mitte des Riffhangs nur noch 12 % und am Grund sogar nur 2 % gemessen werden.

An manchen Stellen fällt der Riffhang steil ab. Nicht selten sieht man hier im unteren Bereich riesige Seefächer, die sich in der starken Strömung hin- und herwiegen.
Foto: D. Knop

An der Riffkante gibt es viele Steinkorallen, u. a. mehrere *Acropora*-Arten. Bei *Acropora* handelt es sich um eine sehr artenreiche Gattung mit vielen großartigen Wuchsformen. Feuerkorallen der Gattung *Millepora* leben gleichfalls an der oberen Riffkante. Seeanemonen gedeihen dort, wo die Wasserbewegung

In der starken Strömung der Riffkante tummeln sich viele Juwelen-Fahnenbarsche, *Pseudanthias squamipinnis*, zwischen den Korallen.
Foto: D. Brockmann

stark ist. Mehrere der großen Symbioseanemonen wie *Heteractis-* und *Stichodactyla*-Arten wachsen hängend über der Riffkante. Sie werden als Symbioseanemonen bezeichnet, weil sie üblicherweise die Aufenthaltsplätze der Anemonenfische aus der Gattung *Amphiprion* sind.

Direkt an der Riffkante und in den oberen Bereichen des Riffhangs beobachtet man eine große Anzahl schwarmbildender Fische, so z. B. das Grüne Schwalbenschwänzchen, *Chromis viridis*, und den Juwelen-Fahnenbarsch, *Pseudanthias squamipinnis*. Der Pfauen-Kaiserfisch, *Pygoplites diacanthus*, unterscheidet sich von anderen Kaiserfischen dadurch, dass er häufig in ziemlich flachem Wasser vorkommt.

Den tieferen Teil des Riffhangs bevölkern häufig Mischschwärme des Schmetterlingsfisches *Chaetodon semilarvates* und des Rotmeer-Wimpelfisches *Heniochus intermedius*.
Foto: D. Brockmann

Sogar in den Unterwasserhöhlen des Grottensystems, in die kein Licht gelangt, herrscht reiches Tierleben. Außer einer großen Anzahl von Schwämmen begegnet man dort Seescheiden, Würmern, Hydratieren und ahermatypischen Steinkorallen, z. B. *Tubastrea*-Arten. Diese Korallen enthalten keine Zooxanthellen und sind deshalb lichtunabhängig. Viele Fischarten suchen zum Schutz oder zur Tarnung Höhlen auf, das gilt auch für Fahnenbarsche der Gattung *Pseudanthias* und Soldatenfische der Gattung *Myripristis*.

Die eigentliche Riffkante und die obersten Teile des Riffhangs zählen zu den artenreichsten Regionen des Riffs. Den Teil, der sich seewärts vor dem Riffhang befindet, nennt man Vorriff. Hier begegnet man auch den großen Riffpfeilern, die sich bis in die Nähe der Wasseroberfläche erheben. Sie sind häufig durch Sandboden voneinander getrennt und oft reich mit Korallen bewachsen, wohingegen die inneren Teile des Vorriffs außerhalb des Riffhangs nur eine spärliche Korallenfauna aufweisen. Sogar Sekundärbesiedler, d. h. solche, die auf toten Korallen wachsen, z. B. *Nephthea-* und *Capnella*-Arten, sind selten. Die Ursache sind ungünstige Lebensbedingungen, die wahrscheinlich auf den an der Riffkante aufgewirbelten Korallensand zurückzuführen sind. Hermatypische Steinkorallen, die auf den weniger exponierten Teilen der Riffpfeiler leben, sind in erster Linie Arten der Gattung *Porites*. Es finden sich aber auch *Echinopora-*, *Favia-*, *Favites-*, *Goniastrea-*, *Lobophyllia-*, *Seriatopora-*, *Platygyra-* und *Acropora*-Arten. Verschiedene Arten von Braunalgen, aber auch eine Reihe von grünen und roten Kalkalgen sind auf Riffpfeilern häufig zu finden. Zwischen der dem Riffhang zugekehrten Leeseite eines Riffpfeilers und seiner Außenseite bestehen große Unterschiede in Fauna und Flora.

Vor den Riffpfeilern beginnt ein neues, reiches Korallenleben. Hier, in etwa 10 m Tiefe, beträgt die Lichtenergie nur noch

Die oberen Teile des Riffhangs im Roten Meer sind artenreich besiedelt, hier vor allem mit Weichkorallen der Familie Nephtheidae.
Foto: D. Knop

10 % von der an der Wasseroberfläche. Auch das Lichtspektrum hat sich geändert: Rotes und orange Licht fehlen fast völlig, dagegen sind grüne, blaue und violette Spektralbereiche vorhanden. Das ist für die dort wachsenden Korallen offenbar noch ausreichend. Die Zahl der Arten und Gattungen der Steinkorallen hier ist außerordentlich groß und umfasst wahrscheinlich fast alle, mit denen Aquarianer vertraut sind. Viele Arten der Gattungen *Acropora, Astreopora, Favia, Favites, Fungia, Galaxea, Goniastrea, Herpolitha, Lobophyllia, Montipora, Platygyra, Plerogyra, Pocillopora, Porites, Seriatopora* und *Stylophora* trifft man am häufigsten an. Bei den Weichkorallen sind *Xenia*- und *Heteroxenia*-Arten die zahlreichsten Flachwasserformen, während verschiedene Arten, die keine Fotosynthese betreiben, wie Arten der Gattungen *Chironephthya, Dendronephthya, Scleronephthya* und *Siphonogorgia*, umso stärker auftreten, je tiefer man kommt.

In rund 10 m Tiefe wachsen zahlreiche Steinkorallenarten und bedecken das Substrat oft vollständig.
Foto: D. Knop

Ein typischer Bewohner der Sandzonen vor dem Riffhang und den Riffpfeilern ist der Blaupunktrochen (*Taeniura lymma*).
Foto: D. Brockmann

Ein und dieselbe Korallenart kann erheblich unterschiedliche Wuchsformen zeigen, je nachdem, ob sie starkem oder schwachem Licht, intensiver oder geringer Strömung u. Ä. ausgesetzt ist. Ein gutes Beispiel hierfür sind die Weichkorallen der Gattung *Sinularia*, ebenso Steinkorallen der Gattung *Acropora*. Diese wachsen bei starker Beleuchtung meist dicht und klumpenartig, bilden jedoch unter schwächerem Licht große Verzweigungen. Diese Wachstumsreaktionen sind auch im Aquarium zu beobachten und verleiten Aquarianer oft zu falschen Schlussfolgerungen über die Artzugehörigkeit ihrer Korallen.

Der tiefere Teil des Riffhangs beherbergt eine sehr reiche Fischfauna. Typisch sind hier Falterfische (Chaetodontidae), Kaiserfische (Pomacanthidae), Zackenbarsche (Serranidae) und Muränen (Muraenidae).

Das Große Barriereriff

Für uns Meerwasseraquarianer ist vielleicht das Große Barriereriff das Interessanteste an Australien, dem Kontinent „down under". Den Australiern ist es einfach als „das Riff" bekannt. Seit 1981 steht das Riff auf der Liste des Weltnaturerbes.

Kapitän Matthew Flinders verwendete als Erster den Namen „Großes Barriereriff", als er 1802 die Küste von Nord-Queensland für eine sichere Schiffspassage erkundete. Schon bevor die Zivilisationen des Nahen Ostens, Europas und Amerikas aufblühten, war Australien reich an Kultur, Religionen und Gebräuchen. Die australischen Ureinwohner (Aborigines) eroberten „das große Land im Süden", 40.000 Jahre bevor europäische Schiffe hier ankerten.

Der Ausdruck „Großes Barriereriff" ist eigentlich nicht korrekt, denn es handelt sich nicht um ein einziges Riff, sondern um eine Kette von 3.000 Einzelriffen und Inseln, die sich über eine Länge von 2.000 km entlang der Ostküste Australiens erstreckt und dabei eine Fläche von 347.800 km² einnimmt. Sie beginnt im Süden in Hervey Bay an der Nordspitze von Frazer Island und endet im Norden hinter Cape York.

Das Riffgebiet besteht nicht nur aus Barriereriffen, sondern umfasst auch Mangrovengebiete, kontinentale Inseln, Saumriffe, Korallenkeys, Seegrasbetten, Lagunen mit großen Sandgebieten, Steilhänge und Riffe, die am Rande zur Korallen-

Das Große Barriereriff (zentraler Abschnitt) ist ein Netzwerk aus Einzelriffen. Hier sind das Hardy- und das Hook-Riff der Whitsunday-Inseln zu sehen. Hellgrün sind Sandbänke im Flachwasser, das dunklere Blaugrün sind Sandbänke in etwas tieferem Wasser. Lebende Korallen erscheinen in Braun, wohingegen das Dunkelblau ein 200 m tiefer Kanal ist, der zwei Riffe voneinander trennt.
Fotos: Bioquatic Photo

Hook Island ist eine kontinentale Insel in der Whitsunday-Gruppe, mit Buchten und Saumriffen. Wie alle Whitsunday-Inseln ist auch sie ein wichtiges Rückzugsgebiet für die Menschen, die an der Küste von Zentral-Queensland leben oder die Küste besuchen.
Foto: Bioquatic Photo

Das Tauchen im Großen Barriereriff, wie hier im nördlichen Bereich der berühmten Ribbon Reefs, ist eine magische und entspannende Erfahrung. Nur aus der Unterwassersicht zeigt das Riff seine ganze Schönheit.
Foto: Bioquatic Photo

Der Schmetterlingsfisch *Chaetodon aureofasciatus* ist eine endemische Art des Großen Barriereriffs.
Foto: Bioquatic Photo

see liegen. Zwischen den einzelnen Riffen erstrecken sich Riffkanäle, in denen teilweise eine enorm starke Strömung herrscht.

Das Große Barriereriff ist ein sehr komplexes System und beherbergt eine große Vielfalt an Organismen. Man schätzt, dass dort rund 1.500 Fischarten und mehr als 360 Arten riffbildender Korallen vorkommen. Im Riff findet man ein Drittel aller Weichkorallenarten unserer Erde, über 1.500 Schwammarten und mehr als 800 Arten von Stachelhäutern. Mehr als 4.000 Weichtierarten wurden darüber hinaus im Großen Barriereriff identifiziert. Andere stark repräsentierte Tiergruppen sind Anemonen, marine Würmer, Krebstiere und Manteltiere. Die ausgedehnten Seegrasbetten sind wichtige Weidegründe für die größte Population von Seekühen. Innerhalb dieses Riffgebiets befindet sich auch die wichtigste Brutstätte für Meerwasserkrokodile auf unserem Planeten. Das Riff beheimatet mehr als 500 Arten fleischiger Algen, die stark von Schildkröten, Fischen, Seeigeln und Weichtieren abgeweidet werden. Es bietet Nistplätze für viele Vögel und ist ein wichtiges Rückzugsgebiet für die gefährdeten Suppenschildkröten und Unechten Karettschildkröten, zwei der sechs Schildkrötenarten, die man hier findet. Das Große Barriereriff dient auch als einer der Geburtsgründe für Buckelwale, die aus der Antarktis kommen, um ihre Jungen in diesen warmen Gewässern zur Welt zu bringen. Die Buckelwale zählen zu den 23 Arten von Meeressäugern, die vom Großen Barriereriff bekannt sind. Und nicht zuletzt: Das Große Barriereriff ist ein wichtiges Erholungsziel für den Menschen, ein Hauptfischfanggebiet und eine wichtige Einnahmequelle für Australien.

Die Soldatenkrabbe *Mictyris longicarpus* ist eine endemische Art von Ost-Australien. Diese Krabben bauen sich Höhlen im schlammigen Strand. Hunderte von ihnen laufen während der Niedrigebbe auf Futtersuche soldatengleich über das schlammige Riffdach – daher stammt auch ihr deutscher Name Soldatenkrabbe.
Foto: Bioquatic Photo

Eine Meeresschildkröte (wahrscheinlich *Chelonia mydas*) über einem Seegrasfeld bei Green Island, Großes Barriereriff
Foto: Bioquatic Photo

Der Schwanz eines riesigen Buckelwals (*Megaptera novaeangliae*) in Hervey Bay, Queensland, Australien. Das südliche Große Barriereriff – insbesondere Hervey Bay – ist einer der Plätze, an denen diese herrlichen Wale auf ihrem Weg in die Antarktis ihre Jungen bekommen.
Foto: Bioquatic Photo

Die Australier sind heute sehr stolz auf „ihr Riff" und unterstützen seinen Schutz. Und das Große Barriereriff wird gut geschützt: Die „Great Barrier Reef Marine Park Authority" (GBRMPA) überwacht und managt das größte marine Ökosystem unseres Planeten. Dies ist nicht ohne Probleme, aber es ist essenziell für das Überleben des Riffs.

Als Meerwasseraquarianer oder tauchinteressierter Tourist nach Australien zu fliegen, um das Große Barriereriff zu besuchen, ist nicht ganz so leicht, obwohl es so gewaltige Ausmaße hat. In der Tat ist der Zugang zum Riff häufig ziemlich teuer und schwierig und erfordert eine sorgfältige Planung. Das Große Barriereriff folgt dem Kontinentalschelf und erstreckt sich von Cape York im Norden bis nahe Bundaberg im Süden. In der zentralen Region und in

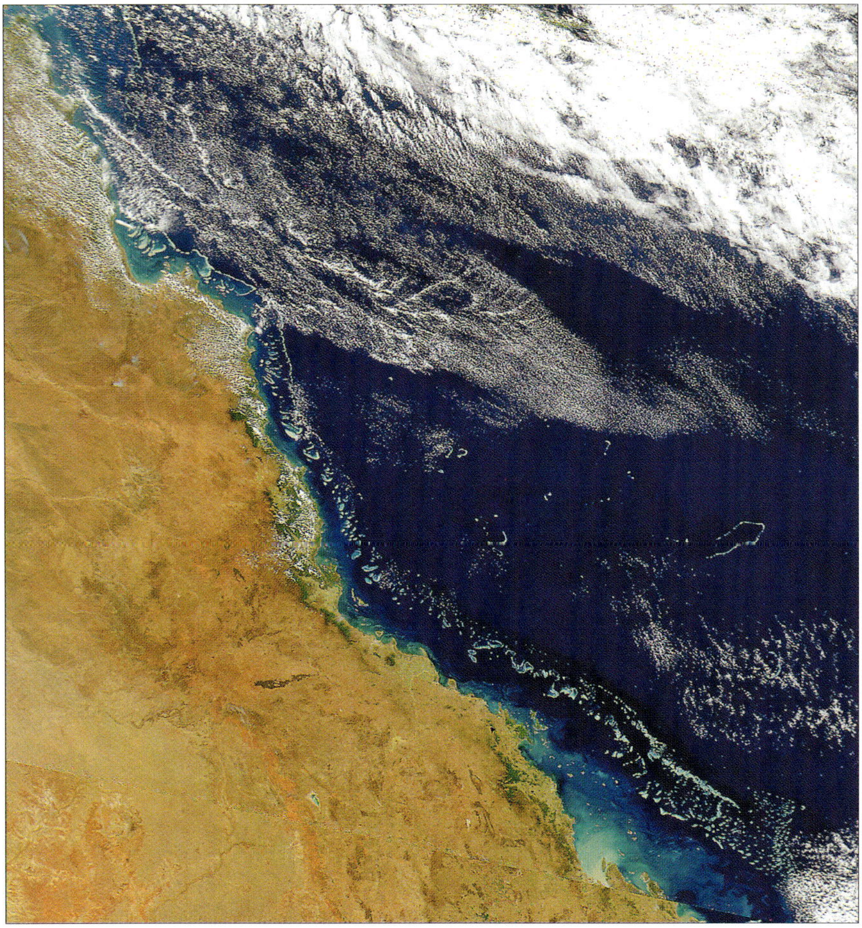

Das Große Barriereriff erstreckt sich über 2.000 km entlang der Nordostküste Australiens. Es besteht aus zahlreichen Einzelriffen, Passagen und Korallenkeys – kleine Inseln, die Bestandteil eines Riffs sind. Das Foto zeigt das gesamte Riff von Cape York im Norden bis nach Bundaberg im Süden – aus dem Weltall aufgenommen.
Foto: NASA/GSFC/LaRC/JPL, MISR Team

Die Küste des nördlichen Queensland mit seinen Korallenriffen, aus einem Space Shuttle aufgenommen. Wir können kleine Inseln und ein Saumriff in der Nähe des Festlands erkennen. Weiter außerhalb liegen breite Plattformriffe, die durch Kanäle voneinander getrennt sind. Der Sand in sehr flachem Wasser ist weiß erkennbar, während Sand in größerer Tiefe grünlich wirkt. Bei den Korallenriffen handelt es sich um die schmalen Ribbon Reefs, eine Kette von Barriereriffen, die sich zum offenen Ozean (rechts im Bild) hin erstrecken.
Foto: NASA

der südlichen Sektion liegt die Riffbarriere bis zu 260 km vor der Küste und ist nur nach Stunden mit dem Boot zu erreichen. Weiter im Norden wird der Kontinentalschelf schmaler. Dort entwickeln sich die Riffe näher am Festland, und die äußeren Barriereriffe sind nicht weiter als 32 km von der Küste entfernt, z. B. bei Cape Melville, ungefähr 300 km nördlich von Cairns. Das Riff geht dann weiter bis nach Cape York

Der zentrale Bereich des Großen Barriereriffs am 26. August 2000 mit einem Multi-angle Imaging Spectroradiometer (MISR) aufgenommen. Das Foto zeigt den südlichen Bereich eines Riffs in der Nähe der Küste von Zentral-Queensland. Die Breite des Bildes entspricht etwa 380 km; das Riff, das bis zu 200 km vor der Küste liegt, ist gut erkennbar.
Foto: NASA/GSFC/LaRC/JPL, MISR Team

Dieser Ausschnitt aus dem Bild (Kreis) zeigt das Hardy und Hook Reef. Diese Riffe können von Macay auf dem Festland aus via Helikopter besucht werden.
Foto: Bioquatic Photo

und der Torres Strait, die Australien von Papua-Neuguinea trennt. Im nördlichsten Teil entfernt es sich wieder gemeinsam mit dem Kontinentalschelf vom Festland.

Die Einzelriffe, aus denen das Große Barriereriff besteht, sind sehr unterschiedlich in ihrer Form, Verteilung und Artenvielfalt. Man kann sie grob in vier verschiedene Kategorien einteilen: Küstensaumriffe und Kontinentalinselsaumriffe (diese beiden Kategorien enthalten rund 750 Einzelriffe) sowie küstenferne Plattformriffe und äußere Barriereriffe (mit ca. 2.150 Einzelriffen). Nachfolgend werden wir uns einige Gebiete des Großen Barriereriffs im Detail anschauen.

Ein Küstensaumriff im Gebiet von Daintree

Das Daintree-Gebiet, einschließlich des Daintree-Nationalparks, liegt im nördlichen Queensland zwischen dem Daintree River (45 km nördlich von Port

Ein Saumriff vor dem Regenwald von Daintree, Nord-Queensland. Dies ist einer der wenigen Plätze auf der Erde, an denen ein Korallenriff direkt auf einen Regenwald trifft.
Foto: Bioquatic Photo

Douglas) und Cape Tribulation (75 km südlich von Cooktown). Es ist ungefähr 40 km lang. Hier kommt das Große Barriereriff nahe an die Küste und mit dem ursprünglichen australischen Regenwald in Kontakt.

Die Saumriffe von Daintree und Cape Tribulation sind für die Wissenschaft von besonderem Interesse, weil sie in trübem Wasser existieren und durch starke Regenfälle sowie durch Bäche und Flüsse extrem viel Süßwasser erhalten. Während schwerer, regenreicher Stürme gelangen große Mengen sedimentreichen Süßwassers in den Küstenstreifen, was einen fallenden Salzgehalt und eine verminderte Sichtweite verursacht. Obwohl die Riffe ökologisch stark unter Druck stehen, ist die Artenvielfalt in diesen Lebensgemeinschaften enorm groß. Aber auch aus einem anderen Grund sind diese Riffe sehr interessant: Sie waren Siedlungspioniere, die im Holozän nach einem Ansteigen des Meeresspiegels den Kontinentalschelf besiedelten. Allerdings werden auch die Saumriffe des Daintree wie alle küstennahen Riffe des Großen Barriereriffes mehr und mehr von einfließenden Abwässern des Festlandes geschädigt.

Bei Cape Tribulation reicht der dichte Regenwald direkt bis an den Strand. Einige wenige Gebiete mit Mangroven findet man ebenfalls. Der Strand selber ist sauber, enthält aber ein wenig Schlamm und besteht nicht aus rei-

Das Korallenriff besteht hier nicht nur aus Steinkorallen und Korallenfelsen, so wie wir es aus zahlreichen anderen Riffgebieten kennen. Hier finden wir vielmehr auch Sandsteine und Lavafelsen, die härter und massiver sind als die Korallenfelsen.
Foto: Bioquatic Photo

nem Korallensand wie die Strände der Koralleninseln, die weiter von der Küste entfernt liegen. Im Substrat lebt der „Sand Bubbler", die Krabbe *Scopimera inflata*, die endemisch für Ost-Australien ist. Sie misst kaum 12 mm, und man kann sie nur schwer fangen. Ihre Höhlen und die vielen Sandhügel, die sie umgeben und die durch die Grab- und Fressaktivitäten der Krabben entstehen, sind leicht zu erkennen.

Im Sand lebt die in Ost-Australien endemische Krabbe *Scopimera inflata*. Sie wird nur 12 mm groß und ist sehr schwer zu entdecken. Ihre Wohnhöhlen dagegen und die vielen kleinen Sandwälle, die strahlenförmig davon ausgehen und das Resultat des Nahrungserwerbs der Krabben sind, lassen sich sehr leicht ausmachen.
Foto: Bioquatic Photo

Das Riff beginnt etwa 100 m entfernt vom Wald. Es besteht nicht aus Steinkorallen, sondern vielmehr aus Sand- und Lavagestein. Diese Sedimente sind fester und massiver als das Korallengeröll, das wir von vielen anderen Saumriffen kennen. Die Felsen sind mit verschiedenen Algen bewachsen, am häufigsten sind *Sargassum*-Arten. Es ist ein absolut spektakuläres Erlebnis, auf dem inneren Riffdach zu stehen und auf die Hügel mit dem Regenwald zu schauen, dessen tropische Vegetation dem Himmel entgegenstrebt. Zwischen den Felsen gibt es kleine Kanäle, die das Wasser vom offenen Meer in das Innenriff lassen. Der Boden ist schlammig und mit verschiedenen Algen bewachsen, einschließlich *Halimeda* und einiger Seegrasbestände. Hier und da gibt es ein paar Korallen, unter ihnen einige *Goniastrea* sp., eine sehr robuste Gattung, die sich exzellent für das Aquarium eignet. In dieser Zone ist die Seegurke *Holothuria leucospilota* sehr häufig. Diese Tiere leben versteckt unter Felsen und strecken ihren Körper aus einer Öffnung, um sich von Algen und Detritus zu ernähren.

An den vertikalen Seitenflächen der Kanäle, die in das Riffdach hineinziehen, fanden wir eine größere Artenvielfalt an Korallen. Hier gibt es kleine Kolonien von *Acropora* spp., *Montipora* sp., verschiedene Faviidae, große Bestände von *Sinularia flexibilis*, einen reichen Bewuchs von Kalk-Rotalgen, die den Felsen in vielen Bereichen vollständig überziehen, sowie zahlreiche *Sargassum* sp.

Algen und Steinkorallen auf Sand- und Lavagestein, die das Riffdach der Saumriffe von Daintree bilden
Foto: Bioquatic Photo

Wenn wir uns vom inneren Riffdach in Richtung Riffkante bewegen, öffnen sich dort kleine, flache Riffkanäle. Hier finden wir verschiedene Algenarten wie *Sargassum* spp. und sehr schöne Steinkorallen wie *Acropora* spp., *Montipora* spp., *Lobophyllia* spp. und Gehirnkorallen aus der Familie Favidae. Das Wasser ist ziemlich trübe, die Sicht schlecht.
Fotos: Bioquatic Photo

An einigen Stellen ist das foliöse Wachstum von *Montipora*-Platten geradezu fantastisch. Die Korallen wuchsen allerdings nur an den unteren Bereichen der Felsen, die auch während extremer Niedrigebben niemals trockenfallen. Solche Niedrigebben beobachtet man hier für einige Tage zweimal im Monat bei Voll- oder Neumond.

Nähert man sich der Riffkante, die 300–400 m vom Strand entfernt liegt, öffnet sich das Riffdach und bildet Spalten, durch die viel Wasser vom offenen Meer gelangt. Folgerichtig finden wir hier Löcher, breite Spalten und Kanäle sowie Gezeitentümpel zwischen dem festen Substrat. Die Vielfalt der Korallen steigt in dieser Zone deutlich an, sowohl hinsichtlich der Arten als auch der Individuen. Große Kolonien von *Lobophyllia* tauchen auf, es gibt größere *Acropora*-Kolonien, dazwischen kleinere *Pocillopora*-Kolonien. Eine Vielzahl von verschiedenen Gehirnkorallen aus der Familie Faviidae (viele gehören zur Gattung *Goniastrea*) wächst zu dicken Stöcken heran, und zwischen den Korallen gedeiht eine reiche Algenflora – wie man es bei einem solchen Küstensaumriff erwartet.

Kleine und große Fische findet man in den Gezeitentümpeln, und sogar Seeschildkröten und Muränen werden von ihnen hier während der Niedrigebbe gefangen.

Während der Niedrigebbe werden Fische und Seeschildkröten in den zahlreichen Ebbetümpeln eingeschlossen, die sich in den Saumriffen von Daintree bilden. Das Bild zeigt die Grüne Schildkröte, *Chelonia mydas*, in einem solchen Ebbetümpel.
Foto: Bioquatic Photo

An der Riffkante und auf Riffpfeilern nimmt die Artenvielfalt von Korallen sogar noch deutlich zu. Große *Acropora*-Kolonien und enorme Weichkorallen der Gattung *Lobophytum* wachsen zusammen mit anderen Korallen und Algen. Das Habitat wird hier dauerhaft – sogar an den ruhigsten Tagen – von kleinen Wellen überspült. Allerdings ist das Wasser hier auch noch recht trübe. Der ökologische Stress für diese Küstenriffe nimmt ständig zu. Doch noch immer sind die Artenvielfalt und die Schönheit dieser einmaligen Lebensräume absolut spektakulär.

An der Riffkante und den kleinen Felsblöcken der Riffkante, die man hier Bommies nennt, werden die Steinkorallen noch artenreicher. Hier leben verschiedene *Acropora*- und *Montipora*-Arten sowie große *Lobophyllum*-Kolonien und fleischige Lederkorallen der Gattungen *Sarcophyton* und *Lobophytum*.
Fotos: Bioquatic Photo

Kontinentalinsel-Saumriffe

Von den ungefähr 900 Inseln im Großen Barriereriff sind 618 kontinental, der Rest sind Korallenkeys. Viele von ihnen haben Saumriffe entlang ihren Küstenlinien entwickelt. Einige liegen fernab der Küste und zeigen spektakuläre Riffe, die im kristallklaren Wasser gedeihen und nur wenig Umweltdruck ausgesetzt sind. Lizard Island und die äußeren Teile der Whitsunday Islands sind hierfür gute Beispiele. Andere liegen näher am Festland, und obwohl sie Korallenriffe besitzen, sind die Bedingungen für die Riffe und die Sichtweiten unter Wasser variabel. Magnetic Island vor Townsville kann hierfür als Beispiel genannt werden.

Whitsunday Islands

Die Whitsundays sind eine Gruppe kontinentaler Inseln, die das nördliche Ende der Cumberland-Inseln bilden, insgesamt 74 Eilande, zumeist unbewohnt und isoliert liegend. Es gibt zehn größere Inseln, die zu gut entwickelten Touristen-Ressorts ausgebaut wurden. Diese sind – mit einer Ausnahme – luxuriöse und teure Ressorts, die alles bieten – beste Unterkünfte, herrliche Strände und gute Tauchmöglichkeiten. Die Inseln haben nahezu ohne Ausnahme zahlreiche Buchten und Strände mit vorgelagerten Saumriffen. Jedoch sind die meisten dieser Orte ohne Boot nicht zu erreichen.

Hook Island ist eine der vielen kontinentalen Inseln in der Whitsunday-Gruppe und liegt vor der Küste von Zentral-Queensland. Hier befindet sich ein einfaches und zurückgezogenes Touristenressort mit Saumriffen von unterschiedlicher Qualität, schönen Stränden und dichtem Wald. Es ist ein beliebtes Ziel von Rucksacktouristen. Eine ungefähr 300 m breite Meerenge trennt Hook Island von Whitsunday, der größten Insel der Gruppe. Die Strömung ist in der Meerenge sehr stark. An der Spitze von Whitsunday, gerade gegenüber dem Hook Island Resort, liegt der „Coral Garden", ein kleines Saumriff mit einer bemerkenswerten Korallenvielfalt.
Fotos: Bioquatic Photo

Hook Island

Unsere Reise führt uns nach Hook Island, einer Insel, die sich von den anderen Whitsundays in Bezug auf ihr Ressort stark unterscheidet, denn dieses ist recht schlicht. Es gibt hier keine ausgefallenen Restaurants oder Diskotheken, aber es ist freundlich mit einer entspannenden Atmosphäre. Die Insel hat ein altes Unterwasserobservatorium, und drei unterschiedliche Strände kann man zu Fuß erreichen; einer davon liegt vor einem ausgezeichneten Saumriff. Die Strände beherbergen große Populationen an Soldatenkrabben (*Mictyris longicarpus*), eine endemische und ziemlich spektakuläre Krabbenart in diesen Gewässern. Das Hausriff direkt vor dem Ressort ist leider vom Tourismus und den Abwässern schon sehr in Mitleidenschaft gezogen. Obwohl es hier einige interessante Tiere zu sehen gibt, einschließlich einer großen Anzahl von *Tridacna*-Muscheln, muss man das Riff im Vergleich zu anderen als „enttäuschend" klassifizieren. Eine dieser „anderen Stellen" wird „Coral Garden" genannt. Er liegt praktisch genau gegenüber dem Hook Island Ressort. Diese Stelle ist auch als Whitsunday Point bekannt – ein typisches Saumriff mit einem spektakulären Korallenwachstum. Das Riff ist leicht mit einem Boot zu erreichen, und das Ressort bringt die Gäste jeden Tag dorthin, wenn man den Trip einen Tag im Voraus gebucht hat.

Ein Korallenfelsen im „Coral Garden“ von Whitsunday. Er reicht fast bis zur Wasseroberfläche und ist sehr stark mit Weich- und Steinkorallen bewachsen. Zwischen dem Korallenfelsen und dem Strand liegt ein Flachwasserriffdach.
Foto: Bioquatic Photo

Der „Coral Garden“ kann als ein Beispiel für ein kontinentales Saumriff in diesem Teil der Welt betrachtet werden. Er liegt an der Spitze der Whitsunday-Inseln, dort, wo die Entfernung zwischen Whitsunday und Hook Islands mit 300 m am niedrigsten ist. Dies verursacht eine sehr starke Strömung, was seinerseits ein Faktor ist, der einen positiven Einfluss auf das Wachstum von Korallen hat. Erreicht man den „Coral Garden“, wird man bemerken, dass er sehr schmal ist. Es gibt einen ruhigen Strand vor einem steilen und dicht bewachsenen Hügel. Das Riffdach breitet sich über 100 m in Richtung offenes Meer aus, bevor der Riffhang auf 20 m Tiefe abfällt. Vor dem Riffhang stehen einige Riffpfeiler, die die Wasseroberfläche erreichen.

Während der Ebbe beträgt die Wassertiefe in Strandnähe weniger als 1 m, sodass man Schwierigkeiten hat, sich hier unter Wasser zu bewegen. Verstreute Korallen und zwei interessante Schmetterlingsfische leben hier; *Chelmon rostratus* und *Chaetodon aureofasciatus*. Kleine und große *Porites*-Kolonien, *Acropora* spp., kleine Kolonien von *Goniastrea* und Korallengeröll findet man in der inneren Zone des Riffs. Ein wenig weiter außerhalb kommen die

Bild unten links: Das Riffdach des „Coral Garden“ unmittelbar vor dem Strand. Hier erkennen wir verschiedene Steinkorallen und den im Großen Barriereriff endemisch lebenden Schmetterlingsfisch *Chaetodon aureofasciatus*.
Foto: Bioquatic Photo

Bild unten rechts: Etwas weiter vom Strand entfernt steigt die Anzahl der Steinkorallen an. Hier treffen wir auf Lippfische und kleine Gruppen des Pinzettfisches *Chelmon rostratus*.
Foto: Bioquatic Photo

Die Anzahl der Riesenmuscheln aus der Familie Tridacnidae im „Coral Garden" ist unglaublich. Gleich 5 Arten leben hier. Das Foto zeigt mehrere Individuen von *Tridacna crocea*, die sich zum Teil in den Felsen eingebohrt haben.
Foto: Bioquatic Photo

Pferdehuf-Riesenmuschel (*Hippopus hippopus*) im „Coral Garden"
Foto: Bioquatic Photo

Fantastische Feuerkorallen-Kolonien (*Millepora dichotoma*) an der Riffkante von „Coral Garden". Der Riffhang fällt bis in eine Tiefe von 10 m zu einem flachen Vorriff ab, das dann allmählich bis in tieferes Wasser verläuft.
Foto: Bioquatic Photo

ersten Weichkorallen. Es handelt sich um *Sinularia* and *Sarcophyton* sp., mit *Sinularia flexibilis* als der häufigsten Art. Eine erstaunliche Anzahl von *Tridacna*-Riesenmuscheln bewohnt das innere Riffdach, darunter Hunderte kleinerer und größerer *T. crocea* und *T. maxima*. Weiter draußen findet man drei weitere Arten von Riesenmuscheln: *Hippopus hippopus*, *Tridacna squamosa* mit ihren charakteristischen Schalen und die Beeindruckendste von allen, die wahre Riesenmuschel, *T. gigas*, deren Schalen länger als 1 m werden können (siehe Foto auf Seite 11).

Wenn wir uns weiter nach außen bewegen und die äußere Hälfte des Riffdachs erreichen, nimmt die Artenvielfalt der Korallen enorm zu. Das Wachstum der Steinkorallen ist absolut spektakulär. Am beeindruckendsten sind die zusammen wachsenden pinkfarbenen *Acropora formosa* und die helle *A. nobilis*. Große Kolonien der gelben *Turbinaria reniformis* gedeihen, wo der Riffhang beginnt. Hier gibt es auch wundervolle Feuerkorallen, Hydrozoen aus der Gattung *Millepora*. Große Lederkorallen aus der Gattung *Sarcophyton* bewohnen weite Gebiete der Riffkante. Hier findet man auch die strahlend gelbe *Rhytisma* sp., eine krustenförmig wachsende Weichkoralle. Im „Coral Garden" existieren so viele Lebensformen und eine so reiche Artenvielfalt, dass man ein ganzes Buch benötigen würde, um ins Detail gehen zu können – dieses Saumriff an der äußeren Whitsunday Island „hat sie alle". Der „Coral Garden" ist wirklich ein gutes Beispiel dafür, wie mannigfaltig entwickelt und gesund ein Saumriff einer kontinentalen Insel im Großen Barriereriff sein kann.

Schönes Wachstum von Geweihkorallen im „Coral Garden". *Acropora formosa* (violett) wächst oft in unmittelbarer Nachbarschaft von *Acropora nobilis* (cremefarben).
Foto: Bioquatic Photo

Artenreichtum und farbenfrohe Steinkorallen im „Coral Garden". Diese Bilder zeigen, wie schön und biologisch interessant ein Saumriff an der Seite sein kann, die der Küste zugewandt ist. Leider sind viele Riffe, die dicht an Küsten liegen, in einem schlechten Zustand und z. T. schon völlig zerstört. Sie zeigen in keinster Weise ein solch gesundes Korallenwachstum, wie es auf diesen Bildern zu sehen ist.
Fotos: Bioquatic Photo

Der sog. Rückriffhang ist der Riffhang von der Riffkante bis in die dahinter liegende, flache Lagune. Hier sind die Bedingungen oft ruhig, und wir finden starkes Wachstum aller Arten von Korallen, die unter den ruhigen Strömungsbedingungen und der hohen Lichtstärke fantastische Kolonien bilden. Foto: Bioquatic Photo

Plattformriffe und Koralleninseln

Nun bewegen wir uns von der Küste weg, hin zu den großen Plattformriffen. Normalerweise sind Plattformriffe große, weite Strukturen, die durch tiefe Kanäle voneinander getrennt sind. Sie haben gewöhnlich eine Front, die dem Wind ausgesetzt ist, und einen rückwärtigen Leeteil, mit Lagunen und Fleckenriffen. Agincourt Reef St. Crispins ist ein Beispiel für ein von der Küste entferntes, breites Plattformriff in der Nähe zum äußeren Barriereriff bei Cape Tribulation. Das Tauchen an diesem Riff zeigt, wie schön das Große Barriereriff sein kann. Hier gibt es kleine Fleckenriffe, die fast die Wasseroberfläche

Die mittleren und tieferen Bereiche des Riffhangs sind mit dichtem Korallenbewuchs überdeckt. In dieser Zone ist die Lichtstärke im Vergleich zum flachen Riffdach und der Riffkante reduziert. Dies schafft für viele Korallen gute Wachstumsbedingungen. Deshalb beobachten wir hier häufig eine große Diversität von Korallen, wobei die einzelnen Kolonien recht groß werden können. Foto: Bioquatic Photo

erreichen, mit Riffdächern, die einen außergewöhnlichen Korallenbewuchs aufweisen. Auf einer Seite fallen die kleinen Fleckenriffe ab, um sandige Lagunen zu bilden, wohingegen auf der anderen Seite ein Riffhang aus 10–15 m Tiefe auf einen noch tieferen Lagunenboden abfällt. Auf dem sandigen Boden liegen große Felsen, die vollständig mit verschiedenen Weich- und Steinkorallen in einer wunderschönen Mischung überwachsen sind. Hier sahen wir zum ersten Mal die riesige Seegurke *Thelenota ananas*.

Viele dieser Plattformriffe besitzen Sandbänke über der Wasseroberfläche und/oder Korallenbänke. Auf den Sandbänken sammelt sich Treibgut an, Kokosnüsse und Pflanzensamen, die manchmal auf dem Sandoden über die Jahre wachsen und eine kleine Insel bilden. Koralleninseln sind Inseln, die aus Korallensand aufgebaut sind, und dieser wiederum besteht aus den Überresten riffbildender Korallen, Kalkalgen, Muschelschalen und Skeletten anderer kalzifizierender Tiere. Der Great Barrier Reef Marine Park besitzt 300 solcher Koralleninseln, von denen 230 permanent bewachsen sind. Die restlichen Inselchen sind kleine Sandbänke, die sich in Abhängigkeit von Wind, Wellen und Strömung formen.

Bild links: Der untere Riffhang und der Anfang des Vorriffs sind häufig mit Korallenästen und -fragmenten bedeckt, die vom oberen Riffhang heruntergefallen sind. Sie bilden hier neue Kolonien.
Foto: Bioquatic Photo

Bild rechts: Die Seegurke *Thelenota ananas* kann eine Länge von 70 cm erreichen. Man findet sie sehr häufig auf den sandigen Vorriffen oder in Lagunen.
Foto: Bioquatic Photo

Am Fuß des Riffhangs beginnt das Vorriff. Dieser häufig sandige Bereich fällt meist sehr flach ab. Hier findet man Korallenfelsen, von einer Vielzahl von Korallen und anderen interessanten Organismen bewohnt, die z. T. im Sand eingegraben sind. Dieser Felsen liegt in etwa 15 m Tiefe und ist ca. 1,5 m lang. Er war von mindestens 21 verschiedenen Korallenkolonien bewachsen (Stein- und Weichkorallen).
Foto: Bioquatic Photo

Das Riffdach von Heron Island mit dichtem Bewuchs an Steinkorallen. Im Hintergrund ist die Insel zu sehen, die ein Touristenressort und eine Forschungsstation beherbergt.
Foto: Bioquatic Photo

Eine der bekanntesten Koralleninseln des Großen Barriereriffs ist Heron Island, die in der Capricorn-Bunker-Gruppe im südlichen Teil des Barriereriff-Komplexes liegt. Die Insel befindet sich 72 km vor der Küste und ist mit dem Boot von Gladstone aus erreichbar. Heron Island wurde 1843 entdeckt.

Aufgrund der riesigen Mengen Schildkröten, die hier lebten, wurde 1923 auf Heron Island eine Schildkrötensuppen-Fabrik errichtet. Zum Glück für die Schildkröten war das Unternehmen aber nicht sonderlich erfolgreich und die Fabrik wurde bereits 1927 wieder geschlossen (Salvarezza & Weaver 2008).

In 1982 wurde eine Rangerstation eröffnet, um das Riff zu überwachen. Heute ist Heron Island das vielleicht am besten bekannte und populärste Touristenressort im Großen Barriereriff. Die Universität von Queensland hat dort eine Forschungsstation, die 1951 eröffnet wurde, und die Biologen halten im Ressort von Zeit zu Zeit populärwissenschaftliche Vorträge über die Riffökologie.

Wie bei allen Koralleninseln, so bestehen auch die Strände von Heron Island aus reinem Korallensand. Hier und da gibt es ein paar Strukturen, die als Beach Rock bekannt sind. Dies sind sehr harte Felsen, die sich bilden, wenn Regenwasser auf Korallensand und Seewasser trifft. Die Struktur des Beach Rock ist unregelmäßig, mit kleinen Löchern und Höhlungen. Darin leben große Chiton-Schnecken (*Acantopleura gemmata*) und viele verschiedene weitere Schnecken-Arten. Der

Seegurken sind wichtige Detritus-Fresser. Sie können in großer Zahl unter Felsbrocken gefunden werden. Viele Seegurken sind nachtaktiv und verstecken sich während des Tages. Die im Bild dargestellte Art ist wahrscheinlich *Holothuria pervicax*. Sie haben wir in großer Anzahl unter Felsblöcken auf dem Riffdach von Heron Island gefunden.
Foto: Bioquatic Photo

Feilenmuscheln (*Limaria orientalis*) sind zerbrechliche Weichtiere, die in Spalten oder unter Felsblöcken leben. Man entdeckt sie nur selten – außer wenn man die Felsblöcke umdreht, wie wir es hier auf dem Riffdach von Heron Island gemacht haben.
Foto: Bioquatic Photo

zentrale Teil des Riffdachs besteht aus Sand, auf dem hier und da einige Felsen liegen und einige Kriechsprossalgen der Art *Caulerpa sertularoides* wachsen. Die Felsen sind von verschiedenen Algen überwuchert. Wenn man einen dieser Steine umdreht, entdeckt man darunter meist eine hochinteressante Fauna. Als Erstes überraschte uns die Anzahl der Seegurken, die sich unter dem Felsgestein versteckten. Alleine sieben Individuen einer *Holothuria* sp. (wahrscheinlich *H. pervicax*) lebten unter einem Felsbrocken. Überall sahen wir die schwarzen *H. leucospilota*, die unter den Korallen und Korallenfelsen lagen und hier Detritus vom Sand und Gestein aufnahmen. Dies zeigt einmal mehr die Wichtigkeit dieser Detritusfresser für das Korallenriff. Unter denselben Korallenfelsen fanden wir auch die Feilenmuschel (*Limaria orientalis*), mehrere interessante Röhrenwürmer und den frei lebenden Polychaeten *Eurythoe complanata*. Die vielleicht bemerkenswerteste Entdeckung war aber die Robuste Boxergarnele (*Microprosthema validum*). Auf dem mittleren Riffdach, wo das Substrat sandig oder schlammig ist, dominieren Seegras und Algen. Einige Korallenfelsen liegen hier. Dies ist eine Riffzone, die man nicht übersehen sollte. Sie enthält normalerweise eine hohe Diversität an interessanten Organismen.

Korallen, Riesenmuscheln und Algen wachsen auf den großen Felsblöcken, die auf dem inneren Riffdach von Heron Island im intensiven Sonnenlicht liegen. Hier sind die Bedingungen normalerweise ruhig, aber die Lichtintensität ist sehr hoch.
Foto: Bioquatic Photo

Korallen, andere Wirbellose sowie „Turtle Weed" (Grünalgen der Gattung *Chlorodesmis*) auf dem Riffdach von Heron Island. *Chlorodesmis*-Arten enthalten ein Gift, das sie vor pflanzenfressenden Fischen weitgehend schützt. Dies ist eine sehr erfolgreiche Überlebensstrategie dieser Algen.
Foto: Bioquatic Photo

In Richtung zum äußeren Bereich des Riffdachs nimmt der Korallenbewuchs deutlich zu. Große Felsen mit reichem Korallenbewuchs liegen auf dem strahlend weißen Sand. Hier gibt es Kolonien von Algen, Riesenmuscheln, Weich- und Steinkorallen, die eng beieinander um denselben Korallenfelsen wachsen. Sehr dominant und leicht sichtbar ist die strahlend grüne Alge *Chlorodesmis* spp., die Gift enthält und daher von den meisten Fischen nicht gefressen wird. Es gibt riesige *Cladiella*-Weichkorallenkolonien. Zahlreiche Seegurken durchpflügen den Sand und verstecken sich langsam unter den Korallenfelsen, wenn sie gestört werden. Eine große Nacktschnecke der Art *Dolabella* sp. stößt ein violettes Sekret aus, als wir versuchen, sie aufzunehmen. Drehen wir hier einige Felsstücke um, gibt es auf deren Unterseite ebenfalls ein reiches Pflanzen- und Tierleben. Auf der Seite, die der Sonne zugewandt ist, sind diese Felsbrocken dagegen „tot". Keine sessile Lebensform – mit Ausnahme von Korallen, die UV-Schutzstoffe enthalten – kann bei dieser tödlichen UV-Strahlung gedeihen.

Im selben Habitat fanden wir mehrere Individuen der herrlichen Seesterne aus der Gattung *Nardoa*. Zu den beeindruckendsten Organismen, die wir unter diesen Korallenfelsen nachwiesen, gehörten die Röhrenwürmer der Art *Filograna implexa*, mehrere kleine Kaurischnecken (*Cypraea* spp.), darunter auch die algenfressende Art *C. annulus*, schöne, kolonial wachsende Röhrenwürmer, Bryozoen-Kolonien, mehrere Krabben, die schnell flohen, wenn der Korallenfelsen umgedreht wurde, und natürlich viele Schwämme in den unterschiedlichsten Farben.

Nahe der Riffkante gibt es Gezeitentümpel, ca. 1 m tief und umwachsen mit wundervollen Korallen, darunter viele *Acropora*-Arten, aber auch zahlreiche Weichkorallen. Auch andere Wirbellose sind hier natürlich vertreten. Diese Gezeitentümpel besitzen ein Substrat aus reinem, feinem Korallensand. Dies ist das Habitat für große Kolonien von *Palythoa* sp. Direkt an der Riffkante ist das Substrat mit *Acropora*-Korallen der unterschiedlichsten Farben bewachsen. Es gibt auch einige Kolonien von *Montipora* sp. und etliche Gehirnkorallen (Faviidae) sowie Kalkalgen, die zwischen den *Acropora*-Korallen wachsen.

Um die Mittagszeit verändern sich die Bedingungen an der Kante des Riffdachs. Zwischen den dichten Beständen der Korallen bilden sich Ebbetümpel. Diese Gezeitentümpel sind während der Niedrigebbe bis zu 1 m tief. Sie sind mit feinem Korallensand bedeckt. Die schmalen, vertikalen Wände der Korallenpopulationen spenden Schatten für Organismen, die kein starkes Sonnenlicht tolerieren. Hier finden wir exotische Tiere in großer Zahl, wie Nacktschnecken, Plattwürmer und Stachelhäuter.
Foto: Bioquatic Photo

Bild unten links: Nahaufnahme eines Korallenfelsens auf dem Riffdach von Heron Island. Solche z. T. sehr großen Felsen, die auf dem Sand liegen, sind mit Makroalgen, Korallen und anderen Wirbellosen überwachsen.
Foto: Bioquatic Photo

Bild unten rechts: *Pavona* sp., eine herrliche Steinkoralle, die wir auf dem Riffdach von Heron Island gefunden haben.
Foto: Bioquatic Photo

Der äußere Teil des Riffdachs von Heron Island ist vollständig mit Tischkorallen *Acropora* sp. bewachsen. Man beachte die grünen Algenkluster (*Chlorodesmis fastigiata*) wie auch die pink und violetten Kalkalgen, die nahezu den gesamten Freiraum zwischen den lebenden Korallen ausfüllen.
Foto: Bioquatic Photo

An der Riffkante ist es sehr interessant zu beobachten, mit welcher Kraft die Flut das Wasser über das Riffdach drückt. Es ist, als stehe man in der Mitte eines Flusses. Nur wenige Stunden, dann ist die Flut auf ihrem Höchststand angekommen, das Riffdach steht wieder vollständig unter Wasser und schützt damit die Korallen davor, durch zu viel UV-Strahlung getötet zu werden.

Das äußere Große Barriereriff

Um die Plattformriffe und die äußeren Barriereriffe des Großen Barriereriffs zu erreichen, muss man sich eines voll ausgestatteten Tauchbootes mit Schlafkabinen bedienen, denn nur dann kommt man wirklich auf seine Kosten. Unsere Reise geht zu den „Ribbon Reefs“, einer rund 700 km langen Kette äußerer Barriereriffe im nördlichen Teil des Großen Barriereriffes. Dabei handelt es sich um massive Strukturen, die auf der Außenriffseite bis in die Tiefsee abfallen, auf der Lagunenseite aber sehr flach sind. Die Außenriffseite ist der vollen Wasserturbulenz des Ozeans ausgesetzt, während das Meer auf der Lagunenseite viel stiller ist. Zwischen den einzelnen Riffen befinden sich Kanäle, die das Wasser des offenen Ozeans in die Lagune hinein- oder aus ihr herausströmen lassen. In diesen Kanälen oder dahinter befinden sich kleine Fleckenriffe. Nirgends im Großen Barriereriff kann man Stellen finden, die dichteren und artenreicheren Korallenbewuchs aufweisen. Betrachtet man diese Fleckenriffe von oben, sind sie vielleicht wenig beeindruckend, aber unter Wasser

Die Ribbon Reefs bestehen aus einer engen Kette von Riffen am äußeren Barriereriff vor der Küste von Nord-Queensland (siehe auch das Foto auf Seite 100). An der seewärtigen Seite (dieses Foto) fallen sie nahezu senkrecht in tiefes Wasser ab, während sie an der rückwärtigen Seite in eine Lagune übergehen. Die Tauchbedingungen hier gehören zu den besten der Welt.
Foto: Bioquatic Photo

Korallenwachstum an der seewärtigen Seite der Ribbon Reefs
Foto: Bioquatic Photo

stellt sich die Sache völlig anders dar. Die Artenvielfalt der Korallen, dazu die unzähligen Korallenfischarten und all die anderen Wirbellosen – das ist ein Paradies. Und man muss nicht einmal tief hinabtauchen, um all dies zu erleben. Im Zehnmeterbereich zu bleiben ist ideal, und dort hat man bei einem Tauchgang weit mehr als eine Stunde Zeit.

Eine Stelle der „Ribbon Reefs" ist etwas ganz Besonderes; sie ist als „Cod Hole" weltbekannt. Hier leben mehrere 100–200 kg schwere Kartoffel-Zackenbarsche (*Ephinephelus tukula*). Sie haben sich so an die Taucher gewöhnt, dass sie handzahm geworden sind. Die Taucher sind ihre besten Freunde, denn sie werden von ihnen mit Fisch und anderem hochwertigen Futter verwöhnt. Die Taucher bilden vor dieser Stelle eine regelrechte Warteschlange, und sobald der Tauchlehrer mit einer verschlossenen Futterdose eintrifft, versammeln sich die großen Zackenbarsche. Wenn dann die Dose geöffnet wird, versuchen alle gleichzeitig, die besten Happen zu bekommen, ohne von den Tauchern Notiz zu nehmen. Können Sie sich 5–10 je mehr als 100 kg schwere Zackenbarsche vorstellen, die alle zur selben Zeit aus einer einzigen Futterdose fressen wollen? Auch große Muränen, Haie und zahlreiche kleinere Fische sind regelmäßig dabei. „Cod Hole" ist einfach eine Attraktion. Hier gibt es viele Ankerplätze, und täglich kommen Taucher. Das Riff selber ist an dieser Stelle bereits stark geschädigt. Man sieht nur einige Symbioseanemonen mit Clownfischen und Weichkorallen. Doch trotzdem ist ein Tauchgang am „Cod Hole" unvergesslich.

Der Kartoffel-Zackenbarsch (*Ephinephelus tukula*) kann ein Gewicht von bis zu 200 kg erreichen.
Foto: Bioquatic Photo

Die Fütterung von *Ephinephelus tukula* am Cod Hole gehört zu den Attraktionen bei den Tauchgängen an den Ribbon Reefs.
Foto: Bioquatic Photo

Die Riffkante des Saumriffs von Nananu-I-Ra, Fidschi, bei Flut, wenn alle Korallen vollständig mit Wasser bedeckt sind. Siehe zum Vergleich das Foto auf den Seiten 12–13, das das gleiche Riff bei Niedrigebbe zeigt.
Fotos: Bioquatic Photo

Überblick über das Saumriff von Nananu-I-Ra, wie es von der Hügelspitze der Insel aus zu sehen ist.
Foto: E. Svensen

Ein Saumriff bei „Nananu-I-Ra", Fidschi

Erreicht man Fidschi, ist man in der Mitte des Pazifiks bei ungefähr 17° Süd und 178° Ost angelangt. Hier findet man eine Vielzahl hoher, vulkanischer Inseln mit Saumriffen. Die westlichen Seiten sind trocken, die Ostseiten aufgrund schwerer Regenfälle dagegen sehr feucht. Unser Riff befindet sich an der nördlichen Spitze von Viti Levu, genauer gesagt: Es verläuft entlang der Küste einer Insel, die als Nananu-I-Ra oder auch als Mokusigas bekannt ist.

Omei Beach von Nananu-I-Ra gilt als einer der schönsten Strände der Welt. Unmittelbar vor dem Strand liegt ein ausgedehntes Riffdach.
Foto (aus dem Jahr 1998): Bioquatic Photo

Der typisch tropische Korallenstrand weist eine dichte Vegetation auf, die sich dem Meer entgegenstreckt. Kokosnusspalmen wechseln sich mit tropischen Bäumen und Büschen ab. Nahe am Strand gibt es einen herrlichen Mangrovenbestand mit den entsprechenden Tieren – die Schnecke *Littoraria scabra* lebt auf den Ästen der Mangroven, Schlammspringer finden sich auf dem schlammigen Boden, Winkerkrabben graben ihre Löcher in den Sand und „winken" mit ihren Scheren, auch die großen *Conus*-Schnecken kann man hier beobachten, wie sie über den Sand wandern. Nimmt man den Boden näher in Augenschein, entdeckt man die Proboscis mehrerer Igelwürmer, wahrscheinlich *Echiurus* sp. Diese Tiere verbringen ihr gesamtes Leben im Sand eingegraben, und man muss sich ihnen sehr vorsichtig nähern, damit sie ihre transparente Proboscis nicht schlagartig zurückziehen.

Wachstum von Mangroven am Omei Beach
Foto: Bioquatic Photo

Die Proboscis, ein rüsselförmiges Organ mehrerer Igelwürmer, möglicherweise *Echiurus* sp., ist auf dem Sand sichtbar. Allerdings kann man sie leicht übersehen.
Foto: Bioquatic Photo

Überblick über das innere, sandige und schlammige Riffdach von Nananu-I-Ra
Foto: Bioquatic Photo

Braune, netzartige Algen, *Hydroclathrus* sp. (links) und buschige Rotalgen der Gattung *Aspargopsis* (?, rechts) sind recht häufig auf dem inneren, schlammigen Riffdach.
Fotos: Bioquatic Photo

Der innere Teil des Riffdachs besteht aus feinem, nahezu schlammartigem Korallensand. Der Boden ist wellig – aufgrund der Wasserbewegung während der Flut und der Abfallprodukte chaetopterider Würmer, die in ihren Röhren eingegraben im Sand leben. In diesem Gebiet gibt es während der Niedrigebbe viele kleine Gezeitentümpel, die eine Wassertemperatur von mehr als 35 °C aufweisen können. Hier leben nicht viele Tiere, jedoch gedeihen in dieser Zone interessante Algen. Die grüne *Cladophora* sp. ist hier überall zusammen mit der braunen, netzartigen Art *Hydroclathrus* sp. anzutreffen. Ein bisschen weiter entfernt von der Küste gibt es eine schöne Alge, die braun gefärbt, aber wahrscheinlich eine Rotalge aus der Gattung *Asparagopsis* ist. Und hier, in 2 cm

Wassertiefe bei einer Temperatur von 35 °C und der UV-Strahlung ausgesetzt, wachsen auch Schwämme. Bis heute wissen wir nicht, um was für Schwämme genau es sich dabei handelt, aber ohne Zweifel müssen sie Pigmente und/oder symbiotische Algen besitzen, die sie vor UV-Strahlung schützen.

Als wir uns der Riffkante nähern, treffen wir auf die ersten Korallenfelsen, wo das Algenwachstum noch mannigfaltiger wird. Kleine Büsche grüner Kalkalgen aus der Gattung *Halimeda* wachsen auf schmalen Sandflächen. Dazwischen liegen kleine Felsenabschnitte mit Algen und orangefarbenen Schwämmen. Hier gibt es Schlangensterne, Seegurken – u. a. die schöne und lange *Synapta maculata* – in Gezeitentümpeln, in denen das Wasser kaum 20 cm tief ist. Dort treffen wir auch auf die ersten Korallen, Weichkorallen der Gattung *Sinularia*. Noch weiter draußen gibt es große Gezeitentümpel mit verstreutem *Halimeda*-Bewuchs und einer ansteigenden Zahl von Korallen. Kleine *Porites*, Kolonien an fluoreszierenden *Cespitularia* und große Korallenfelsen liegen im Sand eingebettet, die mit allerlei Arten von Algen überwachsen sind. Das Wasser ist während der Niedrigebbe ruhig, klar und sehr warm.

Grüne Kalkalgen der Gattung *Halimeda* wachsen aus dem Sand des mittleren und inneren Riffdachs. Man beachte auch die gelben, kugelförmigen Schwämme, die hier im intensiven Sonnenlicht gedeihen.
Foto: Bioquatic Photo

Seegurken, unter ihnen die lange *Synapta maculata*, sind in den flachen Ebbetümpeln gefangen.
Foto: Bioquatic Photo

Farbenfrohe *Acropora*-Kolonien, gemischt mit hellgelben Weichkorallen der Gattung *Sarcophyton* auf dem Riffdach. Wir finden auch mehrere Kolonien der verzweigt wachsenden und recht häufigen Weichkoralle *Sinularia flexibilis* in diesem Lebensraum.
Foto: Bioquatic Photo

Ungefähr auf halbem Weg zur Riffkante steigt die Anzahl der Korallenarten und -kolonien dramatisch an. Enorme Bestände an *Sinularia flexibilis* liegen hier zeitweise der Luft ausgesetzt, und in den Gezeitentümpeln gibt es ein reiches Wachstum lilafarbener *Acropora* sp., großer *Porites* sp. und strahlend gelber *Sarcophyton* sp. Eine leuchtend lila getönte *Montipora* sp. scheint das tote Skelett anderer Steinkorallen zu überwachsen, die hier nicht überleben können. Zwischen den Korallen findet man einige Felsbrocken, die mit Algen bewachsen sind, hauptsächlich *Halimeda* sp.

Für den Aquarianer ist diese Zone ein Traum. Alle möglichen Korallen wachsen hier dicht beieinander, Weichkorallen der Gattungen *Sinularia, Sarcophyton* und *Xenia* sind gemischt mit Steinkorallen der Gattungen *Acropora, Montipora, Porites* und *Favia*. Die Farben und Formen sind unglaublich. Zwischen den Korallen schwimmen blaue und gelbe Riffbarsche hin und her. Jedoch gibt es zwischen all dem Leben auch graue Flecken, wo die Korallen gestorben sind und wo andere sessile Organismen ihren Lebensraum erobert haben.

Und dann erreichen wir das äußere Riffdach sowie die Riffkante. Dieser Anblick ist nahezu unglaublich. Das Wachstum der Korallen ist dicht, und man kann hier eigentlich nicht einen Schritt machen, ohne ein lebendes Tier zu berühren. *Acropora* ist mit Abstand die dominanteste Korallengattung hier, aber zwischen den tischförmig wachsenden Kolonien gibt es auch andere Korallenarten. Das Riffdach ist an vielen Stellen von mehrere Meter tiefen Spalten durchzogen. Sie enthalten faszinierende Lebensformen, und da Überhänge und riesige Korallenkolonien die Beleuchtungsstärke vermindern, gedeihen hier Schwämme und azooxanthellate Organismen. Der Riffhang fällt auf 15 m Tiefe ab.

Das Riff vor „Omei Beach" hat das artenreichste Dach, das wir jemals besucht haben. Fidschi ist ein Touristenmagnet, und schon wird ein neues Hotel für den Strand geplant. Um das Korallenriff in dieser Situation zu retten, war eine sorgfältige Planung dieser Baumaßnahme nötig.

Wenn wir uns Schritt für Schritt dem äußeren Teil des Riffdachs nähern, steigt die Anzahl der farbenfrohen Steinkorallen-Arten. Die Korallendiversität ist hoch, und das Habitat sieht spektakulär aus.
Foto: Bioquatic Photo

Das äußere Riffdach und die exponierte Riffkante sind vollständig mit *Acropora*-Kolonien und anderen Steinkorallen bewachsen. Siehe hierzu auch die Seiten 12–13.
Foto: Bioquatic Photo

Ein „Algenriff“ von „South Beach“, Rarotonga, Cook Island

Rarotonga, die größte Insel der Cook Islands, liegt bei 21° Süd, 160° West. Sie ist eine für den Südpazifik typische vulkanische Insel und steigt allmählich auf eine Höhe von 340 m ü. NN. Von hier oben aus kann man klar erkennen, dass ein Saumriff die Insel vollständig umschließt. Wir befinden uns an der südlichsten Grenze der Verbreitung von Korallenriffen, und das Riffdach, das wir hier untersuchten, hielt eine Menge Überraschungen für uns bereit. Es unterschied sich deutlich von dem von Nananu-I-Ra, Fidschi, dass wir weiter vorne beschrieben haben.

Rarotonga von der Riffkante des South-Beach-Riffs aus gesehen. Das Pier – kaum zu erkennen, vom Zentrum der Insel ein bisschen nach rechts versetzt – ist ein übrig gebliebener sog. Lava Tube eines erloschenen Vulkans. Foto: Bioquatic Photo

Das Riff vor South Beach liegt, wie der Name es schon suggeriert, an der südlichen Seite von Rarotonga. Das flache Riffdach erstreckt sich über mehrere

Zone	A	B	C	D	E
Name	Korallenstrand	Flachwasserstrand	Strandkanal	Geröll- und Sandzone	Rückriff
Bodengrund	Korallensand	feiner und sauberer Korallensand	feiner Korallensand und Korallengeröll	Korallensand und sehr viel Geröll	grobes Geröll, einige solide Korallenfelsen
Tiefe (bei niedrigstem Wasserstand)	–	0,3 m	0,8 m	0,5 m	0,3 m
Witterung und Strömung	Wind und Regen	kleine Wellen	mäßige bis starke Strömung	mäßige Strömung	schwache Strömung, dies ist die ruhigste Zone
Tiere	Winker- und Geisterkrabben	Viele *Phycodera* sp. (Stamm Hemichordata) leben hier im Sand eingegraben.	Seegurken: *Holothuria atra, H. edulis, Stichopus chloronotus* Seeigel: *Echinometra* sp.	Seegurken: *Holothuria atra, H. edulis, Stichopus chloronotus*; Seeigel *Echinometra* sp., Seesterne *Linckia laevigata*; kleine Korallenstöcke, meistens *Porites*	zahlreiche Schlangensterne, Seegurken und Seeigel (wie unter D); zahlreiche kleine Korallen, meistens *Porites* sp.
Pflanzen	Kokosnusspalmen und angelandeter Pflanzensamen	keine	**Grün:** *Caulerpa cupressoides* and *Halimeda* sp. **Braun:** vereinzeltes Wachstum von *Lobophora* sp.	**Grün:** *Caulerpa cupressoides* and *Halimeda* sp. **Rot:** Einige wenige Büschel *Rhodymeniya* und *Galaxaura*	**Grün:** *Caulerpa cupressoides, Halimeda* sp. **Braun:** *Ralfsia expansa* **Rot:** krustenförmig-wachsende Kalkrotalgen und verzweigt-wachsende *Laurencia* sp.
Kommentar	Hier kann man die Südseeatmosphäre genießen.	Die Strömung bewegt den feinen Sand permanent hin und her. Algen können sich nicht ansiedeln.	Die Strömung drückt das Wasser durch den Strandkanal. Hier wächst *Caulerpa* in großen Mengen.	Die Menge des Gerölls und der größeren Korallenfelsen steigt deutlich an. Sie sind mit Algen bewachsen und zum Teil eingegraben.	Die Felsen in dieser Zone sind groß und können von der Strömung nicht mehr hin und her bewegt werden. Das Wasser wird immer flacher und einige der Felsen werden nicht mehr vom Wasser überspült.

hundert Meter vom Strand zur Riffkante. Im Gegensatz zu den Riffen des Roten Meeres und von Fidschi ist dieses Riff ein typisches „Algenriff", in dem anstelle der Korallen die Algen die dominanten sessilen Organismen sind. Die Regierung von Cook Island schützt dieses Riff, Touristen dürfen es aber unter der Voraussetzung besuchen, dass sie sehr vorsichtig sind und die Ökologie nicht stören. Wir möchten dieses Riff in acht unterschiedliche Zonen unterteilen, die alle besondere Charakteristika (siehe auch die Zeichnung auf Seite 88–89) zeigen.

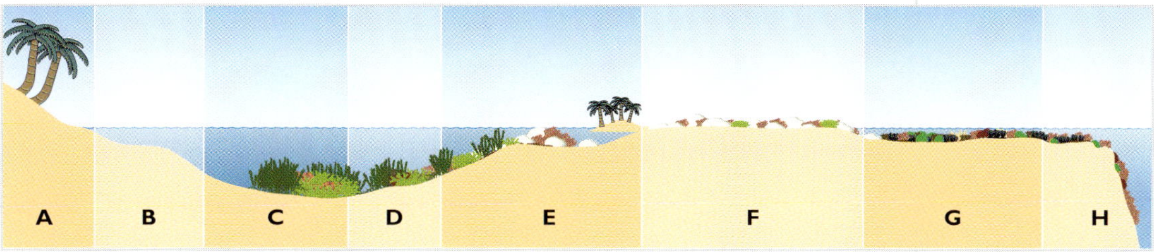

F	G	H
Flachwassergeröllzone	**Algenzone**	**Riffkante**
Korallenfelsen mit dazwischen liegenden Sandflächen	Große Korallenfelsen mit dazwischen liegenden Sandflächen	Korallenfelsen
0–0,2 m	0–0,1 m	0–0,5 m
Wind und Regen; einige Wellen vom äußeren Riffdach	rhythmiischer und starker Wasserzufluss von Wellen, die sich an der Riffkante brechen	starke Wellenbewegung
zahlreiche Schlangensterne, Seegurken und Seeigel (wie unter D); zahlreiche kleine Korallen, meistens *Porites* sp.	vereinzelt kleine Korallenkolonien wie *Acropora*, *Montipora* und *Faviidae*; dazu Riesenmuscheln *Tridacna* sp. und *Anemonen Heteractis* sp.; viele Seegurken: *Actinopyga* sp., *Holothuria atra*, *H. edulis*, *Stichopus chloronotus*; dazu einige Arten, die sich von Plankton ernähren und im Sand-vergraben leben; zahlreiche Seeigel und Schnecken	einige tischförmig- und krustenförmig-wachsende Korallen wie *Acropora* sp.; Seeigel *Heterocentrotus mammillatus*
Grün: *Halimeda* sp., die kleine Cluster bildet **Braun:** *Ralfsia expansa* **Rot:** krustenförmig-wachsende (z. B. *Peysonellia* spp.) und verzweigt-wachsende (z. B. *Laurencia* sp.) Kalkalgen	eine Vielzahl fleischiger Grün-, Braun- und Rotalgen **Grün:** *Caulerpa racemosa*, *C. sertularoides*, *Chlorodesmis fastigiata*, *Cladophora* **Braun:** *Chnoospora*, *Colpomenia*, *Dictyota*, *Sargassum*, *Turbinaria* **Rot:** *Amphiroa*, *Galaxaura*, *Lithophyllum*	**Grün:** vereinzelt *Caulerpa racemosa* and *Chlorodesmis fastigiata* **Braun:** einige *Turbinaria* in der inneren Sektion der Zone **Rot:** Kalkrotalgen *Amphiroa* sp., *Lithophyllum* sp.
Große Korallenblöcke werden aus den Zonen G und H durch stürmisches Wetter hier hin gespült. Im Vergleich zu anderen Zonen scheint Zone F - außer ein paar Stachelhäutern und krustenförmig-wachsenden Algen – kein Leben zu beherbergen.	Weichkorallen fehlen fast vollständig. Alle Korallenkolonien sind sehr klein und haben es schwer, sich gegen den Algenwuchs durchzusetzen. Die Wellen spülen sehr viel Wasser in diese Zone. Die Algen fallen somit niemals längere Zeit trocken und dementsprechend viele algenfressende Tiere gibt es hier.	Die Riffkante ist stark zerklüftet. Hier gibt es starkes Kalkrotalgenwachstum. Die Korallen haben es schwer sich in diesem Bereich aufgrund der starken Wellenbewegung zu behaupten.

South Beach Reef, Zone A (Strand) und Zone B (Sandzone)
Foto: Bioquatic Photo

Zone A ist der Strand aus Korallensand. Zahlreiche Winker- und Geisterkrabben leben hier und buddeln ihre Wohnhöhlen in den Sand. Kokosnusspalmen erstrecken sich bis zum Meer, und Kokosnüsse sowie andere Samen bzw. Früchte, die von der Strömung hierhin transportiert wurden, findet man zahlreich am Strand.

Hemichordate Würmer (*Phycodera* sp.) leben in großer Zahl eingegraben im Sand in Zone B.
Foto: Bioquatic Photo

Zone B ist ein flaches, sandiges Gebiet, das bis in 0,3 m Tiefe abfällt. Hier bewegen kleine Wellen konstant den Sand hin und her, weshalb sich keine Algen und Tiere darauf ansiedeln können. Gräbt man aber im Sand, wird klar, dass er sehr viele Würmer aus dem Stamm Hemichordata enthält, z. B. *Phycodera* sp. Wir hatten keine Probleme, zahlreiche Individuen davon auf wenigen Quadratmetern zu sammeln.

Vor dem Strand fällt der Boden bei Niedrigebbe auf 0,8 m Wassertiefe ab, und die Strömung wird stärker. Dies ist die **Zone C** – der Strandkanal. Hier strömt eine Menge Wasser am Strand vorbei, und die Strömung kann sehr stark sein, obgleich diese Zone recht dicht am Strand liegt und das Wasser flach ist. Einige wenige große Korallenfelsen liegen halb eingebettet im Sand. Die auffälligsten Organismen hier sind Grünalgen der Art *Caulerpa cupressoides* und die

Caulerpa-Kriechsprossalgen und die Essbare Seegurke (*Holothuria edulis*) in Zone C
Foto: Bioquatic Photo

vielen Seegurken zwischen den Algen. Die häufigste Seegurke ist *Holothuria edulis*. Zwischen der *Caulerpa* befinden sich einige Bereiche, in denen die braune *Lobophora* von kleinen Felsen wuchs.

Passieren wir den Strandkanal, steigen sowohl die Wassertiefe als auch die Anzahl der Korallenfelsen: Wir erreichen die **Zone D** – die Korallenfelsen- und Sandzone. Die Korallenfelsen sind hübsch mit Algen bewachsen, hauptsächlich *Caulerpa cupressoides* und *Halimeda*, aber auch mit einigen Rotalgen. Viele Algen abweidende Tiere sehen wir, insbesondere den Seeigel *Echinometra mathai*, von dem zwei Farbvarianten existieren. Die Anzahl der Seegurken ist enorm hoch. Es gibt viele kleine Korallen, meistens aus der Gattung *Porites*, aber keine großen Kolonien und keine *Acropora* sp.

Ein mit Algen und Korallen bewachsener Gesteinsbrocken in der Zone D
Foto: Bioquatic Photo

In **Zone E** steigt die Tiefe weiter an, ebenso die Anzahl der Korallenfelsen. In dieser Zone ist die Wasserbewegung im Vergleich zum Strandkanal sowie den äußeren zwei Zonen relativ schwach. Große Bodenflächen sind mit Korallenfelsen bedeckt, einige von ihnen sind sehr groß. Auch hier gibt es zahlreiche kleine und kompakte Korallen der Gattung *Porites*, aber keine verzweigt wachsenden Arten. Die Anzahl der Seeigel und Seegurken – insbesondere *Holothuria edulis* – ist sehr hoch, und wenn man die Felsen umdreht, entdeckt man auch zahlreiche Schlangensterne. Der Blaue Seestern, *Linckia laevigata*, ist hier wie auch in der nächsten Zone sehr häufig. Obwohl *Caulerpa*-Algen im inneren Teil dieser Zone vorhanden sind, nimmt das Wachstum von *Caulerpa* und *Halimeda*

Bild unten links: Farbenfrohe Seeigel *Echinometra mathaei* werden in großer Anzahl in Zone E gefunden.
Foto: Bioquatic Photo

Bild unten rechts: Die weiche und fragile *Asparagopsis taxiformis* von Zone E
Foto: Bioquatic Photo

Typische Flora und Fauna von Zone E
Foto: Bioquatic Photo

nun langsam ab, und krustenförmig wachsende rote Kalkalgen sowie die krustenförmige Braunalge *Ralfsia expansa* bevölkern die Felsen. Die auffälligste blattförmig wachsende Alge ist die weiche und fragile Rotalge *Asparagopsis taxiformis*, die gelegentlich hier und in der nächsten Zone gefunden wird.

Zone F liegt während der extremen Niedrigebben trocken und besteht hauptsächlich aus Korallenfelsen, die während der tropischen Stürme von der Riffkante hierhin gespült wurden. Die größten Wellen bringen frisches Meerwasser von der Riffkante. Die Umweltbedingungen in Zone F sind extrem rau. Die

Überblick über die Felsblockzone (Zone F). Hier wurden durch die hereinlaufenden Wellen große Felsblöcke angehäuft. Im Vergleich zu Zone E und anderen Gebieten weiter außen gibt es dort nur wenig Leben. Man beachte aber die zahlreichen Seegurken in den flachen Gezeitentümpeln.
Foto: Bioquatic Photo

Anzahl der Schlangensterne, die man unter den Felsen findet, ist sehr hoch, wie auch die der Seegurken, die sich während der Niedrigebbe unter den Felsen verstecken oder in kleinen Gezeitentümpeln Schutz suchen. Es gibt hier einige krustenförmig wachsende Algen – *Halimeda* oder andere verzweigt wachsende Algenarten sind in dieser Zone nahezu vollständig verschwunden.

In Zone F finden wir viele Schlangensterne, die unter den Felsen versteckt sind. Das Bild zeigt eine unbekannte Art.
Foto: Bioquatic Photo

Zone F geht graduell in **Zone G** über, das Algenriffdach. Obwohl Zone G sehr flach und fast ausgetrocknet ist, ist die Anzahl der verschiedenen Arten an fleischigen Algen, die hier wachsen, erstaunlich hoch. Hier handelt es sich im wahrsten Sinne des Wortes um ein Algenriff. Im Prinzip kann diese Zone in zwei Teile aufgeteilt werden, einen inneren, in dem Grünalgenarten dominieren, zwischen denen die Braunalgen *Turbinaria* sp. und *Chnoospora* sp. wie auch die Kalk-Rotalge

Im inneren Teil von Zone G finden wir viele Grün- und Braunalgen (*Chnoospora* sp. und *Turbinaria* sp.). Dazwischen haben etliche Seeigel ihre Höhlen in die Steine gebohrt und es gibt zahlreiche Seegurken. Diese Bilder dokumentieren, wie viele Seeigel in Riffhabitaten leben. Der Grund für die hohe Individuendichte ist die im Überfluss vorhandene Algennahrung.
Fotos: Bioquatic Photo

Auf die Außenriffkante (Zone H) prallen unentwegt mächtige Brandungswellen, die frisches Meerwasser in Zone G spülen.
Foto: Bioquatic Photo

Bild links: Das Rot des Körpers dieser Seegurke aus der Gattung *Actinopyga* kontrastiert mit dem Grün und Graubraun der Algen von Zone G.
Foto: Bioquatic Photo

Bild rechts: Tentakelkronen dreier Exemplare einer uns unbekannten, planktonfressenden Seegurke in einem Gezeitentümpel der Zone G. Der Körper der Seegurken ist im Sand eingegraben.
Foto: Bioquatic Photo

Amphiroa sp. wachsen, und einen äußeren Teil, in dem Braunalgen zunehmen, die hier zusammen mit vielen anderen Grün- und Rotalgen gedeihen. Die auffälligste Grünalge ist eine uns unbekannte *Cladophora*-Art, die strahlend grüne Ansammlungen bildet. In der inneren Hälfte der Zone lebt eine extrem hohe Anzahl des Seeigels *Echinometra mathai*. Diese Stachelhäuter haben kleine, schmale Kanäle in den Felsen gefräst, in denen sie leben. Dies hilft ihnen dabei, nicht von den starken Wellen weggespült zu werden, die viel Wasser in diesen Bereich bringen. Seegurken sind ebenfalls häufig, insbesondere die schwarze Art *Stichopus chloronotus*. Jedoch gibt es auch einige große und farbenfrohe *Actinopyga* sp. Kleine Sandflecken findet man zwischen felsigen Bodenabschnitten. Hier sammelt sich viel Plankton, von dem eine uns unbekannte Seegurkenart lebt. Die Tentakelkrone der Seegurke war schwarz, der Körper schwarzrot. Auf der äußeren Hälfte des Algenriffdachs existiert die größte Algenvielfalt. Die braunen *Sargassum* sp. und *Turbinaria* sp. sind die auffallendsten Algenarten, aber man beobachtet hier auch einen mannigfaltigen Wuchs an Grün- und Rotalgen wie *Caulerpa racemosa, Chlorodesmis fastigiata, Galaxaura* sp. und *Amphiroa* sp. Das Riffdach ist eine Goldmine für den an Algen interessierten Aquarianer. Verstreut zwischen den Algen leben verschiedene Steinkorallen wie

Bild unten links: Schöne Bestände der Rotalge *Galaxaura* sp. zwischen verschiedenen anderen Algen auf dem Algendach (Zone G)
Foto: Bioquatic Photo

Bild unten rechts: Hübsches Wachstum von Makroalgen in Zone G: *Sargassum* sp., *Turbinaria* sp. und einige wenige Kolonien verzweigt wachsender Kalk-Rotalgen *Galaxaura* sp. Einige Kolonien grüner Kalkalgen *Halimeda* sp. leben hier ebenfalls.
Foto: Bioquatic Photo

Acropora sp. und verschiedene Gehirnkorallen, aber keine von ihnen schafft es, große Kolonien zu bilden. Weichkorallen scheinen aber vollständig zu fehlen. Man findet weiterhin Symbioseanemonen und kleine Kolonien von Krustenanemonen der Gattung *Palythoa*, ebenso kleine Riesenmuscheln. Eine intensive Suche zwischen den Algen würde ohne Zweifel dazu führen, dass man eine große Zahl von Wirbellosenarten aus vielen Stämmen entdecken könnte.

Eine *Acropora*-Steinkoralle kämpft um ihren Lebensraum zwischen dem dichten Algenwuchs. Die größeren, braunen Algen sind Kolonien von *Sargassum* sp.
Foto: Bioquatic Photo

Die Riffkante – **Zone H** – ist durch Spalten zerrissen und hat somit eine unregelmäßige Struktur. Große Wellen verursachen hier eine extrem starke Wasserbewegung. Die hier lebende Fauna und Flora haben sich gut an diese Umweltbedingungen angepasst. Es dominieren die verzweigt wachsenden Kalk-Rotalgen *Lithophyllum* spp. und *Amphiroa* sp., dazwischen haben sich einige Grünalgen wie *Caulerpa racemosa* und Braunalgen wie *Turbinaria* niedergelassen. Ein paar relativ große Kolonien der Steinkoralle *Acropora gemmifera* wachsen an den Kanten der Riffspalten. Die intensiven und turbulenten Wellen verursachen bei ihnen eine ungewöhnliche Form mit sehr kräftigen Hauptästen. Wir entdeckten in dieser Zone außerdem einige große und farbenfrohe Seeigel der Art *Heterocentrotus mammillatus*.

Zone H, die Außenriffkante. Sie ist von Spalten und Kanälen zerfurcht und extremen Wellen ausgesetzt. Die Fotos sind an einem ruhigen Tag entstanden, aber man kann sich leicht vorstellen, wie es hier bei einem Sturm oder Hurrikan aussieht. Krustenförmig wachsende Kalk-Rotalgen bedecken die Felsen vollständig. Einige Korallen findet man hier, aber sie haben es schwer, in diesem Lebensraum zu existieren.
Foto: Bioquatic Photo

Ein Griffel-Seeigel (*Heterocentrotus mammillatus*) in Zone G nahe der Außenriffkante (Zone H). Außerdem zu sehen sind die hier typischen roten Kalkalgen z. B. der Gattungen *Amphiroa* und *Lithophyllum*, die Trauben-Kriechsprossalge (*Caulerpa racemosa*) und *Turbinaria*-Braunalgen.
Foto: Bioquatic Photo

Bild unten links: Korallen und Algen sind am äußeren Rand von Zone H starkem Wellenschlag ausgesetzt.
Foto: Bioquatic Photo

Bild unten rechts: In Zone G herrscht üppiges Algenwachstum, weshalb diese Zone auch als Algendach bezeichnet wird.
Foto: Bioquatic Photo

Alles in allem bildet das „South Beach Reef“ einen starken Gegensatz zu den Riffen von Fidschi und dem Roten Meer, ist aber aus biologischer Sicht nicht weniger interessant. Es erinnert uns vielmehr daran, dass Algen essenzielle Komponenten des Korallenriff-Ökosystem sind.

Die Außenriffkante (Zone H) ist durch die mächtigen Brandungswellen außerordentlich stark zerklüftet. Sie zeigt daher dieses zerfurchte Aussehen. Auch die Geweihkoralle *Acropora gemmifera* legt hier eine ungewöhnliche Wuchsform an den Tag – die Äste sind kurz und stumpf.
Foto: Bioquatic Photo

Ein modernes Korallenriff-Aquarium aus dem 21. Jahrhundert. Anna Thynne, die 1846 das wahrscheinlich erste Meerwasseraquarium mit Korallen pflegte, wäre von diesem Becken sicherlich sehr beeindruckt gewesen. Das abgebildete Aquarium gehört E. Kerkenberg und ist auf den Seiten 454–459 näher beschrieben (zu mehr Details über Anna Thynne siehe Seite 137).
Foto (aus dem Jahr 2006): Bioquatic Photo

Ein Korallenriff im Aquarium

Wie alles begann

Das Interesse, marines Leben, vor allem aber Fische, im Aquarium zu halten, kann bis in die frühe Geschichte zurückverfolgt werden. Glaubwürdige historische Quellen weisen darauf hin, dass schon in den Kulturen des Mittleren Ostens (Assyrer, Sumerer und Mesopotamier) vor über 4.000 Jahren Fische in Teichen gehalten wurden (KELLER 1913; BANISTER & ADAMS 1977). Es ist allerdings unklar, ob das Augenmerk damals ausschließlich auf der Nutzung der Tiere für den menschlichen Verzehr lag.

Ägypter und Römer jedoch schätzten den dekorativen Wert der Fische, die sie hielten. Wandgemälde von 1.400 v. Chr. zeigen die Haltung von Süwassercichliden in attraktiven Gartenteichen (FOSSÅ 1981), und mehrere Quellen in der Literatur berichten von Fischen, die von den Römern bereits vor 2.000 Jahren als kostbare Haustiere gehalten wurden und zwar sowohl in Süß- als auch in Salzwasserteichen.

Auch wenn die Fischhaltung der Römer höchstwahrscheinlich in erster Linie darauf abzielte, einen Vorrat frischer Nahrung zur Verfügung zu haben, stand für manche doch auch die Haltung als Heimtier im Vordergrund. Dem Redner Quintus Hortensius und dem Triumvirn Marcus Licinius Crassus etwa wird nachgesagt, Muränen als Heimtiere gehalten und geweint zu haben, wenn

Ein Teich mit Tilapien (*Oreochromis niloticus*). Wandmalerei aus Nebamuns Grabkammer, Theben, Ägypten, 18. Dynastie, ca. 1.400 v. Chr. (aus der Sammlung des Britischen Museums). Foto: S. A. Fosså

Fischteich im Garten des Hauses von Octavius Quartio in Pompei, Italien. Das Haus und der Garten wurden wahrscheinlich nach dem Erdbeben von 62 v. Chr. gebaut und durch den Ausbruch des Vesuvs 79 v. Chr. zerstört.
Foto: S. A. Fosså

diese starben (Higginbotham 1997). Muränen wurden angeblich auch mit Ohrringen und Halsbändern geschmückt sowie darauf dressiert, auf den Ruf ihres Namens hin herbeizukommen!

Auch wenn uns dies zeigt, dass das Interesse an der Beobachtung von Fischen in Menschenhand tiefe historische Wurzeln hat, waren diese Anfänge weit von dem entfernt, was wir heute unter „Aquaristik" verstehen. Auch die Goldfischhaltung im historischen China, die vermutlich bis in die Tsin- oder Jin-Dynastie der Jahre 265-420 n. Chr. zurückreicht (Fosså 2004), unterscheidet sich grundlegend von der heutigen Aquaristik.

Die ersten modernen Aquarianer lebten in Europa, genauer gesagt in England, und es waren Meerwasseraquarianer. Dennoch ist ungewiss, wer als Erster ein Aquarium mit Wasser und marinen Lebewesen aufstellte. Tiere für eine begrenzte Zeit zu Beobachtungszwecken zu halten, unter Bedingungen, die sie zu einem frühen Tod verurteilten (wie viele Kinder es sicher irgendwann einmal am Strand mit Krabben und Garnelen getan haben), war vor einigen hundert Jahren ein Hilfsmittel für biologische Studien. Die Absicht, Tiere am Leben zu halten, und dabei erfolgreich zu sein, sind grundsätzlich verschiedene Dinge.

Während vielen verschiedenen Personen (bezeichnenderweise nur Männern) irgendwann einmal die Ehre zugesprochen wurde, das Aquarium erfunden zu haben – Robert Warington und Philip Henry Gosse, um nur zwei zu nennen –, scheint es, als müsse viel eher einer Frau der Respekt für die Erfindung der modernen Aquaristik gezollt werden. Die Rolle dieser Frau, Anna Constantia Thynne (1806–1866), wurde bis vor kurzem übersehen, während andere das Ansehen für ihre Arbeit genossen. Sie konzipierte und pflegte wahrscheinlich das weltweit allererste erfolgreiche Meerwasseraquarium.

Anna Constantia Thynne

Sie muss einen erstaunlichen Anblick geboten haben, diese modisch gekleidete, 40-jährige Frau, die bei Niedrigwasser in die Ebbetümpel starrte. Die meisten Beobachter dürften ihr wenig damenhaftes Verhalten entschuldigt haben, denn sie wurde von ihren sieben Kindern begleitet. Dennoch war dieses eigenartige Interesse für die Kreaturen der Meeresküste nicht das, was man im Jahr 1846 von einer englischen Dame erwartete, schon gar nicht von der Ehefrau eines wohlhabenden Pfarrers und Lords, des Sub-Dekans von Westminster Abbey.

Anna Constantia Thynne, die Ehefrau von Lord John Thynne, brachte ihre Kinder aus dem eleganten London heim nach Torquay an die Küste von Devonshire, um mit ihnen Fossilien zu suchen. Sie war der festen Überzeugung, dass die Aufklärung über die Natur durch Neugier und Experimente ihren Kindern helfen würde, die großartige Schöpfung Gottes zu verstehen. Begleitet wurden sie von Kindermädchen, die Schmetterlingsnetze, geologische Hämmer, Kisten, Flaschen, Skalpelle, Zangen, Notizbücher und vieles anderes trugen, was bei einer Exkursion nützlich sein kann. Sie suchten in den Felsen weit oberhalb des Strandes nach Fossilien, aber ihre Kinder wurden bald zu den Ebbetümpeln hingezogen.

In diesen dunklen Tümpeln bemerkte Anna ein bekanntes Wesen. Sie hatte schon ähnliche Tiere als fossile Überbleibsel gesehen, und in ihrem Haus in Westminster waren einige Exemplare davon in Glasvitrinen ausgestellt. Bisher hatte sie nie daran gedacht, dass lebende Verwandte so weich und wunderschön sein könnten wie die kleine, mit Tentakeln versehene Kreatur, die sie nun erlebte. Es handelte sich um die Devonshire-Becherkoralle, *Caryophyllia smithii*. Sie war so lebendig, so verschieden von den zerbrechlichen, trägen und blassen Skeletten, die sie von Korallen aus früheren Zeiten kannte.

Porträt von Anna Thynne, Ehefrau von Lord John Thynne, Sub-Dekan von Westminster Abbey, und wahrscheinlich die erste erfolgreiche Meerwasseraquarianerin weltweit. Foto: Dean and Chapter of Westminster

Anna hatte offensichtlich eine der letzten Arbeiten des jungen Naturforschers Charles Darwin (1842) über Struktur und Verbreitung von Korallenriffen gelesen und wusste, dass die kleine Becherkoralle zu der Tiergruppe gehört, die Inseln und Atolle baut. Aber dennoch gab es so viele Fragen, die kaum beantwortet werden konnten: Was war Gottes Absicht bei der Erschaffung einer Koralle? Warum hatte sie seit Urzeiten nahezu unverändert überlebt, während andere Lebensformen, wie die Dinosaurier, ausgestorben waren? Wie hatte sie überlebt? Wie pflanzte sie sich fort?

Dies ist die grobe Darstellung von Anna Thynnes erstem Zusammentreffen mit einer lebendigen Koralle, basierend auf Tagebucheinträgen, die sie später veröffentlichte. Wir sind sicher, dass viele heutige Meerwasseraquarianer Annas Faszination bei der ersten Begegnung mit einer „echten" Koralle nachvollziehen können. Korallen sind begeisternde Geschöpfe, die Grundlage der Korallenriffe und natürlich auch der Riffaquarien.

Das erste Meerwasseraquarium der Welt

Zur Zeit von Anna Thynnes Zusammentreffen mit der Becherkoralle in Torquay war ein großer Teil des gehobenen englischen Mittelstandes völlig von einem Sammelfieber erfasst. Männer und Frauen, Missionare, Forscher, königliche Beamte, Ärzte und Priester suchten im ganzen britischen Empire nach Naturschätzen, um sie zu trocknen, auszustopfen und zu konservieren, um sie dann in Salons oder Vorzimmern auszustellen. Manche, darunter auch enge Freunde der Familie Thynne, hielten sich zu Hause auch lebende Wildtiere. Aber Aquarien, abgesehen von der Goldfischhaltung in „Kugeln" (mit häufigem Wasserwechsel) und dem gelegentlichen Unterfangen, Stichlinge für kurze Zeit am Leben zu erhalten, waren noch nicht erfunden.

Aber Annas Begeisterung für die kleine Becherkoralle endete nicht am Strand. Sie war in einer gebildeten Familie aufgewachsen, die eine große Bibliothek besaß und bei der das Sammeln und Studieren von „Naturwundern" üblich war. Ein paar lebende Korallen mit nach London zu nehmen, war für Anna eine logische Folge ihrer Entdeckung, sie wusste nur nicht, wie sie die Tiere am Leben halten konnte.

Die Korallen überlebten die lange Reise von Torquay über Bath zurück zur Wohnung der Familie im Kloster von Westminster Abbey, aber schnell erwies sich, dass sich ihre Pflege höchst anspruchsvoll gestaltete. Anna fand heraus, dass sie belüftetes Meerwasser zum Überleben benötigten, auch wenn sie auf verschiedene Glasbehälter aufgeteilt wurden. Das Meerwasser, das sie aus Torquay mitgebracht hatte, musste alle paar Tage gewechselt werden, und ihre Vorräte gingen bald zur Neige.

Aber Anna stellte fest, dass das Wasser länger hielt, wenn sie es von Hand belüftete. Sie entnahm Wasser aus den Behältern und goss es mit Hilfe einer kleinen Gießkanne vor einem geöffneten Fenster wieder zurück, jeden Morgen 45 Minuten lang. Natürlich war das ein anstrengendes Unterfangen, aber glücklicherweise hatte Anna ein Dienstmädchen, das die Aufgabe des weltweit ersten „Aquarienlüfters" übernahm.

Dank dieser künstlichen Belüftung in Verbindung mit der Fütterung jedes einzelnen Polypen mit „gekochten, sehr fein geschnittenen Garnelen" gelang es Anna, die Korallen „zu ihrer eigentlichen Schönheit zurückzuführen".

Ermutigt durch die positiven Ergebnisse bei den kleinen Korallen setzte Anna ihre Versuche mit der Haltung mariner Tiere fort. Im Frühjahr 1847 bestellte sie eine Auswahl mariner Lebewesen, Tiere wie auch Pflanzen, bei einem Sammler in Torquay. Sie hatte beschlossen, mit einem ausgewogenen Verhältnis von tierischen und pflanzlichen Organismen zu experimentieren, um zu sehen, ob sie in ihren Glasbehältern auf diese Weise eine stabilere Umgebung schaffen könnte.

Einige Wochen, nachdem sie behutsam ein Behältnis mit Korallen, Schwämmen, Seegras auf Steinen, Röhrenwürmern, Ringelwürmern und vielen anderen Arten, deren Namen sie nicht kannte, eingerichtet hatte, begriff sie, dass ihr ein Durchbruch gelungen war. Fleischige Makroalgen sorgten dafür, dass sie das Wasser nicht mehr so oft belüften musste. Nach einigen Monaten war das Aquarienmilieu so stabil und gesund, dass manche Korallen begannen, sich durch Teilung und Polypenausbürgerung zu vermehren. Aus einem Schwamm, den sie für abgestorben gehalten hatte, wuchs nach ein paar Monaten auf einmal ein neuer, gesunder „Ableger" heran.

Anna hatte es geschafft. Bis zum Frühjahr 1849 hatte sie das vermutlich erste funktionierende Meerwasseraquarium aufgebaut, auch wenn die Bezeichnung „Aquarium" noch nicht erfunden war. Naturforscher aus ganz England reisten an, um das Wunder in ihrem Salon betrachten zu können. Sie schrieb in ihr Notizbuch:

„Ich weiß nicht, aus welchem Grund (Belüftung oder Makroalgen), oder vielleicht wegen beidem, meine kleine Schar von Tieren so gut gedeiht; aber es gab nur wenige Todesfälle, und diese könnten einen natürlichen Grund haben ... Auf diese Weise habe ich meine kleine Sammlung fast drei Jahre lang in London gepflegt, und viele erklärte Naturforscher und andere Personen, die sich für Naturkunde interessieren, haben sie während zwei/drei Monaten im Frühjahr 1849 begutachtet."

Unter den Naturforschern, die zu Anna Thynne kamen, waren berühmte Persönlichkeiten der Aquariengeschichte, wie z. B. Robert Warington und Philip Henry Gosse. Beide machten später sehr viel selbstbewusster auf ihre Leistungen bei der Entwicklung des Aquariums aufmerksam, ohne jemals auf die Anregungen, die sie von Anna Thynne erhalten hatten, Bezug zu nehmen.

Quellen: Stott (2003); Thynne (1859)

Die Aquaristik erregt öffentliches Interesse

Da die Stellung der Frau in der viktorianischen Gesellschaft Anna Thynnes Leistungen bei der Erfindung der Aquaristik behinderte, sollten andere Personen bei der weiteren Entwicklung einflussreichere Rollen spielen – und sehr viel mehr Ruhm ernten.

Es ist anzunehmen, dass zwei der großen Namen in der Aquariengeschichte, Robert Warington und Philip Henry Gosse, direkt von ihren Besuchen bei Anna Thynne inspiriert worden waren, als sie 1849–1850 eigene Aquarienexperimente aufnahmen.

Am 4. März 1850 las Robert Warington, Sekretär und Gründungsmitglied der Chemischen Gesellschaft in der „Apotecaries' Hall" im Stadtteil Blackfriars (London) den versammelten Mitgliedern seine Arbeit vor, die den Titel trug: „Notizen über die Beobachtungen zum Aufbau von Beziehungen zwischen dem Pflanzen- und Tierreich, wodurch die Vitalfunktionen von beiden permanent aufrecht erhalten werden" (WARINGTON 1850). Dies war der Bericht über ein Experiment, mit dem er im Mai 1849 begann, als er ein *„großes Glas von etwa 12 Gallonen"* einrichtete – ein Süßwasseraquarium für zwei Goldfische. Er hatte auch Sand, Steine, Pflanzen und Schnecken eingebracht, um *„das herrliche Gleichgewicht, das zwischen dem Tier- und Pflanzenreich herrscht, aufrechtzuerhalten"* (FOSSÅ 1982).

Während Warington seine Süßwasserexperimente fortsetzte, begann er im Januar 1852 auch erste Versuche mit marinen Pflanzen und Tieren, im Bestreben, seine Gleichgewichtstheorie auf sie auszuweiten. Er verwendete Salzwasser, das ein Austernfischer aus Billingsgate aus dem Ärmelkanal sammelte, und bezog Tiere und Pflanzen aus Broadstairs, Kent. Im Januar 1852 veröffentlichte er in der Chemischen Gesellschaft die folgende Arbeit: *„Beobachtungen über die Naturkunde von Wasserschnecke und Fisch, die in einer begrenzten Menge Wasser gehalten werden"*, die auf seinen Erfahrungen mit Süßwasseraquarien beruhte und mit einer kurzen Bemerkung zu seinen Experimenten mit Meerwasseraquarien endete (ALEXANDER 2005a).

Vermutlich ohne dass Warington davon wusste, begann im Frühjahr 1852 auch Philip Henry Gosse mit Meerwasseraquarien zu experimentieren. Nachdem er Frühjahr und Sommer mit dieser Arbeit verbracht hatte, reichte er im September eine Veröffentlichung, in der er seine Ergebnisse genau beschreibt, bei der Zeitschrift „Annals & Magazine of Natural History" ein. Zufällig oder auch mit Absicht wurden sowohl GOSSES Arbeit *„Über das Am-Leben-Erhalten von marinen Tieren und Pflanzen ohne Wechsel des Meerwassers"* als auch WARINGTONS besagter Aufsatz beide in der Oktober-Ausgabe des Magazins veröffentlicht. WARINGTON bilanzierte in seiner Arbeit, *„dass ich nach vielen Schwierigkeiten und Fehlern Erfolg damit hatte, Meerwasser für bis zu sechs Monate vollkommen klar zu erhalten und dass ich darin während der letzten fünf Wochen einige Seeanemonen hielt, die zurzeit einen sehr gesunden Eindruck machen, und dass das Wasser die letzten 14 Tage nicht gestört wurde. Die größte Schwierigkeit war, inmitten von London an geeignetes Material zu kommen."* (ALEXANDER 2005a).

Der nächste große Fortschritt kam mit der Veröffentlichung des weltweit ersten Buches über Aquaristik – *„The Aquarium"* von Philip Henry GOSSE

Ein dekoratives Meerwasseraquarium aus der viktorianischen Ära. Links dargestellt im ersten Aquarienbuch von Philip Henry GOSSE 1854 mit dem Titel „The Aquarium: An Unveiling of the Wonders of the Deep Sea" und rechts in einer modernen Ausstellung im Horniman-Museum in London.
Zeichnung: Nachbildung von GOSSE (1854)
Foto rechts: O. Fosså

(1854), ein Werk, das sich nur mit der Meerwasseraquaristik beschäftigte. In diesem Buch prägte GOSSE den Begriff „Aquarium", das zuvor nur als „Aquavivarium" oder schlicht und einfach als „Vivarium" (das jedes Gehege meint, in dem lebende Tiere gehalten werden) bekannt war. *„Lassen Sie uns das Wort AQUARIUM zur Bezeichnung dieser Sammlungen im Wasser lebender Tiere und Pflanzen auswählen, es Süßwasseraquarium nennen, wenn der Inhalt aus Flüssen stammt, oder es Meerwasseraquarium nennen, wenn es so wie das beschaffen ist, das ich zum Thema dieser Ausgabe machte."* (GOSSE 1854).

GOSSES Veröffentlichungen folgte nahezu sofort eine Fülle verschiedener Fachbücher über Meerwasseraquaristik von bedeutenden Autoren wie HUMPHREYS (1857), HIBBERD (1860), WOOD (1868) und vielen anderen. Zu dieser Zeit hatte es den Anschein, als müsse jeder englische Naturforscher mindestens ein Buch über die Aquaristik verfasst haben. In diesen frühen viktorianischen Tagen waren Meerwasseraquarien in England sehr in Mode. Dank der unverschmutzten Küste Südwest-Englands mussten die Londoner nicht weit reisen, um prächtige marine Kaltwassertiere für ihre Aquarien zu fangen.

Doch die Aquarianer entschieden sich schon damals meist für die einfache Alternative, Tiere zu kaufen, die von anderen gefangen wurden, und der weltweit erste Aquaristikladen war mit dem Verkauf heimischer Tiere an Hobbyisten sehr erfolgreich. Am 14. Juli 1855 eröffnete William Alford Lloyd, ein Buchbinder in den Vierzigern, einen Aquaristik-Einzelhandel in der St. John Street in Clerkenwell, London. Das Geschäft wurde zunächst von seiner Frau

Das Aquariengeschäft von William Alford Lloyd in Portland Road, Regent's Park, London. Illustration aus dem Katalog der Firma, publiziert im Jahr 1858

geführt, denn noch war Lloyd unsicher, ob er sein geregeltes Einkommen durch die Buchbinderei aufgeben sollte.

Aber die Geschäfte gingen gut, und im April (vielleicht auch Mai, die Quellen sind sich nicht einig) des folgenden Jahres zog der Laden um – in die Portland Road, Regent's Park. Dort eröffnete Lloyd das Geschäft „The Aquarium Warehouse" und bezeichnete sich selbst als „Händler für lebende Meerestiere, Makroalgen, künstliches Meerwasser sowie Meer- und Süßwasseraquarien" (ALEXANDER 2005b; STOTT 2003).

Die Ankunft exotischer Arten

Sehr bald verbreitete sich das Interesse für die Aquaristik auch außerhalb von England. Besonders in den USA und in Deutschland wurde dieses neue Naturhobby sehr schnell populär, und auch in diesen Ländern erschienen viele Bücher und Zeitschriftenartikel.

Allerdings war es in dieser Zeit, lange bevor der Lufttransport in Frage kam, sehr schwer, Tiere von außerhalb des eigenen Landes zu bekommen. Für deutsche Aquarianer wurde es exotischer, als Mittelmeertiere eingeführt wurden. Der berühmte deutsche Autor ZERNECKE (1913) beschreibt diese zusammen mit Nordseetieren.

Mit den Jahren wuchs das Interesse für die Aquaristik in ganz Europa, und bald waren Süßwasseraquarien viel populärer als Meerwasseraquarien. Denn natürlich war es viel leichter, in der Süßwassersparte neue Herausforderungen zu finden, schließlich überstanden die Süßwasserfische die langen und zehrenden Schiffsreisen viel besser als ihre marinen Verwandten. Goldfische (*Carassius auratus*) waren in Europa als exotische Aquarienfische weit verbreitet (vermutlich schon seit dem frühen 17. Jahrhundert), aber schon bald brachten Seeleute noch bizarrere und schönere Süßwasserfische aus den Tropen mit. So beschreibt ZERNECKE schon 1913 über 130 Arten von Süßwasserfischen aus Übersee. Süßwasseraquarien wurden zur Regel.

Die wenigen verbliebenen Meerwasseraquarianer hatten ähnlich wie ihre Süßwasser-Kollegen die Schönheit der tropischen Welt entdeckt. Die Seefahrer waren davon fasziniert, was es in den tropischen Meeren zu finden gab. Gehäuse von Mollusken und Korallenskelette sowie bunte Korallenfische – oft in einem Krug Rum konserviert – wurden von den Reisen heimgebracht und als exotische Geschenke an Freunde und Familie weitergegeben oder in Museen und königlichen Kuriositätensammlungen ausgestellt.

Bis in die 20er- oder sogar 30er-Jahre des 20. Jahrhunderts gab es jedoch keinen Lebendtransport tropischer Korallenfische. Soweit wir herausfinden konnten, war das erste Buch, das die Haltung tropischer Meeresfische erwähnt, „Goldfish Varieties and Tropical Aquarium Fishes" von INNES (1921). Dass das erste Buch zu diesem Thema aus den USA stammt, ist eigentlich kaum verwunderlich, schließlich finden sich an den Küstenabschnitten der USA tropische Gewässer. INNES beschreibt, dass die tropischen Fische von Bermuda und Florida *„von fantastischer Schönheit"* sind. Jedoch scheinen sie zu diesem Zeitpunkt nur für diejenigen erhältlich gewesen zu sein, die sie selbst fingen. Seepferdchen (*Hippocampus* spp.) sind die einzigen Fische, die von INNES in dieser frühen Veröffentlichung namentlich erwähnt werden. Alle anderen Arten gehören zu der großen Gruppe von (Zitat) *„Kelp- und Korallenfischen,* [die] *Aquarientiere von so bezaubernder Schönheit darstellen, dass jeder Versuch einer Beschreibung in Worten zum Scheitern verurteilt wäre"*.

Einige Jahre später veröffentlichte derselbe Autor (INNES 1935) Fotos und Beschreibungen von vier Korallenfischen in seinem Buch „Exotic Aquarium Fishes". Dabei handelt es sich um die Demoisellen *Dascyllus trimaculatus*, *D. aruanus*, *„Pomacentrus fuscus"* (tatsächliche Identität unbekannt) und den Anemonenfisch *Amphiprion percula* (eigentlich *A. ocellaris*). Es ist wohl zeittypisch oder einfach durch die Veröffentlichung in einem Buch über Süßwasseraquaristik bedingt, dass das Hauptinteresse des Autors bei der Frage liegt, ob die Tiere *„an fast reines oder sogar pures Süßwasser gewöhnt werden können"*. Bemerkenswert ist außerdem, dass INNES zu dieser Zeit augenscheinlich nur wenig oder überhaupt keine Erfahrung mit Korallenfischen hatte und seine Äußerungen auf den Informationen beruhten, die er von öffentlichen Aquarien (vor allem dem Shedd Aquarium in Chicago) erhielt. In seinem Text über Clownfische erwähnt er, dass *„zur Zeit der Niederschrift dieses Manuskripts einige unserer führenden Händler löbliche Bemühungen unternehmen, diese hinreißenden Fische für Aquarianer einzuführen"*.

Es gibt einen Anhaltspunkt, dass Korallenfische bereits zur selben Zeit wie in den USA auch den europäischen Markt erreichten. Dieser Hinweis stammt von 1936, als ein Satz großartiger Sammelkarten zusammen mit Dosen von Fleischbrühe der Liebig Gesellschaft mbH in Köln ausgeliefert wurde (siehe FOSSÅ 1995).

Bei Liebigs „Exotische Aquarien-Fische" handelt es sich um eine Serie aus sechs Karten, die ein interessantes Bild des damaligen Aquarienhobbys liefert. Die Karten 1 und 3 zeigen Varietäten von Goldfischen, die Karten 3 und 4 tropische Süßwasserfische, und auf den Karten 5 und 6 sind tropische Meeresfische abgebildet. Diese beiden letzten Karten präsentieren sieben marine Arten: den Argusfisch (*Scatophagus argus*), den Gelben Seebader (*Zebrasoma flavescens*), den Blutfleck-Doktorfisch (*Acanthurus achilles*), zwei Falterfische (*Chaetodon auriga setifer* und *C. lineolatus*), eine Symbiosegrundel (*Cryptocentrus* cf. *leptocephalus*) und einen Kaiserfisch, vermutlich *Pomacanthus asfur*. Sowohl die Namen als auch die Informationen zur Biologie auf den Liebig-Karten sind teilweise sehr irreführend, so dass der Text ein wenig daran zweifeln lässt, dass der Autor Kenntnisse über Korallenfische als Aquarientiere besaß. Natürlich beweist die Vorstellung der sechs Arten auf den Karten nicht, dass sie 1936 auch wirklich nach Deutschland importiert worden sind, aber es gibt durchaus Anlass, daran zu glauben – vor allem wegen des letzten Satzes auf der Rückseite von Karte 6, der feststellt: *„Die Haltung all dieser Aquarium-Fische erfordert nicht nur äußerste Sorgfalt, sondern auch eine gründliche Kenntnis der Bedürfnisse und Gewohnheiten der verschiedenen Fischarten".*

Diese Karten, herausgegeben von der Liebig Gesellschaft mbH im Jahr 1936, gehören zu den ersten Illustrationen von Korallenfischen außerhalb von wissenschaftlichen Publikationen. Das Einbeziehen dieser Abbildungen in eine Kartenserie, die viele etablierte Süßwasser-Aquarienfische zeigte, deutet schon ein wachsendes Interesse an tropischen Meerwasseraquarien an.

Auch wenn unsere moderne Riffaquaristik, in die dieses Buch einführen soll, zweifelsohne kaum Ähnlichkeit mit der Aquaristik der Pioniere des 20. Jahrhunderts aufweist, verliert die obige Feststellung nicht an Gültigkeit und sollte eine Grundregel für jeden sein, der beabsichtigt, die Kunst der Korallenriffaquaristik zu betreiben.

Moderne Versorgung mit Riffbewohnern

Als der zivile Luftverkehr es nach dem 2. Weltkrieg ermöglichte, lebende Fische und Wirbellose innerhalb von Stunden – statt innerhalb von Tagen und Wochen – über den ganzen Globus zu transportieren, bedeutete dies für den Zierfischhandel eine Revolution. Nun wurden Fische schnell aus dem Dschungel oder dem Riff in den Aquarienladen eingeflogen. Während Fische zuvor bei hohen Arbeitslöhnen und enormen Heizkosten vor Ort vermehrt wurden, konnten die Tiere nun in der Wildnis gefangen oder in der natürlichen Umgebung gezüchtet werden – ideal also auch für die Förderung der lokalen Wirtschaft in den Ursprungsländern der jeweiligen Arten.

Nahezu alle Meerestiere, die heute im Handel zu finden sind, stammen aus tropischen Korallenriffen. Nur wenige kommen aus anderen Gegenden

Tabelle 2.1

Länder, die (wahrscheinlich) marine Aquarientiere exportieren. Hauptsächlich nach der FAO-Handelsstatistik (2004) zusammengestellt, die sich sowohl auf Süßwasser- als auch auf Meerwassertiere bezieht. Die Länder mit den höchsten Ausfuhrquoten sind zuerst aufgeführt.

1 Singapur	23 Marshall-Inseln
2 Malaysia	24 Neukaledonien
3 Indonesien	25 Cook-Inseln
4 USA	26 Kuba
5 Philippinen	27 Neuseeland
6 Sri Lanka	28 Mauritius
7 Brasilien	29 Palau
8 Taiwan	30 Dominikanische Republik
9 Indien	31 Belize
10 Australien	32 Ägypten
11 Kiribati	33 Niederländische Antillen
12 Fidschi-Inseln	34 Mexiko
13 Malediven	35 Barbados
14 Vietnam	36 Föderierte Staaten von Mikronesien
15 Saudi-Arabien	37 Kuwait
16 Haiti	38 Ver. Arabische Emirate
17 Kenia	39 Jemen
18 Trinidad und Tobago	40 St. Pierre und Miquelon
19 Französisch-Polynesien	41 Samoa
20 Salomonen	42 Papua-Neuguinea
21 Vanuatu	
22 Tonga	

oder Biotopen. Südostasien ist immer noch die Hauptexportregion, aber der westliche und zentrale Indische Ozean, das Rote Meer, der Zentralpazifik und die Karibik gewinnen stetig an Bedeutung.

Handelsstatistiken der FAO (die Ernährungs- und Landwirtschaftsorganisation der Vereinten Nationen (engl. Food and Agriculture Organization of the United Nations) (zusammengefasst von Ploeg 2007a) zeigen, dass immer mehr Länder auf der ganzen Welt am Export von Fischen und Wirbellosen für Aquarienzwecke beteiligt sind. Während laut der FAO die Zahl der Exportländer 1976 lediglich 28 betrug, wuchs sie bis 2004 auf nicht weniger als 146 an! Da die internationalen Handelsstatistiken in der Regel nicht zwischen Süßwasser- und Meerwasserhandel differenzieren, ist es schwer, genau festzustellen, welche Länder sich mit marinen Exporten befassen. Einer berechtigten Annahme zufolge – basierend darauf, was wir über die Verbreitung von Riffen und die Gesetzgebung der jeweiligen Länder wissen – ist es wahrscheinlich, dass zumindest die in Tabelle 2.1 genannten Länder Meerestiere exportieren.

Die Vertriebskette

Die Tiere, die wir in unseren Aquarien pflegen, durchlaufen eine lange Handelskette, bis sie in den Einzelhandel gelangen. Unabhängig davon, ob es sich bei den Tieren um Wildfänge oder Nachzuchten handelt, sind viele Menschen involviert. Alle hängen von der Qualität der Arbeit ab, die die anderen Glieder der Kette erledigen.

Lokale Aquarienfischfänger in Olango, Cebu, Philippinen. Bei unserem Besuch kontrollierte ein Bootsmann die Luftversorgung für zwei Fischer, die in einer Tiefe von ca. 10 m Fische mit Netzen fingen.
Foto: Bioquatic Photo

Das Fangen von Fischen mit Barriere- und Handnetzen, wie hier bei den hervorragend ausgebildeten Fängern in Cebu, ist eine effektive Fischfangmethode mit minimalen Schäden für die Riffstruktur. Man beachte die primitiven, selbst gemachten Taucherflossen, die sehr gut im Bild links zu sehen sind.
Fotos: Bioquatic Photo / J. Olsen

Die klassische Versorgungskette beginnt bei den Sammlern und Fängern, bei denen es sich meistens um Dorfbewohner handelt, die einen Teil ihres dringend benötigten Einkommens durch das Fangen und Sammeln von Zierorganismen verdienen. Die meisten fangen die Tiere an ihrem heimischen Riff, aber einige nehmen auch weitere Reisen auf sich. Die Tiere werden in Plastikbeutel oder andere Behälter verpackt und noch am selben Tag an Land geschafft. Der Fang wird in einzelnen Hälterungsbecken untergebracht oder sofort für den weiteren Transport verpackt. Die Fänger werden entweder direkt von den Exporteuren bezahlt oder – wie es öfter der Fall ist – beliefern Zwischenhändler, die Tiere von mehreren Fängern aufkaufen.

Bild links: Die Fische sind bei einem Großhändler in Manila, Philippinen, angelangt. Bevor sie in die Quarantäneaquarien kommen, werden sie sortiert.
Foto: Bioquatic Photo

Bild rechts: Hälterungsbecken von Marinefauna Inc., einer Exportfirma in Cebu, Philippinen
Foto: Bioquatic Photo

Ein Exporteur in Manila. Von hier aus werden Fische und Wirbellose aus verschiedenen Fangstationen der Philippinen weltweit verschickt.
Foto: Bioquatic Photo

Kaiserfische und andere Arten in Hälterungsaquarien bei einem Exporteur auf den Philippinen
Foto: Bioquatic Photo

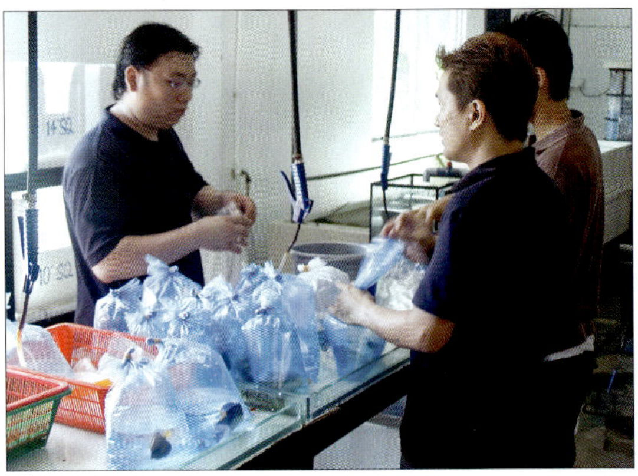

Das Verpacken von Meerwasserfischen bei einem Exporteur in Singapur. Singapur ist nach wie vor der größte Umschlagplatz von Aquarienfischen, und viele Meerwassertiere kommen von hierher nach Europa.
Foto: S. A. Fosså

Die nächste Station ist üblicherweise die Hälterungsanlage des Exporteurs, wo dann die weitere Sortierung nach Arten, Größen und Qualität sowie die erforderliche Quarantäne durchgeführt wird. Vor dem Export müssen die jeweiligen Gesundheitszeugnisse und eventuell CITES-Papiere ausgestellt werden. Dann werden die Tiere in Plastikbeutel und Styroporboxen verpackt und von internationalen Fluggesellschaften in die Importländer auf der ganzen Welt geflogen. Im Bestimmungsland müssen die Importeure mit ihrer Ware den Zoll durchlaufen und sie einer tierärztlichen Kontrolle unterziehen. Schließlich kommen die Tiere in der Hälterungsanlage des Importeurs an, wo sie erneut unter Quarantäne gestellt und für den Weiterverkauf – meistens durch einen Großhändler an Einzelhändler, die wiederum an den Endkunden, den Hobbyaquarianer, verkaufen – konditioniert werden. Das endgültige Ziel ist das Heimaquarium. Nur wenn alle Glieder dieser Vertriebskette optimale Arbeit leisten, kann die Qualität der Tiere den ganzen Weg bis zum Hobbyisten aufrechterhalten werden (siehe auch Fosså 2007 und Wood & Dakin 2003).

Ein Import von Meerwasserfischen und Wirbellosen ist bei dem deutschen Aquaristik-Fachgeschäft Aqua Design, Oldenburg, angekommen. Hier werden die Tiere vorsichtig ausgepackt und nach der langen Reise an die Aquarienbedingungen akklimatisiert
Foto: Bioquatic Photo

Wildfänge

Auch wenn die Vermehrung von Fischen und Korallen in Menschenhand allmählich zunimmt, kann man immer noch mit Sicherheit annehmen, dass 95 % aller Meerestiere im Aquarienhandel aus Wildbeständen stammen. Das ist das genaue Gegenteil der Verhältnisse im Süßwasserbereich, wo 95 % aller Tiere Nachzuchten sind. Der Hauptgrund für den hohen Anteil von Wildfängen im Meerwasserbereich ist, dass die meisten Arten nur sehr schwer in Menschenobhut nachgezogen werden können, zumindest im kommerziellen Maßstab. Außerdem gewährleisten Wildfänge eine ständige

Das Sammeln von Lebenden Steinen auf Fidschi

Die Menge der Stück für Stück für die Aquaristik entnommenen Lebenden Steine ist im Vergleich zur Ausbeutung für andere kommerzielle Zwecke vernachlässigbar gering.

Ein Lebender Stein wird aus dem Riff ausgebrochen (oben) und begutachtet (unten).
Fotos: E. Lovell

Einfuhr neuer und für den Hobbyisten interessanter Arten.

Ein weiteres und äußerst schlagkräftiges Argument für Wildfänge, das immer mehr an Bedeutung gewinnt, ist die sichere und nachhaltige Einkommensquelle, die der Zierfischfang für die ländliche Bevölkerung der Vorkommensgebiete der jeweiligen Fischarten bedeutet. Bei der Zucht profitieren hingegen wesentlich weniger Beteiligte vom Erlös, und oft wird in Gegenden und Ländern gezüchtet, die vom natürlichen Habitat weit entfernt sind. Der Handel mit Wildfängen bietet jedoch ein großes Potenzial, indem eine gesunde Sozioökonomie unterstützt wird, wodurch ökologische Anreize für Erhaltung und Pflege von Wildbeständen geschaffen werden. Also wird die Erhaltung von Feuchtgebieten, Regenwäldern und Korallenriffen direkt und indirekt gefördert.

Das Vorgehen bei Wildfängen variiert je nach Land und Region, basiert aber in der Regel auf einer großen Anzahl selbstständiger Fänger. Im marinen Sektor werden die meisten Tiere im wahrsten Sinne des Wortes von geübten Geräte- oder Freitauchern, die genau die Tiere fangen, nach denen sie suchen, handverlesen.

Mit einem einfachen Holzfloß werden die Lebenden Steine zum Strand transportiert.
Foto: E. Lovell

Vom Strand werden die Lebenden Steine mit einem Ochsengespann an Land gezogen.
Foto: E. Lovell

Anschließend werden die Lebenden Steine auf einen LKW verladen und zur Exportstation transportiert.
Foto: E. Lovell

In der Exportstation werden die Lebenden Steine verpackt und für den Versand per Luftpost vorbereitet.
Foto: E. Lovell

Das Sammeln von Korallen für die Aquaristik auf Fidschi
Fotos: E. Lovell

Sozioökonomischer Nutzen

Fang und Export mariner Aquarientiere schaffen Arbeitsplätze in Entwicklungsländern und bringen Einnahmen in einkommensschwache, ländlich geprägte Küstenregionen, die nur über begrenzte Mittel und geringe wirtschaftliche Möglichkeiten verfügen (HOLTHUS 1999). Der Fang mariner Aquarientiere stellt eine der wenigen Möglichkeiten für eine nachhaltige lokale Industrie dar. Beispielsweise gibt es auf den Philippinen schätzungsweise 7.000 Aquarienfischfänger, von denen viele eine Familie zu versorgen haben. Ein UNESCO-Bericht schätzt die Zahl der direkt im Export von Rifforganismen beschäftigten Menschen in Sri Lanka auf über 50.000 (KENCHINGTON 1985).

Meerwasser-Zierfische gehören in der Tat zu den wertvollsten Produkten, die eine nachhaltige Riffnutzung ermöglichen, denn sie haben einen höheren wirtschaftlichen Wert als die meisten anderen Möglichkeiten der Riffnutzung. Beispielsweise beträgt der geschätzte Handelswert lebender Korallen etwa 7.000 US$ pro Tonne, während abgeerntete Korallen in der Kalkproduktion nur 60 US$ pro Tonne einbringen (GREEN & SHIRLEY 1999). Die Zahlen für Korallenfische sind sogar noch eindrucksvoller: Die in einem Inselstaat als Nahrungsmittel gefangenen Fische wurden mit einem Exportwert von 6.000 US$ beziffert. Aquarienfische aus demselben Land erzielten einen Wert von über 496.000 US$ pro Tonne (FAO 1999)!

Nutzen für den Riffschutz

Durch den sozioökonomischen Nutzen, den der Aquarienhandel den ländlichen Küstengemeinden der sog. Entwicklungsländer bringt, haben Fischfänger und ihre Familien ein großes Interesse daran, ihre Riffe zu schützen, gesund zu erhalten und die fortwährende „Produktion“ von Aquarienfischen zu sichern. Das Ergebnis ist, dass die Fänger von Meerwasser-Zierfischen oft zu aktiven Riffschützern werden. Sie bewahren diese wertvolle Einkommensquelle vor zerstörerischer Nutzung, installieren teilweise Managementsysteme oder rufen sogar Schutzgebiete ins Leben (siehe z. B. BUNTING et al. 2003 und BOWDEN-KERBY 2003). Dies ist oft in Regionen der Fall, in denen die Regierung weit davon entfernt ist, Ressourcenmanagement und Strafverfolgung für Verstöße gegen Naturschutzauflagen koordinieren zu können. Viele Regierungsbehörden gestehen ein, sie hätten weder die Mittel noch ausreichend Personal, um ihre

Korallenriffe selbst adäquat zu verwalten und zu kontrollieren. Auch wollen viele Anwohner „funktionierender" Korallenriffe nicht von der „Hilfe" durch fremde Investitionen wie für Strandhotels, Tauchreisen oder umweltverträglichen Tourismus abhängig sein. Diese Korallenriffe und die dazugehörigen Küstengesellschaften befinden sich in gegenseitiger Abhängigkeit. Andererseits würden die Korallenriffe ohne nachhaltige Nutzung – wie der verantwortungsvolle Fang von Aquarientieren mit den Impulsen, die er für die Region bringt – mit Sicherheit sehr bald zerstörerischen Nutzungsmöglichkeiten zum Opfer fallen. Dies könnte etwa durch destruktive Fischereimethoden von Fremden geschehen, die kein Interesse an der Zukunft der örtlichen Riffe haben, möglicherweise aber auch durch die ortsansässigen Fischer selbst. Denn ohne ein beständiges Einkommen durch den Aquarienfischfang oder eine andere nachhaltige Nutzung könnten sie armutsbedingt dazu gezwungen sein, zu solchen Fischereimethoden zu greifen, um ihre Familien zu ernähren. Oder sie müssten aus Mangel an Einkommen aus den ländlichen Regionen in die überbevölkerten städtischen Gebiete abwandern, was wiederum zu sozialen Problemen im jeweiligen Land führt.

Frisch mit umweltfreundlichen Techniken gefangene Rifffische bei Hambongan Island
Foto: Marine Aquarium Council

Fangmethoden

In den meisten Ländern ist der Fang mit bloßen Händen oder mit Hilfe von Handnetzen üblich. Zusätzlich benutzen manche Fänger auch Stellnetze und andere Netztypen, um Fische einzukreisen oder ihnen eine Falle zu stellen. Diese Methoden haben sich sowohl als effektiv als auch als umweltverträglich erwiesen. Dennoch ist es in wenigen Ländern noch traurige Praxis, sich zusätzlich mit Chemikalien zu behelfen, darunter die Philippinen und Indonesien als größte Staaten, in denen dieses Verfahren ausführlich dokumentiert wurde. Die Chemikalien betäuben die Fische vorübergehend, wodurch sie sich leichter fangen lassen. Die zu diesem Zweck gebräuchlichste Substanz ist Zyanid, das jedoch sehr giftig ist und das Leben in der Umgebung schädigt, in der es angewandt wird. Große Riffgebiete können

Die Fänger von Hambongan Island in Inabanga, Provinz Bohol, Philippinen, fangen ausschließlich mit Handnetzen.
Fotos: Marine Aquarium Council, Trainingsseminar für Fänger

Fang von Fischen für die Meerwasseraquaristik in einem Riff Ostasiens. Der Taucher hat sein Gesicht bedeckt, um sich vor dem starken Licht und Gift zu schützen.
Foto: R. Fitzpatrick

gänzlich zerstört werden, wenn sie dauerhaft Zyanid ausgesetzt werden. Auch gefährdet der Einsatz dieser Substanz die Gesundheit der Fänger selbst, sogar Todesfälle sind bekannt.

Überfischung

Oft wurde festgestellt, dass die Erschöpfung der Fischbestände durch den Fang mariner Zierfische unwahrscheinlich sei (Randall 1987), wenngleich seltene Arten eine Ausnahme darstellen können (Lubbock & Polunin 1975). Besonders bei Arten, von denen reichlich Exemplare vorhanden sind und die pelagische Eier produzieren, scheint eine Überfischung kaum möglich zu sein. Da die Korallenfischpopulationen aber aufgrund ihrer Fortpflanzungsmuster räumlich und zeitlich enormen Schwankungen unterliegen, ist es sehr schwierig, die Auswirkungen des Fangs von Zierfischen auf die Korallenfischpopulationen zu berechnen (Doherty 1991).

Es gibt jedoch immer mehr Informationen über die Populationen aquaristisch interessanter Fische in betroffenen Regionen. Sie resultieren aus Feldstudien und Beobachtungen sowohl von Riffforschern als auch von Fischereiexperten, und die Ergebnisse geben gemischte, z. T. gegensätzliche Informationen. Einige berichten von einem möglichen zumindest zeitweisen Rückgang der Populationen bei stark befischten Arten. Andere geben an, es gebe keine Abnahme in Artenvielfalt und Menge der Individuen.

Es besteht definitiv Bedarf an besseren Informationen und somit an Forschung über Umfang und Auswirkungen der Fischerei für den Aquaristikmarkt. Die einzige systematische Studie über die Auswirkungen des Aquarienfischfangs wurde in Hawaii durchgeführt und attestiert einen Rückgang bei sechs von sieben der am häufigsten gefangenen Fische: *Zebrasoma flavescens*, *Ctenochaetus strigosus*, *Acanthurus achilles*, *Forcipiger flavissimus*, *Chaetodon*

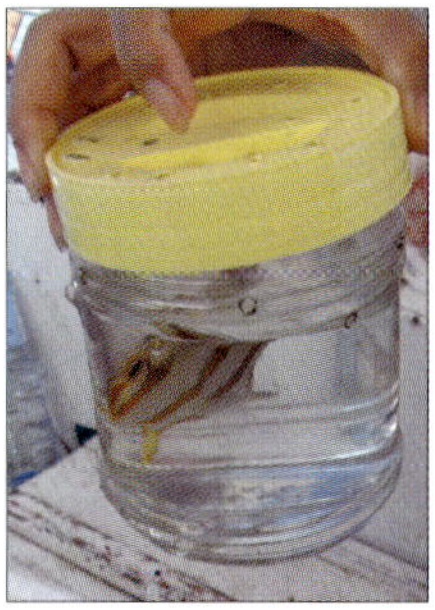

Fischfang in Hambogan Island, Philippinen, durch Fänger trainiert und zertifiziert durch das Marine Aquarium Council (MAC). MAC-Zertifizierung von Fanggebieten und Fängern ist eine Garantie dafür, dass das Fangen und Sammeln von Rifforganismen umweltverträglich geschieht und mit einem großen sozioökonomischen Vorteil für die lokale Bevölkerung verbunden ist. Durch die nachhaltige Nutzung der natürlichen Ressourcen erhält die lokale Bevölkerung einen zusätzlichen Anreiz, ihre Korallenriffe zu schützen. Fotos: Marine Aquarium Council

multicinctus und *Zanclus canescens*. Eine Ausnahme war *Naso lituratus* (Tissot 1999). Die Studie zeigte jedoch, dass es weder einen Anhaltspunkt für die Zerstörung des Habitats durch Fischereimethoden noch ein vermehrtes Algenwachstum aufgrund des Fanges von Herbivoren gab.

Da Korallen und Lebende Steine ein Teil der Riffstruktur sind, kamen Vorbehalte auf, das starke Absammeln in begrenzten Gebieten störe die Fähigkeit des Riffes, sich zu regenerieren und als Ökosystem funktionstüchtig zu bleiben. Der Handel mit allen Steinkorallen, ob tot oder lebendig, wird durch Anhang II der „Convention on International Trade in Endangered Species of Wild Fauna and Flora" (CITES) geregelt, wodurch ein Höchstmaß an Kontrolle und Datenerfassung zum Handel mit Korallen gewährleistet ist. Mehr Informationen zum Thema CITES finden Sie auf Seite 162–164.

Der umfassendste Bericht zum Handel mit Korallen basiert auf CITES-Daten und konstatiert, der globale Handel mit Korallen stelle eine Industrie dar, die keinen großen Einfluss auf die Natur bzw. die natürlichen Biotope nehme (Green & Shirley 1999). In Indonesien etwa werden das Sammeln von Korallen und der Aquarienhandel durch ein Quotensystem geregelt, und der Abbau von Korallen wird als geringes Risiko für die Gesundheit des Ökosystems Korallenriff betrachtet (Bentley 1998). Aufgrund der großen Bedeutung lebender Korallen für das Riff-Ökosystem wäre jedoch in einigen Ländern ein ortsansässiges Management für den Abbau von Korallen und den wachsenden Lebendgestein-Sektor notwendig (Grigg 1984; Wells et al. 1994).

Für das Sammeln von Korallenfischen, Korallen, anderen Wirbellosen und Lebenden Steinen ist es – wie bei jeder Art von Fischerei – äußerst wichtig, ein umweltverträgliches Ausmaß festzulegen. Aufgrund der vielen betroffenen Arten ist dies sehr schwierig, aber dennoch sollten größte Bemühungen dazu unternommen werden. Die Fischereiverwaltungen sollten von Kontrollprogrammen unterstützt und unabhängig überprüft werden – damit Sie, der Aquarianer, sicher sein können, Fische und Korallen aus nachhaltig befischten Beständen zu kaufen.

Verbesserungsversuche

Dank der Bemühungen der internationalen Aquarienhandels-Organisationen in Kooperation mit der Interessensgruppe der Naturschützer, vor allem durch das „Marine Aquarium Council" (MAC – siehe Themenseite, Seite 157f.), verschwinden schädliche Fischerei-Praktiken immer mehr, da die Fänger lernen, dass Handnetze genauso effektiv sind – und sie gleichzeitig durch nachhaltiges Handeln die Zukunft ihres Erwerbs sichern.

Das „Marine Aquarium Council" hat ein Zertifizierungssystem entwickelt, das sicherstellt, dass marines Leben im Aquarienhandel auf eine nachhaltige, umweltfreundliche Art und Weise behandelt wird. Dieses Zertifizierungssystem steckt zwar noch in den Kinderschuhen, aber der verantwortungsvolle Meerwasseraquarianer ist gut beraten, schon heute bei seinem Händler nach MAC-zertifizierten Tieren Ausschau zu halten oder danach zu fragen.

Aspekte und allgemeine Zahlen zum Handel mit Aquarientieren am Beispiel von Fidschi

basierend auf Lal & Cerelala (2005) sowie Wabnitz et al. (2003)

Allgemeine Zahlen

Der Aquaristikhandel begann in den 1930er-Jahren in Sri Lanka und entwickelte sich seitdem zu einer Industrie, die unter Mitwirkung zahlreicher Entwicklungsländer viele Millionen Dollar umsetzt. Zweifelsohne sind Aquarientiere das teuerste Produkt, das aus den Korallenriffen gewonnen wird. Der 2003 weltweit umgesetzte Bruttowert des Handels damit wird auf 210–320 Millionen US$ geschätzt. Im Jahr 2000 war ein Kilogramm Aquarienfische, das von den Malediven exportiert wurde, annähernd 500 US$ wert, und der Wert lebender Korallen wurde auf etwa 7.000 US$ pro Tonne geschätzt. Etwa 1,5–2 Millionen Menschen besitzen Meerwasseraquarien, wobei die USA, Hongkong und Japan in dieser Beziehung die bedeutendsten Staaten darstellen. Der Aquaristikhandel hat das große Potenzial, den ortsansässigen Menschen in den Entwicklungsländern ein gutes Leben zu ermöglichen, sofern sie gewährleisten, dass die Industrie nachhaltig und im Sinne des Naturschutzes betrieben wird.

Statistiken und Mengenangaben zu den gehandelten Aquarientieren sind nur spärlich vorhanden. Die beste Quelle findet sich in „The Global Marine Aquarium Database" (GMAD), die als Gemeinschaftsprojekt des „United Nations Environment Programme World Conservation Monitoring Centre" (UNEP-WCMC), des „Marine Aquarium Council" (MAC) und verschiedener anderer Aquaristikhandels-Organisationen ins Leben gerufen wurde. Diese Datenbank umfasste im August 2003 fast 103.000 Handelsbelege mit 9,4 Millionen Tieren aus nahezu 2.400 Arten von Fischen, Korallen und anderen Wirbellosen, die im Zeitraum zwischen 1988 und 2003 exportiert wurden.

Die GMAD-Daten sind problematisch, insbesondere deswegen, da sie auf einer zu geringen Anzahl von Quellen beruhen. Sie können jedoch als Anhaltspunkt dienen, welche Arten in welchem Verhältnis für den Handel wichtig sind. Für eine Abschätzung von exakten Handelszahlen sind sie aber nutzlos. Aufgrund des Fehlens von genaueren Quellen möchten wir dennoch auf einige der GMAD-Zahlen zurückgreifen. Diejenigen Leser, die sich weitergehend für die Menge an CITES-gelisteten gefangenen Tiere interessieren, möchten wir an die CITES-Datenbank verweisen (z.B. CITES 2008).

Betrachtet man ausschließlich die Steinkorallen, waren die Gattungen *Trachyphyllia*, *Euphyllia*, *Goniopora*, *Acropora*, *Plerogyra* und *Catalaphyllia* zwischen 1988 und 2002 am stärksten ▸

Tabelle 2.2 | Die Top Ten der weltweit am meisten gehandelten Korallengattungen (1998–2002)

Aus Wabnitz et al. (2003), basierend auf GMAD-Daten

Gattung	Stückzahl (Daten der Importeure)
Trachyphyllia	37.082
Euphyllia	31.614
Goniopora	27.322
Acropora	26.451
Plerogyra	13.878
Lobophyllia	11.933
Unbestimmte Scleractinia	11.035
Catalaphyllia	10.907
Favia	9.531
Turbinaria	8.955
Gesamt	**188.708**

Tabelle 2.3 | Die zehn weltweit am meisten gehandelten Arten mariner Wirbelloser (außer Korallen)

Aus Wabnitz et al. (2003), basierend auf GMAD-Daten

Wissenschaftlicher Name	Deutscher Name	Zahl der Exemplare (Daten der Exporteure, 1998–2003)
Trochus spp.	Trochus-Schnecke	272.203
Unbestimmte Wirbellose		247.038
Lysmata spp.	Putzergarnele	107.452
Heteractis spp.	Symbioseanemone	54.369
Stenopus spp.	Gebänderte Scherengarnele	42.808
Tridacna spp.	Riesenmuschel	37.521
Linckia spp.	Seestern	32.509
Rhynchocinetes sp.	Tanzgarnele	30.846
Stichodactyla spp.	Teppichanemone	27.341
Strigopagurus sp.	Einsiedlerkrebs	24.512
Gesamt		**876.593**

betroffen, wobei sich diese Zahlen vermutlich in den letzten Jahren in Richtung der Familien Acroporidae und Pocilloporidae verschoben haben dürften. Im Zeitraum von 1988–2002 wurden 61 Arten von Weichkorallen mit etwa 390.000 Kolonien pro Jahr gehandelt. *Sarcophyton* spp. und *Dendronephthya* spp. waren die populärsten Arten – trotz der Tatsache, dass *Dendronephthya*-Arten in den meisten geschlossenen Aquariensystemen nicht am Leben gehalten werden können. Auf Indonesien als Hauptexportland für Korallen entfallen 71 % (ca. 3,5 Millionen Kolonien) des Gesamtexports von 2001. Im selben Jahr wurden 73 % (ca. 3,9 Millionen Kolonien) aller Korallen in die USA eingeführt.

Hinzu kommen weitere 9–10 Millionen anderer Wirbellose, verteilt auf über 500 Arten, wie z. B. Schnecken der Gattung *Trochus* und Putzergarnelen der Gattung *Lsymata*, um die gängigsten zu nennen. Riesenmuscheln sind bei Aquarianern seit Jahrzehnten beliebt und wurden aus vielen Ländern exportiert. Seit kurzem werden aber auch zunehmend farmgezogene Riesenmuscheln ausgeführt. Zwischen 1993 und 2001 wurden weltweit insgesamt etwa 825.000 Muscheln gehandelt, wobei 22 % aus Zuchtfarmen stammten.

Schätzungsweise 20–24 Millionen Exemplare aquaristisch interessanter Meeresfische, die sich auf über 1.400 Arten verteilen, werden jedes Jahr gehandelt. Demoisellen (Familie Pomacentridae) machen zusammen mit den beliebtesten Arten, den Anemonenfischen (*Amphiprion ocellaris* und *A. percula*), dem Weißschwanz Preußenfisch (*Dascyllus aruanus*), der Saphir-Demoiselle (*Chrysiptera cyanea*) und dem Dreipunkt-Preußenfisch (*Dascyllus trimaculatus*), die Hälfte der gehandelten Fische aus (siehe Tabelle 2.5 und Diagramm 2.1). Die Philippinen sind der größte Exporteur mariner Fische, Indonesien liegt auf dem zweiten Platz (siehe Tabelle 2.4).

Fische aus der Familie Pomacentridae, unter ihnen *Chromis viridis* (oben) und „Nemo" (*Amphiprion ocellaris*, rechts), gehören zu den populärsten Meerwasserfischen für den Export und machen nahezu die Hälfte aller Fische im Handel aus. Foto: Bioquatic Photo

Tabelle 2.4
Haupt-Herkunftsländer mariner Zierfische

Aus Wabnitz et al. (2003), basierend auf GMAD-Daten

Ursprung	Anzahl der exportierten Fische (Daten der Exporteure)	Prozent an der Gesamtzahl der gehandelten Fische
Philippinen	1.523.854	43
Indonesien	943.059	26
Salomonen	416.262	12
Sri Lanka	183.537	5
Australien	173.323	5
Fidschi	131.746	4
Malediven	78.018	2
Palau	63.482	2
Gesamt	**3.513.281**	**99**

Tabelle 2.5 | Die zehn weltweit am meisten gehandelten Arten mariner Zierfische (1997–2002)

Aus Wabnitz et al. (2003), basierend auf GMAD-Daten

Art	Anzahl der Exemplare (Daten der Exporteure)
Amphiprion ocellaris	145.015
Chrysiptera cyanea	111.705
Dascyllus aruanus	103.948
Amphiprion percula	101.092
Chromis viridis	99.451
Abudefduf spp.	78.945
Dascyllus trimaculatus	78.536
Paracanthurus hepatus	74.557
Dascyllus albicella	73.726
Chrysiptera hemicyanea	61.914
Gesamt	**928.889**

Lebendgestein wird in großem Stil importiert, aber es gibt nur ungenaue Berichte über die Menge, da einige Stücke, die in den Listen als „Scleractinia" (Steinkorallen) aufgeführt werden, tatsächlich Lebende Steine sind. Im Handel finden wir drei Arten von Lebenden Steinen: Pazifische und atlantische Steine sowie solche aus Aquakulturen. Die pazifischen Steine werden im Allgemeinen von Aquarianern bevorzugt, denn sie sind poröser als die anderen Sorten. Die USA verboten 1997 den Abbau Lebender Steine vor ihren Küsten, weil große Mengen von den Florida Keys exportiert wurden. Als Folge begannen Firmen in den USA, Aquakulturen für Lebendgestein zu entwickeln. Laut CITES-Importdaten (1997–2001, aus Wabnitz et al. 2003) importierten die USA, die EU, Südkorea, Hongkong und Kanada zusammen eine Gesamtmenge von 3.900.000 Stücken lebender „Scleractinia", woraus wir schließen können, dass diese Zahl einen großen Anteil Lebender Steine beinhaltet.

Diagramm 2.1 | Weltweiter Handel mit Meerwasserfischen (1991–2003)

Aus Wabnitz et al. (2003), basierend auf GMAD-Daten

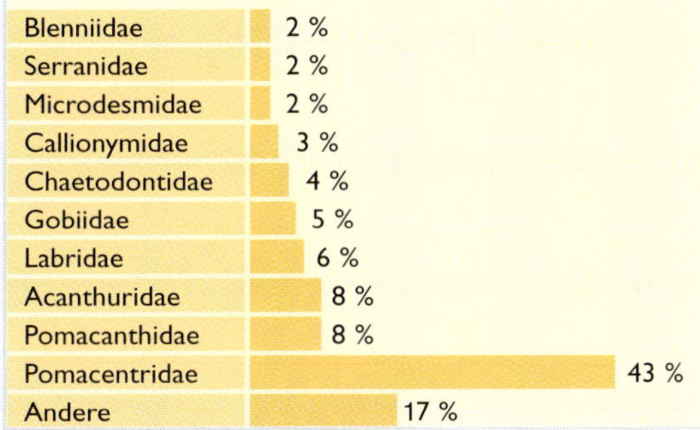

Beispiel Fidschi

Fidschi liegt direkt auf der Datumsgrenze, 17° Süd im Pazifik. Es besteht aus einigen wunderschönen tropischen Inseln mit vielen üppigen Korallenriffen (die Vorstellung eines typischen Riffs findet sich auf Seite 118). Im Pazifik ist Fidschi einer der Hauptexporteure mariner Fische, Korallen, anderer Wirbelloser und Lebender Steine. Traditionell exportieren auch viele andere Länder im Pazifik Aquarientiere, aber in letzter Zeit ist Fidschi aufgrund seiner Fähigkeit, hochwertige Produkte zu exportieren, sowie wegen der regelmäßigen Flüge in die Bestimmungsländer zum Hauptlieferanten für lebende Korallen, Fische und Lebendgestein geworden. Heute beliefert die Aquaristikindustrie in Fidschi hauptsächlich Käufer in den USA, der EU, Japan und Hongkong.

2004 exportierte Fidschi 161.927 Stein- und Weichkorallen, 1.360.000 Stück Lebendgestein, 31.900 andere Wirbellose und 169.143 Fische für den Markt in Übersee.

Auch wurden in Fidschi Farmen zur Kultur von Korallen und Lebendgestein etabliert. Lal & Cerelala (2005) untersuchten den Aquaristikhandel im Land allgemein und gingen der Frage nach, ob solche Farmen in Fidschi rentabel sind. Sie stellten fest, dass der Aquarienhandel *„zweifelsohne eine wichtige Einkommensquelle sowohl für Exporteure als auch für Ressourcenverwalter darstellt"*.

Diagramm 2.2 | Verteilung von Weich- und Steinkorallenarten in den Exporten von Fidschi 2004

insgesamt 161.927 Stück

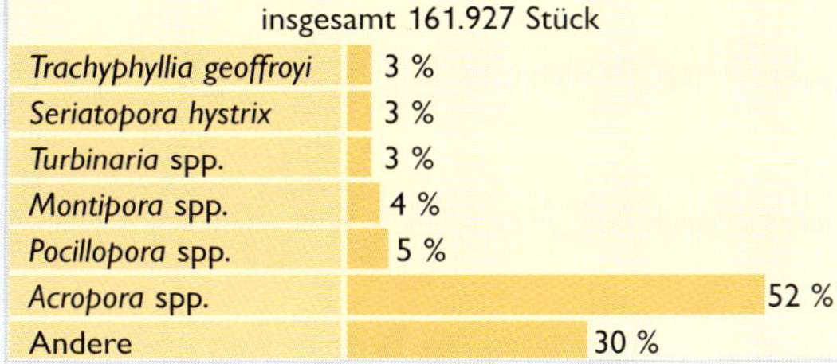

Diagramm 2.3 | Lebendgestein exportiert von Fidschi 2000–2004

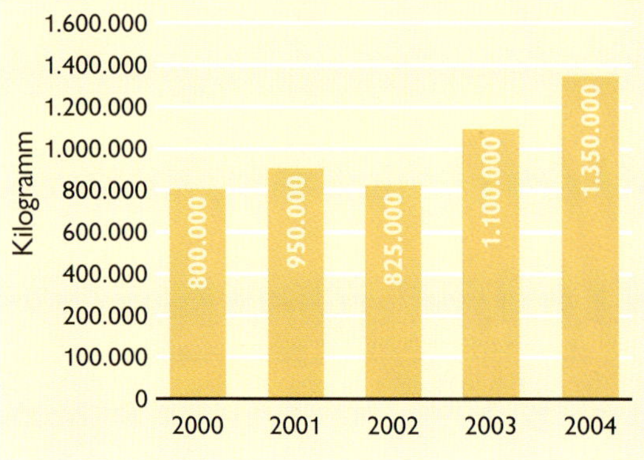

Diagramm 2.4 | Stein- und Weichkorallenexporte von Fidschi 2000–2004

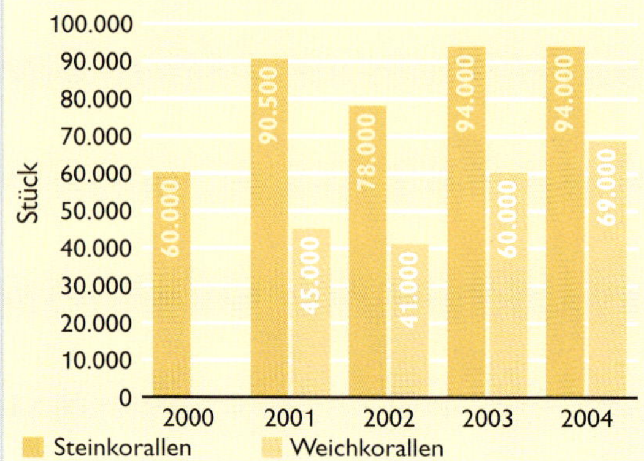

Tabelle 2.6 | Örtlicher und FOB-Preis (US$) ausgewählter Korallen, die von Fidschi exportiert werden (2005)

Aus Lai & Cerelala (2005)

Arten mittelgroß	Preis des lokalen Sammlers	Export-Preis (FOB)
Goniopora stokesi	0,35	2,00–4,00
Acropora spp.	0,60	4,50–8,50
Euphyllia spp.	0,85	3,50–8,50
Tubipora musica	0,60	3,50–4,50
Favia sp.	0,65	4,00–5,50

Der Gesamtwert der Korallen und Lebenden Steine, die 2004 von Fidschi exportiert wurden, betrug etwa 2,65 Mio. US$, zu denen noch etwa 1,1 Mio. US$ für Fische und andere Wirbellose außer Korallen hinzukommen. Der jährliche Nettogewinn der Fänger beträgt etwa 450.000 US$, wobei der Gewinn der Exporteure auf etwa das Doppelte geschätzt wird.

Viele Dorfbewohner verdienen ihren Lebensunterhalt durch Teilzeit- oder Vollzeitarbeit beim Sammeln von Korallen. Ein durchschnittlicher Sammler konnte 2003 netto etwa 1.800 US$ pro Jahr verdienen, wenn er Teilzeit arbeitete und dabei 2–3 Fangtouren pro Woche unternahm, bei denen er jährlich etwa 3.400 Stück sammelte. Ein Haushalt, in dem Vollzeit gesammelt wurde, konnte hingegen 5.500 US$ pro Jahr verdienen. Jedoch brachte es nur netto 650 US$ ein, als Teilzeitkraft in einer ortsansässigen Korallenfarm zu arbeiten, auch wenn dort dieselbe Menge Korallen produziert wurde.

Tabelle 2.6 veranschaulicht die Differenz zwischen der Bezahlung des Sammlers und dem Exportpreis anhand einiger regelmäßig exportierter Korallen aus Fidschi.

Lal & Cerelala (2005) fassen zusammen, dass der Handel mit Korallen und Lebendgestein für die Fidschianer durchaus profitabel ist und ihnen in der Tat eine Existenzgrundlage bieten kann. Allerdings sind die wirtschaftlichen Nettogewinne kultivierter Produkte (Korallen und Lebendgestein) wesentlich geringer als bei Naturentnahmen, so dass Erstere für Dorfbewohner, die auch in der Fischerei tätig sind, nicht attraktiv genug sind. Die Autoren stellen auch fest, dass kultivierte Korallen und Lebende Steine gegenüber Naturentnahmen konkurrenzfähig sein könnten, sofern eine Preissteigerung bei diesen Produkten durchgesetzt werden könnte.

Moderne Hälterungsanlage der Firma Tropical Marine Centre, England, für importierte Korallen
Foto: S. A. Fosså

Das „Marine Aquarium Council“ (MAC)

Das „Marine Aquarium Council“ (MAC) wurde als vielfältige Interessenvertretung ins Leben gerufen, um sich intensiv mit der Situation im Aquaristikhandel auseinanderzusetzen und marktgerechte Qualitäts- und Nachhaltigkeitskriterien für den Handel einzuführen. Der Council nahm seine Arbeit als Initiative verschiedener Organisationen auf, zu denen Aquarianer, die Aquarienindustrie, Naturschutzorganisationen, weitere internationale Organisationen, Regierungsbehören, öffentliche Aquarien und Wissenschaftler gehörten.

Nach seiner Gründung 1998 hat sich das MAC als eine unabhängige Institution gezeigt, deren Zielsetzung die Umgestaltung der marinen Aquaristikindustrie hin zu mehr Nachhaltigkeit und Qualität ist. Als internationaler Interessenvertreter verschiedener Parteien und Zertifizierungsorganisation für die marine Aquaristikindustrie ergriff das MAC folgende Maßnahmen:

- Entwicklung von Standards für Qualitätsprodukte und nachhaltige Methoden
- Etablierung eines Systems zur Zertifizierung der Einhaltung dieser Standards und Kennzeichnung der Ergebnisse
- Bemühungen, die Nachfrage beim Verbraucher zu wecken und die Glaubwürdigkeit von Zertifizierung und Kennzeichnung zu stärken.

So wird eine Konsumentennachfrage nach Qualität und Nachhaltigkeit bei Fang, Kultivierung und Vertrieb mariner Aquarientiere geschaffen. Außerdem hilft das MAC bei:

- der Steigerung des öffentlichen Bewusstseins über die Rolle des Meerwasser-Aquaristikhandels und -hobbys sowie über die Schutzwürdigkeit von Korallenriffen und anderen marinen Ökosystemen
- der Bereitstellung präziser Daten zu Fang und Pflege von Meerestieren
- der Förderung von verantwortungsbewusstem Wirtschaften in der Industrie und im Hobbybereich durch Aufklärung und Schulungen

Auf lange Sicht soll sich der MAC zu einem weitestgehend selbst finanzierten System entwickeln, das auf gesteigerten Gewinnen für zertifizierte Aquarientiere, der Bereitschaft der Industrie, für die Zertifizierung zu bezahlen, und auf der Bereitschaft der Aquarianer beruht, für Tiere von nachgewiesener Qualität, die robuster und langlebiger sind, höhere Preise zu entrichten.

MAC-Fortschritte

Das MAC ist seit langem voll etabliert und als die führende Organisation zur Koordinierung von Bemühungen um die Nachhaltigkeit im internationalen Handel mit Meerwasser-Aquarientieren anerkannt. Das MAC hat große Fortschritte bei der Schaffung eines globalen Netzwerkes, der Steigerung des öffentlichen Bewusstseins für die Notwendigkeit einer Zertifizierung und der Einführung eines Zertifizierungssystems zu verbuchen.

Das MAC ist eine internationale Organisation, die überall dort zu arbeiten versucht, wo es nennenswerte Zahlen von Aquarianern gibt. Beispielsweise bemüht sich das Council sehr, mit europäischen Aquarianern, der Industrie, Umweltschützern, öffentlichen Aquarien und Regierungen zusammenzuarbeiten. Von Anfang an gehören europäische Vertreter dem Gremium an, und es wurde mit vielen europäischen Firmen, Aquaristik-Organisationen und Haustiermessen in Europa zusammengearbeitet. Auch hat das MAC regelmäßig Kontakt mit den entscheidenden internationalen Organisationen, die in Europa ansässig sind, wie z. B. mit der EU, der „European Union of Aquarium Curators“ (EUAC), dem WWF, dem CITES-Sekretariat, der Welthandelsorganisation (WTO) und der Ernährungs- und Landwirtschaftsorganisation der Vereinten Nationen (FAO).

Das Zertifizierungssystem

Die Entwicklung von Standards und die Einführung des Zertifizierungssystems waren die Hauptziele des MAC. Ein Entwurf der Standards wurde 1999 entwickelt und ▸

MAC-Zertifizierungszeremonie für die Fänger der Gruppe „Nagkahiusang Pundok sa mga Manimilyahay sa Malungtarong Panginabuhian“ (NAPUMAMAPA) in Inabanga, Bohol, Philippinen. Die neu zertifizierten Fänger sind in der vorderen Reihe zu sehen, der Bürgermeister und die Mitglieder des Stadtrats stehen stolz im Hintergrund. Foto: MAC

auf der „Marine Ornamentals '99 Conference" (Hawaii, November 1999) diskutiert. Aufgrund der Erfahrungen der letzten Jahre wurden die Standards überarbeitet und praktikabler gemacht. Der Fokus richtet sich nur mehr und mehr darauf, ein zuverlässiges Angebot von zertifizierten Organismen für den weltweiten Handel zu bekommen. Ein aktueller Überblick findet sich auf der MAC-Webiste www.aquariumcouncil.org.

Wir hoffen, dass zertifizierte und gekennzeichnete Meerestiere so bald wie möglich auch in einem Geschäft in Ihrer Nähe verfügbar sind. Halten Sie danach Ausschau und fragen Sie danach! Denn der Markt wird auf Ihre Nachfrage reagieren – und je größer Ihre Nachfrage ist, desto schneller kann das MAC dem Bedarf nachkommen.

Beispiele für MAC-Training auf den Philippinen: Seminar in Calutcot (oben links), Seminar in Polilio (oben rechts), praktisches Training in Fisch-Bestimmung und -auswahl in Carlagan (Mitte), und Seminarteilnehmer in Busuanga (rechts)
Fotos: MAC

Die Fänger und Sammler

Der Fang von Zierfischen kann als Voll- oder Teilzeitarbeit betrieben werden, denn er erfordert in der Regel keine großen Investitionen, weder in Material noch in Logistik. Dennoch arbeiten die meisten Sammler von Rifforganismen von Booten aus. Oft teilen sich mehrere Fänger als Sammeltrupp ein Boot, um das teure Hilfsmittel optimal ausnutzen zu können.

Als Sri Lanka Weihnachten 2004 von dem verheerenden Tsunami heimgesucht wurde, wurden viele Gemeinschaften von Fischfängern schwer getroffen, weil sie sowohl ihre Gerätschaften an Land als auch ihre Fangausrüstung und Boote verloren. Als die Mitglieder der Handelsorganisation „Ornamental Fish International" (OFI – www.ofish.org) Mittel zur Verfügung stellten, um für die Sammler, die es am schlimmsten getroffen hatte, neue Boote zu kaufen, stellte sich heraus, dass ein einziges Boot den Lebensunterhalt von zwölf Tauchern und deren Familien sichert. OFI gelang es, insgesamt 16 Boote zu finanzieren und zu spenden.

Zwar können die Fänger die Großhändler und Exporteure direkt beliefern, jedoch ist es aufgrund der großen Entfernungen und des aufwändigen Transports üblich, dass Zwischenhändler oder Mittelsmänner die Tiere von verschiedenen Fängern sammeln, um sie an die Exporteure weiterzuverkaufen.

Nach dem dramatischen Tsunami, der mehrere Länder an den Küsten des Indischen Ozeans am 26. Dezember 2004 traf, unternahm der internationale Aquaristikhandel enorme Anstrengungen, um Fängern zu helfen, die besonders schwer betroffen waren. Im Sommer 2005 spendete die Handelsvereinigung Ornamental Fish International (OFI) den Fängern von Sri Lanka, die alles verloren hatten, 16 neue Fischerboote. Die Spenden für die Fischerboote kamen allesamt von OFI-Mitgliedern. Die Fotos stammen von einer Zeremonie in Dehiwala, südlich von Colombo, vom 6. Juni 2005, in der OFI-Präsident Svein A. Fosså und Vizepräsidentin Pauline Teo die ersten beiden Fischerboote übergaben.
Foto oben: S. A. Fosså
2 Fotos unten: OFI/A. Ploeg

Vermehrung in Menschenhand

Auch wenn es gute Gründe dafür gibt, Rifforganismen der Natur zu entnehmen – nicht zuletzt unter Berücksichtigung der Sozioökonomie und des Naturschutzes –, stammt ein immer größer werdender Anteil von Meerwasser-Aquarientieren aus Zuchten. Dies bringt natürlich Vorteile hinsichtlich der Qualität mit sich.

Ein Züchter, der etwa Korallen oder Riesenmuscheln vermehrt, kann Linien selektieren, die sowohl unempfindlich als auch dekorativ sind – und nicht zuletzt solche, die ihre Farben auch im Aquarium dauerhaft behalten. Außerdem wird die Zucht einen Bestand von Fischen und Wirbellosen hervorbringen, der mehr oder weniger domestiziert ist. Denn Fische, die über mehrere Generationen in Menschenhand aufgezogen wurden, sind in der Regel viel besser an das Leben im Aquarium angepasst als Wildfänge.

Ein Nebeneffekt, den der Aquarianer mögen oder missbilligen kann, wäre die Möglichkeit, durch selektive Zucht eine Vielzahl neuer Varianten und Rassen bekannter Aquarienfische zu erhalten. Aus dem Bereich der Süßwasseraquaristk sind die von Menschenhand geschaffenen Varianten mit beeindruckenden Farben sowie interessanten Körper- und Flossenformen nur zu gut bekannt.

Korallenzucht Wendel, eine Korallenfarm an der Deutschen Weinstraße, liegt weit entfernt von natürlichen Korallenriffen. Dennoch werden hier exzellente Korallen in den Farben und Formen produziert, wie sie auf dem Markt begehrt sind.
Fotos: Bioquatic Photo

Durch die Option, das Tier mit dem besten Marktpotenzial für die weitere Zucht auszuwählen, würden alle Züchter nach Neuheiten suchen. Im Aquarium aufgezogene Albinovarianten verschiedener Korallenfische (hauptsächlich von Anemonenfischen, *Amphiprion* spp., und Zwergbarschen, *Pseudochromis* spp.; aber wer möchte schon einen farblosen Korallenfisch? Dennoch gibt es hierfür offensichtlich einen Markt.) und verschiedene Hybriden sind bereits bekannt. Es ist wohl nur eine Frage der Zeit, bis es die ersten Schleierschwanz-Varianten von Korallenfischen gibt, wie es bei vielen Süßwasserarten längst der Fall ist.

Ein Nebeneffekt der Nachzucht in Menschenhand ist die Möglichkeit, neue Farbvarietäten von Fischen zu züchten. Das Bild zeigt eine Zuchtform von *Amphiprion ocellaris*, die von einigen Züchtern in den USA produziert und vermarktet wird. Das Tropical Marine Centre (TMC) in UK bietet unter dem Namen „Snowflake Clownfish" („Schneeflocken-Clownfisch") Tiere in ähnlicher Färbung an.
Foto: D. Knop

In der festen Überzeugung, dass die natürlichen Riffe genug Vielfalt bieten, um den Wunsch nach Neuem bei jedem Aquarianer befriedigen zu können, halten wir persönlich nicht viel von dieser Tendenz. Aber abgesehen von unserer eigenen, konservativen und naturverbundenen Einstellung, den Status quo erhalten zu wollen, gibt es wenig gute Argumente gegen eine solche Entwicklung. Die Riffaquaristik wird höchstwahrscheinlich denselben Weg einschlagen wie die Zucht nahezu aller anderen Tiere und Pflanzen, die die Menschheit domestiziert hat.

Die meisten Farmen für marine Aquarienfische sowie einige Korallenzuchtanlagen befinden sich bislang in den Verbraucherländern. Das ist natürlich durch kurze Transportwege und einfache Logistik gut für die Wirtschaft dieser Länder, aber so wird auch dem Ursprungsland der jeweiligen Organismen eine dringend benötigte Einkommensquelle entzogen. Gerne würden wir es sehen, wenn idealerweise die zunehmende Vermehrung von Meerwasser-Aquarientieren in Menschenhand in den tropischen Herkunftsländern dieser Tiere selbst stattfinden würde. Aber sogar dann würde sich der Gewinn auf viel weniger Menschen verteilen – weil sich der Handel von einer „Jäger und Sammler"-Gesellschaft auf ein agrarwirtschaftliches Niveau verschöbe.

Das Exportgeschäft

Struktur und Ausmaß des Exportgeschäfts variieren zwischen den verschiedenen Ländern stark, oft sogar innerhalb eines einzelnen Landes. Einige Anbieter verbinden den Export von Wildfängen mit der Farmzucht, aber die meisten Exporteure

Großhändler und Exporteur in Singapur
Foto: S. A. Fosså

Während der 14. CITES-Konferenz in Den Haag im Juni 2007 nahmen viele der Delegierten das Angebot der European Pet Organization (EPO) wahr, um mehr über den Meerwasser-Aquaristikhandel zu lernen, und besuchten den bedeutendsten Großhändler und Exporteur der Niederlande, De Jong Marinelife b.v..
Fotos: S. A. Fosså

lassen sich von unabhängigen Lieferanten (Sammler, Züchter oder Zwischenhändler) beliefern.

Auch Firmen, die eigenständig Tiere sammeln oder züchten, sind üblicherweise darauf angewiesen, weitere Arten von anderen Lieferanten zu beziehen, um ein möglichst vielfältiges Sortiment zu haben. Häufig sitzen solche Lieferanten in anderen Ländern, so dass der Export oft die Wiederausfuhr importierter Fische bedeutet. Dies ist hauptsächlich bei europäischen oder nordamerikanischen Exporteuren, aber auch in manchen asiatischen Ländern der Fall, allen voran Singapur, das mit Sicherheit als Drehkreuz des Zierfischhandels verstanden werden kann.

Handelsbeschränkungen

Das Geschäft mit Import und Export lebender Aquarientiere wird durch mehrere Gesetze geregelt (Ploeg 2007b). Während der letzten Jahrzehnte kamen immer mehr nationale und internationale Bestimmungen hinzu, die sich mit dem Arten- und Tierschutz, der Tiergesundheit und dem Recht, ein Geschäft in der Aquaristikindustrie zu führen, befassen. Die meisten dieser Regeln sind für den Hobbyisten, der nicht selbst Tiere über Landesgrenzen transportieren möchte, kaum von Bedeutung. Dennoch ist es wichtig zu wissen, dass es diese Handelsbeschränkungen gibt, mag man sie für sinnvoll halten oder nicht.

Die für Hobbyaquarianer wichtigste Handelsrichtlinie ist CITES, die „Convention on International Trade in Endangered Species of Wild Fauna and Flora". Dieses internationale Abkommen regelt den Handel u. a. mit verschiedenen Rifftieren – allen voran sämtliche Steinkorallen, Riesenmuscheln und Seepferdchen (voraussichtlich werden in Zukunft noch viele andere folgen) – und wird daher auf den nächsten Seiten näher behandelt (Themenseite CITES).

Sowohl professionelle Händler als auch Hobbyaquarianer sollten berücksichtigen, dass wir mit lebenden Tieren umgehen und daher sehr anfällig für Kritik sind – die manchmal durchaus berechtigt ist! Wie bei allen heiklen Themen finden extreme Maßlosigkeiten in Zeitungen auf der ganzen Welt große Beachtung. Nur durch genaues Einhalten der international anerkannten Standards, die in nationalen und internationalen Gesetzen begründet sind, kann der Handel seine Professionalität demonstrieren.

Plenarsitzung der 14. CITES-Konferenz im Juni 2007 in Den Haag, Niederlande
Foto: S. A. Fosså

CITES

Die CITES-Konvention („Convention on International Trade in Endangered Species of Wild Fauna and Flora") ist ein internationales Abkommen zwischen Regierungen. Es zielt darauf ab, den Handel mit Exemplaren wild lebender, gefährdeter Tiere und Pflanzen sowie mit Produkten aus denselben so zu regulieren, dass nicht das Überleben der jeweiligen Arten gefährdet wird.

Die CITES-Konvention wurde als Ergebnis einer Versammlung von Mitgliedern der IUCN („The World Conservation Union") formuliert. Der Text des Abkommens wurde am 3. März 1973 auf einer Versammlung von Vertretern aus 80 Ländern in Washington DC, USA, vollendet und ratifiziert. Daher wird die CITES-Konvention manchmal auch als Washingtoner Artenschutzabkommen bezeichnet.

Teilnehmer des internationalen CITES-Abkommens können Staaten (Länder) auf freiwilliger Basis werden. Staaten, die sich dem Abkommen verpflichtet haben (CITES beigetreten sind), werden zum „Teilnehmer". Oktober 2008 hatte das Abkommen 175 Teilnehmerstaaten.

Auch wenn die CITES-Konvention für die Teilnehmer rechtlich bindend ist – mit anderen Worten, sie sind verpflichtet, das Abkommen zu erfüllen –, tritt sie nicht an die Stelle nationalen Rechts. Stattdessen bietet sie ein Rahmenwerk, das durch die Teilnehmer über eigene Gesetze auf nationaler Ebene umgesetzt wird.

Wie CITES funktioniert

CITES unterwirft den Handel mit Tieren ausgewählter Arten bestimmten Kontrollen. Alle Importe, Exporte und Wiederausfuhren von Arten, die in bestimmten CITES-Anhängen gelistet sind, müssen durch ein Lizensierungssystem gestattet werden. Jeder Teilnehmer des Abkommens muss eine oder mehrere Verwaltungsinstanzen benennen, die die Einhaltung des Lizensierungssystems kontrollieren, sowie einen oder mehrere wissenschaftliche Sachverständige, die die Verwaltungsinstanzen über die Auswirkungen des Handels und den Status der Arten unterrichten.

Die Arten, die durch das CITES-Abkommen geschützt sind, werden in drei sog. Anhängen verzeichnet, je nachdem, welchen Grad des Schutzes sie benötigen.

Die Anhänge I und II

Anhang I umfasst Arten, die vom Aussterben bedroht sind. Der Handel mit diesen Arten ist nur in Ausnahmefällen gestattet.

Seepferdchen, *Hippocampus* sp.
Foto: Bioquatic Photo

Der Anhang II listet Arten, die nicht direkt vom Aussterben bedroht sind, deren Handel aber kontrolliert werden muss, um eine Form der Nutzung zu verhindern, die mit ihrem Überleben nicht zu vereinbaren wäre.

Die „Conference of the Parties“ (CoP) ist das oberste entscheidungstragende Organ der Konvention, das alle Mitgliedsstaaten umfasst. Sie hat einige biologische und wirtschaftliche Kriterien festgelegt, anhand derer leichter festgelegt werden kann, ob eine Art in Anhang I oder II aufgeführt werden soll. Bei jeder regulären Tagung der CoP stellen die Mitglieder Anträge, um die beiden Anhänge zu modifizieren. Diese Vorschläge werden diskutiert und anschließend zur Abstimmung gebracht.

Bei der CoP nehmen nicht nur Unterzeichnerstaaten an der Diskussion teil, sondern sie dient auch als Plattform für nicht staatliche Organisationen wie Umweltschutz-, Tierschutz- und Handelsorganisationen. Letztere wurden in den vergangenen Jahren von „Ornamental Fish International“, „European Pet Organisation“, „Ornamental Aquatic Trade Association - UK“, und „Pet Industry Joint Advisory Council - USA" vertreten.

Tabelle 2.7

Tropische Meerwasserarten, die im Aquarienhandel für Hobbyaquarianer vorkommen und zurzeit (August 2009) im CITES-Anhang II aufgeführt sind.
alle Seepferdchen, *Hippocampus* spp. 1
Napoleon-Lippfisch, *Cheilinus undulatus* 2
alle Riesenmuscheln, Familie Tridacnidae 3
Königin-Schnecke, *Strombus gigas*
Blaue Koralle, *Heliopora coerulea* 4 + 5
alle Orgelkorallen, Familie Tubiporidae
alle schwarzen Korallen, Ordnung Anthipatharia
alle Steinkorallen, Ordnung Scleractinia 6
alle Feuerkorallen, Familie Milleporidae 7
alle Filigrankorallen, Familie Stylasteridae 8

Zurzeit (März 2010) sind keine für den Aquaristikhandel relevanten marinen Arten in Anhang I aufgeführt, mehrere (siehe Tabelle 2.7, links) jedoch in Anhang II.

Anhang III

Dieser Anhang enthält Arten, die in mindestens einem Land, das andere CITES-Teilnehmer um Unterstützung bei der Kontrolle des Handels gebeten hat, geschützt ist.

Änderungen in Anhang III folgen einer anderen Prozedur als Änderungen in Anhang I und II, da hier jeder Teilnehmer einseitige Modifizierungen vornehmen kann. Derzeit (März 2010) sind keine für den Aquarienhandel relevanten marinen Arten in Anhang III aufgeführt.

Handelsbestimmungen

Ein Tier einer CITES-geschützten Art darf von einem Teilnehmerstaat nur importiert, exportiert oder wiederausgeführt werden, wenn das entsprechende Ausnahme-Dokument vorliegt und am Einfuhr- oder Ausfuhrhafen/-flughafen vorgezeigt wird. Die Bestimmungen weichen von Land zu Land leicht ab, weshalb es notwendig ist, sich über die Regelungen im jeweiligen Land zu informieren, da sie strenger sein könnten. Aber die Grundbedingungen, die für die Anhänge I und II gelten, sind unten aufgeführt.

2 Napoleon-Lippfisch, *Cheilinus undulatus*
Foto: Bioquatic Photo

Tiere aus Anhang I

Erforderlich ist eine Importerlaubnis der Verwaltungsinstanz des Importlandes. Diese wird nur ausgestellt, wenn das Tier nicht in erster Linie für kommerzielle Zwecke bestimmt ist und wenn die angestrebte Nutzung nicht nachteilig für das Überleben der Art ist. Im Falle lebender Tiere oder Pflanzen müssen die wissenschaftlichen Sachverständigen davon überzeugt werden, dass der Empfänger über die geeignete Ausrüstung verfügt, das Tier artgerecht unterzubringen und zu versorgen.

Eine Exportgenehmigung oder eine Wiederausfuhrgenehmigung, ausgestellt von den Verwaltungsinstanzen des jeweiligen Staates, ist ebenfalls erforderlich. Eine Exporterlaubnis wird nur ausgestellt, wenn das Tier legal beschafft wurde, der Export nicht dem Überleben der Art schadet und bereits eine Importerlaubnis vorliegt. Eine Wiederausfuhr-Bescheinigung wird nur ausgestellt, wenn das Tier gemäß den Bestimmungen der Konvention eingeführt wurde oder, im Falle lebender Tiere und Pflanzen, wenn eine Importerlaubnis besteht.

Riesenmuschel der Familie Tridacnidae
Foto: Bioquatic Photo

Bei lebenden Tieren und Pflanzen muss sichergestellt sein, dass das Risiko von Verletzungen, Gesundheitsschäden oder tierschutzwidriger Behandlung minimal ist.

Arten aus Anhang II

Eine Exporterlaubnis oder eine Wiederausfuhrgenehmigung der Verwaltung des Exportlandes sind erforderlich. Eine Exporterlaubnis darf nur ausgestellt werden, wenn das Tier auf legalem Wege beschafft wurde und wenn der Export nicht dem Überleben der Art schadet. Eine Wiederausfuhrgenehmigung darf nur ausgestellt werden, wenn das Tier gemäß den Bestimmungen der Konvention importiert wurde. Bei lebenden Tieren und Pflanzen muss sichergestellt sein, dass das Risiko von Verletzungen, Gesundheitsschäden oder tierschutzwidriger Behandlung minimal ist. Eine Importerlaubnis wird nicht benötigt, außer wenn sie aufgrund nationalen Rechts erforderlich ist.

4

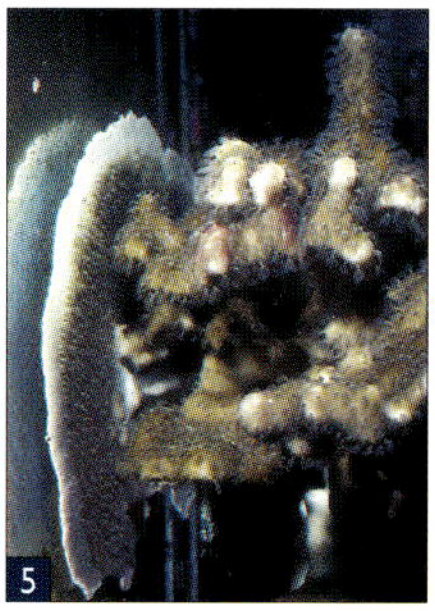
5

Die Blaue Koralle, *Heliopora coerulea*, in einer flachen Lagune der Malediven und in einem Aquarium (oben rechts), wo sie sich an der Glasscheibe ausbreitet.
Fotos: Bioquatic Photo

6

Bild links: *Seriatopora hystrix* (links), *Seriatopora caliendrum* (Mitte) und *Acropora* sp. (im Vordergrund) wachsen in diesem Aquarium so gut, dass sie schon die Wasseroberfläche erreicht haben.
Foto: Bioquatic Photo

Details zum Thema CITES sowie Listen betroffener Arten finden Sie unter www.cites.org.

CITES in der Europäischen Union

Gemäß der CITES-Konvention können Länder strengere Bestimmungen festlegen. Die Europäische Union hat beschlossen, die CITES-Regeln durch die Anwendung der Richtlinie 338/97/EC zu ergänzen. Diese Richtlinie gilt für alle Länder der Europäischen Union und geht weit über die eigentliche CITES-Konvention hinaus.

Die folgende Darstellung der EU-Gesetzgebung basiert weitestgehend auf einem Überblick der Organisation „Ornamental Fish International" (Ploeg 2007b).

7

8

Bild links: Feuerkoralle, *Millepora* sp., Großes Barriereriff, Australien
Foto: Bioquatic Photo

Bild rechts: Filigrankoralle, *Stylaster* sp., von Indonesien. Diese Hydrokorallen sind mit dem heutigen Stand der Technik nur sehr schwer in Aquarien zu pflegen.
Foto: Bioquatic Photo

Die wichtigsten Unterschiede

Die EU-CITES-Regelung kennt vier Anhänge:

Anhang A:

(a) die Arten aus Anhang I der Konvention, für die die Mitgliedsstaaten noch keine Einschränkung festgelegt haben

(b) alle Arten,

(i) die aktuell oder eventuell für eine Nutzung in der Gemeinschaft gefragt sind und die entweder vom Aussterben bedroht oder so selten sind, dass jedwede Form des Handels das Überleben der Art gefährden würde;

(ii) einer Gattung, deren meiste Arten, oder eine Art, deren Unterarten im Anhang A gemäß den Kriterien der Unterparagraphen (a) oder (b)(i) aufgeführt sind und deren Verzeichnung in diesem Anhang essenziell für den effektiven Schutz dieser Taxa ist.

Anhang B:

(a) andere Arten aus Anhang II der Konvention als aus Anhang A, für die die Mitgliedsstaaten noch keine Einschränkung festgelegt haben;

(b) die Arten aus Anhang I der Konvention, für die es eine Einschränkung gibt;

(c) alle anderen Arten, die nicht in Anhang I oder II der Konvention aufgeführt sind;

(i) alles, was internationalen Handelsrichtlinien unterliegt und vielleicht nicht zu vereinbaren ist mit:

- dem Überleben der Art oder mit dem Überleben der Population in bestimmten Ländern
- mit der Erhaltung der Gesamtpopulation auf einem Niveau, das mit der Rolle der Art in ihrem Ökosystem zu vereinbaren ist;

(ii) Arten, die wegen ihrer äußerlichen Ähnlichkeit mit anderen Arten, die in Anhang A oder B aufgeführt sind, in den Anhang aufgenommen wurden, um die Effektivität der Kontrollen im Handel mit Exemplaren dieser Arten sicherzustellen;

(iii) Arten, bei denen sich herausgestellt hat, dass die Einführung lebender Exemplare in den natürlichen Lebensraum in der Gemeinschaft eine ökologische Bedrohung für die wilden Arten der Fauna und Flora darstellen könnte, die in der Gemeinschaft heimisch sind.

Anhang C

(a) die Arten aus Ahnhang III der Konvention, die nicht in Anhang A und B aufgeführt sind und für die keiner der Mitgliedsstaaten Einschränkungen festgelegt hat;

(b) die Arten aus Anhang II der Konvention, für die es eine Einschränkung gibt.

Anhang D

(a) Arten, die nicht in den Anhängen A bis C aufgeführt sind und die in solchen Anzahlen in die Gemeinschaft eingeführt werden, dass eine Überwachung erforderlich ist;

(b) die Arten, die in Anhang III der Konvention aufgeführt sind und für die Einschränkungen festgelegt wurden.

Verfahren

Auch die Verfahren für den Import in die EU unterscheiden sich von denen anderer Länder der Welt. Eine Einfuhrgenehmigung ist natürlich für jeden Import in die EU notwendig. Mit der Exportgenehmigung beantragt der Importeur eine Einfuhrgenehmigung bei der nationalen CITES-Verwaltungsbehörde. Die EU hat zwei Ebenen wissenschaftlicher Gremien eingeführt, das nationale wissenschaftliche Komitee und die „Scientific Review Group" (SRG), die aus Vertretern des nationalen wissenschaftlichen Komitees zusammengesetzt ist. Sie entscheiden über Vorschläge für die Anhänge, lehnen aber auch Importe bestimmter Arten aus bestimmten Regionen durch sog. „negative opinions" ab. Alle paar Jahre werden die Negativentscheidungen in einer Richtlinie veröffentlicht. Arten, für die eine Negativentscheidung getroffen wurde, dürfen nicht importiert werden. Alle aktuellen Arteninformationen sowie Informationen zur Rechtslage und alle Negativentscheidungen finden sich auf: http://sea.unep-wcmc.org/eu/Taxonomy/index.cfm. Wird ein Antrag auf eine Einfuhrgenehmigung gestellt, überprüft die nationale Verwaltungsbehörde diesen anhand der Anhänge und der Negativentscheidungen. Falls es notwendig erscheint, wird der Antrag an das nationale wissenschaftliche Komitee weitergeleitet, das überprüft, ob der Import der Art ihr Überleben nicht gefährdet und ob alle anderen Kriterien erfüllt werden. Das nationale wissenschaftliche Komitee kann eine Einfuhrgenehmigung ablehnen.

Pflichten des Hobbyaquarianers

So umsichtig auch Fang, Transport und Handel von Tieren durchgeführt werden, liegt die endgültige Verantwortung beim Aquarianer. Wenn Sie als Meerwasseraquarianer dieser Verantwortung nicht Rechnung tragen, verkommt die Aquaristik nur allzu leicht zu einem reinen Verbrauch marinen Lebens – etwas, was wir für unser Hobby ganz bestimmt nicht wollen. Ein Meerwasseraquarium zu pflegen, hat nichts mit Glück oder Zauberei zu tun! Der Erfolg beruht auf Wissen, Umsicht und der Bereitschaft, Ratschläge anzunehmen – ob schriftliche oder mündliche.

Ein guter Aquarianer zu sein, ist nicht nur eine Frage, ob man mit der Technik vertraut ist. Es kommt auch darauf an, ob man die individuellen Bedürfnisse der Tiere kennt und ihnen nachkommt, ob man sich für die Herkunft der Tiere interessiert, die man kauft, und ob man jede Mühe auf sich nimmt, um ihnen ein langes und artgerechtes Leben zu ermöglichen.

Wir schreiben die vorliegende umfassende Buchserie, um Ihnen einen bestmöglichen Hintergrund zu diesem Thema zu geben. Die technischen Aspekte sind in diesem Band abgedeckt, aber da die biologischen Aspekte der Aquarienpflege hauptsächlich in den folgenden Bänden geschildert werden, wollen wir an dieser Stelle einen kurzen Überblick über die wichtigsten Grundlagen geben.

Fressgewohnheiten

Auch wenn sich manche Tiere von totem organischen Material wie Aas und Detritus ernähren, fressen die meisten Tiere andere lebende Organismen – angefangen bei Bakterien und Algen über winzige Wirbellose und Fischbrut bis hin zu großen Tieren. Manchmal kann die Beute sogar wesentlich größer sein als der Räuber selbst. Wenn sich ein Tier natürlicherweise von anderen Organismen ernährt, die Sie in Ihrem Aquarium halten wollen, haben Sie ein potenzielles Problem, es sei denn, der Beuteorganismus kann sich selbst schützen oder vermehrt sich so schnell, dass er auch mit einem gewissen Maß an Raub überleben kann. Wollen Sie Makroalgen in ihrem Aquarium halten, wird es problematisch, viele Herbivore zu pflegen.

Viele der farbenfrohen und spektakulären Schmetterlingsfische der Gattung *Chaetodon* sind nach unserem heutigen Wissensstand über ihre Ernährungsgewohnheiten praktisch nicht im Aquarium zu pflegen. Bevor man Fische kauft, sollte man immer zuerst geeignete Literatur studieren, um zu wissen, welche Arten aquariengeeignet sind. So wird *Chaetodon ephippium* (oben) die meisten Futtersorten im Aquarium akzeptieren, wohingegen *C. capistratus* (unten), der sich in der Natur hauptsächlich von Zoanthiden, Gorgonien, Tunicaten und Würmchen ernährt, nur sehr schwer Ersatzfutter annehmen wird.
Bild oben: Bioquatic Photo
Bild unten: S. A. Fosså

Wollen sie gerne die Mikrofauna wie Copepoden, Isopoden und Würmer beobachten, müssen Sie auf viele Fische, die darauf spezialisiert sind, genau diese zu fressen, verzichten. Und natürlich kommen die meisten der wundervollen Falterfische (*Chaetodon* spp.) aufgrund ihrer Nahrungsspezialierung für ein Korallenriff-Aquarium nicht in Frage (zumal viele Exemplare oft keine Ersatznahrung annehmen).

Der Orangetüpfel-Feilenfisch, *Oxymonacanthus longirostris*, ist eine kleine Schönheit, die viele Aquarianer dazu verleitet, sie zu kaufen. Man sollte aber wissen, dass dieser Feilenfisch ein Nahrungsspezialist ist, der sich ausschließlich von den Polypen kleinpolypiger Steinkorallen ernährt.
Foto: Bioquatic Photo

Es gibt viele Fische, deren Vergesellschaftung mit anderen Tieren in einem Aquarium wohl überlegt sein will. Die meisten Aquarianer begreifen schnell, dass es unter den Fischen viele Räuber gibt, die entweder andere, kleinere Fische oder aber Wirbellose fressen. In einigen Fällen, z. B. bei großen Muränen oder Skorpionsfischen, ist es ganz offensichtlich, dass sie mit vielen anderen Tieren, die potenzielle Beutetiere sind, nicht gemeinsam gehalten werden können. Geht es aber um kleine, zierliche Fische mit winzigen Mäulern, erwartet man kaum, dass diese die Polypen unserer kostbaren Korallen fressen (z. B. der Orangetüpfel-Feilenfisch, *Oxymonacanthus longirostris*) oder Schuppen und Hautfetzen von größeren Fischen des Aquariums picken könnten (z .B. der Blaustreifen Säbelzahn-Schleimfisch, *Plagiotremus rhinorhynchus*). Um teuren und unnötigen Fehlern vorzubeugen, ist es unbedingt notwendig, sich über die Fressgewohnheiten eines Tieres zu informieren, bevor man es in sein Aquarium setzt. Es kann sehr schwer sein, ein Tier wieder aus einem eingerichteten Riffbecken zu entfernen, und ein Räuber kann sehr viel Schaden anrichten, bis man ihn erwischt.

Manchmal sind Fehler unvermeidbar, denn es kommt durchaus vor, dass sich altbekannte Wahrheiten als falsch herausstellen. Tiere, die von vielen Aquarianern gehalten werden, ohne dass sie Schwierigkeiten verursachen würden, können gegebenenfalls in anderen Aquarien zum Problem werden. Als sehr gutes Beispiel dient der Mimikry-Wippschwimmer, *Ecsenius gravieri*, den wir in ein Riffaquarium mit etlichen *Acropora* Kolonien setzten. Auch wenn diese Art, wie die meisten ihrer nahen Verwandten, als eindeutig herbivor gilt und auf das Abschaben von Mikroalgen vom Substrat spezialisiert ist, fing dieses Exemplar in unserem Aquarium sofort an, das Gewebe der *Acropora*-Korallen zu fressen. Es nagte schlicht und einfach das Gewebe vom Korallenskelett, so dass der Schaden ganz offensichtlich war. Es ist nicht sicher, ob dieses Verhalten aus dem Bestreben resultierte, die Zooxanthellen innerhalb des Korallengewebes zu fressen, oder ob es das Gewebe der Korallen selbst war, das als Nahrungsquelle angesehen wurde. Später erfuhren wir in Diskussionen mit Riffforschern, dass einige Arten der Gattung *Ecsenius* auch in der Natur beim Fressen verschiedener Korallenarten beobachtet wurden. Bislang kennen die meisten Aquarianer diese Fische jedoch nur als ausgezeichnete und friedliche Algenabweider!

Obwohl der Mimikry-Wippschwimmer, *Ecsenius gravieri*, normalerweise als ein unbedenklicher Fisch für ein Riffaquarium bezeichnet wird, können sich einzelne Individuen in *Acropora*-Korallenfresser verwandeln. Foto: Bioquatic Photo

Ebenso verwirrende Fälle sind auch von anderen Fischen bekannt. Viele Aquarianer kennen den schönen Blaugelben Zwergkaiserfisch, *Centropyge bicolor*, als problemlosen Fischpartner für Korallen und andere Wirbellose, weil er hauptsächlich Algen und die winzigen Wirbellosen frisst, die sich zwischen diesen befinden. Manchmal hat sich dieselbe Art jedoch als echter Quälgeist herausgestellt, der sowohl Stein- und Weichkorallen als auch Muscheln und andere sessile Wirbellose anknabbert. Wir haben einen Fall erlebt, bei dem ein Exemplar des Blaugelben Zwergkaiserfischs nahezu den ganzen Korallenbestand eines Aquariums vernichtete. Was einst ein blühendes Aquarium war, wurde durch einen einzigen Fisch zum Korallenfriedhof. Genau dasselbe kann auch mit dem Flammen-Zergkaiserfisch, *Centropyge loriculus*, passieren: In manchen Aquarien hat diese Art die meisten Korallen innerhalb weniger Tage zerstört, während sie in anderen Becken jahrelang lebt, ohne irgendetwas zu schädigen – wie ein echter Engel!

Centropyge bicolor ist ein weiteres Beispiel für einen Fisch, der normalerweise Korallen nicht anfrisst. Manchmal können einzelne Individuen aber den gesamten Korallenbesatz ruinieren. Es ist nach wie vor unklar, warum dies geschieht.
Foto: Bioquatic Photo

Die Frage ist, ob das Korallenfressen bei diesen Fischen durch Faktoren innerhalb des Aquariums ausgelöst wird, oder ob es sich um eine Gewohnheit handelt, der sie auch in der Natur nachkommen. Wahrscheinlich ist Letzteres der Fall, und geografisch getrennte Populationen einer Art scheinen unterschiedliche Fressgewohnheiten zu entwickeln. Beim Falterfisch *Chaetodon kleinii,* der oft zur Bekämpfung von Glasrosen (*Aiptasia* spp.) in Riffaquarien eingesetzt wird, zeigen Naturstudien, dass sich Exemplare in Hawaii hauptsächlich von winzigen Krustentieren und Zooplankton ernähren, während ihre Artgenossen in Mikronesien Polypen von *Sarcophyton*- und *Litophyton*-Weichkorallen fressen. Die Herkunft der Tiere kann folglich von großer Bedeutung für ihre Aquarieneignung sein.

Bedauerlicherweise sind veröffentlichte Informationen über die natürlichen Fressgewohnheiten der meisten Korallenfische sehr begrenzt oder sogar nicht existent. Es wäre für das Wissen über die Aquarienhaltung solcher Arten sehr nützlich, wenn der Handel besser über die Herkunft der angebotenen Arten informieren würde. Auch sollten Aquarianer über das Fressverhalten ihrer Tiere Aufzeichnungen führen und veröffentlichen, um daraus Empfehlungen ableiten zu können.

Aber nicht nur Fische können aggressives, räuberisches Verhalten zeigen. Erfahrene Aquarianer werden sich mit dem gleichen Problem auch bei Krebstieren auskennen, besonders bei bestimmten korallenfressenden Krabbenarten, die gelegentlich mit Lebendgestein eingeführt werden, aber auch bei Arten, die gezielt verkauft werden, wie z. B. einige große Einsiedlerkrebse. Informieren Sie sich immer so viel wie möglich über eine Art (Bücher, Internet, Diskussionen mit anderen Aquarianern und Aquaristikfachgeschäfte), bevor Sie ein Tier für Ihr Aquarium kaufen.

Aggressives Verteidigungs- und Fressverhalten

Ein Tier muss kein Räuber sein, um seine Aquariengenossen zu verletzen. Oft sind Mechanismen, die Tiere zu ihrem eigenen Schutz entwickelt haben, der begrenzende Faktor, wenn man geeignete Arten zur Vergesellschaftung sucht.

Bei vielen Fischen ist der Instinkt, ihr Revier gegen Eindringlinge zu verteidigen, sehr stark ausgeprägt. Dies ist z. B. typisch für viele Zwergbarsche und Korallenwächter. Häufig ist die Aggression gegen Exemplare der eigenen Art besonders stark, aber auch gegen andere Tiere, die als Konkurrenten aufgefasst werden, weil sie sich ähnlich verhalten oder dieselbe Nahrungsquelle nutzen. Gestaltet man das Aquarium so, dass mehrere Reviere gebildet werden können (durch räumliche und visuelle Barrieren), kann es leichter sein, aggressive Arten mit potenziellen Gejagten zusammen zu halten

Werden sehr viele Tiere über einen kürzeren Zeitraum gemeinsam gehalten (z. B. beim Umzug oder im Handel), so dass eine große Anzahl von Individuen mit wenig Platz auskommen muss, wird der Aggressionsinstinkt normalerweise unterdrückt. Man beachte aber, dass dies für die Tiere eine stressige, unnatürliche Situation darstellt, die nie für die reguläre Langzeithaltung missbraucht werden sollte!

Manche Tiere sind äußerst aggressive Fresser, die alle anderen Arten verjagen, um die Nahrungsquelle für sich alleine zu haben. Auch kann oft beobachtet werden, dass sehr aktive Tiere alles Futter, das ins Aquarium gegeben wird, wegfressen, bevor die langsameren Tiere eine Gelegenheit erhalten, an ihren Anteil zu kommen. Aggressive und schnelle Fresser sind meist nicht mit langsamen, heiklen Fressern „kompatibel", sofern nicht besondere Vorkehrungen getroffen werden.

Gifte

Jeder Aquarianer kennt die Nesselwirkung von Korallen, Anemonen und anderen Nesseltieren. In speziellen Zellen, Nematozysten oder Nesselzellen genannt, halten sie starke Gifte bereit, die jedem Tier injiziert werden, das sie berührt. Die Giftigkeit variiert stark zwischen den verschiedenen Gruppen und Arten, aber manche sind in der Lage, andere Tiere ernsthaft zu schädigen, auch verwandte Korallen oder Anemonen.

Manche Schwämme, die in den Aquaristikhandel gelangen, geben Gifte ab, wenn sie sterben. Beim Kauf eines Schwammes ist nicht immer leicht festzustellen, ob er tot oder lebendig ist. Wir fanden heraus, dass der „Harte Blaue Schwamm" (*Xestospongia* sp.) Gifte abgab, die in unserem Aquarium mehrere Weichkorallen töteten. Fische blieben jedoch verschont.

Seegurken können eine schwere Vergiftung verursachen, wenn sie im Aquarium sterben. Sie produzieren das äußerst starke Gift Holothurin, das sich hauptsächlich in den Eingeweiden der Tiere befindet. Das Gift kann freigesetzt werden, wenn das Tier verletzt wird, Stress ausgesetzt ist, stirbt oder durch die Absonderung der sog. Cuvierschen Schläuche, die bei Vertretern einiger Seegurken-Gattungen zu finden sind. Viele Aquarianer haben die Giftigkeit von Seegurken auf die harte Tour kennen gelernt, meist viel zu spät, nachdem bereits alle Fische des Aquariums an einer akuten Vergiftung gestorben waren. Zu solchen Situationen kam es oft, nachdem eine Seegurke in einer stark nesselnden Anemone oder Koralle verendete, von einem Filter eingesaugt wurde, der sie in Stücke riss, oder sich an einem ungeschützten Heizstab verbrannte. Außerdem gibt es Berichte über Vergiftungen in Verbindung mit dem Ablaichen von Seegurken.

Eine tote Seegurke muss jedoch keineswegs immer zu einer Vergiftung führen. Wir persönlich haben Erfahrungen mit Seegurken gemacht, die im Aquarium verendeten und dabei keinen Schaden anrichteten. Aber allein die Möglichkeit, dass es schief gehen kann, sollte Anlass genug sein, zweimal darüber nachzudenken, bevor man so ein Tier in ein Aquarium mit empfindlichen Fischen einsetzt.

Kofferfische der Familie Ostraciidae und Seifenbarsche der Familie Grammistidae sind ähnliche Fälle. Ihre Gifte heißen Ostracitoxin bzw. Grammistin. Das Risiko mit diesen Tiere ist ähnlich hoch wie bei Seegurken: Wenn ein Tier gestresst oder verletzt wird, kann die Freisetzung des Gifts viele der übrigen Aquarientiere schwer schädigen oder töten.

Empfindlichkeit

Angriffe von Feinden, ob sie nun von Räubern oder sich verteidigenden Tieren ausgehen, wirken sich auf verschiedene Tiere unterschiedlich aus. Die natürliche bevorzugte Beute eines Räubers wird im selben Aquarium kaum eine Überlebenschance haben – außer in dem seltenen Fall, dass die Beute die Räuber zahlenmäßig um einen hohen Faktor übersteigt (z. B. in einem riesigen Aquarium mit üppigem Korallenwachstum, mit nur wenigen Fischen, die Korallenpolypen fressen). Arten, die nicht zur bevorzugten Beute gehören, haben andere Chancen, abhängig von ihrer Fähigkeit, sich vor dem Räuber zu verstecken, ihrem Reiz für den Jäger, ihrer Ausdauer unter permanenten Angriffen und (ganz wichtig) der Menge von geeignetem Futter für den Räuber, die der Aquarianer anbietet. Mit anderen Worten, die meisten Tiere werden mehr oder weniger empfindlich auf das Einsetzen in eine Gemeinschaft aggressiver Arten reagieren. Das Problem bei der Vergesellschaftung langsamer und aggressiver Fresser (siehe oben) hängt also auch von der Empfindlichkeit einer Art ab.

Stabilität – eine Frage der Geduld

Um die empfindlichen Riffbewohner halten und vermehren zu können, benötigen wir eine solide und perfekt funktionierende Aquarieneinrichtung. Wie genau so ein System auszusehen hat, ist jedoch nicht leicht zu beschreiben, denn es hängt davon ab, welche Tiere gepflegt werden sollen und welcher technischen Philosophie man folgt. Man könnte beinahe sagen, es gibt so viele verschiedene Möglichkeiten, wie es Aquarianer gibt!

Viele Aquarianer machen mit verschiedenen Systemen ganz unterschiedliche Erfahrungen. Die Möglichkeiten reichen von sog. „Natürlichen Systemen", die ausschließlich auf biologischen Prozessen basieren, bis hin zu fast klinischen Systemen mit übertriebener Filterung und Wasserentkeimung. Unsere persönlichen Erfahrungen wie auch die Ergebnisse zahlreicher Diskussionen mit Hunderten von Aquarianern auf der ganzen Welt zeigen hingegen, dass ein biologisch basiertes System mit einem leistungsfähigen Eiweißabschäumer und mäßigem Einsatz anderer technischer Geräte in der Regel zu den besten Ergebnissen führt.

Im Großen und Ganzen ist jedoch eine ziemlich große Menge technischer Ausrüstung und Wasseraufbereitung notwendig, um ein Erfolg versprechendes Riffaquarium einzurichten. Die Beleuchtungsanlage und die Filtereinheit nehmen viel Platz in Anspruch. In Wände eingelassene Aquarien oder Möbelstücke verstecken die technische Ausrüstung vor dem Auge des Betrachters. Viele Hersteller bieten kompakte Aquarienanlagen an, bei denen alles Nötige auf sehr kleinem Raum untergebracht ist, aber für größere Aquarien sind meist Sonderanfertigungen die einzig praktikable Lösung.

Gute Meerwasseraquarien sollten als Vollglasaquarium mit Silikonfugen gebaut werden, können aber auch aus Acryl, glasfaserverstärktem Polyesterkunststoff mit einer Deckschicht aus Lack oder verschiedenen anderen Materialen (z. B. Beton oder Holz) bestehen, deren Oberfläche mit einem wasserunlöslichen, ungiftigen Epoxidlack versiegelt wird. Versuchen Sie jedoch nie, ihr Aquarium mit solchen Harzen selbst zu konstruieren, ohne die Garantie des Herstellers zu haben, dass es sich in einer Meerwasser-Umgebung beständig und nicht giftig verhält!

Meistens ist der verfügbare Platz der entscheidende Faktor für Größe und Form eines Aquariums. Prinzipiell ist ein stabiles biologisches Milieu in einem großen Behälter leichter herzustellen als in einem kleineren. Aber dennoch beginnen viele Einsteiger mit einem sehr großen Aquarium, das weit jenseits ihrer Möglichkeiten liegt. Ein Aquarium von 1.000–1.500 l oder mehr stellt den Neuling oft vor unerwartet schwierige Aufgaben, sowohl in Bezug auf den Arbeitsaufwand als auch finanziell. Der Aquarianer sollte daher bedenken, dass auch sehr kleine Aquarien (etwa 100 l oder noch sehr viel kleiner, wenn die Tiere mit Bedacht ausgesucht werden) sehr interessant sein können und nicht generell schwer zu pflegen sind, sofern der Aquarianer die Notwendigkeiten berücksichtigt, die kleine Aquarien mit sich bringen.

Ein Aquarium sollte lieber lang und tief statt hoch und schmal sein, da so bessere Möglichkeiten zur Dekoration und zur für die meisten Wirbellosen notwendigen Ausleuchtung gegeben sind. Dennoch können Sie ungewöhnliche Formen wie dreieckig oder rund wählen, wenn die Technik dazu passend ausgesucht wird.

Wir würden es begrüßen, wenn sich mehr Aquarianer neuen Herausforderungen stellten und mit neuen Methoden für die Riffaquaristik experimentieren würden. Korallenriffaquarien können so viel mehr sein als nur das übliche Gemeinschaftsaquarium, in dem gewaltige Mengen unterschiedlicher Arten von Tieren eingepfercht werden, mit wenig Möglichkeiten, ihrer Natur entsprechend zu leben.

Bevor Sie sich entschließen, wo das Aquarium aufgestellt werden soll, sollten Sie überlegen, welche Tiere gehalten werden sollen, so dass die erforderliche Technik geplant werden kann. Alle Gerätschaften sollten problemlos zugänglich sein, und es ist sehr wichtig, dass Filter und Eiweißabschäumer ohne Aufwand erreicht und gesäubert werden können, ohne dass Wasser herumspritzt. Stellen Sie sicher, dass genug Platz und guter Halt vorhanden sind, um all die notwendigen Pumpen und/oder die Verrohrung (Schläuche, Rohre) unterzubringen, die zu den genannten Geräten führen. Wir empfehlen Ihnen, einen Plan der technischen Anlage zu zeichnen, bevor Sie mit der Installation des Aquariums beginnen.

Die äquatoriale Sonne scheint auf die Koralleninsel Kuredu, Malediven.
Foto: Bioquatic Photo

Licht

Ohne Licht kein Leben! Die menschliche Zivilisation und fast das gesamte Leben auf der Erde sind von unserem etwa 150 Mio. Kilometer entfernten Nachbarstern abhängig, der Sonne. Die Sonne scheint seit ungefähr fünf Milliarden Jahren und verbraucht seitdem jede Sekunde vier Milliarden Tonnen Wasserstoff zur Herstellung von Helium. Licht und Hitze sind das Ergebnis. Irgendwann einmal – nach ein paar weiteren Milliarden Jahren – wird der Vorrat an Wasserstoff aufgezehrt sein, die Sonne wird zu einem roten Überriesen expandieren, der die Erde verschlingt, und alles wird ein Ende haben.

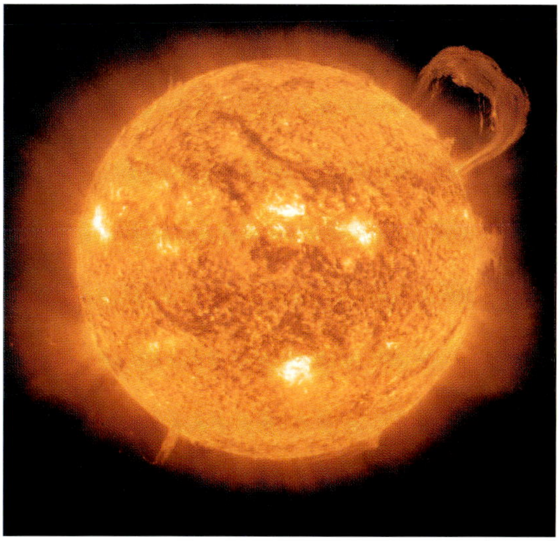

Die Sonne – unser nächster Nachbarstern ist ein enormer Energielieferant. Sie macht 98 % der Masse unseres Sonnensystems aus. Jede Sekunde werden 700 Mio. Tonnen an Wasserstoff in Helium umgewandelt. Dabei wird eine enorme Menge an reiner Energie freigesetzt. Ungefähr 174 PW (PW = Petawatt, 1PW = 10^{15} W) treffen auf die Erdatmosphäre. Davon durchdringen 89 PW die Atmosphäre und werden von der Oberfläche der Erde als Licht und Hitze absorbiert. Die Sonnenenergie erhitzt unsere Erde auf die für das Leben notwendige Temperatur und ist treibende Kraft für die lebenswichtige biochemische Reaktion, die man Fotosynthese nennt.
Foto: SOH-ESA

Das sehr farbenfrohe Korallenriff-Aquarium von Iwan Lässer, Schweiz (siehe Seite 420ff. zur Vorstellung dieses Aquariums). Die Farben und das gute Wachstum korrelieren direkt mit der Menge und der Qualität des verwendeten Lichtes.
Foto: I. Lässer

Licht ist die treibende Kraft der Fotosynthese. Wenn Sonnenlicht auf das Korallenriff trifft, wird die Lichtenergie durch Algen und andere Primärproduzenten in das Ökosystem eingeschleust. Sie wandeln die Lichtenergie in chemische Energie um, die wiederum in die komplexen Nährstoffkreisläufe des Korallenriffs eingespeist wird. Auf diesen Bildern kann man erahnen, wie intensiv das Sonnenlicht auf die Korallenriffe und Inseln der Malediven trifft.
Fotos: Bioquatic Photo

Licht hat in mehrfacher Hinsicht eine entscheidende Bedeutung. Zum einen ist es ein lebenswichtiger Faktor für biologische Prozesse, zum anderen besitzt es eine psychologisch-ästhetische Wirkung, wie z. B. bei einem Sonnenuntergang in den Tropen oder den hellen Mittsommernächten des hohen Nordens. Die biologische Wirkung des Lichtes ist dabei natürlich erstrangig. Das Sonnenlicht ist der Energielieferant der Fotosynthese und zugleich lebenserhaltende Wärmequelle. In der Tat ist es die Lage der Erde zur Sonne, die unser irdisches Leben überhaupt erst ermöglicht.

Was wir „Licht" nennen, ist der sichtbare Teil des elektromagnetischen Spektrums (siehe Grafik auf der rechten Seite). Dieses wird in Form elektromagnetischer Wellen dargestellt, wobei die Wellenlängen des sichtbaren Teils in Nanometern (nm) angegeben werden. Ein Nanometer entspricht einem Milliardstel eines Meters.

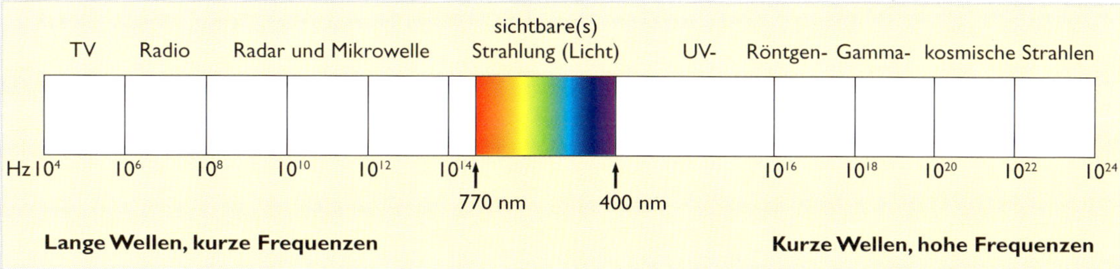

Diagramm 3.1: Das elektromagnetische Spektrum; der Bereich des „sichtbaren Lichtes“ ist markiert.

Die Sonne, wie man sie in 15 m Tiefe vor Siladen Island (Manado), Nord-Sulawesi, Indonesien, sieht
Foto: H. Blessin, JBL

Grundlagen des Lichts und der Lichtmessung

(basierend auf Joshi & Morgan (1998))

Physikalisch ausgedrückt handelt es sich beim Licht oder der optischen Strahlung um den Teil des elektromagnetischen Spektrums, der zwischen den Wellenlängen von 400 und 770 Nanometern (nm) liegt. In diesem Zusammenhang ist Licht als „Strahlungsenergie, die ausreichend ist, um die menschliche Netzhaut anzuregen und einen optischen Sinneseindruck hervorzurufen" definiert.

Es gibt verschiedene Theorien, die „Strahlungsenergie" zu beschreiben. Die Quantentheorie und die Wellentheorie sind die beiden gängigsten, wenn man die Strahlungsenergie im Zusammenhang mit fotosynthetischen Bedürfnissen und Beleuchtung verstehen möchte.

Gemäß der Quantentheorie wird die Strahlungsenergie in Form einzelner Teilchen, Quanten oder Photonen genannt, ausgesendet und absorbiert, während die Wellentheorie die Meinung vertritt, Strahlungsenergie breite sich in Form elektromagnetischer Wellen aus. Diese Welle besitzt, wie jede andere Welle auch, eine Wellenlänge (ausgedrückt in Nanometern, 1 nm = 1 Milliardstel Meter) sowie eine Frequenz (angegeben in Herz). Unterschiedliche Wellenlängen führen zu verschiedenen Farben.

Frequenz, Geschwindigkeit und Wellenlänge der Strahlungsenergie sowie das Medium, durch das die Strahlungsenergie sich bewegt, hängen wie folgt zusammen:

In einem bestimmten Medium, wie Luft oder Wasser, wird Strahlungsenergie immer mit derselben Geschwindigkeit übertragen. Daher muss eine Strahlungsenergie mit einer größeren Wellenlänge eine geringere Frequenz haben – und umgekehrt. Zum Beispiel: Blaues Licht mit 400 nm hat eine um 75 % höhere Frequenz als rotes Licht mit 700 nm.

Gemäß der Quantentheorie variiert die Energie eines Photons mit seiner Frequenz:

Energie = Planck'sches Wirkungsquantum · Frequenz

Das Planck'sche Wirkungsquantum entspricht dabei 6,6260755 · 10–34 Joule · sec.

Wenn die Wellenlänge kürzer wird, steigt die Frequenz und somit die Energie pro Photon an.

Der Strahlungslichtfluss wird in Quanten-Einheiten, also z. B. als Quanten/m^2/s angegeben, (oft auch als E/m^2/s, wobei E für „Einstein" steht – das Produkt eines Protons bei einer bestimmten Frequenz und der Zahl Avogadros) oder in Energie-Einheiten wie Joule/s. Die Beleuchtungsstärke wird angegeben in Quanten/m^2/s oder in Watt/m^2 und gibt Auskunft über die integrierte Flächenverteilung des Strahlungs-Lichtflusses. Während Quanten-Einheiten meist in Verbindung mit Messungen der Fotosynthese benutzt werden, wendet man Energie-Einheiten meist an, wenn man Energiebudgets berechnet. Wenn man Energie-Einheiten in Quanten-Einheiten umrechnen will (oder umgekehrt), muss man die Spektralverteilung des Lichtfeldes kennen. Ein häufig für die Beleuchtungsstärke benutzter Begriff ist Lux. Auf Lichtquellen wie z. B. Leuchtstofflampen wird die Beleuchtungsstärke meist in Lumen angegeben. Die Beleuchtungsstärke 1 Lux entspricht 1 Lumen/m^2.

Tabelle 3.1
Fotometrische und radiometrische Größen und ihre Maßeinheiten
nach Joshi & Morgan (1998)

Größen	Einheiten
Fotometrisch	
Lichtstrom	Lumen, lm
Beleuchtungsstärke	Lux, lx (lm/m^2)
Radiometrisch	
Strahlungsenergie	Joule, J
Strahlungsfluss	Watt, W (1 W = 1 J/s)
Bestrahlungsstärke	Watt/m^2
Spektrale Bestrahlungsstärke	Watt/m^2
Fotosynthetisch aktive Strahlung (PAR)	
Fotosynthetisches Photon	Mikro-Einstein/m^2/s, µE/s/m^2
Flussdichte (PPDF)	1 Mikro-Einstein = 6,022 · 1.017 Photonen

Nun ist es sinnvoll, die Ausdrücke und Einheiten zu definieren und zu erklären, die für die Messung von Licht gebräuchlich sind. Beachten Sie auch die Tabelle links.

Radiometrie ist die Messung der Quantitäten im Zusammenhang mit Strahlungsenergie. Radiometrische Messungen werden vorgenommen, wenn es um Spektralanalysen und Fotosynthese geht. Die Strahlungsenergie wird in Joule gemessen, der Fluss der Strahlungsenergie als Strahlungsfluss bezeichnet.

Beleuchtungsstärke bezeichnet den Strahlungsfluss bezogen auf eine bestimmte Fläche, d. h. pro Flächeneinheit.

Blaues Licht dominiert im Ozean. Rotes Licht wird sehr schnell durch das Wasser absorbiert und kann nicht tief unter die Wasseroberfläche eindringen. Eine Digitalkamera kompensiert nicht – wie das menschliche Auge – die Dominanz des blauen Lichtes. Daher erscheint die Unterwasserszenerie blau, wenn nicht künstliche Lichtquellen für die Unterwasserfotografie eingesetzt werden.
Foto von Nananu-I-Ra, Fidschi: H. Blessin, JBL

Spektrale Bestrahlungsstärke ist die Beleuchtungsstärke bei einer bestimmten Wellenlänge pro Wellenlängenintervall.

Fotosynthetisch aktive Strahlung (PAR) ist die Strahlung im Wellenlängenbereich von 400–770 nm. Wenn die PAR in Photonen ausgedrückt werden soll, wird sie auch

Fotosynthetische Photonenflussdichte (PPFD) genannt, die ein Maß für die Anzahl der Photonen im 400–770-nm-Bereich pro Zeit- und Flächeneinheit darstellt.

Lichtstärkemessung ist die Messung von Strahlungsenergie im sichtbaren Bereich (400–770 nm), beurteilt anhand der optischen Reaktion des menschlichen Auges. Lichtstärkemessungen werden durchgeführt, wenn Aspekte der visuellen Nachempfindung der Strahlungsenergie von Interesse sind.

Lumen (lm) ist die photometrische Einheit des Lichtstroms. Der Lichtstrom ist ein Maß für die gesamte von einer Strahlungsquelle ausgesandte sichtbare Strahlung.

Lux (lx) ist eine Einheit für Beleuchtungsstärke, 1 lx entspricht 1 lm pro Quadratmeter (siehe Abbildung auf Seite 201)

Farbtemperatur (engl. correlated colour temperature, CCT) bezeichnet einen berechneten Wert, der die genaueste Annäherung an die tatsächliche Farbtemperatur darstellt, die wiederum die spektrale Verteilung des Lichts ist, das ein schwarzer Körper aussendet, wenn er erhitzt wird. Die Farbtemperatur wird in Kelvin (K) gemessen.

Farbwiedergabeindex (engl. colour rendering index, CRI) zeigt an, wie sehr eine Lampe den Farbeindruck eines Objekts im Vergleich zur Farbe unter natürlichem Sonnenlicht desselben CRI verändert. CRI-Werte rangieren zwischen 100 (keine Farbveränderung) und 0 (schwarz-weiß).

Jede Wellenlänge entspricht einer speziellen Farbe. Zusammen bilden diese Farben das Farbspektrum, von dem das menschliche Auge nur einen Teil wahrnehmen kann. Das für uns sichtbare Spektrum erstreckt sich von Violett bei etwa 400 nm über Blau, Grün, Gelb und Orange bis Rot bei 770 nm. „Unterhalb“ der violetten Strahlung spricht man von ultraviolettem Licht, das biologisch sehr wirksam ist. Längere Wellenlängen als Rot erzeugen infrarotes Licht bzw. Wärmestrahlung.

Für den Meerwasseraquarianer ist es sehr wichtig, Genaueres über die Wirkungsweise des ultravioletten Lichts zu wissen. Diese Strahlung von 100–400 nm teilt man in drei Bereiche ein:

UV-A ist die Strahlung im Ultraviolettbereich, die nahe am sichtbaren Licht liegt, also von 315–400 nm. Dieses Licht ist für autotrophe Organismen wichtig (siehe unten). UV-A durchdringt normales Silikatglas.

UV-B umfasst die Wellenlängen von 280–315 nm, also einen ziemlich kleinen Bereich. Es ist die UV-B-Strahlung, die bei uns Menschen den Sonnenbrand hervorruft, wenn wir uns längere Zeit ungeschützt der Sonne aussetzen. Eine größere Dosis dieser Strahlung ist für lebendes Gewebe schädlich. Darauf sollte man bei der Auswahl der Aquarienbeleuchtung achten. UV-B-Strahlung, auch mittelwelliges UV-Licht genannt, dringt nicht durch normales Silikatglas und wird im Wasser relativ schnell absorbiert. Im Korallenriff dagegen, wo das Wasser extrem klar ist, können sowohl die UV-A- als auch die UV-B-Strahlung in Tiefen bis 20 m vordringen.

UV-C ist mit Wellenlängen von 100–280 nm die vom sichtbaren Licht am weitesten entfernte UV-Strahlung. Sie ist für lebende Gewebe außerordentlich schädlich. UV-C-Licht wird von den meisten Gasen sowie auch von der Erdatmosphäre absorbiert. UV-Wasserklärer für Aquarien geben UV-C-Strahlung mit einer Wellenlänge von 253,7 nm ab. Das Aquarium darf niemals direkt mit solchem Licht beleuchtet werden! Geringe UV-C-Strahlungsmengen werden auch von anderen Lichtquellen abgegeben, die für die Beleuchtung von Korallenriffaquarien Anwendung finden. Hier wird aber die UV-C-Strahlung mit Hilfe vorgeschalteter Filter eliminiert. Selbst wenn das Aquarium nur für eine kurze Zeit mit UV-C Licht beleuchtet wird, leiden die Lebewesen massiv darunter und sterben, wie die Abbildung links zeigt.

Diese *Favia*-Steinkoralle war an der Seite eines Aquariums sehr dicht unter der Wasseroberfläche platziert. Das Schutzglas einer der HQI-Lampen hatte eine undichte Stelle, so dass UV-C-Strahlung die Koralle traf. Obwohl die Bestrahlung mit UV-C-Licht nur wenige Stunden andauerte, starb das betroffene Gewebe innerhalb eines Tages ab und bildete sich auch nicht wieder nach.
Foto: Bioquatic Photo

UV-Strahlung und ihre Wirkung auf Korallen

Diesen etwa 20 kg schweren Gesteinsbrocken fanden wir auf dem seewärtigen Riffdach bei Heron Island, Großes Barriereriff. Auf dem Bild links ist die Seite des Gesteinsbrockens zu sehen, die dem Sonnenlicht ausgesetzt war. Nur wenige Organismen sind zu sehen. Das obere Bild zeigt denselben Gesteinsbrocken (vergrößerter Ausschnitt), nachdem wir ihn umgedreht hatten, also die Seite, die nicht dem Sonnenlicht ausgesetzt war. Viele Organismen sind dort angesiedelt: Moostierchen, Seescheiden, Schwämme und winzige Krebstiere. Hätten wir diesen Stein nicht wieder in seine ursprüngliche Position gedreht, würden diese Organismen aufgrund der UV-Strahlung, gegen die sie sich nicht schützen können, absterben.
Fotos: Bioquatic Photo

UV-C- und zum Teil auch UV-B-Strahlen sind schädlich für lebendes Gewebe. Eine Wellenlänge von 400 nm wird allgemein als untere Grenze für Fotosynthesetätigkeit angesehen. Noch geringere Wellenlängen verhindern normalerweise die Fotosynthese, da sie die Chloroplasten (große zelluläre Organellen, die den grünen Bestandteil „Clorophyll" enthalten und in denen die Fotosynthese stattfindet) schädigen (Jokiel & York 1982). UV-Strahlung mit Wellenlängen zwischen 280 und 320 nm wurde als Ursache für die Zerstörung von Erbmaterial (DNS) im Korallengewebe festgestellt, was auch die Funktion der Licht aufnehmenden Chloroplasten unterbindet. Da die UV-Strahlung in den meisten Gegenden, in denen es Korallenriffe gibt, sehr intensiv ist, stellen wir normalerweise fest, dass flache Riffe, die vollem Sonnenlicht ausgesetzt sind, nur eine arme Epifauna besitzen. In diesem Biotop leben jedoch zahlreiche farbenprächtige Korallen, vor allem Steinkorallen. Die Korallenfauna flacher Riffe muss demnach also Wege gefunden haben, sich an die intensive UV-Strahlung anzupassen.

Der wichtigste Schutz besteht darin, dass im ektodermalen Gewebe der Korallen Pigmente vorhanden sind, die als Mykosporin-ähnliche Aminosäuren oder S-320-Pigmente bezeichnet werden (Dunlap & Chalker 1986). Diese Pigmente lassen UV-A-Strahlung weitgehend durch. Sie scheinen vom Gewebe der Tiere produziert zu werden und blockieren den schädlichen Anteil an UV-B-Strahlung, ohne die Wellenlängen zu dämpfen, die von Nutzen sind. Diese Pigmente stellen daher eine für die Existenz symbiotischer Algen (Zooxanthellen) ideale Umgebung her (Jokiel & York 1982). Die Absorptionskraft der S-320-Pigmente ist für eine Wellenlänge von 320 nm am höchsten.

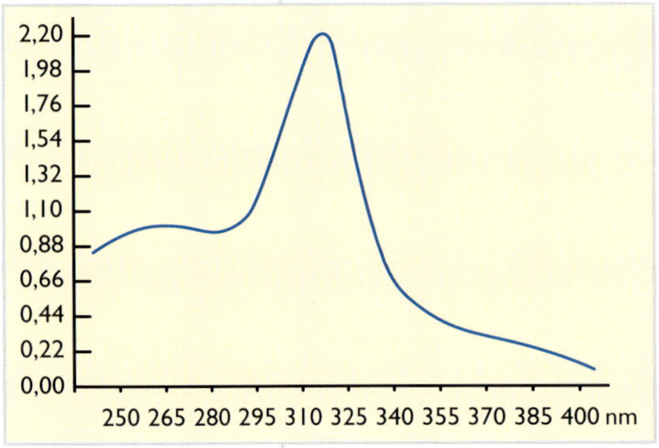

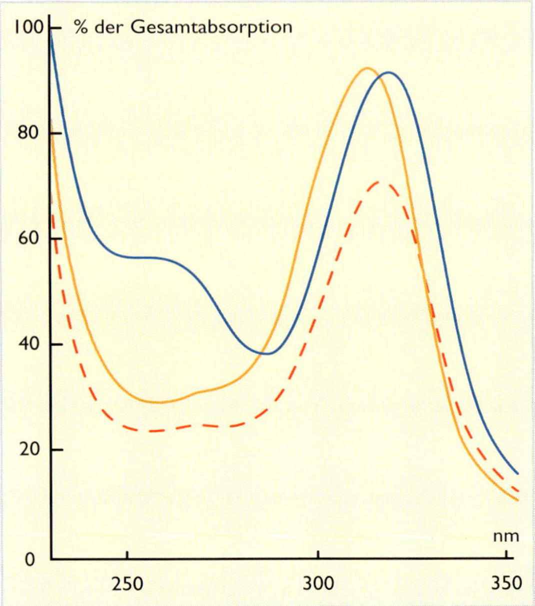

Diagramm 3.2 und 3.3: Korallen, die im Flachwasser wachsen, enthalten im ektodermalen Gewebe Pigmente, die als S-320-Pigmente bezeichnet werden. Diese Pigmente schützen die Korallen vor UV-B-Strahlung und besitzen bei einer Wellenlänge um 320 nm das größte Absoptionsvermögen. Das Diagramm oben links zeigt das Absorptionsvermögen einer *Palythoa*-Art (nach LESSER et. al. 1990), das Diagramm oben rechts das von drei unterschiedlich gefärbten *Acropora*-Arten (nach SHIBATA 1969).

Während UV-B-Strahlung und kurzwellige UV-A-Strahlung (kleiner 350 nm) den Zooxanthellen eindeutig schaden, sind die Auswirkungen langwelliger UV-A-Strahlen und kurzwelliger Blaustrahlung weniger klar. Es ist allerdings eine Tatsache, dass Symbiosealgen Stämme entwickeln, die an verschiedene Formen der UV-Strahlung angepasst sind. Eine Koralle aus tieferen Bereichen des Riffs wird jedoch Schwierigkeiten bekommen, wenn sie der Lichtintensität im sehr flachen Riff ausgesetzt wird. Eine Anpassung an eine Steigerung der UV-Strahlung muss schrittweise erfolgen, indem UV-Licht-resistente Stämme der Zooxanthellen selektiert und resistente S-320-Pigmente im ektodermalen Gewebe gebildet werden. Möglicherweise wird UV-A-Strahlung in fotosynthetische Prozesse eingebunden und gibt ihre Energie bei höheren Wellenlängen wieder ab, sodass sie dann von den Algen genutzt werden kann (KAWAGUTI 1969; JOKIEL & YORK 1982).

UV-Strahlung wirkt sich auf das Wachstum, die Produktion von Larven, auf die Zooxanthellen und auf das Chlorophyll aus. JOKIEL & YORK (1982) geben einen hervorragenden Überblick über diese Thematik. Eine Zusammenfassung findet sich in Tabelle 3.2, Seite 183.

SALIH et al. (1998) fanden heraus, dass fluoreszierende Pigmente in Form von Körnchen sowohl bei Korallen aus flachem als auch solchen aus tieferem Wasser im Gewebe vorhanden sind. Bei Korallen im flachen Wasser befanden sich die Körnchen hauptsächlich oberhalb der Symbiosealgen – im Ektoderm und in den äußeren Schichten des Endoderms – während sie bei den Korallen, die an eine geringere Lichtintensität gewöhnt waren, **zwischen** den Zooxanthellen verteilt waren. Diese Verteilung zeigt, dass die pigmentierten Körnchen eine wichtige Rolle bei der Anpassung des Licht-Milieus für Zooxanthellen in Korallen spielen, die sich sowohl an hohe als auch an geringe Lichtstärken adaptieren können. Es ist möglich, dass die fluoreszierenden Körnchen solche Korallen, die an eine hohe Lichtintensität angepasst sind, gegen die starke UV-A-Strahlung und blaues Licht abschirmen, während

Tabelle 3.2 | Messungen der Pigmentkonzentration, Zooxanthellenpopulation, Wachstumsrate und Planula-Larven-Freisetzung von *Pocillopora damicornis* mit und ohne UV-Strahlung

Modifiziert nach JOKIEL & YORK (1982)

	Mit UV-Strahlung			Ohne UV-Strahlung		
	n	Durchschnitt	Spannweite	n	Durchschnitt	Spannweite
S-320-Pigment (Absorption bei 320 nm)	11	0,26	0,19–0,35	11	0,12	0,07–0,17
Fotosynthesepigment Chlorophyll a (µg/cm²)	10	6,0	4,5–7,3	10	4,7	3,0–9,0
Fotosynthesepigment Chlorophyll c (µg/cm²)	10	2,1	1,2–3,4	10	3,3	1,6–7,0
Zooxanthellenpopulation (10³/cm²)	10	377	267–522	10	368	311–505
Wachstum (mm) in 40 Tagen	11	5,7	5,0–8,5	11	8,3	5,3–9,5
Freisetzung von Planula-Larven (Anzahl pro Nacht)	10	26,5	9–251	10	4,5	2–77

n = Anzahl der untersuchten *Pocillopora-damicornis*-Kolonien

Eine wunderschöne Teppichanemone (*Stichodactyla haddoni*), die strahlend grün in Aquarien erscheint, die mit Blaulicht oder UV-A-Licht beleuchtet werden
Foto: Bioquatic Photo

Die Scheibenanemone *Ricordea florida* ist normalerweise grün gefärbt. Unter aktinisch blauem oder UV-A-Licht zeigt sie dagegen unterschiedliche Farbzeichnungen, die durch verschiedene Farbpigmente hervorgerufen werden.
Foto: Bioquatic Photo

sie das verfügbare Licht für Korallen verstärken, die an geringere Strahlung adaptiert sind, und dabei die Fotosynthese durch eine Fluoreszenz-Kopplung fördern.

RIDDLE (2001) merkt an, dass Korallen, die unter ansteigender UV-A- und UV-B-Stralung gehalten wurden, grüne fluoreszierende Pigmente entwickelten und nach kurzer Zeit leuchtend grün aussahen, aber dass es eher die Lichtintensität anstatt der Menge des UV-Anteils sei, die eine rötliche oder bläuliche Färbung bei Korallen hervorruft. Intensive Farben und fluoreszierende Pigmente werden aufgrund ihrer Attraktivität von Aquarianern viel beachtet und geliebt.

Korallenfarben und Fluoreszenzpigmente

„Biolumineszenz", die Emission von sichtbarem Licht, verursacht von einer katalytischen chemischen Reaktion, die in bestimmten Organismen eine Art von Elektrizität erzeugt, oder „Chemolumineszenz", die Erzeugung von sichtbarem Licht durch eine chemische Reaktion, sind faszinierende Bestandteile der biologischen Welt. In manchen Fällen, etwa bei Tiefseefischen, wird Licht von symbiotischen Bakterien produziert. In anderen Fällen, z. B. bei Korallen, wird das Leuchten von einer Gruppe von Substanzen erzeugt, die als autofluoreszente Proteine bekannt sind. Bio- und/oder Chemolumineszenz kommen bei etlichen Organismen vor, so etwa bei einzelligen Algen, Fischen, Insektenlarven, Seefedern und anderen Nesseltieren.

Normale Färbung (links) und Fluoreszenzfärbung (rechts) der Sandgarnele *Crangon septemspinosus* an der Ostküste Amerikas in 3 m Tiefe.
Foto: C. Mazel

Biolumineszenz wurde bereits im 1. und 2. Jahrhundert von Plinius dem Älteren und Claudius Aelianus beschrieben. Jedoch dauerte es bis 1962, bis das Grüne Flureszenzprotein (GFP) der Hydromeduse *Aequorea victoria* als Ergebnis von Studien über Biolumineszenz entdeckt wurde. Heute ist das GFP in der Wissenschaft als genetisch verschlüsselte Markierung sehr bedeutend (Wiedenmann 2005).

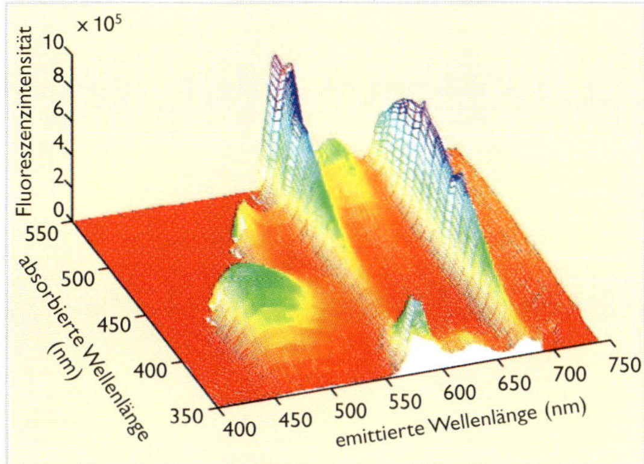

Diagramm 3.4: Fluoreszenz tritt dann auf, wenn Licht einer bestimmten Wellenlänge absorbiert und mit einer anderen Wellenlänge wieder emittiert wird. Das Diagramm (entnommen aus der Seite www.nightsea.com) zeigt, welche absorbierte Wellenlänge mit welcher Wellenlänge und Fluoreszenzintensität emittiert wird.

Anregung und Emission

Als Aquarianer und Naturliebhaber mögen wir die schönen Farben vieler Korallen. Im Lauf der letzten Jahre haben Wissenschaftler viel über ihre biologische Bedeutung und wie die leuchtenden Farben zustande kommen herausgefunden. Meistens steht die Färbung in Verbindung zum Licht und zu chemischen Bestandteilen – bei fotosynthesebezogenen gleichermaßen wie bei nicht fotosynthesebezogenen Pigmenten.

„Fluoreszenz" bedeutet, dass ein Stoff Licht einer Wellenlänge (Farbe) absorbiert und Licht einer anderen Wellenlänge (Farbe) emittiert. Wenn wir uns mit fluoreszierenden Pigmenten von Korallen beschäftigen, müssen wir dies berücksichtigen und mit zwei verschiedenen Spektren arbeiten, dem Anregungs-Spektrum und dem Emmissions-Sprektrum. Das Anregungs-Spektrum zeigt die unterschiedliche Fähigkeit verschiedener Wellenlängen des Lichts, Fluoreszenz hervorzurufen. Das Emmissions-Spektrum hingegen ist dafür verantwortlich, wie eine Substanz (bzw. ihr Pigment) Strahlungsenergie im Verhältnis zur Wellenlänge emittiert.

Das grüne Fluoreszenzprotein (GFP), das in der Hydromeduse *Aequorea victoria* gefunden wurde, besitzt ein Emmissions-Spektrum, das einen ausgeprägten Peak bei 508 nm mit einem beständigen visuellen Eindruck von grüner Fluoreszenz zeigt. Das Anregungs-Spektrum hat seine Peaks bei 270, 390 und 460 nm.

Üblicherweise, aber nicht immer, besitzen sowohl Emissions-Spektren als auch Anregungs-Spektren Peaks bei mehr als einer Wellenlänge. Der Hauptpeak bei der Emission ist namensgebend für das Pigment, aber dasselbe Pigment zeigt auch Emission in anderen Teilen des Spektrums, was in Nebenpeaks der Kurve („Schultern" genannt) sichtbar wird. Manche Pigmente decken einen recht weiten Bereich an Wellenlängen ab, während andere eher wellenlängenspezifisch sind, sowohl bei Anregung als auch bei Emission. Die Differenz in Nanomenter zwischen maximaler Anregung und maximaler Emission ist als „stoke shifts" bekannt und kann für Korallen-

Das grün fluoreszierende Protein (GFP) ist für diese Färbung von *Anemonia sulcata* verantwortlich. Foto: J. Wiedenmann

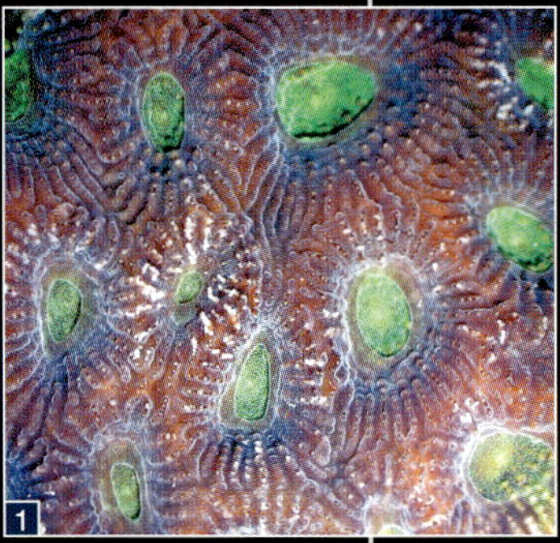
1

2

3

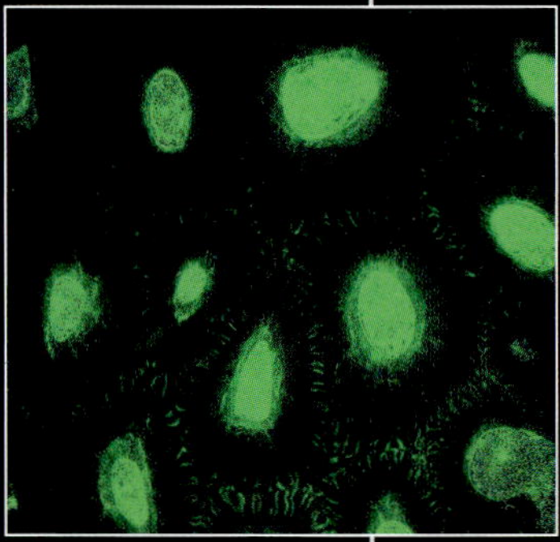

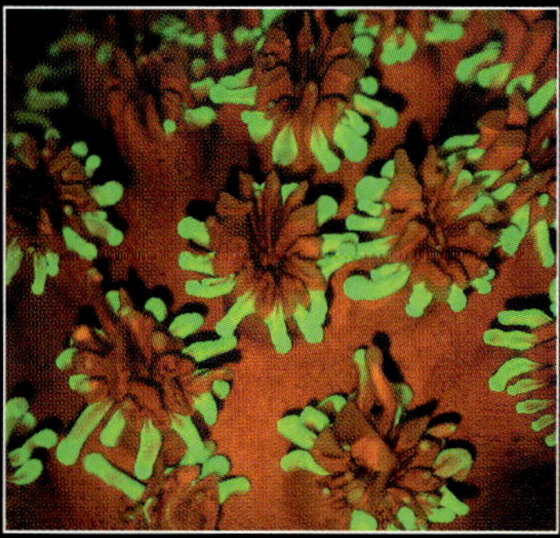

4

5

6

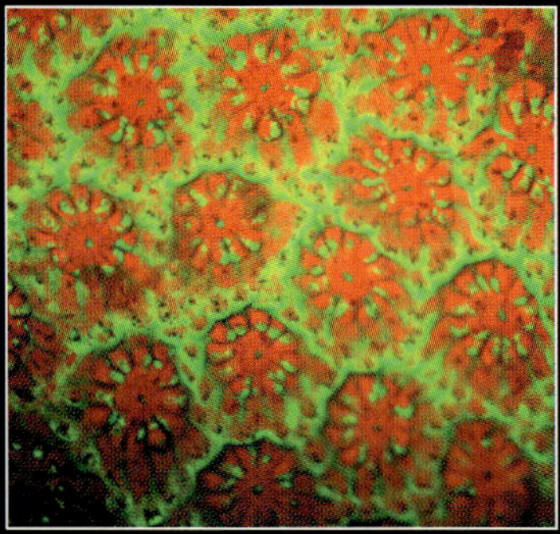

Linke Seite: Steinkorallen brillieren in zweierlei Farben: Normalfarben (1. und 3. Reihe) und Farben, die durch Fluoreszenzpigmente erzeugt werden (2. und 4. Reihe).

1 Gehirnkoralle (Faviidae)

2 *Cynarina* sp.

3 *Galaxea* sp.

4 Familie Mussidae

5 *Porites* sp.

6 *Acropora* sp.

Fotos: J. Wiedenmann

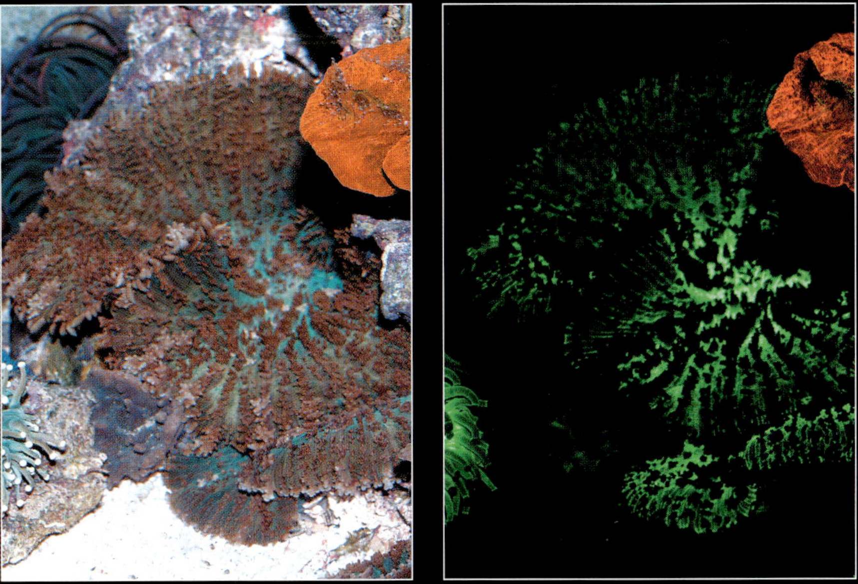

Vergleich von Scheibenanemonen (Ordnung Corallimorpharia) unter Tageslicht (links) und Licht, das die Fluoreszenzpigmente anregt (rechts)
Fotos: J. Wiedenmann

Acropora millepora: Normale Farben bei Tageslicht (links) und herrliche rote und grüne Farben, die durch Fluoreszenzpigmente hervorgerufen werden (rechts)
Fotos: J. Wiedenmann

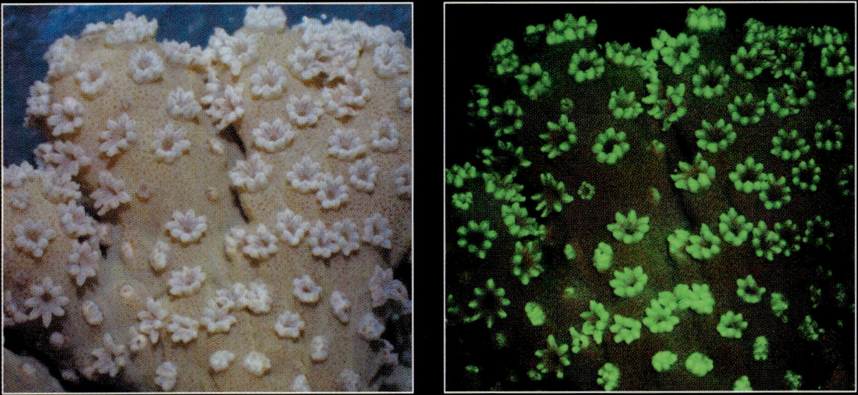

Weichkorallen können ebenfalls Fluoreszenzpigmente enthalten.
Fotos: J. Wiedenmann

Tabelle 3.3 | Emissions- und Anregungs-Spektren für einige Nesseltiere Angelehnt an Riddle (2006)

Art	Pigmentname	Emission (nm)			Anregung (nm)			Quelle
		Hauptpeak	Schultern		Hauptpeak	Schultern		
Acropora aspera	P-445	445	-	-	340	-	-	Dove et al. (2001)
	P-490	490	514	-	480	501	-	Papina et al. (2002)
	P-500	500	-	-	480	-	-	Dove et al. (2001)
	P-514	514	490	-	501	480	-	Papina et al. (2002)
	P-630	630	-	-	576	-	-	Dove et al. (2002)
	P-480	480	510	-	481	-	-	Papina et al. (2002)
	P-476	476	510	575	500	475	-	Papina et al. (2002)
	P-478	478	510	575	501	475	-	Papina et al. (2002)
Acropora millepora	P-490	490	-	-	405	-	-	Cox & Salih (2005)
	P-504	504	-	-	405	-	-	Cox & Salih (2005)
	P-593	593	-	-	405	-	-	Cox & Salih (2005)
Acropora tenuis	P-485	485	517	555	465	505	-	Papina et al. (2002)
	P-517	517	777	485	505	465	-	Papina et al. (2002)
	P-480	480	515	-	470	504	-	Papina et al. (2002)
Lobophyllia hemprichii	P-483	483	-	-	572	454	510	Salih et al. (2004)
Ricordea florida	P-517	517	574	-	506	566	-	Labas et al. (2002)
	P-518	518	-	-	508	475	-	Labas et al. (2002)
Zoanthus sp.	P-538	538	580	-	528	494	-	Matz et al. (1999)
Zoanthus sp.	P-506	-	-	494	-	-	-	Yanuschevich et al. (2001)
Zoanthus sp.	P-538	-	-	525	494	-	-	Yanuschevich et al. (2001)
Anemonia sulcata	P-499	499	-	-	480	403	278	Wiedenmann et al. (2002)
	P-595	595	-	-	574	-	-	Wiedenmann et al. (2000)
Anemonia sulcata (var. *rufescens*)	P-522	522	-	-	499	-	-	Wiedenmann et al. (2000)

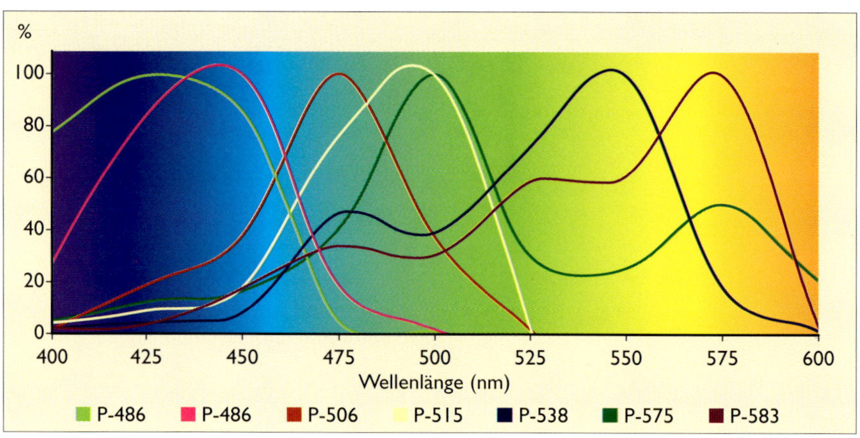

Diagramm 3.5: Relative Anregungsspektren verschiedener Fluoreszenzpigmente isoliert aus Organismen der Klasse Anthozoa. Die Anregungslichtenergie löst Lichtemission in verschiedenen Wellenlängen aus (dargestellt in Tabelle 3.3).
Nach Riddle (2006)

Eine wunderhübsche Zylinderrose (*Cerianthus* sp.), die unter aktinisch blauem Licht blau und grün erscheint.
Foto: Bioquatic Photo

pigmente von wenigen nm bis hin zu 180 nm betragen (Riddle 2006). Ein Beispiel aus Tabelle 3.3 ist die Steinkoralle *Lobophyllia hemprichii*, eine robuste Art, die Meerwasseraquarianern wohl bekannt ist. Das Pigment P-483, das durch Licht von 483 nm (blau-grünes Licht) angeregt wird, löst bei ihr die Hauptemission von Licht bei 572 nm (gelbes Licht) aus und zeigt außerdem Peaks bei 454 und 510 nm. Die „stoke shifts" liegen bei 89 nm. Die von Salih et al. (2004) untersuchte Kolonie war rot gefärbt, zeigte aber auch Hauptanregungspeaks bei 515, 519, 580 und 581 nm (nicht in der Tabelle aufgeführt).

Das Ergebnis ist, dass eine oder mehrere Wellenlängen von eintreffendem Licht das Leuchten von einer oder mehreren Fluoreszenz-Farben auslösen. Das Anregungsspektrum zeigt, welches Licht zu verwenden ist, um diese bestimmte Substanz zum Fluoreszieren zu bewegen. Die Tabelle 3.3 gibt Emissions- und Anregungs-Wellenlängen für ausgewählte Nesseltiere an. Eine vollständige Liste findet sich bei Riddle (2006).

Pigmentverbindungen

Die Fluoreszenzfarben von Korallen werden von Substanzen hervorgerufen, die autofluoreszente Proteine genannt werden. Diese können prinzipiell in zwei Gruppen eingeteilt werden: Fotopigmente und Fluoreszenzproteine.

Fotopigmente sind diejenigen Pigmente, die Lichtenergie zur Nutzung für die Fotosynthese sammeln. Bei tropischen Korallen befinden sie sich in den Symbiosealgen (Zooxanthellen), die als Symbionten im endodermalen Gewebe der Korallenpolypen leben. Sind die Lichtbedingungen günstig, vervielfältigt sich die Symbiosealge zu Millionen von Zellen pro Kubikzentimeter Korallengewebe. Die winzigen Algen enthalten Chlorophyll-Pigmente, hauptsächlich das Carotinoid Peridinin, aber auch Chlorophyll-a und -c, die Licht für die Fotosynthese absorbieren. Die Summe der von den Pigmenten verursachten Absorbtion deckt nahezu alle Wellenlängenbereiche des sichtbaren Lichts (400–750 nm) ab, wie das Diagramm auf Seite 200 zeigt. Die Folge ist, dass gesunde Korallen, die dicht mit Symbiosealgen besiedelt sind, hell-, dunkelbraun oder grünlich braun aussehen, da dies die Farben sind, die von den Symbiosealgen reflektiert werden. Braun ist also eine natürliche Farbe von Korallen, die Zooxanthellen enthalten. Unter typischen Aquarienbedingungen ist es normal, dass Weich- und Steinkorallen ihre bräunliche Färbung entwickeln oder steigern.

Die **Fluoreszenzproteine** befinden sich oberhalb der Endodermzellen, die die Symbiosealgen enthalten. Sie haben nichts mit der Fotosynthese zu tun und sind nicht mit den Symbiosealgen verbunden. Fluoreszenzproteine kommen in den Farben Zyan (CyFP), Grün (GFP), Gelb (YFP) oder Rot (RFP) vor.

Wiedenmann (2005) beschäftigt sich sehr ausführlich mit Natur und Funktion von Fluoreszenzpigmenten und stellt bei Zyan-Fluoreszenzproteinen (CFPs) Anregungsmaxima von 400–460 nm sowie Emissionsmaxima von 480–486 nm fest. Grüne Fluoreszenzproteine (GFPs) zeigen in der Regel Anregungsmaxima zwischen 480 und 518 nm und haben ein entsprechendes Emissionsspektrum mit Peaks zwischen 496 und 522 nm. Bislang wurde nur ein einzelnes gelbes Fluoreszenzprotein (YFP) von einer nicht biolumineszenten Kolonie von Anemonen (*Zoanthus* sp.) kloniert, das ein Anregungsmaximum bei 528 nm und ein Emissionsmaximum bei 538 nm zeigt (Matz et al. 1999). Rote Fluoreszenzproteine (RFP) haben Emissionsmaxima, die zwischen 583 und 611 nm liegen. Hierbei sind für die Anregungs-Spektren Maxima zwischen 558 und 574 nm charakteristisch. Von blauen Fluoreszenzproteinen bei Riffkorallen wurde zwar berichtet (Salih et al. 2000), aber ihr Status als GFP-ähnliche Proteine wurde bisher nicht bewiesen.

Korallen (und andere Organismen mit Fluoreszenzpigmenten) enthalten aber auch nicht fluoreszierende Pigmente, Chromoproteine beispielsweise, die u. a. die hübschen blauen, violetten und roten Pigmente enthalten, wie sie in vielen Korallen zu finden sind, die im Aquarium gepflegt werden (Riddle 2006). Das bedeutet, dass ein und dieselbe Koralle verschiedene Pigmente besitzt, fluoreszierende und nicht fluoreszierende.

Korallen mit herrlichen Farben auf dem Flachwasserriffdach von Nananu-I-Ra, Fidschi. Chromoproteine, die wahrscheinlich eine fotoprotektive Funktion haben, sind für die meisten der pink und roten Farben verantwortlich. Durch diese Chromoproteine, die selber keine Fluoreszenzpigmente sind, können Fluoreszenzpigmente jedoch verdeckt werden.
Foto: Bioquatic Photo

Die herrlichen blauen, pink und purpurnen Farben, die man in manchen Korallen findet, werden durch Chromoproteine hervorgerufen. Hierbei handelt es sich nicht um Fluoreszenzpigmente. Diese Korallen können zusätzlich zu ihren Chromoproteinen Fluoreszenzpigmente besitzen, die aber unter „Normallicht" nicht sichtbar sind.
Fotos: I. Lässer

In diesem Zusammenhang ist es interessant, auf die ersten Studien über Korallenpigmente zurückzublicken, die Dr. Charles Mazel Mitte der 1990er-Jahre durchführte. Mazel (1995, 1997) erforschte die Fluoreszenzeigenschaften karibischer Nesseltiere und fand vier verschiedene Pigmente, die die Quelle der beobachteten Emission darstellten. Die Tiere wurden sowohl vor Ort als auch im Labor untersucht, und die Arbeit des Autors von 1995 ist die erste Aufstellung von Emissionsspektren anhand frischer Gewebeproben von Nesseltieren. Die Kolonien und Polypen wurden mit einem Anregungsspektrum im Bereich von 365–405 nm (UV-A und blaues Licht) beleuchtet, und es wurden Fluoreszenz-Emissionsspektren im Bereich von 480–590 nm festgestellt, die zumeist Peaks bei 480–520 nm und zusätzliche Peaks bei 50–550 nm aufwiesen. Mazel (1995) teilt die Nesseltiere in drei Gruppen ein, was auf den Erkenntnissen beruht, die Tabelle 3.4 zeigt.

Tabelle 3.4 | Gruppierung von Korallen, Anemonen und einer Scheibenanemone nach der Ähnlichkeit ihres Fluoreszenz-Emissionsspektrums Modifiziert nach MAZEL (1997)

Gruppe	Maximum (nm)	Nebenmaximum (nm)	Spannbreite (nm)	Arten
1	483–487	510–515	55–60	*Acropora cervicornis, Eusmilia fastigata, Manicina areolata, Meandrina meandrites, Scolymia* spp.
2	497–505	530–535	30	*Agaricia* sp., *Favia fragum, Siderastrea radians, Stoichactis* sp., *Condylactis gigantea*
3	513–518	545–550	30	*Agaricia* sp., *Montastraea annularis, Ricordea florida*

Diagramm 3.6: Relatives Emissionsspektrum von blauen und grünen Fluoreszenzpigmenten in *Montastrea annularis* Modifiziert nach MAZEL (1995)

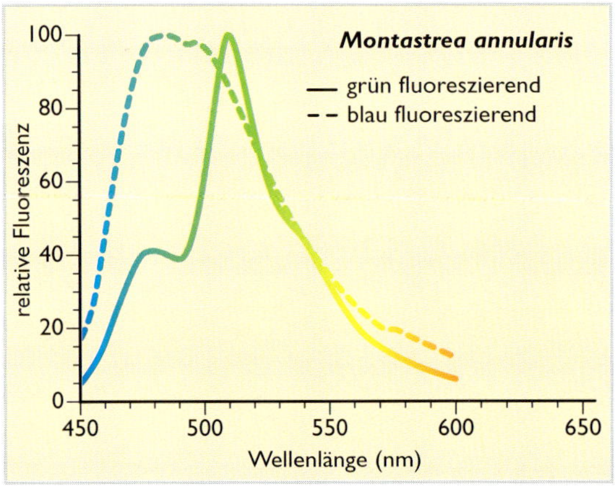

Diagramm 3.7 (unten links): Relatives Emissionsspektrum von Fluoreszenzpigmenten, isoliert aus der Scheibenanemone *Ricordea florida*, mit Emissionsmaxima bei 510 und 580 nm Aus MAZEL (1995)

Diagramm 3.8 (unten rechts): Emissionsspektren von Pigmenten in Blau, Grün und Rot, die aus drei unterschiedlichen Steinkorallen der Gattung *Agaricia* isoliert wurden Modifiziert nach MAZEL (1997)

Es gab kleine, aber deutliche und messbare Unterschiede bei den Emissionsspektren einzelner Exemplare und Arten, die für das menschliche Auge mit derselben Fluoreszensreaktion zu leuchten schienen.

Bei manchen Tieren wurde festgestellt, dass sie nur eine Farbe emittieren, während andere, wie z. B. die Steinkoralle *Montastrea annularis* und die Scheibenanemone *Ricordea florida*, mehrere Farben abstrahlen, wie die Diagramme oben und unten links verdeutlichen. Auch gab bei verschiedenen Exemplaren ein und derselben Art Unterschiede in der Emission, etwa bei der Steinkoralle *Agaricia* sp., wie das Diagramm unten rechts zeigt. Manche Tiere reagierten bei Beleuchtung mit Tageslicht ebenso mit Fluoreszenz, während andere nur auf eine dieser Lichtquellen ansprachen. Einige hingegen zeigten überhaupt keine Fluoreszenz.

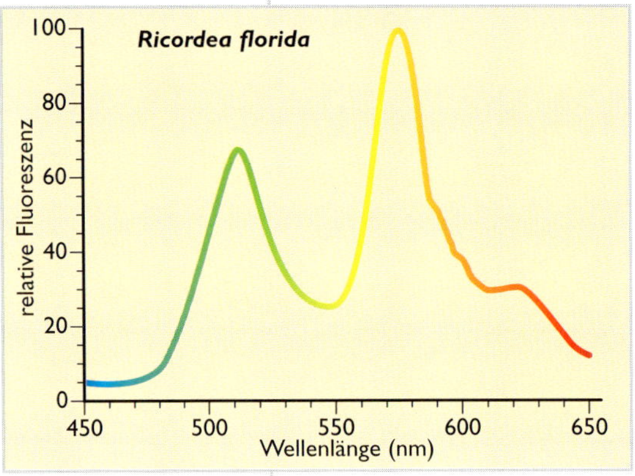

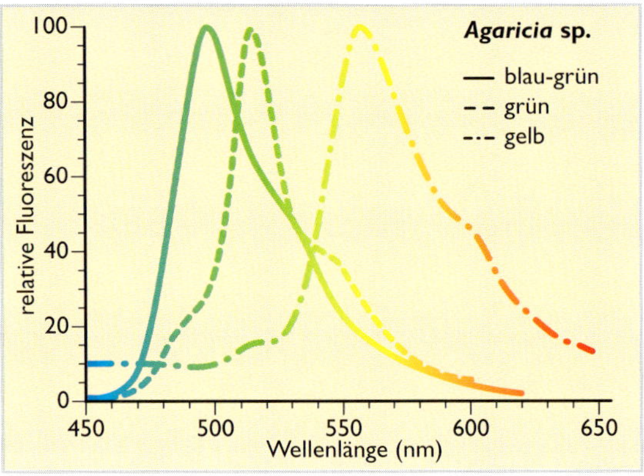

Der Vergleich von durch UV- oder Tageslicht hervorgerufenen Reaktionen liefert eine Grundlage für die ursprünglich von KAWAGUTI (1969) aufgestellte Annahme, dass eine UV-Licht-angeregte grüne Fluoreszenz die Fotosynthese fördern könnte, indem kurze Wellenlängen in längere umgewandelt werden, die leichter von Chlorophyll (dem Pigment, das bei der Fotosynthese hauptsächlich aktiv ist) absorbiert werden können. Wahrscheinlich ist es die grüne Emission, die das umgekehrte Verhältnis der Fluoreszenzintensität unter den zwei Beleuchtungsarten (UV-Licht und Tageslicht) aufweist. Folglich wandeln die Korallen, die unter Tageslicht leuchtend grün fluoreszierend erscheinen, nicht in erster Linie UV-Strahlung zu Grün um, sondern eher blaue Strahlung, was offensichtlich keinen Vorteil für die Fotosynthese bedeutet (MAZEL 1995).

Seefedern (Ordnung Pennatulacea) zeigen Biolumineszenz, wenn sie voll geöffnet sind und dann berührt werden. Dieses Phänomen kann nur während der Dunkelheit beobachtet werden.
Foto: Bioquatic Photo

Vermutlich spielen GFPs auch eine Rolle bei der Biolumineszenz von Nesseltieren. Viele Nesseltiere senden nach mechanischer Stimulation Licht aus, was eine Taktik sein kann, um Räuber abzuschrecken. Dies lässt sich in einem Aquarium beobachten, das mit Seefedern besetzt ist. Berührt man die Seefedern vorsichtig in der Nacht, wenn sie voll expandiert sind, kann man beobachten, wie sie Licht aussenden. Grüne Fluoreszenzproteine kommen ausschließlich im fotogenen (Licht produzierenden) Gewebe der Tiere vor, wo sie dichte molekulare Verbindungen mit Enzymen eingehen können, die eine Licht produzierende Reaktion katalysieren. Die Tatsache, dass GFP-Proteine als Emissionsquelle von Licht fungieren können, das in einer chemolumineszenten Reaktion erzeugt wird, deutet auf ihre Beteiligung bei der Biolumineszens hin (WIEDENMANN 2005).

Die meisten Nesseltiere sind nicht biolumineszent, aber enthalten trotzdem viele Fluoreszenzpigmente. Siro Kawaguti, der Entdecker der Fluoreszenzpigmente in Riffkorallen, ist der Ansicht, diese Pigmente hätten eine Art Lichtschutzfunktion. Ihm zufolge wandelten die grünen Fluoreszenzpigmente gefährliche UV-Strahlung in weniger energiereiches Licht um, das von den Symbiosealgen genutzt werden kann (Kawaguti 1944, 1969).

Die Ergebnisse der Studien über Fluoreszenzpigmente in Steinkorallen am Great Barrier Riff von Salih et al. (1998, 2000, 2004) stützen Kawagutis These. Die Forscher fanden nämlich heraus, dass 124 Arten aus 56 Korallengattungen Morphe aufwiesen, die Fluoreszenz zeigten. Die größte Anzahl dieser Morphe wurde im Flachwasser festgestellt, wo die Lichtintensität am größten ist. Hier waren die Fluoreszenzproteine hauptsächlich oberhalb der Symbiosealgen angesiedelt und schienen viel UV-A-Strahlung und blaues Licht zu absorbieren. Dabei wurde ein großer Teil des übrigen sichtbaren Lichts reflektiert, um die Symbiosealgen so vor UV-A-Strahlung zu schützen und die Strahlungsmenge zu verringern, um eine maximale Fotosyntheserate zu erzielen.

Bei Korallen, die in weniger intensivem Licht siedelten, waren die Pigmente zwischen oder unter den Symbiosealgen zu finden. Bei diesen Korallen schienen die Pigmente das verfügbare Licht zu verstärken, um so die Fotosynthese durch Fluoreszenzkopplung, Rückstreuung und Reflexion zu steigern. Die Hypothese von einer Lichtschutzfunktion wird auch von Wiedenmann et al. (1999) unterstützt. Sie fanden heraus, dass die fluoreszente Morphe von *Anemonia sulcata* in Flachwasserbereichen weiter verbreitet war als die nicht fluoreszente Morphe (var. *rufescens*), die in lichtärmeren Habitaten öfter vorkommt.

Es gibt aber auch Hypothesen, denen zufolge die Lichtschutzfunktion nicht mit Fluoreszenzproteinen in Verbindung steht. Sowohl die Anzahl der Symbiosealgen als auch der Gehalt an fotosynthetischen Pigmenten variieren stark in Abhängigkeit vom Lichtangebot, das im Habitat der Korallen herrscht. Bei wenig Licht erhöhen sich die Anzahl der Algenzellen und die Menge der Pigmente, um den Lichtmangel zu kompensieren. Auf der anderen Seite steigt der Gehalt von vor Licht schützenden, mycosporinartigen Aminosäuren (siehe Seite 184ff.) als Anpassung an das Leben in stark beleuchteten Habitaten. Chlorophyll a, ein Hauptpigment in Symbiosealgen, absorbiert kaum Licht von einer Wellenlänge um 430 nm (blaues Licht). Zu viel Licht führt zu einer Fotosynthesehemmung mit der Folge von oxidativem Stress für

Wunderhübsche Fluoreszenzfarben in *Knopia octocontacanalis*. Dies ist eine Röhrenkoralle der neu beschriebenen Gattung *Knopia* (benannt nach Daniel Knop), Familie Clavulariidae (Alderslade & McFadden 2007). Foto: D. Knop

den Wirt. Folglich kann nur das Zyan-Fluoreszenzprotein, das ein Anregungsmaximum zwischen 430 und 450 nm zeigt, für eine wirksame Verringerung der Lichtintensität verantwortlich sein, die auf die Symbiosealge trifft (WIEDENMANN 2005).

Die meisten grünen, gelben und roten Fluoreszenzproteine emittieren und/oder absorbieren Licht von Wellenlängen, die nur geringe Auswirkungen auf die Fotosynthese haben, weshalb sie für den Zweck der Lichtabschirmung ungeeignet sind. Auch die Mehrheit der Fluoreszenzproteine zeigt nur wenig Absorbtion im UV-Bereich (320–400 nm), was eine ausschließliche UV-Abschirmungsfunktion unwahrscheinlich macht (WIEDENMANN 2005). WIEDENMANN (2004) stellte auch fest, dass azooxanthellate Nesseltiere (die keine Symbiosealgen besitzen), die in Habitaten mit wenig Licht leben, dennoch grüne und rote Fluoreszenzproteine enthalten können, was wiederum die Hypothese unterstützt, dass Fluoreszenzpigmente bei Nesseltieren keine Lichtschutzfunktion erfüllen.

WARD (2002) sieht die Bestandteile nur im Zusammenhang mit „optischen Zielen" und nimmt an, dass Fluoreszenzproteine von Korallen und Seeanemonen hergestellt werden, um einen visuellen Kontrast zu erzeugen, weshalb angenommen wird, dass für diese Tiere eine Notwendigkeit besteht, gesehen zu werden. MATZ et al. (2006) stellten erstaunlicherweise fest, dass Fluoreszenzproteine Korallen eventuell für Fische weniger farbig erscheinen lassen könnten, was den Effekt der Absorbtion durch die fotosynthetischen Pigmente der Symbiosealgen ausgleichen würde. Sie folgerten, dass die Anwesenheit von GFP eine Art Schutz vor Herbivoren darstellen könnte und dass eine GFP-bedingte Färbung von Korallen ein wichtiger Faktor in der visuellen Ökologie von Korallenfischen sein könnte.

Biologische Funktionen von Fluoreszenzproteinen

Erfüllen Fluoreszenzproteine irgendeinen Zweck und wenn ja, welchen?

Das Geheimnis um diese Frage ist weit davon entfernt, vollständig gelüftet zu sein. Wie bereits festgestellt, spielen Fluoreszenzproteine eine Rolle als molekulare Marker, was bedeutet, dass sie Indikatoren für das Stattfinden eines chemischen oder physikalischen Vorgangs sind. Das GFP der biolumineszenten Qualle *Aequorea victoria* (üblicherweise als „avGFP" bezeichnet) hat die Forschung in der Biowissenschaft als spezifische Proteinmarkierung, zum Verfolgen der Genexpression und als Marker für sich ändernde Umweltbedingungen wie pH und Ca^{2+} in lebenden Zellen und Geweben revolutioniert (WIEDENMANN 2005). Fluoreszenzproteine sind deshalb zu einem wichtigen Bestandteil in der Biomedizin geworden, z. B. um Krebsmetastasen zu verfolgen, Regulatorgene während der Tumorentstehung zu beobachten oder in Studien zu Virusinfektionen.

Es sei bemerkt, dass die Nutzung von Fluoreszenzproteinen z. B. von *A. victoria* in der modernen Entwicklungsforschung weit verbreitet ist. Die Gene für grüne Fluoreszenzproteine (GFP) dieser Arten wurden in das Erbmaterial vieler Arten eingebracht, um fluoreszierende Varianten von Pflanzen und Tieren zu schaffen – zunächst zu Forschungszwecken und später auch als Kuriosität für den Zoofachhandel und Aquaristikmarkt. Dabei wurde dem Zebrabärbling (*Danio rerio*) und dem japanischen Reisfisch oder Medaka (*Oryzias latipes*) die

Lederkorallen der Gattung *Sarcophyton*, deren Polypen fluoreszieren, gehören zu den Raritäten.
Foto: E. Kerkenberg

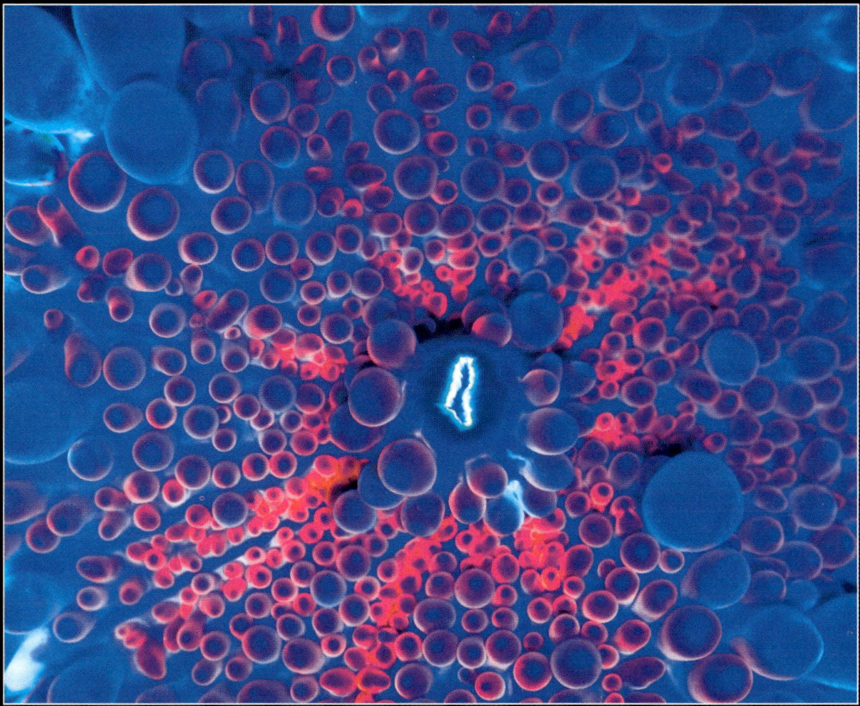

Bei den meisten Tieren der Art *Ricordea yuma* hat man gute Chancen auf ausgeprägte Fluoreszenzen.
Foto: E. Kerkenberg

Dieses 700-l-Aquarium ist als spezielles Fluoreszenzaquarium konzipiert. Die weißen Leuchtstoffröhren sind nur in der Nachtphase eingeschaltet.
Foto: E. Kerkenberg

Leider sind die wenigsten Zylinderrosen für die Fluoreszenzfotografie geeignet. Wird man jedoch fündig, so besitzt man ein zauberhaftes Fotoobjekt.
Foto. E. Kerkenberg

zweifelhafte Ehre zuteil, die ersten kommerziell erhältlichen „leuchtenden" Haustiere zu sein. Das rote Fluoreszenzprotein (RFP) der Scheibenanemone *Discosoma striata* wird für ähnliche Zwecke genutzt (FOSSÅ 2002, 2007). (Übrigens: Import, Handel und Haltung genetisch veränderter Organismen sind in den meisten Ländern der Welt streng geregelt, und die private Haltung derartiger Fische ist zurzeit in Europa **illegal**.)

Insgesamt müssen wir bilanzieren, dass nur die Zukunft die biologischen Funktionen von Fluoreszenzproteinen vollständig preisgeben wird. Die prächtigen Fluoreszensfarben werden in der Natur nur von wenigen Menschen bemerkt, nicht weil sie selten wären, sonden weil sie unter speziellem Licht betrachtet werden müssen und weil sie einen neuen Weg repräsentieren, das Leben unter Wasser zu sehen. Das Korallenriff-Aquarium ist ein hervorragendes Hilfsmittel, um diese wunderschöne und hochinteressante Eigenschaft der Korallenriffbewohner zu studieren.

Licht und Fotosynthese

Da in unseren Korallenriffaquarien vornehmlich Algen sowie insbesondere Wirbellose mit symbiotischen Algen (Zooxanthellen) gepflegt werden, sind weitergehende Kenntnisse über die Fotosynthese von großem Nutzen. Die Fotosynthese verläuft in zwei Teilreaktionen: Bei der Lichtreaktion wird mit Hilfe der Strahlungsenergie chemische Energie aufgebaut, wobei gleichzeitig Sauerstoff entsteht. Ein sehr komplexer Prozess, bei dem u. a. sog. Ferrodoxine eine Rolle spielen, Eisenproteine für den fotosynthetischen Elektronentransport. Während der Dunkelreaktion, für die Licht nicht erforderlich ist, wird aus Kohlendioxid Glucose aufgebaut.

Die Licht absorbierenden Pigmente von Pflanzen (einschließlich Algen) sind in Strukturen lokalisiert, die man Chloroplasten nennt. Die Zellen auf dem Foto sind von einer Moos-Art (*Mnium* sp.), die große Zellen und zahlreiche große Chloroplasten hat. Die Zellen sind etwa 0,04 x 0,02 mm groß und die Chloroplasten messen ungefähr 0,003 mm im Durchmesser. Zellwände, die die einzelnen Zellen voneinander trennen, sind deutlich sichtbar.
Foto. Bioquatic Photo

Die Lichtreaktion erfolgt mittels sog. Fotosynthesepigmente. Die Wich-

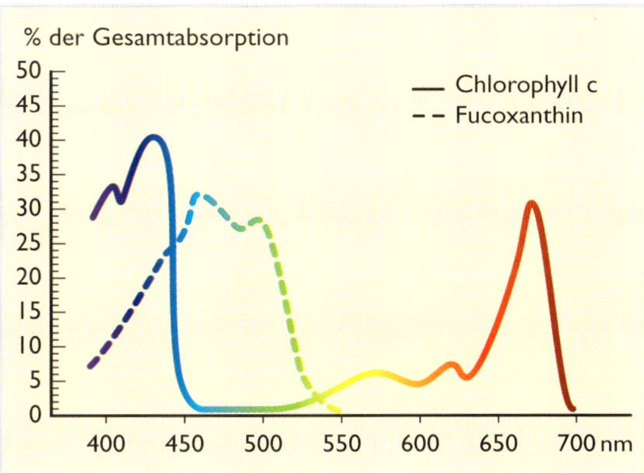

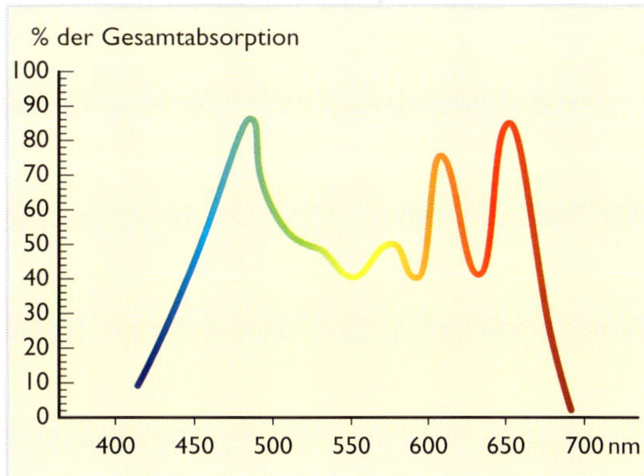

Diagramm 3.9 (oben links): Absorptionsspektren von Fucoxanthin und Chlorophyll c
Modifiziert nach Ray (1972)

Diagramm 3.10 (oben rechts): Absorptionsspektrum von Chlorophyll b
Modifiziert nach Ray (1972)

tigsten dieser Farbstoffe sind die Chlorophylle, von denen mittlerweile acht unterschiedliche Pigmente bekannt sind. Zudem gibt es Carotinoide und Phycobiline, die man u. a. in Rot- und Blaualgen findet. Die verschiedenen Pflanzenpigmente absorbieren jeweils in unterschiedlichen Spektralbereichen. Das heißt, dass ein Pigment einen Teil des Spektrums, jedoch nicht den gesamten Spektralbereich nutzen kann. So hat jedes Pigment ein bestimmtes Absorptionsspektrum. Dieses zeigt, welche Teile des Lichtes das betreffende Pigment nutzen kann (siehe Diagramme oben und unten).

Das am häufigsten vorkommende Pigment, Chlorophyll a, absorbiert maximal bei 430 und 670 nm, also im blauen und roten Bereich des sichtbaren Spektrums. Carotinoide, wie z. B. das β-Carotin, absorbieren maximal zwischen 450 und 500 nm, also im blaugrünen Bereich des Spektrums. Phycobiline absorbieren dagegen meist grünes bis orangefarbenes Licht. Die Pigmente überlagern sich gegenseitig, sodass nur die farbigsten oder dominierenden den Algen ihre äußerliche Farbe geben. Grüne Pigmente sind immer vorhanden, auch in Algen, die uns rot erscheinen. Insgesamt können die Pflanzenpigmente somit einen Großteil des Spektrums nutzen.

Indem man die Sauerstoffmenge misst, die bei verschiedenen Wellenlängen produziert wird, kann man auf das sog. Aktionsspektrum schließen

Diagramm 3.11 (unten links): Absorptionsspektren von Phycoerythrin und Phycocyanin
Modifiziert nach Ray (1972)

Diagramm 3.12 (unten rechts): Absorptionsspektren von Fucoxanthin und Chlorophyll c
Modifiziert nach Ray (1972)

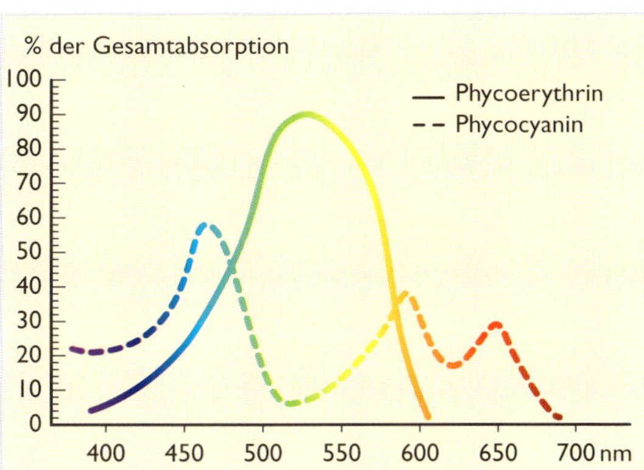

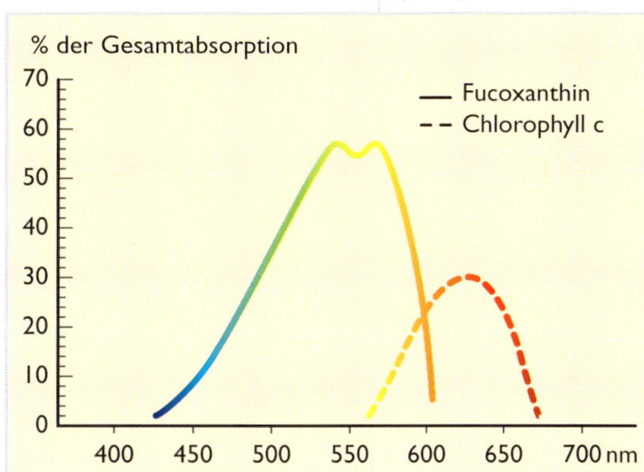

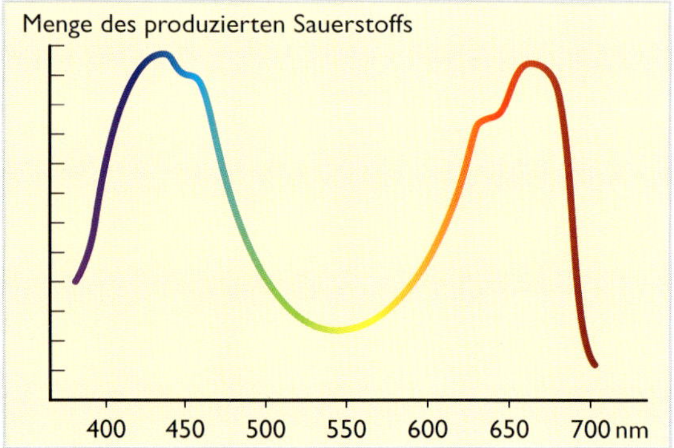

Diagramm 3.13: Das Aktionsdiagramm verdeutlicht, bei welchen Wellenlängen die Fotosynthese am effektivsten läuft. Modifiziert nach WALLACE et al. (1986)

(Diagramm links), das anzeigt, welche Wellenlängen bei der Fotosynthese am effektivsten sind. Das Aktionsspektrum von Grünalgen und Landpflanzen, das Peaks bei blauem und rotem Licht aufweist, kommt den Kurven von Chlorophyll a und Chlorophyll b sehr nah, während das Aktionsspektrum von Braunalgen aufgrund des Vorhandenseins des Pigments Fucoxanthin auch Peaks bei etwa 550 nm zeigt.

Beleuchtungsstärke und die Lichtverhältnisse im Meer

Die Tageslichtintensität kann sehr unterschiedlich sein. Man denke nur an die Gebiete des hohen Nordens, wo es während der Wintermonate fast ganz dunkel ist. In dieser Jahreszeit steht den dortigen Meeresbewohnern selbst im flacheren Wasser nur sehr wenig Licht zur Verfügung. Vergleicht man diesen fast totalen Lichtmangel mit der Lichtfülle äquatorialer Meeresgebiete, ergibt sich naturgemäß ein gewaltiger Unterschied. Es ist selbstverständlich, dass man diesen Gegebenheiten Rechnung tragen muss, will man den Meerestieren tropischer Gebiete im Aquarium optimale Lebensbedingungen bieten. Allerdings gibt es nur wenige Korallen, die die extreme Lichtfülle der Flachwasserzone

Lichtintensität im tropischen Meer. Das kleine Riff in der Mitte der Coral Sea erreicht bei Niedrigebbe die Wasseroberfläche. Die *Acropora*-Kolonien, die auf dem Riffdach wachsen, werden dann von dem intensiven Sonnenlicht direkt getroffen. Die Lichtintensität kann hier zur Mittagszeit mehr als 100.000 Lux. Foto: Bioquatic Photo

eines Korallenriffs tolerieren. Diese Korallen bilden S-320-Pigmente aus, die sie vor der starken UV-Strahlung schützen. TITLYANOV & LATYPOV (1991) geben interessante Informationen darüber, wie die Fauna in Relation zur Lichtintensität aufgebaut ist.

Licht ist nicht nur ein lebenswichtiger Parameter für Riffkorallen und andere Organismen, die symbiotische Algen beherbergen, es ist auch einer der am schwierigsten zu messenden Parameter. Die Intensität des Lichtes oder der Lichtfluss hängt ab von dem Winkel, in dem das Licht auftrifft. Wenn man ein genaues Luxmeter in verschiedenen Winkeln auf eine Lichtquelle richtet, kann man die Unterschiede der gemessenen Werte gut erkennen. Dies bezeichnet man als „Strahlungs-Lichtfluss", diese Messungen werden in der Praxis aber kaum angewandt.

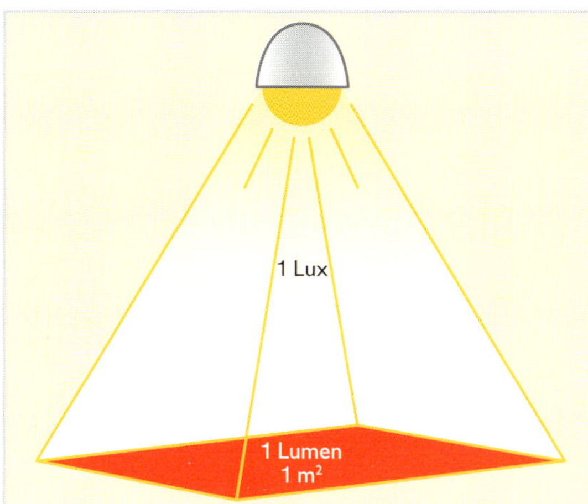

Knapp unter der Wasseroberfläche ist die Lichtintensität in der Coral See nach wie vor sehr stark, jedoch bereits um 50 % vermindert im Vergleich zur Intensität an der Wasseroberfläche. Dies ermöglicht sehr viel mehr Lebewesen zu überleben. Dennoch benötigen sie Schutzpigmente, um nicht von der starken Strahlung geschädigt zu werden. Foto: Bioquatic Photo

Die Beleuchtungsstärke wird in Lux (lx) gemessen und gibt das Verhältnis des auffallenden Lichtstroms, der in Lumen (lm) angegeben wird, zur beleuchteten Oberfläche an. Die Beleuchtungsstärke beträgt 1 lx, wenn ein Lichtstrom von 1 lm auf eine Fläche von 1 m^2 gleichmäßig auftritt.

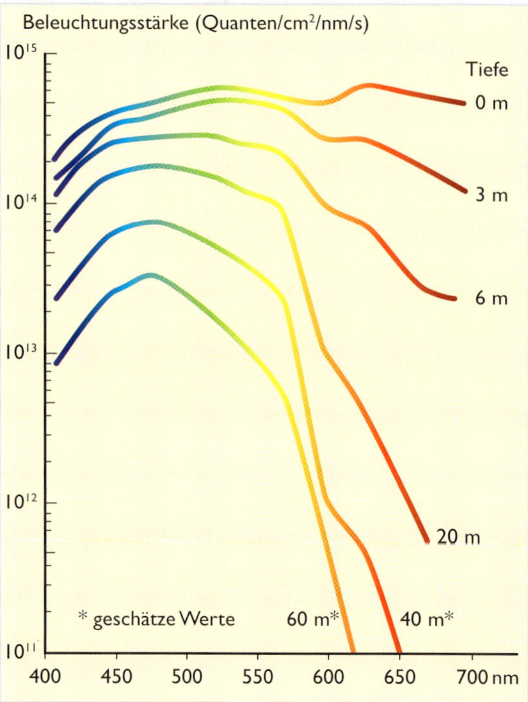

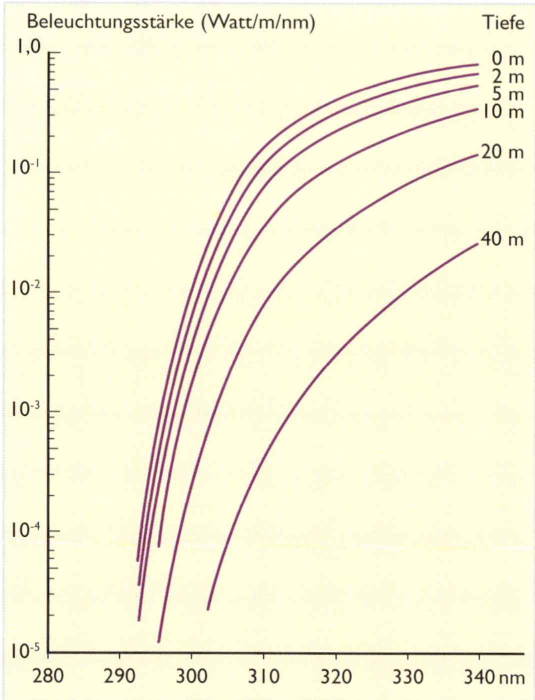

Diagramm 3.14 (oben links): Spektrale Verteilung der Beleuchtungsstärke in verschiedenen Wassertiefen im Dancing Lady Reef, Jamaika, an einem durchschnittlich sonnigen Tag zwischen Februar und April 1978. Modifiziert nach DUSTAN (1979)

Diagramm 3.15 (oben rechts): Ausbreitung des UV-B-Lichts zur Mittagszeit in verschiedenen Wassertiefen in Abhängigkeit von der Wellenlänge. Modifiziert nach SMITH & BAKER (1979)

Stattdessen wird gewöhnlich die Lichtmenge angegeben, die auf einen bestimmten Oberflächenbereich auftrifft. Diese bezeichnet man als „Beleuchtungsstärke“ und definiert sie theoretisch als den Fluss von Lichtenergie, der auf einen bestimmten Bereich einer Oberfläche auftrifft, geteilt durch diese Oberfläche (JERLOV 1968; FALKOWSKI et al. 1990). Es gibt verschiedene Maßeinheiten, die bei der Messung von Licht verwandt werden und die nicht alle einfach zu verstehen sind (siehe auch Seite 178).

Die Beleuchtungsstärke im Riff ist normalerweise hoch (siehe Diagramm auf Seite 203). Werte über 100.000 Lux sind zur Mittagszeit an der Oberfläche

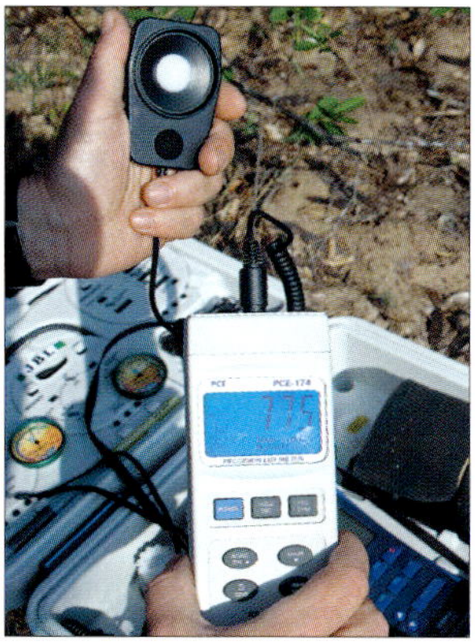

77.500 Lux zur Mittagszeit in der Karibik gemessen.
Foto: H. Blessin, JBL

Tabelle 3.5 | Beleuchtungsstärke am Mittag am Äquator Modifiziert nach OMMEN (1992)

Wassertiefe (m)	Beleuchtungsstärke (lx)		
	Minimum	Maximum	Durchschnitt (einschl. Wolken)
Oberfläche	114.543	126.520	77.420
5	28.636	31.630	19.355
10	16.039	17.713	10.839
20	9.136	10.122	6.194
100	46	51	31

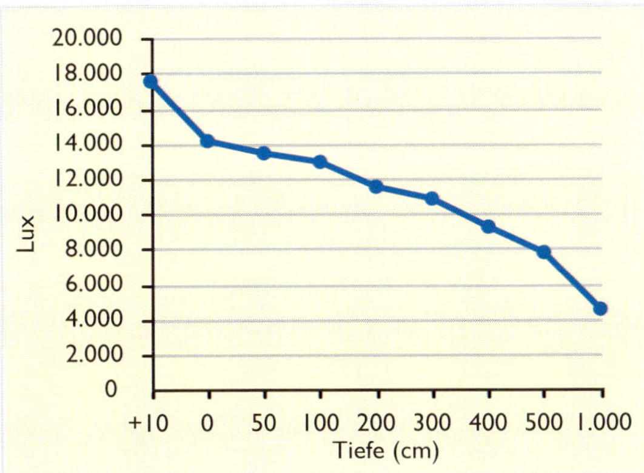

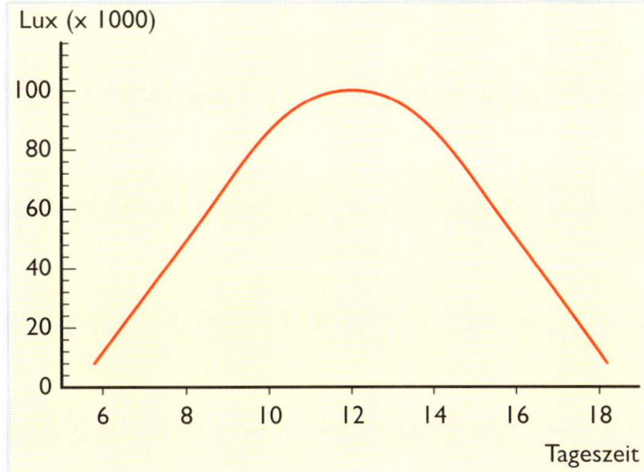

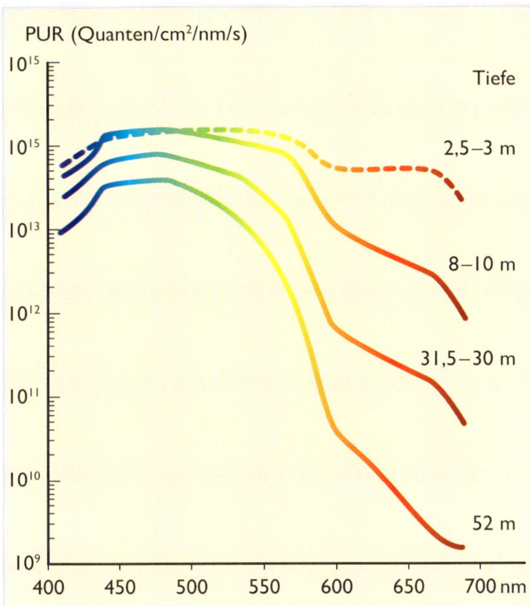

Diagramm 3.16 (oben links): Beleuchtungsstärke gemessen am 14. September um 14:00 Uhr bei St. Eustatius, Niederländische Antillen, Karibik. JBL Expedition Karibik 2004

Diagramm 3.17 (oben rechts): Beleuchtungsstärke des Sonnenlichtes an der Wasseroberfläche eines Korallenriffs im Verlaufe eines Tages
Modifiziert nach SAUER (1989a)

Diagramm 3.18 (links): Fotosynthetisch nutzbare Strahlung (PUR) für Zooxanthellen, die aus der Steinkoralle *Montastrea annularis* (Standort Discovery Bay, Jamaika) isoliert wurden
Modifiziert nach DUSTAN (1979)

eines Riffs in Äquatornähe keine Seltenheit. Die Tabelle 3.5 zeigt ein Beispiel der Lichtschwankungen in der Nähe des Äquators. Die Beleuchtungsstärke verändert sich mit der Tiefe und der Tageszeit (siehe Diagramme auf Seite 202).

Auch die Spektralenergie verändert sich mit der Tiefe und den örtlichen Gegebenheiten. Im Allgemeinen wird das rote Licht schnell absorbiert, während das blaue Licht bis in die Tiefen des Ozeans vordringt. Ultraviolette Strahlung spielt in der Ökologie eines Riffs eine wichtige Rolle, aber wenn sie zu stark ist, kann sie lebenden Geweben erheblichen Schaden zufügen (siehe Seite 180). Das Diagramm auf Seite 202 rechts zeigt, dass selbst die kurzen Wellenlängen des ultravioletten Lichtes bis in Tiefen von 40 m vordringen können. Welche Menge an UV-B-Strahlung auf die Korallen auftrifft, hängt in erster Linie davon ab, wie klar das Wasser ist, und wird von einer Filterung mit Aktivkohle stark beeinflusst.

In tropischen Korallenriffen, in denen das Wasser arm an Nährstoffen und sehr klar ist, liegt die maximale Durchdringung zwischen 440 und 490 nm, was dem offenen Meer seine kräftige blaue Farbe verleiht. In Küstenbereichen, wo das Wasser mehr Nährstoffe und Partikel enthält und die Phytoplanktonblüte oft kräftiger ist, liegt die maximale Durchdringung bei 550 nm, d. h. das Wasser ist mehr grün als blau. Im Allgemeinen kann man aber davon ausgehen,

Taucht man im kristallklaren Wasser der Coral Sea tiefer und tiefer, wird die Lichtintensität mehr und mehr reduziert. In 10 m Tiefe beträgt sie nicht mehr als 20 % im Vergleich zur Wasseroberfläche, und in 20 m Tiefe ist die Lichtintensität auf weniger als 10 % reduziert. Hier können nahezu alle Organismen sehr gut gedeihen. Hermatypische Korallen wachsen Seite an Seite mit Organismen, die keine symbiotischen Algen haben. Foto: Bioquatic Photo

dass das Wasser in einem Korallenriff klar, nährstoffarm (oligotroph) sowie von bläulicher Färbung ist und relativ viel ultraviolette Strahlung aufnimmt.

Die Helligkeit in einem Korallenriff kommt nicht nur durch die Lichteinstrahlung von oben. Die Reflektion vom Sanduntergrund her führt dazu, dass aufwärts gerichtete Lichtstrahlen die Korallen von unten her beleuchten.

In Höhlen des Riffhangs, in 25–30 m Tiefe, ist das Licht schwach. Hermatypische Korallen fehlen hier, aber azooxanthellate Gorgonien wachsen in großer Anzahl.
Foto: Bioquatic Photo

Auf diese Weise nach oben reflektiertes Licht ist wichtig für Korallenarten, die die unteren Stockwerke der Riffe besiedeln (ROOS 1967; FALKOWSKI et al. 1990). Diese Art von indirekter Beleuchtung findet sich in unseren Aquarien nur in geringem Ausmaß, oft fehlt sie ganz. Man kann oft beobachten, dass die unteren Bereiche ansonsten gesunder Korallen absterben. In manchen Fällen könnte dies daran liegen, dass diese Bereiche zu wenig Licht erhalten und ihnen insbesondere das indirekte, vom Bodengrund reflektierte Licht fehlt.

Faktoren wie Materialpartikel im Wasser, Planktonblüte und die Wasserwerte selbst beeinflussen ebenfalls die Menge und die Art des Lichts, das die Korallen erreicht. Ein horizontal gelagertes Substrat erhält natürlich erheblich mehr Licht als ein vertikales. Nach FALKOWSKI et al. (1990) ist es möglich, dass ein vertikales Substrat nur 25 % der Lichtmenge erhält, die auf ein horizontales Substrat in gleicher Tiefe auftrifft.

Taucht man weiter hinab, wie hier in 90 m Tiefe bei Radazul, Teneriffa, wird es schnell dunkel und man trifft nur noch selten auf Organismen. Das Foto zeigt eine azooxanthellate Tiefwasser-Steinkoralle, wahrscheinlich *Lophelia pertusa*. Man beachte aber, dass Amateurtaucher niemals in diese Tiefen abtauchen dürfen, da dies extrem gefährlich ist.
Foto: H. Blessin, JBL

Wellen können wie Linsen wirken und im flachen Wasser Lichtblitze verursachen. Wenn die fotosynthetisch wirksame Strahlung („PAR" = photosynthetically available radiation), die auf die Oberfläche auftrifft, zwischen 2.100 und 2.500 µE/m²/s misst, treten Lichtblitze von mehr als 4.000 µE/m²/s mit einer Häufigkeit von 1–3,5 Blitzen pro Sekunde auf (FALKOWSKI et al. 1990). Es gibt Vermutungen, dass diese Lichtblitze in der Ökologie flacher Riffbereiche eine wichtige Rolle spielen könnten. In unseren Aquarien gibt es keine Wellen (wenn wir sie nicht mit besonderen Geräten künstlich erzeugen), und deshalb fehlt dieser Einfluss ganz.

Die Zooxanthellen und andere Algen sind an die Lichtbedingungen in ihrer speziellen Umgebung besonders angepasst und nutzen die zur Verfügung stehende Spektralenergie für ihre Fotosynthese. Nur ein Teil der vorhandenen Strahlung kann für die Fotosynthese nutzbar gemacht werden, die fotosynthetisch nutzbare Strahlung („PUR" = photosynthetically usable radiation). Die PUR hängt funktional von der Beleuchtung und dem auf bestimmte Wellenlängen eingestellten Absorptionsspektrum der Algenzellen ab und unterscheidet sich von der PAR. Typischerweise absorbieren die wichtigen Pigmente (siehe Seite 199f.), einschließlich des Chlorophylls a, das meiste Licht im „blauen Spektrum" zwischen 400 und 500 nm sowie im „roten Spektrum" zwischen 650 und 700 nm. Es ist interessant festzustellen, dass die Absorption von Energie durch die Zooxanthellen von der Tiefe abhängt. Wie bereits zuvor festgestellt, deuten neue Forschungsergebnisse darauf hin, dass Fluorezenzkörnchen das verfügbare Licht für die Fotosynthese von Korallen, die an das Leben in größeren Tiefen angepasst sind, verstärken. Wir werden uns mit der Biologie der Zooxanthellen in Band 2 dieser Buchserie genauer befassen.

Die Beleuchtungsstärke im Korallenriff variiert außerordentlich je nach Einstrahlung und Wassertiefe. Auch ein bedeckter Himmel reduziert die Strahlung. Die Diagramme auf Seite 203 geben Beispiele der Beleuchtungsstärke im Tagesverlauf und in unterschiedlichen Wassertiefen zu verschiedenen Tageszeiten bei ungehinderter Lichteinstrahlung. Man beachte die enorme Lichtfülle an der Wasseroberfläche zur Mittagszeit. Die meisten Tiere, die eine hohe Lichtenergie benötigen, weil sie Zooxanthellen beherbergen, leben in 1 m Wassertiefe oder tiefer. Verglichen mit den Verhältnissen an der Wasseroberfläche bedeutet dies eine Verringerung der Strahlung um mindestens 55 %. Doch die 45.000 Lux, die man dort um die Tagesmitte messen kann, entsprechen immerhin 38 Leuchtstofflampen à 36 Watt auf einem Quadratmeter! Bei bewölktem Himmel nimmt die Beleuchtungsstärke im Riff selbstverständlich erheblich ab, jedoch ist sie immer noch sehr hoch.

Wenn man ein Korallenriff-Aquarium anstrebt, das die Fauna des Riffdachs beherbergt, benötigt man im Vergleich zur üblichen Aquarienbeleuchtung eine sehr hohe Beleuchtungsstärke. Das Leben auf dem Riffdach ist an eine starke Sonneneinstrahlung angepasst. Auch ist das Riffdach den Gezeiten ausgesetzt, was einen Wechsel in der Lichtintensität von starker Einstrahlung bei Flut und noch stärkerer Einstrahlung bei Ebbe bedeutet. Diese Faktoren werden im Riffaquarium oft nicht berücksichtigt. Außerdem variieren die Verhältnisse auf dem Riffdach von Tag zu Tag, denn mal ist es bewölkt, ein anderes Mal regnet es, wobei die Sonne an den meisten Tagen scheint – aber auch Wellen und Wind, die die Wasseroberfläche kräuseln, beeinflussen die Bestrahlungsstärke. Solche Bedingungen sind in einem Aquarium technisch sehr schwer umzusetzen. Würden wir die Gezeiten, den Wind und die Wellen wechselnd simulieren und dazu das künstliche Riffdach stark beleuchten, würden wir vermutlich feststellen, dass die Korallen anders wachsen und sich entwickeln würden als in einem gewöhnlichen Aquarium.

Die Fauna, die ein paar Meter unterhalb des Riffdachs auf Riffhängen lebt, ist durchschnittlich sehr viel weniger Licht ausgesetzt als die Tiere, die direkt auf dem Riffdach leben – aber auch hier verändern sich die Lichtbedingungen mit dem Wetter. Die Licht-Technik, die wir in unseren Riffaquarien nutzen, kommt den Bedinungen auf dem oberen Riffhang recht nahe, doch von der Simulation des natürlichen Lichtsystems sind wir noch weit entfernt.

Korallen, die auf dem Riffdach gesammelt wurden und im Aquaristikladen leuchtend rot und blau erscheinen, verwandeln sich im Aquarium oft in „langweilig" braune Korallen. Die schönen grünen, roten und blauen Farben verschwinden, sowie die Lichtintensität abnimmt. Gleichzeitig vergrößert sich die Population der Zooxanthellen, was dann zur üblichen braun-gelblichen Färbung führt. Solche Bedingungen sorgen zwar für gesunde Korallen, die aber weniger farbig sind als diejenigen, die stärkerem Licht ausgesetzt werden. Fluoreszenzpigmente sind trotzdem noch im Korallengewebe vorhanden und können nachts betrachtet werden, wenn eine aktinische blau oder eine „Schwarzlicht"-Leuchtstoffröhre zum Einsatz kommen.

Halogen-Metalldampflampen (siehe Seite 219) sind heute die mit Abstand am weitesten verbreiteten Lampen in der Riffaquaristik. Sie scheinen anfangs sehr stark, lassen aber rasch nach. Indem man die Brenner alle 8–12 Monate austauscht, verursacht man eine regelmäßige Langzeit-Schwankung, ganz anders als die natürlichen Lichtveränderungen im Korallenriff.

Entscheidet man sich dagegen für ein Aquarium mit Tieren aus tieferen Teilen des Riffs, so ist der Aufwand für die Aquarienbeleuchtung geringer. Die Beleuchtungsstärke ist in diesem Biotop stark vermindert, blaues Licht dominiert. Nur wenige Tiere mit Zooxanthellen können hier leben. Typische Höhlenbewohner und azooxanthellate Korallen gedeihen dort dagegen gut, stellen aber auf der anderen Seite sehr hohe Ansprüche an die Verfügbarkeit von Nährstoffen. Ein Aquarium für azooxanthellate Korallen ist im Allgemeinen sehr schwer über einen längeren Zeitraum gesund zu erhalten!

Um festzustellen, wie hoch die Beleuchtungsstärke im Aquarium ist, kann man den Luxwert mit einem entsprechenden Messgerät ermitteln, aber eine entsprechende Ausrüstung zum Messen der Lichtintensität in und über dem Aquarium war für Aquarianer bisher kaum erhältlich, teilweise auch wegen der hohen Kosten solcher Gerätschaften. Dieser Zustand hat sich verändert, denn heute sind ausgezeichnete Fotometer und Messgeräte mit Standardsensoren für den Landeinsatz sowie Unterwassersensoren zu moderaten Preisen erhältlich.

Mondlicht

Es mag verwunderlich klingen, aber das Licht des Mondes spielt in der Ökologie eines Riffs tatsächlich eine wichtige Rolle. Es ist ein Schlüsselfaktor bei der Fortpflanzung vieler Organismen und löst das Massenablaichen der Korallen aus, das jedes Jahr im Großen Barriereriff und an anderen Orten im Pazifik stattfindet. Die Temperatur ist ein anderer wichtiger Faktor, der Einfluss auf die Fortpflanzung hat, und der monatliche Zyklus des Mondes scheint mit einem Jahrestemperaturrhythmus korreliert zu sein. In Band 4 befassen wir uns mit weiteren Einzelheiten der Fortpflanzung der Korallen, möchten aber hier schon die technischen Möglichkeiten beschreiben, wie künstliches Mondlicht über einem Aquarium simuliert werden kann.

Linke Seite: Der Mond scheint über dem Großen Barriereriff. Während der Nacht werden die Korallen vom Mondlicht beleuchtet und durch den monatlichen Mondzyklus beeinflusst. Das Mondlicht ist einer der Schlüsselfaktoren, die das Massenablaichen der Korallen steuern. (Das Foto wurde entsprechend bearbeitet.) Foto: Bioquatic Photo

Der Mond hat von Natur aus einen Zyklus von 29,5 Tagen. Für unsere aquaristischen Zwecke können wir von 30 Tagen ausgehen, was bedeutet, dass am 16. Tag Vollmond und am 1. Tag Neumond sein sollte. Die Stärke des Mondlichtes sollte sich wie im Diagramm rechts gezeigt verändern. Die Geräte, die man benötigt, um diese Vorgänge zu automatisieren, sind „Programmierbare Logische Systemeinheiten" (PLS) wie z. B. Siemens Simatic S5 oder vergleichbare Systeme. Wenn diese mit einem Siemens-HEFU-Dynamic-Gerät oder einem vergleichbaren Gerät verbunden werden, kann die Beleuchtungsstärke reguliert werden, indem der Computer die Stromstärke für eine blaue Leuchtstofflampe automatisch von Tag zu Tag höher einregelt. Selbstverständlich kann man die Mondlichtsimulation auch von Hand steuern, aber dies bedeutet, dass diese Prozedur täglich von neuem durchgeführt werden muss.

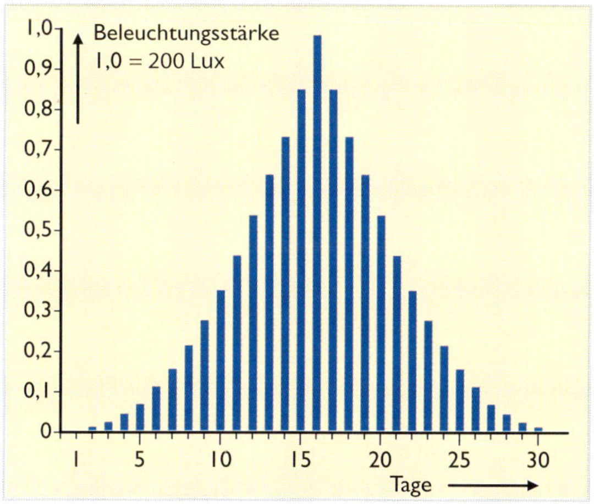

Diagramm 3.19: Verlauf der Beleuchtungsstärke, gemessen an den Korallen im Aquarium, eines künstlichen Mondlichtes nach Tyree (1994). Der Anstieg bis zum Maximum (Vollmond) und der Abfall bis zum Minimum (Neumond) sollten logarithmisch verlaufen.

Nach Tyree (1994), basierend auf Jokiel et al. (1985), ist die Beleuchtungsstärke des Vollmondes ungefähr 0,01 $\mu E/m^2/s$, was 2 x 10^6 mal schwächer ist als

Beleuchtungseinheit MOONLIGHT der Firma Giesemann Lichttechnik & Aquaristic, bestehend aus vier dimmbaren T5-Lampen, zwei HQI-Brennern und integriertem Mondlicht. Zur Mondlichtsimulation steuert die Elektronik ein 5-W-NV-Halogenlicht mit täglich ansteigenden bzw. abfallenden Lichtwerten. 14 Tage lang steigt die Lichtleistung bis zum Maximum (Vollmond) an, danach verringert sich die Lichtleistung über 14 Tage bis zum Minimum (Neumond). Als weitere Besonderheit ist eine Wolkensimulation möglich. Foto: Giesemann Lichttechnik & Aquaristic

der normale Wert für die Tagesmitte von 2.000 µE/m²/s und damit sehr schwach. Mondlicht ist blau oder bläulich bis weißlich. TYREE (1994) experimentierte mit aktinisch blauen Leuchtstofflampen, die 60 cm über und 40 cm vor dem Riff im Aquarium befestigt waren und den Korallen Licht von 100–200 Lux spendeten. Wir selbst haben mit einer einzelnen 25-W-Glühlampe experimentiert, die nur 10 cm über der Wasseroberfläche befestigt war. Diese gab weniger als 50 Lux ab. Dieselbe Methode benutzte Fleming Jörgensen in Norwegen, der Anzeichen eines Massenablaichens in seinem Aquarium beobachten konnte (FOSSÅ & NILSEN 1995b). Heutzutage gibt es für Riffaquarien aufwändige, computergesteuerte Konstruktionen, die ein Mondlicht zusätzlich zu HQI und aktinischen Blauröhren enthalten. Für den fortgeschrittenen Aquarianer, der die Bedingungen des Korallenriffs naturnah nachempfinden möchte, sind solche Anlagen zu empfehlen.

Bedeutung des Lichts für das Korallenriff-Aquarium

Bei der Planung der Beleuchtung eines Meerwasseraquariums gibt es viel zu bedenken. Zunächst muss man wissen, welche Art von Tieren gehalten werden soll. Ein Aquarium, das schnellwüchsige, riffbildende Korallen enthalten soll, benötigt mehr Licht als ein Aquarium, in dem man Fische pflegen möchte, die auf und in der Sandzone leben. Möchte man Steinkorallen in schillernden Farben wie Blau, Pink, Rot, Grün und Gelb heranziehen, sollte der Lichtmenge viel Beachtung geschenkt werden.

Ein nostalgisches Foto, das ein typisches Beleuchtungssystem für ein 1.000-l-Riffaquarium zeigt (in diesem Fall von Rudi Krause in Berlin, 1985): 2 x 250 W HQI TS-D (Tageslicht) in Kombination mit Philips TL03 oder TL05 „blue“. Die HQI-Brenner weisen eine Lichtfarbe von etwa 5.000 K auf. Dieses System funktionierte sehr gut, und die Korallen wuchsen sehr stark. Der Einsatz dieser einfachen HQI-Lampen revolutionierte die Meerwasseraquaristik damals.
Foto oben: S. A. Fosså
Foto rechts: Bioquatic Photo

Anschließend gilt es, sich über die Aquariengröße Gedanken zu machen. Ein kleines Aquarium lässt sich am besten mit Leuchtstoffröhren beleuchten, während ein größeres Aquarium mit einer Wassertiefe von vielleicht mehr als einem Meter kaum ohne HQI-Beleuchtung auskommt. Der dritte Faktor, der bedacht werden muss, sind die Stromkosten sowie der Preis der Lampen selbst. Auch sollte man die von den Lampen abgegebene Hitze bedenken, denn ein großes Aquarium, das mit vielen Watt beleuchtet wird, erzeugt eine Menge Wärme, die eventuell in andere Räume des Hauses weitergeleitet werden könnte, um die Stromkosten voll auszunutzen. Schon jetzt ist es wichtig, sich auch über die Lichtkombination sowie den Platz oberhalb des Aquariums, den die Lichttechnik in Anspruch nimmt, Gedanken zu machen. Benötigt das ganze Aquarium die gleiche Lichtmenge oder ist es günstiger, einen stärker und einen weniger stark beleuchteten Teil im Aquarium zu schaffen? Wie löst man das Problem, Morgen- und Abenddämmerung zu simulieren? Auch in Erwägung ziehen sollte man in diesem Zusammenhang ein schwaches Licht, das die Mondphasen nachbildet. Und last but not least: Alle dauerhaft installierten elektrischen Einrichtungen dürfen nur von einem dafür ausgebildeten Elektriker angeschlossen werden!

In den frühen Tagen der Korallenriffaquaristik war das Thema Lichtquellen weitaus einfacher. Es gab nur ein paar Arten von HQI-Lampen, die mit ein oder zwei Typen blauer Leuchtstoffröhren kombiniert werden konnten. Heute sieht es da ganz anders aus. Eine Vielzahl verschiedener Lichtquellen ist erhältlich, und einige Hersteller haben ausgeklügelte, computergesteuerte Anlagen entwickelt, die HQI, aktinische Blaulichtröhren und manchmal sogar eine Mondlichtsimulation miteinander kombinieren. Zierliche Anlagen zum Betrieb von Hochleistungs-Leuchtstoffröhren sind sehr gebräuchlich. Mittlerweile haben wir die Möglichkeit, nahezu alle Arten von Lichtsystemen für unsere Aquarien herzustellen. Es gibt viele Variationsmöglichkeiten, und Grenzen setzt eigentlich nur noch der eigene Geldbeutel.

Beleuchtungssysteme

Ohne Frage spielen bei der Aquarienbeleuchtung auch ästhetische Gesichtspunkte eine Rolle. So möchte man gerne möglichst natürliche Lichtverhältnisse schaffen – etwa einen allmählichen Anstieg der Beleuchtung mit Beginn und ein langsames Erlöschen der Beleuchtung mit Schwinden des Tages. Dies kann man mit Schaltuhren erreichen, die die verschiedenen Lichtquellen in bestimmter Reihenfolge ein- bzw. ausschalten. Viele anspruchsvolle Geräte, die verschiedene Lichtquellen miteinander verbinden, verfügen über einen kleinen eingebauten (oder externen) Computer, der die Programmierung eines individuellen Lichtsystems ermöglicht.

Die Beleuchtungszeit eines Korallenriff-Aquariums sollte 12–14 täglich betragen. Im tropischen Korallenriff hat der Tag zwölf Stunden, und die Dämmerung ist nur sehr kurz, da die Sonne hier fast rechtwinklig auf den Horizont trifft. Doch muss unter allen Umständen eine totale Dunkelperiode oder eine Phase mit so geringer Lichtintensität, dass keine Fotosynthese stattfinden kann, eingehalten werden.

Das plötzliche Einschalten aller Lampen bedeutet großen Stress für alle Tiere! Dagegen können sich die meisten Organismen an einen kürzeren oder längeren Tag gewöhnen, sofern die Beleuchtungszeit nicht allzu plötzlich geändert wird. Früher war es üblich, die Blauröhren 1–2 Stunden vor und nach der Hauptbeleuchtung scheinen zu lassen, um Auf- und Untergang der Sonne zu simulieren. Teilweise wird dieses Verfahren, von der Dämmerung zu vollem Sonnenlicht umzuschalten, immer noch angewandt. Diese Methode führt jedoch zu einer sehr starken und abrupten Veränderung der Lichtbedingungen. Die große Anzahl technischer Neuheiten und die Auswahl an HQI-Lampen sowie Leuchtstoffröhren am Markt erlauben uns jedoch, durch Dimmen und Regulieren der Lichtleistung ein sehr natürliches Beleuchtungssystem zu entwickeln. Dies erfolgt durch computergesteuerte Einheiten, die oft in der Lampe verbaut sind. Sowohl HQI-Lampen als auch Leuchtstoffröhren können nach den Wünschen des Aquarianers gedimmt werden.

Beleuchtungseinheit „Aquasunlight" der Firma Aqua Medic. In dieser Einheit werden HQI-Brenner mit Leuchtstofflampen kombiniert.
Foto: Aqua Medic

Qualität, Quantität, Konstanz sowie Abwechslungsreichtum der Beleuchtung sind für die Lebewesen im Aquarium von größter Bedeutung. Die Zusammensetzung des Lichtes ist für die autotrophen Organismen essenziell, also für die verschiedenen Algenarten. Die wichtigsten Algen in einem Korallenriff-Aquarium sind die verschiedenen Kalkalgen und die Zooxanthellen. Letztere leben in den Entodermzellen (= Innenhautzellen) des Korallengewebes bzw. einiger anderer Wirbelloser. Da das Wirtstier in hohem Maße von seinen Zooxanthellen abhängig ist, ist es wichtig, diesen Algen besonders gute Lebensbedingungen zu bieten. Die Zooxanthellen absorbieren Licht im Bereich von etwa 350–750 nm. Dies bedeutet, dass sie einen Teil der UV-A-Strahlung nutzen, jedoch nur die Wellenlängen, die in der Nähe des sichtbaren blauvioletten Lichtes liegen. Wir müssen zwar den Lichtbedarf der symbiotischen Algen erfüllen, gleichzeitig aber auch darauf achten, dass wir die Wirtstiere nicht durch eine Beleuchtung mit kürzeren Wellenlängen als 350 nm schädigen. Die Beleuchtung soll in ihrem Spektrum so weit wie möglich dem natürlichen Tageslicht nahe kommen.

Die Zooxanthellen leben, wie schon häufiger angesprochen, in den Innenhautzellen der Korallen und sind – wie ihr Wirtstier auch – an hohe Lichtintensität angepasst. Das Licht in den Tropen hat einen hohen UV-Anteil, auch solcher Wellenlängen, die kürzer als 350 nm sind. Sowohl UV-A- als auch UV-B-Strahlung können ziemlich tief in das Wasser vordringen. Um sich vor diesen Strahlungen zu schützen, entwickeln manche Korallen chemische Verbindungen, die wie ein Filter wirken. Diese Stoffe findet man sowohl in den Zooxanthellen als auch in den Zellen der Korallenpolypen. Eine Gruppe von Verbindungen, die als S-320 bezeichnet wird, ist besonders wirksam. Diese Substanzen haben eine maximale Absorption bei 313 nm (siehe Diagramm Seite 182). DUNLAP & CHALKER (1986) haben drei verschiedene Verbindungen in der Steinkoralle *Acropora formosa* nachgewiesen, die zwischen 310 und 340 nm absorbieren. Korallen, die in etwas tieferem Wasser leben, besitzen nur noch einen minimalen Anteil an UV-absorbierenden Stoffen. Das Diagramm auf Seite 182 zeigt die Absorption von drei Steinkorallenarten der Gattung *Acropora*. Man erkennt, dass die Schutzwirkung bei Wellenlängen über 350 nm stark abnimmt. Andere Pigmente, die als Chromoproteine bekannt sind, enthalten Metallpigmente, sind aber nicht fluoreszent. Sie sorgen für schöne Farben wie Rot, Pink, Grün oder Blau und finden sich meist bei den Korallen, die in den flachsten Riffregionen leben und die schönsten Farben zeigen.

Wenn die Aquarienbeleuchtung zu stark ist und zu viel UV-Strahlung enthält, wird man schnell eine negative Reaktion der Tiere feststellen müssen. Viele Korallen öffnen sich unter solchen Bedingungen nicht, nach und nach verblassen ihre Farben. Die Ursache dafür ist, dass die Korallen allmählich ihre symbiotischen Algen verlieren. Die Zooxanthellen sterben ab. Eine zu hohe Lichtintensität kann sich auch für Korallen negativ auswirken, zu einer Fotosynthesehemmung der Symbiosealgen führen und nachfolgend oxidativen Stress für den Wirt bedeuten.

Beobachtet man im Korallenriff-Aquarium eine solche Reaktion, muss man entweder die Beleuchtungsstärke oder die Lichtzusammensetzung – eventuell auch beides – ändern. Man kann natürlich auch einen Standortwechsel der betroffenen Tiere vornehmen und sie in einem weniger stark beleuchteten Bereich des Aquariums platzieren. Man sollte jedoch nicht vergessen, dass sich Korallen und andere sessile Tiere über längere Zeit und bis zu einem gewissen Grad an die gegebenen Lichtverhältnisse anpassen können. Die Symbiosealgen entwickeln sich in Anzahl und Physiologie in Abhängigkeit vom Licht. Verändert man die Aquarienbeleuchtung abrupt – z. B. indem man über Nacht von einer Beleuchtung, die wenig oder keine UV-Strahlung umfasst, zu einer solchen wechselt, die viel davon emittiert – sind sehr drastische Reaktionen der sessilen Tiere zu befürchten.

Jedoch gibt es auch einige Faktoren der Lichtverhältnisse in den tropischen Meeren, die nicht so einfach für unsere Aquarienriffe imitiert werden können. In den Tropen geht die Sonne gegen 6–7 Uhr sehr schnell auf und verschwindet nach 12–13 Stunden ebenso schnell wieder. Während des Tages bewegt sich die Sonne am Himmel, weshalb sie aus verschiedenen Winkeln scheint. Die Intensität des Lichts ist mittags, wenn die Sonne hoch am Himmel steht, am größten, während sie nach dem Sonnenaufgang geringer ist. Am Nachmittag nimmt sie stark ab. Solche Variationen können unter Aquarienbedingungen nur schwer nachgebildet werden.

Ein weiterer Aspekt ist natürlich die Tatsache, dass auch wenn wir über die Tropen reden, nicht jeden Tag der Himmel klar ist und die Sonne scheint. Es gibt auch regnerische Phasen, in denen dunkle Wolken den Himmel bedecken und es beinahe täglich regnet. In manchen Gegenden regnet es oft kurz vor der Abenddämmerung. Mit anderen Worten: Die Annahme, dass die Sonneneinstrahlung die Korallenriffe jeden Tag im Jahr mit der gleichen Intensität trifft, ist nicht richtig. In Abhängigkeit vom lokalen Wetter gibt es Abweichungen in der Lichtintensität für jedes einzelne Riffgebiet. In unseren

Aquarien neigen wir allerdings dazu, das Licht jeden Tag mit derselben Stärke scheinen zu lassen, was definitiv nicht mit den Lichtbedingungen des natürlichen Korallenriffs zu vergleichen ist. Vielleicht wäre es ein Weg, im Aquarium ebenso mit wöchentlichen Veränderungen in der Beleuchtungsintensität zu experimentieren?

Verschiedene Faktoren an der Wasseroberfläche und in der Wassersäule beeinflussen ebenfalls die Menge an Licht, die bei den Organismen im Korallenriff ankommt. Wind erzeugt kleine und größere Wellen, die die Sonnenstrahlen brechen und dafür sorgen, dass diese das Substrat (und die Korallen) aus verschiedenen Winkeln erreichen. Jeder, der schon einmal an einem windigen Tag im Korallenriff getaucht ist, wird beobachtet haben, dass es aussieht, als würde die Sonne flimmern und als ob jemand einen starken Projektor über den Boden bewegte. Außerdem beeinflusst schlechtes Wetter die Trübung des Wassers. An windigen oder stürmischen Tagen werden große Mengen von Partikeln im Wasser aufgewirbelt, die das Licht abfangen. In manchen Gegenden ist die Menge von Plankton und toten organischen Partikeln in der Wassersäule jahreszeitenabhängig. Wir sind in Riffregionen getaucht, wie z. B. auf den Malediven, wo die Sichtweite an einem Tag über 40 m, am nächsten jedoch unter 10 m betrug.

Selbstverständlich hängen die Lichtverhältnisse in den Korallenriffen von der Sichtweite ab. Das heißt nicht, dass Korallen und andere Rifforganismen nicht wachsen und gedeihen können, wenn wir die genannten Faktoren außer Acht lassen. Es bedeutet nur, dass wir vermutlich feststellen müssen, dass Korallen in Riffaquarien anders wachsen als in der Natur.

Lichtquellen für das Korallenriff-Aquarium

Wie wir schon zuvor anmerkten, ist die Auswahl an verschiedenen Lichtquellen für das moderne Korallenriff-Aquarium in Bezug auf Funktionalität, Marken, Modelle, Größen und Preise immens groß. Bevor man sich für eine Aquarienbeleuchtung entscheidet, ist es ratsam, sich über die technischen Daten der Lichtquellen zu informieren, vor allem über die spektrale Zusammensetzung des Lichtes und die Lichtleistung (Lumen). Von den meisten Herstellern gibt es entsprechende Informationsblätter oder Kataloge. Wir wollen hier einen kleinen Teil der auf dem Markt befindlichen Lichtquellen vorstellen.

Traditionell gibt es zwei unterschiedliche Gruppen von Lichtquellen, die für die Beleuchtung eines Korallenriff-Aquariums in Frage kommen: Leuchtstofflampen und Halogen-Metalldampflampen (HQI). Während der letzten Jahre hat sich aber viel Forschungs- und Entwicklungsarbeit auf die LED (= „Light Emitting Diode")-Lichttechnologie konzentriert. Sie besitzt durchaus das Potenzial, weltweit der hauptsächtliche Beleuchtungstyp zumindest für kleine und mittlere Aquarien zu werden.

In den technischen Angaben der Hersteller werden für die Lichtquellen u. a. die Farbtemperatur und der Ra-Index angegeben. Die Farbtemperatur wird in Kelvin (K) gemessen. Je höher die Farbtemperatur ist, desto weißer oder „kälter" ist das Licht. Das bedeutet, es überwiegen violette, blaue und grüne Strahlungsanteile. Ist die Farbtemperatur niedriger, wirkt das Licht

„warm", es überwiegen orangefarbene und rote Spektralanteile. Es ist aufschlussreich, dies mit natürlichen Lichtverhältnissen zu vergleichen. So hat etwa das Licht vor dem Sonnenuntergang eine Farbtemperatur von ungefähr 2.500–3.900 K. Die Farbtemperatur der Sonne beträgt etwa 5.800 K. Das Tageslicht ist eine Mischung von direktem Sonnenlicht und Licht, das am Himmel reflektiert wird. Je nach Wetter und Tageszeit können bis zu 30.000 K gemessen werden. Künstliche Lichtquellen mit Farbtemperaturen um die 6.000–13.000 K sind für die Meerwasseraquaristik besonders empfehlenswert.

Der Ra-Index sagt etwas über die Güte der Farbwiedergabe einer Lichtquelle aus. Die Werteskala reicht von 0–100, wobei 100 für die beste Farbwiedergabe steht. Für die Beleuchtung eines Korallenriff-Aquariums sollten wir eine Hauptlichtquelle mit einem Ra-Index von über 80 auswählen.

Leuchtstofflampen

Aus gutem Grund sind Leuchtstofflampen seit langem die meistbenutzten Lichtquellen für kleine und mittelgroße Korallenriffaquarien. Mit ihnen kann man im Allgemeinen eine sehr gute Beleuchtung erreichen, und die Kombinationsmöglichkeiten verschiedener Leuchtstoffröhren sind groß. Neue Hochleistungsleuchtstoffröhren ermöglichen sogar, diese Technik für verhältnismäßig große Aquarien zu nutzen. Auch sind Leuchtstoffröhren einer bestimmten Lichtsorte im Angebot, zum Beispiel UV-Licht-Röhren oder aktinische Blaulichtröhren. Durch die Nutzung solcher Röhren haben wir die Möglichkeit, nahezu jede Art von Licht für die jeweiligen Bedürfnisse einzelner Aquarien zu schaffen. Später werden wir genauer auf diese Röhren eingehen.

Leuchtstofflampen gibt es in vielen Abmessungen und mit unterschiedlichen Lichtfarben (Farbtemperaturen). Alle Leuchtstofflampen benötigen ein Vorschaltgerät (VG), das oft in die Leuchten eingebaut ist. Das Vorschaltgerät kann aber auch separat montiert werden, so dass die Lampenhalterung leichter wird und weniger Wärme abgibt.

Alle elektrischen Installationsarbeiten sollten nur von einem Fachmann ausgeführt werden!

Leuchtstofflampen stehen in vielen Wattstärken zur Verfügung. Die Wattstärke bestimmt die Länge der Lampe. Darauf muss man bei der Auswahl achten. Um die Strahlungsenergie möglichst weitgehend auszunutzen, müssen Leuchtstofflampen stets mit einem guten Reflektor ausgestattet werden. Unter keinen Umständen darf man Haushalts-Alufolie als Reflektionsmaterial benutzen. Sich ablösende Partikel können leicht ins Wasser fallen und zu einer gefährlichen Metallvergiftung der Aquarienbewohner führen!

Wasserdichte Leuchten können mit spritzwassergeschützten Armaturen in einem Abstand von 20 cm über der Wasseroberfläche angebracht werden. Es dürfen aber keine Salzablagerungen in die Armaturen dringen, da dies zu Kurzschlüssen führen könnte. Solche Salzablagerungen können, wenn sie in das Aquarium fallen, ebenfalls Metallvergiftungen hervorrufen.

Vorteile von Leuchtstofflampen sind zum einen die geringen Anschaffungskosten und zum anderen die relativ geringen Betriebskosten. Gerade dies ermöglicht es, mehrere Farben zu einem ausgewogenen Spektrum zu kombinieren. Im Handel wird eine Vielzahl von Lichtfarben angeboten.

„Blaue“ und „weiße“ T5-Leuchtstofflampen werden mit großem Erfolg über den Zuchtaquarien von Korallenzucht Wendel, Leinsweiler, Deutschland, eingesetzt.
Foto: Bioquatic Photo

T5 und T8

Leuchtstoffröhren werden mit „T“ benannt, weil sie röhrenförmig sind (engl.: tubular = röhrenförmig). Lange Zeit kamen an Meerwasseraquarien Leuchtstoffröhren des Typs „T8“ zum Einsatz. Heute ist ein modernerer Typ von Hochleistungs-Leuchtstoffröhren erhältlich, „T5“ genannt, der sich bei Meerwasseraquarianern immer größerer Beliebtheit erfreut. Diese Art von Leuchtstoffröhre, die 1995 in den USA erstmals erhältlich war, steht auch für die schnell voranschreitende Verbreitung von Fluoreszenzbeleuchtung. Ein genauerer Vergleich der beiden Röhrentypen bietet sich an.

Die Zahl hinter dem „T“ bezeichnet den Durchmesser in 1/8-Inch-Schritten. Die bekannte T8-Röhre besitzt also einen Durchmesser von einem Inch (2,54 cm), und „T5“ bezieht sich auf eine Leuchtstoffröhre mit einem Durchmesser von 5/8 Inch. Ein wesentlicher Unterschied zwischen T5 und T8 ist somit der Durchmesser der Röhre: T8-Röhren haben einen Durchmesser von rund 25 mm, T5-Röhren hingegen sind mit nur 16 mm wesentlich dünner. Beide benötigen ihr spezielles Vorschaltgerät.

T5-Röhren gibt es auch als „T5 HO“-Typen, wobei „HO“ „Hochleistungs-“ bedeutet (engl. HO = high output). Diese Leuchtmittel sind leistungsstärker und haben einen höheren Stromverbrauch als normale Röhren, was bedeutet, dass sie eine höhere Lichtleistung pro Watt aufweisen (das Verhältnis Lumen/Watt ist größer). T5-HO-Röhren liefern auch eine höhere Lichtausbeute als T8-Röhren, während zwischen normalen T5- und T8-Röhren hierbei kaum ein Unterschied besteht. Die genauen Werte bei der Lichtausbeute variieren von Hersteller zu Hersteller, und man sollte die jeweiligen technischen Angaben zu Rate ziehen, um die Lichtausbeute der verwendeten Röhre feststellen zu können. Die Lebensdauer von T5- und T8-Röhren ist in etwa gleich, hängt jedoch auch davon ab, wie die Röhre verwendet wird. Für genauere Informationen müssen wiederum die technischen Daten des Herstellers herangezogen werden.

„Blaue" und „weiße" T5-Leuchtstofflampen sind für die herrlichen Farben der Korallen in dem Riffaquarium von Iwan Lässer, Schweiz, verantwortlich.
Foto: I. Lässer

T5- und T8-Röhren, die üblicherweise bei der Innenraumbeleuchtung Anwendung finden, haben eine Farbtemperatur von 3.000–6.000 K, was für Korallenriffaquarien zu wenig bzw. viel zu „warm" ist. Glücklicherweise werden mittlerweile Modelle speziell für Meerwasseraquarien hergestellt. Beispielsweise die T5-Röhre „Marine White" von Arcadia, die „Ocean White" von Aqua-Medic und die „Solar Marine Day" von JBL. Diese – wie auch andere – Röhren haben eine Farbtemperatur von beeindruckenden 10.000–15.000 K und einen Farbindex von etwa 90. Solche Röhren gibt es auch in aktinisch blauen Farben, die normalerweise entweder in Kombination mit „Tageslicht" oder als Ergänzung bei der Nutzung von HQI-Lampen (siehe Seite 219) eingesetzt werden.

Sowohl T5- als auch T8-Röhren können mit speziellen Vorschaltgeräten gedimmt werden. Bei anspruchsvoller, moderner Aquarientechnik kommt das Dimmen von Leuchtstoffröhren ebenso wie das Dimmen von HQI-Leuchten zum Einsatz.

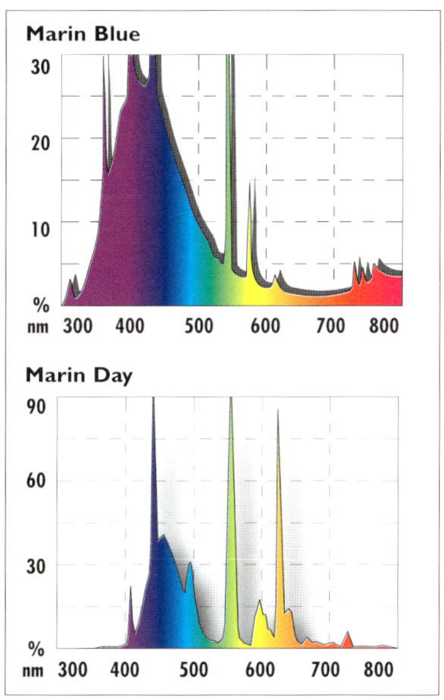

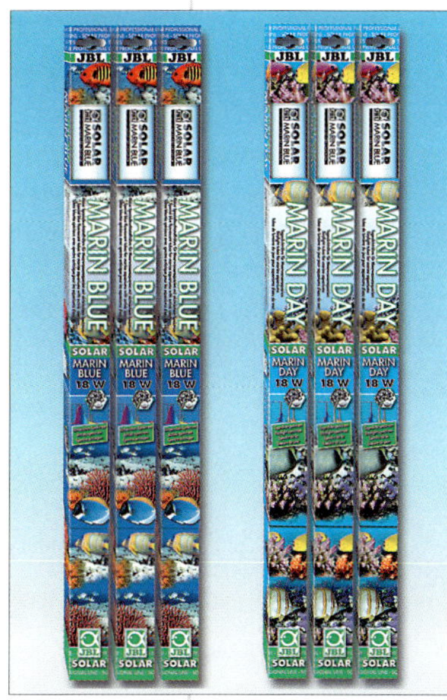

Spektren und Foto der T5-Leuchtstofflampen „Marin Blue" und „Marin Day" der Firma JBL
Foto und Grafik: JBL

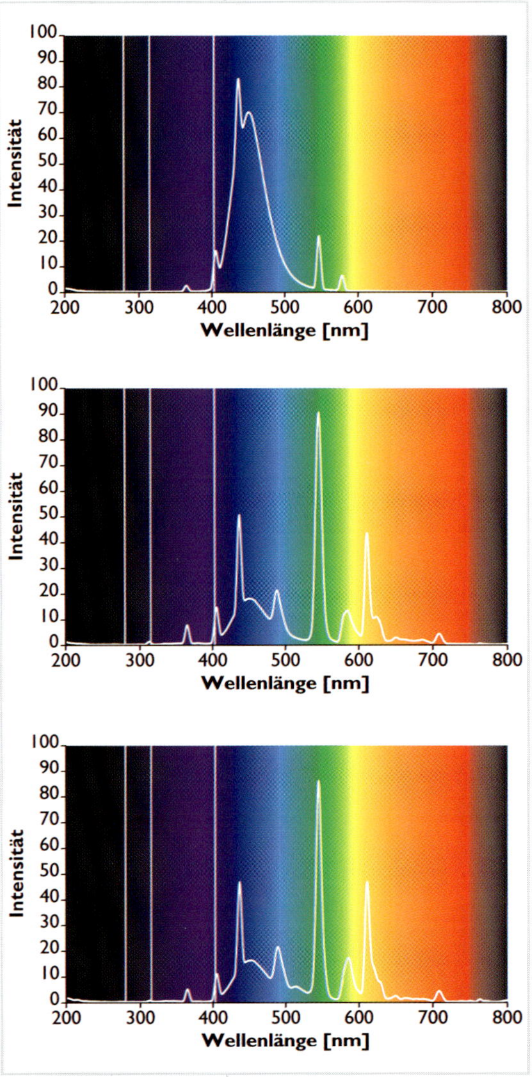

Spektren der T5-Leuchtstofflampen „Narva Blue 2", 39 W (oben), „Ocean White" 10.000 K der Firma Aqua Medic (Mitte) und „880 Sky White" der Firma Osram (unten)

Aktinisch blaue Leuchtstoffröhren

Lassen Sie uns nun zu Leuchtstoffröhren mit einem speziellen Leuchtfeld zurückkehren, das im Meerwasseraquarium genutzt werden kann. Die sog. aktinisch blauen Röhren sind weit verbreitet und werden von verschiedenen Herstellern für unterschiedliche Marken und in verschiedenen Typen produziert, einschließlich der T5-Typen, die wir oben erwähnt haben. Allen gemein ist ein blaues Lichtfeld mit etwas langwelligem UV-A-Licht. Als Beispiele dienen „Solar Marine Blue" von JBL, „Marine Blue Actinic" von Arcadia, „LT39W Blue 2" von Narva und „Ocean Blue Actinic" von Aqua-Medic. Aktinisch blaue Röhren sind ausgezeichnet für die gemeinsame Verwendung mit HQI geeignet und werden oft zur Dämmerungs-Simulation vor und nach der Hauptbeleuchtung genutzt.

Durchaus interessant, aber auch gefährlich sind die vielen UV-Licht-Röhren, die der Markt bereithält. Diese sind normalerweise nicht für Aquarienzwecke gedacht, sondern finden eher beim Kopieren, in Solarien und in der Medizin Anwendung. Möchte man den UV-A-Anteil der Beleuchtung erhöhen, zum Beispiel, um die Bedingungen auf einem Riffdach zu simulieren, das während der Ebbe teilweise trockenfällt, können solche Röhren eine Möglichkeit sein. **Aber bitte seien Sie vorsichtig!** Ein plötzlicher Anstieg des Anteils der UV-Strahlung würde mit großer Sicherheit den sessilen Tieren und Pflanzen in Ihrem Aquarium schaden. Daher empfiehlt es sich, solche Lampen etwas höher über der Wasseroberfläche – mindestens 30 cm – zu installieren und die Reaktion der Tiere ganz genau zu beobachten.

Kombination von Leuchtstofflampen

Wenn Leuchtstofflampen die Hauptbeleuchtung eines Korallenriff-Aquariums bilden sollen, schlagen wir eine Kombination von Tageslichttypen mit aktinischen Blaulichtlampen als Basis vor. Doch es gibt viele Möglichkeiten, Lampen miteinander zu kombinieren. Man sollte dies erproben und genau beobachten, wie die verschiedenen Organismen auf die Lichtzusammensetzung reagieren. Leuchtstofflampen verlieren im Lauf der Betriebszeit ihre Strahlungsintensität. Unter normalen Bedingungen (Beleuchtungsdauer 12–14 Stunden am Tag) sollten sie spätestens nach etwa einem Jahr ausgetauscht werden.

Halogen-Metalldampflampen (HQI)

In den frühen 1980er-Jahren, als der leider vor kurzem verstorbene Peter Wilkens mit den Berliner Meerwasseraquarianern zusammenarbeitete, wurden die ersten Halogen-Metalldampflampen (HQI) eingeführt und getestet. Es war ein großer Erfolg, und in Kombination mit Eiweißabschäumung, Kalkwasser und Lebendgestein wurde die HQI-Lampe zu einem der technischen Hauptbestandteile, die zu der Entwicklung führten, die wir eine kleine Revolution in der Meerwasseraquaristik nennen können.

Seitdem wurde die HQI-Technik fortlaufend weiterentwickelt, und heute sind einige hervorragende Modelle verschiedener Hersteller erhältlich. Der Aquarianer hat nun die Wahl zwischen einzelnen Lampen oder ausgefeilten, computergesteuerten Anlagen, die HQI in Kombination mit aktinischen Blauröhren und sogar Mondlicht enthalten. Heutzutage können nahezu alle Beleuchtungsansprüche mit kommerziell verfügbaren HQI-Lampen erfüllt werden.

Es gibt viele Gründe für den Erfolg der Halogen-Metalldampflampen. Erstens bieten die Lampen mit ihrem hohen Lumen-Watt-Verhältnis eine recht gute Energieausnutzung. Zweitens leuchten sie mit Farbtemperaturen von 10.000–15.000 K (manche sogar mit 20.000 K) und liefern eine gute spektrale Verteilung des Lichts. Drittens verfügen sie über einen günstigen Ra-Index von über 90.

Das Spektrum des HQI-Lichtes erinnert im Allgemeinen an das natürliche Licht der Flachwasserzonen des Korallenriffs, aber Qualität und Quantität des Lichts, das verschiedene Lampen emittieren, sind meist sehr unterschiedlich. Das HQI-Licht enthält UV-Strahlung aller drei Bereiche. Die Diagramme auf Seite 220 oben bieten einen Vergleich des UV-Anteils, den verschiedene Lampen emittieren.

Die schädliche UV-C-Strahlung muss mit einem in der Leuchte befindli-

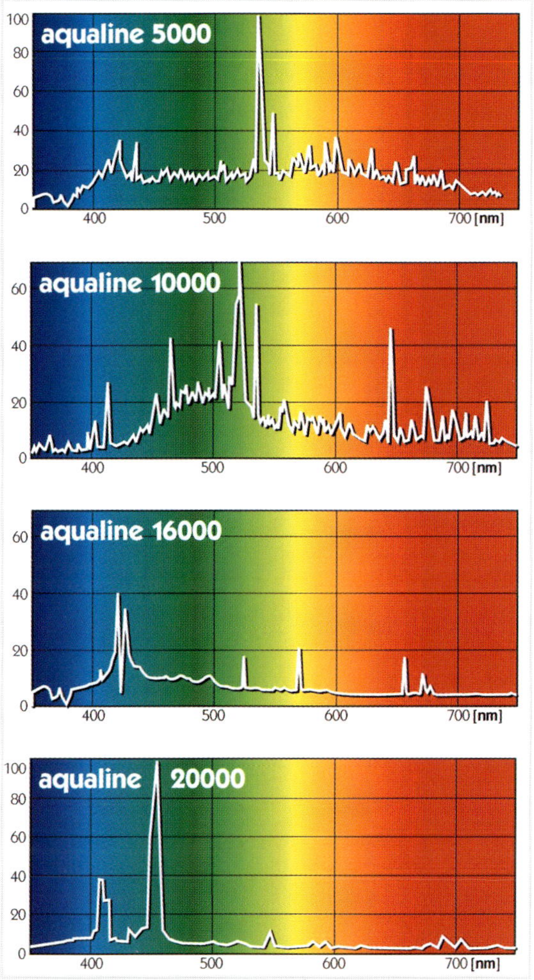

Spektren von vier verschiedenen HQI-Brennern der „Aqualine Serie", Aqua Medic (5.000, 10.000, 16.000 und 20.000 K).
Grafik: Aqua Medic

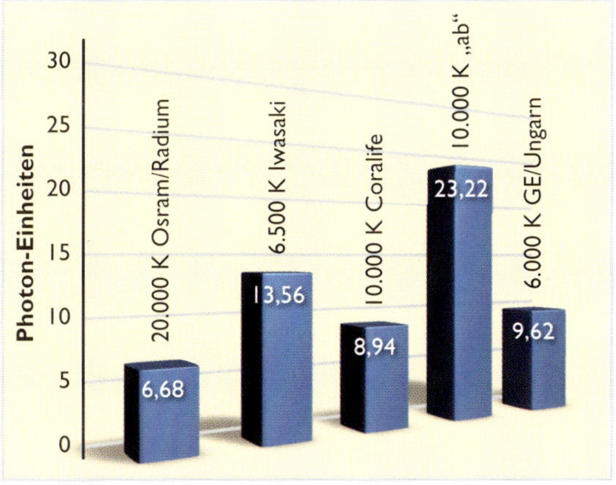

Diagramm 3.20: Vergleich der Menge an emittierter UV-Strahlung von 5 Metalldampflampen
Nach Joshi & Morgan (1998)

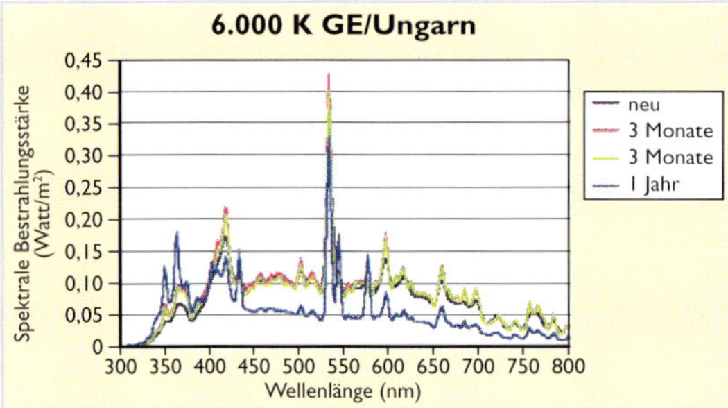

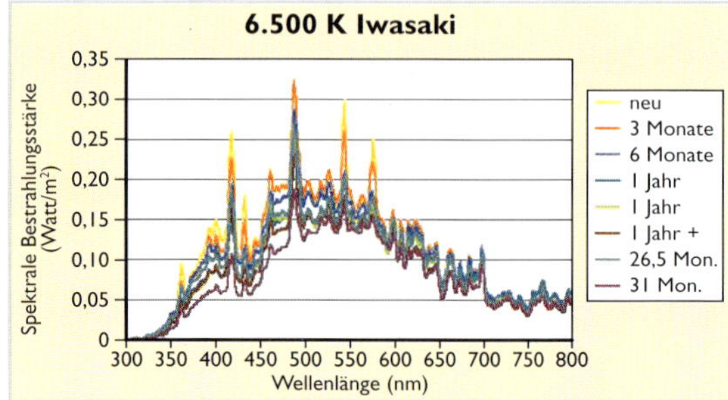

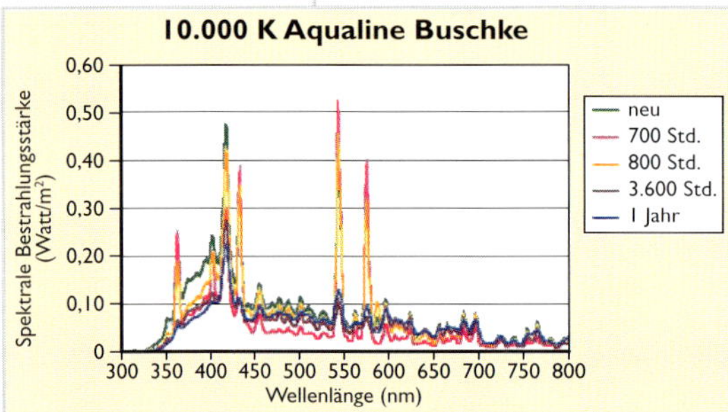

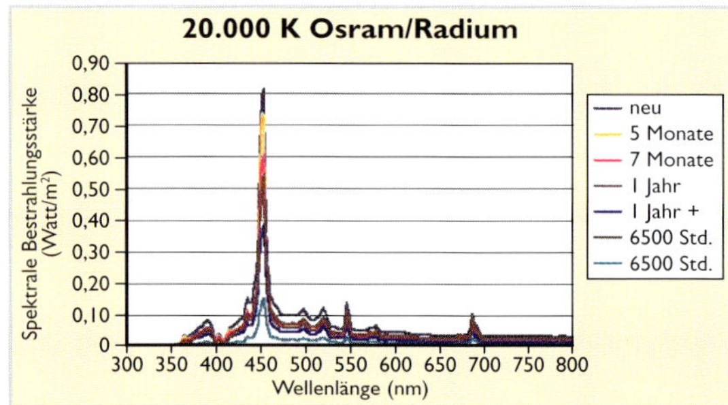

Spektren oben: Messdaten der Verschiebungen im Farbspektrum der Halogenmetalldampflampen während des Verbrauchs
Nach JOSHI & MORGAN (1998)

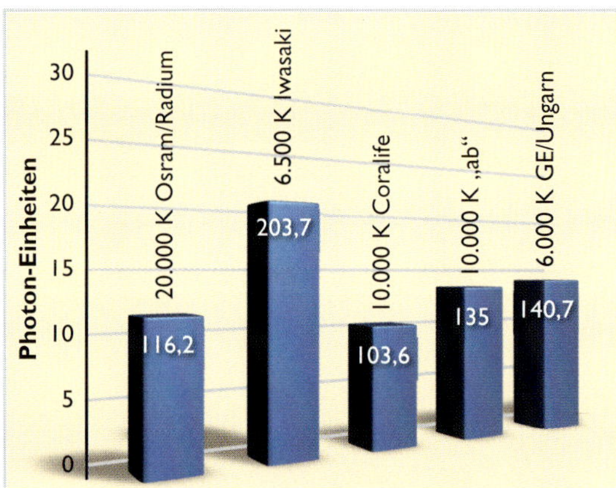

Diagramm 3.21: Vergleich der Gesamtlichtenergie (PPFD, 400–700 nm) von fünf Metalldampflampen.
Nach JOSHI & MORGAN (1998)

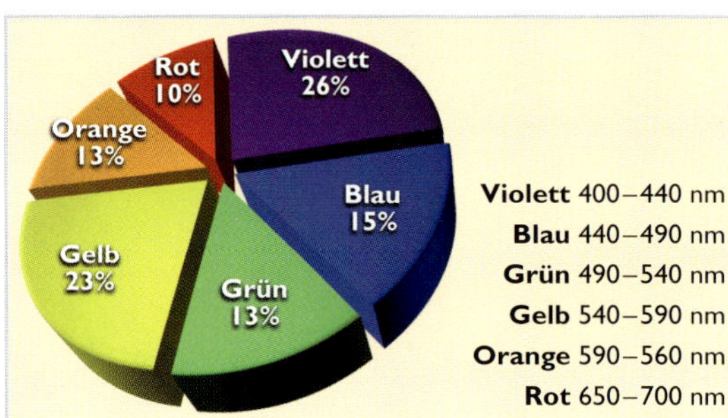

Diagramm 3.22: Spektrale Energieverteilung des Aqualine-10.000-K-Brenners.

chen Spezialfilter beseitigt werden. Diese Lampen dürfen niemals ohne diesen Filter eingesetzt werden. Die Diagramme links und oben veranschaulichen, wie die Strahlung von fünf Halogen-Metalldampflampen variiert, während das Diagramm unten zeigt, wie die spektrale Energie bei einer bestimmten 10.000-K-Lampe verteilt ist.

HQI-Strahler gibt es in Stärken von 70, 150, 175, 250, 400, 1.000, 2.000 und 4.000 Watt. 70–400 W Leistung sind die Werte, die in normal großen Meerwasseraquarien üblich sind, während die 1.000–4.000-W-Lampen nur in wenigen, sehr großen Aquarien verwendet werden.

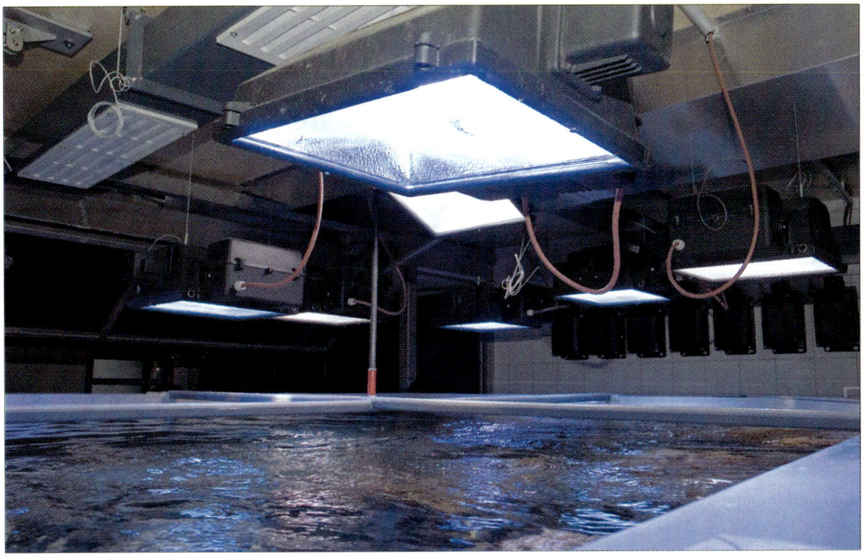

Großes Riffaquarium in Deutschland, das mit mehreren 1.000-W-HQI-Lampen beleuchtet wird.
Foto links: S. A. Fosså
Foto unten: Bioquatic Photo

Die Lampen, die heutzutage üblicherweise in Meerwasseraquarien eingesetzt werden, haben Farbtemperaturen von 10.000–14.000 K, was bedeutet, dass sie ein natürliches, weißes oder blau-weißes Licht aussenden. Beispiele für solche Leuchtmittel sind „AKI 14K“ von Arcadia, erhältlich in 150 W, 250 W und 400 W Leistung mit einer Farbtemperatur von 14.000 K, und „aqualine 10.000“ von Aqua Medic, mit 70, 150, 175, 250, 400 und 1.000 W Leistung bei einer Farbtemperatur von ca. 13.000 K. Alle HQI-Leuchtmittel verlieren mit der Zeit an Leuchtkraft und müssen etwa einmal pro Jahr ausgewechselt werden.

Der Markt bietet auch bläuliche HQI-Leuchtmittel mit einer Farbtemperatur von 20.000 K. Diese Brenner waren in Verbindung mit den älteren (und heute nicht mehr sehr gebräuchlichen) TS-250-W/D-Leuchtmitteln von Osram sehr populär, die „nur“ eine Farbtemperatur von 5.200 K haben. Zusammen mit der blauen HQI ergaben diese Brenner das gewünschte blau-weiße Licht. Beispiele für 20.000-K-HQI-Leuchtmittel sind der HQI-Brenner „aqualine 20.000“ von Aqua Medic, den es mit 70, 150, 175 und 250 W Leistung gibt, sowie die Leuchtmittel „AQI BLU 150“ und „AQI BLU 250“ in 150 und 250 W. Ein großes Manko der blauen HQI-Brenner ist die kostspielige Tatsache, dass sie viel schneller an Lichtleistung nachlassen als normale HQI-Lampen und daher zweimal im Jahr ausgetauscht werden müssen.

Joshi & Morgan (1998, 1999a und 1999b) haben verschiedene HQI-Leuchtmittel getestet, sowohl europäische als auch amerikanische Fabrikate. Wer an Details über die Strahlung dieser Lichtquellen interessiert ist, sollte ihre Arbeit studieren.

LED-Lampen „Aquabeam 500“ von TMC (Tropical Marine Centre), England. Diese LEDs gibt es als 1x12-W- oder 2x12-W-Modelle in den folgenden Farben (von links nach rechts): Tropical White, Full Spectrum, Natural Daylight, Marine White, Reef White, Marine Blue und Reef Blue.
Foto: TMC, England

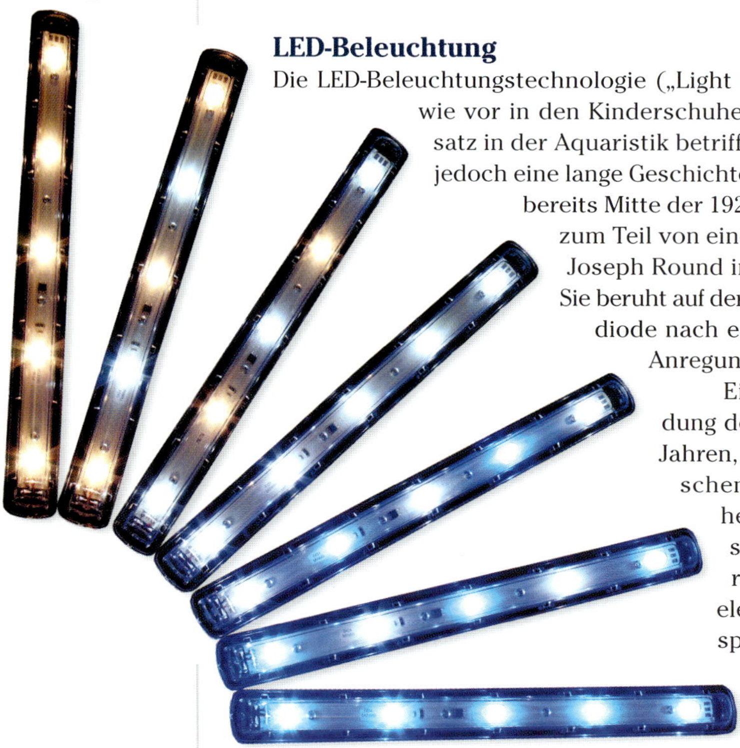

LED-Beleuchtung

Die LED-Beleuchtungstechnologie („Light Emitting Diode“) steckt nach wie vor in den Kinderschuhen – zumindest was ihren Einsatz in der Aquaristik betrifft. Die Technologie an sich hat jedoch eine lange Geschichte, und die ersten LEDs wurden bereits Mitte der 1920er-Jahre gebaut – ausgehend zum Teil von einer Entdeckung, die von Henry Joseph Round im Jahr 1907 publiziert wurde. Sie beruht auf der Tatsache, dass eine Halbleiterdiode nach einer bestimmten elektrischen Anregung Licht emittieren kann.

Eine erste praktische Anwendung der LEDs gab es in den 1960er-Jahren, als Entwickler der amerikanischen Firma US General Electric herausfanden, dass sie praktischer Ersatz für Glühindikatoren sind, zuerst in Labor- und elektronischem Testequipment, später dann auch in Fernsehern, Radios, Telefonen, Taschenrechnern und sogar Uhren. Diese LEDs waren gleichförmig rot und hell genug, um als Kontrollleuchten zu funktionieren. Jedoch war der Lichtausstoß nicht stark genug, um irgendeine Fläche zu beleuchten. Sie waren aber aufgrund ihrer langen Lebenszeit und – verglichen mit konventionellen Lampen – geringer Kosten, reduzierten Energieverbrauchs und geringer Hitzeentwicklung die idealen Kontrollleuchten.

LEDs können aus einer Reihe anorganischer Halbleitermaterialien hergestellt werden, so dass man unterschiedliche Farben erhält. Blaue LEDs z. B. basieren auf GaN (Galliumnitrid) und InGaN (Indiumgalliumnitrid). Sie können zu bereits existierenden roten und grünen LEDs hinzugefügt werden, um den Eindruck von weißem Licht zu produzieren. Jedoch werden heute weiße LEDs nur selten nach diesem Prinzip hergestellt. 1993 produzierte die japanische Firma Nichia Corporation einen blauen Indium-Gallium-Chip mit einem Phosphormantel, der notwendig ist, um den Wellenlängenshift zu generieren, um weißes Licht von einer einzigen Diode zu emittieren. Dieser Prozess ist viel preisgünstiger, bezogen auf die Menge Licht, die produziert wird. Er gibt aber auch weniger Flexibilität für das individuelle Design der Lichtqualität.

Daher könnten die vielfarbigen weißen LEDs (manchmal auch als RGB-LEDs bezeichnet), die aus rotem, grünem und blauem Licht bestehen, von größerem Potenzial für die Aquaristik sein. Vielfarben-LEDs sind somit nicht nur eine andere Lösung, um weißes Licht zu produzieren, sondern es handelt sich um eine neue Technik, verschiedene Farben zu bieten. Im Prinzip können alle Farben des sichtbaren Spektrums durch das Mischen der drei Grundfarben bereitgestellt werden, und dies macht auch eine präzise dynamische Farbkontrolle möglich.

Jüngste Fortschritte in der LED-Technologie haben das erste Mal eine wirklich einsetzbare Lichtquelle ermöglicht, mit der man Farbwechseleffekte produzieren kann, wie auch jede Farbmischung oder jedes Spektrum bzw. jede Farbtemperatur, die man sich wünscht. Außerdem kann LED-Licht schnell an und ausgeschaltet (ein typisches LED erreicht die volle Helligkeit in Mikrosekunden) und auf jedes gewünschte Niveau (und jede Farbe) gedimmt werden, praktisch ohne Veränderung der Lichtqualität oder Lebenserwartung der Lampe.

Einige der weiter entwickelten LED-Lampen, die nun auf den Markt kommen, sind auf jede Lichtintensität und Lichtfarbe programmierbar. Für die Aquaristik eröffnet dies die einfache Möglichkeit, individuelle Settings für

Verschiedene Lichtfarben, die von der selben programmierbaren LED-Beleuchtungseinheit emittiert werden. Prototyp der Firma CASCO
Fotos: S. A. Fosså

z. B. Mondphasen, Bewölkung und die Sonnenbewegung nachzuahmen. Für die Akklimatisierung von Tieren, die in Dunkelheit transportiert wurden, eröffnet die Beleuchtung mit einem einfachen einfarbig roten Licht, das sich graduell über mehrere Stunden in weißes Licht umwandelt, ebenfalls neue und interessante Möglichkeiten.

Im Vergleich zu Fluoreszenzlampen haben die LEDs auch bei der direkten punktuellen Beleuchtung Vorteile. Der Weg ihres Lichts durch das Wasser ist vergleichbar der Situation in der Natur unter direktem Sonnenlicht, bei der sichtbare Lichtstrahlen durch das Wasser schneiden und die Wasserbewegung widerspiegeln. Das generiert einen natürlichen und interessanten „Kringeleffekt" im Aquarium, den man unter einer gleichmäßigen Leuchtstofflampen-Beleuchtung vermisst.

Außerdem wurden bereits Stimmen laut, die davon ausgehen, dass die neue Generation der LEDs Energiesparlampen und herkömmliche Lampen aufgrund ihrer beträchtlich längeren Lebenserwartung und ihres günstigen Verhältnisses von Energie zu Kosten ersetzen werden. Während eine traditionelle Leuchtstofflampe eine Betriebszeit von etwa 10.000 Stunden besitzt, sollen LEDs auch nach 50.000 Betriebsstunden 70 % ihres ursprünglichen Licht-Outputs besitzen (nach Alliance for Solid-State Illumination Systems and Technologies – ASSIST). Für ein Aquarium, das zwölf Stunden am Tag beleuchtet wird, würde dies mehr als elf Jahre Betriebszeit bedeuten!

LEDs sind klein und können, um eine höhere Lichtintensität zu erreichen, zu größerer Dichte gruppiert werden. LED-Lampen benötigen analog zu Leuchtstofflampen einen „Starter". Diese Starter sind normalerweise in das Lampengehäuse eingebaut, oder es gibt sie als externes Gerät z. B. für transportable Gehäuse. Solche Lampen laufen bei einem Standardstrom von 120–240 Volt mit einem nur geringen Stromverlust. Dies bedeutet, dass die LEDs auch viel weniger Hitze produzieren als andere für Aquarien verfügbare Lichtquellen. Dies ist ein großer Vorteil, denn es spart in einem Aquariensystem Energie und vermeidet erhöhte Temperaturen.

LED-Lampen über einem Meerwasseraquarium
Foto: S. A. Fosså

Tests haben ergeben, dass LEDs als Aquarienbeleuchtung mehr als den doppelten Lichteffekt im Vergleich zu Leuchtstofflampen mit gleicher Wattzahl erzielen. Dies ist darauf zurückzuführen, dass diese Technologie energieeffizienter arbeitet und das Licht sehr viel direkter ist. Beispielsweise wurde für den 12-W-Aqua-Ray-AquaBeam 500 von

TMC gezeigt, dass er in 50 cm Wassertiefe über 33 % Beleuchtungsstärke mehr aufweist als eine 24-W-Leuchtstofflampe.

LEDs haben sicherlich noch einen Experimentierfaktor, der theoretisch gefährlich sein könnte. Jedoch bringen Experimente mit neuen Technologien häufig neue und unerwartete Ergebnisse. Es ist wahrscheinlich nicht zu voreilig, vorherzusagen, dass die LEDs bald eine wichtige Lichtquelle für die Meerwasseraquaristik werden – als eine Alternative für die Energie schluckenden und weniger umweltfreundlichen Leuchtstofflampen. Auch darüber hinaus bieten sie eine neue und wertvolle Möglichkeit, eine natürlichere Umwelt für die von uns gepflegten Tiere zu schaffen.

Einige praktische Tipps und Hinweise

Lassen Sie uns dieses Kapitel mit ein paar kurzen, praxisbezogenen Anmerkungen zur Aquarienbeleuchtung beenden. Wie wir schon zuvor erwähnten, ist es die Art der Organismen, die Sie im Aquarium pflegen wollen, die den Ausschlag bei der Wahl der richtigen Lichtqualität und -menge geben muss. Legen wir ein übliches Korallenriff-Aquarium zu Grunde, das zooxanthellate Korallen, andere Wirbellose und einige kleine Fische beherbergt, ist es jedoch trotzdem möglich, einen allgemeinen Leitfaden zur Beleuchtung zu geben. Die benötigte Lichtmenge hängt von der Höhe des Aquariums ab. In Aquarien, die 50 cm oder weniger hoch sind, reichen 150-W-HQI-Leuchten aus, um die gesamte Wassersäule zu beleuchten. Eine andere Faustregel besagt, dass man T5-Leuchtstoffröhren für Aquarien mit 50 cm oder weniger Höhe benutzen kann. Bei einem Aquarium mit einer Höhe von 60–90 cm sind 250-W-HQI-Lampen eine gute Wahl, während ein noch höherer Wasserstand (über 90 cm) noch stärkere Lampen erfordert, um die ganze Wassersäule von der Oberfläche bis zum Boden auszuleuchten.

Auf jeden Fall ist es üblich und nützlich, beim Zusammenstellen Ihres persönlichen Lichtsystems HQI mit aktinisch blauen T5-Röhren zu kombinieren. Eine Leuchtstoffröhre pro 150 oder 250 W HQI sind eine gute Ausgangsbasis.

Außerdem gilt die Faustregel, etwa eine HQI-Lampe pro 60–75 cm Aquarienlänge zu installieren, sofern vorgesehen ist, das Becken auf seiner gesamten Länge gleichmäßig auszuleuchten. Jedoch ist es auch möglich, eine Hälfte des Aquariums stärker zu beleuchten als die andere, wenn dies beim Besatz mit sessilen Organismen berücksichtigt wird. T5- und T8-Röhren haben feststehende Längen, und normalerweise installiert man sie so, dass sie die ganze Aquarienlänge abdecken, und man wählt so viele Röhren, wie es der Platz zulässt, um ein möglichst vielfältiges Licht schaffen zu können. Während Halogen-Metalldampflampen mindestens 15–20 cm über der Wasseroberfläche befestigt werden sollten, können T5-Röhren dichter über dem Wasser installiert werden. Bei der Planung eines neuen Riffaquariums sollte man immer an den notwendigen Platz über dem Aquarium denken. Die Verwendung großer Anlagen mit riesigen Beleuchtungsvorrichtungen erfordert meist einen separaten Raum für das Aquarium, damit es nicht wie ein kleiner Elefant im Wohnzimmer wirkt.

In diesem Buch finden sich einige Aquarienvorstellungen, die Ihnen nützliche Hinweise zum Thema Beleuchtung von Korallenriffaquarien geben.

Das Wasser der Korallensee ist kristallklar, die Sichtweite kann mehr als 100 m betragen. Obwohl das Wasser nährstoffarm ist, gedeihen hier tausende von Lebensformen.
Foto: Bioquatic Photo

Wasser

Der „Blaue Planet". 71 % unserer Erde sind mit Wasser bedeckt, das in einem endlosen Zyklus aus Eis, flüssigem Wasser und Wasserdampf zirkuliert. Das Leben selbst entstammt dem Wasser, und ohne Wasser ist kein Leben auf unserer Erde möglich. Das Foto zeigt einen Blick auf die Erde, wie er von den Astronauten von Apollo 17 im Jahr 1972 auf ihrem Weg zum Mond wahrgenommen wurde. Das Foto umspannt das Mittelmeergebiet bis hin zur antarktischen Südpolar-Eiskappe. Auf diesem Flug war es zum ersten Mal möglich, die Eiskappe des Südpols zu fotografieren. Man beachte die starke Bewölkung der südlichen Hemisphäre. Nahezu die ganze Küstenlinie von Afrika ist klar sichtbar. Die Arabische Halbinsel ist an der nordöstlichen Ecke von Afrika zu sehen. Die große Insel vor der Küste von Afrika ist Madagaskar. Das asiatische Festland befindet sich am Horizont in Richtung Nordosten.
Foto: NASA

Der Planet Erde – „Tellus" – wird aus gutem Grund auch der „Blaue Planet" genannt. Aus dem Weltraum betrachtet ist er ein blauer Globus, der durch das Universum schwebt. Es ist offensichtlich, dass eine Verbindung diesen Planeten beherrscht: das Wasser. Die Menschheit hat in unserem Sonnensystem nach flüssigem Wasser geforscht, aber bis heute ist die Erde der einzig bekannte Planet, auf dem Wasser in flüssiger Form existiert. Und hier gibt es viel davon. Ungefähr 71 % der Oberfläche der Erde sind mit Wasser bedeckt. Davon machen die Ozeane 97 % aus, der Rest findet sich in den Seen und Flüssen. Die Ozeane bedecken ein Gebiet von 335.710.000 km^2 und besitzen ein Volumen 1.370.000.000 km^3 (dies entspricht einer unglaublichen Anzahl von $1{,}37 \times 10^{21}$ Litern).

„Segler" der Ozeane. Die in Kolonien lebende Hydrozoe *Porpita porpita* wird aus guten Gründen „Blauer Knopf" genannt. Sie gehört in die Ordnung Chondrophora und verbringt ihr ganzes Leben mit der Strömung durch den Pazifik treibend. Gelegentlich werden die Tiere an die Küste angeschwemmt und offenbaren dem Menschen hier ihre Schönheit.
Foto: Bioquatic Photo

Licht und Wasser sind Schlüsselfaktoren für das Leben. Hier, bei Flinders Key, weit vor der Ostküste Australiens, taucht das Land aus der Tiefe nur als kleine Sandbank auf. Wasser ist das dominante Element.
Foto: Bioquatic Photo

Der Ozean war die Wiege des Lebens auf unserer Erde. Hier entwickelte sich das Leben, und heute werden die meisten verschiedenen Lebensformen im Meer gefunden. Das Meer bedeutet dem einzelnen Menschen wie auch vielen Weltkulturen sehr viel. Seit hunderten von Jahren sind Schiffe über die Ozeane gesegelt, und die Menschheit hat Nahrung und andere Ressourcen aus den Weltmeeren erhalten. Mit jedem Tag lernen wir Neues über die Ozeane, aber dennoch verschmutzen und zerstören wir sie weiterhin. Auch oder gerade der Meerwasseraquarianer profitiert von einem Grundlagenwissen über das Meer und über das Wasser, das die großen Ozeane ausmacht.

Die Organismen des Meeres haben sich an den nassen Lebensraum angepasst. Einige verbringen ihr gesamtes Leben im Flachwasser eines tropischen Korallenriffs, andere dagegen leben in der Dunkelheit der Tiefseee, und wiederum andere gedeihen im eiskalten Wasser unter den Eiskappen der Polarmeere. Alle haben jedoch etwas gemeinsam: Sie haben sich an das **Meerwasser** angepasst. Gäbe man sie in Süßwasser, würden sie sterben!

Probiert man Meerwasser, dann schmeckt man sofort, dass es anders ist als das Süßwasser der Flüsse, Bäche, Seen und Teiche oder unser Trinkwasser. Der Grund hierfür ist ganz einfach: Meerwasser enthält im Gegensatz zu Süßwasser sehr viele Verbindungen, die sich vor mehr als vier Milliarden Jahren darin lösten, als sich die Erde bildete. Verbindungen und Elemente lösen sich ständig im Ozean, wenn das Wasser mit Erde in Kontakt kommt, und das Meerwasser erhält sie außerdem durch Einspülungen von Flüssen und Strömen. Hier nehmen sie an verschiedenen chemischen Reaktionen teil – sowohl biologischen als auch nicht biologischen. Aufgrund chemischer

Gesetze ist jedoch die Zusammensetzung an gelösten Elementen und Verbindungen relativ konstant.

Man weiß heute, dass alle bekannten Elemente im Meerwasser vorkommen. Die biologische Rolle vieler ist jedoch nach wie vor unklar.

Elemente

Ob man es nun mag oder nicht, als Meerwasseraquarianer kommt man unseres Erachtens nicht ohne ein chemisches Grundlagenwissen aus. Es ist wichtig, dass wir einige allgemeine Grundlagen kennen und uns Basiswissen über die Chemie des Meerwassers und der darin gelösten Elemente aneignen.

Heute sind 118 verschiedene Elemente bekannt. Die meisten von ihnen finden wir in der Natur, einige wurden künstlich hergestellt. Sie werden nach ihren Eigenschaften im „Periodensystem der Elemente" gruppiert. Solche Periodensysteme kann man in nahezu jedem Buchladen, der Schulbücher oder wissenschaftliche Literatur führt, kaufen und auch im Internet finden. Im Periodensystem findet man sehr viele Informationen über jedes Element, wie den Namen, das chemische Symbol, die Atomnummer und das Atomgewicht, Schmelz- und Siedepunkte, Dichte und Elektronenkonfiguration. Die vertikalen Säulen, die in der Abb. unten farblich dargestellt sind, werden häufig die Hauptelemente genannt. Sie enthalten die am stärksten konzentrierten Elemente des Meerwassers. Die Elemente werden gemäß ihren gemeinsamen Eigenschaften gruppiert, wobei jede der vertikalen Säulen Elemente enthält, die ähnliche chemische Eigenschaften teilen. Ganz rechts im Periodensystem finden wir z. B. die Edelgase: Helium, Neon, Argon, Krypton, Xenon and Radon (rot in der Abb. unten). Sie sind sehr reaktionsträge und reagieren kaum mit mit anderen Elementen, um Moleküle zu bilden. Sie spielen keine essenzielle biologische Rolle. Ganz links im Periodensystem findet man dagegen eine Gruppe von Elementen (unter ihnen Wasserstoff, Lithium, Natrium und Kalium), die extrem leicht mit anderen Elementen reagieren, insbesondere denen in der orangefarbenen Säule. Die meisten Elemente sind bei Normaltemperatur und -druck (20 °C and 760 mm Hg-Säule) fest, elf sind Gase (alle in der rote Säule, hinzu kommen noch Wasserstoff, Stickstoff, Sauerstoff, Fluor und Chlor) und zwei sind flüssig (Quecksilber und Brom). Diejenigen, die man auf der linken Seite der schwarzen Zickzack-Grenze findet, sind Metalle, die auf der rechten Seite Nicht-Metalle. Viele biologisch wichtige Elemente sind sog. „Übergangselemente" (die weiße Gruppe in der Abb. unten), insbesondere diejenigen mit den Atomnummern von 21–30. Die zwei horizontalen Säulen enthalten die Lanthaniden (dunkelgrau in der Abb. unten) und die Aktiniden (hellgrau in Abb. unten). Beide Gruppen umfassen Elemente mit wichtigen biologischen Funktionen.

1 H																	2 He
3 Li	4 Be											5 B	6 C	7 N	8 O	9 F	10 Ne
11 Na	12 Mg											13 Al	14 Si	15 P	16 S	17 Cl	18 Ar
19 K	20 Ca	21 Sc	22 Ti	23 V	24 Cr	25 Mn	26 Fe	27 Co	28 Ni	29 Cu	30 Zn	31 Ga	32 Ge	33 As	34 Se	35 Br	36 Kr
37 Rb	38 Sr	39 Y	40 Zr	41 Nb	42 Mo	43 Tc	44 Ru	45 Rh	46 Pd	47 Ag	48 Cd	49 In	50 Sn	51 Sb	52 Te	53 I	54 Xe
55 Cs	56 Ba	71 Lu	72 Hf	73 Ta	74 W	75 Re	76 Os	77 Ir	78 Pt	79 Au	80 Hg	81 Tl	82 Pb	83 Bi	84 Po	85 At	86 Rn
87 Fr	88 Ra	103 Lr	104 Rf	105 Db	106 Sg	107 Bh	108 Hs	109 Mt									
					57 La	58 Ce	60 Nd	61 Pm	62 Sm	63 Eu	64 Gd	65 Tb	66 Dy	67 Ho	68 Er	69 Tm	70 Yb
					89 Ac	90 Th	91 Pa	92 U	93 Np	94 Pu	95 Am	96 Cm	97 Bk	98 Cf	99 Es	101 Md	102 No

Elemente des Periodensystems. Die senkrechten Säulen repräsentieren Elemente mit ähnlichen chemischen Eigenschaften. Links von der Zick-Zick-Linie liegen die Metalle, rechts die Nicht-Metalle.

- Alkalimetalle
- Erdalkalimetalle
- Elemente Gruppe IIIa
- Elemente Gruppe IVa
- Elemente Gruppe Va
- Elemente Gruppe VIa
- Halogene
- Edelgase
- Übergangsmetalle
- Lanthanide
- Aktinide
- Wasserstoff

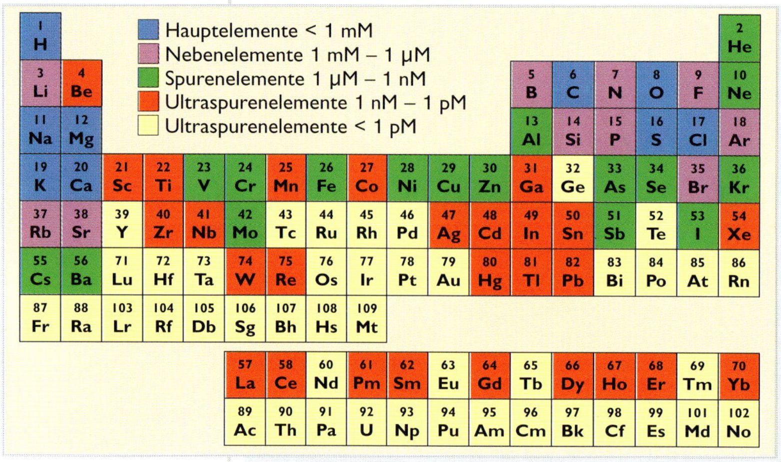

Die Gruppierung der Elemente gemäß ihren gemeinsamen Eigenschaften ist nur eine Möglichkeit der Sortierung. In Hinsicht auf das Meerwasser können wir die Elemente auch nach ihrer Häufigkeit einteilen, so wie wir es in der Abbildung links gemacht haben. (Man beachte, dass diese Abbildung nur das relative Vorkommen der Elemente im Meerwasser darstellt). An dieser Stelle ist es wichtig, den Begriff „Elementkonzentration" einzuführen.

Mit „Konzentration" ist gemeint, welche Menge eines spezifischen Elementes in einer definierten Menge Flüssigkeit, z. B. Wasser, gelöst ist. Eine häufig verwendete Maßeinheit für eine Konzentrationsangabe ist mg/l (dies ist identisch zu einer Angabe „ppm", was bedeutet „Teile pro Millionen" bzw. „parts per million"). In der Chemie wird häufig der Begriff Mol (M) verwendet, wobei 1 Mol einer Konzentration eines Elements oder einer Verbindung (in Gramm dividiert durch das Molekulargewicht [in Gramm/Mol]) gelöst in 1.000 g destilliertem Wasser entspricht. Das Atom- bzw. Molekulargewicht kann aus dem Periodensystem berechnet werden. Konzentrationen von 1 Mol/Liter (1 molar) werden von den im Meerwasser gelösten Elementen niemals erreicht. Vielmehr liegen sie in den Bereichen von Millimol (mM entsprechend 0,001 M oder 10^{-3} M), Mikromol (µM – entsprechend 0,000001 M oder 10^{-6} M), Nanomol (nM – entsprechend 0,000000001 M oder 10^{-9} M) und Picomolar (pM – entsprechend 0,000000000001 M oder 10^{-12} M). Die Größenordnungen mM und µM werden am häufigsten in Verbindung mit Konzentrationsangaben im Bereich der Meerwasserchemie verwendet. Hierfür ein Beispiel:

Natrium (Na^+) reagiert sehr leicht mit Chlorid (Cl^-), wobei Tafelsalz (Natriumchlorid, NaCl) entsteht. Dies ist das am stärksten konzentrierte Salz im Meerwasser. Natrium hat eine Atommasse von 22,98977, Chlorid eine von 35,453. Das Molekül NaCl hat somit folgerichtig, da es ein Natrium- und ein Chlorid-Ion enthält, eine Molekularmasse von (22,98977 + 35,453) = 58,44277. Löst man 58,44277 g Tafelsalz in 1.000 g destilliertem Wasser, erhält man eine Lösung mit einer Konzentration von exakt 1 Mol (1 M). Man sagt dazu, die Lösung ist 1 molar. Um diese Angabe in die Konzentrationsangabe mg/l umzurechnen, muss man einfach mit 1.000 multiplizieren (da 1 g 1.000 mg entspricht), was zu dem Ergebnis führt, dass eine 1-molare NaCl-Lösung 58442,77 mg NaCl pro Liter enthält.

Für ein Spurenelement wie z. B. Eisen (Fe) beträgt die Konzentration im natürlichen Meerwasser 0,035 µM (= 0,02 mg/l; SPOTTE 1979). TAIT (1971) gibt eine Fe-Konzentration von 0,01 mg/l an, wohingegen TUREKIAN (1968) von 0,0034 mg/l spricht. Dies ist eine sehr niedrige Konzentration. Man sollte in diesem Zusammenhang aber beachten, dass die Angaben zur Eisenkonzentration im Meerwasser von Autor zu Autor schwanken.

Folgt man BINGMAN (2000), können wir die Elemente gemäß ihrer Konzentration im Meerwasser gruppieren. Hauptelemente haben demzufolge eine Konzentration größer 1 mM. Nebenelemente besitzen eine Konzentration zwischen 1 mM and 1 µM, Spurenelemente rangieren zwischen 1 µM und 1 nM. Die Ultraspurenelemente schließlich können gemäß BINGMAN in zwei Kategorien eingeteilt werden: in solche, die in Konzentrationen zwischen 1 nM und 1 pM vorliegen, und solche, die in einer Konzentration unter 1 pM vorliegen (siehe Abb. oben links für Details). Man beachte, dass die Hauptelemente definiert gemäß ihrer Häufigkeit nicht den Hauptelementen bzgl. des Anteils an der Salinität entsprechen (siehe Seite 235ff.).

Die Umrechnung von molaren Konzentrationen in Gewichtskonzentrationen

M	(Atomgewicht)	≙	g/l
mM	(Atomgewicht)	≙	mg/l
µM	(Atomgewicht) / 10^3	≙	mg/l
nM	(Atomgewicht) / 10^6	≙	mg/l
pM	(Atomgewicht) / 10^9	≙	mg/l

Die norwegische See an einem stürmischen Wintertag. Manchmal kann das Meer sehr rau und brutal sein.
Foto: Bioquatic Photo

Für den Aquarianer ist es am wichtigsten zu wissen, ob ein entsprechendes Element biologisch von Bedeutung ist oder nicht. Diese biologische Bedeutung ist eine weitere Möglichkeit, die Elemente des Meerwassers zu gruppieren (siehe Abb. unten). Einige Elemente wie Kohlenstoff, Wasserstoff, Sauerstoff, Stickstoff, Phosphor und Schwefel sind für alle Lebensformen essenziell, denn sie sind die Hauptbestandteile von Proteinen, Nukleinsäuren, Kohlehydraten und Lipiden. Zu diesen essenziellen Elementen zählen auch Magnesium, Kalzium, Natrium, Kalium und Chlorid, die an vielen lebenswichtigen Reaktionen in den Organismen teilnehmen. Natürlich benötigt man diese Elemente im Aquarium, ihre Konzentration ist normalerweise aber so hoch, dass sie nur ausgesprochen selten zu Mängelelementen werden. Ein größeres Problem sind jedoch die Spuren- und die Ultraspurenelemente (grün und blau in der Abb. unten), die zusammen mit Proteinen an lebensnotwendigen Reaktionen partizipieren, häufig als „Helfer von Proteinen". Eisen ist z. B. essenziell für viele Reduktions-/Oxidationsreaktionen und als Sauerstoffträger. Selen (Se, Element Nr. 34; die natürliche Konzentration im Meerwasser beträgt ca. 2,5 nM) ist essenziell für die Bildung einiger seltener Aminosäuren, und Silizium (Si, Element Nr. 14) ist für Diatomeen lebensnotwenig.

Das Thema Spurenelemente wird unter Meerwasseraquarianern vielfach diskutiert. Sie sind zweifelsfrei ein wichtiger Faktor für den Erfolg eines Riffaquariums. Als vertiefende Literatur zu diesem Thema kann der Artikel von Bingman (2000) nur jedem Aquarianer empfohlen werden.

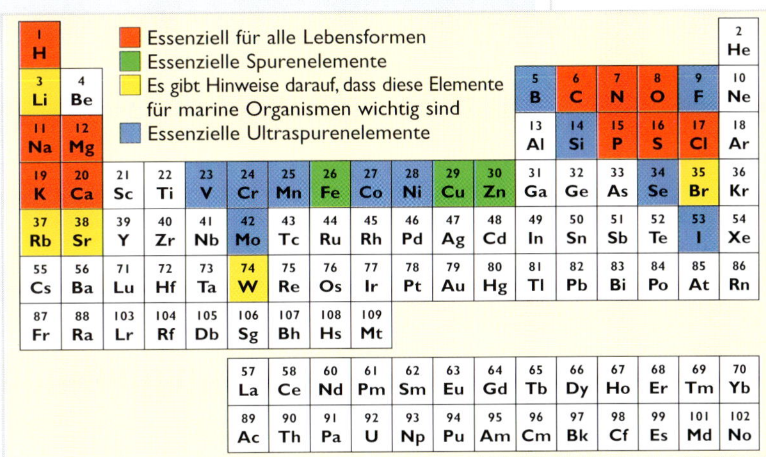

Tabelle 4.1 | Elemente des Meerwassers. Nach SPOTTE (1979)

In der Tabelle sind 40 Elemente des Periodensystems aufgelistet, die für den Meerwasseraquarianer von Interesse sind. Für eine vollständige Liste siehe SPOTTE (1979) oder TAIT (1971)

Atom-Nr.	Symbol	Element	Hauptsächliche Verbindung	Mol (M)	mg/l	µg/l
1	H	Wasserstoff	H_2O	55	$1,1 \times 10^5$	$1,1 \times 10^8$
2	He	Helium	He (gas)	$1,7 \times 10^{-9}$	$6,8 \times 10^{-6}$	$6,8 \times 10^{-3}$
3	Li	Lithium	Li^+	$2,6 \times 10^{-5}$	0,18	180
4	Be	Beryllium	$BeOH^+$	$6,3 \times 10^{-10}$	$5,6 \times 10^{-6}$	$5,6 \times 10^{-3}$
5	B	Bor	$B(OH)_3$, $B(OH)_2^-$	$4,1 \times 10^{-4}$	4,44	4.440
6	C	Kohlenstoff	HCO_3^-, CO_3^{2-}, CO_2	$2,3 \times 10^{-3}$	28	$2,8 \times 10^4$
7	N	Stickstoff	N_2, NO_3^-, NO_2^-, NH_4^+	$1,07 \times 10^{-2}$	150	$1,5 \times 10^5$
8	O	Sauerstoff	H_2O, O_2	55	$8,8 \times 10^5$	$8,8 \times 10^8$
9	F	Fluor	F^-, MgF^+	$6,8 \times 10^{-5}$	1,3	1.300
10	Ne	Neon	Ne (gas)	7×10^{-9}	0,00012	0,12
11	Na	Natrium	Na^+	0,468	10.770	$10,77 \times 10^6$
12	Mg	Magnesium	Mg_2^+	$5,32 \times 10^{-2}$	1.290	$12,9 \times 10^5$
13	Al	Aluminium	$Al(OH)_4^-$	$7,40 \times 10^{-8}$	0,002	2
14	Si	Silizium	$Si(OH)_4$	$7,1 \times 10^{-5}$	2.000	2×10^6
15	P	Phosphor	HPO_4^{2-}, PO_4^{3-}, $H_2PO_4^-$	2×10^{-6}	0,06	60
16	S	Schwefel	SO_4^{2-}, $NaSO_4^-$	$2,82 \times 10^{-2}$	905	$9,05 \times 10^5$
17	Cl	Chlor	Cl^-	0,546	19.345	$19,345 \times 10^6$
18	Ar	Argon	Ar (gas)	$1,1 \times 10^{-7}$	0,0043	4,3
19	K	Kalium	K^+	$1,02 \times 10^{-2}$	399	$3,99 \times 10^5$
20	Ca	Kalzium	Ca_2^+	$1,02 \times 10^{-2}$	412	$4,12 \times 10^5$
21	Sc	Scandium	$Sc(OH)_3$	$1,3 \times 10^{-11}$	6×10^{-7}	6×10^{-4}
22	Ti	Titan	$Ti(OH)_4$	2×10^{-8}	0,001	1
23	V	Vanadium	$H2VO_4^-$, HVO_4^{2-}	5×10^{-8}	0,0025	2,5
24	Cr	Chrom	$Cr(OH)_3$, CrO_4^{2-}	$5,7 \times 10^{-9}$	0,0003	0,3
25	Mn	Mangan	Mn_2^+, $MnCl^+$	$3,6 \times 10^{-9}$	0,0002	0,2
26	Fe	Eisen	$Fe(OH)_2^+$, $Fe(OH)_4^-$	$3,5 \times 10^{-8}$	0,002	2
27	Co	Kobalt	Co_2^+	8×10^{-10}	0,00005	0,05
28	Ni	Nickel	Ni_2^+	$2,8 \times 10^{-8}$	0,0017	1,7
29	Cu	Kupfer	$CuCO_3$, $CuOH^+$	8×10^{-9}	0,0005	0,5
30	Zn	Zink	$ZnOH^+$, Zn_2^+, $ZnCO_3$	$7,6 \times 10^{-8}$	0,0049	4,9
31	Ga	Gallium	$Ga(OH)_4^-$	$4,3 \times 10^{-10}$	0,00003	0,03
32	Ge	Germanium	$Ge(OH)_4$	$6,9 \times 10^{-10}$	0,00005	0,05
33	As	Arsen	$HAsO_4^{2-}$, $H_2AsO_4^-$	5×10^{-8}	0,0037	3,7
34	Se	Selen	SeO_3^{2-}	$2,5 \times 10^{-9}$	0,0002	0,2
35	Br	Brom	Br^-	$8,4 \times 10^{-4}$	67,3	67.300
36	Kr	Krypton	Kr (gas)	$2,4 \times 10^{-9}$	0,0002	0,2
37	Rb	Rubidium	Rb^+	$1,4 \times 10^{-6}$	0,120	120
38	Sr	Strontium	$Sr2^+$	$9,1 \times 10^{-5}$	7,9	7.900
39	Y	Yttrium	$Y(OH)_3$	$1,5 \times 10^{-11}$	$1,3 \times 10^{-6}$	$1,3 \times 10^{-3}$
40	Zr	Zirconium	$Zr(OH)_4$	$3,3 \times 10^{-10}$	3×10^{-5}	3×10^{-2}
42	Mo	Molybdän	MoO_4^{2-}	1×10^{-7}	0,01	10
47	Ag	Silber	$AgCl_2^-$	4×10^{-10}	0,00004	0,04
48	Cd	Cadmium	$CdCl_2$	1×10^{-9}	0,0001	0,1
51	Sb	Antimon	$Sb(OH)_6^-$	2×10^{-9}	0,00024	0,24
53	I	Iod	IO_3^-, I^-	5×10^{-7}	0,06	60
55	Cs	Caesium	Cs^+	3×10^{-9}	0,0004	0,4
56	Ba	Barium	Ba_2^+	$1,5 \times 10^{-7}$	0,002	2
74	W	Wolfram	WO_4^{2-}	5×10^{-10}	0,0001	0,1
92	U	Uran	$UO_2(CO_3)_3^{4-}$	$1,4 \times 10^{-8}$	0,0032	3,2

Das Wasser des Pazifischen Ozeans hält die Korallen feucht, auch an Tagen mit extremer Niedrigebbe. Die Organismen in diesem Habitat sind daran angepasst, unterschiedliche Bedingungen zu tolerieren. Foto: Bioquatic Photo

Die häufigste Verbindung des Meerwassers ist das Wassermolekül, das aus den Elementen Wasserstoff und Sauerstoff besteht. Obwohl man davon ausgeht, dass die meisten Elemente, die heute auf der Erde bekannt sind, im Wasser gelöst sind, sind einige doch stärker konzentriert als andere und machen daher einen Großteil der gemessenen Salinität des Meerwassers aus (siehe Seite 235ff.). Zu diesen Haupt- oder Makroelementen zählen: Natrium (als Na^+), Magnesium (als Mg^{2+}), Kalzium (als Ca^{2+}), Strontium (als Sr^{2+}), Kalium (als K^+), Chlor (als Chlorid Cl^-), Schwefel (als Sulfat SO_4^{2-}), Brom (als Bromid Br^-), Fluor (als Fluorid F^-) und Bor (als Borsäure $B(OH)_3$ und $B(OH)_4^-$). Bei einem Salzgehalt von 35 ‰ machen die Makroelemente etwa 35 g/l aus (siehe auch Tabelle 4.1 und Diagramm 4.1).

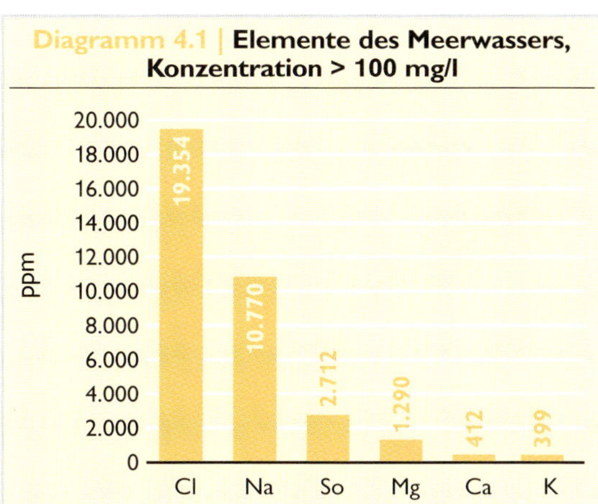

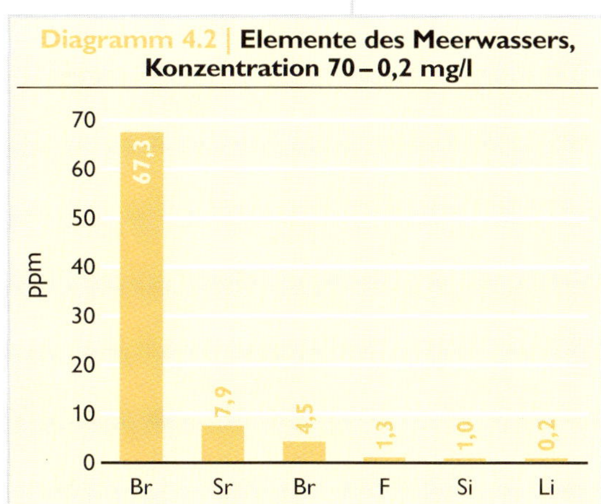

Diagramm 4.3 | **Elemente des Meerwassers Konzentration 0,01–0,0017 mg/l**

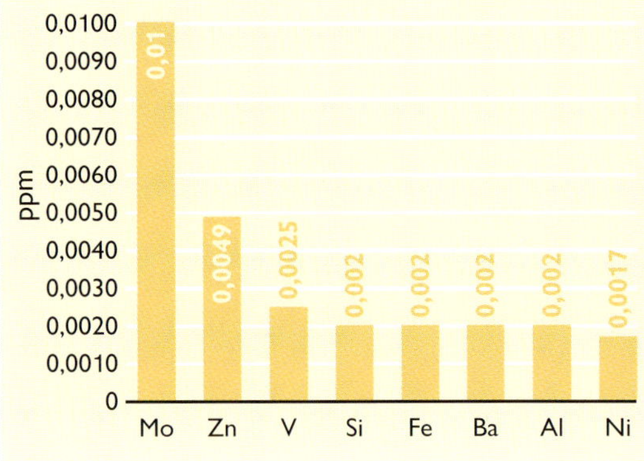

Diagramm 4.4 | **Elemente des Meerwassers, Konzentration < 0,0017 mg/l**

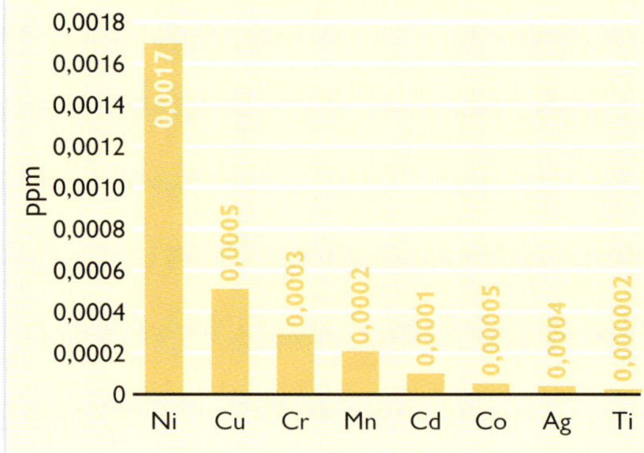

Als Mikroelemente oder Spurenelemente werden diejenigen Elemente bezeichnet, die nur einen geringen Anteil (ca. 0,1 %) der gelösten Verbindungen ausmachen. Dennoch sind gerade die Spurenelemente für das Leben im Meer von enormer Bedeutung. Obwohl wir normalerweise alle Elemente, die nicht zu den Hauptelementen zählen, als Spurenelemente bezeichnen, können diese noch einmal in geringer konzentrierte Elemente, Spurenelemente und Ultraspurenelemente unterschieden werden (siehe Seite 230–231). Die Diagramme 4.2, 4.3 und 4.4 zeigen ihre Konzentration

Es ist offensichtlich, dass die Konzentration dieser Elemente im Meerwasser nicht überall gleich ist. An der Wasseroberfläche in der Nähe des Festlands werden die Salze z. B. durch einen schweren Regen verdünnt, und die Salinität wird dadurch geringer. Menschliche Einflüsse können ebenfalls die Zusammensetzung des Meerwassers verändern. In einigen Fjorden, an deren Küsten Landwirtschaft betrieben wird, kann das Meerwasser durch einige Nährstoffe angereichert sein. In Gebieten mit starker Industrialisierung kann das Meerwasser durch Schwermetalle gefährliche Verschmutzungen aufweisen.

Die Elemente selber zeigen ein spezifisches Profil, wenn man ihre Konzentration gegen die Tiefe grafisch aufträgt. Konservative Elemente haben dieselbe Konzentration in allen Tiefen (blau in der Abb. links). Nährstoffe sind diejenigen Elemente, die an biologischen Assimilations- und Abbaureaktionen im Meer beteiligt sind (grün in der Abb. links). Die

- Konservative Elemente, die ihre Konzentration nicht mit der Tiefe verändern
- Elemente mit Oberflächenverarmung
- Elemente mit Oberflächen- und Tiefenwasserverarmung
- Nährstoffe
- Elemente mit Tiefenwasserverarmung

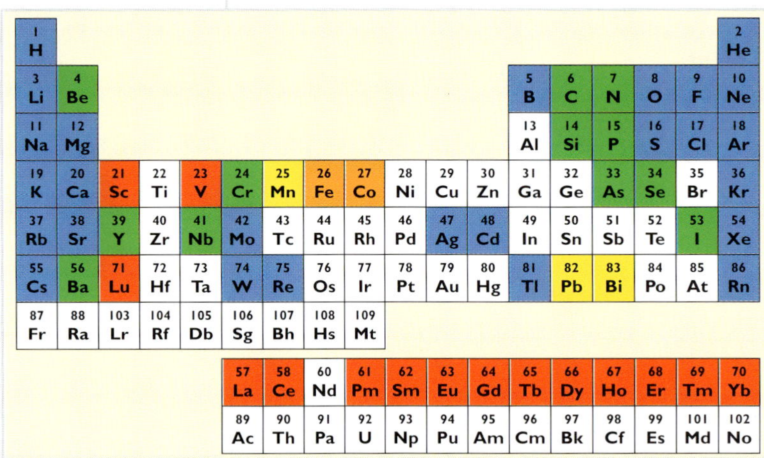

Konzentration von Nährstoffen nimmt häufig – aber nicht immer – mit zunehmender Tiefe ab. Einige Elemente (gelb in der Abb. Seite 234 unten) zeigen eine „Tiefenerschöpfung". Dies bedeutet, dass ihre Konzentration mit zunehmender Tiefe deutlich abnimmt. Andere Elemente verhalten sich genau umgekehrt: Ihre Konzentration nimmt also mit zunehmender Tiefe zu (rot in der Abb Seite 234 unten).

Salzgehalt des Meerwassers

Der Ausdruck „Salinität" kann auf mindestems drei Art und Weisen definiert weden. Die einfachste und für den Aquarianer brauchbarste Definition lautet: **die Menge an gelöstem Material (in Gramm) pro 1 Kilogramm Meerwasser**. Dabei wird die Salinität in Promille (ppt, ‰) angegeben.

Der durchschnittliche Salzgehalt des Meerwassers beträgt 34,7 ‰, er variiert jedoch je nach geografischer Region der Meere. In tropischen Meeresgebieten, aus denen die Tiere für unsere Korallenriffaquarien stammen, ist der Salzgehalt höher als z. B. in der Nordsee mit Variationen von 20–34 ‰ und in der Ostsee mit nur 10 ‰. Im Roten Meer beträgt der Salzgehalt dagegen bis zu 40 ‰, während die meisten anderen tropischen Meeresgebiete Salinitäten zwischen 30 und 35 ‰ aufweisen.

Es gibt jedoch Probleme bei dieser einfachen Definition – aufgrund der Schwierigkeit, alles gelöste Material des Meerwassers exakt zu bestimmen. Die Salinität ist direkt proportional zur Chlorid-Menge (Cl^-) im Meerwasser. Da die Menge an Chlorid durch ein einfaches chemisches Verfahren exakt bestimmt werden kann (durch die Titration mit Silbernitrat, wobei Kaliumdichromat als Indikator verwendet wird), wurde 1966 eine Definition der Salinität (S) eingeführt, die auf der Chlorinität basiert: S (ppt) = 1,80655 x Cl (ppt).

Auf jeden Fall ist die Salinität einer der wichtigsten Parameter, die der Meerwasseraquarianer messen und kontrollieren muss. Die Salinität sollte in einem Meerwasseraquarium zwischen 33 und 36 ‰ liegen. Eine plötzliche Veränderung in der Salinität kann zu osmotischen Störungen der Aquarienbewohner führen (siehe Seite 241ff.). Eine zu niedrige Salinität resultiert sehr häufig in einem sehr schlechten Zustand der Wirbellosen und Fische sowie außerdem in einem unkontrollierten Wachstum verschiedener Schmier- und Fadenalgen und schweren biologischen Störungen im Gesamtaquariensystem. Eine geringe Salinität ist wie Krebs – man bemerkt kein Problem, bis es wirklich ernst ist. Das regelmäßige Entfenen des abgeschäumten Materials aus dem Abschäumer, das Absaugen von einem Liter hier und da zusammen vielleicht mit einem Korallenfragment, das man an einen Freund weitergibt, oder auch das Salz, das durch Spritzwasser über der Wasserlinie auskristallisiert – all dies führt zu einem langsamen Dichteabfall, wenn reines Süßwasser zum Nachfüllen verwendet wird. Immer wieder konnten wir beobachten, dass das Wachstum der hässlichen blau-grünen Bakterien (Cyanophyta;

Diagramm 4.5: Das Diagramm zeigt die Abhängigkeit der Dichte von der Temperatur (in °C).

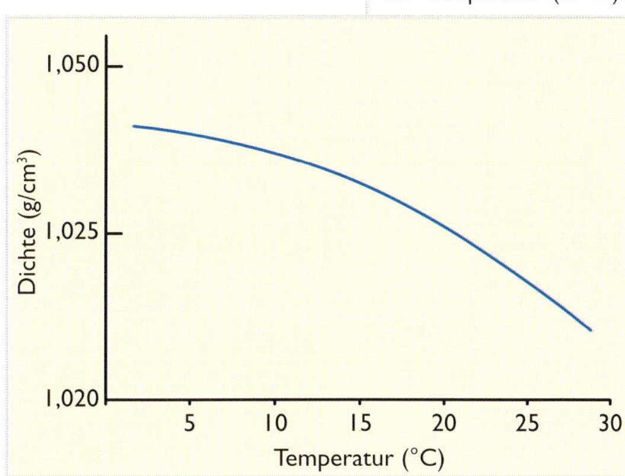

auch bekannt als Schmieralgen), das plötzlich in einem scheinbar gesunden Riffaquarium aufkam, durch eine zu geringe Dichte (unter 30 ‰) verursacht wurde. In Extremfällen haben wir sogar Aquarien mit einer Dichte des Wassers von 25 ‰ gesehen! Wir gehen davon aus, dass niedrige Dichten recht häufig in privaten Meerwasseraquarien zu finden sind, und werden daher nachfolgend im Detail auf das richtige Messen der Salinität eingehen.

Das Messen der Salinität

Den Salzgehalt kann man nicht direkt messen. Allerdings gibt es verschiedene indirekte Methoden, um den Salzgehalt des Aquarienwassers zu bestimmen. Die in der Aquarienpraxis gebräuchlichste Möglichkeit ist seine Ermittlung über die Bestimmung der Dichte. Dichte ist die Masse in Gramm pro 1 cm^3 Seewasser. Sie ist abhängig von der Salinität, der Temperatur und dem Druck. In unserem Zusammenhang kann man den Druck vernachlässigen. Wir müssen aber den großen Einfluss der Temperatur auf die Dichte beachten. 1 cm^3 von reinem destillerten Wasser wiegt 1 g bei 4 °C. Bei einer Salinität von 36 ‰ liegt die Dichte bei 15 °C bei 1,027 g/cm^3. Steigt die Temperatur auf 25 °C, fällt die Dichte dagegen auf 1,024 g/cm^3.

Der häufigste Weg im Meerwasseraquarium, die Dichte zu bestimmen, ist der Einsatz eines **Hydrometers**. Hiervon gibt es verschiedene Typen: das schwimmende Hydrometer und das Schwingnadel-Hydrometer. Hydrometer besitzen zum Ablesen der Dichte eine entsprechende Skala, und diese ist auf eine bestimmte Temperatur geeicht, die auf der Skala vermerkt ist. Normalerweise

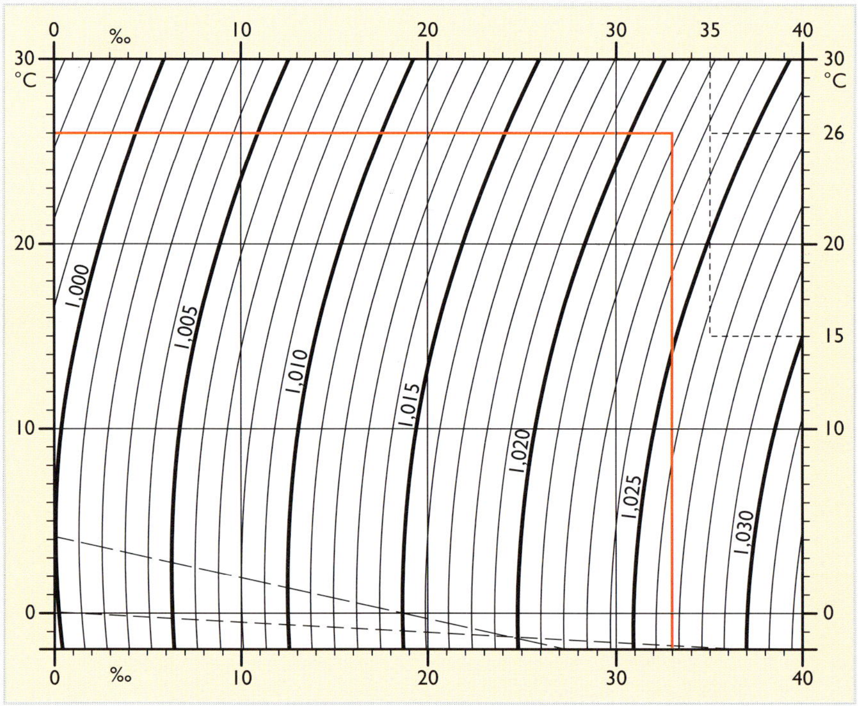

Diagramm 4.6: Umwandlung von Dichte in Salinität bei einer gegebenen Temperatur. Um die Dichte in Salinität umzurechnen, benötigt man die korrekte Temperatur in °C. Dann folgt man der horizontalen Temperaturlinie, bis die Linie, die der Dichte entspricht, erreicht wird. Von diesem Punkt zieht man eine vertikale Linie, bis man die Salinitätsskala erreicht. Die rote Linie veranschaulicht ein Beispiel mit der Temperatur von 26 °C und einer Dichte von 1,022. Hierbei ergibt sich eine Salinität von 33 ‰.

sind dies 15, 20 oder 25 °C. Um die abgelesene Dichte in die „wirkliche“ Dichte umzurechnen, muss man eine Tabelle oder ein Diagramm (siehe Diagramm 4.6) verwenden. Das korrekte Ablesen der Dichte von einem schwimmenden Hydrometer ist in der Abb. rechts gezeigt.

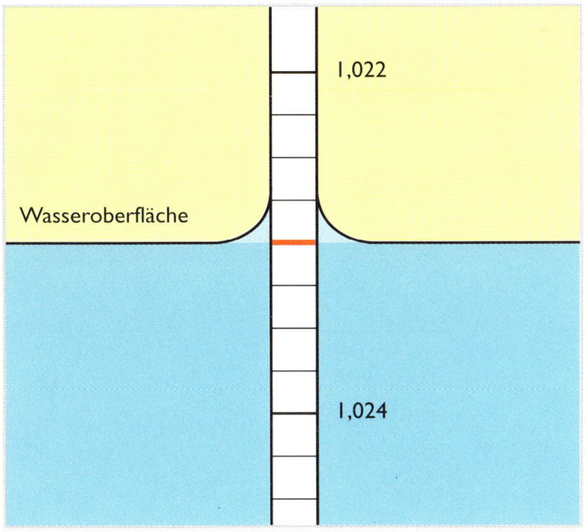

Um bei einem schwimmenden Hydrometer die Dichte korrekt zu bestimmen, muss der Wert exakt an der Wasserlinie abgelesen werden. Im dargestellten Beispiel beträgt die Dichte 1,023 g/cm³.

Man könnte aus dem eben Erwähnten rückschließen, dass eine korrekte Messung der Salinität mit Hilfe eines Hydrometers einfach durchzuführen ist, solange man nur die richtige Temperatur und eine korrekte Umrechnungstabelle hat. Hydrometer gibt es in verschiedenen Preisklassen und Designs, und viele werden in Aquariengeschäften verkauft. Fakt ist aber leider, dass die Qualität der Hydrometer stark variiert.

Die Salinität des Meerwassers kann auch mit Hilfe von **Salinitäts-Testkits** bestimmt werden, wobei eine Titration verwendet wird, um die Chlorinität zu ermitteln. Ein dritter Weg ist die Verwendung eines **Refraktometers** (Abb. unten). Wenn Licht aus der Atmosphäre in Wasser eindringt, wird es gebrochen, was bedeutet, dass es die Richtung ändert. Die Vorspiegelung einer Beugung wird einleuchtend durch das Eintauchen eines geraden Stockes in Wasser illustriert. Die Größe der Beugung wird durch die Temperatur und die Menge der gelösten Stoffe im Wasser beeinflusst. Ein Refraktometer ist ein optisches Gerät, das diesen Effekt in einem einzigen Wassertropfen vergrößert und auf einer entsprechenden Skala quantifiziert. Um ein Refraktometer benutzen zu können, muss es zuerst kalibriert werden. Der beste Weg, dies für ein tropisches Meerwasseraquarium zu tun, ist die Verwendung einer akkuraten Kalibrierungslösung mit bekannter Dichte, z. B. 35,0 ppt, auf die man das Refraktometer eicht. Das Refraktometer wird dann die genauesten Ergebnisse exakt um den Wert anzeigen, den man benötigt, nämlich zwischen 30 und 35 ppt. Danach kann das Refraktometer benutzt werden. Hierzu gibt man einfach ein paar Tropfen des Wassers, das man analysieren möchte, auf das Glasplättchen des Refraktometers, schließt es und schaut dann in Richtung Licht durch die Wasserprobe. Dabei wird man eine Linie sehen, die an der Stelle der gemessenen

Refraktometer und die entsprechende Skala. Im dargestellten Beispiel werden bei einer Temperatur von 20 °C folgende Werte abgelesen: Dichte 1,030 g/l; Salinität 34,5 ‰.
Foto und Grafik: D. Knop

Salinität oder Dichte direkt durch die Messskala geht. Einige Refraktometer besitzen einen automatischen Temperaturabgleich, wohingegen bei anderen der Temperaturabgleich manuell durchgeführt werden muss. Es gibt transportable wie auch stationäre, d. h. auf Arbeitstischen fest montierte Refraktometer. Der größte Nachteil der Refraktometer ist ihr hoher Preis. Ein weiterer Nachteil ist, dass die Umrechnung von Brechungsindex auf Salinität auf der Ionenzusammensetzung des natürlichen Meerwassers basiert. Falls das Aquarienwasser in dieser Hinsicht vom natürlichen Meerwasser differiert, werden die abgelesenen Messwerte falsch sein.

Diagramm 4.7: Abhängigkeit der Leitfähigkeit von der Temperatur des Meerwassers. Die Leitfähigkeit steigt mit zunehmender Temperatur.

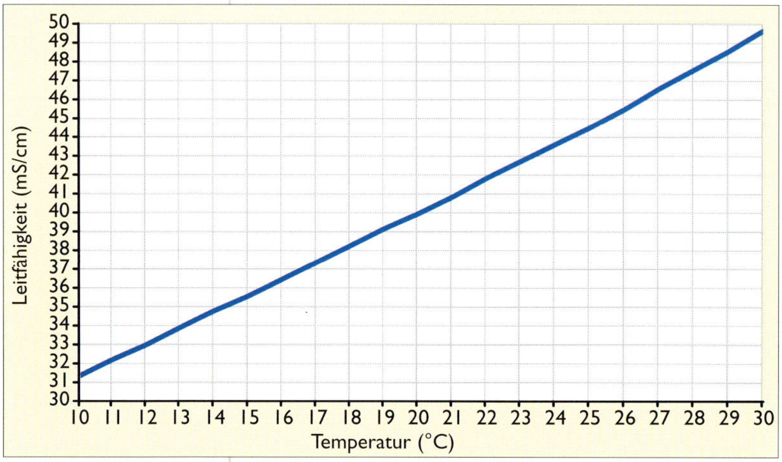

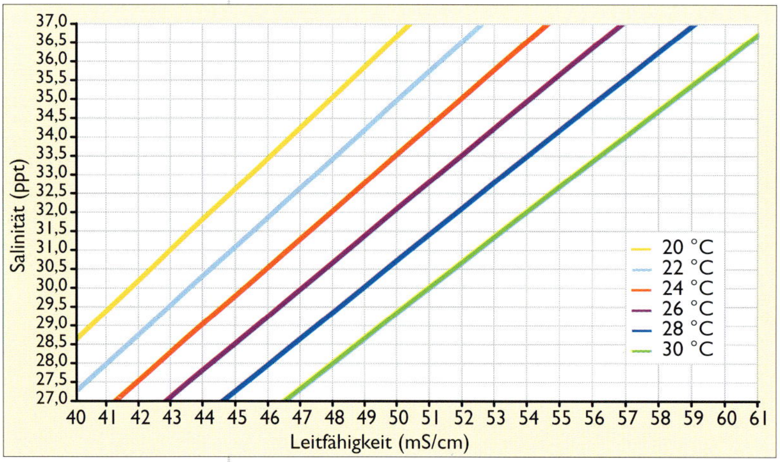

Diagramm 4.8: Das Verhältnis von Leitfähigkeit (mS/cm) und Salinität (ppt) bei Temperaturen zwischen 20 und 30 °C.

In den letzten Jahren ist man daher mehr und mehr dazu übergegangen, anstelle der Dichte die elektrische **Leitfähigkeit** zu messen. Je mehr Salz in einer Wasserprobe gelöst ist und je wärmer sie ist, umso besser leitet sie elektrischen Strom. Dieses einfache Prinzip wird zur Messung der elektrischen Leitfähigkeit zwischen zwei Elektroden verwendet. Das Diagramm 4.9 zeigt, wie die Leitfähigkeit über einen Zeitraum von neun Tagen in einem kleinen Aquarium fluktuiert. Der Fluss des elektrischen Stroms zwischen den beiden Elektroden bzw. die Leitfähigkeit wird gemessen bzw. abgelesen als Micro-Siemens pro Zentimeter (µS/cm) für Lösungen geringer Salinität oder in Milli-Siemens/cm (mS/cm) im Falle des Meerwassers. Wie auch beim Hydrometer und dem Refraktometer variiert die Leitfähigkeit mit der Temperatur (siehe Tabelle 4.2). Sind die Temperatur und die Leitfähigkeit (in mS/cm) bekannt, kann man die Salinität aus der Kurve der Abb. links ableiten. Die exakte mathematische Beziehung zwischen Salinität und elektrischer Leitfähigkeit ist komplex. Nähere Angaben hierzu findet man in entsprechenden Publikationen, z. B. Grasshof et al. (1983).

Messgeräte, mit denen man die Leitfähigkeit bestimmen kann, sind zwar nicht gerade billig, sie liefern aber sehr genaue Messergebnisse über die im Wasser gelösten Ionen. Es ist sehr wichtig, Elektroden von sehr guter Qualität zu verwenden, die für die Anwendung im Merwasser produziert wuren. Die Elektroden müssen sauber gehalten und die Messgeräte sorgfältig und genau kalibriert werden. Heute gibt es Aquariencomputer, die das Messen der Leitfähigkeit bereits in ihrem Programm integriert haben.

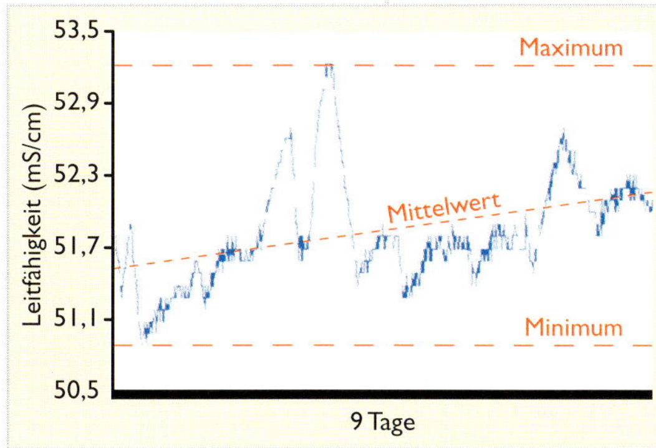

Diagramm 4.9: Schwankung der Leitfähigkeit in einem kleinen Korallenriff-Aquarium über neun Tage. Die Werte wurden mit dem IKS-Aquastar-Computer ermittelt.

Eine Dichte von 1,022–1,024, entsprechend einem Salzgehalt zwischen 33 und 36 ‰, hat sich für das Korallenriff-Aquarium als günstig erwiesen. Es ist wichtig, die Dichte so stabil wie nur irgend möglich zu halten (osmotische Stabilität). Da wegen der erforderlichen hohen Lichtintensität und Lichtqualität zumeist keine Deckscheiben verwenden werden, ist die Verdunstungsrate entsprechend groß. Es ist nicht ungewöhnlich, dass aus einem mittelgroßen Aquarium (500 l) täglich 4–5 l Wasser verdunsten. Dabei muss man sich vergegenwärtigen, dass es nur die Wassermoleküle sind, die in die Luft entweichen. Die gelösten Salze bleiben im Aquarien-

Tabelle 4.2 | Abhängigkeit der Salinität (ppt) von der Leitfähigkeit und der Temperatur

Leitfähigkeit (mS/cm)	Wassertemperatur										
	20 °C	21 °C	22 °C	23 °C	24 °C	25 °C	26 °C	27 °C	28 °C	29 °C	30 °C
40	28,6	27,9	27,3	26,7	26,1	25,5	25,0	24,4	23,9	23,4	23,0
41	29,4	28,7	28,1	27,4	26,8	26,2	25,7	25,1	24,6	24,1	23,6
42	30,2	29,5	28,8	28,2	27,5	26,9	26,4	25,8	25,3	24,7	24,2
43	31,0	30,3	29,6	28,9	28,3	27,7	27,1	26,5	25,9	25,4	24,9
44	31,8	31,3	30,4	29,7	29,0	28,4	27,8	27,2	26,6	26,0	25,5
45	32,6	31,9	31,1	30,4	29,8	29,1	28,5	27,9	27,3	26,7	26,2
46	33,4	32,7	31,9	31,2	30,5	29,8	29,2	28,6	28,0	27,4	26,8
47	34,3	33,5	32,7	31,9	31,2	30,5	29,9	29,2	28,6	28,0	27,5
48	35,1	34,3	33,5	32,7	32,0	31,3	30,6	29,9	29,3	28,7	28,1
49	35,9	35,1	34,2	33,5	32,7	32,0	31,3	30,6	30,0	29,4	28,8
50	36,7	35,9	35,0	34,2	33,5	32,7	32,0	31,1	30,7	30,0	29,4
51	37,5	36,7	35,8	35,0	34,2	33,5	32,7	32,0	31,4	30,7	30,1
52	38,4	37,5	36,6	35,8	35,0	34,2	33,5	32,8	32,1	31,4	30,7
53	39,2	38,3	37,4	36,6	35,7	35,0	34,2	33,5	32,8	32,1	31,4
54	40,0	39,1	38,2	37,3	36,5	35,7	34,9	34,2	33,4	32,8	32,1
55	40,9	39,9	39,0	38,1	37,3	36,4	35,6	34,9	34,1	33,4	32,7
56	41,7	40,7	39,8	38,9	38,0	37,2	36,4	35,6	34,8	34,1	33,4
57		41,6	40,6	39,7	38,8	37,9	37,1	36,3	35,5	34,8	34,1
58			41,4	40,5	39,6	38,7	37,8	37,0	36,3	35,5	34,8
59				41,3	40,3	39,4	38,6	37,8	37,0	36,2	35,4
60					41,1	40,2	39,3	38,5	37,7	36,9	36,1
61					41,9	41,0	40,1	39,2	38,4	37,6	36,8

wasser. Sofern das verdunstete Wasser nicht durch Süßwasser ersetzt wird, steigt der Salzgehalt nach einigen Tagen beträchtlich an. Wir kommen auf dieses Problem im Rahmen der täglichen Gabe von Kalkwasser (siehe Seite 255ff.) zurück.

Tabelle 4.3

In einem Experiment durchwirbelte BINGMAN (1995c) Kalkwasser für eine definierte Zeitspanne mit einer Powerhead-Pumpe und ließ es sich dann eine bestimmte Zeit lang absetzen. Danach wurden der Phosphat- und der Kalziumgehalt gemessen. Es wird deutlich, dass die Zeit des Absetzens großen Einfluss auf den Phosphatgehalt hat und milchig trübes Kalkwasser wesentlich mehr Phosphat enthält als klares.

PO_4-Gehalt zu Beginn (mg/l)	Alkalität zu Beginn (meq/l)	Durchwirbelungszeit (h)	Absetzzeit (h)	PO_4-Gehalt (mg/l)	Ca^{2+}-Gehalt (mg/l)	Temperatur (°C)
1,48	0	1	0,5	0,34		24,4
			1	0,27		
			2	0,17		
			12	0,02–0,03	900	
1,04	0	6	12	0,1–0,02	904	24,4
1,04	0,1	1	12	0,01	?	24,4
1,04	1	1	12	0,01–0,05	960	22,8

Das beeindruckende und sehr große Korallenriff-Aquarium im Ozeanarium von Lissabon, Portugal. Dies ist eines der erfolgreichsten Riffaquarien der Welt. Es enthält 18.000 l Meerwasser, die Dekoration ist vollständig mit gesunden Korallen überwachsen. Foto (aus dem Jahr 2004): Bioquatic Photo

Osmolarität und osmotische Regulation

Bei allen Organismen erfolgt ein Wasser- und Salzaustausch (Transport) zwischen den Zellen bzw. zwischen ihnen und dem sie umgebendem Medium. Dieser Transport kann aktiv erfolgen, d. h. er erfordert Energie, oder er kann passiv verlaufen, ohne dass dazu Energie benötigt würde. In welche Richtung der Transport verläuft, wird von der Salzkonzentration in den Zellen bzw. in dem sie umgebenden Medium bestimmt. Das Wasser strömt dabei von einem Ort mit hohem osmotischen Druck, was einem niedrigen Salzgehalt entspricht, in Richtung des Milieus mit niedrigem osmotischem Druck, also hohem Salzgehalt. Dadurch erfolgt ein Konzentrationsausgleich. Durch einen aktiven Transport von Salzen versuchen Meerestiere diese Verhältnisse zu stabilisieren, sodass der osmotische Druck in den Zellen so weit wie möglich mit dem des umgebenden Milieus übereinstimmt.

Wenn man ein Meerestier aus dem Becken einer Zoohandlung mit einem Salzgehalt von z. B. 37 ‰ direkt in ein Aquarium mit 34 ‰ umsetzt, strömt das Umgebungswasser sofort in die Zellen des Tieres ein, das dieses Geschehen durch aktiven Salztransport aus den Zellen zu kompensieren sucht. Die meisten Tiere vertragen keinen plötzlichen Wechsel der Salzkonzentration, eine Situation, die große Schäden bei vielen Wirbellosen und Fischen verursachen

Auch Fische, wie dieser Mandarinfisch (*Synchiropus picturatus*), benötigen eine vorsichtige Akklimatisierung, um negative Effekte aufgrund einer Veränderung des osmotischen Drucks bei der Eingewöhnung in das Aquarium zu vermeiden.
Foto: Bioquatic Photo

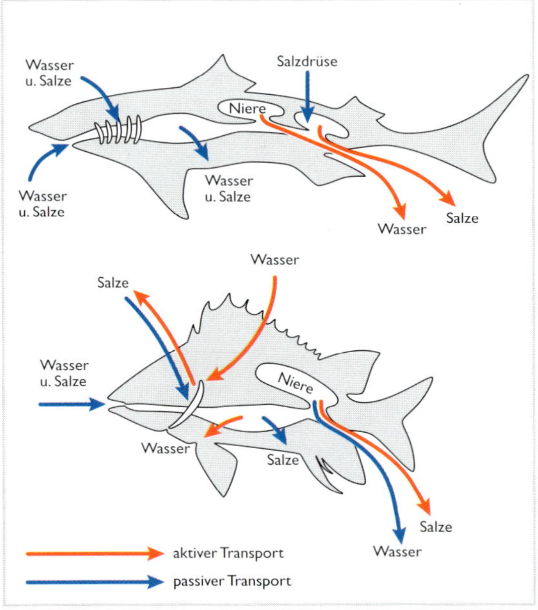

Regulation des Wasser-Salz-Haushalts bei Meeresfischen durch aktiven und passiven Transport
Nach Spotte (1979)

kann. Krebstiere und Stachelhäuter reagieren besonders empfindlich auf schnelle osmotische Veränderungen. Wenn man also Tiere umsetzt, sollte dies mit entsprechender Vorsicht und langsamer Anpassung (Akklimatisierung) geschehen. Das kann sehr einfach in einem Eimer oder anderen Behältnis erfolgen, in dem die neuen Tiere zunächst untergebracht werden und in das Aquarienwasser tropfenweise zugegeben wird. Für empfindliche Tiere kann die Akklimatisierung Stunden dauern.

Garnelen und Krebse, wie diese hübsche Harlekingarnele (*Hymenocera picta*), müssen sehr vorsichtig an neue Wasserbedingungen – z. B. beim Einsetzen in das Aquarium – gewöhnt werden, um Schäden durch osmotische Schocks zu vermeiden.
Foto: Bioquatic Photo

Künstliches oder natürliches Meerwasser?

Wohl die wenigsten Meerwasseraquarianer haben die Gelegenheit, natürliches und noch dazu kaum verunreinigtes Meerwasser zu bekommen. Wir gehören zu den wenigen und haben über Jahre hinaus natürliches Meerwasser ohne merkliche negative Wirkung verwendet. Es gibt für uns keinen Zweifel, dies auch anderen Aquarianern zu empfehlen – unter der Bedingung, dass man Zugriff auf sauberes Wasser hat. Freilich muss man hierbei in den Jahreszeiten, in denen Phytoplankton vermehrt auftritt (im Frühjahr und im Herbst), vorsichtig sein. Natürliches Meerwasser kann direkt benutzt werden, doch raten wir stets zu einer Kontrolle des pH-Wertes, der Karbonathärte und der Dichte sowie, falls möglich, auch des Kalziumgehalts, sodass man seine Qualität beurteilen und erforderliche Korrekturen vornehmen kann.

Normalerweise ist der Aquarianer jedoch darauf angewiesen, Meerwasser selbst herzustellen. Dies ist ein absolut zuverlässiger Weg, Wasser von stets gleich bleibender Qualität für das Aquarium zu erhalten. Dazu bietet der Handel eine ganze Reihe von Meersalzgemischen an, die jedoch in ihrer Zusammensetzung, insbesondere im Hinblick auf die Spurenelemente, variieen können. Spurenelemente sind im künstlichen Meerwasser generell in viel höheren Konzentrationen als im natürlichen Meerwasser vorhanden. Es gibt aber auch

Rechte Seite: Herrliches Riffaquarium in dem großen öffentlichen Aquarium Reef HQ, Townsville, Australien. Das Foto stammt aus dem Jahr 2004.
Foto: Bioquatic Photo

signifikante Variation unter den Hauptelementen. Das Element Brom (Br) fehlt normalerweise vollständig in Meersalzmischungen, obwohl es ein Hauptelement des natürlichen Meerwassers ist (siehe auch Tabelle 4.1).

Unter keinen Umständen darf man Meersalzgemische direkt im Aquarium auflösen. Zur Herstellung des künstlichen Meerwassers eignen sich am besten PVC-Behälter. Wenn man die entsprechende Salzmenge im richtigen Wasservolumen (Anweisungen des Herstellers genau beachten) gelöst hat, muss das Wasser mindestens eine Woche bei kräftiger Belüftung abstehen (reifen), bevor es eingesetzt wird. Die Konzentration freier Metalle ist in neu angesetztem Wasser oft hoch, doch sinkt sie mit zunehmendem Alter.

Es ist nicht nur die Qualität der Meersalzgemische, auf die es beim Ansetzen von Meerwasser ankommt. Genauso wichtig ist auch die Qualität des verwendeten Süßwassers, ob es nun direkt als Nachfüllwasser oder zur Zubereitung für Kalkwasser verwendet wird. Enthält Leitungswasser Verunreinigungen, wie Nitrat oder Phosphat, belasten diese Stoffe natürlich auch das künstliche Meerwasser. In vielen Gegenden, insbesondere dort, wo intensiv Landwirtschaft betrieben wird, ist das Süßwasser mit Nitrat und Phosphat verschmutzt, was durch die Anreicherung von Düngestoffen im Grundwasser zustande kommt. Dies kann zu Problemen durch die hohe Dosis von Nährstoffen im Aquarienwasser führen. Obgleich Fische und viele Wirbellose – ausgenommen Steinkorallen – höhere Nitratwerte ohne direkt zu beobachtende Schädigungen tolerieren, sind wir der Meinung, dass ein gesundes Korallenriff-Aquarium die geringstmögliche Nitratkonzentration aufweisen sollte. Wie wir in Kapitel 1 schon diskutiert haben, sind im Wasser der tropischen Koralenriffe die Konzentrationen von Nitrat und Phosphat sehr gering. In unserern Riffaquarien sollten wir diese Bedingungen so gut wie möglich nachahmen. Das Ziel muss sein, dass die Konzentration dieser Nährstoffe mit aquarienüblichen Testkits nicht nachweisbar ist.

Vielerorts enthält Leitungswasser beträchtliche Mengen an Silikaten. Es hat sich gezeigt, dass Silikate im Korallenriff-Aquarium große Probleme bereiten können, weil dadurch fast explosionsartige Vermehrungen von Kieselalgen möglich sind. Bisweilen ist die Karbonathärte mit 1–2 °dKH sehr niedrig. In diesem Fall sind besondere Zusätze zum Leitungswasser erforderlich. Eine chemische Analyse des Leitungswassers ist für jeden Aquarianer sehr nützlich. Um Angaben hierzu zu erhalten, wendet man sich am besten an das zuständige Wasserwerk.

Heute ist es bei vielen Meerwasseraquarianern üblich, ihr Leitungswasser durch eine Umkehrosmoseanlage aufzubereiten (siehe Seite 387–389), bevor daraus Meerwasser hergestellt wird. In vielen Fällen ist dies ein sehr sicherer Weg, um die Anreicherung unerwünschter Verbindungen im Aquarium zu verhindern, wenn Süßwasser direkt oder nach Aufbereitung zum Kalkwasser zum Nachfüllen von verdunstetem Wasser verwendet wird.

Chemische Reaktionen und Parameter des Meerwassers

Es ist unmöglich, alle Stoffe zu beschreiben, die für die Meeresorganismen eine Rolle spielen. Genauso wenig kann man auf alle chemischen Reaktionen, die im Meer ablaufen, ausführlich eingehen. Dennoch wollen wir einige Elemente, Elementgruppen und chemische Reaktionen vorstellen, die wir für die Meerwasser-

Schule des Banggai-Kardinalbarsches, *Pterapogon kauderni*
Foto: Bioquatic Photo

aquaristik als besonders wichtig erachten. In diesem Abschnitt haben wir versucht, wichtige neue Informationen und Gesichtspunkte bezüglich dieser Punkte aufzuführen. Nach wie vor gibt es eine kontinuierliche Diskussion über die Wasserchemie von Riffaquarien, und wir möchten alle interessierten Meerwasseraquarianer dazu ermuntern, diese Diskussion sowohl in der Hobbyliteratur als auch in der wissenschaftlichen Literatur zu verfolgen. Heute sind mehr und mehr kommerzielle Testkits auf dem Markt, mit denen der Aquarianer verschiedene Wasserparameter seines Korallenriff-Aquariums bestimmen kann.

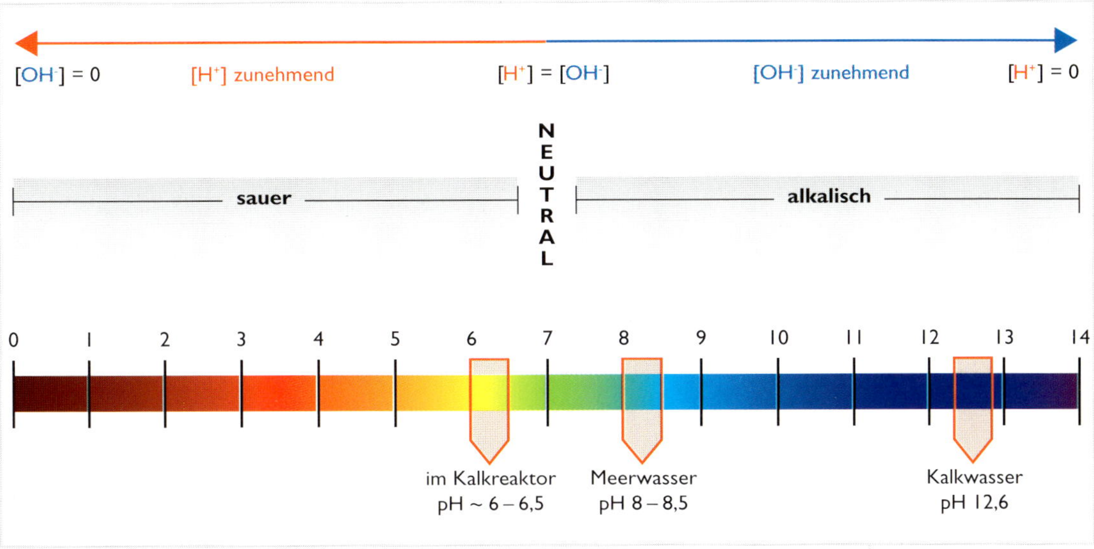

Diagramm 4.10: Darstellung der pH-Wert-Skala (einschließlich der pH-Werte im Kalkreaktor, des Meerwassers und des Kalkwassers)

1) Der pH-Wert

Der pH ist ein kritischer Wert für Korallenriffaquarien, der seit den Anfängen der Meerwasseraquaristik von den Aquarianern besprochen und diskutiert wird. Der pH ist ein Maß dafür, wie sauer oder alkalisch das Wasser reagiert (siehe auch Diagramm 4.10 oben, das die pH-Wert-Skala zeigt und erklärt). Der pH-Wert ist definiert als der negative dekadische Logarithmus der Wasserstoffionen-Konzentration:

$$pH = -\log_{10}[H]^+$$

Das hört sich komplizierter an als es ist. Reines Wasser besteht aus Wasserstoff- und Hydroxid-Ionen und hat die chemische Formel H_2O. Wenn Wasser dissoziiert, erhalten wir positiv geladene Wasserstoffionen und negativ geladene Hydroxid-Ionen:

$$H_2O \longleftrightarrow H^+ + OH^-$$

Wasserstoffionen (H^+) wirken als Säure, sie machen das Wasser sauer, Hydroxid-Ionen (OH^-) wirken als Lauge und führen zu einer basischen (alkalischen) Reaktion des Wassers. In reinem Wasser ohne jegliche Beimengung anderer Stoffe sind beide Ionen in gleicher Zahl vorhanden und heben sich deshalb in ihrer Wirkung gegenseitig auf. Das Wasser reagiert neutral. Der entsprechende pH-Wert ist pH = 7. Wir können dieses Konzentrationsgleichgewicht folgendermaßen darstellen:

$$[H^+] \cdot [OH^-] = (1 \cdot 10^{-7}) \cdot (1 \cdot 10^{-7}) = (1 \cdot 10^{-14})$$

(In der Formel bedeuten: $[H^+]$ = Wasserstoffionen- und $[OH^-]$ = Hydroxidionen-Konzentration)

Sofern andere saure oder basische Stoffe auf das Wasser einwirken, wird das Gleichgewicht der H^+- und OH^--Ionen gestört. Das Wasser reagiert entweder sauer oder basisch (alkalisch). Haben wir z. B. Wasser mit einem pH-Wert von 5, also saures Wasser, ist die Konzentration von H^+-Ionen beträchtlich höher als die von OH^- -Ionen. Der Konzentrationsvergleich sieht dann so aus:

$$[H^+] \cdot [OH^-] = (1 \cdot 10^{-5}) \cdot (1 \cdot 10^{-9}) = (1 \cdot 10^{-14})$$

Es gibt mehrere Möglichkeiten, den pH-Wert zu messen. Die einfachste Art und Weise ist die Verwendung von pH-Papier mit einem Farbindikator. Das pH-Papier wird kurz in die zu testende Flüssigkeit gehalten und nach Farbbildung mit einer entsprechenden Farbskala verglichen. Mit dieser Methode kann man den pH-Wert grob abschätzen. Die Empfindlichkeit der meisten dieser pH-Papiere liegt bei 0,5 pH-Werteinheiten, weshalb sie für die Meerwasseraquaristik ungeeignet sind.

Viele Firmen produzieren sog. Tropftests zur Messung des pH-Wertes. Hier gibt es verschiedene Ausführungen. Normalerweise funktionieren sie aber so, dass man eine definierte Menge an Reagenz zur Wasserprobe gibt, deren pH-Wert man bestimmen möchte. Die Flüssigkeit färbt sich ein, und die entstandene Farbe wird mit einer entsprechenden Farbskala verglichen. Die Empfindlichkeit dieser Tropftests variiert. Sie liegt aber normalerweise um 0,3-pH-Einheiten. Daher sind sie für die Meerwasseraquaristik deutlich besser geeignet als die pH-Wert-Papiere. Ungenauigkeiten beim Nehmen der Wasserprobe oder das Ablesen des Ergebnisses unter verschiedenen Lichtbedingungen sind Faktoren, die das Testergebnis verfälschen können.

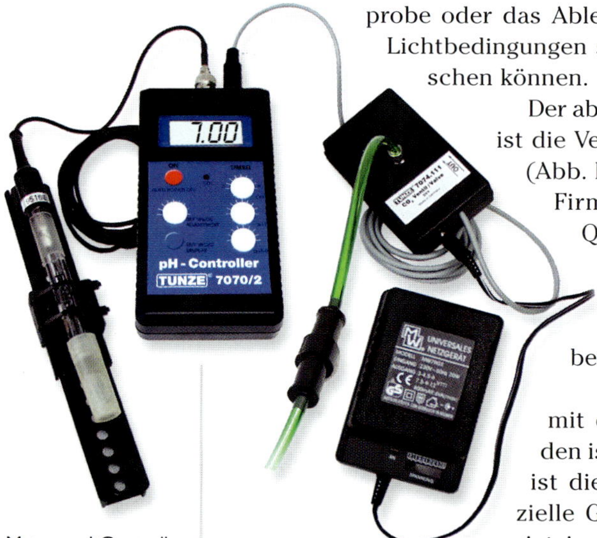

pH-Meter und Controller der Firma Tunze zum Nachdosieren von CO_2
Foto: Tunze

Der absolut beste Weg, um den pH-Wert zu messen, ist die Verwendung eines elektronischen pH-Meters (Abb. links). pH-Meter gibt es von verschiedenen Firmen in unterschiedlichen Ausführungen, Qualitäten und Preislagen für die Verwendung in Süß- und Meerwasser. Sie sind im Hobby heute weit verbreitet. Man muss aber mehrere wichtige Dinge beachten, bevor man ein pH-Meter verwenden kann.

Das pH-Meter besitzt eine Elektrode, die mit der Messeinheit durch ein Kabel verbunden ist. Die am häufigsten verwendete Elektrode ist die sog. Glaselektrode. Sie besitzt eine spezielle Glasmembran, die pH-Wert Schwankungen registriert. Solche pH-Wert-Differenzen führen zu einer Veränderung des elektrischen Potenzials über dem Glas. Um dieses Potenzial messen zu können, wird eine zweite Elektrode benötigt, die sog. Referenzelektrode. In den meisten Fällen werden diese beiden Elektroden zu einer Elektrode kombiniert.

Es ist wichtig, dass diese Glaselektroden niemals austrocknen. Bei ihrer Lagerung muss daher die Spitze in einer 3-M-KCl-Lösung eingetaucht sein, z. B. in einem kleinen Silikongefäß, das normalerweise im Lieferumfang enthalten ist. Alternativ kann die Elektrode auch für eine Dauermessung untergetaucht im Meerwasser verbleiben. In diesem Fall ist es aber wichtig, die Elektrode regelmäßig zu reinigen und zu eichen.

Die Messung des pH-Wertes über ein pH-Meter ist temperaturabhängig. Daher ist es auch in diesem Fall nötig, das pH-Meter auf die korrekte Temperatur einzustellen, was aber bei einigen Geräten automatisch geschieht. Es ist ebenfalls wichtig, die Elektrode vor der Messung zu eichen. Die Eichung geschieht mit Hilfe von zwei Lösungen, die einen definierten pH-Wert besitzen. Die erste Eichlösung sollte einen pH-Wert von 7,00 aufweisen, die zweite Eichlösung im Falle von Meerwasser einen pH-Wert von 9,00. Im Falle einer Messung des Süßwassers sollte die zweite Eichlösung entweder einen pH-Wert von 4,00 oder 9,00 haben. Dies hängt davon ab, in welchem Bereich man messen möchte. Da Eichlösungen nur einmal verwendet werden können, sollten zur Eichung kleine Mengen der Lösung aus dem Vorratsbehälter entnommen werden, die nach der Verwendung weggeschüttet werden. Die Eichlösungen müssen dunkel und bei der richtigen Temperatur gelagert werden, die auf den Vorratsbehältern angegeben ist. Bei der Eichung darf man nicht zu schnell arbeiten, um sicher zu sein, dass sich im Messsystem ein Gleichgewicht einstellt. Außerdem sollte das pH-Meter schon vor der Messung einige Zeit angeschaltet sein, damit alle Komponenten die gleiche Temperatur aufweisen. Danach benutzt man zur Eichung zuerst die Eichlösung pH = 7,00, um den Nullpunkt einzustellen. Anschließend verwendet man die zweite Eichlösung zur Adjustierung der Steigung. Dieser Eichzyklus wird mindestens einmal wiederholt oder so lange, bis keine Adjustierung mehr nötig ist. Man beachte, dass viele moderne pH-Meter eine automatische Kalibrierungsfunktion haben. Bei solchen Geräten darf jede Eichlösung nur einmal verwendet werden.

Obwohl sich viele Aquarianer ihrer pH-Wert-Messungen sicher sind, kann es doch zu vielen Fehlern kommen. Diese können unterschiedliche Ursachen haben. Es können Fehler im pH-abhängigen Glas, Fehler bezüglich der Referenzelektrode, Fehler im elektrischen Teil der Messanordnung und extern generierte Fehler auftreten. Das pH-abhängige Glas kann z. B. kaputt gehen. Kommt es zu einer Verbindung der inneren Flüssigkeit der pH-Sonde und der äußeren Umgebung, erhält man einen pH-Wert um 7. Dieser ändert sich auch nicht, wenn man die pH-Elektrode in eine Flüssigkeit mit einem anderen bekannten pH-Wert taucht. Einen ähnlich falschen Wert erhält man, wenn die Glaswand zwischen dem inneren und dem äußeren Teil der kombinierten Elektrode defekt wird. Das Glas kann sich außerdem erschöpfen, was zu langsamen Ansprechzeiten führt. Falls dies passiert, kann man versuchen, die Elektrode durch Eintauchen in eine 3-M-KCl-Lösung bei 55 °C für fünf Stunden zu regenerieren. In manchen Fällen hilft dies. Falls die Regeneration nicht hilft, muss man die alte Elektrode gegen eine neue austauschen. Ein weiterer Fehler kann darin liegen, dass das Diaphragma blockiert ist. Dies führt zu schwankenden und falschen pH-Messwerten. Die häufigste Ursache für diese Blockade ist Silbersulfid (Ag_2S), das sich bildet und am Diaphragma ausfällt. Man erkennt dies daran, dass sich das Diaphragma schwarz färbt. In einem solchen Fall kann man die Elektrode regenerieren, indem man sie in eine Lösung aus saurem Thioharnstoff gibt, bis das Diaphragma wieder weiß ist. Danach muss noch die interne Flüssigkeit der Referenzelektrode ausgetauscht werden. Für Aquarianer ist diese Reinigungsprozedur jedoch in der Regel zu komplex, weshalb es besser ist, die alte Elektrode gegen eine neue auszutauschen.

Das Fehlen des Kontaktes über dem Diaphragma, z. B. aufgrund von Luftblasen, ist ebenfalls ein häufiges Problem. Dies sieht dann genauso aus, als ob das Diaphragma blockiert wäre, nur dass es hierbei seine normale Farbe aufweist. In einem solchen Fall muss man darauf achten, dass die Flüssigkeit zu jeder Zeit langsam von der Referenzelektrode in Richtung der zu messenden Flüssigkeit fließt.

Generell haben Elektroden nur eine begrenzte Lebenszeit. Nach unseren Erfahrungen sollten sie etwa alle zwei Jahre ausgewechselt werden. Man wird den Alterungsprozess der Elektrode daran erkennen, dass die Eichung schwieriger und schwieriger wird. Dies ist ein untrügliches Zeichen dafür, dass die Elektrode ausgetauscht werden sollte.

2) Pufferkapazität und Puffervermögen

Der Ausdruck „Pufferkapazität" spiegelt die Fähigkeit einer Lösung wider, den pH-Wert-Veränderungen bei Zugabe von Basen oder Säuren entgegenzuwirken. Im Meerwasser schwankt der pH-Wert kaum, sondern liegt ziemlich stabil bei 8,2. (Man beachte jedoch Kapitel 1, Seite 48–50, bzgl. des ernsten pH-Wert-Abfalls des Ozeanwassers und eines Puffersystems, das nicht ausreicht, um mit der gefährlich ansteigenden Menge an gelöstem Kohlendioxid im Meerwasser fertig zu werden.) Meerwasser ist eine basische Lösung, in der es mehr OH^-- als H^+-Ionen gibt (siehe auch die pH-Skala auf Seite 247). Dem Meer werden täglich große Mengen von Säuren und Basen zugeführt, ohne dass der pH-Wert merklich schwankt. Wohl können örtliche Veränderungen auftreten, doch nach einiger Zeit stellt sich der pH-Wert von 8,2 wieder ein. Es sind vor allem die Karbonat-Ionen (CO_3^{2-}) und die Hydrogenkarbonat-Ionen (HCO_3^-), die die pH-Wert-Stabilität des Meerwassers bestimmen. Man sagt, dass das Wasser eine Pufferkapazität oder ein Puffervermögen besitzt, das in beide Richtungen der pH-Werteskala geht. Die Pufferwirkung wird durch die folgende chemische Gleichgewichtsreaktion beschrieben:

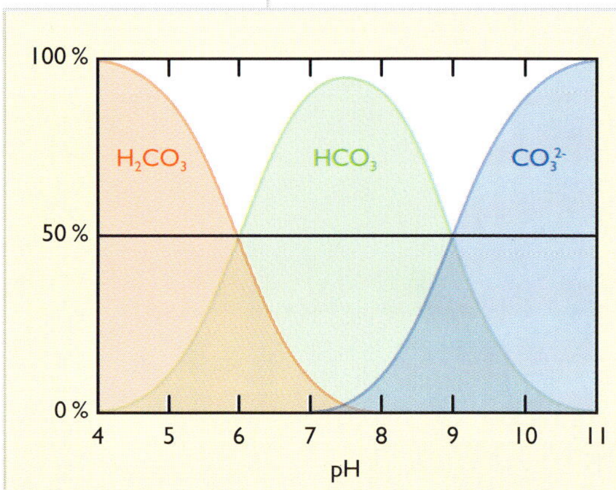

Diagramm 4.11: Prozentualer Gehalt von Kohlensäure (H_2CO_3), Hydrogenkarbonat (HCO_3^-) und Karbonat (CO_3^{2-}) in Abhängigkeit vom pH-Wert

$$2\ HCO_3^- \longleftrightarrow CO_2 + H_2O + CO_3^{2-}$$

Es sollte beachtet werden, dass die Ionen, die für die Pufferung des Meerwassers verantwortlich sind, negativ geladen sind (= Anionen). Diese reagieren mit den Haupt-Kationen (positiv geladene Ionen) wie Magnesium (Mg^{2+}) und Kalzium (Ca^{2+}), die in viel größeren Mengen als die Anionen im Meerwasser gelöst vorliegen. Die Kationen haben jedoch nur einen geringen Effekt auf die Pufferkapazität, und wir können eine große Menge an Magnesium- oder Kalzium-Ionen (oder anderer Haupt-Kationen) in das Meerwasser geben, ohne seine Pufferkapazität zu verändern.

An der Pufferkapazität ist eigentlich auch das Kohlendioxid (CO_2) beteiligt. CO_2 reagiert mit Wasser und bildet Kohlensäure (H_2CO_3), die ihrerseits wieder Karbonat- und Hydrogenkarbonat-Ionen bildet. Die chemische Reaktion stellt sich so dar:

$$CO_2 + H_2O \longleftrightarrow H_2CO_3 \longleftrightarrow H^+ + HCO_3 \longleftrightarrow 2H^+ + CO_3^{2-}$$

Eine Zufuhr von Kohlendioxid (= vermehrte H^+-Ionen) verschiebt das Gleichgewicht zur sauren Seite – mit anderen Worten: der pH-Wert fällt ab. Ein Verbrauch von Kohlendioxid, z. B. durch die Fotosynthese der Algen, hat den gegenteiligen Effekt. Das Gleichgewicht verschiebt sich zur basischen Seite, das Wasser reagiert alkalisch – der pH-Wert steigt.

Hier ist allerdings anzumerken, dass im Meerwasseraquarium die Algen, einschließlich der Zooxanthellen, viel von ihrem CO_2-Bedarf aus dem Hydrogencarbonat decken. Versuche haben dies z. B. für Rotalgen der Gattung *Iridaea* und Braunalgen der Gattungen *Sargassum, Alaria, Nereocystis* und *Costaria* bestätigt, während es für Rotalgen der Gattung *Porphyra* und für Grünalgen der Gattung *Enteromorpha* nicht der Fall ist. Dies trifft auch für die Symbiosealgen (die Zooxanthellen) zu, die im Endoderm der meisten Korallen leben. Die Zooxanthellen können ihr Kohlendioxid als freies Kohlendioxid aus der Atmung ihres Wirtes oder aus dem natürlichen Kohlendioxidgehalt des Wassers beziehen. Wenn allerdings die Fotosynthese gegenüber der Atmung überwiegt und die Kolonie autotroph wird – was an vielen hellen Stellen im Riff tatsächlich der Fall sein dürfte – wird die Menge an freiem Kohlendioxid oft für die Fotosynthese der Zooxanthellen nicht ausreichen. Dann nutzen die Symbionten Bikarbonat als Quelle für ihr Kohlendioxid (Muscatine 1973 & 1990).

Bei einem pH-Wert von 8,2 sind 90 % des gelösten CO_2 als Hydrogenkarbonat vorhanden. Etwa 9,4 % sind Karbonat, während freie Kohlensäure etwa 0,6 % ausmacht (Dring 1986).

Solange in einem neu eingerichteten Meerwasseraquarium alles normal verläuft, bleibt der pH-Wert um 8,2 recht stabil. Es ist jedoch im Rahmen des Üblichen, dass der pH-Wert in einem Riffaquarium während eines 24-Stunden-Rhythmus um 0,5 Einheiten schwankt. Ein niedriger Wert am Morgen (manchmal nur ein pH-Wert von 7,8) wird durch Organismen verursacht, die CO_2 an das Wasser abgeben, das von den Pflanzen durch die Fotosynthese so lange nicht verbraucht wird, bis das Licht angeht. Während des Tages verbrauchen die Pflanzen das Kohlendioxid. Dadurch steigt der pH-Wert graduell an. Normalerweise erreicht er ein Maximum am späten Nachmitag oder am Abend. Das Diagramm rechts dokumentiert diesen Velauf über einen Zeitraum von neun Tagen in einem kleinen Aquarium.

Diagramm 4.12: Schwankung des pH-Werts in einem kleinen Korallenriff-Aquarium über den Zeitraum von neun Tagen. Die Werte wurden mit einem IKS-Aquastar-Computer ermittelt.

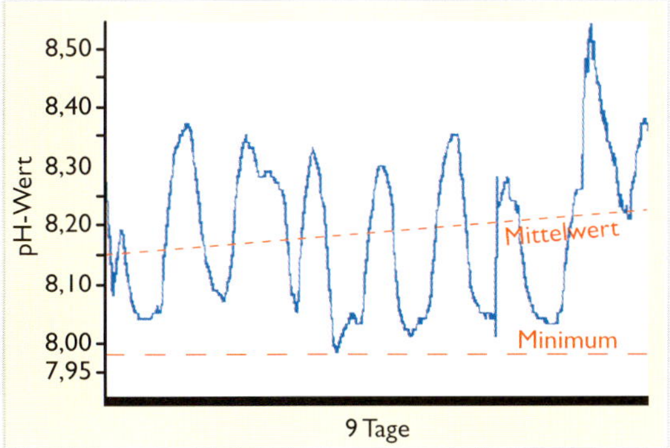

Da in einem Korallenriff-Aquarium viele Organismen leben, werden beim bakteriellen Abbau der Abfallprodukte Säuren freigesetzt (siehe Kapitel 6). Diese Säuren werden zwar zunächst neutralisiert, doch zehrt das an den Pufferreserven des Aquarienwassers. Wenn der Aquarianer keine Gegenmaßnahmen ergreift, erschöpft sich allmählich das Puffervermögen des Wassers, und der pH-Wert sinkt beträchtlich, was katastrophale Folgen hat. Es ist daher nötig, den pH-Wert und das Puffervermögen häufig zu kontrollieren.

3) Alkalinität und Karbonathärte

Die Alkalinität ist ein Messwert für die Pufferkapazität und definiert die Summe aller negativen Ladungen von Anionen, die mit dem positiv geladenen Wasserstoff-Ion interagieren. Die Maßeinheit ist meq/Liter (Milliäquivalent pro Liter, ein Maß für die Fähigkeit einer Substanz, sich mit anderen Substanzen zu verbinden) (SPOTTE 1979). Das ist das Gleiche wie die **Summe der Konzentrationen der Anionen der Kohlensäure und schwächerer Säuren im Meerwasser**. Borsäue ($B(OH)_4$) ist in diesem Zusammenhang die einzige schwächere Säure von Bedeutung. Die Gesamt-Alkalinität (TA von total alcalinity) kann daher wie folgt ausgedrückt werden:

$$\overbrace{A = \underbrace{[HCO_3^-] + 2[CO_3^{2-}]}_{CA} + [B(OH_4)] + [OH^- - H^+]}^{TA}$$

Der $[OH^-/H^+]$-Teil der obigen Reaktion ist im Meer nicht von Interesse, aber mit Sicherheit in einem geschlossenen Aquariensystem, in das OH^- Ionen hinzugefügt werden, z. B. durch das Kalkwasser (siehe Seite 255ff.). Wenn wir die Alkalinität bestimmen, die ausschließlich durch die Bikarbonat- und Karbonat-Ionen zustande kommt, messen wir die sog. „Karbonat-Alkalinität" (= CA aus dem englischen carbonate alkalinity). Diese Karbonatalkalinität ist in der Aquaristik als Karbonathärte bekannt. Sie wird als dKH oder °KH ausgedrückt.

Diagramm 4.13: Auftrag von Karbonathärte (°dKH) gegen Alkalinität (meq/l)

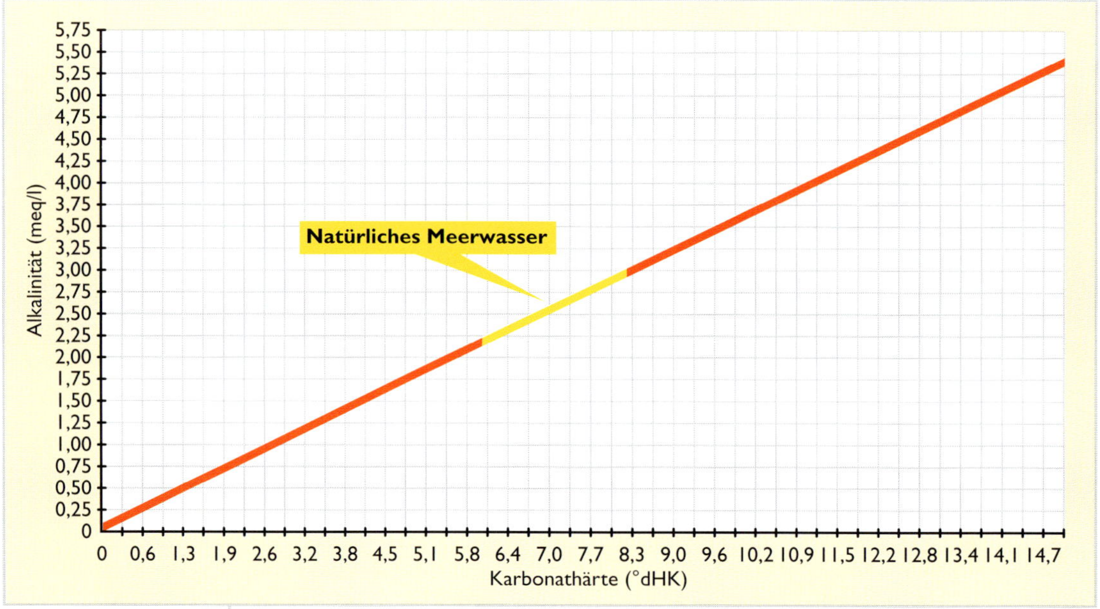

Nach Spotte (1979) variiert die Alkalinität des Oberflächenmeerwassers zwischen 2,1 und 2,5 meq/l. Andere Autoren geben Werte zwischen 2 und 3 meq/l an, was einer dKH von ungefähr 6–8,3 entspricht (siehe Diagramm Seite 252). Dabei erfolgt die Umrechnung von dKH in meq/l nach folgender Gleichung: **dKH : 2,8 = meq/l.** Aufgrund der Ladung der Bikarbonat- versus Karbonat-Ionen erhöht die Zufuhr von Karbonaten die Alkalinität um das Zweifache im Vergleich zum Bikarbonat. Die Zufuhr von CO_2 hat keinen direkten Einfluss auf die Alkalinität, allerdings sehr wohl auf den pH-Wert. Jedoch wird sie in einem geschlossenen Aquariensystem die Bildung von Bikarbonat und Karbonat verursachen, nach der chemischen Reaktion auf Seite 251. Die Zugabe von OH-Ionen erhöht die Alkalinität sowie auch den pH-Wert sehr stark.

Die Pufferreserve wird über die Karbonathärte (KH), das Säurebindungsvermögen (SBV), ermittelt. Die Karbonathärte spiegelt daher die Konzentration der negativen Ionen (Karbonat- und Hydrogenkarbonat-Ionen) wider, die das Wasser puffern. Man kann die Karbonathärte mit einem einfachen Tropftest bestimmen, der im Zoofachhandel erhältlich ist. Man muss aber berücksichtigen, dass KH-Tests auch von OH-Ionen beeinflusst werden (siehe auch die Reaktion weiter oben). In Lösungen mit einem hohen pH-Wert (pH 10 oder darüber, wie in gesättigtem Kalkwasser (siehe Seite 258) wird man wegen der hohen Konzentration von OH^--Ionen einen extrem hohen KH-Wert messen. Die KH-Tests messen die Säuremenge, die nötig ist, um die vorhandenen Basen zu neutralisieren, und daher wird eine Lösung, die viel OH^- enthält, einen hohen KH-Wert aufweisen. Dies lässt sich leicht überprüfen. Stellt man eine Mischung aus Natriumhydroxid (NaOH) und destilliertem Wasser her, so wird der KH-Wert, den man misst, extrem hoch sein, obwohl keine Hydrogenkarbonate oder Karbonate vorhanden sind.

Der KH-Test wird durchgeführt, indem man Tropfen einer Testlösung zu einer Wasserprobe hinzufügt. Der KH-Wert wird angezeigt durch die Anzahl der Tropfen, die bis zu einem Farbumschlag verbraucht werden. Die Karbonathärte des Meerwassers liegt normalerweise bei 6–8 °dKH.

Um ein Zurückgehen des Puffervermögens und damit ein Absinken des pH-Wertes zu verhindern, müssen dem Aquarienwasser Karbonate und Hydrogenkarbonate zugeführt werden. Damit werden die Pufferreserven wieder aufgefüllt. Es hilft zwar etwas, wenn man kalkhaltiges Material bei der Dekoration, im Bodengrund oder als Filtermedium verwendet, doch ist das Ergebnis recht unzuverlässig. Kalk (Kalziumkarbonat, $CaCO_3$) wird im Meerwasser nur so langsam gelöst, dass die Pufferreserven nicht rechtzeitig erneuert werden. Die Pufferkapazität wird durch alle Methoden erhöht, bei denen Kohlendioxid eingesetzt wird, also vor allem durch den Kalkreaktor und die Balling-Methode (für entsprechende Details siehe auch die Seiten 272–278).

Eine Erhöhung des Puffervermögens ist auch durch Zusatz von Natriumhydrogenkarbonat ($NaHCO_3$) und Natriumkarbonat (Na_2CO_3) im Verhältnis von 5 : 1 möglich. Eine Lösung dieser Substanzen hat einen pH-Wert von 8,0. Auf diese Weise erreicht man eine vorübergehende Steigerung der Karbonathärte, führt aber dem Aquarienwasser keine Kalzium-Ionen zu. Diese Methode zur Erhöhung der Pufferkapazität hat sich für

Korallenriff-Aquarien nicht durchgesetzt, da ihre unkontrollierte Anwendung zur Erhöhung des pH-Wertes führen kann, was sehr schädlich für die meisten Wirbellosen ist.

4) Kalzium

Im natürlichen Meerwasser ist Kalzium (Ca^{2+}) in einer Konzentration von etwa 420 mg/l vorhanden. Viele Organismen, die im Korallenriff-Aquarium gepflegt werden, wie z. B. Steinkorallen und Kalkalgen, benötigen Kalzium für ihren Skelettaufbau. Das im Aquarienwasser verfügbare Kalzium ist daher schnell aufgebraucht. Es ist deshalb nötig, Kalzium regelmäßig nachzudosieren.

Kalzium reagiert leicht mit anderen Stoffen und bildet z. B. Kalziumchlorid ($CaCl_2$), Kalziumkarbonat ($CaCO_3$) und Kalziumhydrogenkarbonat ($Ca(HCO_3)^+$).

Chemikalien dürfen niemals direkt im Aquarium gelöst werden!

Die wirksamste Erhöhung des Kalziumgehalts erreicht man durch Zugabe von Kalziumchlorid ($CaCl_2$), das im Wasser Ca^{2+}-Ionen und Cl^--Ionen bildet (siehe auch Seite 266). Schon geringe Mengen an Kalziumchlorid erhöhen den Kalziumgehalt des Wassers beträchtlich (LARSSON 1984). Zu bedenken ist aber, dass ein Zusatz von Kalziumchlorid auch die Chloridionenkonzentration erhöht, was das Ionengleichgewicht des Systems stören kann. Kalziumchlorid kann entweder in destilliertem Wasser gelöst und dann als Lösung in das Aquarium gegeben oder aber als Festsubstanz in den Filter eingebracht werden.

Auf jeden Fall muss Kalziumchlorid sehr vorsichtig dosiert werden. Die Kalzium-Konzentration des Meerwassers kann man mit Messreagenzien bestimmen. Da viele dieser Tests keine höheren Konzentrationen als 250 mg/l erfassen, muss das Aquarienwasser gegebenenfalls mit der gleichen Menge an destilliertem Wasser verdünnt werden, um in den Messbereich zu gelangen. Der Kalziumgehalt des Aquarienwassers ist dann natürlich doppelt so hoch wie der ermittelte Wert. Eine direkte Messung erlauben verschiedene im Handel erhältliche Tests.

Wenn Kalzium-Ionen von Korallen genutzt werden, um ihr Skelett aufzubauen, und von Kalkalgen, um ihre Thalli zu festigen, dann wird das Element als Kalziumkarbonat fixiert, das in verschiedenen kristallinen Strukturen auf-

Diagramme 4.14 und 4.15: Kalzium ist ein lebenswichtiges Element im Korallenriff-Aquarium. Es gibt mehrere Möglichkeiten der Kalziumzufuhr. Hier sind zwei dargestellt. Die Kurven zeigen, wie der Kalziumgehalt (in mmol/l) im Prüfglas bei Zusatz kleiner Mengen von Kalziumhydroxid ($Ca(OH)_2$; Diagramm links) und Kalziumchlorid ($CaCl_2$; Diagramm rechts) ansteigt. Der Konzentrationsanstieg bei Kalziumhydroxid ist nur mäßig, bei Kalziumchlorid beträchtlich.
Nach LARSSON (1984)

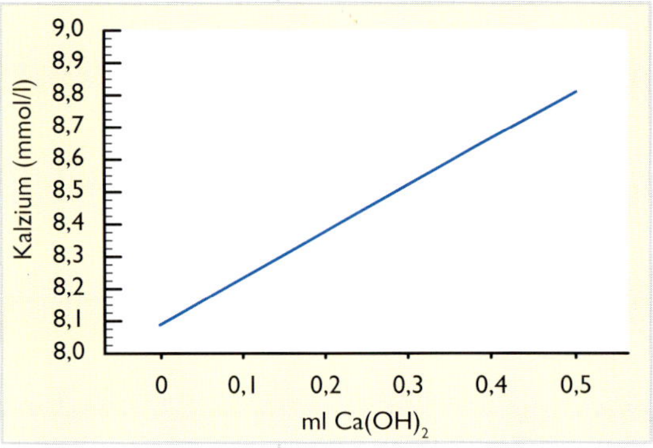

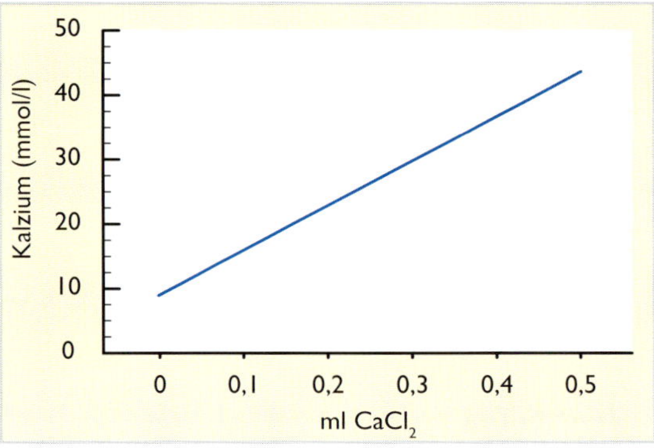

Nicht fotosynthetisierende Weichkorallen wie diese *Scleronephthya* sp. wachsen in abgeschatteten Höhlen der Korallenriffe überall auf den Malediven. Sie bilden kein festes Skelett aus Kalziumkarbonat. Die Weichkorallen verwenden jedoch Kalzium, um kleine Sklerite (Kalknadeln) zu produzieren, die als Skelettelemente in ihrem Gewebe eingelagert sind.
Foto: Bioquatic Photo

treten kann. Im natürlichen Lebensraum des Meeres sind Aragonit und Calcit die häufigsten Kristallformen des Kalziumkarbonats. Das Skelettmaterial der Korallen hat Aragonitstruktur und enthält, außer Kalziumkarbonat, auch Strontium (siehe Seite 280), Magnesium, Bor und andere anorganische Verbindungen. Außerdem enthält das Skelettmaterial verschiedene organische Verbindungen, die zwischen die anorganischen eingebettet sind, sodass die Gesamtanordnung an ein Sandwich erinnert. Die organischen Verbindungen sind von höchster Wichtigkeit, weil sie es den Korallen ermöglichen, das Skelettmaterial als Aragonitstruktur auszuscheiden und zu erhalten. Experimente haben gezeigt, dass das rein anorganische Aragonit sich schnell in Calcitkristalle umformt, wenn es mit Wasser in Berührung kommt. Die Anwesenheit der organischen Verbindungen im Skelett der Korallen verhindert die Umbildung des Aragonits in Calcit (SEKHA pers. Mittlg.)

Kalkwasser

Kalkwasser wurde erstmals in den frühen 1970er-Jahren vom legendären Peter Wilkens beschrieben und von ihm in den 1989er-Jahren in die Meerwasseraquaristik eingeführt, die es revolutionierte (WILKENS 1973, 1983). Seit dieser Zeit wird es mit großem Erfolg von vielen Meerwasseraquarianern auf der gesamten Welt verwendet. Kalkwasser ist eine gesättigte wässrige Lösung aus

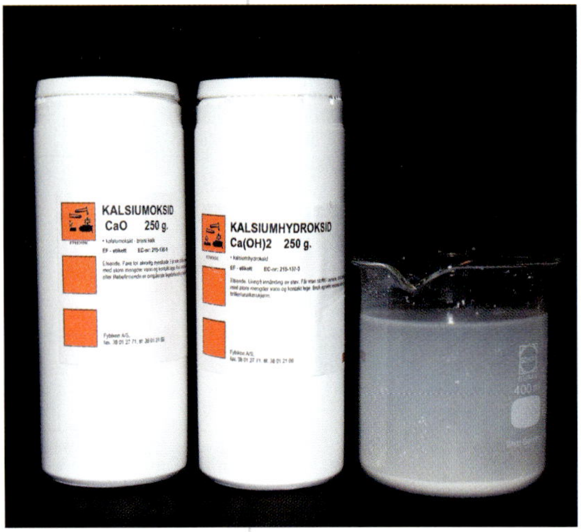

Kalkwasser kann entweder durch Lösen von Kalziumoxid (CaO) oder Kalziumhydroxid ($Ca(OH)_2$) in Wasser hergestellt werden. Die Lösung ist milchig grau-weiß, und nicht gelöstes Kalziumoxid bzw. Kalziumhydroxid sammelt sich auf dem Boden des Behälters. Foto: Bioquatic Photo

Ca^{2+}- und OH^--Ionen. Man erhält es, indem man Kalziumoxid (CaO) oder Kalziumhydroxid ($Ca(OH)_2$) in Süßwasser löst. Kalziumoxid ist eine feste, etwas klumpige weiße Substanz, die es in verschiedenen Reinheitsgraden gibt. Wir empfehlen, den Reiheitsgrad „pro analysis" (= Analysenqualität) für die Herstellung von Kalkwasser zu verwenden. Theoretisch lösen sich 1,7 g CaO in 1 l Wasser. Bei der Reaktion (exotherme Reaktion) entsteht Wärme, so dass Glasgefäße unter Umständen zerspringen. Zum Auflösen des Kalziumoxids sind daher PVC-Behälter besser geeignet. Die Reaktion verläuft wie folgt:

$$CaO + H_2O \longleftrightarrow Ca(OH)_2 \longleftrightarrow Ca^{2+} + 2OH^-$$

Verwendet man Kalziumhydroxid ($Ca(OH)_2$) als Ausgangssubstanz, beginnt die Reaktion beim zweiten Schritt der obigen Formel. Die Auflösung des $Ca(OH)_2$, von dem sich 1,50 g in 1 l Wasser (bei 25 °C) lösen, erfolgt im Gegensatz zum CaO nicht unter Freisetzen thermischer Energie. Dies ergibt ein Kalkwasser mit einer Kalziumhydroxid-Konzentration von 0,0203 M, was einer Kalziumkonzentration von 814 mg/l entspricht. Die Reaktionsgleichung oben zeigt auch, dass doppelt so viele negative Hydroxid-Ionen wie positive Kalzium-Ionen entstehen. Hydroxid ist sehr stark basisch und lässt den pH-Wert ansteigen. So hat **gesättigtes** Kalkwasser bei 0 °C einen pH-Wert von exakt 13,423. Der pH-Wert von gesättigtem

Viele Organismen eines Riffaquariums und insbesondere die Steinkorallen fixieren Kalzium aus dem Umgebungswasser, um daraus ihr Skelett aufzubauen. Das Bild zeigt verschiedene Steinkorallen, darunter *Seriatopora* spp. Foto: Bioquatic Photo

Kalkwasser nimmt pro Erhöhung um 1 °C um 0,033 pH-Einheiten ab. Das bedeutet, dass der pH-Wert von gesättigtem Kalkwasser bei 20 °C 12,627 ist und bei 25 °C 12,454. Wir werden auf die Wichtigkeit, gesättigtes Kalkwasser in das Aquarium zu geben, weiter unten zurückkommen.

Um pH-Wert-Schocks bei den Tieren zu vermeiden, darf man dem Aquarienwasser keine großen Kalkwassermengen auf einmal zusetzen. Günstig ist die Tropfmethode, besser noch der von uns entwickelte Kalkwasserreaktor (siehe Seite 268). Mit der

Ob es diese riesige *Porites*-Kolonie im nährstoffarmen Wasser der Korallensee ist (links) oder die strahlend rote *Blastomussa wellsi*, die in einem Aquarium wächst (oben), das Überleben beider Korallen hängt vom Element Kalzium ab. Fotos: Bioquatic Photo

Gabe von Kalkwasser erreicht man drei Ziele:

1. Eine stark basische Lösung in Form von OH^- wird dem Aquarienwasser zugesetzt. Viele organische Säuren, die seine Pufferkapazität verbrauchen würden, werden dadurch neutralisiert.
2. Dem Aquarienwasser werden Kalzium-Ionen (Ca^{2+}) zugefügt, die von Tieren und Algen zur Bildung ihres Kalkskeletts unbedingt benötigt werden.
3. Kalkwasser fällt Phosphat-Ionen aus. Phosphat ist im Wasser nicht erwünscht, da es das Wachstum vieler Kalzium fixierender Organismen einschließlich der Steinkorallen behindert. Außerdem steigern hohe Phosphat-Konzentrationen die Gefahr von unkontrolliertem Fadenalgenwuchs (siehe hierzu auch Seite 263ff.).

Die Gabe von Kalkwasser kann dazu führen, dass sich ein etwas höherer pH-Wert als 8,2 (bis zu 8,6 wären akzeptabel) einstellt. Dies ist auf die große Menge an Hydroxid-Ionen zurückzuführen, die in das Aquarienwasser gegeben werden. Ein pH-Wert bis in eine Größenordnung von 8,6 hat aber keine negativen Auswirkungen auf die Wirbellosen. Stattdessen kann sogar ein positiver Effekt darin gesehen werden, dass die Lebensbedingungen für die im Korallenriff-Aquarium so lästigen und schädlichen Fadenalgen verschlechtert werden, die bei pH-Werten über 8,5 normalerweise nicht mehr gedeihen. Das mag mit damit zusammenhängen, dass die Menge an freiem CO_2 bei pH 8,5 deutlich niedriger als bei pH 8,2 ist.

Diagramm 4.16: Kalziumkonzentration als Funktion des pH-Wertes in Kalkwasser

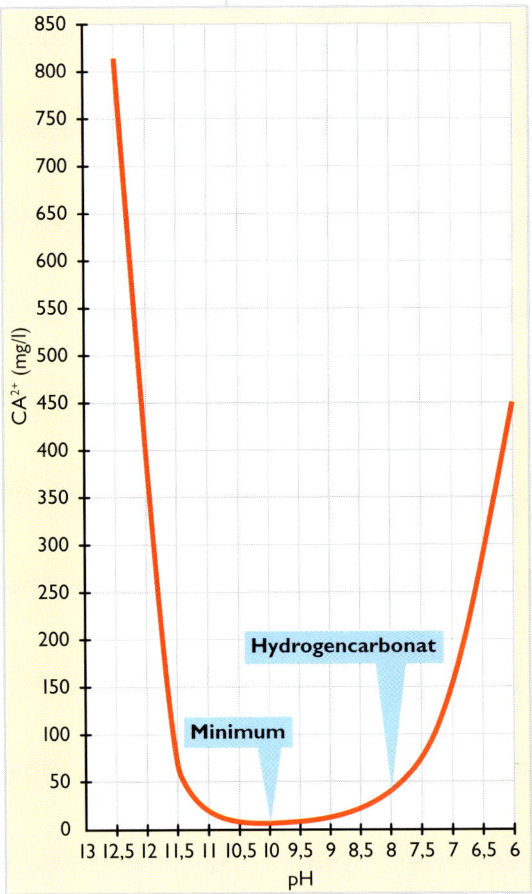

Darüber hinaus gibt es noch einen anderen Aspekt bei der Gabe von Kalkwasser (wie auch in Verbindung mit der Verwendung eines Löbbecke-Kalkreaktors, siehe Seite 270), der es wert ist, diskutiert zu werden. **Kalkwasser ist eine sehr instabile Lösung, aus der sehr schnell Kalzium-Ionen in Form von Kalziumkarbonat ausfallen** (siehe hierzu auch das Diagramm links). Ist freies CO_2 verfügbar, was normalerweise der Fall ist, laufen folgende chemische Reaktionen ab:

1. $Ca^{2+} + 2OH^- + CO_2 \longleftrightarrow Ca^{2+} + CO_3^{2-} + H_2O$

2. $Ca^{2+} + CO_3^{2-} \longleftrightarrow CaCO_{3(f)}$

3. $CaCO_{3(f)} + H_2O + CO_2 \longleftrightarrow Ca^{2+} + 2HCO_3^-$

Nach Reaktionsgleichung 2) wird schwer lösliches Kalziumkarbonat ($CaCO_3$) gebildet. Diese Umsetzung hat jedoch in frischem gesättigten Kalkwasser noch nicht stattgefunden. Beide Ionen liegen weiterhin als Ca^{2+} und CO_3^{2-} vor. Der hohe pH-Wert (12,45 bei 25 °C) spiegelt die große Menge an OH^--

Ionen wider, wohingegen die Ca^{2+}-Konzentration 814 mg/l beträgt. Zusätzlich können wir eine hohe Karbonathärte messen, die ebenfalls durch die hohe Konzentration an Hydroxid-Ionen zustande kommt. Gelangt nun mehr CO_2 in das Kalkwasser, entsteht eine übersättigte Lösung, und das Kalziumkarbonat wird ausgefällt. Dies wird in der Reaktionsgleichung 2) durch das Symbol (f) angedeutet. Man erkennt dies leicht daran, dass das Kalkwasser trübe wird. Ab diesem Zeitpunkt fallen der pH-Wert, die Karbonathärte und der Kalziumgehalt. Bei einem pH-Wert 10 beträgt der Anteil an Ca^{2+} nur noch 5–6 mg/l, und die Karbonathärte sinkt auf ein absolutes Minimum ab. Bei diesen Werten ist das Kalkwasser für aquaristische Zwecke praktisch nutzlos.

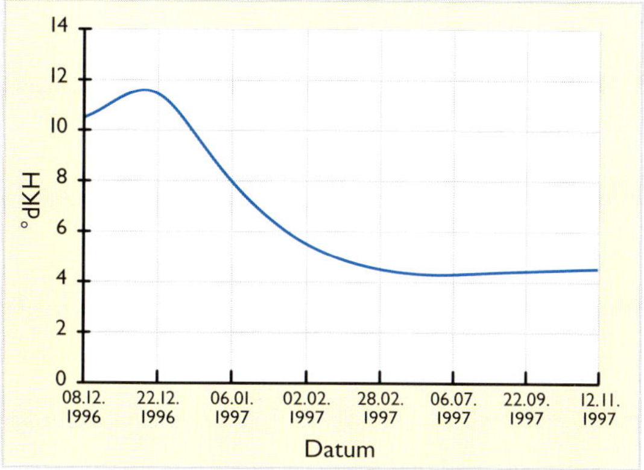

Diagramm 4.17: Karbonathärte in unserem Experimentieraquarium von Dezember 1996 bis November 1997

Wird weiterhin CO_2 der Lösung zugefügt, löst sich das feste $CaCO_3$ unter Bildung von Ca^{2+} und HCO_3^- (als Kalziumhydrogenkarbonat) wieder auf. Das Kohlendioxid ist nun für den pH-Wert-Abfall verantwortlich, während die Karbonathärte infolge der Bildung von HCO_3^- ansteigt. Es gibt keinen Zweifel, dass man für ein Korallenriff-Aquarium gesättigtes Kalkwasser mit dem höchstmöglichen pH-Wert benutzen sollte, da diese Lösung dann auch sehr reich an Kalzium-Ionen ist.

Sehr häufig beobachtet man eine niedrige Alkalinität im Bereich von 4–5 °KH (~1,5–2 meq/l), wenn Kalkwasser in das Aquarium gegeben wird (siehe Diagramm 4.17). Es sei daher nachfolgend betrachtet, welche chemischen Reaktionen im Aquarienwasser während der Zufuhr von Kalkwasser ablaufen.

Wenn Kalkwasser tropfenweise in das Riffaquarium gegeben wird, reagiert es mit Kohlendioxid unter Bildung von Bikarbonat:

$$Ca^{2+} + 2OH^- + 2CO_2 \longrightarrow Ca^{2+} + 2HCO_3^-$$

Ist nur eine unzureichende Menge an Kohlendioxid vorhanden (der pH-Wert also zu hoch), wandelt sich das Bikarbonat in Karbonat um:

$$Ca^{2+} + 2HCO_3^- \longrightarrow Ca^{2+} + 2CO_3^{2-} + 2H_2O$$

Dies kann die Bildung von Kalziumkarbonat verursachen ($CaCO_3$), das ausfällt und zu einer niedrigen Alkalinität (niedriger dKH-Wert) und zu einer abnehmenden Kalzium-Ionen-Konzentration führt:

$$\underset{\text{(aus dem Aquarium)}}{Ca^{2+} + 2HCO_3^{2-}} + \underset{\text{(aus dem Kalkwasser)}}{Ca^{2+} + 2OH^-} \longrightarrow \underset{\text{(fest)}}{2CaCO_{3(f)}} + 2H_2O$$

Bei Zugabe von zu viel Ca^{2+} oder HCO_3^- besteht nun die Möglichkeit, dass die Reaktion vollständig nach rechts verschoben wird. Das kann man daran erkennen, dass das $CaCO_3$ im Aquarienwasser milchig trüb ausfällt. Normalerweise geht dieser Niederschlag jedoch schnell wieder in Lösung. Wer sich für diese Problematik interessiert, sollte die Arbeiten von Brockmann (1991a, b) sorgfältig studieren.

Kalkwasser und Korallenwachstum

Die zur Verfügung stehende Menge an Karbonat (CO_3^{2-}) hat einen großen Einfluss auf die Fähigkeit der Korallen, Kalziumkarbonat zu fixieren und ihr Skelett aufzubauen. Die Konzentration an CO_3^{2-} variiert im natürlichen Meerwasser gemäß ATKINSON & BINGMAN (1999a) und liegt um 0,20 mmol/kg entsprechend 3,2 mg/l. Bei einer Konzentration von weniger als 100 µmol/kg (1,6 mg/l) scheinen die Korallen kein Kalziumkarbonat mehr zu fixieren (ATKINSON pers. Mittlg.). Mit einem Anstieg von Kohlendioxid in der Luft (u. a. wegen der großen Menge an fossilen Brennstoffen, die verbraucht werden) wird sich mehr und mehr CO_2 im Meerwasser lösen, und der mittlere pH-Wert wird absinken. Der niedrige pH-Wert ist wiederum dafür verantwortlich, dass die Karbonat-Konzentration abnimmt (siehe Seite 25–259), was seinerseits direkt die Kalzifizierungsrate der tropischen Korallen beeinflusst. Untersuchungen, u. a. in der „Biosphäre II", einem sich selbst tragenden künstlichen Ökosystem in Arizona, USA, zeigten, dass die Kalzifizierung sehr viel mehr von der Karbonat-Konzentration abhängt, als früher angenommen wurde (PENNISI 1998).

Gesättigtes Kalkwasser hat aufgrund der großen Konzentration von Hydroxid-Ionen eine hohe Alkalinität und ist reich an Kalzium. Reagiert Kalkwasser mit Kohlendioxid, bildet sich Kalziumkarbonat (siehe Reaktionsgleichung auf Seite 258). Gesättigtes Kalkwasser hat eine $Ca(OH)_2$-Konzentration von 0,0203 M, was 0,00203 kg $CaCO_3$ pro Liter oder 2030 mg $CaCO_3$/l entspricht. Das bedeutet, dass es in Abwesenheit anderer Kalzium- und Karbonat-Quellen eine Verbindung gibt zwischen der Menge an gesättigtem Kalkwasser, die man in sein Aquarium gibt, und der maximalen Kalzifizierungsrate der Korallen in diesem Aquarium. Diese Zahlen unterstreichen auch, wie wichtig es ist, ausschließlich gesättigtes oder nahezu gesättigtes Kalkwasser zu verwenden.

Die Menge an fixiertem Kalziumkarbonat pro Quadratmeter und Jahr (kg $CaCO_3/m^2$/Jahr), was normalerweise „Kalzifizierung" genannt wird, dient als Maßeinheit für das Wachstum von riffbildenden Organismen. Eine Vielzahl wissenschaftlicher Untersuchungen wurde zu diesem Thema durchgeführt, und verschiedene Wachstumsraten können in der Literatur gefunden werden. Die Organismen, die den Sandboden von Korallenriffen besiedeln, verursachen eine sehr niedrige

Diagramm 4.18: Die dargestellten Kurven erlauben eine grobe Abschätzung der täglich benötigten Menge an gesättigtem Kalkwasser für Korallenriffaquarien mit einer kleinen Oberfläche (bis 0,5 m²), um eine natürliche Kalzifizierungsrate abzudecken.

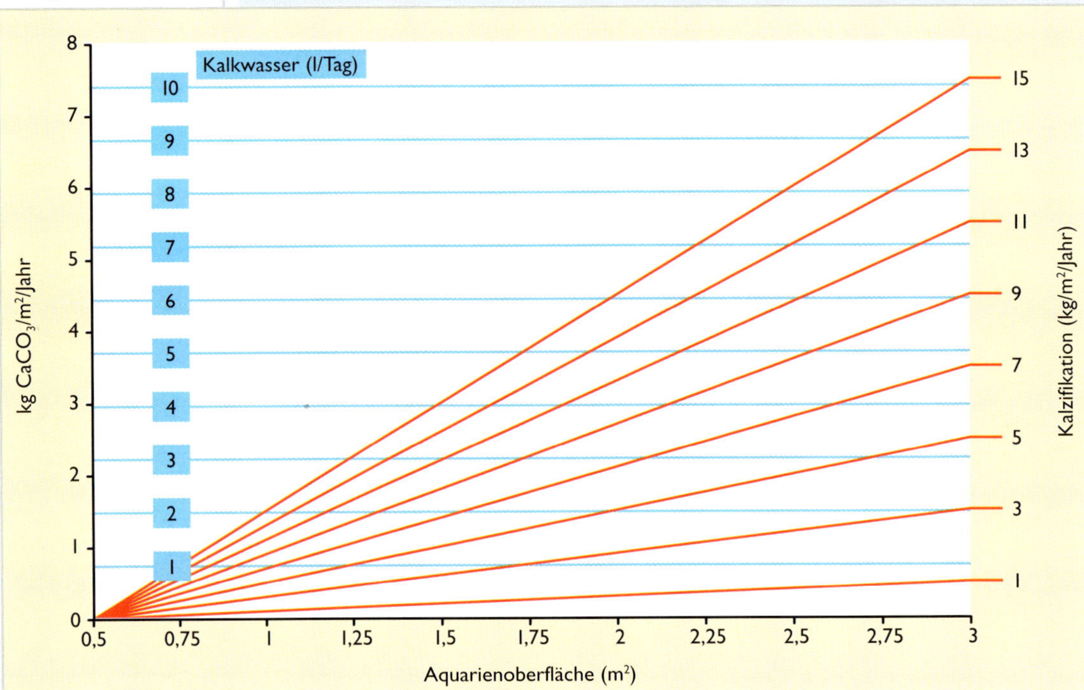

Kalzifizierungsrate in diesem Habitat, im Durchschnitt um 0,5 kg $CaCO_3/m^2$/Jahr. Kalkalgen fixieren typischerweise 4 kg $CaCO_3/m^2$/Jahr, wohingegen Gebiete mit dichtem Korallenbewuchs häufig Kalzifixierungsraten haben, die höher als 10 kg $CaCO_3/m^2$/Jahr liegen. Gebiete mit schnell wachsenden *Acropora*-Arten können sogar extrem hohe Kalzifizierungsraten von 20 kg $CaCO_3/m^2$/Jahr aufweisen (siehe auch Sorokin 1995 für weitere Details).

Bingman (1998a) untersuchte die Kalzifizierung in geschlossenen Aquariensystemen, und obgleich die Kalzifizierungsraten deulich variierten, lag der Durchschnitt bei 6 kg $CaCO_3/m^2$/Jahr. Dies entspricht oder übersteigt die durchschnittliche Kalzifizierungsrate eines flächenmäßig vergleichbaren Gebietes mit einer ähnlichen Population an Organismen in der Natur. Von diesen Daten kann man grob abschätzen, wie viel gesättigtes Kalkwasser benötigt wird, um die natürliche Kalzifizierungsrate in einem Aquarium mit bekannter Oberfläche zu erhalten. Das Diagramm 4.18 zeigt dies für ein kleines Aquarium mit einer Oberfläche von 0,5 m^2. Ein typisches 250-l-Rechteckaquarium mit den Maßen 100 x 50 x 50 cm ist die maximale Größe, die von dem diesem Diagramm abgedeckt wird. Die Menge an Kalkwasser, die dem Aquarium zugefügt wird, ist natürlich direkt von der Verdunstungsrate abhängig. Ein Aquarium mit einer Oberfläche von 0,5 m^2 hat typischerweise eine Verdunstungsrate von etwa 4 l am Tag. Aus dem Diagramm können wir ablesen, dass 4 l Kalkwasser pro Tag bei einer Oberfläche von 0,5 m^2 die Kalzifizierung von etwa 6 kg/m^2/Jahr unterstützen. Wenn wir der hohen Kalzifizierungsrate einer *Acropora* im selben Aquarium Vorschub leisten wollen, müssten wir etwa 7 l Kalkwasser täglich in das Aquarium geben. Dies ist natürlich nicht möglich, da dies zu einem zu hohen pH-Wert führen würde, der den Tod der Aquarientiere nach sich ziehen würde.

Viele Aquarianer besitzen Aquarien, die deutlich größer als 250 l sind und deren Oberfläche weit über 0,5 m^2 hinausgeht. Das Diagramm 4.19 zeigt die Unterstützung der Kalzifizierung durch Kalkwasser mit Oberflächen bis zu 3 m^2. Ein Aquarium mit einer Länge von 200 cm sowie einer Breite und Höhe von jeweils 75 cm hat eine Oberfläche von 1,5 m^2 und ein Volumen von 1.125 l. Die tägliche Zugabe von 12 l Kalkwasser wird eine mittlere Kalzifizierungsrate von 6 kg/m^2/Jahr unterstützen, die normalerweise in solchen geschlossenen Aquariensystem gefunden wird. Um aber höhere Kalzifizierungsraten von z. B. 10 kg/m^2/Jahr zu ermöglichen, müssten wir täglich 25 l

Diagramm 4.19: Anhand dieses Diagramms lässt sich grob die täglich benötigte Menge an gesättigtem Kalkwasser für Korallenriffaquarien mit einer großen Oberfläche (0,5–3 m^2) abschätzen, um eine natürliche Kalzifizierungsrate zu gewährleisten.

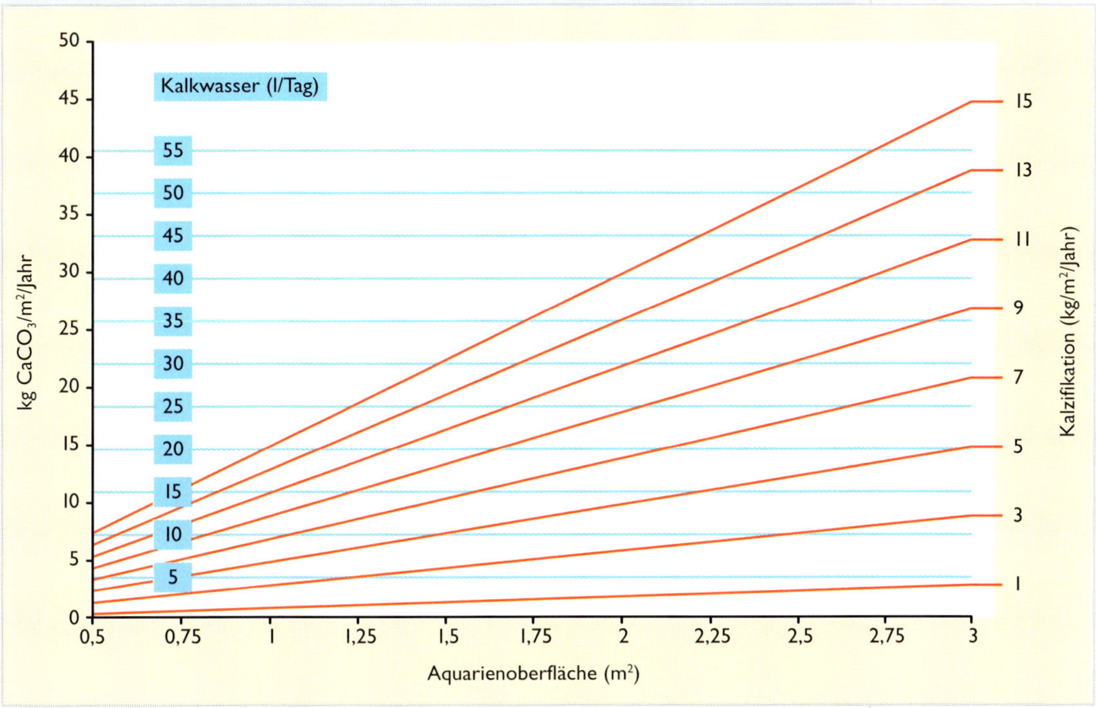

Kalkwasser in dieses Aquarium geben. Verdoppelt sich die Oberfläche oder wollen wir eine extreme Kakzifizierungsrate von 15 kg/m²/Jahr oder mehr, müssten bis zu 40 l Kalkwasser täglich in das Aquarium gegeben werden! Wie schon weiter oben erwähnt, ist dies unmöglich. Wir müssen in diesen Fällen an alternative Strategien denken, z. B. die Kombination von Kalkwasser unter gleichzeitiger Zufuhr von Kohlendioxid (was die einzige Möglichkeit ist, den pH-Wert direkt zu kontrollieren) oder die Anwendung eines Kalkreaktors nach dem Löbbecke-Prinzip (siehe Seite 270), der einen niedrigen pH-Wert – hervorgerufen durch den Gebrauch von Kohlendioxid über ein kalkhaltiges Medium – verwendet, um die Konzentration an Kalzium und Bikarbonat zu erhöhen (siehe Diagramm 4.16).

Eine weitere Schlussfolgerung ist, nur gesättigtes Kalkwasser zu verwenden. „Altes" Kalkwasser verliert bald seine Sättigung, besitzt einen niedrigeren pH-Wert und eine niedrige Kalziumkonzentration.

Sehr schönes Riffschlucht-Aquarium mit Korallen und Fischen im Monaco Oceanarium. Das Foto stammt aus dem Jahr 2002.
Foto: Bioquatic Photo

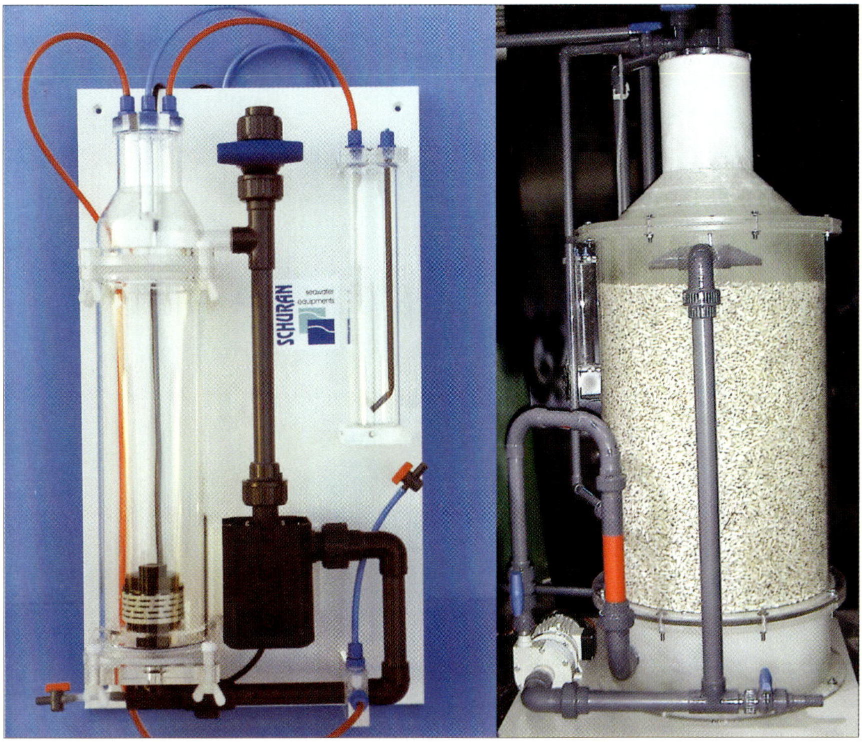

Zwei Kalkreaktoren der Firma Schuran. Links der kleine Reaktor Jetstream 02, der für Aquarien bis zu einer Größe von 10.000 l geeignet ist. Rechts der große Reaktor CR500 für riesige Aquarien mit einem Volumen bis zu 100.000 l.
Foto: Fa. Schuran

Kalkwasser und Phosphat

Die Phosphat-Konzentration im Wasser der tropischen Korallenriffe ist sehr niedrig. Sie kann so niedrig sein, dass das Phosphat zum limitierenden Nährstoff für das Wachstum der Korallen wird (siehe Kapitel 1). Im Aquarium ist es häufig genau umgekehrt. Phosphat ist einer der Hauptnährstoffe für Algen, und wir wollen die Konzentration an gelösten Phosphaten niedrig halten, um unkontrolliertes, explosionsartiges Wachstum von Fadenalgen zu vermeiden. Eine hohe Phosphat-Konzentration (0,5 mg/l) bremst auch das Wachstum von Kalkalgen. Es wurde vielfach beobachtet, dass die stetige Zugabe von Kalkwasser das Wachstum der Algen limitiert. Ein entscheidender Faktor scheint hier die Reaktion des Kalkwassers mit Phosphat zu sein.

Es gibt zwei Verknüpfungen zwischen Kalkwasser und Phosphat:

1. Bei der Herstellung des Kalkwassers fällt Kalziumhydroxid das Phosphat aus. Dies wurde bereits von Bingman (1995c) beschrieben, der in einem Experiment nachwies, dass die anfängliche Phosphat-Konzentration im Kalkwasser innerhalb von zwölf Stunden von 1,49 mg/l auf 0,025 mg/l abfiel (siehe Tabelle 4.3). Hierbei ist es wichtig, das Kalziumhydroxid und das Süßwasser sehr gut zu mischen. Man sollte sich auch darüber im Klaren sein, dass – wenn ein Kalkwasserreaktor verwendet wird (siehe Seite 270ff.) – sich das gesamte ausgefallene Phosphat zwischen dem ungelösten Kalziumhydroxid ansammelt, das sich auf dem Boden des Kalkwassereaktors befindet. Und das kann

natürlich in das Aquarium gelangen, falls sich das Kalkwasser noch nicht abgesetzt hat, aber bereits als Nachfüllwasser für verdunstetes Wasser verwendet wird. Phosphat kann im Süßwasser jedoch durch eine Umkehrosmoseanlage vermieden werden, durch die alle Elemente und Verbindungen – und somit auch die Nährstoffe – größtenteils aus dem Wasser entfernt werden.

2. Eine andere positive Vernetzung von Kalkwasser und Phosphat ist, dass durch die Zugabe von Kalkwasser Phosphate im Aquarienwasser ausgefällt werden und auf diese Weise die Konzentration an gelösten Phosphaten reduziert wird. BINGMAN (1995c) hat hierzu folgendes Experiment durchgeführt: Ein 90-l-Aquarium wurde über Wochen mit Kalkwasser gefahren. Die Phosphat-Konzentration in diesem System lag bei 0,20 mg/l. Dann wurde das Kalkwasser für zwei Wochen durch Kalziumchlorid ($CaCl_2$) und Natriumbikarbonat ($NaHCO_3$) ersetzt. Danach lag die Phosphat-Konzentration bei 1,0 mg/l, und die Korallen zeigten deutliche An-

Nachdem in diesem Aquarium das Kalkwasser abgesetzt und ein Kalkreaktor angeschlossen wurde, stieg die Phosphatkonzentration stark an (siehe Text rechts). Dies hatte ein explosionsartiges Wachstum von Algen zur Folge.
Foto: Bioquatic Photo

Tabelle 4.4

Auswirkungen eines Löbbecke-Kalkreaktors innerhalb von sieben Monaten auf den pH-Wert und den Phosphatgehalt bei einem Aquarium nach einer Betriebszeit von acht Jahren

Datum	pH-Wert im Aquarium	pH-Wert im Ausflusswasser des Kalkreaktors	PO_4-Gehalt im Aquarium (mg/l)	PO_4-Gehalt im Ausflusswasser des Kalkreaktors (mg/l)
25. Januar	8,55	–	00	–
25. März	8,10	7,45	–	–
25. April	8,20	7,30	0,20	0,50
25. Mai	8,20	6,60	0,70	1,50
25. Juni	8,45	6,90	0,50	1,00
25. August	8,55	8,50	0,50	0,70

Bewertung: Der Einsatz des Kalkreaktors begann am 25. Januar. Der pH-Wert wurde jeweils am 25. eines Monats bei seinem Maximalwert gemessen. Nach vier Monaten (am 25. Mai) betrug der maximale pH-Wert im Aquarium nur noch 8,20 (ein Wert, der mit dem Minimalwert übereinstimmte, wenn Kalkwasser eingesetzt wird) und der Phosphatgehalt war von einem nicht nachweisbaren Wert auf 0,70 mg/l angestiegen. Zur gleichen Zeit konnte im Aquarium (siehe Bild) ein explosionsartiges Wachstum von Algen beobachtet werden. Es wurde dann Kalkwasser zusätzlich eingesetzt (der Kalkreaktor blieb weiterhin in Betrieb). Der pH-Wert stieg wieder an und der Phosphatgehalt sank.

Es ist keineswegs daraus zu folgern, dass der Löbbecke-Kalkreaktor nicht funktioniert. Wir haben wunderschöne und gut funktionierende Aquarien gesehen, die mit einem Löbbecke-Kalkreaktor betrieben wurden. Die Schlussfolgerung aber ist, dass man sehr vorsichtig mit Änderungen sein sollte, wenn ein Aquarium gut läuft.

zeichen von Stress. Nun wurde ein Liter von gesättigtem Kalkwasser tropfenweise in das Aquarium gegeben, woraufhin die Phosphat-Konzentration wieder auf 0,2 mg/l abfiel. Tabelle 4.4 und Abbildung Seite 264 zeigen, was passierte, nachdem die Zugabe in unserem zehn Jahre alten Aquariensystem gestoppt und der Kalkwasserreaktor gegen einen Löbbecke-Kalkreaktor ausgetauscht wurde.

5) Kohlendioxid

Kohlendioxid (CO_2) ist das Ausgangsprodukt der Fotosynthese. Im Korallenriff-Aquarium gibt es einige Algen, die Kohlendioxid auch in Form von Hydrogenkarbonat verbrauchen. Es wurde schon angesprochen, dass bei einem pH-Wert von 8,2 verschwindend wenig freies CO_2 im Wasser vorhanden ist. Entfernt man CO_2, steigt der pH-Wert, setzt man CO_2 zu, sinkt der pH-Wert des Aquarienwassers. Auf diese Weise hat die Fotosynthese der Algen direkte Auswirkungen auf den pH-Wert des Aquarienwassers. Ist das Aquarium starker Sonneneinstrahlung ausgesetzt, intensiviert sich die Fotosynthese, und der CO_2-Verbrauch (Hydrogenkarbonat-Assimilation) nimmt zu. Der pH-Wert steigt, und Kohlendioxid wird über die Wasseroberfläche aufgenommen. Wie viel atmosphärisches CO_2 sich im Wasser löst, hängt vom CO_2-Partialdruck der Luft sowie von der Temperatur und dem Salzgehalt des Wassers ab. CO_2 kann umgekehrt auch über die Wasseroberfläche in die Luft entweichen.

In Süßwasseraquarien wird heute vielfach CO_2 zugeführt, um den Pflanzenwuchs zu fördern (Kohlensäure-Düngung). In einem Meerwasseraquarium ist eine unkontrollierte Zuführung sehr riskant, da der pH-Wert dann unter 8 abfallen kann. Andererseits hat sich aber gezeigt, dass eine CO_2-Zugabe einen günstigen Einfluss auf Steinkorallen und andere Kalk bildende Organismen hat. Wenn man sich für eine CO_2-Gabe entscheidet, sollte sie nur über eine zuverlässige elektronische Steuerung erfolgen. Geeignete Geräte werden heute von mehreren Herstellern angeboten. Sie bestehen aus einer Druckflasche mit Manometern und Reduzierventil, Nadelventil, Magnetventil, einem pH-Dauerregler mit Elektrode sowie dem CO_2-Reaktor. Man stellt den pH-Wert auf einen Grenzwert ein. Sobald dieser unterschritten wird, unterbricht das Magnetventil die CO_2-Zufuhr. Eine erneute Zufuhr erfolgt erst wieder, sobald der Grenzwert überschritten wird. Nachteil einer CO_2-Zugabe ist eine Förderung des unerwünschten Fadenalgenwuchses.

Verschiedene Methoden zur Anreicherung mit Kalziumionen und CO_2 im Vergleich

Im Prinzip gibt es vier verschiedene Verfahren zur Kalziumanreicherung, die in der Aquarienliteratur diskutiert werden (ein Überblick hierzu findet sich in BROCKMANN & NILSEN 1995). Es sind allerdings auch zahlreiche Modifikationen dieser Verfahren beschrieben worden.

4a) die Zugabe von $CaCl_2$ und $NaHCO_3$
4b) Kalkwasser
4c) Kalkwasser in Verbindung mit einem System zur Zugabe von CO_2
4d) Kalkreaktor

Über diese Methoden hinaus gibt es noch andere Substanzen wie Kalziumglukonat, um die Kalziumionen-Konzentration des Meerwassers zu ergänzen. Wir werden diese Verfahren hier nicht behandeln, da sie im Prinzip immer einer der im Folgenden beschriebenen Methoden zuzuordnen sind.

Zugabe von $CaCl_2$ und $NaHCO_3$

Bei dieser Methode (siehe auch Seite 252–254), die von verschiedenen Autoren, u. a. von PAWLOWSKY (1994) und einen Monat später von BALLING (1994) publiziert wurde, werden zwei verschiedene Salze benutzt: Kalziumchlorid ($CaCl_2$) und Natriumkorbonat oder Natriumhydrogenkarbonat (Na_2CO_3 bzw. $NaHCO_3$). Es werden zwei Stammlösungen aus $CaCl_2$ und Na_2CO_3 bzw. $NaHCO_3$ – jeweils in Wasser aufgelöst – hergestellt und in der erforderlichen Menge in regelmäßigen Abständen dem Aquarienwasser zugesetzt. Wenn beide Lösungen zusammentreffen, läuft die Reaktion nach der Gleichung 1) ab (unter der Voraussetzung, dass auch wirklich Natriumhydrogenkarbonat benutzt wurde):

1) $CaCl_2 + 2NaHCO_3 \longleftrightarrow Ca^{2+} + 2HCO_3^- + 2NaCl$

Auf den ersten Blick scheint die Zugabe einer $CaCl_2/NaHCO_3$-Lösung die beste Methode zu sein, da sie es möglich macht, große Mengen an Kalziumionen und Hydrogenkarbonationen hinzuzufügen. Es genügt, beide Salze in Wasser zu lösen (man muss zwei separate Stammlösungen ansetzen, da sonst eine Reaktion beginnt, bei der schließlich Kalziumkarbonat ausgefällt wird) und die benötigte Menge ins Aquarienwasser zu geben. Da beide Salze in Wasser leicht löslich sind, und dies bei beiden in hohen Konzentrationen, reicht es meistens aus, kleine Mengen der Stammlösungen ins Aquarium zu geben, um die Kalziumionen-Konzentration im gewünschten Bereich zu halten. Dies ist sicherlich der größte Vorteil der $CaCl_2/NaHCO_3$-Methode, und es wird deutlich, warum sie für Aquarien mit geringer Verdunstungsrate gut geeignet ist. In solchen Aquarien kann es sehr schwierig sein, die Kalziumionen-Konzentration nur mit Kalkwasser allein bei 400 mg/l zu halten. PAWLOWSKY (1994) zeigte, dass 48 ml dieser Kalziumchlorid-Stammlösung bereits einem Liter angereicherten Kalkwassers entsprechen. Sein Beispiel zeigt, dass man von der Verdunstungsrate eines Aquariums unabhängig ist, wenn man $CaCl_2/NaHCO_3$-Lösungen benutzt.

Beide Stammlösungen, Kalziumchlorid ebenso wie Natriumkarbonat/Natriumhydrogenkarbonat, sind, wenn sie getrennt aufbewahrt werden, chemisch stabil. Mann kann deshalb größere Mengen davon ansetzen und lagern. Dies ist ein Vorteil gegenüber Kalkwasser, das instabil ist und am besten täglich neu zubereitet werden muss.

Was aber sind die Nachteile der $CaCl_2/NaHCO_3$-Methode? Wenn man die Reaktionsgleichung 1) genau betrachtet, wird deutlich, dass bei dieser Methode große Mengen an NaCl produziert werden, tatsächlich fast 2,9 g NaCl je Gramm Ca^{2+}! Im Gegensatz zu Kalzium- und Hydrogenkarbonat-Ionen, die bei der Fotosynthese und der Kalzifizierung verbraucht werden, sammelt sich das NaCl im Wasser an. Auf den ersten Blick scheint dies nicht negativ zu sein, denn Natriumionen zählen ebenso wie Chloridionen zu den Hauptbestandteilen des Meerwassers (10,76 bzw. 19,35 g/kg bei 35 ‰ Salzgehalt; TARDENT 1979). Ein Anstieg des spezifischen Gewichts, der durch NaCl verursacht wird, kann durch Wasserwechsel ausgeglichen werden. Aber das Verhältnis zwischen den einzelnen Ionen, das durch das NaCl gestört wird, kann durch kleine Wasserwechsel nicht wieder hergestellt werden.

Benutzt man die Dosierung, die PAWLOWSKY beschreibt, erhöht sich die Menge der Chloridionen täglich um etwa 0,004 % (das Gleiche trifft im Prinzip auch für die Natriumionen zu). Im Verlauf eines Jahres führt dies zu einer beträchtlichen Anhäufung beider Ionenarten. Dies wiederum resultiert in einer Störung des Ionengleichgewichts des Meerwassers. Seit Milliarden Jahren besteht ein spezifisches, unveränderliches Mengenverhältnis zwischen den Natriumionen und anderen Ionen wie Magnesium oder Kalium. Die Wirbellosen haben sich an dieses gleich bleibende Mengenverhältnis angepasst. Die Konzentration der Ionen in ihren Körperflüssigkeiten steht in einem gleich bleibenden Mengenverhältnis zu den Ionen des Meerwassers, das sie umgibt (TARDENT 1979). Dieses konstante Verhältnis wird verändert, wenn Natrium- und Chlorid-Ionen dem Aquarienwasser hinzugefügt werden. Es ist noch unklar, in welchem Ausmaß die Wirbellosen solche Veränderungen verkraften! Unseres Wissens gibt es keine genauen wissenschaftlichen Aussagen zu dieser Frage. Man kann deshalb nur spekulieren, wie viel die Wirbellosen ertragen können, wenn sie sich langsam an die veränderten Verhältnisse gewöhnen. Wir nehmen an, dass Wirbellose bei Überschreiten einer bestimmten Toleranzgrenze erst in ihrer Entwicklung zurückgehen und dann – im schlimmsten Fall – sterben. Dies könnte daran liegen, dass die Ionenpumpen, die dafür sorgen, dass das Mengenverhältnis zwischen den Ionen im Tier und den Ionen im umgebenden Wasser gleich bleibt, überbeansprucht werden.

Hans-Werner BALLING gibt in seinen Veröffentlichungen (1994, 2002) den Rat, bei Einsatz der $CaCl_2/NaHCO_3$-Lösung regelmäßige Teilwasserwechsel durchzuführen, bei denen anstelle von herkömmlichem Meersalz ein NaCl-freies Meersalz verwendet wird. Dadurch wird die Menge aller Inhaltsstoffe des Meersalzes gesteigert, ohne die Natriumchlorid-Menge anzuheben, was die natürlichen Verhältnisse wieder herstellt. BALLING empfiehlt auf zwei Liter Kalziumlösung (147 g Kalziumchlorid-Dihydrad und 34 g Magnesiumchlorid-Hexahydrat) sowie zwei Liter Karbonatlösung (168 g Natriumhydrogenkarbonat) 50 g NaCl-freies Meersalz (KNOP 2002b). Bitte beachten Sie die Themenseite auf Seite 272ff. für mehr Informationen zur Balling-Methode.

Kalkwasser

Der Gebrauch von Kalkwasser (siehe auch Seite 255ff.) ist die heute gebräuchlichste Form der Zugabe von Kalziumionen und wurde von WILKENS (1973) beschrieben. Kalkwasser ist eine gesättigte Lösung von Kalziumhydroxid (WILKENS 1973; BROCKMANN 1991). Es wird hergestellt, indem man festes Kalziumhydroxid ($Ca(OH)_2$) in Wasser löst. Dieser Vorgang wird durch die folgende Reaktionsgleichung beschrieben:

2) $Ca(OH)_{2(f)} + H_2O \longleftrightarrow Ca^{2+} + 2OH^- + H_2O$

Normalerweise wird das gesamte verdunstete Aquarienwasser durch gesättigtes Kalkwasser ersetzt. Es wird entweder durch die Tropfmethode hinzugefügt, und zwar über einen längeren Zeitraum hinweg nachts oder früh morgens, wenn das Licht noch ausgeschaltet ist, oder durch ein Dosiersystem, das den ganzen Tag über in Betrieb ist.

Im Gegensatz zur $CaCl_2/NaHCO_3$-Methode führt der Gebrauch von Kalkwasser zu keinen größeren Störungen des Ionengleichgewichts. Mit Kalkwasser fügt man dem Wasser praktisch ausschließlich Ca^{2+}-Ionen hinzu. Die OH^--Ionen, die auch entstehen, wenn man festes $Ca(OH)_2$ in Wasser löst, sind im Prinzip ein normaler Bestandteil des Wassers. Diese Ionen werden vom Puffersystem des Meerwassers neutralisiert.

Kalkwasser hat einige andere Vorteile. So ist z. B. die Herstellung von Kalkwasser sehr billig und im Vergleich zur $CaCl_2/NaHCO_3$-Methode viel einfacher. Außerdem sind auch Hydroxidionen von Nutzen. Sie neutralisieren Säuren, die bei biologischen Prozessen entstehen, und helfen auf diese Weise mit, den pH-Wert zu stabilisieren. Außerdem werden Phosphationen, die sich auf den Kalzifierungsprozess der Korallen schädlich auswirken, durch die Zufuhr von Kalkwasser aus dem Aquarienwasser ausgefällt.

Neben diesen Vorteilen hat Kalkwasser auch einige Nachteile. Zuerst einmal ist die Menge an Kalkwasser, die einem Aquarium zugeführt werden kann, beschränkt. Sowohl theoretisch als auch praktisch kann man nur so viel Kalkwasser nachfüllen, wie Wasser verdunstet ist. Aus einem Aquarium mit etwa 500–700 l Inhalt können täglich etwa 5 l verdunsten, wodurch – bei ausschließlicher Zugabe von Kalkwasser – nur eine bestimmte Kalzifizierungsrate unterstützt werden kann (siehe Seite 260–261). Aufgrund der niedrigen Löslichkeit von festem Kalziumhydroxid (1,26 g auf 1 l Wasser bei 20 °C; HOLLEMANN & WIBERG 1976) beträgt die Gesamtmenge an Ca^{2+}-Ionen, die zugefügt wird, maximal 0,68 g/l Kalkwasser, in unserem Beispiel also 3,4 g auf 5 l. Dies ist eine viel geringere Menge, als sie bei der $CaCl_2/NaHCO_3$-Methode möglich wäre. Es ist allerdings möglich, insbesondere mit dem „Kalkwasserreaktor", den wir weiter unten beschreiben, frisches trübes Kalkwasser zuzufügen, das zusätzliches, ungelöstes $Ca(OH)_2$ enthält, das in Lösung geht, wenn es ins Aquarium gelangt. Dies ist nicht ungefährlich, weil selbst kleinere Mengen dieser milchigen Lösung einen erheblichen Einfluß auf den pH-Wert haben, aber es ist eine Methode, dem Wasser mit der Dosis Kalkwasser mehr Kalziumionen zuzuführen. Ein pH-Steuergerät, das mit CO_2 arbeitet, vermag die hohen pH-Werte zu verhindern, die von einer Überdosis Kalkwasser ausgelöst werden können.

Die große Menge an OH^--Ionen begrenzt die Menge an Kalkwasser, die nachgefüllt werden kann. Gesättigtes Kalkwasser hat einen pH-Wert von 12,4 bei 25 °C (BROCKMANN 1991a). Man muss daher Vorsichtsmaßnahmen ergreifen, wenn man damit hantiert.

Generell muss man mit chemischen Lösungen außerordentlich sorgfältig umgehen und sie insbesondere außerhalb der Reichweite von Kindern aufbewahren.

Wendet man die Lösung falsch an, kann ihr hoher pH-Wert auch die Bewohner des Aquariums schädigen. Schnelles Nachfüllen großer Mengen von Kalkwasser kann sich in einem Aquarium verheerend auswirken, da das Puffersystem des Aquarienwassers nur eine bestimmte Menge an OH^--Ionen neutralisieren kann (Verbrauch des Hydrogenkarbonats und Produktion von Karbonat, keine Pufferung der OH^--Ionen). Wenn man Kalkwasser dem Aquarienwasser zugibt, obwohl dessen Pufferungssystem erschöpft ist, so wird sein pH-Wert sehr schnell in gefährlich hohe Bereiche ansteigen.

Der hohe pH-Wert des Kalkwassers ist der Grund, warum man es möglichst nur in kleinen Mengen (Tropfen) und bei noch ausgeschaltetem Licht zufügen sollte. Bei ausgeschaltetem Licht ist der pH-Wert des Aquarienwassers aufgrund der CO_2-Produktion seiner Bewohner niedrig (ungefähr um 8,0 oder darunter).

Ein großer Nachteil des Kalkwassers ist seine chemische Instabilität. Kalkwasser kann nur eine begrenzte Zeit lang aufbewahrt werden. Aufgrund seines alkalischen pH-Wertes nimmt es CO_2 aus der Luft auf und reagiert mit ihm zu Kalziumkarbonat ($CaCO_3$), das ausfällt. Altes Kalkwasser ist aufgrund dieser chemischen Reaktion nutzlos. Die Wirkung des Kalkwassers ist am größten, wenn es täglich frisch zubereitet wird, vor allem dann, wenn man kein Dosierungssystem benutzt. Mit einem automatischen Dosierungssystem, wie es weiter unten beschrieben wird, kann die Lösung in gesättigtem Zustand erhalten werden.

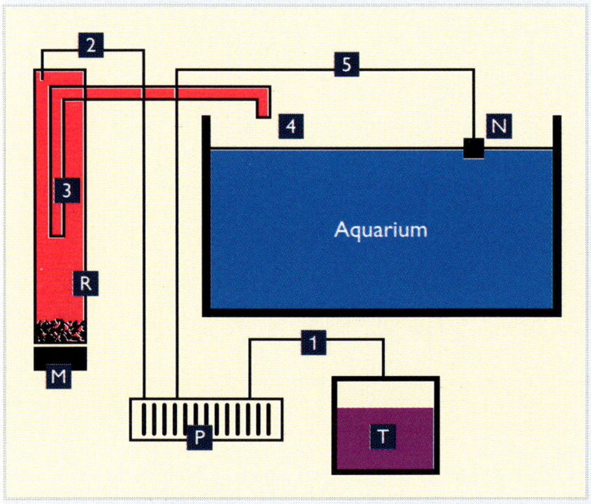

Schematische Darstellung unseres Kalkwasserreaktors: Der Reaktorbehälter R wird so neben dem Aquarium aufgebaut, dass sein oberer Rand höher als das Aquarium steht. Auf dem Boden befinden sich Kalziumhydroxid und ein teflonbeschichteter Magnetrührstab. Der Reaktor wird auf einen Magnetrührer M gestellt, der an eine Zeitschaltuhr angschlossen ist. Im Aquarium befindet sich ein Niveaufühler N, der mit einer Pumpe P über einen elektrischen Kontakt 5 in Verbindung steht. Über einen Verbindungsschlauch 1 ist die Pumpe an den Reservoirtank T angeschlossen. Die Pumpe wird vom Niveaufühler getaktet und fördert über einen Schlauch 2 aus dem Reservoirtank nährstoffarmes Wasser in den Reaktorbehälter (alternativ kann die Zufuhr direkt aus der Wasserleitung über ein Magnetventil erfolgen). Das Wasser im Reaktorbehälter steigt an, und durch das in der Mitte des Behälters befindliche Rohr 3 fließt Kalkwasser in das Aquarium, bis der Niveaufühler wieder anspricht.

Ein weiterer Nachteil ist das Absinken des KH-Wertes, der bei der Zugabe von Kalkwasser beobachtet wird (siehe für eine detaillierte Erklärung Seite 258).

Wir haben einen Kalkwasserreaktor entwickelt, der einerseits die Qualität des Kalkwassers verbessert und es andererseits automatisch dem Aquarienwasser zufügt. Die Grundidee für diese Entwicklung leitet sich von der Tatsache ab, dass Kalkwasser eine sehr instabile Lösung ist. Wenn Kalziumoxid oder Kalziumhydroxid in Wasser gelöst werden, ergibt sich eine stark basische Ca^{2+}-Lösung (siehe Seite 255ff.). Lässt man dieses Kalkwasser eine Weile abstehen, sinkt der Gehalt an gelösten Kalziumionen wegen der hohen Affinität der Stammlösung zum CO_2 der Luft, da eine Reaktion zu Kalziumkarbonat ($CaCO_3$) stattfindet. Wie kann man diese Reaktion verlangsamen oder verzögern?

Wir machten einen Versuch mit zwei 10-l-Behältern mit Kalkwasser. Davon wurde das Kalkwasser eines Behälters jeweils einmal am Tag umgerührt, das des anderen nicht. Im ersten Behälter war das Kalkwasser wesentlich beständiger als im zweiten. Aber auch im ersten Behälter nahm die Qualität des Kalkwassers mit der Zeit ab. Diese Fakten bildeten die Grundlage für den von uns entwickelten Kalkwasserreaktor, der aus folgenden Teilen besteht: Reaktorbehälter, Magnetrührer, Zeitschaltuhr, Niveaufühler, Pumpe oder Magnetventil und (eventuell) einem Wasservorratsbehälter (siehe Abbildung oben).

Der Reaktorbehälter muss ein größeres Volumen haben als die täglich nachzufüllende Wassermenge. Er wird außerhalb des Aquariums untergebracht und enthält das Kalkwasser mit dem Bodensatz aus Kalziumhydroxid. Am Boden des Behälters befindet sich ein Ablaufhahn. Ein Rohr wird von oben zu drei Vierteln in den Reaktorbehälter geführt. Das andere Ende des Rohres führt zum Aquarium. Der Reaktorbehälter steht auf einem Magnetrührer (bis zu 1.100 U/min), der mit einer Zeitschaltuhr ein- und ausgeschaltet wird. Der teflonbeschichtete Magnetrührstab befindet sich im Reaktorbehälter. Die Befüllung mit Süßwasser, das oligotroph, also nährstoffarm sein sollte, erfolgt über ein dünnes Rohr im Oberteil des Reaktorbehälters. Dieses Rohr ist entweder an eine Pumpe angeschlossen, die mit dem Wasservorratsbehälter in Verbindung steht, oder direkt über ein Magnetventil mit der Hauswasserleitung verbunden. Pumpe bzw. Magnetventil werden von einem Niveaufühler gesteuert, der sich im Aquarium befindet. **Aber Achtung: Schließt man das System mit einem Magnetventil an die Wasserleitung an, dann führt ein Versagen des Ventils oder des Niveaufühlers dazu, dass man ein Süßwasseraquarium und ein überflutetes Haus hat.** Die Zeitschaltuhr wird so eingestellt, dass der Magnetrührer ein- oder zweimal am Tag anläuft und den Bodensatz umrührt. Der Rührer soll nicht zu lange laufen. Nach unserer Erfahrung sind 2–3 Minuten völlig ausreichend.

Wenn das Aquarienwasser verdunstet, startet der Niveaufühler die Pumpe zum Nachfüllen des nährstoffarmen Süßwassers in den Reaktorbehälter. Das Wasserniveau im Reaktorbehälter steigt, und hochwertiges Kalkwasser fließt in das Aquarium. Man muss darauf achten, dass der Auslauf zum Aquarium über der Wasseroberfläche liegt, damit ein Rückfließen des Wassers verhindert wird. Zu beachten ist ferner, dass Leitungswasser Algennährstoffe enthalten kann. Dies gilt insbesondere für Gebiete mit intensiver landwirtschaftlicher Nutzung. Hier kann es notwendig werden, das Wasser zunächst über eine Umkehr-Osmose-Anlage laufen zu lassen.

Einmal in der Woche wird der alte Bodensatz des Reaktorbehälters über den Hahn am Boden des Behälters (dieser Ablasshahn ist in der Schemazeichnung auf Seite 268 nicht abgebildet) abgelassen. Man löst neues Kalziumoxid (oder Kalziumhydroxid) in 1–2 l Wasser in einem gesonderten Behälter, lässt die Lösung einige Stunden abstehen und füllt sie dann in den Reaktorbehälter. Der Verbrauch an Kalziumoxid betrug bei uns weniger als 1 g/l verdunsteten Wassers in 24 Stunden. Die jeweilig erforderliche Menge muss man erproben. Nach einer Woche sollte sich nur wenig Bodensatz im Reaktorbehälter befinden. Es ist wichtig, dass das feste CaO nicht direkt in den Reaktor gegeben wird, da es sich nicht völlig löst und den Ablasshahn des Behälters schnell verstopft.

Bisher haben wir mit dem Kalkwasserreaktor sehr gute Erfahrungen gemacht, besonders das Wachstum von Kalk-Rotalgen ist viel besser geworden. Wir benutzten diesen Reaktortyp für mehrere Jahre in Verbindung mit der Zugabe von CO_2 (siehe unten) und hatten niemals Probleme damit. Das Wachstum der Steinkorallen und der Kalkalgen war hervorragend. Es ist allerdings notwendig, den Reaktorbehälter drei- oder viermal im Jahr mit verdünnter Salzsäure zu reinigen. Desgleichen müssen Rohre und Schläuche ab und an entkalkt werden. Bei sorgsam überwachtem Betrieb des Kalkwasserreaktors führt man dem Aquarium hochwertiges Kalkwasser zu und sichert damit eine gute Kalziumversorgung.

Manchmal findet man in Artikeln die Behauptung, dass die Zugabe von Kalkwasser mit Hilfe eines Dosierungssystems (was bedeutet, dass den ganzen Tag über kleine Mengen von gesättigtem Kalkwasser zugeführt werden) eine Erhöhung der Karbonathärte zur Folge habe. Dies ist nur eine indirekte Auswirkung. Wie die Reaktionsgleichung 2) zeigt, enthält das Kalkwasser kein CO_2, das für solch einen Anstieg der Karbonathärte verantwortlich sein könnte. Wir meinen, dass dieser Anstieg der Karbonathärte (oder besser gesagt, die Wiederherstellung ihres normalen Wertes) dadurch zustande kommt, dass das Pufferungssystem durch die sehr kleinen Mengen des innerhalb einer bestimmten Zeitspanne zugefügten Kalkwassers nur sehr gering beansprucht wird. Es leuchtet ein, dass die übliche Methode, bei der einem großen Aquarium bis zu 5 l Kalkwasser innerhalb einer Stunde oder weniger während der Nacht zugegeben werden, das Pufferungssystem viel stärker beeinflusst als sehr geringe Mengen, die sich über den ganzen Tag verteilen.

Kalkwasser in Verbindung mit einem CO_2-Dosierungssystem

Im Prinzip verbindet diese Methode zwei voneinander unabhängige Verfahren: 1. die Zugabe von Kalkwasser und 2. die Zugabe von CO_2 mit Hilfe eines Dosierungssystems, das vom pH-Wert des Aquarienwassers gesteuert wird. Bei der Anwendung dieses Verfahrens finden zwei chemische Reaktionen statt:

3) $Ca(OH)_{2(f)} + H_2O \longleftrightarrow Ca^{2+} + 2OH^- + H_2O$

4) $CO_2 + H_2O \longleftrightarrow H_2CO_3 \longleftrightarrow H^+ + HCO_3^- \longleftrightarrow 2H^+ + CO_3^{2-}$

Reaktionsformel 3) entspricht der Kalkwasser-Methode, die bereits auf Seite 255 erläutert wurde. Reaktionsformel 4) beschreibt die Dosierung des CO_2, das zusammen mit den Kalziumionen zur Kalzifizierung benötigt wird. Wie die Formel zeigt, bildet das CO_2 gewisse Mengen an Hydrogenkarbonat (HCO_3^-) und Karbonat (CO_3^{2-}) in Abhängigkeit vom pH-Wert des Aquarienwassers.

Durch die Kombination der beiden Verfahren wird das Aquarienwasser also sowohl mit Kalziumionen als auch mit Karbonaten versorgt.

Die Dosierung des CO_2 hat einige entscheidende Vorteile: Zuerst einmal verhindert eine kontrollierte CO_2-Dosierung zu hohe pH-Werte des Aquarienwassers (pH = 8,3 und darüber). Außerdem haben Beobachtungen gezeigt, dass pH-Werte über 8,2 und 8,3 zu einer sehr niedrigen Karbonathärte des Aquarienwassers führen (5 °dKH und darunter). Diesem Absinken wird durch die Zugabe von CO_2 entgegengewirkt. Ein weiterer Vorteil der kontrollierten CO_2-Dosierung besteht in der anregenden Wirkung, die sie dauerhaft auf das Wachstum von Steinkorallen und Weichkorallen hat, die Zooxanthellen enthalten.

Aber, wie nicht anders zu erwarten, auch die Dosierung von CO_2 hat ihre Nachteile. Erst einmal ist ein System hierfür sehr kostspielig. Ein hochwertiges pH-Meter mit entsprechendem Sensor ist unerlässlich. Es leuchtet ein, dass eine falsche CO_2-Dosierung ein gefährliches Absinken des pH-Wertes im Aquarium zur Folge haben kann. Es ist daher sehr wichtig, die pH-Elektrode regelmäßig zu eichen, um seine Messgenauigkeit sicherzustellen. Wenn man ein solches Dosierungssystem benutzt, sollte die Elektrode wenigstens alle acht Wochen gereinigt und geeicht werden. (Bei einer neuen Elektrode sollte dies noch öfter durchgeführt werden, wenigstens alle vier Wochen; dabei muss man die Temperaturabhängigkeit des Kontrollsystems und der Eichlösungen beachten und den Gebrauchsanweisungen der Hersteller strikt folgen.) Die Eichlösung kann nur ein- oder zweimal benutzt werden, dann muss man sie ersetzen. Sie kann allerdings in verschlossenen Gefäßen so lange bei Raumtemperatur aufbewahrt werden, wie auf dem Etikett angegeben ist.

Eine pH-Elektrode, die ständig benutzt wird, hält höchstens zwei Jahre und muss regelmäßig ersetzt werden. Nachlässigkeit hierbei kann sehr schnell zu höchst unerfreulichen Konsequenzen führen!

Ein anderer großer Nachteil des CO_2-Dosierungssystems besteht schließlich darin, dass das CO_2, das dem Aquarienwasser regelmäßig zugegeben wird, möglicherweise als Algendünger wirkt, da es eine der Verbindungen darstellt, die Pflanzen zur Fotosynthese benötigen.

Das Prinzip des Löbbecke-Kalkreaktors nach HEBBINGHAUS (1994)

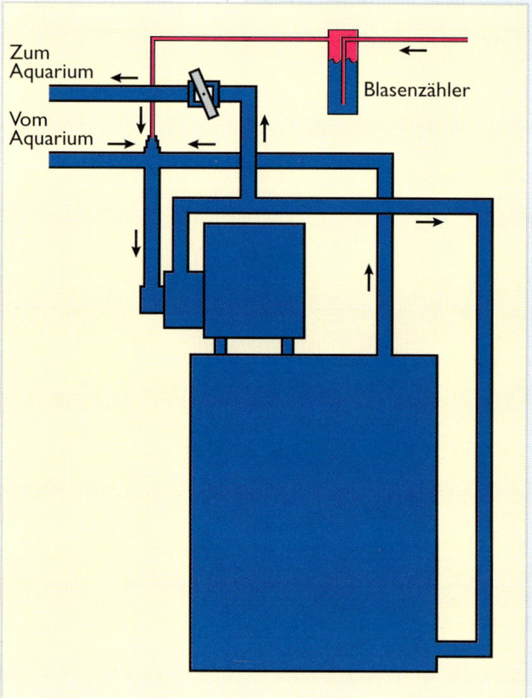

Kalkreaktor

Aquarianer in ganz Europa verwenden immer häufiger Kalkreaktoren. Diese Reaktoren stellen eine Methode dar, das Aquarienwasser mit Kalziumionen und Hydrogenkarbonaten zu versorgen.

Wie funktioniert solch ein Kalkreaktor? Die Schemazeichnung links zeigt ein als „Löbbecke-Reaktor" sehr bekannt gewordenes Modell. Der Reaktor, der von Rolf Hebbinghaus, Aquazoo-Löbbecke Museum Düsseldorf, entwickelt wurde (HEBBINGHAUS 1994), enthält als Medium Kalkkiesel, über die das Aquarienwasser fließt. In dem Behälter wird durch die Zugabe von CO_2 der pH-Wert bis auf etwa 6,5 gesenkt. Bei diesem pH-Wert geht Kalziumkarbonat in Lösung (es ist wichtig zu sehen, dass das CO_2 auch viele Elemente und Verbindungen wie Strontium, Phosphat und Spurenelemente löst, die als Karbonate im Kalkkiesel gebunden sind). Die folgende chemische Reaktion findet statt:

5) $CaCO_3 + CO_2 + H_2O \longleftrightarrow Ca^{2+} + 2HCO_3^-$

Das Ergebnis ist ein Anstieg der Karbonathärte und der freien Kalziumionen im Aquarienwasser. Um eine möglichst hohe Konzentration der Kalziumionen und des Hydrogenkarbonats im Wasser zu erreichen, wird ein großer Teil davon wiederholt durch den Reaktor geleitet, bevor es zurück ins Aquarium gelangt. Auf diese Weise wird die Menge an freiem CO_2, die ins Aquarium zurückgepumpt wird, möglichst klein gehalten.

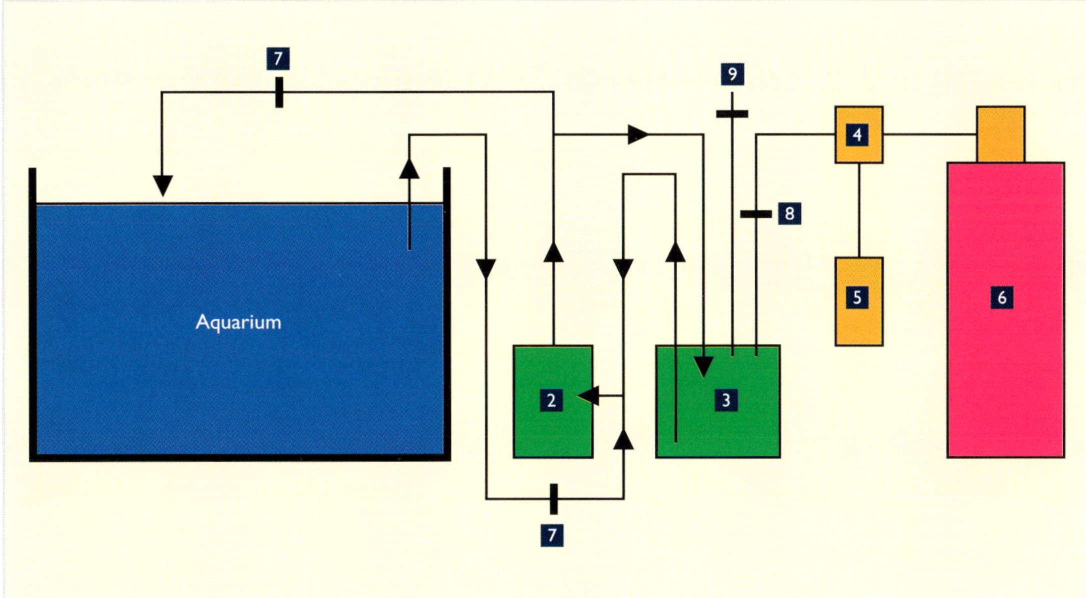

Mit Hilfe des „Löbbecke-Reaktors" wird dem Aquarienwasser ständig Kalziumhydrogenkarbonat hinzugefügt. Dies dient allerdings nicht dazu, verdunstetes Wasser zu ersetzen. Als Ersatz dafür wird nur reines Frischwasser zugegeben. Die CO_2-Menge, die benötigt wird, ebenso wie der Wasserdurchfluss durch den Reaktor, hängen von verschiedenen Faktoren wie Aquariumgröße, Reaktorgröße, Arten und Anzahl der Tiere, andere technische Geräte usw. ab. Genaue Werte muss jeder Aquarianer durch Versuche und eigene Erfahrungen ermitteln. In seinem Testaquarium, das 20.000 l Wasser enthielt, begann HEBBINGHAUS mit einem Wasserrückfluss von 15 l/h und einer CO_2-Zugabe von 150 Bläschen/min. Nachdem er einige Erfahrungen gesammelt hatte, steigerte er diese Werte auf 45 l/h und 350 Bläschen/min. HEBBINGHAUS zieht den Schluss daraus, dass für Aquarien bis zu 1.000 l Inhalt 2 l Kalkkiesel als Medium ausreichen. In dem Aquarium, an das der Reaktor zuerst angeschlossen wurde, stabilisierte sich der pH-Wert auf 8,2–8,3, die Karbonathärte auf 12 °dKH, und die Konzentration der Kalziumionen lag bei etwa 400 mg/l. In der letzten Zeit haben mehrere Hersteller von Aquarienzubehör unterschiedliche Modelle von Kalkreaktoren auf den Markt gebracht, die aber alle auf demselben Grundprinzip basieren.

Die Benutzung eines Kalkreaktors hat mehrere Vorteile. Vor allem produziert er, wie bereits erwähnt, beide wichtigen Elemente (Kalziumionen und Kohlendioxid), die für die Kalzifizierung notwendig sind. Zweitens sparen Kalkreaktoren, die richtig eingestellt sind, Zeit und Arbeit. Die einzige umfangreichere Wartungsmaßnahme, die regelmäßig anfällt, ist – in Abhängigkeit vom Verbrauch – das Wiederauffüllen des Kalkkiesel-Mediums und des CO_2. Darüber hinaus muss das Dosierungssystem regelmäßig kontrolliert werden, um zu verhindern, dass mechanische Probleme, wie Verstopfungen von Schläuchen oder Ventilen, eine zu hohe oder zu geringe Dosierung des CO_2 verursachen. Täglich anfallende Arbeiten wie die Zubereitung von Kalkwasser und die Zugabe von Kalkwasser oder $CaCl_2/NaHCO_3$-Lösungen zum Aquarienwasser werden unnötig, wenn man einen Kalkreaktor verwendet.

Kalkreaktoren haben noch einige zusätzliche Vorteile. Die Dosierung des CO_2 führt zu einer Erhöhung der Pufferkapazität des Aquarienwassers, die man abschätzen kann, indem man die Karbonathärte misst. Es lässt sich oft beobachten, dass der Einsatz eines Kalkreaktors zu einem Anstieg der Karbonathärte bis zu 10 °dKH oder mehr führt, viel mehr als die normalen Werte von 5–7 °dKH, die man in einem Riff misst. Leider kann dieser Anstieg der CO_2-Konzentration unerwünschte Nebenwirkungen haben. Das Kohlendioxid säuert das Aquarienwasser an und kann zu einem Absinken des pH-Wertes führen. Wie schon erläutert,

Kalkreaktor nach RIEDEL (1994) als Beispiel eines offenen Kalkreaktorsystems: Der Originalreaktor wurde ohne pH-Wert-Kontrolle betrieben.

2 Eheimpumpe
3 Reaktorbehälter, der mit Kalziumkarbonat gefüllt ist
4 Magnetventil
5 Zeitschaltuhr für die Dosierung von Kohlendioxid (die Kohlendioxid-Dosierung ist vom jeweiligen Aquarium abhängig)
6 Kohlendioxid-Vorratsflasche
7 Absperrhahn
8 Rückschlagventil
9 Fremdgasentlüftung

Die Flussrichtung des Wassers ist durch Pfeile gekennzeichnet.

ist überschüssiges Kohlendioxid auch ein Nährstoff für die Algen. Wenn darüber hinaus andere Nährstoffe zur Verfügung stehen (wie Nitrate oder Phosphate), wird dies höchstwahrscheinlich zu unerwünschtem Algenwachstum führen. Phosphate können sogar vom Kalkreaktor selbst produziert werden. Recht oft (aber nicht immer) kann man beobachten, dass Aquarien, die mit einem Kalkreaktor ausgestattet sind, eine erhöhte Phosphat-Konzentration aufweisen. Man nimmt an, dass diese Phosphate ursprünglich im Kalk des Reaktors gebunden sind und in der gleichen Weise wie die Kalziumionen gelöst werden. Diese Phosphatproduktion kann man nicht ohne weiteres verhindern, aber die Abschäumung hilft, die angefallenen Phosphate zu entfernen.

In Aquarien, die mit einem Kalkreaktor ausgestattet sind, ist der pH-Wert des Aquarienwassers am Morgen, bevor das Licht eingeschaltet wird, oft sehr niedrig (pH = 7,7 oder sogar weniger). Der niedrige pH-Wert wird wahrscheinlich durch die CO_2-Zugabe in den Kalkreaktor verursacht, die – zusammen mit dem CO_2, das durch die Atmung der Aquarienbewohner (Fische, Wirbellose und Pflanzen) produziert wird – eine Ansäuerung des Aquarienwassers bewirkt. Um diesem niedrigen pH-Wert entgegenzuwirken, benutzen zahlreiche Aquarianer morgens Kalkwasser, das den pH-Wert anhebt. Uns erscheint das paradox, da der Kalkreaktor das Kalkwasser ersetzen sollte.

Insgesamt gesehen muss man zu dem Schluss kommen, dass sowohl Kalkwasser in Verbindung mit einem CO_2-Dosierungssystem als auch der Kalkreaktor sinnvolle Methoden darstellen, um einem Riffaquarium Kalziumionen zuzuführen, dass aber beide Verfahren auch ihre Vor- und Nachteile haben. Ein Kalkreaktor verursacht oft Verschiebungen des pH-Wertes und eine Steigerung der CO_2-Zufuhr für das Aquarium. Dies kann sehr schnell zu einem verstärkten Wachstum der Fadenalgen führen. Aber das Ergebnis kann auch ein ausgezeichnetes Wachstum der Steinkorallen sein, was wahrscheinlich mit der steigenden Menge an CO_2 zusammenhängt, die für die Zooxanthellen zur Verfügung steht.

Wenn allerdings Phosphat gelöst wird und eine höhere Konzentration von gelöstem Phosphat die Folge ist, was beim Einsatz eines Kalkreaktors durchaus geschehen kann, dann kann man beobachten, dass das Wachstum der Steinkorallen nachlässt und die Fadenalgen sich kräftig vermehren. Die Zugabe von Kalkwasser hat nach unseren Beobachtungen jedoch noch nie zu einer höheren Phosphatkonzentration geführt. Wir konnten eine dramatische Reaktion beobachten, als ein zehn Jahre altes Aquarium, das nahezu ausschließlich mit der Kalkwassermethode betrieben wurde, auf einen „Löbbecke-Kalkreaktor", der Korallenkies enthielt, umgestellt wurde. Es kam zu einem schnellen und deutlichen Phosphatanstieg, einem pH-Wert-Abfall und zunehmendem Algenwuchs.

Die Balling-Methode

Im Jahre 1994 publizierte Hans Werner BALLING eine Methode, um Kalzium und Bikarbonate im Riffaquarium nachzudosieren (BALLING 1994). Die Balling-Methode war eine Weiterentwicklung eines ähnlichen Verfahrens zur Nachdosierung von Kalzium, die von Ernst PAWLOWSKY (1994) publiziert wurde. Die Grundlagen der Balling-Methode sind Lösungen aus Kalziumchlorid und Natriumhydrogenkarbonat, die relativ hohe Kalzium- und Bikarbonat-Konzentrationen enthalten, die notwendig sind, um die Korallen in einem geschlossenen Aquariensystem mit beiden Ionen zu versorgen. Diese Lösungen müssen in exakten Mengen in das Aquarium gegeben werden, um Ausfällungen zu vermeiden (siehe Seite 277). Später wurde diese Methode weiter verbessert und auf die Nachdosierung von Magnesium und Spurenelementen ausgebaut (BALLING 1995, 1996a, b). Eine Zusammenfassung dieser Methode findet sich in BALLING (2002). Seit ihrer Einführung wurde diese Methode von vielen Aquarianern mit guten Ergebnissen verwendet. Einer von ihnen ist Jürgen SCHMITT, der seine praktischen Erfahrungen auf den Seiten 273–278 beschreibt.

Die Balling-Methode im Detail

Erfahrungen, Informationen und Tipps, zusammengestellt von Jürgen Schmitt, Mendig, Deutschland

Mit der Ballingmethode wird eine Betriebs- bzw. Versorgungsweise bezeichnet, die ein Meerwasseraquarium mit Kalzium, Karbonathärte und Spurenelementen versorgt. Der Name der Methode rührt von ihrem Erfinder her, Hans Werner BALLING, der sie 1994 veröffentlichte.

Die Balling-Salze: Kalziumchlorid-Dihydrat (Ca), Natriumhydrogenkarbonat (KH) und natriumchloridfreies Meersalz (M) – hier fertig für 10 l Osmosewasser abgewogen.
Foto: J. Schmitt

Großer Vorteil der Balling-Methode ist die verbrauchsabhängige Zugabe der einzelnen Elemente. Da neben der Karbonathärte auch Kalzium und Spurenelemente in gleichem Verhältnis dazu verbraucht werden, reicht die Messung der KH aus, um zu ermitteln, wie viel tatsächlich verbraucht wurde. Bestimmt wird die Zugabemenge also durch die Höhe der KH. Der optimale KH-Wert liegt zwischen 6 und 8. Ohne jegliche Zugabe würde die KH täglich um 0,5–2 Grad fallen. Der täglich gefallene KH-Wert wird als Maß des Verbrauchs genommen, um daran die Menge der nachzudosierenden Elemente zu bemessen.

Die Balling-Methode ist besonders für kleinere bis mittelgroße Meerwasseraquarien gedacht. Aber auch bei großen Anlagen mit Kalkreaktoren eignet sie sich hervorragend zur Feineinstellung von Kalzium- und KH-Werten.

Vor Beginn

Bevor man mit der Balling-Methode beginnt, sollte man die durch sie beeinflussbaren Wasserwerte auf das Optimum einstellen. Erst danach ist mit der regelmäßigen Zugabe zu beginnen.

Ablauf:

1. Wasserwerte für Magnesium, Kalzium und Karbonathärte ermitteln
2. Wasserwerte auf den Optimalwert bringen
3. Beginn mit der Balling-Methode durch Zugabe der 3 Balling-Flüssigkeiten.

Optimale Werte liegen für:

- **Kalzium** zwischen 400 und 420 mg/l (wird später mit Behälter 1 zugegeben)
- **Karbonathärte** zwischen 6 und 8° (wird später mit Behälter 2 zugegeben)
- **Magnesium** zwischen 1.300 und 1.350 mg/l (ist gesondert von der Balling-Methode zu betrachten und wird separat dosiert)

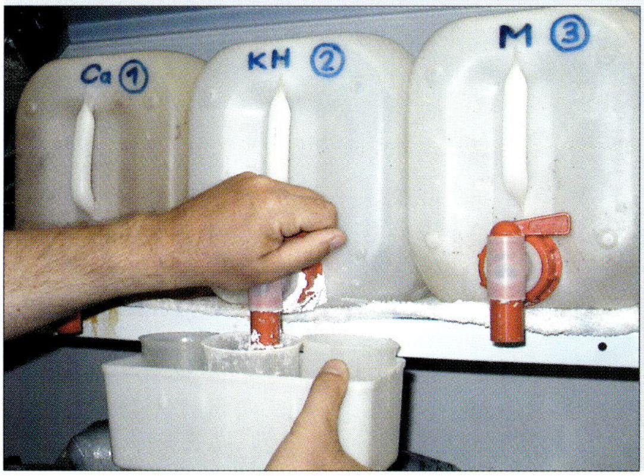

Das Bild unten links zeigt die drei Balling-Vorratsbehälter. Die tägliche Arbeit besteht lediglich darin, die jeweils benötigte Menge an Flüssigkeit zu entnehmen und dem Aquarium an getrennten Stellen zuzugeben. Selbstverständlich kann man dafür auch eine Dosierpumpe einsetzen.
Foto: J. Schmitt

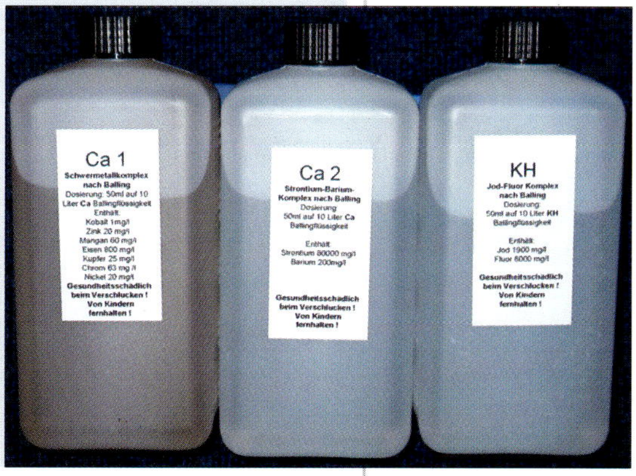

Die Balling-Spurenelemente unten rechts: Mit den bekannten Inhaltsstoffen ist die Methode für jeden Aquarianer reproduzierbar. Sie werden den Balling-Flüssigkeiten ergänzend zugegeben und somit auch verbrauchsabhängig dosiert.
Foto: J. Schmitt

Dieses herrliche Riffaquarium gehört Jürgen Schmitt, Mendig, Deutschland. Das Aquarium wird nach der Balling-Methode betrieben (Näheres siehe die Aquarienpräsentation auf Seite 409–411). Foto: J. Schmitt

Für die Balling-Methode erforderlich

Zur Ca-, KH- und Spurenelementversorgung eines Meerwasseraquariums werden täglich 3 Flüssigkeiten zugegeben:

- **Behälter 1 (Ca):** Osmosewasser + Kalziumchlorid-dihydrat + Spurenelemente
- **Behälter 2 (KH):** Osmosewasser + Natriumhydrogenkarbonat + Spurenelemente
- **Behälter 3 (M):** Osmosewasser + natriumchloridfreies Meersalz

Alle Salze sowie die fertig nach der Balling-Rezeptur gemischten Spurenelemente sind im Aquaristikhandel erhältlich. Die Salze werden in 3 getrennten Behältern zusammen mit Osmose- oder destilliertem Wasser angesetzt und mit den Balling-Spurenelementen versehen.

Wasserwerte beeinflussen

1. Karbonathärte

Mit der Messung der KH bekommen wir Angaben über den Karbonathaushalt in unserem Aquarium. Man kann ablesen, ob die Bedingungen für die Kalzifizierung (Kalkbildung) günstig sind oder nicht. Wenn die Karbonathärte zu hoch ist, kann man sie vorsichtig durch Zugabe von Kalziumchlorid-Lösung (Behälter 1) oder durch Wasserwechsel langsam absenken. Anheben lässt sie sich durch Zugabe von Natriumhydrogenkarbonat-Lösung (Behälter 2).

2. Kalziumgehalt (Ca)
Der Kalziumgehalt kann durch die Zugabe von Kalziumchlorid-dihydrat-Lösung (Behälter 1) erhöht werden. Bei größeren Defiziten ist die Zugabe auf mehrere Tage zu verteilen. Eine Reduzierung des Kalziumgehaltes erreicht man durch die Zugabe von Natriumhydrogenkarbonat-Lösung (Behälter 2).

3. Magnesiumgehalt (Mg)
Auch Magnesium sollte unbedingt vor Beginn der Balling-Methode auf den Sollwert von ca. 1.350 mg/l gebracht werden. Magnesium ist wie Kalzium ein Mengenelement, das im Meerwasseraquarium langsam verbraucht wird. Der Verbrauch an Magnesium erfolgt jedoch wesentlich langsamer als der des Kalziums. Eine tägliche Nachdosierung ist deshalb nicht unbedingt erforderlich. Optimale Magnesiumwerte sind jedoch für üppiges Kalkalgenwachstum und zur Vorbeugung von Algenplagen sehr wichtig.

Zum Ausgleich eines Magnesiumdefizits sind 2 Salze erforderlich:
· Magnesiumchlorid-hexahydrat
· Magnesiumsulfat-heptahydrat

Bei größeren Defiziten ist die Zugabe der leicht in Aquarienwasser löslichen Salze auf mehrere Tage zu verteilen.

Tabelle 4.5 | Die einzelnen Lösungen

	Auf 1 l Wasser werden gelöst:
1	35,57 g Bariumchlorid-Dihydrat ($BaCl_2 \times 2H_2O$) in 1 Liter H_2O
2	243,45 g Strontiumchlorid-Hexahydrat ($SrCl_2 \times 6H_2O$) + 10 ml Spurenelementlösung 1 in 1 Liter H_2O
3	4 g Kobalt(II)-chlorid-Hexahydrat ($CoCl_2 \times 6H_2O$) in 100 ml H_2O
4	18,46 g Mangansulfat-Hydrat ($MnSO_4 \times 1H_2O$) 9,82 g Kupfer(II)-sulfat-Pentahydrat ($CuSO_4 \times 5H_2O$) 8,8 g Zinksulfat-Heptahydrat ($ZnSO_4 \times 7H_2O$) 8,9 g Nickel(II)-sulfat-Hexahydrat ($NiSO_4 \times 6H_2O$) 32,45 g Chrom(III)-chlorid-Hexahydrat ($CrCl_3 \times 6H_2O$) + 10 ml Spurenelementlösung 3 in 1 Liter H_2O
5	4 g Eisen(II)-sulfat-Heptahydrat ($FeSO_4 \times 7H_2O$) + 10 ml Spurenelementlösung 4 in 1 Liter H_2O
6	2,5 g Kaliumjodid (KaJ) + 13,3 g Natriumfluorid (NaF) in 1 Liter H_2O
	Nur die Lösungen 2 (Strontium/Barium-Komplex), 5 (Schwermetallkomplex) und 6 (Jod/Flour-Komplex) werden den 3 Balling-Lösungen als Spurenelementlösungen zugegeben.

Die genaue Menge der Salze ermittelt man am einfachsten mit einem sog. Salzrechner, von denen verschiedene Versionen im Internet zum Download bereitstehen (siehe z.B.: http://www.korallenfarm.de/Salzrechner-Balling.htm).

Auch wenn später einmal Werte durch Nachlässigkeit, Zugabefehler oder sonstige Umstände vom Sollwert abweichen sollten, kann man durch die einzelne Zugabe der oben genannten Flüssigkeiten wieder optimale Wasserwerte einstellen, um dann mit der gleichmäßigen 3-teiligen Zugabe der Balling-Flüssigkeiten fortzufahren.

Spurenelement-Lösungen nach Balling

Neben den in den 3 Behältern gelösten Balling-Salzen ist es sinnvoll, gleichermaßen Spurenelemente verbrauchsabhängig zu dosieren, die in 2 der Behälter zugegeben werden. Im Gegensatz zu anderen Spurenelementpräparaten mit oft ungewissem Inhalt sind bei den Balling-Spurenelementen alle Inhaltsstoffe bekannt. Zur Herstellung werden 6 Lösungen angesetzt, aus denen dann wie unten beschrieben die Lösungen 2, 5 und 6 gemischt werden. Keine Angst vor den Formeln, die Lösungen gibt es zugabefertig im Handel. Die Flüssigkeiten bestehen nur aus in Osmosewasser gelösten unverderblichen Chemikalien, sind somit sehr lange haltbar, sollten allerdings nicht zu warm und nicht zu hell stehen. Eine Braunfärbung des Schwermetallkomplexes und später des Kalziumbehälters ist völlig normal.

Tabelle 4.6 | Das Herstellen der Balling-Flüssigkeiten

Am Beispiel von drei 10-l-Behältern

Ca-Behälter 1	KH-Behälter 2	M-Behälter 3
10 Liter Osmosewasser einfüllen	**10 Liter Osmosewasser** einfüllen	**10 Liter Osmosewasser** einfüllen
715 g Kalziumchlorid-Dihydrat zugeben, rühren oder schütteln, bis sich alles aufgelöst hat, ggf. kann das Osmosewasser leicht erwärmt werden	**840 g Natriumhydrogencarbonat** zugeben, rühren oder schütteln, bis sich alles aufgelöst hat, ggf. kann das Osmosewasser leicht erwärmt werden	**250 g NaCl-freies Meersalz** zugeben, rühren oder schütteln, bis sich alles aufgelöst hat, ggf. kann das Osmosewasser leicht erwärmt werden
50 ml Strontium-Barium-Komplex	**50 ml Jod-Fluor-Komplex**	
50 ml Schwermetall-Komplex		
fertig!	fertig!	fertig!

Tipp: Die Salze lösen sich besser, wenn man das Osmosewasser vorher leicht erwärmt. Die Salze in kleinen Portionen zugeben und mehrmals kräftig schütteln. Die Lösung des Natriumhydrogenkarbonats dauert oft mehrere Tage.

Zugabemenge und Kosten
Die tägliche Zugabemenge ist abhängig vom Verbrauch bzw. Sinken der Karbonathärte. Dies hängt wiederum von Größe und Besatz des Aquariums ab. Man sollte mit etwa 20–30 ml pro 100 l Aquarienwasser beginnen – allerdings erst, wenn die oben beschriebenen Wasserwerte optimal eingestellt sind. Am Tag darauf die KH erneut messen und je nach Höhe die Zugabemenge erhöhen oder verringern. Zugabemengen von 200–300 ml je Flüssigkeit pro Tag für ein voll besetztes 500-l-Becken sind durchaus normal.

Beispiel:
Aquarium mit 400 l, starker Steinkorallenbesatz. Kalzium und Magnesium auf dem Optimalwert.

Tag 1: KH 6, anfängliche Zugabemenge täglich 120 ml von allen 3 Flüssigkeiten
Tag 2: KH 5, KH trotzdem gesunken, Zugabemenge erhöht auf 3 x 150 ml täglich
Tag 3: KH 5, KH zu niedrig, Zugabemenge erhöht auf 3 x 250 ml täglich
Tag 4: KH 7, KH etwas zu hoch, Reduzierung auf 3 x 200 ml täglich
Tag 5: KH 6, KH optimal, Zugabemenge 3 x 200 ml täglich
Tag 6: KH 6, KH optimal, ab sofort 3 x 200 ml täglich, KH-Messung nun 1 x pro Woche

Tabelle 4.7 | Ansatzmengen je Liter

	Kalzium-chlorid-dihydrat	Natrium-hydrogen-carbonat	NaCl-freies Meersalz	Spuren-element-lösung
bei 1 l	71,5 g	84 g	25 g	5 ml
bei 2 l	143 g	168 g	50 g	10 ml
bei 3 l	214,5 g	252 g	75 g	15 ml
bei 4 l	286 g	336 g	100 g	20 ml
bei 5 l	357,5 g	420 g	125 g	25 ml
bei 8 l	572 g	672 g	200 g	40 ml
bei 10 l	715 g	840 g	250 g	50 ml

Diese Einstellung der Zugabemengen ist bei jedem Aquarium verschieden. Hier sollte man sich an Literzahl, Besatzdichte, Besatzart und Standzeit orientieren.

Zur Messung von KH, Kalzium und Magnesium sind die im Aquaristikhandel erhältlichen Tropftests ausreichend genau. Zu Beginn der Balling-Anwendung ist es ratsam, ein- bis zweimal wöchentlich die KH und den Ca-Gehalt zu messen. Wenn sich das System stabilisiert und man die für sein Becken erforderliche tägliche Zugabemenge ermittelt hat, reichen Messungen einmal wöchentlich.

Nachdem vorher die Wasserwerte KH, Ca und Mg auf den optimalen Wert eingestellt wurden, sollten immer alle drei Flüssigkeiten zugegeben werden. Sonst kommt es auf Dauer zu einer Ionenverschiebung, d. h. einer Verschiebung der Mengenanteile der im Meerwasser vorkommenden Salze. Die Tageszeit spielt bei der Zugabe keine Rolle. Auch eine Zugabe über eine 3-Kanal-Dosierpumpe ist möglich, aber nicht notwendig. Die Flüssigkeiten können ins Filterbecken, aber auch direkt ins Aquarium gegeben werden, wobei die Kalziumlösung und die KH-Lösung nicht gleichzeitig oder an der gleichen Stelle dosiert werden sollen, da die beiden Lösungen sonst sofort miteinander reagieren und es zu Ausfällungen kommt.

Die Kosten für ein reichlich mit Korallen besetztes 500-l-Aqua-

Die tägliche Dosierung der Balling-Flüssigkeiten

Am Beispiel eines 500-Liter-Aquariums

200 ml	200 ml	200 ml
Kalzium-Lösung Mit Spurenelementen	**KH-Lösung** Mit Spurenelementen	**Natriumchloridfreie Meersalzlösung**

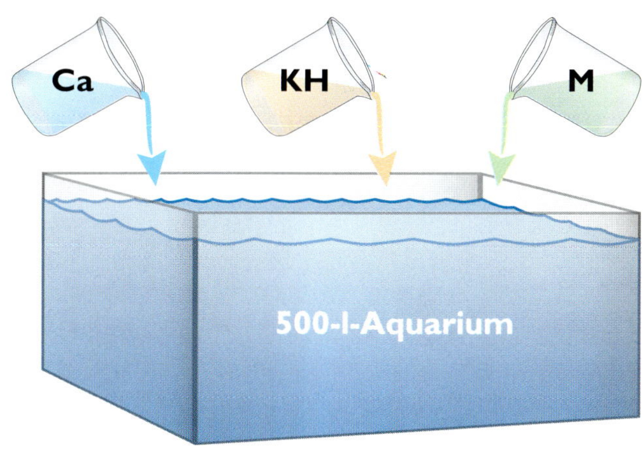

Um Ausfällungen zu vermeiden, sollten die Ca- und KH-Flüssigkeiten getrennt voneinander zugegeben werden.

rium betragen etwa 10–15,- € monatlich. Darin ist die komplette Versorgung mit Spurenelementen, Kalzium und Karbonathärte enthalten. Zu Beginn kommen noch die Kosten für die Waage (z. B. digitale Küchenwaage) und die Vorratsbehälter hinzu.

Fazit

Die Balling-Methode stellt eine einfache, sichere und preiswerte Versorgungsmethode für ein Meerwasseraquarium dar, mit der viele Anfänger wie auch fortgeschrittene Meerwasseraquarianer erfolgreich arbeiten. Eine dem tatsächlichen Verbrauch entsprechende Zugabe von Ca, KH und Spurenelementen und dadurch nahezu konstante Kalzium- und Karbonathärte-Werte sind die großen Vorteile dieser Methode. Es ist kein technischer Aufwand hierfür notwendig, und der tägliche Arbeitsaufwand besteht lediglich darin, drei Flüssigkeiten abzumessen und ins Aquarium zu geben. Ich selbst arbeite seit vielen Jahren mit dieser Methode und bin damit sehr zufrieden. Verbrauchsabhängige Dosierung, stabile Wasserwerte und gleichmäßiges Korallenwachstum lassen in meinen Aquarien prächtige, farbige Korallen gedeihen.

(Für weitere Informationen siehe auch www.miniriff.de)

6) Magnesium

Magnesium ist das zweithäufigste Kation im Meerwasser und damit eines der Hauptionen. Es liegt in einer Konzentration von 1.290 mg/l vor, zumeist in Form des zweiwertigen Magnesium-Ions (Mg^{2+}). Es gehört zu einem der konservativen Elemente des Meerwassers, was bedeutet, dass seine Konzentration relativ konstant ist. Chemisch wird es mit den bei Aquarianern sehr bekannten Elementen Kalzium und Strontium zusammen gruppiert. Magnesium reagiert leicht mit Anionen. Im Meerwasser ist ungefähr die Hälfte der Sulfat-Ionen (SO_4^{2-}) an Magnesium gebunden. Auch die Hälfte der Fluorid-Ionen (F^-) ist unter Bildung von Magnesiumfluorid (MgF^+) an Magnesium gebunden (BINGMAN 1999a).

Magnesium hat viele lebenswichtige biologische Aufgaben. Es ist das zentrale Atom im Chlorophyll-Molekül und spielt damit für die Absoption von Energie in Form des Sonnenlichtes und deren Zurverfügungstellung für die Fotosynthese eine zentrale Rolle. Weiterhin ist es für die Synthese des Chlorophylls essenziell. Magnesium ist auch an der Verfielfältigung der DNS (Replikation) und dem Umschreiben der Erbsubstanz in RNS (Transkription) beteiligt.

Eine zu geringe Salinität, die manchmal in geschlossenen Aquariensystemen beobachtet wird (siehe Seite 235ff.), ist eine Hauptursache für eine zu geringe Magnesium-Konzentration in unseren Riffaquarien. Eine zu geringe Salinität beeinflusst natürlich auch die Konzentration aller anderen Elemente im Meerwasser. Eine andere Ursache könnte eine zu geringe Magnesium-Menge in den synthetischen Meersalzmischungen sein.

Nach BINGMAN (1999b) gibt es noch einige andere Gründe dafür, dass ein Riffaquarium an Magnesium verarmen kann. So kann es in lebendes Gewebe eingebaut werden oder als Magnesiumkalzit ausfallen. Einige Kalkalgen scheiden hohe Magnesium-Konzentrationen in Form von Kalzit aus, und Oktokorallen besitzen Sklerite, die aus Magnesiumkalzit bestehen. Die Stacheln der Seeigel, die Cuticula der Arthropoden und die Sklerite der Gorgonien besitzen ebenfalls einen hohen Anteil an Magnesiumkalzit. Alle diese biologischen Verbraucher tragen zum Verlust von Magnesium in unseren Aquarien bei. Auch Mangroven, die im Oberflächenbereich einiger Riffaquarien gepflegt werden, vermindern die Magnesiumkonzentration durch den Einbau von Magnesium als

Teil des Natriumexport-Mechanismus. In unserem geschlossenen Experimentier-Aquariensystem konnten wir ebenfalls eine Verminderung der Magnesiumkonzentration beobachten (NILSEN 2000, siehe auch Tabelle 4.8).

Es wurde vermutet, dass die Zugabe von Kalkwasser zu einem Verlust an Magnesium durch die Bildung von Magnesiumhydroxid (Brucit, $Mg(OH)_2$), Magnesiumkarbonat (Magnesit, $MgCO_3$) oder Dolomit ($CaMg(CO_3)_2$) führen kann. In diesem Fall reagiert das Magnesium mit den Hydroxid-Ionen des Kalkwassers und/oder den Bikarbonat-Ionen des Aquarienwassers. BINGMAN (1997e, b) untersuchte dies und kam zu der Schlussfolgerung, dass diese Reaktionen bei den pH-Werten eines Meerwasseraquariums unwahrscheinlich sind, da z. B. die Bildung von Brucit nur bei Kohlendioxidkonzentrationen stattfindet, die weit unter denen liegen, die in Riffaquarien vorliegen. Eine Ausnahme ist nur der Bereich, in dem das Kalkwasser direkt auf das Aquarienwasser trifft. Jedoch kann man auch hier das Ausfällen von Magnesium vermeiden, wenn man das Kalkwasser an einer Stelle mit starker Strömung eintropfen lässt.

Die Kalzifizierung der Steinkorallen, die zur Bildung von Aragonit führt, wird dem System nicht viel Magnesium entziehen. Aragonit enthält typischerweise weniger als 1 % Magnesium. Jedoch muss man in Betracht ziehen, dass sich die Bedingungen in einem Aquarium von denen im Korallenriff unterscheiden und sich somit die Skelette von Korallen, die unter Aquarienbedingungen wuchsen, chemisch von denen in freier Wildbahn unterscheiden (siehe zu diesem Thema auch die Seite 298ff.).

Tabelle 4.8 | Ergebnisse der Wasseranalysen unseres Experimentier-Aquariums

Alle Werte in mg/l; das künstliche Meerwasser wurde mit „Instant Ocean“-Meersalz aufbereitet.
Die Werte für natürliches Meerwasser sind geschätzt; KD = keine Daten verfügbar

Wassertyp	Datum	PO_4	NO_3	NH_4^+	Si	DOP	DON	Mg	Ca	Sr	Na	B	K
Künstliches Meerwasser	11.05.1996	0,007	0,001	0,016	0,042	0,012	0,649	1256	346	10,7	10652	5,30	343
Wasser des Experimentier-Aquariums	26.11.1996	0,005	0,297	0,114	0,483	0,010	0,230	1305	353	12,8	10925	5,64	373
	08.12.1996	0,074	0,033	0,011	0,318	0,011	0,460	1283	354	11,7	10776	5,46	360
	22.12.1996	0,034	0,007	0,011	0,044	0,013	0,689	1260	355	10,6	10627	5,28	346
	05.01.1997	0,038	0,006	0,018	0,036	0,013	0,641	1254	345	9,46	10570	5,21	359
	02.02.1997	0,043	0,007	0,014	0,043	0,012	0,593	1247	335	8,31	10513	5,14	372
	28.02.1997	0,035	0,006	0,016	0,034	KD	KD	1242	322	7,39	10519	5,18	349
	01.04.1997	0,010	0,001	0,006	0,043	KD	KD	1239	316	6,75	10494	5,11	344
	01.05.1997	0,008	0,010	0,023	0,046	KD	KD	1235	311	6,10	10468	5,03	343
Natürliches Meerwasser	–	0,006	0,014	0,014	0,179	?	?	1290	412	7,9	10770	4,50	399

7) Strontium

Traditionell wird Strontium als sehr wichtiges Element für Korallen angesehen und sollte daher regelmäßig in Riffaquarien nachdosiert werden. Entsprechend ist es allgemeine Praxis, Riffaquarien dieses Element zuzuführen, insbesondere in Deutschland schon seit den frühen 1980er-Jahren (WILKENS 1983a, b, c).

Die Konzentration von Strontium beträgt im Meerwasser 8 mg/l. Hier liegt es als zweifach positiv geladenes Ion vor (Sr^{2+}) und ist chemisch betrachtet sehr eng mit Kalzium und Magnesium verwandt. Die größte Strontiummenge ist als freies Ion vorhanden, an dem nur Wassermoleküle angelagert sind. Ungefähr 10 % des Strontiums sind als lösliches Ionenpaar mit Sulfat ($SrSO_4$) und zu einem geringeren Teil mit Bikarbonat ($SrHCO_3^+$), Karbonat ($SrCO_3$), Fluorid (SrF^+), Borat ($SrB(OH)_4^+$) und Hydroxid ($SrOH^+$) zu finden (HOLMES-FARLEY 2003).

Es gibt einige Untersuchungen zur biologischen Rolle von Strontium bei Wirbellosen im Meerwasser, insbesondere bei Korallen. HOLMES-FARLEY (2003) hat sich mit dem Thema Strontium im Riffaquarium befasst und vom biologischen Gesichtspunkt ausgehend die Informationen zusammengefasst, die wir heute kennen. Ihr Artikel sollte unbedingt von den Aquarianern gelesen werden.

Die mikroskopisch kleinen Acantharia, bei denen es sich um hübsche, frei treibende einzellige Organismen der oberen Wassersäule handelt und die mit den Radiolaria verwandt sind, haben Stacheln aus Strontiumsulfat. Einige Radiolarien verwenden, obwohl sie Skelette aus Silizium besitzen, ebenfalls Strontiumsulfat. *Sphaerozoum punctatum* entlässt während der Reproduktion bewimperte Schwärmer, die Kristalle aus Strontiumsulfat (Celestit) enthalten (HOLMES-FARLEY 2003a).

Für den Aquarianer sind in diesem Zusammenhang einige Mollusken von Interesse, die anscheinend für ihr Überleben auf Strontium angewiesen sind und die sogar in einem neuen Medium nicht existieren können, wenn die Strontiumkonzentration darin im Vergleich zum Wasser, in dem sie zuvor gelebt hatten, vermindert ist. Der Seehase *Aplysia californica* entwickelt nur deformierte Schalen und Statocysten, wenn er in Wasser gepflegt wird, dem Strontium fehlt (HUGES et al. 1989; BIDWELL et al. 1986). Statocysten sind Balance-Organe in vielen Invertebraten. Sie bestehen aus mit Flüssigkeit gefüllten Säckchen, die kleine, feste Granula (Statolithen) enthalten, die sensorische Zellen stimulieren und dadurch bei der Orientierung helfen, wenn sich die Tiere bewegen. Ein Rückgang der Strontiumkonzentration auf nur 1 mg/l beeinflusst die Entwicklung dieser Mollusken negativ. Strontium ist offensichtlich wichtig für die Kalzifizierung der Schalen und Statolithen. Wie genau das Strontium in den Schalen der Statolithen abgelagert wird, ist nicht bekannt. Es scheint aber irgendwie mit der Kalzifizierung zusammenzuhängen (BIDWELL et al. 1986). Die Statolithen von *A. californica*, die im normalen Meerwasser wuchsen, zeigten erhöhte Strontiumwerte. Bei niedrigen Strontiumkonzentrationen war die Kalzifizierung nicht signifikant reduziert, aber die Schalen und die Statolithen waren defekt. In der Abwesenheit von Strontium war die Kalzifizierung um 80 % reduziert (WIEDERHOLD et al. 1986). Die Schlussfolgerung der Wissenschaftler, die an diesen Untersuchungen beteiligt waren, lautet: Obwohl die Rolle des Strontiums bei der embryonalen Kalzifizierung von *A. californica* rätselhaft bleibt, deuten die Daten darauf hin, dass Strontium eine definierte, hoch regulatorische

Sepien können ihre innere Schale nicht ausreichend entwickeln, wenn das Element Strontium im Wasser fehlt (BATTENCOURT & GUERRA 2000; HANLON et al. 1989).
Foto: Bioquatic Photo

Komponente beeinflusst, da die eher generellen Faktoren der Kalzifizierung und Differenzierung durch die Abwesenheit von Strontium nicht beeinflusst werden.

Wie in *A. californica*, so scheint das Strontium auch für die Entwicklung von mindestens sieben Arten von Kopffüßern wichtig zu sein (HANLON et al. 1989; BATTENCOURT & GUERRA 2000). Bei ihnen entwickeln sich die Statolithen aus Aragonit sehr gut, wenn das künstliche Meerwasser 8 mg/l Strontium enthält. Sie werden aber nicht ausgebildet, wenn das Meerwasser kein Strontium aufweist. Beim Tintenfisch *Sepia officinalis* entwickelt sich der Schulp in Abwesenheit von Strontium nicht richtig.

Von den Korallen weiß man, dass sie Strontium in ihr Skelett einbauen, und zwar zusammen mit Kalzium etwa im gleichen Verhältnis, wie man beide Elemente im Meerwasser findet. Es ist jedoch unklar, warum das in diesem Verhältnis geschieht. Einerseits kann es sein, dass das Strontium auf irgendeine unbekannte Art und Weise von Vorteil für die Korallen ist. Andererseits ist aber auch möglich, dass gelöstes Strontium für die Steinkorallen giftig ist und sie dieses Gift dadurch loswerden, dass sie es in ihrem Skelett fixieren. Oder wird Strontium zufällig in das Skelett eingebaut? Eine attraktive Theorie ist, dass aufgrund der chemischen Vergleichbarkeit von Kalzium und Strontium die Koralle das Strontium zufällig anstelle von Kalzium in das Skelett einbaut. Bis heute weiß niemand darüber genau Bescheid.

Wir wissen auch nicht, was mit den Korallen passiert, wenn Strontium nicht vorhanden ist. Auf diesem Gebiet fehlen noch wissenschaftliche Untersuchungen. Im Gegensatz dazu gibt es aber Studien zur Frage, was passiert, wenn die Konzentration von Strontium über diejenige ansteigt, die im natürlichen Meerwasser gefunden wird. Nach FERRIER-PAGES et al. (2002), die die Akkumulation von Strontium in der Steinkoralle *Stylophora pistillata* untersuchten, ist die Menge an Strontium, die in das Skelett eingebaut wird, bis zu einer Konzentration von 300 mg/l linear.

CLODE & MARSHALL (2002) widmeten sich der Frage, wo das Strontium in der Steinkoralle *Galaxea fascicularis* lokalisiert ist. Sie fanden, dass es signifikant in der „Schleimschicht" der Koralle angereichert ist. Die Autoren stellten die Hypothese auf, dass das Strontium von der Koralle benutzt wird, um die stark negativ geladenen Mucin-Glykoproteine zu neutralisieren.

Betrachtet man verschiedene Riffaquarien, so wird man feststellen, dass hier die Strontiumkonzentration stark variiert. Dies kann in Tabelle 4.9 deutlich abgelesen werden. SHIMEK (2002) untersuchte die Konzentration von Strontium in 23 Meerwasseraquarien. Er stellte fest, dass in diesen Aquarien die Strontiumkonzentration von 4–10 mg/l schwankte, mit einer mittleren Konzentration von 6,8 mg/l.

Beispiele für Aquarien, die an unserem Wassertest-Projekt beteiligt waren. Die Ergebnisse sind in Tabelle 4.9 dargestellt. Während der 1980er-Jahre entwickelten sich in mehreren Ländern Riffaquarien mit reichem Wachstum an hermatypischen Steinkorallen. Diese Resultate bzgl. des Wachstums von Steinkorallen – einschließlich der als nicht haltbar deklarierten *Acropora* spp. – waren unglaublich und wiesen eindeutig nach, dass geschlossene Korallenriffaquariensysteme funktionieren. Einer der Pioniere der Korallenriffaquaristik war Dietrich Stüber aus Berlin. In seinem Aquarium lebte wahrscheinlich die allererste *Acropora*-Kolonie. Diese Kolonie, dargestellt im Bild unten, wuchs aus einem lebenden Stein heraus. Wasseranalysen aus diesem Aquarium sind in Tabelle 4.9, Spalte I zusammengefasst. Ein anderer Pionier, der sich mit dem Wachstum von Steinkorallen in Aquarien befasste, war Dr. Bruce Carlson, der ehemalige Direktor des Waikiki Aquarium, Hawaii. Er pflegte Fragmente von Steinkorallen, die in Fidschi gesammelt wurden, in Aquarien, die sich unter freiem Himmel befanden – zu sehen im Bild oben links. Die Wasseranalysen dieser Systeme sind in der Tabelle 4.9, Spalten B, C und D zusammengefasst. Auch Alf Jacob Nilsen pflegte Korallenfragmente, die in Fidschi gesammelt wurden, über viele Jahre in seinem Aquarium (Bild oben rechts). Die Wasserparameter aus diesem Aquarium sind in Tabelle 4.9 Spalten K1 und K2 zusammengefasst.
Fotos: Bioquatic Photo

Tabelle 4.9 | Konzentration (µg/l) einiger Elemente im natürlichen Meerwasser und in verschiedenen Korallenriff-Aquarien

Element	A	B	C	D	E	F	G	H	I	J1	J2	K1	K2	L
Lithium (Li)	170	200	200	200	250	300	400	450	240	1250	440	1000	1000	1500
Bor (B)	4600	4255	2960	3145	3515	3885	2960	8140	3422	1390	1480	2220	1850	2590
Silizium (Si)	3000	1560	1500	1510	500	500	500	560	600	600	440	600	600	50
Vanadium (V)	2	60	50	60	60	70	70	80	60	70	40	70	60	10
Kobalt (Co)	0,2	2	0,6	0,7	0,8	0,1	1	1	1	2	0,6	6	15	40
Rubidium (Rb)	120	90	90	90	100	110	150	120	130	1200	510	1300	1200	1500
Strontium (Sr)	8000	11800	11500	11900	7700	8300	11900	22100	21000	2600	4100	4700	4000	21700
Jod (I)	60	30	20	20	80	40	200	100	70	1300	500	60	70	1200
Barium (Ba)	30	33	32	33	5,6	5	8	25	9	12	6	13	6	12
Kalzium (Ca)	4×10^5	$4{,}6 \times 10^5$	$4{,}6 \times 10^5$	$4{,}5 \times 10^5$	$4{,}5 \times 10^5$	$4{,}1 \times 10^5$	$4{,}25 \times 10^5$	$4{,}25 \times 10^5$	$6{,}5 \times 10^5$	$4{,}25 \times 10^5$	$4{,}75 \times 10^5$	$3{,}75 \times 10^5$	$2{,}25 \times 10^5$	$4{,}8 \times 10^5$
Dichte bei 25 °C		1,0226	1,0226	1,0227	1,0224	1,0229	1,0241	1,0238	1,0217	1,0256	1,0247	1,0236	1,0226	1,0238
Betriebsdauer								1 Jahr	10 Jahre	4 Jahre	4 Jahre	8 Jahre	8 Jahre	4 Jahre

Legende und Erläuterungen:

A = durchschnittliche Konzentration im natürlichen Meerwasser nach Tait (1971)
B = natürliches Meerwasser, das in ein offenes Aquariensystem im Waikiki-Aquarium, Honululu, Hawaii eingeleitet wird
C = Werte in dem offenen Aquariensystem im Waikiki-Aquarium
D = Meerwasser in 2 m Rifftiefe bei Puerto Rico im Juli 1995
F = Meerwasser an der Oberfläche über einem Riff bei den Malediven im April 1992
G = geschlossenes Aquariensystem von G. Santiago, Puerto Rico
H = geschlossenes Aquariensystem von H. Sekha, Duiven, Niederlande
I = geschlossenes Aquariensystem von D. Stüber, Berlin
J1 & J2 = geschlossenes Aquariensystem von F. Jørgensen, Norwegen (weitere Informationen zu J2 nachfolgend)
K1 & K2 = geschlossenes Aquariensystem von A. J. Nilsen, Norwegen (beide Proben stammen aus denselben Aquarien, jedoch lagen einige Monate dazwischen)
L = geschlossenes Aquariensystem von K. Nagy, Norwegen

Die Proben aus J2 wurde nach einem Wasserwechsel von 75 %, der sich über einige Tage erstreckte, entnommen. Zusätzlich wurden 150 g $CaCl_2$ zugeführt (Volumen des Aquariums: 700 Liter). Die meisten Elemente nahmen in ihrer Konzentration ab, speziell Li und Co. Nach dem Wasserwechsel trat ein starkes Korallenwachstum auf. Aus dieser Beobachtung und dem Vergleich der Konzentration der einzelnen Elemente von L1 und L2 kann man eventuell schließen, dass eine zu hohe Konzentration bestimmter Elemente das Korallenwachstum hemmen könnte. Nichtsdestoweniger konnten in allen Aquarien ein gesundes Aussehen und gutes Wachstum sowohl von Weich- als auch Steinkorallen festgestellt werden. Aus dieser Feststellung kann man andererseits ableiten, dass bestimmte Elemente in einer – wenn auch nur in einer minimalen – Konzentration nötig sind, um ein gesundes Aussehen und gutes Wachstum von Korallen und anderen sessilen Wirbellosen zu garantieren.

Alle Werte (außer für Jod SD = +/- 20 µg/l, Kalzium = +/- 5 mg/l und Strontium SD = +/- 5 %) spiegeln die Ionenkonzentration einer bestimmten Probe wider. Daher ist es nicht möglich, die Schwankungen während der Betriebszeit der Aquarien abzuschätzen. Außerdem können die Werte nur als Näherungswerte betrachtet werden und nicht als absolute Werte, da lediglich jeweils nur eine Probe analysiert wurde.

Die Analysen der Proben wurden von H. Sekha von der Fa. Salifert Aquarium Products, Niederlande, durchgeführt.

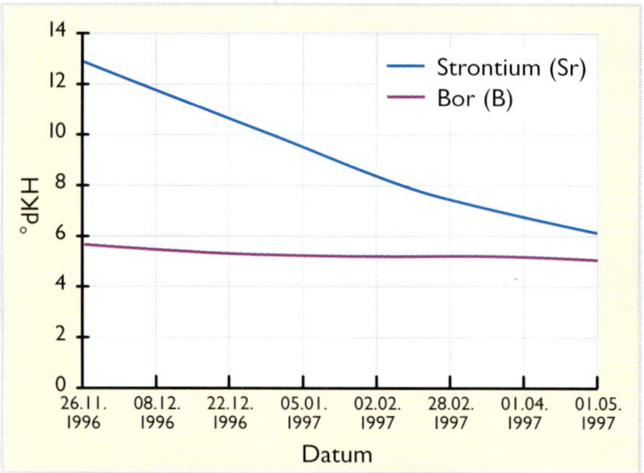

Diagramm 4.20: Veränderung der Strontium- und Borkonzentrationen in unserem Experimentieraquarium.

In einigen dieser Aquarien wurde Strontium nachdosiert, in anderen nicht. Ein weiterer Test wurde im Zusammenhang mit unserem Experimentieraquarium 1997 durchgeführt (NILSEN 2000). Wir konnten zeigen, dass die Strontium-Konzentration abnahm, jedoch wurde in dieses Aquarium kein Strontium nachdosiert (siehe Diagramm links). Die Menge an Sr^{2+} im Wasser dieses kleinen geschlossenen Aquariensystems reduzierte sich innerhalb von fünf Monaten um nahezu 50 %. In diesem Zeitraum wurde jedoch keine ansteigende Strontiummenge in dem Skelett einer Steinkorallenart der Gattung *Acropora* beobachtet (siehe auch Seite 298ff.).

Tabelle 4.10

Mengen an Kalzium, Magnesium und Strontium, die über ein Jahr in ein Riffaquarium gegeben wurden, bei Verwendung eines $CaCO_3/CO_2$-Reaktors und verschiedener Füllmaterialien. Aus HOLMES-FARLEY (2003)

Reaktormedium	Conklin Limestone	Nature's Ocean	Knop-Korallith	Super Calc Gold
Gelöste Ionen	Während eines Jahres zugeführte Menge (mg/l)			
Kalzium	5.957	5.957	5.957	5.957
Magnesium	62	39	14	42
Strontium	5	9	0,8	1,5

Hauptquellen für das Strontium sind der Wasserwechsel, die Verwendung eines Kalkreaktors in Verbindung mit CO_2 (siehe Tabelle 4.10) und die Fütterung.

Genau wie Strontium durch verschiedene Quellen in das Aquarium gelangt, so wird es auch auf verschiedene Art und Weise entfernt. Hauptursache für den Verbrauch sind die gemeinsame Ausfüllung mit Kalzium, die sowohl in Organismen wie Korallen passiert als auch auf nicht biologischem Weg, wenn Salz oberhalb des Wassersspiegels auskristallisiert oder wenn Kalziumkarbonat am Aquarienheizer ausfällt. Wir können annehmen, dass die Verbrauchsrate von Kalzium und Strontium im gleichen Verhältnis dazu steht, wie beide Ionen im Meerwasser vorliegen. Organisch gebundenes Strontium kann ggf. auch durch die Abschäumung entfernt werden.

Sollen wir nun Strontium in das Aquarium nachdosieren? Dies hängt einfach von dessen Konzentration im Aquarienwasser ab. Wie wir es weiter vorne beschrieben haben, variiert die Strontiumkonzentration von Aquarium zu Aquarium sehr stark. Kommerzielle Testkits für Strontium sind verfügbar und sollten verwendet werden. Weist man ein Strontiumdefizit nach, kann durch eine Strontiumchlorid-Lösung ($SrCl_2$) nachdosiert werden.

Eine Stammlösung bereitet man aus 50 g Strontiumchlorid in 500 ml destilliertem Wasser. Die Nachdosierung ist vom Verbrauch abhängig, aber ein guter Richtwert ist 1 ml dieser $SrCl_2$-Lösung pro Woche auf 100 Liter Aquarienwasser.

8) Andere Haupt-Ionen des Meerwassers

Wie in Abbildung Seite 230 gezeigt, gehören die beiden Halogene **Bromid** (Br^-) und **Fluorid** (F^-) zu den Haupt-Ionen des Meerwassers. Im natürlichen Meerwasser findet man Bromid normalerweise in einer Konzentration von 67,3 mg/l (SPOTTE 1979). Bromid wird in einigen sehr interessanten und wichtigen Biomolekülen gefunden, die bedeutende antivirale, antimikrobielle und Krebs hemmende Eigenschaften aufweisen (BINGMAN 1997a). Demselben Autor zufolge wird das Bromid-Ion durch ein Enzym mit Namen Bromoperoxidase unter Verwendung von Wasserstoffperoxid aktiviert und bindet dann an organische Moleküle. Auf diese Art und Weise findet man das Bromid in vielen Organismen des Korallenriffs. Mehrere Arten von marinen Bakterien stellen bromierte Pigmentmoleküle wie Xanthomonadin her, z. B. die Gattung *Xanthomonas* (STARR et al. 1977). Die besten Beispiele sind Schwämme (Stamm Porifera), bei denen viele Arten bromierte Verbindungen enthalten. Einige davon scheinen für die Medizin von großem Interesse zu sein. Bromierte Tyrosinderivate wurden aus Schwämmen isoliert (PETTIT et al. 1996; CARNEY & RINEHART 1995). Bromierte Fettsäuren werden ebenfalls in vielen Schwämmen gefunden. Mehr Informationen zu diesem Thema bietet BINGMAN (1997a). Auch in Algen kann Bromid gefunden werden, und auch sie haben Bromoperoxidase-Aktivität, wie die Rotalgen *Laurensia* spp., die bestimmte bromierte Alkohole herstellen (FAULKNER et al. 1973). Viele Braun- und Grünalgen synthetisieren bromierte organische Moleküle, wie *Penicillus capitatus*, bei der es sich um bromierte Alkane handelt (BEISSNER et al. 1981), und *Avrainvillea rawsonii* (Abbildung rechts), die u. a. Isorawsonol und andere bromierte organische Moleküle produziert (CHEN et al. 1994). Die Funktionen dieser bromierten organischen Moleküle in den Algen sind unklar. Einige Autoren vermuten, dass die Algen diese Produkte verwenden, um damit um Siedlungssubstrat zu kämpfen oder sich gegen Fressfeinde zu wehren, wie die tropische grüne Kalkalge *Neomeris* sp. Sie besitzt bromierte Sesquiterpene, die nachgewiesenermaßen eine abschreckende Wirkung haben und dadurch die Alge gegen Pflanzenfresser schützen (PAUL et al. 1993; LUMBANG & PAUL 1996). Von WALSH et al. (1987) wurde nachgewiesen, dass synthetische bromierte Verbindungen das Wachstum von einzelligen Algen hemmen. Zusammenfassend kann man schließen, dass Brom ein sehr wichtiges Element für viele Algen zu sein scheint.

Algen der Gattung *Avrainvilla* produzieren organische Moleküle, die das Element Bromid enthalten. Das Foto stammt aus einem Riff der Malediven.
Foto: Bioquatic Photo

Die Seescheiden *Pseudodidostoma arborescens* und *Eudistoma album* können ebenfalls bromierte organische Moleküle herstellen (CHIBANI et al. 1993. CHRISTOPHERSEN (1985) berichtet von einer großen Vielzahl von bromierten metabolischen Produkten in Bryozoen. CARBALLEIRA & MEDINA (1994) fanden bromierte Phospholipide und Fettsäuren in der Seeanemone *Stoichactis helianthus*. Bromierte und jodierte organische Moleküle machen eine wesentliche Menge der Biomasse der zentralen hornartigen Achse in Schwarzen Korallen aus (GOLDBERG et al. 1994).

Zusammenfassend ist festzuhalten, dass Bromid in vielen marinen Organismen vorhanden ist. Bromid kann jedoch auch gefährlich sein. Wird es mit Ozon behandelt – z. B. wenn Ozon im Aquariensystem Verwendung findet –, werden die Bromid-Ionen in Hypobromit, Bromit, Bromate und Bromoacetat umgewandelt. Letztere Verbindung kann DNS-Schäden verursachen (BINGMAN 1997a). Man sollte daher sehr vorsichtig sein, wenn Bromid in ein Aquarium gegeben wird, das mit Ozon betrieben wird. Derselbe Autor reichert jedoch sein künstliches Meersalz mit Bromid an, um die natürliche Konzentration an Brom zu erhalten. Dabei beobachtete er keine negativen Effekte. Wir verwendeten natürliches Meerwasser und konnten in diesem Zusammenhang ebenfalls keine negativen Effekte beobachten. Bromid kann durch viele kommerziell verfügbare Spurenelement-Lösungen in das Aquarium nachdosiert werden. Am häufigsten geschieht dies in Form eines Spurenelemente-Gemischs oder als Bromid-Fluorid-Lösung.

Fluorid zählt zwar zu den Haupt-Ionen des Meerwassers, ist aber mit einer Konzentration von 1,3 mg/l das am niedrigsten konzentrierte Ion dieser Gruppe (siehe Abb. auf Seite 230). Man findet es hauptsächlich als Fluorid-Anion (F^-) oder als Magnesiumfluorid (MgF^+), in geringeren Mengen auch als Kalziumfluorid (CaF^+) und Natriumfluorid (NaF). Dies steht im Gegensatz zu den anderen Halogenen, die fast ausschließlich als reines Anion im Meerwasser gelöst sind. Fluorid wird nur selten als organische Verbindung in lebende Organismen eingebaut, und es ist generell ein Ion, das nur schwierig mit anderen Elementen reagiert. Es bindet jedoch an Kalzium sowie Phosphat und bildet dabei das Mineral Apatit, das die dominante Verbindung des Skeletts der Vertebraten und im Zahnschmelz ist (siehe hierzu auch BINGMAN 1997b).

BINGMAN (2000) machte einige interessante Experimente, bei denen das Wasser in vier Aquarien mit Fluorid angereichert wurde, um etwa die im Meerwasser natürlich vorliegende Konzentration zu erreichen. Während eines achttägigen Beobachtungszeitraums nahm die Fluorid-Konzentration in allen Aquarien um 50 % ab, was veranschaulicht, dass die Konzentration dieses Elements in geschlossenen Aquariensystemen sehr schnell zurückgeht. Fluorid ist in Verbindung mit der Meerwasseraquaristik nur unzureichend untersucht worden, und wir kennen seine Funktion nicht.

Ein anderes Haupt-Ion, dessen Rolle im Bereich der Meerwasseraquaristik nur selten diskutiert wird, ist Bor (B). Seine natürliche Konzentration liegt im Meerwasser bei 4,44 mg/l, in den Meerwasseraquarien scheint sie dagegen sehr stark zu variieren (siehe Tabelle 4.8 und Diagramm 4.20). Im Meerwasser findet man Bor als Borsäure ($B(OH)_4$ oder Borat ($B(OH)_3^-$), ein Salz der Borsäure. Beide Verbindungen spielen im Zusammenhang mit der Pufferkapazität des Meerwassers eine Rolle (siehe Seite 250), an der sie zu 10–15 % beteiligt sind (SPOTTE 1979). Bor ist essenziell für einige Algenarten, insbesondere einige Diatomeen, wahrscheinlich aber nicht für Tiere. Wir konnten einen schwachen

Rückgang von Bor über einen Beobachtungszeitraum von sechs Monaten in unserem Experimentieraquarium beobachten (NILSEN 2000).

Kalium (K) besitzt im Meerwasser mit 399 mg/l eine recht hohe Konzentration. Normalerweise liegt es als Kation (K^+) vor. Kalium spielt im Metabolismus aller Organismen eine lebenswichtige Rolle. In den Zellen ist die Kaliumkonzentration konstant (ungefähr um 100–150 mM), weil K^+ aktiv in die Zellen transportiert wird. Gleichzeitig wird Natrium (Na^+) herausgepumpt. Diese Kalium/Natrium-Pumpen regulieren den Transport lebenswichtiger Elemente in oder aus den Zellen, indem sie ein elektrisches Aktionspotenzial über die Zellmembran schaffen. Natrium, das Haupt-Kation im Meerwasser, hat somit auch andere Funktionen, als nur einfach an der Salinität des Meerwassers beteiligt zu sein.

9) Sauerstoff

Sauerstoff (O_2) ist an fast allen Lebensfunktionen an entscheidender Stelle beteiligt. Er wird von den autotrophen Organismen produziert und von ihnen sowie den heterotrophen Organismen bei der Respiration verbraucht (siehe Kapitel 1). Sauerstoff wird vom Aquarienwasser über die Wasseroberfläche aufgenommen und auch abgegeben. Eine vermehrte Sauerstoffaufnahme erfolgt bei starker Wasserbewegung, z. B. wenn sich Wellen brechen. Wie in Diagramm 4.21 zu sehen, ist der Sauerstoffgehalt des Wassers abhängig vom Luftdruck sowie von der Temperatur und dem Salzgehalt des Wassers. Die Menge

Diagramm 4.21: Abhängigkeit der Konzentration des Sauerstoffs im Meerwasser von der Temperatur bei zwei Salinitäten.

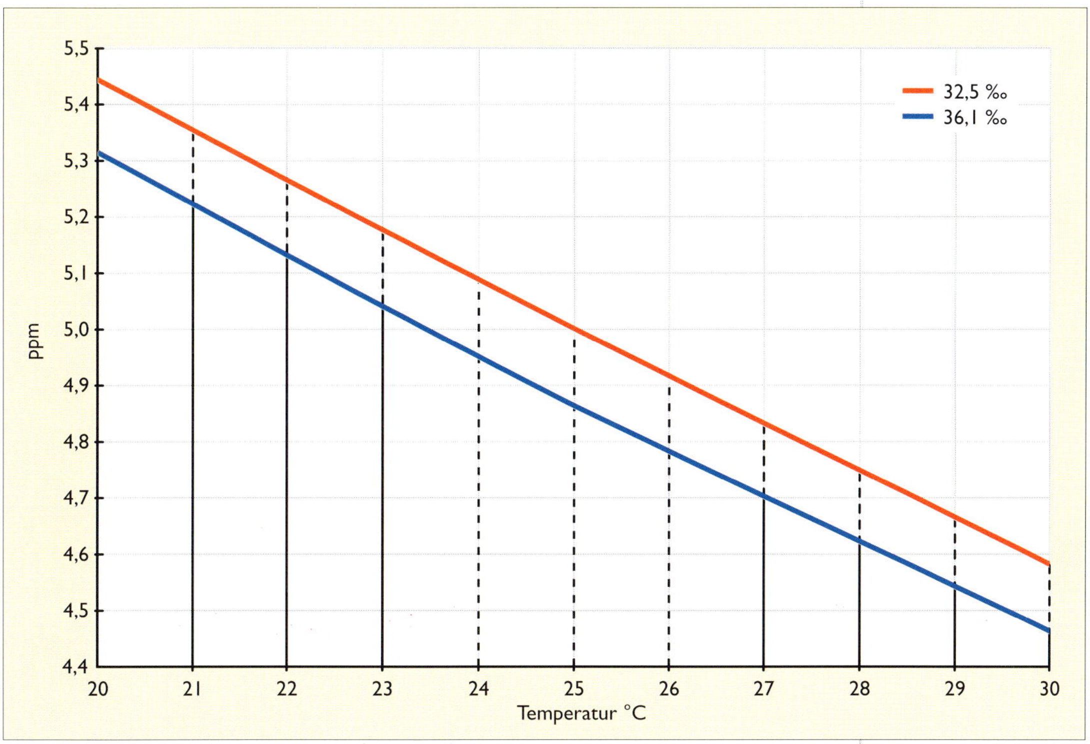

an gelöstem Sauerstoff nimmt mit steigender Temperatur schnell ab. Im Aquarium pflegt man häufig so viele Organismen, dass es zu Sauerstoffmangel kommen kann, wenn nicht geeignete Gegenmaßnahmen ergriffen werden. Normalerweise ist es ausreichend, für eine kräftige Wasserbewegung der Oberfläche zu sorgen. Dazu platziert man den Auslauf einer Umwälzpumpe direkt unter der Oberfläche (allerdings nicht so hoch, dass das Wasser spritzt, weil dies zu Wasserverlusten und Salzverkrustungen führt).

Im Abschäumer, einem Muss für ein Korallenriff-Aquarium, wird vom Wasser so viel Sauerstoff aufgenommen, dass sich eine zusätzliche Durchlüftung erübrigt. In vereinzelten Fällen kann es vorkommen, dass sich Wasser mit Sauerstoff übersättigt. Diese Situation kann besonders dann eintreten, wenn das Aquarium stark mit Algen bewachsen ist und gleichzeitig intensiv beleuchtet wird. Oft sind es Blau- und Kieselalgen, die eine solche Überproduktion verursachen.

Solange es eine gute Abschäumung, Belüftung oder Bewegung der Wasseroberfläche gibt, ist ein Sauerstoffmangel in einem Korallenriff-Aquarium sehr selten. Jedoch sollte man die gepflegten Tiere und ihre Reaktionen immer beobachten. Fische, die mit einer erhöhten Atmungsrate ständig nahe der Wasseroberfläche schwimmen, deuten entweder auf eine zu niedrige Sauerstoffkonzentration hin oder auf Probleme mit der Sauerstoffaufnahme. Beobachtet man solche Bedingungen, sollte man sofort für eine kräftige Belüftung sorgen, z. B. durch einen Diffusor oder Belüftungssteine. Eine stärkere Bewegung der Wasseroberfläche ist außerdem zu empfehlen.

10) Abbauprodukte

Abbauprodukte wie Nitrat und Phosphat können im Aquarium sehr schädliche Auswirkungen haben. Mit Hilfe verschiedener Filtertechniken kann man diese Verunreinigungen oder ihre Ausgangsstoffe abbauen oder entfernen, bevor ihre Konzentrationen zu stark ansteigen. Die schädlichsten Abbauprodukte und ihr Kreislauf in der Natur werden in Kapitel 6 behandelt.

Aquarianer, die ihr Süßwasser der Leitung oder auch Brunnen in Gebieten mit intensiver Landwirtschaft entnehmen, können mit übermäßigen Nitrat- und Phosphatgehalten Probleme haben. Süßwasser mit einer Nitrat-Konzentration von 20 mg/l oder mehr ist für das Korallenriff-Aquarium ungeeignet, und zwar sowohl für das Ansetzen von künstlichem Meerwasser als auch zum Auffüllen von verdunstetem Aquarienwasser. Wenn man auch nur den geringsten Verdacht hat, dass das verfügbare Süßwasser belastet sein könnte, sollte man es auf Nitrat und andere Verunreinigungen hin untersuchen. Ist das Wasser zu stark mit Nitrat versetzt, muss man auf destilliertes bzw. demineralisiertes Wasser zurückgreifen (siehe dazu auch Umkehr-Osmose, Seite 387–389).

11) Silikate

Silikate (SiO_2) sind im Meerwasser normalerweise in Konzentrationen von 2–3 mg/l (als Kieselsäure $[H_2SiO_3]_n$) vorhanden. Eine Steigerung der Silikat-Konzentration über diesen Wert führt im Aquarium häufig zu einer „Algenblüte“, die von Kieselalgen (Diatomeen) verursacht wird. Kieselalgen benutzen das Silikat (Kieselsäure) zum Aufbau ihrer Zellwände.

Bei der Neueinrichtung eines Meerwasseraquariums hat man fast immer eine erhöhte Silikat-Konzentration, weshalb sich gerade während der Startphase viele Kieselalgen im Aquarium entwickeln. Wenn der Silikatgehalt nach einigen Wochen gesunken ist, überwiegen andere Algen. Sofern man aber mit dem Ersatz für verdunstetes Wasser ständig neue Silikate zuführt, wird man die lästigen Kieselalgen unter Umständen nie los. Unter solchen Bedingungen ist es schwierig, das Kalkalgenwachstum in Gang zu bringen. Diatomeen sind jedoch sehr wichtige Algen in der Nahrungskette im Meer wie auch im Aquarium. Im Aquarium sind einige Diatomeen immer anwesend, sie wachsen häufig auf anderen Algen oder an den Wänden des Aquariums, wo sie jedoch nur leicht haften, und viele Diatomeen findet man auch in der Wassersäule. Sie sollten immer als positives Zeichen angesehen werden, und man sollte auf keinen Fall versuchen, ihr Wachstum zu verhindern. Denn diese kleinen Algen sind wichtige Futterquellen für viele Organismen, beispielsweise Schwämme. Nur eine zu hohe Siliziumkonzentration ist für ein Meerwasseraquarium gefährlich, jedoch auf keinen Fall eine normale Konzentration, die für einen durchschnittlichen Wuchs von Diatomeen sorgt.

Leitungswasser mit beträchtlichem Silikatgehalt ist nicht ungewöhnlich. Dies ist auf die geologischen Verhältnisse unserer Böden zurückzuführen. Bei einem der Autoren (A. J. Nilsen) beträgt der Silikatgehalt des Brunnenwassers über 30 mg/l. Dieses Wasser hat sich für das Korallenriff-Aquarium als völlig ungeeignet erwiesen, da es zu andauernden Kieselalgenblüten führte. Allerdings muss auch erwähnt werden, dass wir prächtige Korallenriffaquarien gesehen haben, bei denen silikatreiches Wasser verwendet wurde. Man kann deshalb wohl davon ausgehen, dass auch andere Faktoren (z. B. Konkurrenzwuchs anderer Algen) auf die Entwicklung von Kieselalgen Einfluss nehmen.

Man kennt bislang keine einfache Methode, um Silikat aus dem Ausgangswasser zu entfernen. Lediglich Verfahren der Umkehrosmose kommen in Betracht. Bei Problemen mit ständiger Massenvermehrung von Kieselalgen empfehlen wir eine Silizium-Bestimmung (berechnet als Silikate SiO_2) mit einem der kommerziell erhältlichen Testkits. Auch sollten Sie dann verdunstetes Wasser durch Kalkwasser ersetzen, das mit destilliertem oder Osmose-Wasser angesetzt wurde.

12) Spurenelemente

Die meisten Elemente kommen im Meerwasser nur in äußerst geringen Konzentrationen vor, also als Spurenelemente. Hier betrachten wir alle Elemente im Meerwasser außer den Hauptelementen als Spurenelemente, obgleich sie gemäß ihrer Konzentration weiter unterteilt werden können (siehe Seite 230). In der Meerwasseraquaristik ist über das Thema Spurenelemente viel diskutiert worden. Da die Spurenelemente allerdings nur unter großem Aufwand quantitativ erfassbar sind, kann man eigentlich nur wenig Beweisbares zu diesem Thema sagen.

Unumstritten ist, dass Abschäumung und Filterung über Aktivkohle einen Teil der Spurenelemente aus dem Aquarienwasser entfernen. Es ist ferner sicher, dass Algen und Tiere dem Aquarienwasser Spurenelemente entziehen und im Körper anreichern. Futterstoffe, Ersatz für verdunstetes Wasser und

Reaktionen des Aquarienwassers mit Einrichtungsgegenständen führen dem Aquarienwasser dagegen neue Spurenelemente zu. Dabei ist es unmöglich, auch nur anzudeuten, wie viel Spurenelemente im Aquarium verbraucht und wie viel von außen wieder zugeführt werden. Es sollte auch erwähnt werden, dass viele Spurenelemente, insbesondere Schwermetalle wie Kupfer und Zink, aber auch andere Elemente, wie Jod (siehe weiter unten), für viele lebende Organismen in Dosen, die nur geringfügig über den natürlichen Konzentrationen liegen, tödlich giftig sein können. Das Überdosieren von Spurenelementen kann daher dramatische Auswirkungen auf ein Riffaquarium haben.

In diesem Kontext sollten wir einen Moment darauf verwenden, zu überlegen, wie wir in unseren Riffaquarien die Fütterung handhaben. In den meisten Aquarien, in denen riffbildende Korallen sowie andere fotosynthetische Organismen dominieren und nur wenige Fische leben, wird spärlich gefüttert. In der Natur gibt es eine große Vielfalt von Futter, und obgleich das Korallenriff als ein nährstoffarmes Ökosystem definiert werden muss, ist Nahrung für alle Teile des komplexen Nährstoff-Netzwerkes vorhanden. In Riffaquarien ist genau das Gegenteil der Fall. Wir vermeiden die meisten Organismen, die eine große Menge an organischen Nährstoffen benötigen, wie azooxanthellate Korallen, große Schwämme, die meisten Stachelhäuter, nahezu alle Seescheiden, die meisten großen Würmer, großen Krebstiere und Raubfische. Mit anderen Worten: Wir stellen eine Fauna im Riffaquarium zusammen, um ein Habitat zu kreieren, das friedlich, farbenfroh und auf einem niedrigen Energieniveau läuft. Letzteres bedeutet nichts anderes, als dass das Aquarium mit einem niedrigen Futterniveau existiert, und zwar was Quantität und Qualität betrifft. Dieser Aquarienbiotop mag schön, gesund und interessant sein – aber es fehlt dennoch viel der biologischen Vielfalt, die das natürliche Riff so faszinierend macht. Natürlich können wir die Natur nicht kopieren, und wir können keine Organismen in das Aquarium geben, die wir aufgrund ihrer Ansprüche nicht zu pflegen vermögen. Aber wenn wir die verfügbare Futtermenge erhöhen, lässt sich vielleicht eine Verarmung an Spurenelementen verhindern, und wir werden mit Sicherheit in diesen Aquarien viele kleine Organismen finden, wie Würmer, kleine Krebstiere, Manteltiere, kleine Muscheln und andere, die hier beginnen zu wachsen und sich gut zu entwickeln. Dies mag eine Alternative zu den „nahezu nährstofffreien Riffaquarien" sein. Wir werden auf dieses Prinzip im nächsten Band unserer Buchserie zurückkommen.

Auch wenn wir über all dies relativ wenig wissen, können wir grundsätzlich davon ausgehen, dass das Aquarienwasser nach und nach an Spurenelementen verarmt, so dass diese dem Wasser neu zugeführt werden müssen. Unsere Untersuchungen mit einem Experimentieraquarium zeigen, dass die Konzentration aller Elemente, einschließlich der Spurenelemente, graduell mit der Zeit abnimmt, falls sie nicht ersetzt werden (Nilsen 2000).

Im Handel gibt es heute zahlreiche Mischungen von Spurenelementen. Einige davon wurden aus gründlicher Forschungsarbeit entwickelt und enthalten genau berechnete Mengen ausgewählter Substanzen. Andere sind dagegen eher von geringerer Qualität. Allen ist aber gemeinsam, dass der Aquarianer nicht über die chemische Zusammensetzung der Mischung informiert wird und man daher nicht weiß, was man wirklich in sein Aquarium gibt. Auf der anderen Seite hat man aber auch keinen Überblick darüber, an welchen Elementen das Aquarienwasser verarmt und wie hoch die Konzentration der verschiedenen Spurenelemente im Becken wirklich ist. Es ist somit alles eine Sache der Erfahrung und der Beobachtung des Gesundheitszustands und des Wachstums der Aquarienorganismen. Neben eigenen Erfahrungen mit den einzelnen Fabrikaten ist ein Erfahrungsaustausch mit anderen Aquarianern zu diesem Thema besonders wichtig. Eine Alternative könnte sein, dass man sich seine eigenen Standardlösungen für jedes Element selbst herstellt und hiervon definierte Mengen regelmäßig nachdosiert. Dies erfordert aber, dass der Aquarianer ein gutes chemisches Wissen hat.

Unsere Erfahrungen mit der Zugabe von Spurenelementen gehen dahin, dass es eher ratsam ist, zu wenig als zu viel zuzusetzen. Überdosierungen sind immer von Übel. Auch hier ist anzumerken, dass es keinen Grund gibt, mit Zusätzen zu experimentieren, solange sich die Tiere im Aquarium wohl fühlen und gedeihen.

Jod

Die lange Erfahrung vieler Aquarianer aus etlichen Ländern, kombiniert mit biologischen Fakten, hat zu der Schlussfolgerung geführt, dass einige Spurenelemente lebenswichtiger sind als andere. Zu den essenziellen Elementen gehört Jod.

Jod (I_2) ist bei Raumtemperatur ein schwarzes, glänzendes, nicht metallisches festes Element, das in die chemische Gruppe der Halogene gehört. Weitere Halogene sind Fluor (F), Chlor (Cl) und Brom (Br), die alle zu den Hauptelementen des Meerwassers zählen.

Es gibt zwei Verbindungstypen des Jods: anorganisch gebundenes und organisch gebundenes Jod. Anorganisches Jod findet man wiederum hauptsächlich in zwei Oxidationsstufen: dem Jodid (I^-) und dem Jodat (IO_3^-). Organische Formen des Jods sind alle die Verbindungen, in denen das Jod-Atom kovalent mit einer Kohlenstoffverbindung verknüpft ist. Ein Beispiel hierfür ist das Methyljodid (CH_3I). Im Meer findet man viele organische Jodverbindungen, aber sowohl ihr Vorkommen als auch ihre biologische Rolle sind kaum verstanden. Außer zum Jodid und zum Jodat wird sich der Aquarianer auch noch mit dem molekularen Jod (I_2) auseinandersetzen müssen, das antibakteriell wirkt und schon seit geraumer Zeit zur Desinfektion verwendet wird.

Die Jodkonzentration liegt im natürlichen Meerwasser bei 0,06 mg/l (entsprechend 60 µg/l bzw. 0,5 µM), wobei grob zwei Drittel als Jodat und der Rest als Jodid vorliegen. Die Konzentration von Jodid ist normalerweise tiefenabhängig. Man findet es gewöhnlich nicht in einigen hundert Metern Tiefe. Die verschiedenen Oxidationsstufen des Jods können im Ozean ineinander umgewandelt werden. Phytoplankton nimmt Jodat auf und wandelt es in Jodid um. In anoxischen Sedimenten wird das Jodat von Bakterien in Jodid umgewandelt, u. a. von dem anaeroben Bakterium *Shewanella putrefaciens* (Farrenkopf et al. 1997). Bingman (1997c) beschäftigt sich in seiner Publikation intensiv mit Jod und seiner Rolle für das Meerwasseraquarium. Hier beschreibt er auch, dass die Umwandlung von Jodat zu Jodid nicht nur durch biologische Prozesse erfolgen kann, sondern auch durch rein chemische.

Makroalgen, Gorgonien, Schwarze Korallen, Weichkorallen der Gattung *Xenia* und viele tropische Tunikaten (siehe auch Fotos auf Seite 293) akkumulieren in irgendeiner Form Jod. Jedoch ist die Funktion dieses Elements in den verschiedenen Organismen in den meisten Fällen unklar.
Fotos: Bioquatic Photo

Jod wird im beträchtlichen Umfang von vielen Makroalgen akkumuliert, und zwar sowohl von Rot- und Braun- als auch von Grünalgen. Diese Tatsache ist für den Meerwasseraquarianer von besonderem Interesse, da diese Algen entweder als Fischfutter verwendet oder in den Aquarien wachsen bzw. gepflegt werden. Obwohl die Tatsache, dass Makroalgen Jod im beträchtlichen Umfang anreichern, seit mehr als 100 Jahren bekannt ist, ist der Vorteil dieser Speicherung für die Algen nach wie vor unklar. Da Jod in hoher Konzentration für viele Organismen giftig ist, könnte dieses Element eine wichtige Rolle in der Verteidigungsstrategie der Algen gegen Weidegänger spielen. Bei einigen Algenarten macht Jod bis zu 1 % des Trockengewichtes aus. Dies ist sehr viel, jedoch gibt es zwischen den Arten eine große Varianz in der angereicherten Jodmenge. In einigen Braunalgen ist die Jodkonzentration 20.000 Mal höher als im Umgebungswasser. Dies zeigt sehr schön, wie effektiv diese Algen das Jod anreichern können. Die den Meerwasseraquarianern bekannten Kriechsprossalgen *Caulerpa racemosa* und *C. sertularoides* besitzen etwa 800 bzw. 310 mg Jod pro Kilogramm Trockengewicht (Holmes-Farley 2003). Obwohl Jod von den Algen normalerweise als Jodid gespeichert wird, gibt es wohl einige Arten, die auch Jodat aufnehmen (Kirk 1991; Hirano et al. 1983). Die Algen speichern Jod sowohl als anorganische (Jod und Jodat) als auch als organische Verbindungen (Methyljodid [CH_3I], Dijodomethan [CH_2I_2], Jodobutan [C_4H_9I]). Einige der angereicherten organischen Jodverbindungen werden in das Wasser abgegeben, und da ein Teil davon wieder in die Atmosphäre gelangt und potenziell einen Einfluss auf die globale Erderwärmung hat, befinden sie sich in letzter Zeit im Fokus wissenschaftlicher Untersuchungen.

Jod ist außerdem für viele Tiere und den Menschen essenziell. Wirbeltiere reichern Jod in der Schilddrüse an, wo es in Hormone (die sog. Thyroidhormone) eingebaut wird, die verschiedene Stoffwechselprozesse steuern. Wirbellose besitzen keine Schilddrüse. Sie sind aber trotzdem dazu in der Lage, Jod aus der Umgebung anzureichern und viele organische Moleküle, an die das Jod gekoppelt ist, zu produzieren. Hiervon gibt es einige, die den Thyroidhormonen der Wirbeltiere sehr ähneln.

Viele Wirbellose akkumulieren Jod ebenfalls in irgendeiner Form. Hierzu gehören etwa die Nesseltiere, die u. a. Iodotyrosin produzieren, ein Vorläufer der Thyroidhormone. Sehr interessant ist auch die Tatsache, dass einige Gorgonien Jod akkumulieren. Aber auch in diesem Fall ist der Nutzen unklar. Es könnte jedoch wie bei den Algen als Verteidigungsmechanismus gegen Fressfeinde dienen. Einige Gorgonien besitzen 3,5-Diiodotyrosin in ihrem Körper – mit 0,1–2,6 % des Gesamttrockengewichtes als Jod. Dies betrifft Arten wie *Plexaura flexuosa, Eunicella otenocalloides, Gorgonia verrucosa, G. lamarcki, G. scirpearia, Rhipidigorgia flabellum, Euplexaura maghrebensis, Plexaura kukenthali* und *Euplexaura verrucosa*; Letztere nimmt anorganisches Jod aus der Wassersäule auf (Holmes-Farley 2003). Einige Schwarze Korallen (Ordnung Anthipatharia) scheinen auch große Mengen an Jod zu akkumulieren. So wurde berichtet, dass das Jod in der basalen Region dieser Korallen mehr als 23 % des Trockengewichts ausmacht (Goldberg 1978; Goldberg et al. 1994).

Einige Weichkorallen der Gattung *Xenia* enthalten offenbar ebenfalls Jod. Shimek (2007) konnte zeigen, dass ein Wildfangexemplar 350 mg Jod pro Kilogramm Nassgewicht aufwies und ein entsprechendes Aquarienexemplar 270 mg Jod pro Kilogramm Nassgewicht bzw. 1.350 mg Jod pro Kilogramm Trockengewicht. Diese Werte sind vergleichbar hoch wie die einiger Makroalgen. Die erwähnte Untersuchung stützt die Hypothese, dass Xenien Jod für eine bis heute unbekannte Aufgabe akkumulieren.

Für das Kalkskelett von Steinkorallen der Gattung *Porites* wurde nachgewiesen, dass es eine 100 Mal höhere Jodkonzentration als das Umgebungswasser enthielt (Biddulph et al. 2005). Mehrere andere Wirbellosen-Arten produzieren jodierte Aminosäuren (Gorbmann 1978). Deren Funktion ist aber bis heute unklar (Bingman 1998a, b). Von Schwämmen ist bekannt, dass sie viel Jod in ihr Gewebe einbauen und einige potenziell toxische Jodverbindungen produzieren. Garnelen bauen ebenfalls organische Jodverbindungen in ihren Körper ein, und ihre Haut enthält bis zu 17 mg Jod pro Kilogramm Trockengewicht. Dies ist allerdings sehr viel weniger, als man in Makroalgen, Gorgonien und Schwämmen findet. Tunikaten (Manteltiere), die sehr „fortschrittliche“ Wirbellose sind und in vielerlei Hinsicht eine Verbindung zwischen Wirbellosen und Wirbeltieren repräsentieren, nehmen anorganisches Jod aus dem Umgebungswasser auf und verwenden jodierte Aminosäuren, um Proteine und andere große organische Moleküle herzustellen, die Jod enthalten.

Es gibt nur wenig Zweifel daran, dass das Spurenelement Jod sehr wichtig ist – und vielleicht in der einen oder anderen Art lebensnotwendig für viele Organismen. Jedoch ist nach wie vor unklar, welche Rollen die jodierten Verbindungen in den verschiedenen Organismen spielen. Die Schlussfolgerung muss daher heute lauten, dass Jod im Wasser des Korallenriff-Aquariums vorhanden sein muss, es hier jedoch nicht in höheren Konzentrationen als im natürlichen Meerwasser vorliegen sollte. Der Grund dafür, dass das Jod eine Konzentration von 0,06 mg/l nicht überschreiten sollte, liegt – wie bei den meisten Spurenelementen – darin, dass es für viele Organismen in höheren Konzentrationen toxisch sein kann.

Wir haben also ein Szenario, das aus der Zugabe und dem Verbrach von Jod besteht. Wir wissen, dass wir Jod durch die Fütterung, durch lebende Steine und durch lebende Organismen (nicht zuletzt Algen) sowie durch Wasserwechsel in das Aquarium geben. Wir wissen auch, dass viele Organismen Jod anreichern und dieses Jod zurück in den Wasserkreislauf gelangen kann, wenn z. B. Makroalgen absterben. Weiterhin wissen wir, dass Abschäumung und Wasserwechsel Jod aus dem System entfernen. Wir wissen jedoch nicht, welche Mengen wir durch diese Prozesse hinzugeben und wie viel akkumuliert oder aus dem System entfernt wird. Tabelle 4.9 zeigt ganz klar, wie die Konzentration des Jods von Aquarium zu Aquarium variieren kann.

Das Einzige, was wir tun können – und auch sollten –, ist, die Konzentration des Jods im Aquarienwasser zu messen. Wir müssen den Testkits vertrauen, die auf dem Markt sind, sollten aber solche verwenden, die die Gesamtkonzentration an Jod bestimmen, also Jodid, Jodat, molekulares Jod und organische Jodverbindungen.

Wie sollen wir Jod in das Aquarium geben? Hier gibt es mehrere Möglichkeiten, und der einzelne Aquarianer verwendet häufig seine persönliche Art und Weise, die auf den eigenen Erfahrun-

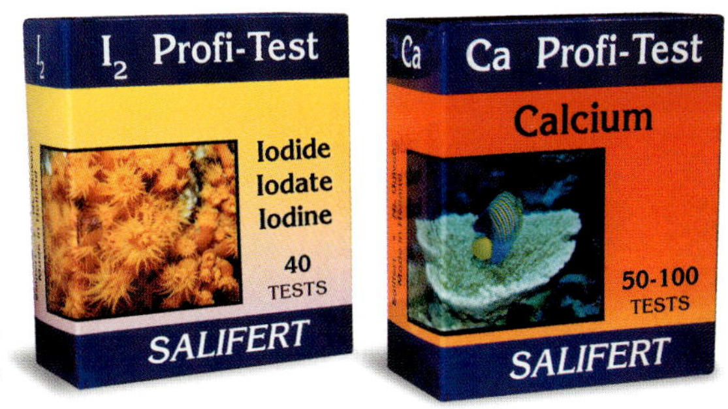

Testkits der Firma Salifert, Holland, zum Nachweis von Jod und Kalzium
Foto: Bioquatic Photo

Jodverbindungen sollten Riffaquarien nur sehr vorsichtig und in kleinen Dosen zugeführt werden. Hierbei ist insbesondere darauf zu achten, wie die Bewohner auf die Jodzufuhr im Laufe der Zeit reagieren.
Foto: D. Brockmann

gen und Beobachtungen sowie denen anderer Hobbykollegen begründet ist. Wir empfehlen auf jeden Fall, Jod **sehr vorsichtig** in das Aquarium zu geben, um eine Überdosierung zu vermeiden. Eine häufige Methode der Nachdosierung verwendet kleine Mengen Lugolscher Lösung, einer Lösung aus Kaliumiodid (KI) und molekularem Jod (I_2) in einem Verhältnis von 2 : 1.

Molekulares Jod (I_2) besteht aus zwei Jod-Atomen. Es ist im Meerwasser außerordentlich instabil und durchläuft hier normalerweise folgende Reaktion:

$$I_2 \longrightarrow I^- + I^+$$

Molekulares Jod zerfällt also in ein negatives Iodid- und ein positiv geladenes Jod-Ion, das schnell mit anderen Elementen reagieren. Jod als Molekül löst sich im Prinzip schwer in Wasser, außer in der Anwesenheit von einem Überschuss an Jodid-Ionen (I^-), die mit molekularem Jod reagiert (I_2) und dann I_3^- bilden. So wird die Lugolsche Lösung hergestellt, die aus 10 g Kaliumjodid und 5 g Jod in einem Gesamtvolumen von 100 ml Wasser besteht. Dies ergibt eine Jod-Konzentration von 1 M. Man beachte, dass alle Lösungen, die Jod enthalten, sehr lichtempfindlich sind und daher in dunklen Glasflaschen bei Raumtemperatur gelagert werden müssen.

Wir empfehlen Jod nachzudosieren, aber wie bei allen Spurenelementen graduell nur in kleinen Konzentrationen. Brockmann (2006c) beschreibt für sein Aquarium eine wöchentliche Dosierung von 300 µl (= 0,3 ml) Lugolscher Lösung auf 600 l Aquarienwasser, was einer Nachdosierung von 0,5 µl (= 0,0005 ml) pro Liter Aquarienwasser pro Woche entspricht.

Eine weitere häufig verwendete Art der Nachdosierung ist die Gabe einer wässrigen Kaliumiodid-Lösung (KI), aber man muss mit der Dosierung sehr, sehr vorsichtig sein! (Kaliumiodid ist eine giftige Substanz, die man an einem sicheren Ort aufbewahren muss!). Wenn man Kaliumiodid in Wasser löst, bilden sich Kalium- und Jodid-Ionen. Kalium ist im Meerwasser normalerweise mit 390 mg/l enthalten, so dass eine geringe Anreicherung des Aquarienwassers mit dem Kaliumiodid nicht ins Gewicht fällt. Man stellt eine Stammlösung von 25 g Kaliumiodid in 500 ml destilliertem Wasser her. Von dieser Stammlösung kann man wöchentlich 0,5 ml pro 200 l Aquarienwasser zusetzen.

Woher wissen wir, dass ausreichend Jod nachdosiert wurde oder dass die Dosierung zu hoch ist? Die beste (und einzige) Möglichkeit ist, die regelmäßige und intensive Beobachtung mit der regelmäßigen Messung des gelösten Jods zu kombinieren. Durch die Beobachtungen kann man sehr viel über das Leben in seinem Aquarium erkennen und lernen. Biologische Beobachtungen können den Aquarianer auf Veränderungen im Aquariensystem aufmerksam machen, und daher ist auch biologisches Wissen so wichtig für das Verständnis des Aquariensystems. Man kann nur nochmals darauf hinweisen: Achten Sie auf Veränderungen! Ein ansteigendes Wachstum von Algen, insbesondere von Braunalgen, kann ein Indiz für eine zu hohe Jod-Konzentration sein.

Andere Spurenelemente

Viele andere Spurenelemente sind von pontenziellem Interesse für den Riffaquarianer. Das Hauptproblem ist, dass ihre Konzentration für den Aquarianer nur schwierig zu bestimmen und ihre Umsetzung im Meerwasseraquarium zudem nur wenig verstanden ist. **Eisen** (Fe) liegt in einer Konzentration von nur 2 µg/l vor, normalerweise in Form von $Fe(OH)_2^+$ und $Fe(OH)_4^-$. Eisen ist ein wichtiger Algennährstoff und kann in einigen Gebieten für Organismen von Korallenriffen wachstumslimitierend sein. Hierzu zählen z. B. die ozeanischen Riffe, wo das Wasser extrem nährstoffarm ist.

Eisen ist Bestandteil des Proteins Ferredoxin, eines essenziellen Teils des Elektronentransportsystems bei der Fotosynthese. Eisen findet man häufig in organischen Komplexen, was wichtig für die Stabilisierung des Eisens in Lösung ist. Viel Eisen wird durch Abschäumer entfernt, die organische Moleküle, die Eisen enthalten, aus dem System nehmen. Bei einem pH-Wert, wie er normalerweise im Meerwaser vorliegt, kann es schwierig sein, Eisen in Lösung zu halten, was – gemäß SPOTTE (1979) – es kompliziert gestaltet, Eisen in das Meerwasser nachzudosieren. Eisen in Form von Eisenzitrat ($FeC_6H_5O_7 \cdot 3H_2O$) ist jedoch bei pH-Werten über 8 stabil und damit eine geeignete Ausgangsverbindung zum Nachdosieren von Eisen in Meerwasseraquarien. Wie bei allen Spurenelementen sollte man auch hier beim Nachdosieren sehr vorsichtig sein und die Reaktionen der Aquarienbewohner genau beobachten. Außerdem sollte man die Nachdosierung mit einer sehr niedrigen Menge beginnen!

Mangan (Mn) ist ebenfalls für Algen wichtig. Es spielt wie Eisen eine essenzielle Rolle in der Elektronentransferkette der Fotosynthese. Eine nicht ausreichende Versorgung mit Mangan kann die Konzentration des Chlorophylls in den Algen und anderen Pflanzen beeinflussen. Im Meer findet man Mangan als Mn^{2+} oder als Manganchlorid ($MnCl^+$) in einer Konzentration von 0,00002 mg/l.

Eisen wie auch die Elemente **Kobalt** (Co) und **Molybdän** (Mo) (siehe die Tabelle 4.9 für die Konzentrationen und die Verbindungen im natürlichen Meerwasser) sind für die Fixierung von Stickstoff in Algen wie auch in terrestrischen Pflanzen essenziell. Kobalt wird weiterhin von einigen Algen in Form des Vitamins B_{12} benötigt. **Vanadium** (V) ist ein seltenes Element mit einer Konzentration von nur 0,0025 mg/l. Seescheiden scheinen Vanadium anzureichern, der Grund hierfür ist unbekannt. Andere Spurenelemente sind giftig, falls ihre Konzentration sehr viel höher als im natürlichen Meerwasser ist. **Kupfer** (Cu) ist ein essenzielles Element für Algen, wo es an der Fotosynthese beteiligt ist. Es wird jedoch nur in niedriger Konzentration benötigt.

Kupfer wird normalerweise als Fischmedikament verwendet, da es gegen externe Parasiten sehr wirksam ist. Kupfer verschlechtert aber auch das Immunsystem der Tiere und ist extrem toxisch in Konzentrationen, die höher als die im natürlichen Meerwasser sind. Eine Anreicherung dieses Schwermetalls im Aquarium kann leicht katastrophale Folgen haben. Dasselbe gilt für **Aluminium** (Al) und **Blei** (Pb).

Zusammendfassend kann man festhalten, dass viele Spurenelemente wichtige Funktionen im Meer und den Lebensgemeinschaften der Korallenriffe haben. Die meisten Spurenelemente sind in den künstlichen Meersalzmischungen in viel höheren Konzentrationen als im natürlichen Meerwasser vorhanden. Auf der anderen Seite nimmt ihre Konzentration, wie auch die der Hauptelemente des Meerwassers, mit der Zeit in geschlossenen Aquariensystemen ab. Ein Aquarium, das über Aktivkohle gefiltert oder effizient abgeschäumt wird, verarmt mit der Zeit an vielen lebenswichtigen Elementen und leidet ggf. darunter, wenn die Spurenelemente nicht nachdosiert werden. Das Fehlen von Elementen wird durch die Reaktionen und den allgemeinen Zustand der lebenden Organismen im Aquarium ersichtlich. Ein trainiertes Auge, das intensiv das Leben im Aquarium beobachtet und genau weiß, wonach es schauen muss, ist in Verbindung mit dem regelmäßigen Testen der Wasserparameter wahrscheinlich am besten dazu geeignet, den Status der Wasserqualität im Aquariensystem abzuschätzen.

Ein geschlossenes Aquariensystem wird aber niemals die gleiche Wasserqualität wie das Wasser im Korallenriff haben. Die Korallen wachsen vielfach schnell und können Wachstumsraten zeigen, die denen im Korallenriff vergleichbar sind. Es ist heute möglich, „Korallenriffe" in geschlossenen Aquariensystemen aufzubauen, in denen die riffbildenden Steinkorallen die Dekoration vollständig überwachsen und die Wasseroberfläche erreichen. Auf der anderen Seite werden viele Elemente in den Skeletten von Korallen, die im Aquarium wachsen, anders angereichert als in denen von Korallen, die aus dem natürlichen Riff stammen. Das bedeutet nicht, dass sich diese Korallen nicht gut im Aquarium entwickeln, aber es heißt, dass sich die Skelette chemisch unterscheiden. Die Korallenskelette scheinen in vielerlei Hinsicht die chemische Zusammensetzung des Wassers eines Riffaquariums zu reflektieren. Wir haben beschlossen, dieses Kapitel mit einer Themenseite zu beenden, die genau davon handelt: Anreicherung von Elementen im Korallenskelett.

Die Anreicherung von Elementen in Korallenskeletten

Steinkorallen sind die Schlüsselorganismen der tropischen Korallenriffe, und heute ist es möglich, sie erfolgreich im Aquarium zu pflegen. Noch vor einigen Jahrzehnten wurde dies als utopisch betrachtet. Als Aquarianer beobachten wir das Wachstum der Steinkorallen, und die schnell wachsenden Vertreter der Gattung *Acropora* sind heute die Favoriten. Sie bilden rasch neue Äste aus, und nach nur einigen Monaten guter Pflege sind wir stolz auf große *Acropora*-Kolonien in unseren Aquarien – Kolonien, die aus kleinen Fragmenten oder kleinen importierten Stöcken herangewachsen sind. Ableger werden von diesen Mutterkolonien abgebrochen und an andere Aquarianer weitergegeben.

Gleichen diese Kolonien aber denjenigen, die in Korallenriffen gefunden werden? Selbst im natürlichen Habitat können die einzelnen Korallen innerhalb derselben Art stark variieren. Ein hervorragendes Beispiel hierfür ist die sicherlich am meisten untersuchte Steinkoralle *Pocillopora damicornis*, die eine enorme Varianz in der Wuchsform in Abhängigkeit vom Habitat zeigt, das sie bewohnt. Abbildung Seite 299 oben demonstriert dies hervorragend. Verschiedene Wachstumsformen – oder Ökotypen, wie sie von manchen Autoren genannt werden – sind völlig normal und resultieren aus den unterschiedlichen abiotischen und biotischen Faktoren, die die unterschiedlichen Habitate prägen – Wind, Wellen, Lichtintensität, Fressfeinde, Artendichte, Salinität u. a. Im Korallenriff-Aquarium können wir ähnliche Effekte beobachten, z. B. wenn eine Kolonie auf dem Boden oder aber an der Wasseroberfläche unter einer größeren Lichtintensität wächst.

Welche Effekte hat aber die unterschiedliche Wasserqualität auf die Steinkorallen? Wie Tabelle 4.9 zeigt, variiert die Zusammensetzung des Wassers unserer Riffaquarien sehr. Verfolgt man ein geschlossenes Riffaquariensystem über die Zeit, können wir weiterhin feststellen, wie sich auch die Konzentration der Hauptelemente nach und nach verändert (siehe Tabelle 4.8). Da Steinkorallen (genau wie andere kalzifizierende Organismen) Elemente, die in der Wassersäule vorhanden sind, in ihrem Skelett anreichern, ist es nur logisch zu glauben, dass die Wasserzusammensetzung auch die Komposition der Skelette der Steinkorallen beeinflusst. Wir nehmen an,

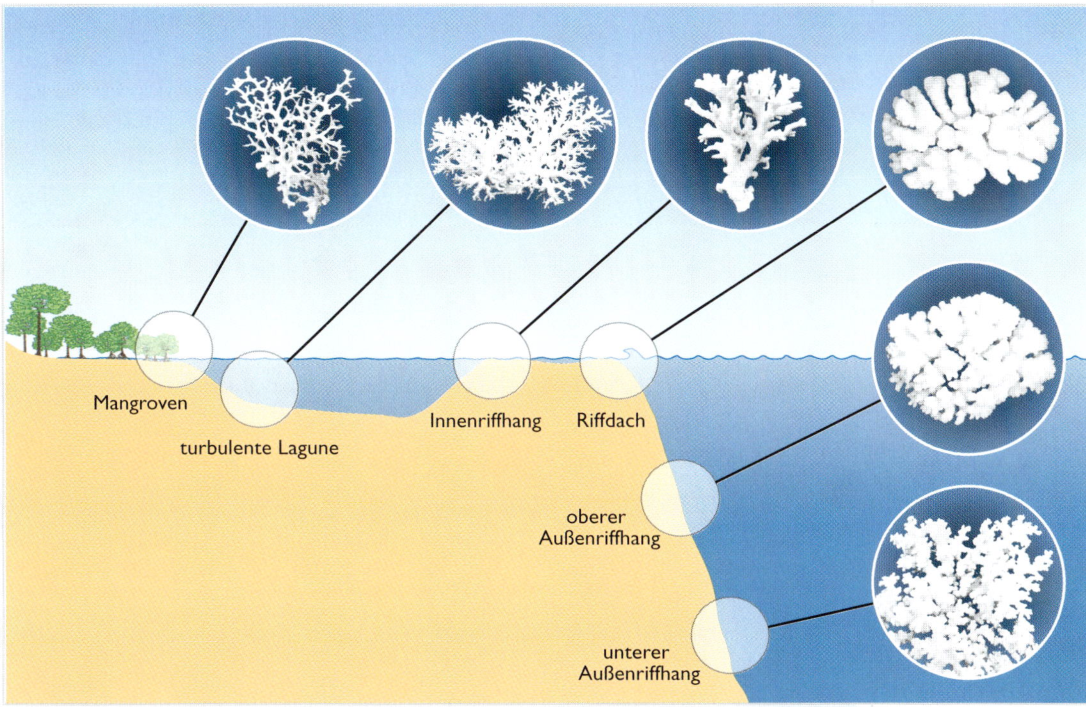

Verschiedene Habitattypen der Steinkoralle *Pocillopora damicornis*
Modifiziert nach VERON (1995)

dass viele von Ihnen schon beobachten konnten, dass einige Äste von im Aquarium gewachsenen *Acropora*-Steinkorallen dazu tendieren, brüchig zu werden, wohingegen sie normalerweise in der Natur sehr hart und fest sind. In Verbindung mit unserem Experimentieraquarium wollten wir dieser Beobachtung weiter nachgehen (NILSEN 2000). Für dieses Experiment wählten wir die Art *Acropora microphthalma* aus, die wir über viele Jahre gepflegt haben. WALLACE (1999) beschreibt sie wie folgt:

> *„Fine-branching dense arborescent clumps or thickets, with smooth branches; known colours cream or white, occationally pale blue; found in subtidal habitats such as slopes and submerged reefs. Specimens of this species are sometimes difficult to sarate from fine-branched Acropora muricata. The usually whitish colouration of A. microphthalma is distinctive in the field.“*

(Acropora microphthalma bildet fein verzweigte, dichte, baumartige Gruppen oder Gestrüpp; bekannte Farben sind Creme oder Weiß, gelegentlich Hellblau; lebt bevorzugt unterhalb der Gezeitenzone, wie dem Riffhang und dem Riffdach, das immer mit Wasser bedeckt ist. Individuen dieser Art sind manchmal schwer von fein verästelten Acropora muricata zu unterscheiden. Ihre weißliche Färbung ist allerdings charakteristisch im Korallenriff.)

Aus aquaristischer Sicht ist *A. microphthalma* sehr leicht zu halten. Sie wächst sehr schnell und bildet dichte Kolonien im Aquarium. Über mehrere Jahre haben wir Skelettfragmente von *A. microphthalma* aus verschie-

Ablegerkolonien von *Acropora microphthalma*, die von einer Mutterkolonie aus Fidschi stammen.
Foto: B. Carlson

Große Kolonien von *Acropora microphthalma* bei Fidschi nahe der Stelle, wo die ersten Fragmente gesammelt und anschließend zum Waikiki-Aquarium gebracht wurden.
Foto: B. Carlson

Acropora microphthalma aus unserem Experimentieraquarium. Von dieser Kolonie wurden Fragmente für Skelettuntersuchungen entnommen.
Foto: Bioquatic Photo

denen Aquarien gesammelt. Die Wasseranalysen von den Aquarien, aus denen die Skelettproben stammten, sowie einige Fotos dieser Aquarien finden sich in Tabelle 4.11 auf Seite 302.

Alle Proben stammen von Fragmenten einer Mutterkolonie, die von Dr. Bruce Carlson in Fidschi gesammelt wurde und im Waikiki-Aquarium, Hawaii, über mehrere Jahre in einem Experimentieraquarium für Steinkorallen gepflegt wurde, das unter freiem Himmel stand. Das Waikiki-Aquarium betreibt ein offenes System, bei dem Ozeanwasser durch die Aquarien geleitet wird. Das Wasser ist reich an anorganischen Nährstoffen (SiO_3, PO_4, NO_3 und NH_4) und gelöstem CO_2, hat aber eine geringe organische Nährstoffkonzentration (DON – „dissolved organic nitrogen" = gelöste organische Stickstoffverbindungen und DOP – „dissolved organic phosphor" = gelöste organische Phosphate; siehe Atkinson et al. 1995). Die ersten Fragmente dieser *A. microphthalma* kamen 1991 in unser Riffaquarium.

Die Mutterkolonie aus dem Suva-Riff, Fidschi, war sehr groß. Sie hatte einen Durchmesser von mehr als 2 m, wuchs an der Basis des seewärtigen Riffhangs in einer Tiefe von ungefähr 20 m, dort wo das Riff flacher wird. Sie wuchs zwischen zahlreichen Felsbröcken und anderen Korallen, in einem Gebiet mit einer reichen Korallenfauna. Im Dezember 1995 sammelte Dr. Carlson einige weitere Fragmente einer *A. microphthalma*, die sehr nahe der Stelle gedieh, an der die beschriebene Mutterkolonie einst lebte, trocknete diese Fragmente und schickte sie nach Norwegen. Nun hatten wir mehrere Skelettproben derselben Korallenart, die in verschiedenen Aquariensystemen (offene und geschlossene) herangewachsen waren und die wir nun mit dem Material aus dem Suva-Riff vergleichen konnten.

Im Sommer 1997 wurden die ersten Analysen der Skelettproben im Chemischen Institut der Universität von Oslo in Kooperation mit Professor Karl P. Lillerud durchgeführt. Wir machten SEM-Fotos (Fotos mit einem Scanning-Eletronenmikroskop) der Proben. Es war aber nicht möglich, physikalische Unterschiede der Struktur der Proben auszumachen. Andere Methoden

SEM-Foto eines Astes von *Acropora microphthalma* (Probe Kor25-1). Man beachte die axialen Koralliten, die wie ein zentrales Rohr durch den Ast laufen.
Foto K. P. Lillerud

SEM-Foto eines Astes von *Acropora microphthalma* (Probe Kor25-1)
Foto K. P. Lillerud

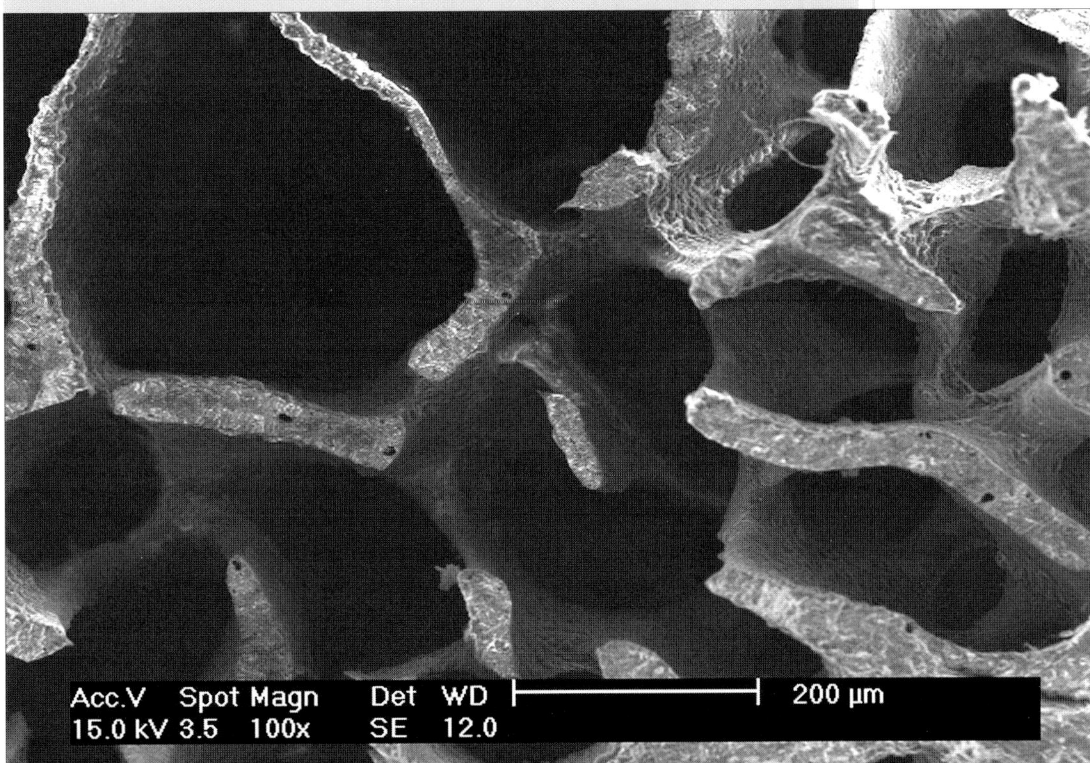

Tabelle 4.11 | Relative Konzentration von Chlor, Natrium, Sulfat, Magnesium, Strontium, Yttrium und Karbonat in vier Proben von *Acropora microphthalma*

Alle Werte in Molprozent

Elemente bzw. Verbindungen	Mutterkolonie von Fidschi (aufgesammelt 12/1995)	Kolonie aus dem offenen Aquariensystem des Waikiki-Museums	Kolonie aus unserem geschlossenen Aquariensystem, dort 5 Jahre gewachsen	Kolonie aus dem Experimentier-Aquarium, dort 9 Monate gewachsen
Probe	**Kor 24-1**	**Kor 4**	**Kor 5**	**Kor 25-1**
Karbonat (CO_3^{2-})	48,05	47,50	48,73	48,76
Chlor (Cl)	0,04	0,37	0,20	0,29
Natrium (Na)	1,74	1,96	0,85	0,65
Sulfat (SO_3^{2-})	0,80	1,18	0,96	1,06
Magnesium (Mg)	0,79	0,44	0,03	0,21
Strontium (Sr)	0,51	0,91	0,30	0,21
Yttrium (Y)	0	0,14	0,20	0,22

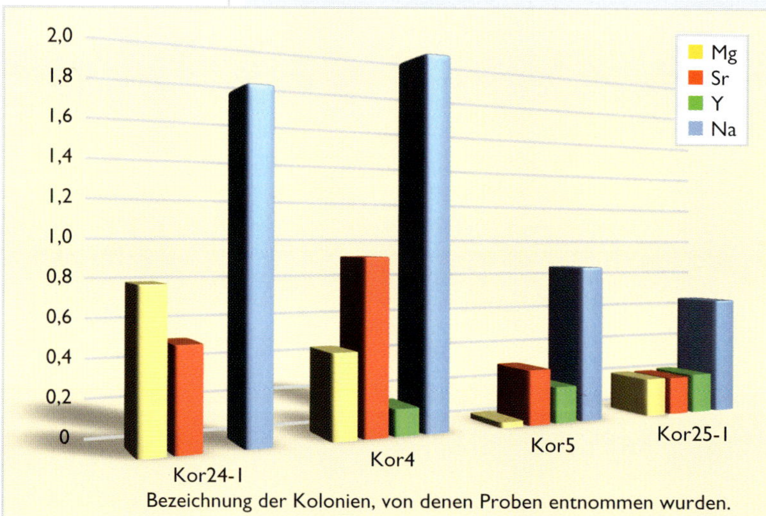

Diagramm 4.22: Relative Konzentration an Magnesium (Mg), Strontium (Sr), Yttrium (Y) und Natrium (Na) in vier Skelettproben von *Acropora microphthalma*

deuten aber signifikante Unterschiede der chemischen Zusammensetzungen der vier analysierten Proben an (siehe Tabelle 4.11 oben, Diagramme 4.22 und 4.23).

Der Hauptbestandteil des Skeletts war natürlich Aragonit ($CaCO_3$), wobei die Menge an Kalzium und Karbonat 40 % ausmachte. Das oben genannte Analyseverfahren wies auch die Ionen Natrium (Na), Magnesium (Mg), Strontium (Sr), Yttrium (Y), Chlorid (Cl) und Schwefel (als Sulfat, SO_4) nach. Man könnte vermuten, dass Natrium und Chlorid als Verunreinigung aus dem Meerwasser stammten und sich beim Trocknen der Proben außen am Skelett abgelagert hätten. Wenn dies der Fall wäre, müsste Chlorid 2 Mol% ausmachen. Die Messungen erbrachten aber nur Werte von 0,04–0,37 Mol%, was darauf hindeutet, dass Verunreinigungen aufgrund des Trocknungsverfahrens nicht in großen Mengen vorhanden waren. (Mol% = Mol einer spezifischen Verbindung einer Lösung dividiert durch die Mole aller Verbindungen der Lösung. Das Ergebnis wird mit 100 multipliziert).

Am überraschendsten war die Menge an Magnesium in der Probe, die am längsten im Aquarium gepflegt worden war. Nach fünf Jahren in einem geschlossenen Aquariensystem besaß das Skelett 0,03 Mol% Mg verglichen mit 0,79 Mol% der Kolonie aus dem Suva-Riff, die somit einen 26fach höheren Magnesiumgehalt hatte. Dieses Resultat deutet darauf hin, dass die Konzentration von Magnesium mit der Zeit abnimmt. Die Kolonie in unserem Experimentieraquarium (in dem kein Wasserwechsel durchgeführt oder irgenwelche Elemente zugegeben wurden) besaß ungefähr 25 % des Magnesiumgehalts der Mutterkolonie. Sogar die Kolonie aus dem offenen Aquariensystem des Waikiki-Aquariums hatte einen geringeren Magnesiumgehalt als die Wildfang-Kolonie aus Fidschi.

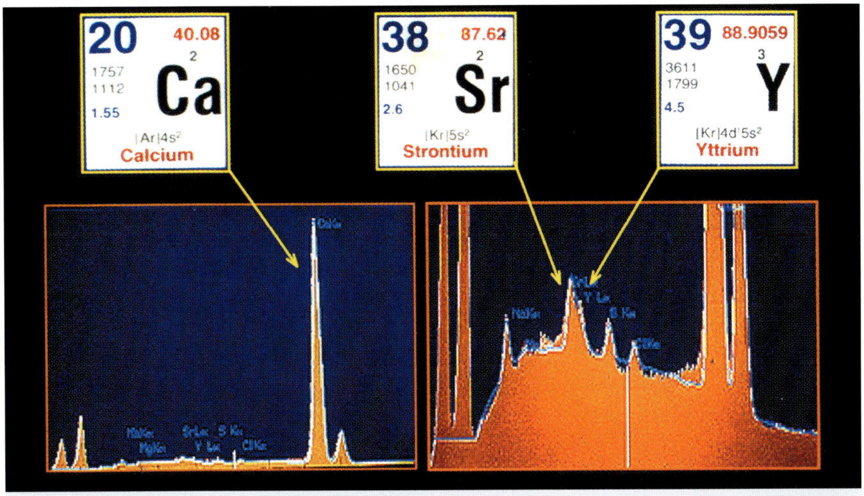

Diagramm 4.23: Mit der Methode der Energy disperse X-ray Fluorescens kann man alle Elemente nachweisen, die sich im Skelett unserer Testkoralle *Acropora microphthalma* befinden. Die Anwesenheit dieser Elemente ist als Grafik dargestellt. Im linken Diagramm der Abbildung weist der große Peak rechts Kalzium nach, das Hauptelement im Skelett von Steinkorallen. Im rechten Diagramm haben wir einen Teil der Grafik vergrößert. Hier wurden einige interessante Elemente (Natrium, Kalium, Strontium, Yttrium, Schwefel und Chlorid) in der Probe des Steinkorallenskeletts nachgewiesen, jedoch in deutlich geringerer Konzentration als Kalzium.

Der Gehalt an Strontium war in der Probe aus dem Waikiki-Aquarium höher als in der Probe der Mutterkolonie aus Fidschi. Die Strontiumkonzentration des Wassers im offenen System des Waikiki-Aquariums betrug 11,5–11,9 mg/l (siehe Tabelle 4.9), was signifikant höher ist als die Konzentration im natürlichen Meerwasser. Der Strontiumgehalt der Kolonie, die fünf Jahre im Aquarium gewachsen war, lag ungefähr 33 % niedriger als in der Kolonie von Hawaii. Das Aquarium, in dem diese Kolonie wuchs, hatte eine Strontiumkonzentration von 4,0–4,7 mg/l, was dieses Ergebnis erklärt und andeutet, dass die Menge an Strontium, die in ein Korallenskelett eingebaut wird, direkt mit der Strontiumkonzentration des Wassers korreliert. Die Strontiumkonzentration in unserem Experimetieraquarium nahm ständig ab, und im Gegensatz zu dem Aquarium, aus dem „Kor5" stammte, wurde kein Strontium nachdosiert. Daher stützt auch die niedrige Strontiummenge in der Probe „Kor25-1" diese Theorie.

Das interessanteste Ergebnis bezog sich auf das Yttrium – es muss schon als Kuriosität betrachtet werden. Yttrium hat die Atomnummer 39, das Atomgewicht 88,91 und ist Bestandteil der Gruppe der „Seltenen Erden". Das Element wird verwendet, um die rote Farbe in den Bildschirmen von Fernsehgeräten zu produzieren. Im Meer findet man Yttrium in extrem geringen Mengen. SPOTTE (1979) gibt eine Konzentration von 1,3 x 10^{-3} µg/l (= 0,0000013 mg/l) an. Bis heute kennt man keine biologische Funktion des Yttriums. Man findet es u. a. in den Böden Süd-Norwegens, wo das Autorenteam lebt, und gelangte wahrscheinlich durch das Süßwasser, das wir zur Herstellung des Kalkwassers verwenden, in unser Aquarium. Auf diese Weise kam es zur Anreicherung im Korallenskelett. Wie erwartet, fanden wir kein Yttrium in der Mutterkolonie von Fidschi, aber überraschenderweise enthielt die Probe aus Waikiki („Kor4") dieses Element. Es ist unbekannt, ob das natürliche Meerwasser, das im offenen System des Waikiki Aquariums verwendet wird, Yttrium aufweist, und daher können wir dieses Ergebnis zurzeit nicht interpretieren.

Diese Ergebnisse zeigen, dass Elemente in den beiden Kolonien, die in geschlossenen Aquariensystemen wuchsen, im Vergleich zu denen aus dem Korallenriff oder dem offenen System von Waikiki unterschiedlich angereichert werden. Dieser punktuelle Test (es wurde ja nur jeweils eine Kolonie zu einem bestimmten Zeitpunkt analysiert) kann jedoch nur ein Hinweis darauf sein, was passiert. Es sind sehr viel mehr Experimente nötig, um eine sichere Schlussfolgerung zu ziehen. Wenig Zweifel bestehen jedoch, dass:

1. sich die Zusammensetzung des Meerwasers im Korallenskelett widerspiegelt,
2. sich das Skelett von Steinkorallen aus geschlossenen Aquariensystemen chemisch von den Skeletten unterscheidet, die in der natürlichen Umgebung der Korallenriffe gewachsen sind.

In anderen Worten: Die Wasserqualität und die physikalischen Charakteristika des jeweiligen Aquariensystems haben einen großen Einfluss darauf, wie sich die Korallen entwickeln.

Dieses Foto, das in 15 m Tiefe bei Thailand aufgenommen wurde, veranschaulicht, wie eine Wassertemperatur nahe oder über 30 °C Korallenbleichen verursacht. Die massiv wachsenden Kolonien der Hirnkoralle sind an den Stellen, die dem Licht ausgesetzt sind, stark ausgebleicht, während die verzweigt wachsende *Pocillopora* sp. und die kleine, durch die *Pocillopora* sp. abgeschattete Kolonie der Hirnkoralle nur geringe Schädigungen durch das Ausbleichen aufweisen. Dadurch wird deutlich, dass das „Bleaching" ein Effekt der Fotoinhibition sein kann.
Foto: E. Svensen

Temperatur

Während die Temperatur in der Tiefsee in allen Ozeanen ungefähr gleich ist, gibt es bei der Oberflächentemperatur große Unterschiede. An der Küste Norwegens kommt kaum eine Oberflächentemperatur oberhalb von 20 °C vor, an den tropischen Küsten hingegen liegt sie nur selten unterhalb dieses Wertes. Die Wassertemperaturen in den Korallenriffen haben in den letzten Jahren großes Aufsehen erregt. Ein Anstieg der mittleren Jahrestemperatur beeinflusste in vielen Regionen das Leben und die Gesundheit der Korallenriffe stark. Lassen Sie uns dennoch zunächst feststellen, welche Temperaturbedingungen wir für Korallenriffe als normal betrachten können.

Die Verbreitung der Korallenriffe liegt ungefähr innerhalb der 20°C-Isothermen, und 18 °C Oberflächentemperatur werden als Minimaltemperatur für das Vorkommen von Korallenriffen angesehen. Die Tabelle 5.1, Seite 306–307 zeigt normale Temperaturschwankungen in Korallenriffen während eines Jahres ohne Vorkommen von Korallenbleichen.

Entlang den nördlichen und südlichen Küsten gibt es einen deutlichen Temperaturunterschied unter Berücksichtigung von Tiefe und Jahreszeit. Auch wenn wir zur Annahme neigen, die tropischen Meere hätten durchgehend eine angenehme Oberflächentemperatur von etwa 25° C, variieren die Temperatu-

Der wunderschöne Lippfisch *Cheilinus lunulatus* ist eine endemische Art des Roten Meeres und des Golfs von Aden.
Foto: Bioquatic Photo

In diesem kleinen Gezeitentümpel in Siladen, Nord-Sulawesi, fanden wir Kolonien von pumpenden Xeniiden, Rotalgen und den blauen Seestern *Linckia laevigata*. Die Wassertemperatur lag weit über 30 °C.
Foto: Bioquatic Photo

Tabelle 5.1 | Normale Schwankungen der Wassertemperatur
(Basierend auf verschiedenen Quellen)

Ort	Breitengrad	Zeitraum	Durchschnittstemperatur (°C) Messungen in einem Jahr oder als Mittel-					
			Jan.	Feb.	März	April	Mai	Juni
Galápagosinseln	00° 35' S	?	24,7	25,1	25,2	25,3	24,4	23,2
Golf von Panama	08° 38' N	?	26,2	24,9	24,2	25,8	28,4	29,0
Costa Rica	08° 43' N	?	28,2	28,5	28,8	29,1	28,7	28,5
Curaçao, Niederl. Antillen	12° 10' N	1980	26,8	26,7	25,4	26,5	27,4	27,0
Salamaua, Papua-Neuguinea	07° 02' S	?	31,2	31,9	30,5	30,8	27,7	29,6
Lizard Island, GBR (Norden)	14° 40' S	1974–1982	29,1	29,0	28,9	27,2	26,0	25,5
Palm Islands, GBR (Queensland)	18° 44' S	1979–1984	30,3	30,6	30,2	28,8	27,1	24,8
Heron Island, GBR (Süden)	23° 27' S	1966–1977	27,2	27,2	27,2	26,0	24,5	22,8

ren tatsächlich auch in diesen Regionen erheblich. Korallen können keine Temperaturen über 29 °C dauerhaft aushalten. Trotzdem vertragen Korallen und andere Organismen im Korallenriff hohe Temperaturanstiege in Ebbetümpeln und auf dem Riffdach, wenn dieser extrem niedrige Wasserstand nur für einige Stunden anhält. Unter solchen Bedingungen konnten wir in Ebbetümpeln Temperaturen von weit über 35 °C messen.

Wir sollten uns außerdem bewusst machen, dass die Minimaltemperatur von 18 °C nur für tropische Korallenriffe, nicht aber für Korallen oder Korallenriffe im Allgemeinen gilt. Es gibt Arten tropischer Korallen, die bei Temperaturen von weit unter 18 °C leben, wie z. B. *Oulastrea crispata* an der Noto-Halbinsel im Japanischen Meer, die sogar 0 °C für eine bestimmte Zeit ohne feststellbaren Schaden für ihre Zooxanthellen aushalten kann. Ähnliches trifft auf *Siderea radians* zu, die nachweislich 4,5 °C toleriert (Veron 1995). Aber solche Fälle sind Ausnahmen und für uns nicht von vornehmlichem Interesse. Korallen wie diese haben eine weltweite Verbreitung, und es gibt verschiedene Arten, die permanent in sehr kaltem Wasser leben (siehe Kapitel 1, Seite 26–31).

im Laufe eines Jahres in verschiedenen Riffen

im Monat auf der Basis von wert von Messungen über mehrere Jahre						Temperatur Max. (°C)	Temperatur Min. (°C)	Temperaturschwankung (°C)
Juli	Aug.	Sep.	Okt.	Nov.	Dez.			
22,8	21,7	22,0	22,3	22,9	23,4	**25,3**	**21,7**	**3,6**
28,8	28,9	29,0	28,8	28,5	28,2	**29,0**	**24,2**	**4,8**
28,5	28,4	28,3	28,0	27,9	28,0	**29,1**	**27,9**	**1,2**
26,8	27,8	28,5	29,0	28,2	27,2	**29,0**	**25,4**	**3,6**
28,4	28,6	28,0	28,7	31,1	30,0	**31,9**	**27,7**	**4,2**
24,1	24,5	25,0	25,5	26,8	28,0	**29,1**	**24,1**	**5,0**
23,0	23,4	25,1	27,1	28,8	29,2	**30,6**	**23,0**	**7,6**
22,2	21,8	21,7	23,2	25,0	26,7	**27,2**	**21,7**	**5,5**

Korallenriffe können kurzzeitig auch niedrigen Temperaturen widerstehen. An den Grenzen der Verbreitungsgebiete der Korallenriffe kann die Oberflächentemperatur im Jahresverlauf um bis zu 25 °C schwanken (Coles & Fadlallah 1991). Bei Messungen über einen Zeitraum von zehn Jahren in Riffen bei Hawaii variierte hingegen in der wärmsten Jahreszeit die Durchschnittstemperatur nur wenig. Die tiefste Temperatur wurde mit 26,7 °C, die höchste mit 27,4 °C gemessen.

Coles & Fadlallah (1991) untersuchten die Reaktion von Steinkorallen im Persischen Golf, nachdem die Temperatur hier über einige Monate lang (Dezember 1988 bis März 1989) auf durchschnittlich 13 °C gefallen war. Dies führte zu einer hohen Sterblichkeitsrate der Korallenfauna. Besonders betroffen waren *Acropora*- und *Platygyra*-Arten. Dagegen wurden die niedrigen Temperaturen von Hirnkorallen der Familie Faviidae und von *Porites*-Arten erstaunlich gut verkraftet.

Schöne und fremdartige Fische gibt es auch in subtropischen Gewässern, wo die Temperatur niedriger ist als in den tropischen Korallenriffen. Die Aufnahmen zeigen die Kofferfische *Aracana ornata* (Männchen, linke Seite) und *A. aurita* (links), beide stammen aus den Gewässern von Südost-Australien.
Fotos: Bioquatic Photo

Korallenbleiche

Die drei Fotos auf diesen beiden Seiten zeigen die Auswirkungen der Bleaching-Katastrophe von 1998/1999 im zentralen Pazifik. In wenigen Wochen hinterließ das Bleaching in weiten Bereichen Geisterlandschaften aus weißen Korallenskeletten. Eine Wassertemperatur von 29–30 °C und darüber verursacht bei den Zooxanthellen Fotoinhibition wodurch das Ausbleichen hervorgerufen wird. Der Effekt ist nicht nur für Korallen lebensbedrohend, sondern auch für andere Organismen, die symbiotische Algen beherbergen, z. B. Riesenmuscheln und Schwämme. Die Langzeitauswirkungen auf die Riffe sind noch unbekannt. Die Zukunft wird zeigen, wie gut und wie schnell sich die Riffe erholen.
Fotos: B. Carlson

Das Ausbleichen ist eine der vielen ernst zu nehmenden Gefahren für die Korallenriffe. Etliche Riffe hatten durch Korallenbleichen schwere Verluste zu verbuchen, andere wurden sogar nahezu vollständig zerstört. Das Auftauchen weißer Korallenfriedhöfe, wo einst gesunde Korallenriffe waren, hat zu intensiven Forschungsbemühungen zu diesem Phänomen geführt. Wir haben dieses Thema auch in Kapitel 1 im Zusammenhang mit „Gefahren für das Korallenriff" diskutiert, halten es aber für angebracht, hier noch einmal darauf einzugehen, denn schließlich ist die Temperatur beim Korallenbleichen ein Schlüsselfaktor. Hoegh-Guldberg (1999) gibt einen sehr guten und detaillierten Bericht über dieses Thema, eine umfassende Sammlung wissenschaftlicher Arbeiten liefert Brown (1990, 1997a und b).

Was ist Korallenbleichen?

Korallenbleichen resultiert aus der Tatsache, dass die Symbiosealgen der Korallen bei hohen Temperaturen zunehmend lichtempfindlich werden. Mit anderen Worten: Licht, das normalerweise der Fotosyntheseaktivität der Zooxanthellen dient, schädigt die Alge nun, die schließlich stirbt. Was zurückbleibt, ist ein Friedhof aus weißen Korallenskeletten.

Korallen leben dicht an ihrem Temperaturmaximum, was bedeutet, dass sie bei einer Umgebungstemperatur vorkommen, die die Obergrenze dessen markiert, was sie vertragen können. Während des vergangenen Jahrhunderts ist die Oberflächentemperatur der Meere um etwa 1 °C angestiegen, wie das Diagramm 5.1 auf Seite 310 zeigt. Die Erwärmungsrate beträgt heute 1–2 °C, in manchen Gegenden sogar 2 °C pro Jahrhundert (Tabelle 5.2). Der Hauptgrund für das Korallenbleichen ist ein Temperaturanstieg über 28–29 °C (Tabelle 5.2). Bei einer derartig hohen Temperatur leiden die Korallen unter der „Fotoinhibition". Vereinfacht ausgedrückt heißt das, dass das Licht, das normalerweise gut für Algen ist, nun schädlich wird und die Fotosynthese hemmt, anstatt sie zu fördern.

Unter gewöhnlichen Umständen führt eine angestiegene Lichtintensität auch zu einer gesteigerten Fotosyntheseaktivität, zumindest bis zu dem Punkt, an dem das Verhältnis zwischen Fotosynthese und Licht ausgeglichen ist. Eine weiter ansteigende Lichtintensität verursacht eine Störung der biochemischen Lichtreaktionen bei der Fotosynthese (siehe Kapitel 1, Seite 59 ff.). Es kommt zur Produktion potenziell schädlicher Verbindungen wie z. B. Sauerstoffradikale.

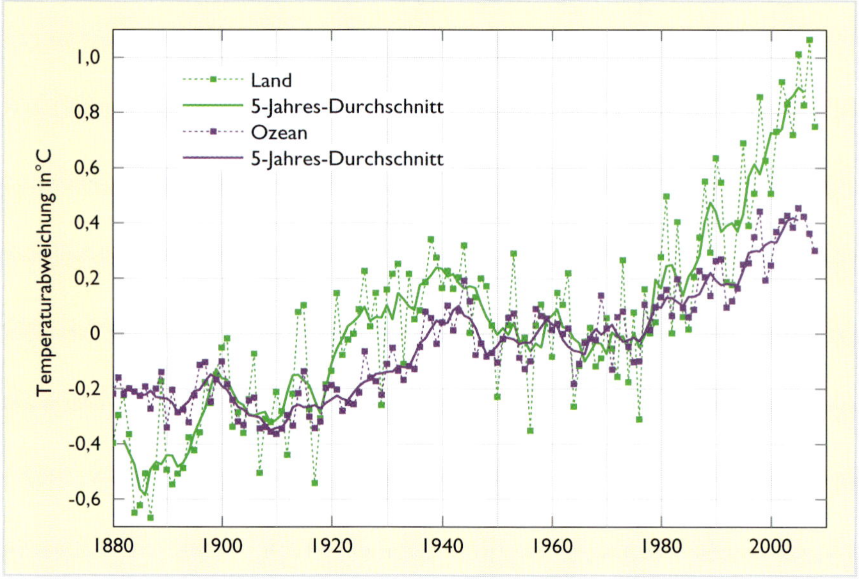

Diagramm 5.1: Temperaturänderungen im Jahres- und Fünf-Jahres-Rhythmus bezogen auf den Basiszeitraum 1951–1980; Änderung der Landtemperatur in Grün, Temperaturänderung der Ozeane in Rot. Datenerfassung NASA

Sauerstoffradikale sind vergleichbar mit den chemischen Verbindungen, die den menschlichen Alterungsprozess beeinflussen. Sie wirken stark zerstörend. Sie schädigen die chlorophyllhaltigen Teile der Algenzellen, in denen Fotosynthese betrieben wird, wobei auch die Korallenpolypen selbst geschädigt werden können. Sofern die Sauerstoffradikale nicht durch verschiedene Enzyme, die üblicherweise in höheren Pflanzen und Zooxanthellen vorkommen, unschädlich gemacht werden, verursachen sie schnell Zellverluste und behindern die Fotosynthese-Dunkelreaktion (siehe Kapitel 1, Seite 59–60), oder es kommt zu einer erhöhten Anfälligkeit für die Fotoinhibition (siehe oben). Licht, das unter normalen Umständen für die hohe Produktivität im Korallenriff essenziell ist, wird bei erhöhten Temperaturen zum Problem (Hoegh-Guldberg 1999).

Das Ausmaß des Korallenbleichens hängt außerdem von der Zeitspanne ab, während der die Wassertemperatur erhöht ist. Eine Koralle, die normalerweise bei einer Sommertemperatur von 29 °C wächst, wird kaum eine Reaktion zeigen, wenn sie für wenige Stunden 32 °C ausgesetzt wird. Muss sie hingegen für eine Woche eine Temperatur von 31 °C aushalten, kann es zum Ausbleichen kommen. Entscheidend für eine Voraussage über das Ausmaß des Korallenbleichens ist also die Kombination aus der Zeitdauer und der Höhe der Überschreitung des Temperaturmaximums.

Mit dem Temperaturanstieg kann das Korallenbleichen zwar in weiten Teilen erklärt werden, aber über weitere Aspekte sind wir bisher noch im Unklaren, etwa über die Rolle der UV-Strahlung beim Korallenbleichen. Korallenbleichen wegen UV-Strahlung konnte in Phasen beobachtet werden, in denen das Wasser ruhig und kristallklar war. Dennoch zeigen andere Beispiele, dass das Bleichen nicht vorkommt, wenn die Temperaturen normal sind, auch wenn gleichzeitig die UV-Strahlung stark ist. Auf der anderen Seite bleichen bei stei-

Tabelle 5.2

Durchschnittlicher Temperaturanstieg des Oberflächenwassers und Temperaturschwelle zum Ausbleichen (Bleaching-Temperatur) in sieben verschiedenen Riffen

Modifiziert nach HOEGH-GULDBERG (1999)

Ort		Geografische Lage	Temperaturanstieg				Bleaching-Temperatur (°C)
			Zeitraum	°C	Zeitraum	°C	
Jamaika, West-Atlantik		76,5° W / 17,5° N	1903–1999	1,25	1979–1999	2,29	29,2
Phuket, Thailand		98,5° O / 7,5° N	1904–1999	1,54	1979–1999	2,30	30,2
Tahiti, Zentral-Pazifik		149,5° W / 17,5° S	1926–1999	0,69	1979–1999	1,44	29,2
Rarotonga, Cook Islands, Süd-Pazifik		159,5° W / 21,5° S	1926–1999	0,84	1979–1999	2,27	28,3
Großes Barriereriff	Norden	149,5° O / 23,5° S	1902–1999	1,68	1979–1999	2,54	28,3
	Zentrum	147,5° O / 18° S	1902–1999	1,55	1979–1999	2,59	29,2
	Süden	143° O / 11° S	1903–1999	1,25	1979–1999	0,47	30,0

genden Temperaturen diejenigen Korallen zuerst aus, die dem Licht ausgesetzt sind, das von den fotosynthetisch aktiven Lebewesen genutzt werden kann (Vollspektrumlicht, PAR). Die Korallen, die beschattet werden, bleichen hingegen später aus. Außerdem ist zu bemerken, dass vom Korallenbleichen nicht nur Steinkorallen, sondern auch alle anderen Organismen, die symbiotische Algen enthalten, betroffen sind, so z. B. Weichkorallen, Muscheln und sogar Schwämme.

Vorkommen von Korallenbleichen

Korallenbleichen wurde zuerst 1931 (YONGE & NICHOLS 1931) festgestellt und seit 1979 regelmäßig beobachtet. Seitdem wurden weitere umfangreiche Bleichereignisse dokumentiert. In den Jahren 1982 und 1983 starben bei Thousand Islands in Indonesien mehr als 80 % der Korallen in den untersuchten Gebieten durch Ausbleichen (BROWN & SUHARSONO 1990). In derselben Region gab es in den Jahren 1987/88 sowie 1994/95 gravierende Bleichereignisse mit mittelschweren bis schweren Fällen in fünf oder sechs Provinzen, als es in 5–6 Provinzen mittelschwere bis schwere Fälle von Korallenbleichen gab.

Die schlimmsten Fälle von Korallenbleichen begannen Ende 1997 bei den Galapagosinseln und breiteten sich von dort bis zu Grand Cayman in der Karibik und bis nach Französisch-Polynesien im Pazifik aus. Von hier aus ging es weiter bis Samoa, bis das Bleichen im Februar 1998 schließlich das Große Barriereriff in Australien erreichte. Noch im selben Jahr traf es auch den Indischen Ozean und Südost-Asien. Das Korallenbleichen setzte sich bis Ende 1998 und Anfang 1999 fort.

Das Bleichen von 1998 wurde als ein einzigartiges Ereignis betrachtet, wie es nur ein Mal im Lauf eines Jahrtausends vorkommt. In Palau und anderen Teilen Mikronesiens wurden mehr als 50 % der Korallen getötet, inklusive einiger

Riffdach eines Saumriffes im Karimunjawa-Archipel, Indonesien; die Korallen lagen während der Tiefstebbe trocken und waren stundenlang stärkster Sonneneinstrahlung ausgesetzt. Am Folgetag waren wenige Schäden zu sehen, doch vier Tage hintereinander überstand das kaum eine der Korallen. Unterhalb der Wasseroberfläche war die Korallengemeinschaft allerdings vital, so dass die Verluste rasch ersetzt werden konnten. Fotos: D. Knop

Marj Awai beim Sammeln der Steinkoralle *Acropora yongei* bei Mane Island, Salomonen, im November 1994 (oben links). *Acropora yongei* in einem Becken des Waikiki-Aquariums im Jahr 1998 (unten links). Charles Delbeek bei der Pflege von Korallen in einem Riffbecken des Waikiki-Aquariums am 23. Februar 2006 (oben rechts). Die *Acropora yongei* von den Salomonen ist links unten im Bild zu erkennen.
Fotos: B. Carlson

Kolonien, die über 1.000 Jahre alt waren. Bei ihnen handelte es sich wahrscheinlich um einige der ältesten Organismen, die auf der Erde lebten, weshalb es müßig ist zu schreiben, was für eine Katastrophe das Bleichen hier anrichtete. In anderen Regionen starben nahezu alle schnell wachsenden Geweihkorallen (*Acropora* spp.). Es gibt bisher keine historischen Beispiele oder Hinweise auf ähnliche Vorkommnisse.

Aber nicht nur Palau, auch Zentral-Mikronesien litt sehr. Das Bleichen von 1998 traf etliche Regionen hart und hinterließ vielerorts dramatische Spuren. Manche Riffregionen wie Bahrain, die Malediven, Sri Lanka, Singapur und Küstenbereiche von Tansania litten unter katastrophalem Korallenbleichen, bei dem nicht nur über 95 % der Flachwasserkorallen starben, sondern auch große Verluste bei Tiefwasserkorallen eintraten. Gebiete, in denen umfangreiches Korallenbleichen mit Verlusten von über 50–70 % aller Korallen große Gebiete überzogen und wo sich nur die großen, weitestgehend widerstandsfähigen Korallen erholten, sind Kenia, die Seychellen, Thailand, Vietnam, Japan und Belize. Schwerwiegendes Korallenbleichen in isolierten Riffen, mit einer Todesrate von 20–50 %, kam in Ländern wie Oman, Madagaskar, Teilen des Großen Barriereriffs, Indonesien, den Philippinen, Taiwan, Palau, Französisch-Polynesien, Galapagos, Bahamas, den Caymans, Florida, Bermuda und Brasilien vor.

Im Jahr 2000 gab es eine ausgedehnte Korallenbleiche in Fidschi, Zentral-Pazifik. Dr. Bruce Carlson machte dieses Foto (oben) im Jahr 2000 im Beqa Barrier Reef vor der Südküste von Viti Levu. Auf dem Riff wurde eine Trennungslinie zur Bestandsaufnahme ausgelegt. Es ist offensichtlich, dass die meisten Steinkorallen stark ausgebleicht sind. Im Mai 2001 kamen Dr. Bruce Carlson und seine Frau Marj Awai an diese Stelle zurück. Und wie das Foto rechts zeigt, waren die meisten Korallen nun tot.
Foto oben: B. Carlson
Foto rechts: M. Awai

Aber glücklicherweise gab es auch große Riffbereiche, die nur geringfügig oder überhaupt nicht betroffen waren. Zu diesen zählen das Rote Meer, der südliche Indische Ozean, die östliche Andamanensee, die größten Teile von Indonesien, weite Teile des Großen Barriereriffs, der größte Teil des zentralen Indopazifiks und weite Teile der Karibik (AIMS 1998).

Es scheint jedoch, als würden die Ereignisse von 1998 bedauerlicherweise nicht als Vorkommnis, das nur ein Mal im Jahrtausend geschieht, in die Geschichte eingehen. Denn seit 1998 gab es weltweit eine ganze Reihe von Bleichereignissen. Regionen im zentralen Pazifik, wie Palau und die Salomonen, erlitten durch Bleichen gravierende Verluste an Korallen. Weitere schwere Fälle von Korallenbleichen ereigneten sich 2005 in der Karibik, 2000 in Fidschi (siehe Bilder links) sowie entlang dem Großen Barriereriff im Jahr 2002 und am südlichen Großen Barriereriff 2006 (Bild unten).

Das Korallenbleichen am Großen Barriereriff in den Sommern 2001–2002 war tatsächlich verheerender als das Bleichen von 1998. Luftaufnahmen belegten Korallenbleichen in nahezu 60 % der 641 Riffe (Becklemans et al. 2003) – der schlimmste je dokumentierte Fall. Die ersten Anzeichen eines erheblichen Ausbleichens zeigten sich im Januar 2002, der schlimmste Vorfall war im April 2002 vorbei. Unterwasseraufnahmen dokumentierten, dass manche Riffe den Auswirkungen des Korallenbleichens völlig entgangen waren. Allerdings scheint die Mehrzahl der Riffe das Ereignis mit einer minimalen Mortalitätsrate überstanden zu haben. Eine hohe Sterblichkeit wurde nur bei einigen küstennahen Riffen festgestellt, wo bis zu 90 % der Korallen tot waren. Innenriffe waren stärker vom Bleichen betroffen, wie es auch 1998 der Fall war. Dennoch wurden 2002 auch viele Außenriffe geschädigt.

Ein schreckliches Bleaching-Szenario entlang dem südlichen Großen Barriereriff im Sommer 2006
Foto: R. Berkelmans, AIMS

Wir betauchten das Myrmidon-Riff im Jahr 1991 und fanden dabei ein wunderhübsches Gebiet mit herausragendem Korallenbewuchs vor (rechts). Es gab hier zahlreiche schöne Weichkorallenkolonien der Gattung *Efflatounaria* (Familie Xeniidae, unten).
Fotos: Bioquatic Photo

Im Moment gibt es viele Organisationen, die das Korallenbleichen und die Meerestemperatur untersuchen. Unter ihnen sind The National Oceanic and Atmospheric Administrations (NOAA – http://coralreef.noaa.gov), die auch viel allgemeine Rifforschung betreiben. Seit 1998 verfolgt das Australian Institute of Marine Science (AIMS) in Townsville das Korallenbleichen intensiv. Viele Informationen, auch über andere Bereiche zum Thema Riff, stehen auf ihren Webseiten (http://aims.gov.au) bereit. Eine weitere wichtige

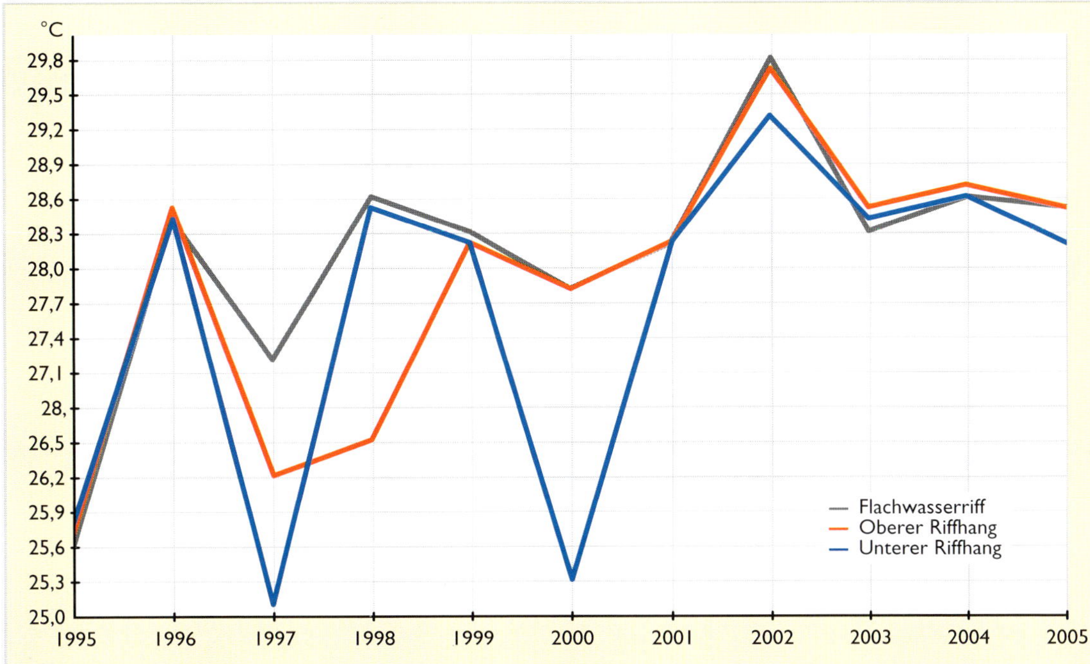

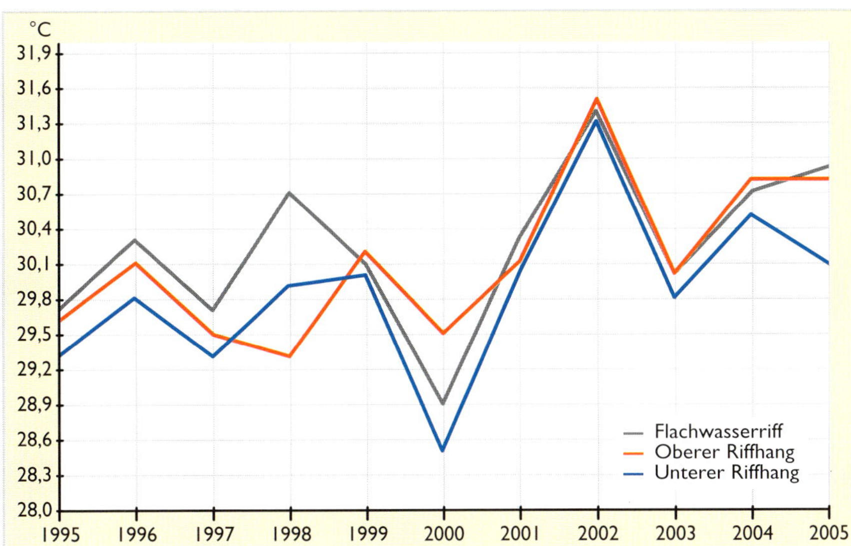

Diagramme 5.2 und 5.3: Die Diagramme zeigen die mittleren (oben) und die maximalen (links) Wassertemperaturen für das Flachwasserriff, den oberen und den tieferen Riffhang des Myrmidon-Riffs (nördlicher Teil des zentralen Bereichs des Großen Barriereriffs vor der Küste von Townsville) von 1995–2005. Die Maxima in den Jahren 1998 und 2002 sind offensichtlich.

Die Temperaturdaten wurden uns dankenswerterweise von Dr. Ray Bekelmans, Australian Institute of Marine Science (AIMS), Townsville, Australien, zur Verfügung gestellt.

Internetseite ist www.reeffutures.org. Dabei handelt es sich um ein Gemeinschaftsprojekt, das vom CRC Reef (Cooperative Research Centre for the Great Barrier Reef World Heritage Area – http://www.reef.crc.org.au) gegründet wurde, das wiederum eine wichtige Organisation für die Riffforschung sowie eine Informationsquelle zum Thema Korallenriff allgemein darstellt.

Diese *Briareum*-Koralle bleichte im Aquarium infolge starker Temperaturerhöhung über 30 °C, die während des Sommers mehrere Wochen andauerte, aus.
Foto: D. Knop

Warum taucht das Phänomen „Korallenbleichen" zurzeit auf und was müssen wir in Zukunft erwarten?

Das Korallenbleichen von 1998 wurde mit „El Niño" in Zusammenhang gebracht, das sich zu „La Niña" wandelte. Charakteristisch für „La Niña" sind ungewöhnlich geringe Meerestemperaturen im äquatorialen Pazifik im Vergleich zum Phänomen „El Niño", für das ungewöhnlich hohe Temperaturen typisch sind. Dennoch kam es seit 1998 zu zahlreichen Fällen von Korallenbleichen, und die meisten Wissenschaftler bringen das Bleichen mittlerweile direkt mit der globalen Erwärmung in Verbindung. Wie in Kapitel 1 ausgeführt, ist es eine Tatsache, dass die Oberflächentemperatur der Meere während des letzten Jahrhunderts drastisch angestiegen ist und sich nun in manchen tropischen Meeren um mehr als 2 °C pro Jahrhundert erhöht (HOEGH-GULDBERG 1999). Die steigende Konzentration an Kohlenstoffdioxid in der Atmosphäre ist der direkte Grund für die globale Erwärmung. Der fortlaufende Anstieg der CO_2-Menge in der Atmosphäre wird vermutlich in den nächsten Jahrzehnten die Erwärmung der Meeresoberfläche noch stärker beschleunigen. Andere sind der Meinung, die Zahl der beobachteten Fälle von Korallenbleichen sei angestiegen, weil die Zahl der Riffe, die unter Beobachtung stehen, größer geworden sei.

Was wären die Folgen? Für die Zukunft der Korallenriffe gibt es viele verschiedene Vorhersagen. Die Pessimistischsten von ihnen prognostizieren, dass alle Korallenriffe bis Mitte dieses Jahrhunderts verloren sein werden, sofern die globale Erwärmung voranschreitet. Andere, wie HOEGH-GULDBERG (1999), prophezeien, dass in den kommenden Jahren jährlich Korallenbleichen vorkommen

werden, die innerhalb der nächsten 20–30 Jahre massive Auswirkungen auf die Korallenriffe der Welt haben werden. Das Bleichen werde in der Karibik am schlimmsten sein und im Zentralpazifik geringer ausfallen. Derselbe Autor sagt voraus, die Folgen würden jährlich mehrere hundert Milliarden Dollar an Kosten verursachen und das Leben von Millionen von Menschen auf der ganzen Welt beeinträchtigen.

Auch wenn viele verschiedene Modelle herangezogen wurden, um die Zukunft der tropischen Korallenriffe vorherzusagen, wird nur die Zukunft selbst zeigen, was tatsächlich passiert. Ist es möglich, dass sich die Korallen an eine steigende Meerestemperatur gewöhnen könnten? Eine Veränderung und eine Selektion der Korallenpopulation ist sicherlich eine theoretische Möglichkeit für die Korallen, das Bleichen zu

Dr. Bruce Carlson, biologischer Direktor des Georgia-Aquariums, kann eine interessante Geschichte erzählen, wie die Steinkoralle *Acropora latistella* gesammelt wurde und in einem öffentlichen Schauaquarium wuchs: „Die Fotos zeigen die Mutterkolonie von *Acropora latistella* bei Mbulo Island, Salomonen. An dieser Stelle war sie 1993 (oben links) und 1994 (oben rechts) recht häufig. Wir sammelten 1994 einige Fragmente und brachten sie ins Waikiki-Aquarium, wo sie zu sehr großen Kolonien heranwuchsen. Tochterkolonien wurden ins Georgia-Aquarium überführt, wo sie nun gedeihen. Leider wurde die Mutterkolonie während eines Bleaching-Ereignisses im Pazifik in den späten 1990er-Jahren fast vollständig ausgelöscht. Das Foto links in der Mitte zeigt die Kolonie 1997. Als wir im November 2006 zurückkamen, hatte sie sich kaum erholt (links unten). Die Kolonie wuchs nicht so schnell zu ihrer alten Größe zurück, wie wir es erwartet hatten."
3 Fotos oben: B. Carlson
Foto unten: M. Awai

überstehen, aber Evolution funktioniert nur über längere Zeiträume und nicht innerhalb einer Spanne von wenigen Menschengenerationen. Nach 20-jährigen Beobachtungen gibt es bisher keine Anzeichen dafür, dass dies eintreten wird. BUDDERMEIER & FAUTIN (1993) stellten die sog. „Bleich-Anpassungs-Hypothese" auf, der zufolge die Korallen möglicherweise ihre Zooxanthellen gegen hitzeverträglichere Stämme austauschen könnten. Neue Nachforschungen haben in der Tat gezeigt, dass Zooxanthellen eine wesentlich vielfältigere Gruppe von Algen sind als bisher angenommen (LOH et al. 1997), aber Belege dafür, dass sich hitzeverträgliche Arten von Symbiosealgen entwickelt hätten, fehlen noch, auch wenn BERKELMANS & VAN OPPEN (2006) herausfanden, dass *Acropora millepora* teilweise in der Lage ist, eine höhere Temperaturtoleranz zu entwickeln, indem sich der vorherrschende Typ der Symbiosealgen in ihrem Gewebe verändert.

Umweltbedingte Stressfaktoren sind potenzielle Auslöser für das Bleichen, weshalb es wichtig ist, die Schlüsselfaktoren zu kennen, die dafür verantwortlich sind, um in der Lage zu sein, die Katastrophen in Zukunft voraussehen zu können (BERKELMANS 2002). Aktuell scheint es, als würden die Korallenriffe zwar regelmäßig von Bleichen betroffen, diese insgesamt gesehen als Gruppe von Organismen aber überstehen. Studien an Fossilien zeigen, dass Klimaveränderungen in früheren Zeiten mehrmals Einfluss auf die Korallenpopulationen nahmen. Diese Ereignisse sind auf einer erdgeschichtlichen Zeitskala vermutlich unbedeutend, nicht aber auf einer menschlichen Zeitskala. HOEGH-GULDBERG (1999) fürchtet, Folgen des Korallenbleichens seien zukünftig steigende Sterblichkeit, ein geringeres Reproduktionsvermögen und Wachstum von Korallen und Riffen, Veränderungen der Alkalinität der Meere, eine veränderte Zusammensetzung der Arten sowie schwerwiegende Auswirkungen auf die Wirtschaft.

Nicht jede Ausbleichung geht auf Hitzeeinwirkung zurück: Diese Lederkoralle *Sinularia dura* bleichte vollständig aus, nachdem sie in ein anderes Aquarium gesetzt wurde. Innerhalb von sechs Wochen kam es zu einer vollständigen Wiederansiedlung von Symbiosealgen.
Fotos: D. Knop

Beheizung des Korallenriff-Aquariums

Die Praxis hat gezeigt, dass 23–27 °C optimal für die meisten Gesellschaften von Tieren aus dem Korallenriff sind. Kleine Schwankungen im Tagesverlauf bis zu einigen Graden schaden nicht und sind auch im Meer normal. Als Grenzwerte, die von den meisten Tieren noch toleriert, aber vom Aquarianer nicht angestrebt werden sollten, kann man bei den meisten Arten 21 und 29 °C ansehen. Aber bei 20 bzw. 30 °C besteht für die meisten Bewohner eines tropischen Meerwasseraquariums bereits die Gefahr irreversibler Schädigungen, vor allem, wenn diese Hoch- oder Tieftemperaturphase länger andauert als einige wenige Stunden.

Während es früher üblich war, im Korallenriff-Aquarium einen Heizer mit Thermostat zum Kontrollieren und Einstellen der Temperatur zu benutzen, wird heute meist ein nicht regulierbarer Heizer verwendet, der durch einen externen Temperaturfühler gesteuert wird. Damit wird das An- und Abschalten von dem Heizstab auf den Controller verlagert, was die Sicherheit erhöht. Bei der Wahl der Wattstärke des Heizers ist zu berücksichtigen, dass dem Aquarium auch durch die Beleuchtung und von eventuell direkt einfallendem Sonnenlicht Wärme zugeführt wird. Eine hohe Verdunstungsrate führt andererseits zu Wärmeverlusten, wozu z. B. auch ein Rieselfilter mit seiner großen Wasseroberfläche und der direkten Wärmeabgabe an die Umgebung beiträgt. Es ist vorteilhaft, den Stabheizer am Ende des Filtersystems unterzubringen, bevor das Wasser in das Aquarium zurückläuft, z. B. in der Klarwasserkammer. Hier kommt der Heizer auch nicht mit Aquarientieren in Berührung. Bewegliche Wirbellose, wie Seeanemonen oder Schnecken, können nämlich ernsthaft geschädigt werden, wenn sie direkt mit dem Heizer in Kontakt kommen. Fische mit kräftigem Gebiss, wie Drücker- und Kugelfische, können elektrische Leitungen zerbeißen oder den Glasstab beschädigen.

Auch beim Stabheizer ist darauf zu achten, dass Weichplastikteile nicht ins Meerwasser eingetaucht werden. Die meisten Aquarienheizer haben eine Kunststoffkappe und Saughalter aus Weichplastik. Die Saughalter werden ganz entfernt und die Kappe oberhalb der Wasseroberfläche platziert, falls vom Hersteller nicht ausdrücklich bestätigt wird, dass die verwendeten Materialien meerwasserfest sind. Prinzipiell empfiehlt es sich, einen Heizstab oder Regelheizer aus unzerbrechlichem Material zu verwenden, weil die Gefahr eines tödlichen Stromschlages beim Zerbrechen eines Glasheizers – z. B. durch herabfallendes Dekorationsgestein – im elektrisch sehr leitfähigen Salzwasser groß ist. Unzerbrechliche Regelheizer beispielsweise aus Titan sind im Handel erhältlich. Ein weiterer Sicherheitsaspekt ist der Trockenlaufschutz, den ein moderner Regelheizer unbedingt haben sollte. Das bedeutet, dass sich das Gerät automatisch abschaltet, wenn der Wasserstand unbemerkt sinkt, beispielsweise im Filterbecken.

Weiterhin ist es ratsam, nur solche Regelheizer zu verwenden, bei denen sich am Einstellknopf eine Gradzahl ablesen und präzise einstellen lässt. Das erlaubt ein erheblich problemloseres Einstellen der Wassertemperatur als eine einfache Zahlenskala. Der Einstellknopf sollte möglichst frei drehbar und nicht durch eine Gummimembran überzogen sein, wie bei älteren Modellen.

Wer sich gegen den Funktionsausfall von Heizer oder Thermostat absichern will, verwendet immer zwei Regelheizer der halben erforderlichen Wattstärke. Wenn dann ein Thermostatschaden entsteht und ein Heizer dauerhaft heizt, dann ist die daraus resultierende Wassererwärmung weniger groß. Wird hingegen ein Heizregler defekt und heizt nicht mehr, sichert der zweite das Wasser gegen einen schädlichen Temperaturverlust ab.

Kühlung des Korallenriff-Aquariums

In tropischen oder subtropischen Gegenden oder während einer Hitzewelle anderswo können hohe Umgebungstemperaturen zu extremen Werten im Aquarium führen. Dies tritt besonders in Aquarienanlagen auf, die mit Halogen-Metalldampflampen beleuchtet werden, oder in geschlossenen Aquarienanlagen, in denen die Beleuchtungseinheiten integriert sind und bei denen die Luftumwälzung über der Wasseroberfläche eingeschränkt ist. Wenn die Temperatur in einem Aquarium häufiger die kritische Grenze von 28–30 °C erreicht, kann eine Kühlung notwendig werden.

Die effektivste Methode, ein Aquarium zu kühlen, ist der Einsatz eines thermostatgeregelten Kühlgeräts. Die Kühlung erfolgt normalerweise über Durchlauf-Kühlaggregate, die in den Wasserkreislauf eingebunden sind, der zum Filter oder zum Abschäumer führt. Diese Geräte arbeiten in der Regel mit einem Kompressor, wie dies vom herkömmlichen Kühlschrank bekannt ist, doch seit einigen Jahren sind auch Geräte auf dem Markt, die Peltier-Elemente einsetzen, kleine Gleichstrom-Aggregate, die je nach Polung heizen oder kühlen können und normalerweise in kleinen Kühlboxen anzutreffen sind. Solche Geräte kosten deutlich weniger Geld als Kompressorkühler, benötigen aber gemessen an der abgegebenen Kühlleistung relativ viel Strom.

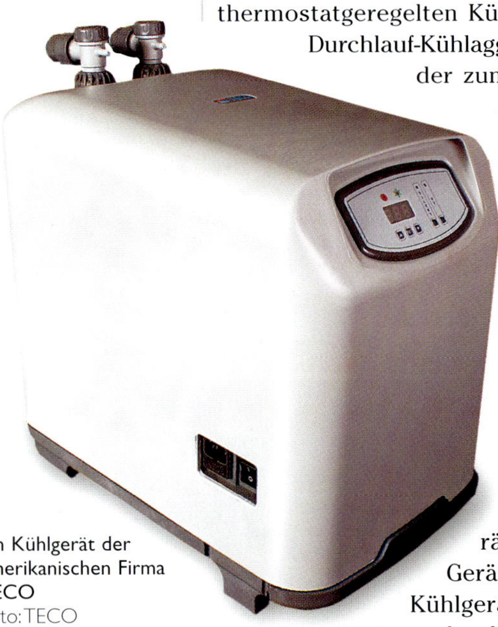

Ein Kühlgerät der amerikanischen Firma TECO
Foto: TECO

Alternativen zu dieser Kühlmethode sind u. a. Flüssigkeitskühlgeräte. Das Problem mit ihnen ist jedoch, dass sie extrem teuer sind und sehr viel Strom verbrauchen. Von diesen Flüssigkeitskühlgeräten gibt es unterschiedliche Typen. Bei den „in-line"-Geräten wird das Wasser aus dem Aquarium durch das Kühlgerät gepumpt und anschließend zurück in das Aquarium oder das Filterbecken geführt. Die „drop-in coil"-Typen, die eine große Oberfläche haben, werden in das Filterbecken des Aquariums eingebaut und kühlen auf diese Weise das Aquarienwasser. Einige Flüssigkeitskühlgeräte verfügen über weitere Funktionen wie digitale Thermometer und integrierte Heizungen, so dass man das Aquarienwasser je nach Bedarf heizen oder kühlen kann.

Eine Strom sparende Alternative besteht in dem sog. Verdunstungskühlaggregat, das vor einigen Jahren von der Firma Deltec auf den Markt gebracht wurde. Ein rotierendes Sprührohr befeuchtet darin Kunststoff-Oberflächen mit

Aquarienwasser, und vier einzelne Ventilatoren blasen Luft hindurch, so dass das Wasser auf seinem Weg nach unten in eine Sammelschale gekühlt wird. Am Rücklauf ins Aquarium ist eine deutliche Kühlwirkung zu spüren. Die Kühlleistung dieser erstaunlich effektiven Geräte ist abhängig von der Luftfeuchtigkeit des betreffenden Raumes, denn ihre Aktivität erhöht natürlich die Luftfeuchtigkeit, was die Verdunstung bremst, wenn der Raum nicht ausreichend belüftet ist.

Verdunstungskühler wie dieses Gerät der Firma Deltec sind eine Strom sparende Alternative zu konventionellen Kühlgeräten mit Kompressor oder Peltier-Elementen. Foto: D. Knop

Eine sehr viel billigere Variante sind die kleinen Kühlventilatorgeräte, die im Niedervoltbereich arbeiten und prinzipiell aus kleinen Computerventilatoren bestehen, die in ein entsprechendes Gehäuse montiert wurden. Sie sind in der Riffaquaristik in wärmeren Ländern Europas inzwischen weitgehend etabliert und sollen direkt auf die Wasseroberfläche des Aquariums blasen, um dort die Verdunstung zu steigern, was das Aquarienwasser um einige Grad Celsius abkühlen kann.

Kleine Kühlventilatoren haben sich in warmen europäischen Ländern als preiswerte Riffbeckenkühlung inzwischen fest etabliert. Foto: D. Knop

Darüber hinaus gibt es weitere Kühltechniken, die Verdunstung oder Erd-Wärmetauscher einsetzen. KNOP (2002) gibt einen Überblick über verschiedene Verfahren.

Notfallmaßnahmen bei Überhitzung

Beleuchtungsdauer verkürzen und Lampenabstand zum Aquarium vergrößern, geschlossene Aquarienabdeckung öffnen bzw. einige Zentimeter anheben, damit an der Wasseroberfläche Verdunstungskälte entstehen kann, Tauchpumpen, die über das Fördermedium gekühlt werden, reduzieren oder in Intervallen betreiben. Reicht dies nicht aus, kann ein mit Eiswürfeln gefüllter Plastikbeutel in das Aquarium gegeben werden, der im Wechsel mit einem zweiten im Tiefkühlschrank eingesetzt wird.

Ein biologisches Gleichgewicht im eigentlichen Sinn ist im Aquarium nicht zu erreichen, jedenfalls dann nicht, wenn es für den Betrachter ästhetisch schön sein soll. Wenn wir nicht regulierend eingreifen, kann ein Aquariensystem nicht funktionieren. Das bedeutet, dass zur Beseitigung von Abfallstoffen sowie zu deren Abbau gezielte Maßnahmen erforderlich sind. So muss man einerseits einen wesentlichen Teil der biologischen Abbauprodukte durch Filtersysteme aus dem Aquarium entfernen, andererseits aber auch entsprechenden Mikroorganismen optimale Lebensbedingungen bieten, damit diese im Aquariensystem selbst für einen ausreichenden Stoffumsatz sorgen.

KAPITEL 6

Biochemische Prozesse im Korallenriff-Aquarium

Ein gesundes Korallenriff ist ein ungewöhnlich reiches und schönes Ökosystem mit einem nahezu perfekten biologischen Gleichgewicht. Es ist aber auch ein sehr sensibles Ökosystem, dessen Balance leicht gestört werden kann. Den Begriff „Balance“ in diesem Zusammenhang zu definieren ist nicht leicht, aber sehr vereinfacht kann er erklärt werden als „die Fähigkeit eines Systems, Leben und die Koexistenz einer großen Artenvielfalt über die Zeit aufrechtzuerhalten“. Das Gleichgewicht eines biologischen Systems ist in hohem Maße von der Verwertung, dem Abbau anfallender Abfallstoffe abhängig. Ein biologisches Gleichgewicht, wie wir es in der Natur finden, ist im Aquarium nicht zu erreichen, jedenfalls dann nicht, wenn dieses für den Betrachter optisch schön sein soll.

Heute ist es durchaus möglich, Elemente eines Korallenriffs im Aquarium nachzuahmen. Wir können aber nicht das Gesamtsystem kopieren. Das natürliche Verhältnis von Wassermenge zu Biomasse der lebenden Organismen ist nur ein Teil des natürlichen Habitats, den wir im Aquarium nicht nachstellen

Hier sind zwei wunderschöne Aquarien dargestellt. Das große Bild auf der linken Seite zeigt einen Ausschnitt aus dem 18.000-l-Riffaquarium des Oceanario de Lisboa, Portugal. Das Bild unten bietet einen Blick in das private Aquarium von Karl Heinz Fischer, Wiefelstede, Deutschland (siehe auch Seite 444ff. für mehr Details zu diesem Aquarium). Fotos: Bioquatic Photo

Es ist unmöglich, im Aquarium das Verhältnis von Wasservolumen zu Biomasse des Meeres zu kopieren. Das Foto zeigt das 24-Millionen-Liter-Aquarium „Ocean Voyager" im Georgia Aquarium, Atlanta, USA, in dem vier Walhaie und eine große Anzahl anderer Großfische gepflegt werden. Der Walhai (*Rhincodon typus*), der sich ausschließlich von Plankton ernährt, ist die größte lebende Fischart. Er kann bis zu 12,2 Meter lang und 15 Tonnen schwer werden. Es ist nicht überraschend, dass das Publikum von der Größe und der Schönheit des Fisches fasziniert ist.
Foto: Bioquatic Photo

können. Die generelle Vielfalt an Pflanzen und Tieren der Korallenriffe wie auch die komplexen Interaktionen zwischen den vielen kleinen Herbivoren (Pflanzenfresser) und Karnivoren (Fleischfresser) sowie den großen Raubfischen sind andere Faktoren, die wir nicht nachzuahmen vermögen. Außerhalb unserer Reichweite sind zudem zahlreiche abiotische Faktoren wie Regenfälle, Stürme

sowie die monatlichen und täglichen Wasserzyklen wie Ebbe und Flut. Unsere geschlossenen Aquariensysteme sind und bleiben künstliche Miniriffe, die weit von den natürlichen Biotopen entfernt sind, für die wir Aquarianer aber verantwortlich sind, die wir beobachten und kontrollieren müssen. Wenn wir nicht regelnd eingreifen, kann ein Aquariensystem nicht funktionieren. Das bedeutet, dass zur Beseitigung von Abfallstoffen sowie deren Abbau gezielte Maßnahmen erforderlich sind. So muss man einen wesentlichen Teil der Abfallstoffe aus dem Aquarium entfernen, gleichzeitig aber auch den entsprechenden Organismen helfen, solche Stoffe im Aquariensystem selbst abbauen zu können.

Stickstoff und Stickstoffzyklus

Das Element Stickstoff (chemisches Symbol N) ist essenziell für alle Lebensprozesse auf der Erde. Stickstoff in Gasform (N_2) macht ungefähr 78 % der Atmosphäre aus, und das Element ist in jedem lebenden Gewebe vorhanden. Der menschliche Körper enthält ca. 1,8 kg Stickstoff, den man zu 3,4 % im Blut, 4,3 % in den Knochen und 7,2 % in anderen Geweben findet (Emsley 2002). Stickstoff ist eine wichtige Komponente der Aminosäuren und damit der Proteine sowie der Erbsubstanz, der DNS. Weiterhin ist er ein lebensnotwendiger Nährstoff für Pflanzen. Neben Kohlenstoff (chemisches Symbol C) ist Stickstoff das am weitesten verbreitete Element. Pflanzengewebe ist die wichtigste Stickstoffquelle für die meisten Tiere, und ein Leben ohne Stickstoff ist auf der Erde nicht möglich.

Stickstoffgas liegt in niedriger Konzentration in den oberen Bereichen der Meere vor. Hier beträgt die Konzentration weniger als 0,0001 mg/l. In tieferem Wasser kann die Konzentration dagegen bis zu 0,5 mg/l betragen. Die exakte Konzentration ist vom Partialdruck (dies ist der Teildruck eines spezifischen Gases am Gesamtdruck einer Gasmischung) abhängig. Obwohl Stickstoff für alles Leben essenziell ist, ist Stickstoffgas inert, also bindungsträge. Das Leben auf der Erde ist davon abhängig, dass Stickstoff in Ammonium und Stickstoffoxide umgewandelt wird. Diesen Prozess nennt man Stickstoff-Fixierung.

Biologische Prozesse sind für bis zu 60 % des fixierten Stickstoffs verantwortlich. Der Rest stammt aus menschlichen Aktivitäten einschließlich des Verfeuerns fossiler Brennstoffe. In Böden lebende Bakterien und marine Algen sind die primären Organismen, die mit Hilfe eines Enzyms mit Namen Nitrogenase Stickstoff aus der Atmosphäre fixieren. Im Korallenriff sind die Cyanobakterien (oder blaugrüne Algen, wie sie auch genannt werden) wichtige Stickstoff-Fixierer (siehe auch Kapitel 1, Seite 62ff.). Mit der Fixierung des Stickstoffs und der Bildung von Ammonium fließt dieses Element in den Stickstoffzyklus ein (siehe Seite 329).

Als Resultat der Stickstoff-Fixierung und biologischer Unmsetzungen

Hunderte von in Farmen gezüchteten Riesenmuscheln (*Tridacna* sp.) in einem Hälterungsaquarium auf den Salomonen.
Foto: J Macaré

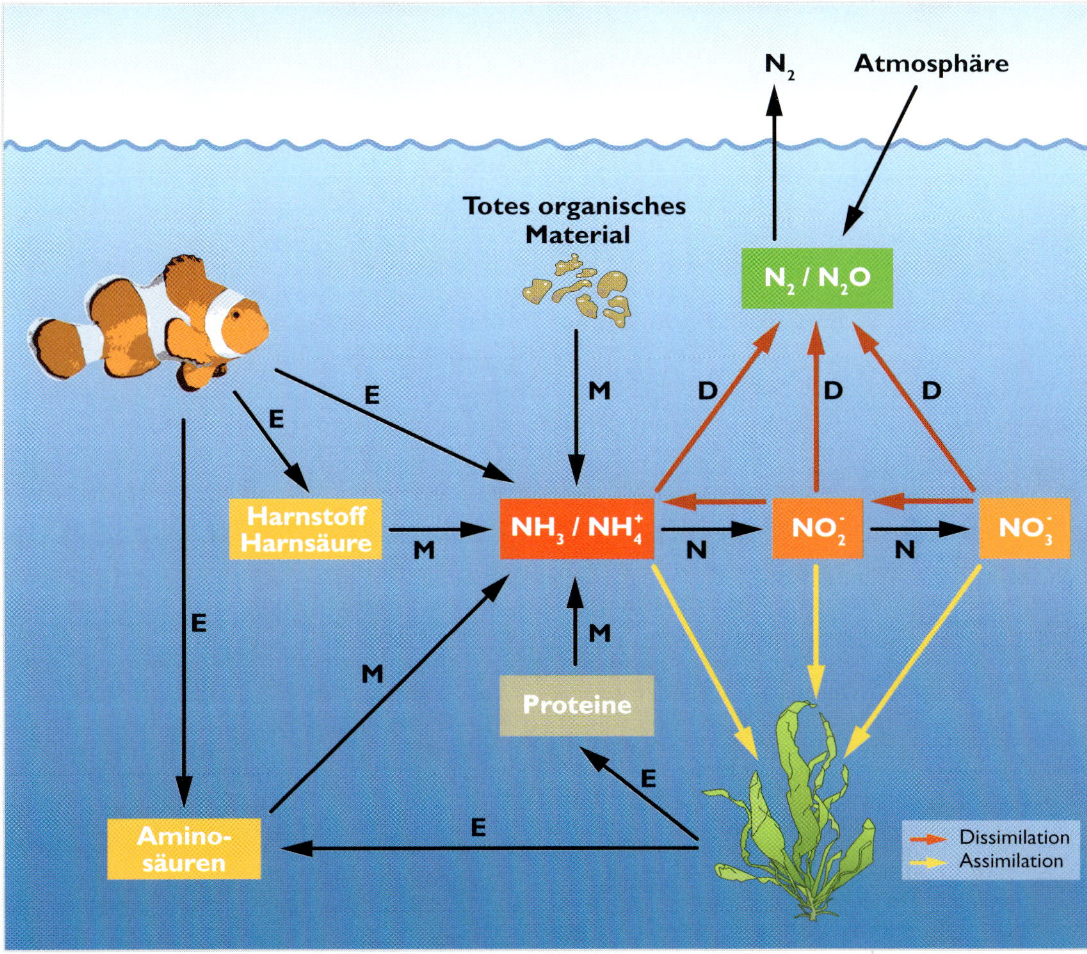

Der Stickstoffkreislauf im Aquarium:
D = Denitrifikation
E = Exkretion (Ausscheidungen)
M = Mineralisation
N = Nitrifikation
Modifiziert nach Spotte (1979)

kommt Stickstoff in vielen Verbindungen im Ozean vor, sowohl in anorganischen als auch in einer großen Anzahl komplexer organischer Substanzen. Von den anorganischen Verbindungen sind Ammonium (NH_4^+), Nitrit (NO_2^-) und Nitrat (NO_3^-) zu nennen, wobei das Nitrat von allen drei Verbindungen am höchsten konzentriert ist. Im oberen Bereich der Ozeane liegt die Nitrat-Konzentration normalerweise unter 0,1 mg/l, in Korallenriffen häufig noch weit darunter. In tieferem Wasser ist die Nitrat-Konzentration typischerweise mit 0,5–2,5 mg/l deutlich höher. Nitrat ist eine wichtige Stickstoffquelle für Algen. Wenn Tiefenwasser an die Wasseroberfläche kommt, explodiert das Phytoplankton-Wachstum. Dies geschieht typischerweise entlang der norwegischen Küste im Frühling und im Herbst. Zu dieser Zeit kann der Ozean grün oder braun von Algenzellen sein, und die Unterwassersicht nimmt auf einige wenige Zentimeter ab. Das meiste Nitrat im Ozeanwasser stammt aus dem Abbau und dem Recycling organischen Materials.
Der Stickstoffzyklus ist als der (Stoffwechsel-)Weg definiert, durch den Stick-

stoff in der Natur recycelt wird. Er beschreibt das kontinuierliche Recycling von Stickstoff als essenziellem Bestandteil der Natur einschließlich des Meerwasseraquariums.

Stickstoff gelangt durch viele Wege in das Aquarienwasser. Die wichtigsten sind:

- **Aquarienorganismen.** Jeder lebende Organismus, vom Fisch bis hin zu den Algen, hat große Mengen von Stickstoff in seinem Gewebe. Und jedes Mal, wenn ein neuer Organismus in das Aquarium gegeben wird, ob nun Alge, Fisch, Krebstier oder Koralle, gibt man auch Stickstoff in das System.
- **Anorganisches Material.** Für anorganisch gebundenen Stickstoff existieren zwei Hauptquellen: die Atmosphäre und das Nachfüllwasser. Atmosphärischer Stickstoff (N_2) wird in unserem Aquarium genau wie in der Natur fixiert und zu Ammoniak/Ammonium (NH_3/NH_4^+) umgesetzt, wie es weiter vorne beschrieben ist. Anorganisch gebundener Stickstoff gelangt auch durch Nachfüllwasser und Teilwasserwechsel in das Aquarium. Die wichtigsten Verbindungen sind hierbei Ammoniak/Ammonium (NH_3/NH_4^+), Nitrit (NO_2^-) und Nitrat (NO_3^-).

Wir möchten die Anreicherung jedweder Stickstoffverbindungen in unserem Aquarienwasser vermeiden, und glücklicherweise kann Stickstoff auf verschiedenen Wegen aus dem System entfernt werden. Falls man eine hohe Nitrat-Konzentration im Aquarienwaser misst und seine Tiere stark füttert,, ist das Futter wahrscheinlich die Ursache für den Nitrat-Anstieg. Die offensichtliche Gegenmaßnahme ist eine Verminderung der Futterzufuhr – jedoch ohne die Fische darunter leiden zu lassen. Eine Möglichkeit ist auch, die Anzahl der Fische im Aquarium zu reduzieren. Führt der Ersatz von verdunstetem Wasser durch Süßwasser, als Kalkwasser oder ohne weitere Aufbereitung zu einem Nitrat-Anstieg, sollte das Süßwasser durch eine Umkehrosmoseanlage gereinigt werden (siehe Seite 387). Die Abschäumung wie auch das Abernten von Makroalgen, die Nitrat anreichern können, entfernen einen Teil des Nitrats. Andere Wege der Nitratreduzierung sind das Tiefsandbett (Deep Sand Bed, Kapitel 7, Seite 368) oder einer der verschiedenen Denitrifikationsfilter, wie sie auf Seite 358ff. beschrieben werden. Wir haben die Erfahrung gemacht, dass eine Dekoration mit Lebenden Steinen, die die gesamte Einfahrphase über mehrere Monate durchlaufen haben, Umweltbedingungen schafft, die eine Nitratakkumulation nicht zulassen. In diesem Fall wird die Dekoration zu einem Denitrifikationsfilter! Lebendgestein, das wir in Teil 2 dieser Buchserie im Detail vorstellen werden, ist ein perfektes Dekorationsmaterial, um den gesamten Stickstoffkreislauf in einem geschlossenen Riffaquariensystem zu gewährleisten.

Bakterien und ihr Milieu

Elementarer Sauerstoff – ein Nebenprodukt der Fotosynthese – ist für die meisten Lebewesen unentbehrlich, jedoch kommt er nicht in jeder Umgebung vor. Sofern Sauerstoff zur Verfügung steht, spricht man von einem aeroben Milieu, fehlt er hingegen, bezeichnet man das Milieu als anaerob. Sowohl in der freien Natur als auch im Aquarium gibt es aerobe und anaerobe Zonen. Die freien Was-

Diagramm 6.1 | Populationen verschiedener Bakterienarten im Filtermaterial eines Aquariums

angegeben in Bakterienzahl pro Gramm Filtermaterial | Modifiziert nach SPOTTE (1979)

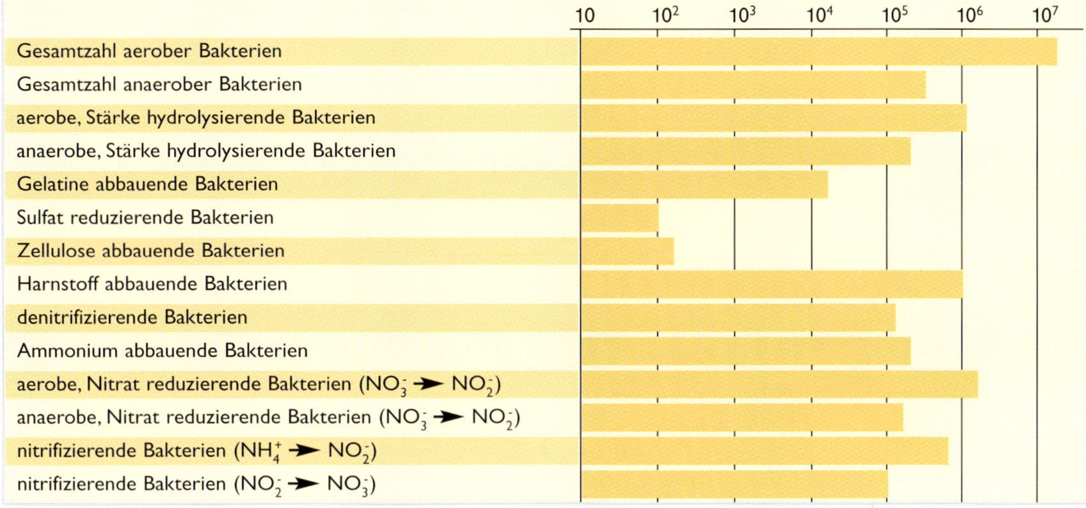

sermassen sind normalerweise mit Sauerstoff fast gesättigt, während innerhalb des Korallensandbodens, vor allem aber in den kleinen Kanälen und Poren innerhalb der Lebenden Steine, ein ganz anderes Milieu herrscht. Zerteilt man einen alten Lebenden Stein, sieht man oft, dass der außen ansonsten graue Stein in der Mitte schwarz ist. Die Schwarzfärbung resultiert aus Schwefelaus-

An Berührungsstellen zwischen Sand und Steinen können sich in Folge bakterieller Aktivitäten schwarze oder rote Zonen bilden. Man sollte sie tunlichst nicht entfernen.
Foto: Bioquatic Photo

fällungen, ein untrügliches Zeichen für ein sauerstoffarmes Milieu. Bei Lebenden Steinen nimmt der Sauerstoffgehalt von außen nach innen ab. In vielen Fällen, insbesondere in Aquarien, die seit mehreren Jahren laufen, können Zonen, die unterhalb der Lebenden Steine im Sand liegen, vollständig anaerob sein, was den Sand und die Steine vollständig schwarz oder dunkelrot einfärbt. Diese Zonen sollten auf keinen Fall z. B. durch Aufwühlen zerstört werden. Ansonsten riskiert man die schnelle Freisetzung giftiger Gase, die die Fische und anderen Organismen des Aquariums gefährden können.

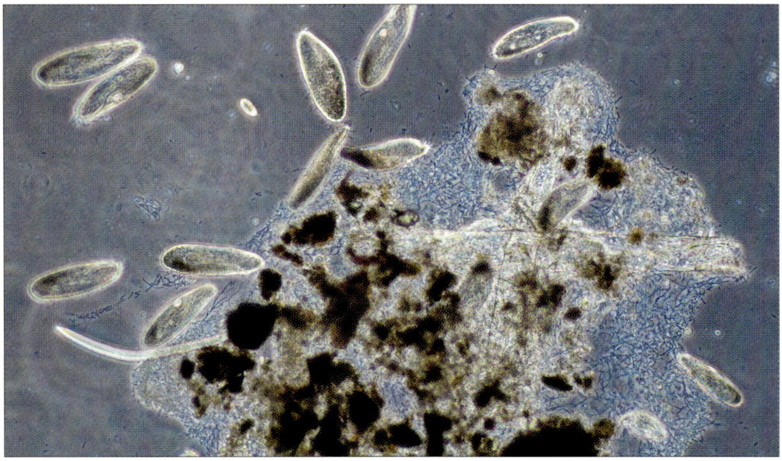

Ein Blick auf Detritus durch ein Mikroskop zeigt eine große Anzahl von Bakterien als grauen Film zwischen den dunkelbraunen Detrituspartikeln. Wir können ebenfalls eine große Zahl von Ciliaten erkennen, die sich von den Bakterien ernähren. Die durchschnittliche Länge der Ciliaten beträgt 0,04 mm. Es ist auch ein runder Wurm an der linken Seite des Fotos erkennbar.
Foto: Bioquatic Photo

Unter den Bakterien gibt es aerobe Arten, die Sauerstoff zum Leben benötigen, und anaerobe Arten, die ein sauerstoffarmes Milieu brauchen. Beide Bakteriengruppen haben bei den Abbauvorgängen völlig unterschiedliche Aufgaben, worauf wir noch zurückkommen werden. Zudem gibt es fakultativ anaerobe Bakterien, die sich einem wechselnden Sauerstoffgehalt anpassen können.

Ferner unterscheidet man bei den Bakterien heterotrophe und autotrophe Arten. Heterotrophe Bakterien decken ihren Energiebedarf aus verschiedenen organischen Verbindungen, während autotrophe Bakterien entweder aus der Oxidation von anorganischen Stoffen Energie gewinnen (Chemoautotrophie, z. B. nitrifizierende Bakterien) oder Lichtenergie über die Fotosynthese nutzen (fotoautotrophe Bakterien). Im Aquarium sind viele unterschiedliche Bakterienarten vertreten (siehe Diagramm Seite 331).

Der Stickstoffzyklus – detailliert betrachtet

Lebende Organismen besitzen eine Menge assimilierten Stickstoffs, der in den Zellen gebunden ist, bis der Organismus stirbt. Dann wird der Stickstoff in die Umgebung freigesetzt – in einem Prozess, den wir unter dem Stichwort „Eutrophierung“ kennen. Eutrophierung im Aquarium bedeutet, dass die Menge von organischem Material, das zum Abbau zur Verfügung steht, ansteigt. Während eines vollständigen Stickstoffzyklus wird der Stickstoff, der ehemals fixiert wurde, wieder in die Atmosphäre freigesetzt. Die Zersetzung organischen Materials benötigt jedoch eine Menge Sauerstoff. Sterben große Organismen, oder wird das Aquarium aus irgendeinem anderen Grund mit großen Mengen organischen Materials belastet, kann die kontinuierliche Zersetzung große Mengen an Sauerstoff verbrauchen, was das System wiederum stark belastet. Dies ist der Grund dafür, dass wir eine deutliche Verringerung des Redoxpotenzials (siehe Seite 347) messen können, wenn abbaubares Material in großen Mengen vorhanden ist.

Wie in der Natur, so gibt es auch im Aquarium den Kreislauf von Leben und Tod. Futter, das in das Aquarium gegeben wurde, wird entweder von den Organismen gefressen oder verbleibt unkonsumiert im Aquarium. Übrig gebliebenes Futter und Abfallprodukte aus dem Stoffwechsel der Organsimen durchlaufen einen vergleichbaren Prozess mit der Freisetzung stickstoffhaltiger Nebenprodukte in die Umgebung. Hier werden sie von den abbauenden Organismen „übernommen", bei denen es sich hauptsächlich um Pilze und Bakterien handelt. Dies bringt uns unweigerlich zu dem Thema „Abfallprodukte und der Abbau toten organischen Materials".

Ein toter Fisch zerfällt im Meerwasseraquarium. Mit Beginn der Zersetzung werden die organischen Substanzen durch Bakterien abgebaut, wobei Stickstoff in den Stickstoff-Zyklus einfließt. Irgendwann ist der Fisch völlig zersetzt. Die Verbindungen aber, aus der einst der herrliche Flammenherzogfisch aufgebaut war, verbleiben z. T. im Aquarium, wenn auch in einer anderen chemischen Zusammensetzung. Andere werden durch entsprechende Filtersysteme aus dem Aquariensystem exportiert. Foto: D. Knop

Alle Organismen geben aufgrund ihres Stoffwechsels Abfallstoffe ab. Wirbeltiere produzieren in der Regel chemisch kompliziertere Abfallstoffe als Wirbellose. Die meisten marinen Lebewesen scheiden Ammoniak (NH_3) aus, aber auch Ammonium (NH_4^+), Harnstoff ($(H_2N)_2CO$) und Harnsäure ($C_5H_4O_3N_4$) sind normale Exkretionsprodukte. Gemeinsam ist diesen Verbindungen, dass sie Stickstoff (N) enthalten. Allerdings stammen solche Abfallstoffe nicht allein von Tieren, sie können gleichermaßen auch von toten und absterbenden Algen, Futterresten usw. herrühren. Hier liegen stickstoffhaltige Verbindungen als kleine Eiweißstücke vor, sog. Polypeptide.

In der Natur werden diese organischen Stoffe zu anorganischen Verbindungen abgebaut und den Produzenten wieder zugeführt, so dass sich hier der Kreislauf schließt. Dabei übernehmen die Bakterien den entscheidenden Teil der Abbauvorgänge, doch sind auch alle anderen Organismen mit ihrem Stoffwechsel in diesen Prozess einbezogen und spielen damit eine durchaus wichtige Rolle im biologischen Kreislauf.

Den Abbau stickstoffhaltiger Verbindungen kann man grundsätzlich in vier Schritte unterteilen:

1) Mineralisation oder Ammonifikation
2) Nitrifikation
3) Assimilation
4) Denitrifikation

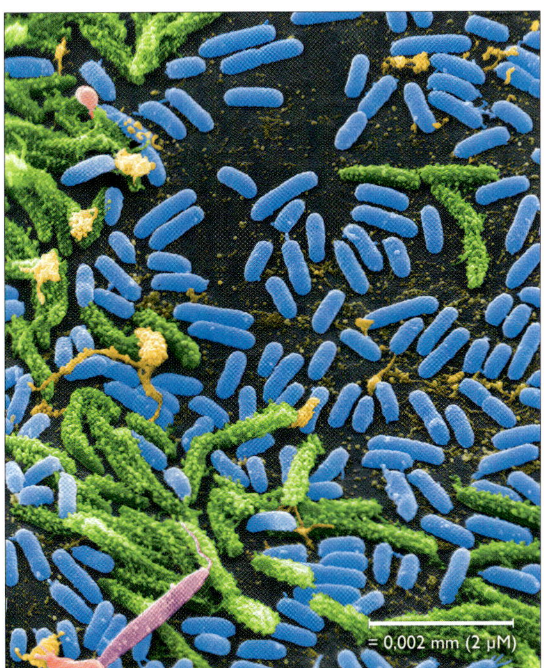

Bakterien spielen eine zentrale Rolle bei der Umsetzung toten biologischen Materials. Sie gibt es praktisch überall, wie hier z. B. auf der Oberfläche der Cuticula eines marinen Copepoden, der durch ein Elektronenmikroskop untersucht wurde. Auf dem Bild sind zwei verschiedene Bakterientypen zu sehen. Beide werden als stäbchenförmig klassifiziert. Aber ein Typ hat eine recht rauhe (im Bild grün), der andere Typ eine glatte (im Bild blau) Oberfläche. Foto: T. Carvalho, Universität von Hawaii, Manoa

1) Mineralisation oder Ammonifikation

Während dieser Abbaustufe werden Aminosäuren (Bausteine der Proteine) in anorganische Verbindungen abgebaut. Organische Verbindungen unterscheiden sich von anorganischen dadurch, dass sie Kohlenstoff enthalten. Dieser Kohlenstoff aus den Aminosäuren wird von den heterotrophen Bakterien, normalerweise solchen der Gattung *Bacterium*, verbraucht, die auf diese Weise organische Verbindungen zu anorganischen reduzieren. Als Produkte der Mineralisation entstehen Ammoniak und organische Säuren. Letztere zehren an der Pufferkapazität des Aquarienwassers und können pH-Absenkungen verursachen. Ammoniak (NH_3) wird dem Wasser nicht nur von Bakterien zugeführt. Es ist das häufigste Abfallprodukt anderer mariner Organismen und steht in Abhängigkeit vom pH-Wert immer in einem bestimmten Verhältnis zum Ammonium (NH_4^+). Bei einem pH-Wert von 8,3 beträgt das Verhältnis Ammoniak : Ammonium etwa 1 : 9. Das Gleichgewichtsverhältnis kann man folgendermaßen darstellen:

$$NH_4^+ + H_2O \longrightarrow NH_3 + H_3O^+$$

Ammonium ist in freier Form giftig, doch ist es auch eine wichtige Stickstoffquelle für Algen. Normalerweise werden Ammoniak und Ammonium schnell zu Nitrit und Nitrat oxidieren.

Aquarien, die größere Fische wie diesen Blaugelben Zackenbarsch (*Epinephelus flavocaeruleus*) und die gelbe Farbmorphe des Schwarzpunkt-Kugelfischs (*Arothron nigropunctatus*) beherbergen, weisen naturgemäß höhere Konzentrationen an Abfallstoffen auf, die vom Kot und der Fütterung stammen, als Aquarien mit zooxanthellaten Korallen und kleinen Fischen.
Fotos: Bioquatic Photo

2) Nitrifikation

Die nächste Abbaustufe ist die Oxidation von Ammoniak und Ammonium zu Nitrit (NO_2^-) und Nitrat (NO_3^-). Es wurde lange angenommen, dass diese Reaktionen durch zwei unterschiedliche Bakterienarten durchgeführt werden – *Nitrosomonas europaea* oxidiere Ammoniak bzw. Ammonium zu Nitrit, und *Nitrobacter winogradskyi* Nitrit zu Nitrat. Untersuchungen von Hovanec & DeLund (1996) sowie Hovanec et al. (1998) deuten jedoch darauf hin, dass andere Bakterienarten, die nahe mit der Gattung *Nitrospira* verwandt sind, ebenfalls an diesen Reaktionen beteiligt sind. Es ist sicherlich noch viel wissenschaftliche Arbeit notwendig, um diejenigen Bakteriengruppen und -arten einwandfrei zu identifizieren, die in die nachfolgenden Reaktionen involviert sind:

$$2NH_4^+ + 2OH^- + 3O_2 = 2H^+ + 2NO_2^- + 4H_2O$$

$$2NO_2^- + O_2 = 2NO_3^-$$

Teilweise können auch heterotrophe Bakterien an diesen Prozessen beteiligt sein (Johnson & Sieburth 1976; Tate 1977). Es wurde ferner darauf hingewiesen, dass heterotrophe Bakterien Aminosäuren direkt zu Nitrit und Nitrat umbilden können, ohne dabei über die Ammoniak/Ammonium-Stufe zu gehen (Quastel et al. 1950; Jensen & Gundersen 1955; Doxtader & Alexander 1966).

Unabhängig davon, welche Filtermethode man benutzt, befindet sich in einem Aquarium immer eine gewisse Menge an Nitrifikationsbakterien. Wie effektiv diese Bakterien „arbeiten", hängt von mehreren Faktoren ab:

- Belastung des Wassers mit giftig wirkenden Stoffen
- Temperatur, pH-Wert und Sauerstoffgehalt des Wassers
- verfügbare Besiedlungsfläche (Substrat)

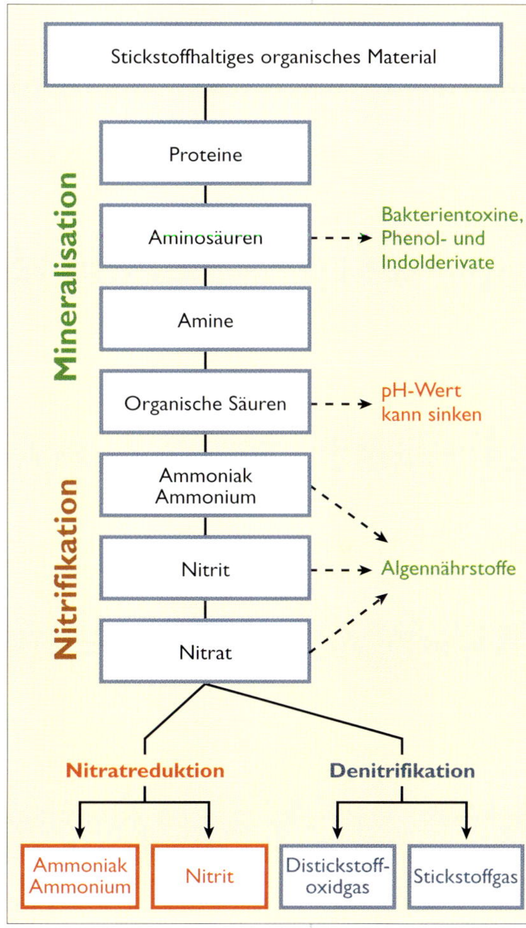

Abbau von stickstoffhaltigem organischen Material

Giftige Verbindungen

Das Wasser belastende giftige Verbindungen kann man in zwei Kategorien einteilen, nämlich in Stoffe, die

- dem Aquarium von außen zugeführt werden
- und solche, die durch den Stoffwechsel der Organismen im Aquarium selbst entstehen.

Giftige Stoffwechselprodukte, also Verbindungen, die aus dem Metabolismus der Aquarienbewohner herrühren, sind z. B. Ammoniak, Ammonium, Nitrit und Nitrat. Sofern die Nitritkonzentration im Aquarium merklich ansteigt, kann das hemmend auf den Ablauf der Nitrifikationsprozesse wirken.

Dem Aquarienwasser zugesetzte, mehr oder minder giftige Verbindungen (z. B. solche, wie sie zur Bekämpfung von Fischkrankheiten verwendet werden) können die Nitrifikationsprozesse ebenfalls erheblich stören. Methylenblau, das in vielen Fischheilmitteln enthalten ist, tötete in einem von uns durchgeführten Versuch die Nitrifikationsbakterien fast vollständig ab. Kupfersulfat, das für Wirbellose sehr giftig ist, scheint dagegen die Nitrifikation nicht sonderlich zu hemmen. Da nur sehr wenig über die Nebenwirkungen der meisten Fischheilmittel bekannt ist, möchten wir grundsätzlich von ihrer Anwendung im Korallenriff-Aquarium abraten.

Temperatur, pH-Wert und Sauerstoffgehalt

Zur Abhängigkeit des Nitrifikationsprozesses von der Wassertemperatur kann festgestellt werden, dass seine Effektivität mit steigender Temperatur (bis zu einem Maximum von 30 °C) zunimmt. Ähnlich verhält es sich beim pH-Wert. Am besten verläuft die Nitrifikation bei einem pH-Wert um 8, während die Denitrifikation am effektivsten bei

Tabelle 6.1 | Optimale Bedingungen für nitrifizierende Bakterien

Temperatur	25–30 °C
pH (NH_4^+ – NO_2^-)	7,8–8,0
pH (NO_2^- – NO_3^{2-})	7,3–7,5
Gelöster Sauerstoff	› 80 %

einem pH-Wert um 7,5 funktioniert. Bezüglich des Sauerstoffgehalts ist allgemein anzumerken, dass die Nitrifikationsbakterien aerob sind, doch möglicherweise nicht so streng, wie oft angenommen wird (Gundersen 1966).

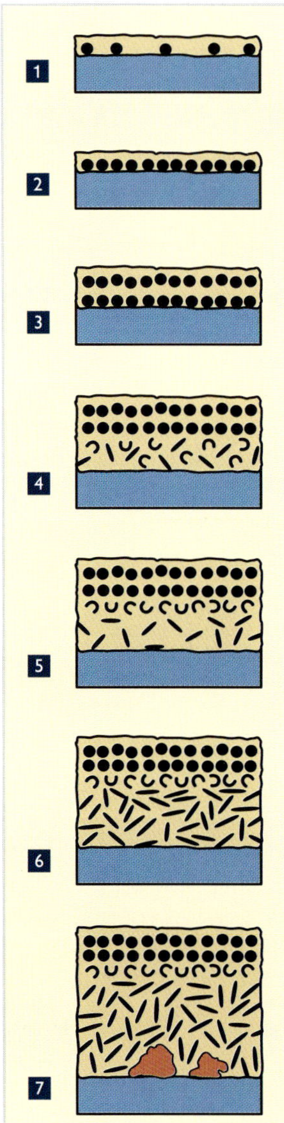

Schematische Darstellung der Entwicklung eines Bakterienfilms: Zu Beginn der Oberflächenbesiedlung mit aeroben Bakterien ist die Besiedlungsdichte noch sehr gering 1, bei reichlicher Zufuhr von Sauerstoff und Nährstoffen entwickelt sich aber rasch ein kräftiges Wachstum (2 und 3). Nachdem der Bakterienfilm am Grund nur noch mangelhaft mit Sauerstoff versorgt wird, beginnen die aeroben Bakterien abzusterben 4, worauf sich anaerobe Bakterien vermehren 5 und schließlich zu stabilen Populationen heranwachsen 6. Dieser Zustand besteht so lange, bis am Grund ein Nährstoffmangel auftritt und sich der Film von der Unterlage ablöst 7.
Modifiziert nach Spotte (1979)

Besiedlungsfläche

Mögliche Besiedlungsflächen (Substrate) haben für die Bakterienentwicklung eine außerordentlich große Bedeutung. Im freien Wasser erfolgt normalerweise keine Nitrifikation. Damit die im Wasser gelösten Stoffe abgebaut werden können, müssen sie zunächst von einer Fläche adsorbiert werden. Es ist daher nötig, dass sich im Aquarium und im Filter eine bestimmte Menge an Detritus befindet, wenn der bakterielle Abbau effektiv verlaufen soll. Auf besiedelten Substraten bilden Bakterien eine dünne Schleimschicht, in der der Abbau erfolgt. Eine solche Bakterienhaut ist in ständiger Veränderung. Sie wird permanent abgebaut und entwickelt sich gleichzeitig neu. Während der Lebenszeit dieses Biofilms wechselt die Dicke je nach Bakterienpopulationsdichte (siehe Abbildung links). Das Leben eines solchen Bakterienfilms ist kurz. Er bildet sich, reift und zersetzt sich innerhalb weniger Tage.

Giftwirkungen von Nitrit und Nitrat

Die Nitrifikation ergibt Nitrit als Zwischen- und Nitrat als Endprodukt. Beide Verbindungen sind giftig. Die Giftwirkung des Nitrits besteht darin, dass es den Blutfarbstoff Hämoglobin zu Methämoglobin oxidiert. Methämoglobin ist im Gegensatz zu Hämoglobin nicht in der Lage, Sauerstoff zu transportieren. Bei der Nitritvergiftung der Fische kann man daher Atembeschwerden mit ungewöhnlich schnellen Kiemenbewegungen beobachten, viele Wirbellose ziehen sich stark zusammen, Anemonen stülpen die Darmhöhle aus der Mundöffnung heraus. Bislang gibt es keine zufriedenstellende Erklärung dafür, warum Wirbellose so reagieren. Nitritkonzentrationen über 0,05 mg/l sind im Korallenriff-Aquarium nicht akzeptabel.

Nitrat wird in der Aquarienliteratur allgemein als relativ ungefährlich betrachtet. Das kann jedoch nicht für ein Korallenriff-Aquarium gelten. Sehr hohe Nitratkonzentrationen (1.000–2.000 mg/l) hemmen die Gewebebildung vieler Organismen. Doch empfindliche Korallen – vor allem Steinkorallen – gedeihen schon bei erheblich niedrigeren Konzentrationen nicht mehr. In einem Korallenriff-

Etwa eine Woche nach der Fertigstellung der Aquariendekoration hat sich auf diesem lebenden Stein ein Bakterienfilm entwickelt. In dieser Zeit war die Nitritkonzentration außerordentlich hoch.
Foto: Bioquatic Photo

Aquarium mit Steinkorallen sind 10–20 mg/l ein Grenzwert, bei dessen Überschreitung Probleme auftreten, vor allem durch Fadenalgen. In einem gut eingefahrenen Korallenriff-Aquarium wird Nitrat sich ohnehin nicht gefährlich anreichern. Es sollte jedoch angemerkt werden, dass während der Einfahrphase die Nitratkonzentration – wie auch die des Nitrits und sogar des Ammoniums – sehr hoch sein kann. Es ist sehr wichtig, während dieser Phase Geduld zu haben und das Aquarium diese gesamte Zeit über (normalerweise 12 Wochen, besser noch länger) vollständig durchlaufen zu lassen, damit die nitrifizierenden und denitrifizierenden Bakterien stabile Populationen ausbilden können. Die lange Einfahrphase ist jedoch nicht nur dazu nötig, stabile Bakterienpopulationen zu etablieren, sondern auch dazu, uns Aquarianern die Chance zu geben, die vielen Lebensformen zu entdecken und zu beobachen, die sich während dieser Zeit entwickeln. Wir haben das Gefühl, dass viel zu viele Aquarianer es zu eilig haben, ihr Korallenriff-Aquarium vollständig mit Korallen zu besetzen. In unseren Augen verpassen sie dabei sehr interessante und wichtige Beobachtungen.

Die Nitrit- und die Nitratkonzentration können mit spezifischen Tests ermittelt werden, die von verschiedenen Herstellern im Handel sind. Diese Testsets sind einfach in der Handhabung und für unsere Zwecke ausreichend genau.

3) Assimilation oder Nitratreduktion

Bei der Assimilation wird Nitrat zu „organischem Stickstoff" reduziert, der für den Aufbau von organischer Substanz verwendet wird. Die Assimilation kann entweder in Anwesenheit oder in Abwesenheit von Sauerstoff verlaufen. Stickstoff ist ein lebensnotwendiges Element für Pflanzen. Fotosynthetisch aktive Pflanzen und Algen (einschließlich der Zooxanthellen) assimilieren Ammoniak (NH_3), Nitrit (NO_2) und/oder Nitrat (NO_3) für die Biosynthese der Aminosäuren, Proteine und Nukleinsäuren. Von diesen Verbindungen wird das Nitrat am häufigsten verwendet. Bei der Reduktion von Nitrat führen die Organismen folgende Reaktionen durch:

$$NO_3 \rightarrow NO_2 \rightarrow NH_2OH \rightarrow NH_3 \rightarrow R\text{-}NH_2 \text{ (= organischer Stickstoff)}$$

In der Anwesenheit von Säure bildet Nitrit Salpetrige Säure, die ein bekanntes und gefährliches Mutagen ist. Bei den Fischen z. B. bindet Nitrit an die roten Blutzellen und verhindert dadurch den Sauerstofftransport. Betroffene Fische zeigen Atemnot und – wenn keine Abhilfe geschaffen wird – sterben letztendlich.

Sterben Organismen und werden zersetzt, wird der assimilierte Stickstoff wieder in die Umgebung freigesetzt, und der gesamte Zyklus beginnt von neuem. Man beachte, dass vor allem die Nitratreduktion und nicht die Denitrifikation im Sandbett oder entsprechenden Filtern stattfindet.

4) Denitrifikation

In der letzten Abbaustufe wird Nitrat weiter umgebildet. Viele unterschiedliche Bakterienarten können an der Denitrifikation beteiligt sein. Es können dabei folgende Endprodukte entstehen:

- Stickstoffmonoxid (NO)
- Distickstoffoxid (N_2O)
- Stickstoff (N_2)

Im Gegensatz zur Nitrifikation handelt es sich bei der Denitrifikation um einen anaeroben Prozess, was bedeutet, dass er in Abwesenheit von Sauerstoff verläuft. Denitrifizierende Bakterien metabolisieren stickstoffhaltige Verbindungen mit Hilfe des Enzyms Nitratreduktase (und für die Reduktion von Nitrit der Nitritreduktasen) in einer – im Vergleich zu den nitrifizierenden Bakterien – entgegengesetzten Reaktion. Sie verwandeln Nitrat und Nitrit zurück in Stickstoffgase und generieren dadurch Sauerstoff sowie Energie für die Lebensfunktionen der Bakterien. Dabei spalten Nitrit und Nitrat Sauerstoffatome ab. Sie werden gasförmig, gelangen in die Umgebung (z. B. den Boden oder das Wasser) und schließlich zurück in die Atmospäre. Der Stickstoffzyklus ist damit vollständig.

Da die Denitrifikation unter anaeroben Bedingungen stattfindet, läuft dieser Prozess im Aquarium nur an solchen Stellen ab, wo nahezu keine Strömung existiert und der Sauerstoffgehalt niedrig ist, wie im Tiefsandbett sowie in Poren und den feinen Kanälen des Lebendgesteins.

Die denitrifizierenden Bakterien reduzieren Stickstoffverbindungen, um Zugriff auf den Sauerstoff zu erhalten. Sie können aber nicht vom Sauerstoff alleine leben, sondern benötigen Nahrung in Form von Kohlenstoff. Die Nahrungsquellen können vielfältiger Natur sein, eine Tatsache, die wir in den Denitrifikationsfiltern in Meerwasseraquarien ausnutzen (siehe Kapitel 7, Seite 358ff.). In diese Filtertypen, in denen eine niedrige Sauerstoffkonzentration herrscht, wird eine Kohlenstoffquelle gegeben. Am häufigsten werden dafür verschiedene Zucker (z. B. Glukose, $C_6H_{12}O_6$) verwendet. Folgende Reaktion läuft dann in diesen Denitrifikationsfiltern ab:

$$5C + 4NO_3^- + 4H^+ \longrightarrow 5CO_2 + 2N_2 + 2H_2O$$

Diese Reaktion ähnelt der bekannten Atmung, die wir in Kapitel 1 vorgestellt haben, nur dass der Sauerstoff durch Nitrat ersetzt wurde. Wenn die Bakterien den Zucker metabolisieren, benutzen sie den Sauerstoff aus dem Nitrat und produzieren dabei als Abfallprodukte Stickstoffgas, Kohlendioxid und Wasser.

Dieses Bild demonstriert wichtige Prozesse in einem Meerwasseraquarium. Algen akkumulieren Nitrat und Phosphat als Teil ihres Nährstoffbedarfs und führen mit ihnen die Fotosynthese durch – die lebenswichtige Reaktion für nahezu alle Lebewesen. Würmer und andere Wirbellose, die in großer Zahl in diesem Aquarium leben, ernähren sich von Detritus und von Futterrückständen. Sie scheiden wiederum Abfallprodukte aus, die von den Bakterien, die im Substrat leben, weiter umgesetzt werden. In den tieferen Bereichen des Bodengrundes ist die Menge an verfügbarem Sauerstoff stark vermindert, wodurch anaerobe Umsetzungsprozesse stattfinden. Foto: Bioquatic Photo

Als Kohlenstoffquelle kann für Bakterien auch Alkohol, z. B. Ethanol (C_2H_5OH), verwendet werden. Wie im Falle des Zuckers wird der Alkohol in Verbindung mit dem Sauerstoff, der aus dem Nitrat gewonnen wurde, von den Bakterien wie folgt umgesetzt:

$$2NO_3 + C_2H_5OH \longrightarrow 2CO_2 + N_2 + 3H_2O$$

In einigen Fällen kann die Nahrung für die Bakterien auch auf Schwefelverbindungen basieren. Schwefelbakterien wie z. B. *Thiomicrospira denitrificans* und *Thiobacillus denitrificans* reduzieren Nitrat zu Stickstoff und oxidieren gleichzeitig elementaren Schwefel zu Sulfat:

$$2H_2O + 5S + 6NO_3^- \longrightarrow 3N_2 + 5SO_4^{2-} + 4H^+$$

Der Stickstoffzyklus ist ein kontinuierlicher Prozess in der Natur. Er stoppt niemals. Vielmehr wird dieses Element ständig zwischen den lebenden Organismen und den entsprechenden Verbindungen recycelt. Ein Grundwissen über diesen fundamentallen Prozess ist auch für den Meerwasseraquarianer enorm wichtig.

Phosphat und der Phosphorzyklus

Im reinen Zustand ist Phosphor (chemisches Symbol P) giftig, gefährlich und ein leicht entflammbares Element. Weniger als 0,1 g können für den Menschen tödlich sein. Phophor wird aber in der Natur niemals in seiner reinen Form gefunden, sondern nur als Derivate der Phosphorsäure H_3PO_4, in denen der Phosphor mit Sauerstoffatomen verknüpft ist. Phosphat ist essenziell für alle lebenden Zellen und zudem ein wichtiger Bestandteil der Erbsubstanz (DNS).

In den Tieren findet man das meiste Phosphat als Kalziumphosphat ($Ca_3(PO_4)_2$) sowie einiges als organisches Phosphat, z. B. im Energieträger-Molekül ATP (Adenosintriphosphat). Vergleichbar dem Stickstoff ist Phosphor ein wichtiger Pflanzennährstoff.

SPOTTE (1979) gibt die durchschnittliche Phosphatkonzentration im Meerwasser mit 0,06 mg/l an. In Korallenriffen ist die Konzentration an gelöstem Phosphat jedoch weitaus geringer, oft weniger als 0,015 mg/l (FURNAS et al. 1990). In einigen Fällen kann die Konzentration unter 0,005 mg/l sinken und damit limitierend für das Korallenwachstum sein (siehe Kapitel 1).

Anorganisches Phosphat liegt beim pH-Wert 8,1 im Meerwasser zu 0,5 % als $H_2PO_4^-$, zu 79,5 % als HPO_4^{2-} und zu 20 % als PO_4^{3-} vor. Steigt der pH-Wert des Wassers, nimmt die Menge an PO_4^{3-} zu, die an HPO_4^{2-} dagegen ab. Dies ist wichtig in Hinsicht auf das Meerwasseraquarium. Da die negativen Phosphationen an positive Ionen gebunden sind, oft an Kalzium (Ca^{2+}) oder Magnesium (Mg^{2+}), und entsprechende Kalzium- oder Magnesiumsalze bilden, kann der pH-Wert des Aquarienwassers indirekt die Menge an gelöstem Phosphat kontrollieren – mit anderen Worten: Er vermag indirekt die Menge an verfügbarem gelösten Algennährstoff zu regeln (siehe hierzu auch Kapitel 4, Seite 263–265).

Die Aufnahme von Phosphat durch Organismen ist – selbst im Falle des Menschen – nur wenig verstanden. Diese Tatsache trifft auch für die Tiere und Algen eines Korallenriffs zu. Es ist bekannt, dass mehrere Algenarten Phosphat aufnehmen und dass eine zu niedrige Phosphat-Konzentration im Wasser wachstumslimitierend für Algen sein kann. Der Mechanismus aber, wie die Algen das Phosphat aufnehmen, ist großteils unklar. Es können entweder anorganische Phosphate aufgenommen, oder Phosphat kann aus organischen phosphathaltigen Verbindungen mit Hilfe von Enzymen zur Verfügung gestellt werden.

Organisches Phosphat wird beim Abbau von Pflanzen, planktonischen Organismen, Detritus oder Mikroorganismen frei (siehe Abbildung rechts). In Korallenriffaquarien gelangt dieses Element durch das Nachfüllwasser, als Teil der künstlichen Salzmischungen, durch minderwertige Aktivkohlen, die für die Kohlefilterung verwendet werden, und durch das Kalkmaterial, das in Kalkreaktoren und/oder im Aquarium selber verwendet wird. Insbesondere aber tragen wir Phosphat durch die Fütterung in das Becken ein. Normales Trockenfutter enthält bis zu 3 % Phosphat. Das bedeutet, dass eine einzige Fütterung mit 5 g Flockenfutter in einem 500-l-Aquarium im schlimmsten Fall zu einem Phosphat-Konzentrationsanstieg von 0,3 mg/l führen kann. Das Futter wird gefressen, zur Produktion von Energie sowie Biomasse verstoffwechselt, und CO_2, Wasser, Phosphat- und Stickstoffverbindungen werden in das Aquarienwasser abgegeben.

Die Anreicherung von Phosphat im Aquarienwasser wird mit Sicherheit zu einem explosiven Algenwachstum führen. Diese Situation müssen wir verhindern. Konsequenterweise müssen wir wissen, wie man Phosphat aus dem Aquariensystem entfernen kann. Die Abschäumung, das Abernten von Algen und das Absaugen von Detrius wird einiges an Phosphat aus dem Aquariensystem nehmen. Ein wichtiger Weg ist die Ausfällung des Phosphats als Kalziumphosphat ($Ca_3(PO_4)_2$), obwohl Details, wie dies in Riffaquarien geschieht, nach

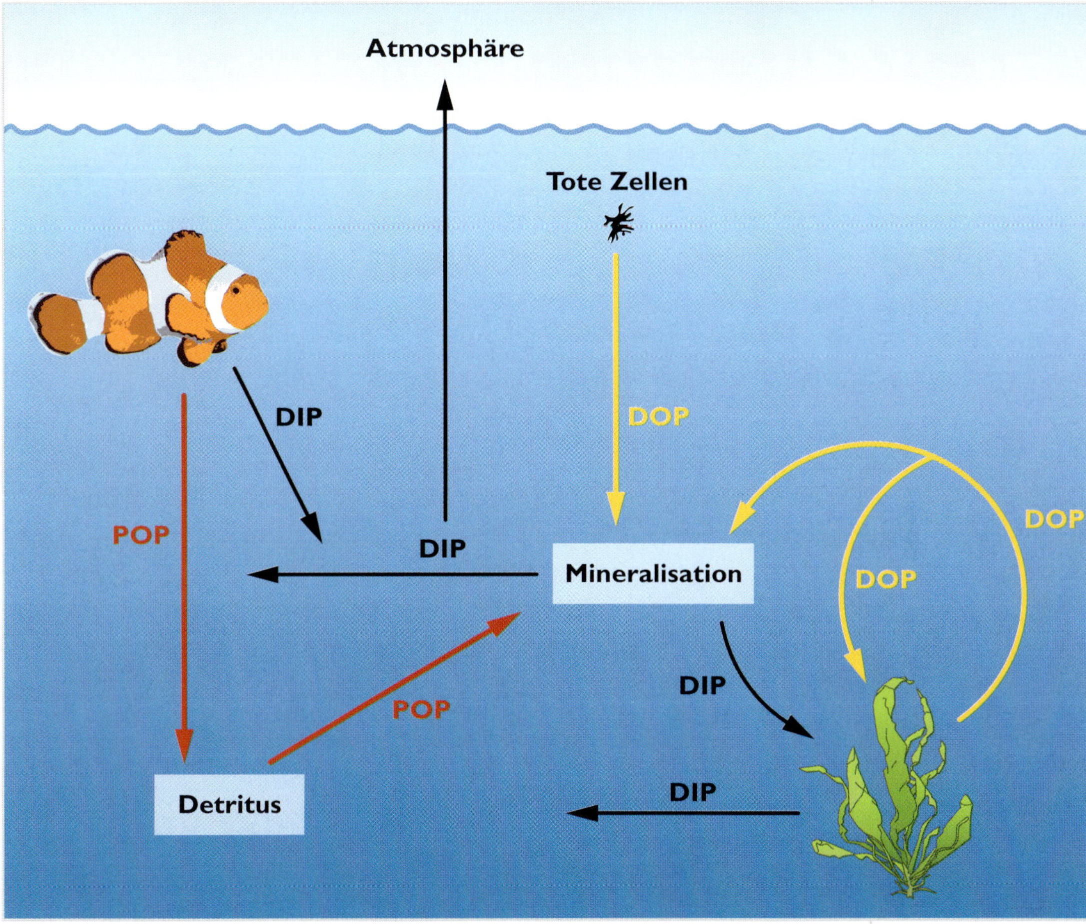

Phosphatkreislauf im Aquarium:
DIP = gelöstes anorganisches Phosphat (dissolved inorganic phosphate)
DOP = gelöstes organisches Phosphat (dissolved organic phosphate)
POP = an Partikel gebundenes organisches Phosphat (particulate organic phosphate)
Modifiziert nach SPOTTE (1979)

wie vor unklar sind. Wie bereits weiter vorne erklärt, wandelt ein hoher pH-Wert viel des HPO_4^{2-} in PO_4^{3-} um. Wenn Kalkwasser als Nachfüllwasser verwendet wird, stabilisiert sich der pH-Wert häufig auf etwa 8,5. Die Konzentration an Phosphat, um Meerwasser mit Kalziumphosphat zu sättigen, liegt bei nur 0,002 mg/l, was bedeutet, dass das Aquarienwasser schnell mit dieser Verbindung übersättigt ist, die dann ausfällt. Mit anderen Worten: Phosphat wird von einer löslichen Verbindung in eine feste Substanz überführt. Jedoch verbleiben diese ausgefällten Phosphate im System und stehen damit den Algen weiterhin als Nährstoffe zur Verfügung. In der aquaristischen Literatur hat es viele Diskussionen über Phosphat generell wie auch speziell in Verbindung mit dem Kalkreaktor und mit Kalkwasser gegeben (siehe z. B. LUTHER & PAWLOWSKY 1997, 1998, 1999 und HÜSTER 1999). BROCKMANN (2006a & b) gibt einen guten Überblick über Phosphat im Riffaquarium.

Nach HOLMES-FARELY (2003) kann Phosphat an der Oberfläche von Kalziumkarbonat ausfallen, z. B. an Lebendgestein und Sand. Dieser Prozess ist vom pH-Wert abhängig, und der optimale pH-Wert zur Ausfällung liegt bei 8,4.

Algen reichern Phosphat und Nitrat an. Durch das regelmäßige Abernten von Makroalgen aus dem Aquarium oder einem separaten Algenfilter können einige dieser Nährstoffe aus dem System entfernt werden. Foto: Bioquatic Photo

Da Algen Phosphat anreichern, ist es möglich, durch das Abernten von Algen Phosphat aus dem Aquarium zu entfernen. LARNED (1998) hat untersucht, wie hoch der Gehalt an Phosphor und Stickstoff in neun Makroalgenarten ist, einschließlich solcher Arten, die in Meerwasseraquarien gepflegt werden. *Caulerpa racemosa* – bei Hawaii gesammelt – enthielt 0,08 % Phosphor und 5,6 % Stickstoff bezogen auf das Trockengewicht. Aufgrund dieser Publikation kalkulierte HOLMES-FARLEY (2002), dass das Abernten von umgerechnet 10 g Trockengewicht dieser Algenart 24 mg Phosphat aus dem Aquarium entfernen würde. Das entspricht einer Reduktion der Phosphatkonzentration von 0,2 auf 0,1 mg/l in einem 275-Liter-Aquarium. Weiterhin würde im gleichen Aquarium die Nitrat-Konzentration um 10 mg/l reduziert.

Phosphat kann auch chemisch durch die Verwendung von verschiedenen Phosphat-Bindern, die auf dem Markt sind, aus dem System entfent weden. Im Prinzip ist dieses Materiel sehr einfach zu verwenden. Dies ist in Kapitel 7, Seite 377f. dargelegt. Einige der Phosphat-Binder basieren auf Aluminiumoxid, andere dagegen auf Eisenoxid oder Eisenhydroxid. Sie binden primär anorganisches Phosphat, einige entziehen dem System aber auch organische Phosphate. Es gibt jedoch einge potenzielle Gefahren und Nachteile bei der Verwendung dieser Materialien. Generell haben die anorganischen Bindematerialien das Potenzial, sich teilweise im Wasser aufzulösen und damit Aluminium oder Eisen und Verunreinigungen, die in ihnen vorhanden sind, freizusetzen. Sie haben ebenfalls die Fähigkeit, Phosphat reversibel zu binden, und können so Phosphat unter bestimmten Umständen wieder an das Aquarienwaser abgeben (HOLMES-

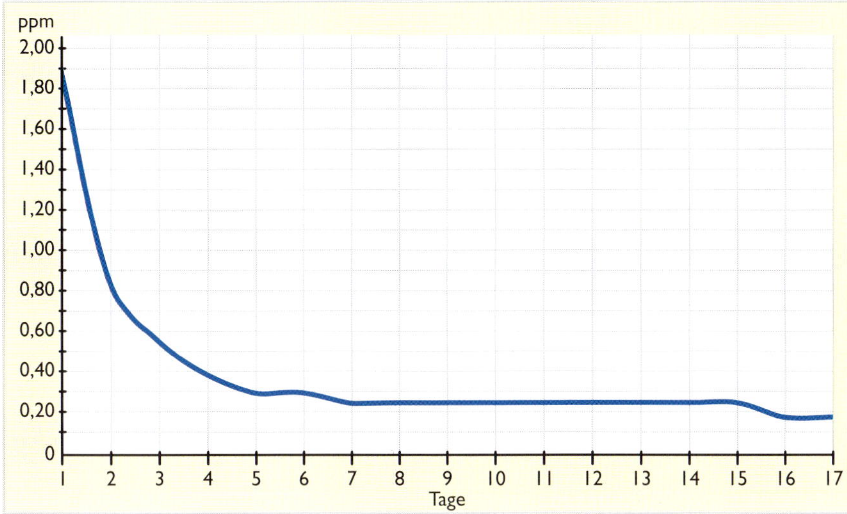

Diagramm 6.2: Veränderung der Phosphat-Konzentration in einem 800-l-Aquarium in einem Zeitraum von 17 Tagen. Das Aquarienwasser wurde über ein Phosphat adsorbierendes Medium (RowaPhos) gefiltert.
Nach Brockmann (2007)

Farley 2002). Die praktische Erfahrung im Langzeiteinsatz vieler Aquarianer zeigt jedoch, dass diese Gefahren sehr gering sind.

Aluminumbasierte Phosphat-Binder sind immer festes, weißes Material. Das Phosphat bindet sehr fest an die Oberfläche von Aluminiumoxid-Partikeln durch ionische Bindungen zwischen den negativ geladenen Phosphat-Ionen (PO_4^{3-} oder $H_2PO_4^-$) und dem positiv geladenen Aluminium (Al^{3+}). Die Reaktion kann vereinfacht wie folgt dargestellt werden:

$$Al^{3+} + PO_4^{3-} \longrightarrow AlPO_4$$

oder

$$Al^{3+} + HPO_4^- \longrightarrow AlPO_4 + H^+$$

Wird das Bindematerial aus dem Kreislauf genommen, entfernt man das Phosphat mit ihm. Da das Bindematerial mit der Zeit mit Phosphatverbindungen gesättigt ist, muss es regelmäßig ausgetauscht werden. Aluminiumoxid ist jedoch in Meerwasser nicht vollständig unlöslich, und das auf Aluminium basierende Bindematerial kann somit Aluminium-Ionen an das Aquarienwasser abgeben.

Während der letzten Jahre wurden die auf Eisen basierenden Phosphatadsorber in der Riffaquaristik sehr populär. Sie werden häufig zur Phosphatentfernung eingesetzt. Dieses Material wird auch vielfach kommerziell im Trinkwasserbereich verwendet und um Abwässer von Verunreinigungen einschließlich des Phosphats zu befreien. Der Adsorber ist in Abhängigkeit vom verwendeten Ausgangsmaterial – verschiedene Eisenoxide oder -hydroxid ($Fe(OH_3)$) – rotbraun bis fast schwarz gefärbt. Bezüglich des Adsorptionsmechanismus vermutet man, dass ein oder zwei der negativ geladenen Sauerstoff-Ionen eines Phosphats durch eine direkte ionische Interaktion an das positiv geladene Eisenion (Fe^{3+}) der Festsubstanz binden (Holmes-Farley 2004). Da das Phosphat an die Oberfläche des GFO (Granular Ferric Oxide, Granulares Eisenoxid) bindet, ist die Größe der Oberfläche ein wichtiger Faktor für die

Der bizarre und schöne Anglerfisch *Antennarius maculatus* ist ein Räuber, der viel Futter benötigt und mit seinen Ausscheidungen das Wasser stark belastet. Er wird am besten in einem Spezialaquarium gepflegt. Foto: Bioquatic Photo

Frage, wie viel Phosphat das Material binden kann. Obwohl das Material aus relativ großen Partikeln zu bestehen scheint, haben diese eine sehr große „innere“ Oberfläche. Tests haben eine Oberfläche von 20–50 m^2/g Adsorbermaterial nachgewiesen (SU & SUAREZ 2000; KOSMULSKI et al. 2003). Industriell herrgestelltes, nicht poröses Eisenoxid, das nicht für Adsorptionsprozesse hergestellt wurde, hat nur eine Oberfläche von 0,002 m^2/g. Dieses Material ist für unsere Bedürfnisse nicht geeignet.

Eisenbasierte Phosphatbinder werden von vielen Aquarianern weltweit mit großem Erfolg eingesetzt. Sie sind eine sehr elegante und effiziente Methode, um Phosphat zu entfernen. Das Material bindet aber auch andere Substanzen wie Mangan, Kupfer, Kobalt, Nickel, Zink sowie organische Verbindungen. Ein Nachteil kann die Ausfällung von Kalziumkarbonat ($CaCO_3$) an der Eisenoberfläche sein, und es gibt einige Hinweise, dass die Verwendung von GFO zu einem generellen Anstieg der Ausfällung von Kalziumkarbonat im System führt. Dies könnte potenziell einen Abfall der Alkalinität und des pH-Wertes bewirken, da Karbonate aus dem Wasserkreislauf entfernt werden. Somit könnte dieses Material zu einer – wenn auch limitierten – Verminderung der Kalziumkonzentration im Aquarienwasser führen. Weitere Einzelheiten hierzu findet man bei HOLMES-FARLEY (2004).

Es gibt auch einige Berichte von Aquarianern, denen zufolge die Korallen negativ auf das GFO reagieren, wenn es zum ersten Mal eingesetzt oder später gegen frisches Material ausgetauscht wird. Dies könnte auf die effiziente Entfernung des Phosphats zurückgeführt werden, das eine wichtige Nährstoffquelle der symbiotischen Algen ist. Ist die Verfügbarkeit von Algennährstoffen limitierend, sollten wir erwarten, dass die Populationen der symbiotischen Algen auf irgendeine Art und Weise reagieren. So könnte z. B. die Anzahl der Algenzellen in einer Koralle reduziert werden. Wie andere Faktoren auch, z. B. das Licht, führt eine plötzliche Veränderung im Milieu des Aquariums zu einer Veränderung des Verhaltens und des Gesundheitszustands seiner Bewohner. Dies zeigt wieder einmal die Notwendigkeit auf, die Vorgänge in seinem Aquarium zu beobachten und entsprechend zu interpretieren.

Die Anreicherung von Phosphat ist unzweifelhaft ein ernstes Problem in vielen modernen Riffaquarien. Es gibt mehrere Publikationen, die belegen, dass sie der Hauptgrund für massive Schwierigkeiten wie unkontrolliertes

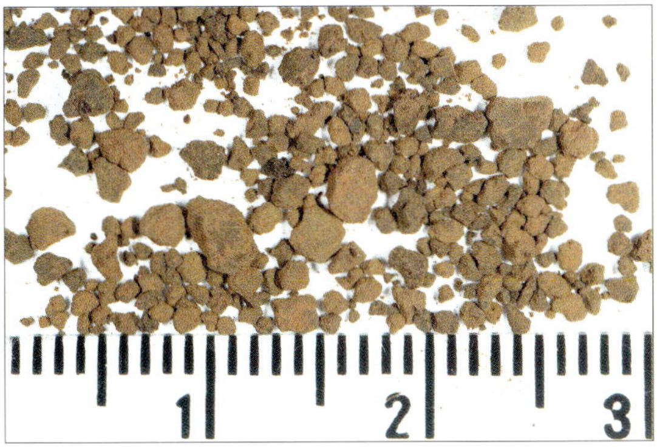

Bild links: Korngröße des Phosphat-Adsorbers von JBL. Die Skala ist in Zentimeter-Einheiten.
Foto: Bioquatic Photo

Eisenbasierter Phosphat-Adsorber der Firma JBL
Foto: Bioquatic Photo

Fadenalgenwachstum sind. Viele Aquarianer haben gezeigt, dass Phosphat adsorbierende Materialien sehr hilfreich und nicht selten die einzige praktische Möglichkeit sind, dieses Problem zu beseitigen. Aquarianern, die eine starke Phosphat-Anreicherung in ihren Aquarien bemerken, können diese Materialien sehr empfohlen werden. Man sollte den Effekt, den diese Materialien haben, jedoch sehr genau verfolgen und beobachten, wie das Aquariensystem reagiert – wie man es mit allen Veränderungen in der Aquarientechnik und -pflege handhaben sollte.

Reduktion und Oxidation

Der Ausdruck „Redoxpotenzial" wird von den Aquarianern seit den Tagen verwendet, als die ersten wirklich erfolgreichen Korallenriffaquarien in Deutschland entwickelt wurden. In dieser Anfangsphase wurde der genannte Parameter wahrscheinlich noch häufiger bestimmt als heute. Da viele moderne Messgeräte, wie die Aquariencomputer, die Möglichkeit anbieten, diesen Parameter zu messen und seine Änderung zu verfolgen, möchten wir nachfolgend die Bedeutung des Redoxpotenzials im Detail vorstellen.

Für das Korallenriff-Aquarium bedeutende chemische Reaktionen sind die Reduktion und die Oxidation, zusammengefasst als Redoxreaktion bezeichnet. Dabei wird ein Stoff reduziert, ein anderer oxidiert. Das heißt, dass sich Elektronen (winzige, elektrisch negativ geladene Teilchen) von einem Stoff zu einem anderen bewegen. Der Stoff, dem Elektronen entzogen werden, wird oxidiert, und derjenige, der Elektronen aufnimmt, wird reduziert. Im nachfolgenden Beispiel wird Zink (Zn) oxidiert und Kupfer (Cu) reduziert:

$$Zn + Cu^{2+} \longrightarrow Zn^{2+} + Cu$$

Das zunächst neutrale Zinkatom gibt zwei Elektronen (negative Ladungen) an das Kupferatom ab, das ursprünglich zwei positive Ladungen hatte. So erhalten wir jetzt ein Zinkatom mit zwei positiven Ladungen, während das Kupferatom nun elektrisch neutral ist. Zink ist ein Reduktionsmittel, weil es Kupfer reduziert, und Kupfer ist ein Oxidationsmittel, weil es Zink oxidiert. Diese Redoxreaktion kann man folgendermaßen demonstrieren: Eine Zinkelektrode wird in ein mit einer Elektrolytlösung (z. B. Kaliumchlorid) gefülltes Glas getaucht und eine Kupferelektrode in ein zweites Glas mit der gleichen Elektrolytlösung. Verbindet man nun beide Gläser mit einem mit Elektrolytlösung gefüllten Glasrohr (Brücke), kann zwischen beiden Elektroden eine Spannung von 1,10 Volt gemessen werden (siehe Abbildung auf Seite 346). Diese Spannung ist das Maß für die Stärke (Potenzial) der Redoxreaktion von Zink als Reduktionsmittel und Kupfer als Oxidationsmittel. Die Spannung gibt das Redoxpotenzial (auch Redoxspannung genannt) der Reaktion an. Was hat das nun mit dem Korallenriff-Aquarium zu tun?

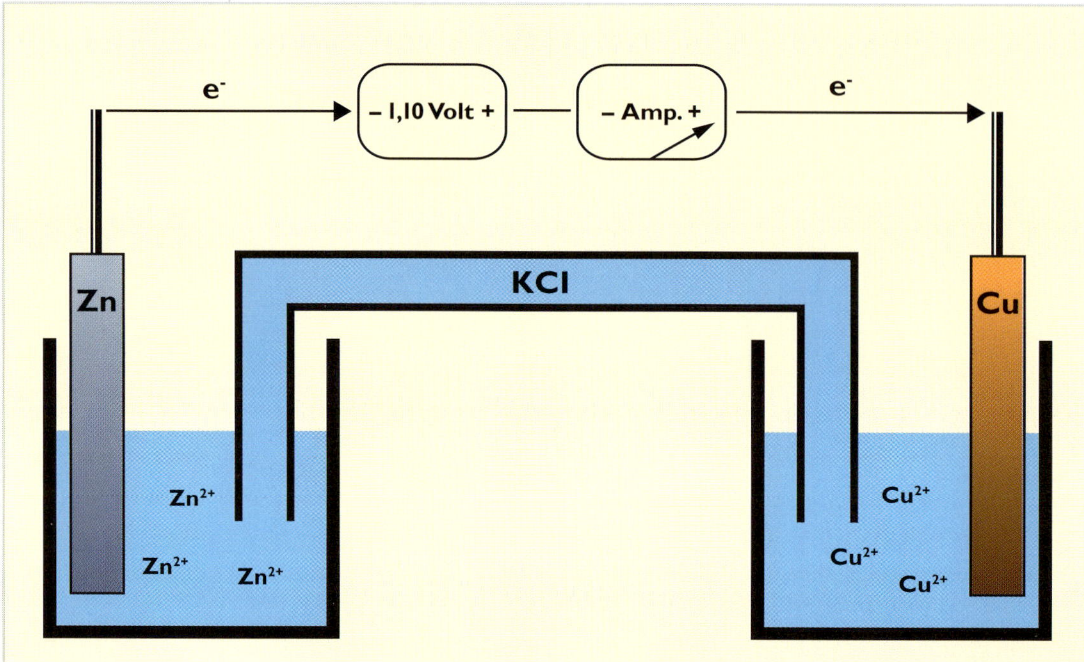

Schematische Versuchsdarstellung zur Demonstration des Elektronenflusses und zur Messung des Redoxpotenzials

Man kann das Redoxpotenzial des Meerwassers messen oder besser gesagt, die Spannung zwischen der Elektrode und einem Elektrolyt im Messgerät, also dem Redoxmessgerät und dem Aquarienwasser. Redoxmessgeräte können recht lange Zeit benötigen, um genaue und zuverlässige Messergebnisse zu liefern. Die Redoxmessung sollte deshalb kontinuierlich über mehrere Tage erfolgen. Das Messergebnis kann dabei einen groben Hinweis auf den „Gesundheitszustand" des Aquariums geben, indem es die Balance zwischen Oxidations- und Reduktionsvermögen andeutet. Beobachtet man einen Abfall des Redoxpotenzials, kann dies auf eine Veränderung im Wassermilieu hinweisen – aufgrund einer konstanten Produktion von abbaubarem organischen Material. Auf der anderen Seite kann ein Anstieg des Redoxpotenzials darauf hindeuten, dass das organische Material vollständig abgebaut wurde, z. B. nach dem Einsetzen neuer Lebender Steine in ein Aquarium, die sich hier erst regenerieren mussten. Das Redoxpotenzial des Aquarienwassers wird in hohem Maß von den Oxidations- und Reduktionsprozessen der verschiedenen Bakterien beeinflusst. Doch können auch Reaktionen zwischen Metallen, die sich im Aquarium befinden, beteiligt sein. Sofern man Ozon anwendet, wird das Redoxpotenzial erhöht.

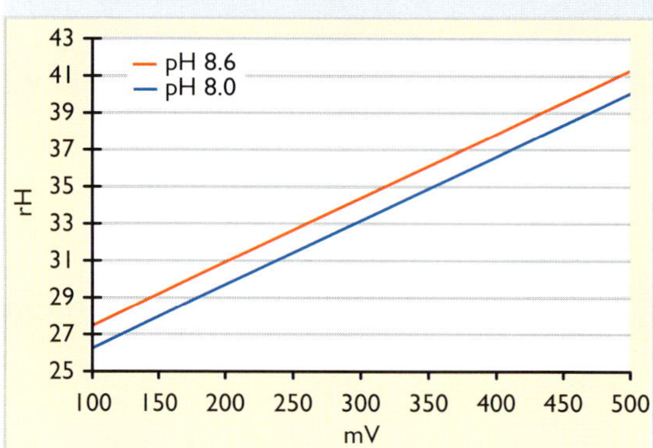

Diagramm 6.3: rH-Werte als Funktion des Redoxpotenzials bei pH-Werten von 8,0 (blaue Linie) und 8,6 (rote Linie). Die Grenze zwischen stark und schwach oxidierenden Bedingungen liegt zwischen 250 und 300 mV.
Modifiziert nach BAUMEISTER (1990)

Es ist nicht möglich, einen für ein Korallenriff-Aquarium „richtigen" Wert des Redoxpotenzials anzugeben – es ist nur ein Hinweis auf den Status des betreffenden Systems –, doch misst man in einem „gesunden" Korallenriff-Aquarium meist Werte zwischen 300 und 400 mV. In Aquarien mit nährstoffreichem Wasser und besonders kräftigem Algenwuchs liegt das Redoxpotenzial oft zwischen 200 und 300 mV. Ozonisierung kann das Redoxpotenzial auf 450 mV und

Ein schönes, jedoch im Vergleich zu den meisten heute gepflegten Aquarien andersartiges Becken. Hier dominieren im oberen Bereich viele Kolonien von verzweigt wachsenden *Acropora*-Steinkorallen, zwischen denen Algen und Weichkorallen gedeihen.
Foto (Aqua Design, Oldenburg, Dezember 1999): Bioquatic Photo

mehr erhöhen. Natürlich sinkt das Redoxpotenzial bei Sauerstoffmangel. Wie wir auf Seite 335 erwähnt haben, benötigen Abbauprozesse sehr viel Sauerstoff. Dies ist der Grund dafür, warum wir einen Abfall des Redoxpotenzials beobachten können, wenn ein Fisch im Aquarium stirbt und hier von den Mikroorganismen zersetzt wird oder wenn wir frische Lebende Steine in das Aquarium geben. Auch ein gut funktionierender Denitrifikationsfilter zeigt ein geringes Redoxpotenzial. Extrem niedrige Werte von -50 mV lassen sich auch im Absorbat von Abschäumern messen.

Das Redoxpotenzial wird vom pH-Wert beeinflusst. Bei steigendem pH-Wert sinkt das Redoxpotenzial und umgekehrt.

Aus diesem Grund arbeitet man mit einem Kombinationswert, der „rH-Wert" genannt wird und das Verhältnis zwischen mV und pH darstellt. Er errechnet sich nach folgender Formel:

$$rH = mV/29 + (2 \times pH) + 6{,}67$$

Der Wert drückt den Redoxzustand des Aquariums aus. Nach BAUMEISTER (1990) kann man fünf Gruppen des Redoxzustandes unterscheiden:

1) rH 0–9 = stark reduzierend
2) rH 10–17 = schwach reduzierend
3) rH 18–25 = neutral
4) rH 26–34 = schwach oxidierend
5) rH 35–42 = stark oxidierend

Mit dem Verhältnis pH/mV oder dem rH-Wert erhält man bei permanenter Messung einen Einblick in die funktionellen Abläufe und Entwicklungen eines Korallenriff-Aquariums. Dennoch möchten wir Aquarianer vor einer „Messhysterie" warnen. Man kann auf einfachere Weise einen genauso zuverlässigen Bewertungsmaßstab für den biologischen Zustand seines Korallenriff-Aquariums bekommen, indem man das Wohlbefinden und den Gesundheitszustand der Tiere darin genau beobachtet. Die Messung des Redoxpotenzials kann natürlich bei negativen Reaktionen von Pfleglingen einen bestimmten Verdacht bestätigen oder auch entkräften. Sie ist also durchaus von Nutzen. Im Zoofachhandel werden entsprechende Redoxmessgeräte von verschiedenen Herstellern angeboten.

Die Verwendung optimaler Filtersysteme ist ein Schlüsselfaktor für ein erfolgreiches Korallenriff-Aquarium. Hier ist ein flaches Aquarium mit Algen, Korallen und einer Mangrove zu sehen, das mit dem Jaubert-System betrieben wird. Das Aquarium enthält unter dem Bodengrund ein Plenum, in dem das Wasser gelblich und reich an Nährstoffen ist. Das Wasser über dem Bodengrund ist kristallklar. Das Aquarium gehört J. Sprung, Miami. Foto (aus dem Jahr 1995): Bioquatic Photo

KAPITEL 7

Filterung, Wasserpflege und Strömungstechnik

In den vorangegangenen Kapiteln haben wir beschrieben, welche Wasserqualität für ein Korallenriff-Aquarium erforderlich ist und welche chemischen und biologischen Prozesse von Bedeutung sind. In diesem Kapitel möchten wir nun auf die praktischen Möglichkeiten und technischen Geräte zur Wasseraufbereitung und Wasserpflege eingehen.

Die Wahl des Filtersystems richtet sich selbstverständlich danach, wie viele und welche Organismen im Aquarium gepflegt werden sollen. Einige Tiere brauchen eine wesentlich höhere Wasserqualität als andere. Außerdem ist für ein stark belastetes System – vor allem bei hoher Besatzdichte mit Fischen – eine aufwändigere Filterung nötig als für ein weniger belastetes. Die meisten Aquarianer neigen dazu, viele verschiedene Arten diverser Tiergruppen in einem begrenzten Aquarienvolumen zu vergesellschaften, anstatt sich auf mehrere Exemplare einer Art zu konzentrieren. So ein „gemischter" Besatz mag zwar eindrucksvoll aussehen, kann aber leicht

Unten ist eines der schönsten Aquarien abgebildet, die wir gesehen haben. Es ist das 4.500-l-Riffschluchtaquarium von Ingar Gulbrandsen, Oslo. Das Aquarium existierte Anfang der 1990er-Jahre (das Foto stammt vom April 1990) und war mit 600 kg Lebendgestein dekoriert. Die Dekoration war „offen" und „überzeugend", was bedeutet, dass es eine gute Balance zwischen freiem Bodengrund, den Felsenformationen und dem offenen Wasser gab. Man konnte durch das ganze Aquarium schauen, das zweimal so breit wie lang war. Es wurde mit der traditionellen „Berliner" Methode betrieben und mit einem Abschäumer als Hauptfiltersystem.
Foto: Bioquatic Photo

Probleme bereiten, denn die verschiedenen Organismen sind von Natur aus ganz unterschiedlich an ihren Lebensraum angepasst und verfolgen unterschiedliche Überlebensstrategien. Während die eine Gruppe möglichst nährstoffarme Bedingungen benötigt, machen andere eine reichliche Fütterung erforderlich. Manche brauchen starke, möglichst konstante Wasserbewegung, während andere wiederum möglichst ruhiges Wasser mit wenig Strömung bevorzugen. Eine gute Alternative ist ein Aquarium, das verhältnismäßig wenige verschiedene Arten, davon jedoch jeweils viele Exemplare enthält. Auf diese Weise hätten wir auf jeden Fall ein Aquarium, das sehr viel näher am natürlichen Vorbild ist, und vielleicht wären wir damit sogar erfolgreicher in der Riffaquaristik.

An dieser Stelle möchten wir gerne erörtern, was wir unter dem Begriff „Filter" verstehen und wie sich solche Hilfsmittel prinzipiell auf das Korallenriff-Aquarium auswirken. Die meisten unserer Schwierigkeiten basieren auf der Tatsache, dass unser Aquarium ein geschlossenes System ist, was bedeutet, dass das Wasser nicht permanent gegen Frischwasser ausgetauscht, sondern innerhalb des Aquariums aufbereitet und wieder verwendet wird. In dieser abgeschlossenen Umwelt, die normalerweise ein paar hundert, manchmal auch ein paar tausend Liter Wasser enthält, wollen wir langfristig eine unnatürlich hohe Anzahl von Organismen halten, oft aus ebenfalls unnatürlich vielen verschiedenen Arten. Wir möchten, dass diese Tiere wachsen, gedeihen und sich so natürlich wie möglich verhalten. Wir hoffen auch, dass sie im Idealfall ihr Fortpflanzungsverhalten zeigen und sich im Aquarium vermehren. Das alles wollen wir in einem geschlossenen System, einer sehr begrenzten Wassermenge erreichen. Um dies zu schaffen, brauchen wir eine Möglichkeit, die für unsere Tiere notwendige Wasserqualität aufrecht zu erhalten. Der „Filter" ist in diesem Zusammenhang jedes Hilfsmittel, das durch das Reinigen des im Aquarium befindlichen Wassers (d. h. nicht durch Wasseraustausch oder Zugabe von Chemikalien) hilft, die Wasserqualität auf einem Niveau zu halten,

Diagramm 7.1 (links) und 7.2 (rechts): Veränderung der Konzentration von jeweils zwei Elementen in einem offenen und einem geschlossenen Aquariensystem gegenüber dem natürlichen Meerwasser

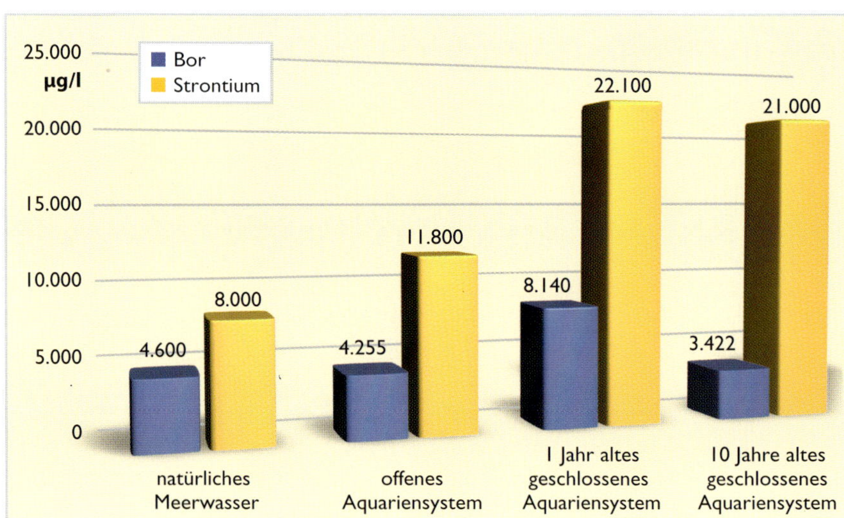

bei dem unser Aquarienriff und all die Tiere und sonstigen Arten, die wir halten, bestehen und wachsen können.

In den frühen Tagen der Meerwasseraquaristik bot der Markt nur relativ wenige, meist sehr einfache Geräte an. Heute ist das ganz anders. Aquarianer können aus einer Vielzahl unterschiedlichster Produkte wählen – manche sind für ein gut funktionierendes Korallenriff-Aquarium unentbehrlich, einige in bestimmten Situationen sehr nützlich, wieder andere hingegen bringen kaum oder überhaupt keine Vorteile. Abhängig vom jeweiligen System können manche Filteranlagen für das Wohlergehen der Tiere oder die langfristige Stabilität des Aquariums sogar kontraproduktiv sein. Es ist wichtig, sich stets zu vergegenwärtigen, dass das, was in einem Aquarium sehr gut funktioniert, in einem anderen Becken nicht zwangsläufig dieselbe Wirkung haben muss. Jedes Aquarium ist etwas Besonderes und hat sein „eigenes Leben", denn keine zwei Aquarien zeigen dieselben Reaktionen, auch nicht, wenn sie mit derselben Ausrüstung versehen sind. Dies ist einer der Faktoren, die dieses Hobby so aufregend machen!

Auch sollte betont werden, dass das Wissen über die Wirksamkeit von Filtersystemen hauptsächlich auf praktischen Erfahrungen basiert, die Mitglieder der Gemeinschaft der Meerwasseraquarianer gesammelt haben. Es ist sehr schwer, wissenschaftlich festzustellen, wie ein bestimmtes Filtersystem funktioniert und wie genau es sich auf die Wasserqualität auswirkt. Da die Anzahl der Filtertypen im Handel immer größer wird und immer mehr Firmen den Markt erobern, gibt es so viele Möglichkeiten, dass Aquarianer – vor allem Einsteiger – es nicht leicht haben zu entscheiden, welcher Filter für ihr Aquarium die beste Wahl ist. Grundlagenwissen aus der Literatur, gut informierte und seriöse Verkäufer sowie Diskussionen mit Aquarienkollegen sind dabei äußerst wichtig!

Lassen Sie uns nun zur Biologie des Aquarienriffs zurückkehren. Die Wasserqualität wird vom eingebrachten Futter und von den ständig stattfindenden biochemischen Prozessen negativ beeinflusst. Vom Einsatz von Filtersystemen

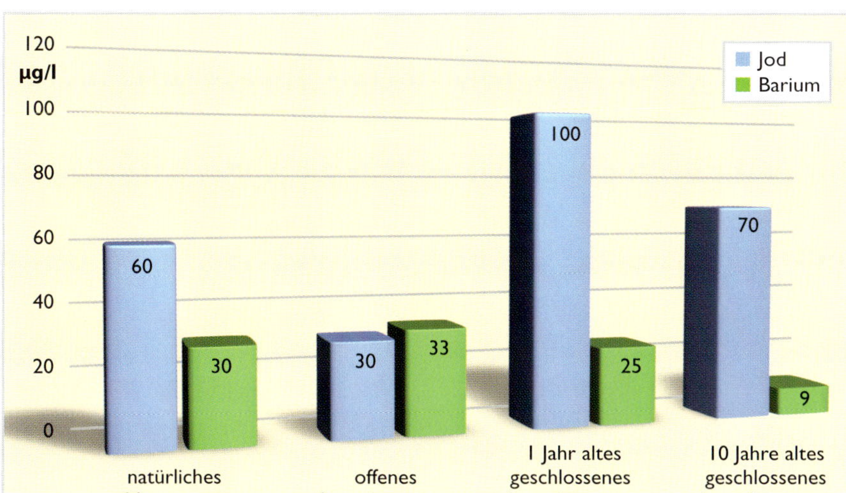

erhoffen wir uns, diesen Zustand zu verbessern und dabei die Wasserqualität den Bedingungen des natürlichen Seewassers der tropischen Korallenriffe so weit wie möglich anzunähern. Mit anderen Worten, unser Ziel ist es, den Nährstoffgehalt (inklusive, aber nicht ausschließlich Verbindungen wie Nitrat und Phosphat, die unkontrolliert Algen wachsen lassen) zu reduzieren, aber gleichzeitig ein Verarmen an essenziellen Elementen oder die Verschmutzung durch schädliche, giftige Stoffe zu vermeiden.

Verschiedene Filtersysteme können sich sehr unterschiedlich auf das Wasser auswirken. Manche Filteranlagen können die Nährstoffkonzentration anheben, andere sie verringern. Wieder andere scheinen die Konzentration mancher Elemente aufrecht zu erhalten, die anderer anzuheben und die Substanzen einer dritten Gruppe sogar ganz oder teilweise zu entfernen. In der Praxis hängt die Funktion von vielen Faktoren ab, von der Art des Filters und seiner Instandhaltung, vom Aquarienvolumen, der Populationsdichte, der Quantität des zugefügten Futters, der Menge und Methode des Wasserwechsels, der Qualität des zugefügten Wassers und von vielen anderen. Auf jeden Fall ist das Ergebnis ein Wasser, das chemisch oder auch physikalisch anders ist als das Ausgangswasser. Das bedeutet jedoch nicht zwangsläufig, dass unser Aquarium nicht funktionieren könnte!

Das Aquarium mag dennoch großartig aussehen, und die Tiere können mehr oder weniger gedeihen, aber es bleibt eine Tatsache, dass sie in einer Umwelt leben, die stärker oder schwächer von der natürlichen Umgebung abweicht. Beobachten wir ausgewählte Organismen genau, werden wir oft feststellen, dass sie eben diesen Unterschied zwischen natürlichem und künstlichem Riff widerspiegeln. Mit der Zeit neigen die Bedingungen dazu, sich immer weiter vom Ausgangspunkt zu entfernen. In diesem Zusammenhang ist es sehr wichtig, das System und die Reaktionen der Tiere genau zu beobachten. Tabelle 4.8 auf Seite 279 zeigt, wie sich die Wasserparameter während der ersten 152 Tage eines geschlossenen Aquariensystems verändern. Auch wenn die Bedingungen in einem solchen Becken anders sind, als wir sie im Riff vorfinden, sollte man diese Unterschiede nicht unbedingt überbewerten. Im Prinzip wollen wir die Aquarienbedingungen und Parameter so naturnah wie möglich erhalten. Es ist aber für den Hobbyaquarianer wohl nicht möglich, jedwede physikalische und chemische Veränderung, die im Aquarium geschieht, zu kompensieren. Viele Tiere können sich sehr gut an die Umweltbedingungen im Aquarium anpassen. Viele prächtige, geschlossene Korallenriff-Aquariensysteme auf der ganzen Welt sind der beste Beweis!

Biologische Filterung

Unter biologischer Filterung versteht man Methoden der Wasserreinigung, die auf biologischen Prozessen beruhen und bei einigen völlig unterschiedlichen Filtertypen Anwendung finden. Das sind Abbauprozesse, die von Bakterien, Algen und/oder Tieren bewirkt werden, wie wir es in Kapitel 6 ausführlich erläutert haben, (siehe Seite 331 für ein Diagramm, das die Anzahl und Typen von Bakterien in einem biologischen Filter zeigt). Benutzt man einen separaten Filterbehälter, spricht man von einem biologischen Filter oder kurz

Biofilter. Im Allgemeinen ist das Ziel, dass die nitrifizierenden und denitrifizierenden Bakterien im biologischen Filter stickstoffhaltige Verbindungen in dem Maße abbauen, wie Stickstoff durch Futterreste und Stoffwechselprodukte der Tiere dem Aquarium zugefügt wird. Die in einem Biofilter ablaufenden mikrobiellen Prozesse sind schwer vorauszusagen und bringen das Risiko mit sich, dass nach einiger Zeit eine drastische Milieuveränderung eintreten kann. Um die Funktion eines Biofilters so stabil wie möglich zu halten, ist es unumgänglich, einen Teil des Filtermaterials regelmäßig auszutauschen (das gilt nicht für Filter mit lebenden Steinen als Filtermedium). Außerdem muss verhindert werden, dass große organische Partikel den Filter verstopfen. Das erreicht man mit einem Vorfilter, dessen Filtermaterial aber mindestens ein Mal wöchentlich gewechselt werden muss (siehe auch „Mechanische Filter", Seite 375).

Das beste Baumaterial zur Herstellung eines Biofilters ist Glas. Der Filterbehälter kann durch senkrechte Querwände in kleinere Kammern aufgeteilt werden. Um eine möglichst optimale Durchströmung dieser Kammern zu erreichen, hat der Boden für das Filtersubstrat einen gitterartigen Durchlass aus Glasstreifen oder aus perforierten PVC- oder Plexiglasplatten. Weichplastik darf nicht verwendet werden, da es giftige Substanzen ins Wasser abgeben kann. Heutzutage bieten viele Hersteller komplette Aquariensysteme an, in denen ein Filtersystem bereits integriert ist. Manche sind hoch entwickelt und durchdacht, während andere anscheinend völlig willkürlich zusammengestellt wurden.

Da der Begriff „Biofilter" nicht genau definiert ist, gibt es eine ganze Anzahl verschiedener Systeme, die als biologische Filter angesehen werden können, z. B. Biofilter mit lebenden Steinen oder anderem Filtermaterial, Denitrifikationsfilter, Rieselfilter und Monokulturfilter. Nachfolgend werden wir näher auf sie eingehen.

Schematische Darstellung eines Biofilters mit Lebenden Steinen:

A Wasserzulauf vom Aquarium

1 Kammer mit künstlichem Filtermaterial, z. B. Filterwatte, Filterschwamm

2 zerkleinerte Lebende Steine mit einer Korngröße von 5–7 cm

3 zerkleinerte Lebende Steine mit einer Korngröße von 2–3 cm

4 zerkleinerte Lebende Steine mit einer Korngröße von 1 cm und weniger

5 Klarwasserkammer

B Wasserzufuhr mit einer Pumpe zum Aquarium

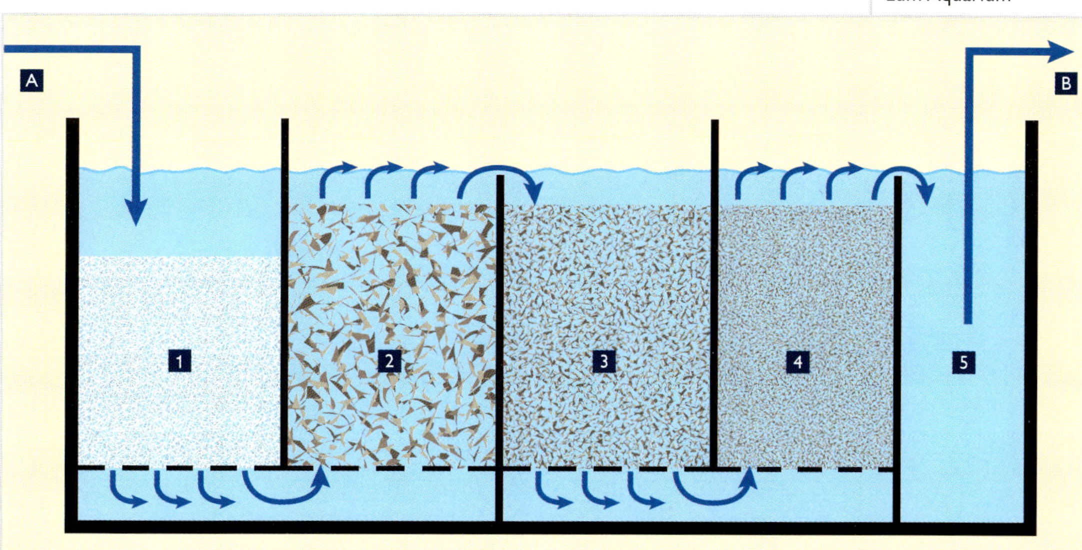

Wir möchten allerdings bereits hier auf ein grundlegendes Problem aufmerksam machen, das auftreten kann, wenn Biofilter als einzige oder als hauptsächliche Filterung in einem dicht besetzten Korallenriff-Aquarium eingesetzt werden. Alle Erfahrungswerte zeigen, dass solche Aquarien auf die Dauer dazu tendieren, beträchtliche Menge an Nährstoffen anzureichern, z. B. Nitrate und Phosphate. Auch wenn die Grundidee der biologischen Filterung der Abbau von Nährstoffen ist, hauptsächlich von Stickstoffverbindungen in derselben Menge, wie sie produziert werden, zeigt die Erfahrung, dass so ein Gleichgewichtszustand nicht dauerhaft aufrechterhalten werden kann, schon gar nicht in einem stark besetzten Aquarium, in dem sich die Nährstoffe langfristig anreichern werden. Dies kann zu einem erheblichen Algenwachstum führen. Ein anderer interessanter Nebeneffekt eines angestiegenen Nährstoffgehalts beruht auf der Tatsache, dass dieser für manche Arten, die sonst Probleme haben, im üblichen, nährstoffarmen Riffaquarium genug Nahrung zu finden, überlebenswichtig ist. Solche Arten könnten also in einem solchen Aquarium, das nur mit einem biologischen Filter ausgestattet ist, wachsen und gedeihen. Würmer, Seescheiden und andere Weichtiere sind typische Beispiele für diese Tiere, aber es gibt sogar Korallenarten, die bei höheren Nährstoffkonzentrationen besser als unter den nährstoffarmen Bedingungen wachsen, die die meisten modernen Aquarien bieten.

Auch sollte man stets bedenken, dass es tatsächlich natürliche Riffhabitate mit umfangreichem Algenwachstum und nährstoffreicherem Wasser als in den meisten anderen Gebieten gibt (für Beispiele siehe Kapitel 1, Seite 124ff.). Ein Becken, in dem fleischige Makroalgen dominieren, ist zwar eine andere Art von Meerwasseraquarium, kann unserer Meinung nach aber durchaus unter dem allgemeinen Oberbegriff „Korallenriff-Aquarium" aufgeführt werden. Derartige Becken können sehr interessant sein, auch wenn heute die meisten Aquarianer solche bevorzugen, in denen Makroalgen nicht vorherrschend sind. Ein Aquarium, das nur mit einem Biofilter betrieben wird, kann üblicherweise nicht so dicht besetzt werden wie eines, das mit einem Eiweißabschäumer läuft.

Alles poröse Einrichtungsmaterial, z. B. Kalkgestein (sog. Lochgestein), Lebende Steine, Muschelbruch, Korallen- und Foraminiferensand, ist potenzielle Siedlungsfläche für Abbauorganismen. Je poröser das Material, desto größer ist seine wirksame Oberfläche. Mit den eben aufgezählten Einrichtungsmaterialien kann man bereits direkt im Aquarium biologische Abbauprozesse mit beträchtlicher Effektivität erzielen. Eine Aquariendekoration aus Lebendgestein in Verbindung mit guter Wasserbewegung und genug Geduld, um die Steine über mehrere Monate reifen und sich entwickeln zu lassen, ist in der Tat eine der besten biologischen Filtermethoden, die man für ein Korallenriff-Aquarium bekommen kann. In vielen Aquariensystemen haben daher die auf diese Weise geförderten Abbauprozesse eine außerordentlich große Bedeutung. Speziell bei der Verwendung Lebender Steine macht sich eine wasserreinigende Wirkung deutlich bemerkbar. Lebende Steine scheinen auch bei den Prozessen, die bei der Filterung ablaufen, eine entscheidende Rolle zu spielen.

1) Biofilter mit Lebenden Steinen

Lebendgestein ist sehr porös und funktioniert als perfekter biologischer Filter im Aquarium, wo es als Dekorationsmaterial verwendet wird. Zerkleinert auf eine Größe von <1 cm bis ca. 7 cm ist es ein hervorragendes Material für biologische Filter. Foto: Bioquatic Photo

Auch wenn bereits die Dekoration ganz oder teilweise aus Lebendgestein besteht, kann dieses Material hervorragend zusätzlich als Medium in biologischen Filtern genutzt werden. Lebende Steine haben den großen Vorteil, dass sie eine erhebliche Anzahl abbauender Organismen enthalten. Diese Steine sind so aufgebaut, dass der Sauerstoffgehalt von außen nach innen stufenweise abnimmt. Dadurch entstehen sowohl aerobe als auch anaerobe Zonen. Zur Gewährleistung eines sauerstoffreichen Milieus müssen Biofilter mit Lebenden Steinen einen starken Wasserdurchfluss aufweisen, die Durchströmung des Filters muss also sehr effektiv sein und möglichst viele Stellen des Substrates erreichen. Das Wasservolumen des Aquariums bzw. des Gesamtsystems muss in maximal einer Stunde den Filter durchlaufen haben. Wir werden in Band 2 dieser Buchserie auf das Thema Lebendgestein zurückkommen.

2) Biofilter mit anderen Filtermaterialien

Folgende Materialien eigenen sich ebenfalls als Medium für einen Biofilter: Muschelbruch, Korallenkies, Korallen- und Foraminiferensand, „Lebender Sand“ sowie viele künstlich hergestellte poröse Materialien (siehe auch Seite 368, wo Sandbettfilter beschrieben werden). Bei einem solchen Biofilter ist es vorteilhaft, wenn der Filterbehälter in noch mehr Kammern unterteilt ist als bei einem Modell, das mit lebenden Steinen bestückt ist. Jede Kammer hat dadurch ein geringeres Volumen, wodurch sich die Gefahr toter Zonen mit unbewegtem Wasser, also anaeroben Zonen, verringert. Anaerobe Zonen können zum plötzlichen Freisetzen giftiger Stoffe führen. Die Durchströmung muss sehr stark sein, und auch hier muss die Wasserumwälzung des gesamten Systems in maximal einer Stunde erfolgen.

Biologische Filtereinheit mit künstlichem Filtermaterial in drei zylindrischen Kammern
Foto: Bioquatic Photo

In der ersten Kammer eines solchen Biofilters (Abb. Seite 353) sollte man Filterwatte als „Schmutzfänger” verwenden. Sie lässt sich leicht reinigen oder austauschen. Zwar kann man für die folgenden Kammern auch Filterwatte verwenden, doch die

oben aufgezählten Materialien sind wirkungsvoller. Wichtig ist, dass das ausgewählte Material eine ausreichende Wasserdurchströmung zulässt. (Es ist ebenfalls möglich, eine der Kammern im „Biofilter" als Behälter für Phosphat adsorbierendes Material zu nutzen, auch wenn es sich dabei natürlich um keine biologische Funktion des Filters handelt – siehe Kapitel 6, Seite 339–344).

Wie oft ein solcher Filter gereinigt werden muss, hängt von der Belastung und der Wasserdurchströmung ab. Es ist besonders wichtig, bei der Reinigung nur wenig Filtersubstrat auf einmal zu erneuern (etwa 10–20 % im Monat, je nach gemachter Erfahrung). Die Reinigung darf nicht übertrieben werden, da sonst die Mikroorganismen des Filters zahlenmäßig zu stark reduziert werden, wodurch die Wirkung des Filters eingeschränkt wird.

Mit den beiden beschriebenen Typen von Biofiltern sollen in erster Linie die Nitrifikation und die anderen aeroben Abbauprozesse gefördert werden. Die Endprodukte dieses Abbaus sind hauptsächlich Nitrat und Phosphat. Dass dieser Abbau wirklich stattfindet, kann über das Redoxpotenzial kontrolliert werden, das entsprechend hoch sein muss (300–450 mV). In einzelnen Fällen ist zu beobachten, dass der Nitratgehalt des Aquarienwassers ansteigt. Dann sind weitere technische Maßnahmen notwendig, um eine Nitratakkumulation zu verhindern.

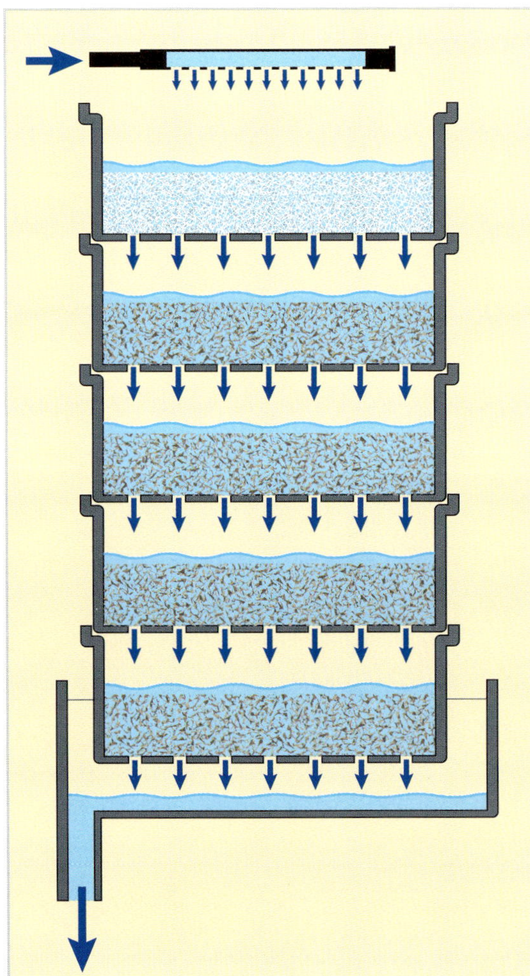

Schemaskizze eines Rieselfilters: Das Filtermaterial befindet sich auf abnehmbaren und stapelbaren Kunststoffkästen, wodurch eine leichte Reinigung ermöglicht wird. Der obere Kasten dient als Vorfilter und kann z. B. mit Filterwatte gefüllt werden. Die nachfolgenden Kästen werden etwa mit Korallenkies oder speziellen für Rieselfilter entwickelten Materialien bestückt.

3) Rieselfilter

Bei diesem Filtertyp befindet sich das Filtermaterial nicht untergetaucht im Wasser, sondern wird vom Wasser überrieselt. Auf diese Weise werden maximale Sauerstoffanreicherung und bessere Nitrifikation als im traditionellen Biofilter erzielt. Das verwendete Filtermaterial sollte eine große Oberfläche im Verhältnis zum Volumen haben und gut vom Wasser zu durchströmen sein, ohne dass es verstopfen kann. Bei stärker belasteten Aquarien-

Ein „Miniriff-trocken/nass-Biofilter" ist eine Kombination aus einem Rieselfilter („trocken"), der aus vier mit Korallengrus gefüllten Schubladen besteht, und einem 3-Kammer-Biofilter („nass"), der mit Korallenkies unterschiedlicher Körnung bestückt ist.
Foto: Bioquatic Photo

systemen, z. B. mit großem Fischbesatz, und/oder in Aquarien ohne Lebendgestein als Dekorationsmaterial ist das besonders vorteilhaft.

Der ursprüngliche Rieselfilter wurde als Teil des „Miniriff-Aquariensystems" in den frühen 1980er-Jahren bekannt, eroberte die Welt im Sturm (Debelius 1982) und wird – meist mit einigen Veränderungen – auch heute noch von manchen Aquarianern verwendet. Auch wenn wir in den ersten Jahren mit dem Miniriff-Aquarium (ohne die Verwendung eines Eiweißabschäumers) über-

Zwei holländische Miniriffaquarien aus 1980 (Eigentümer: Jan Harbers), die von Octokorallen wie *Sarcophyton* und *Sinularia* spp. dominiert wurden. Steinkorallen wie *Cynarina lacrymalis* und *Plerogyra sinuosa* waren damals auch schon verfügbar. Man beachte den starken *Caulerpa*-Wuchs, der auf die biologische Filterung und den hohen Nährstoffgehalt des Wassers zurückzuführen ist.
Fotos: J. Harbers

wältigende Erfolge verbuchen konnten, stellte sich bald heraus, dass der Nass/Trocken-Filter, bei dem der Rieselfilter die neue, revolutionäre Komponente darstellte, zur Stabilisierung eines Korallenriff-Aquariums mit hoher Populationsdichte unzulänglich war. Offensichtlich bedurfte es anderer Filtermethoden, und der Eiweißabschäumer kam auf (siehe Seite 378).

Für ein Korallenriff-Aquarium, dessen Wasser normalerweise nur mäßig belastet ist, da die meisten Nährstoffe schon vom Eiweißabschäumer erfasst werden, bevor sie die Nitrifikations- und Denitrifikationskreisläufe erreichen, sehen wir die Notwendigkeit eines Rieselfilters nicht. Große Nachteile des Rieselfilters – neben der Tatsache, dass diese Filter Nitrat produzieren und diesen Nährstoff in das Aquariensystem entlassen – sind auch seine hohe Verdunstungsrate und sein großer Wärmeverlust. Jedoch soll nochmals erwähnt werden, dass bei der Verwendung eines Rieselfilters (ob nun mit anderen biologischen Filtereinheiten kombiniert oder nicht) die Möglichkeit besteht, diejenigen Organismen erfolgreich zu kultivieren, die in einem nährstoffarmen Korallenriff-Aquarium normalerweise nicht gedeihen. Und ganz bestimmt gibt es keine Regel, die besagen würde, dass so ein Aquarium aus biologischer Sicht nicht interessant sein kann!

Die Abbildung Seite 356 zeigt das Konstruktionsschema eines Rieselfilters. Ein Stapelkastensystem, jeweils mit einer dünnen Lage Filtersubstrat, macht den Austausch des Filtermaterials einfach. Es gibt heute eine Reihe verschiedener Rieselfiltersysteme im Handel zu kaufen. Manche davon sind als Zylinder konzipiert, in denen das Wasser durch sich drehende Rohre über dem Filtermedium versprüht wird. Dasselbe Filterprinzip gibt es in vielen verschiedenen Ausführungen.

4) Denitrifikationsfilter

Viele Bakterien und andere Mikroorganismen, die im Substrat oder im Darm anderer Organismen leben, haben keinen Zugang zu reichlich Sauerstoff und sind daher an sauerstoffarme oder sogar sauerstofffreie Lebensräume angepasst. Diese Organismen können in ihrem Stoffwechsel keinen molekularen Sauerstoff verwerten, und manche vermögen nicht einmal in Gegenwart von molekularem Sauerstoff zu überleben, da ihnen bestimmte Enzyme fehlen, die notwendig sind, um dieses Gas für den Organismus unschädlich zu machen. Solche Bakterien werden anaerob genannt und sorgen für das Aufschließen von Nährstoffen, indem sie ihre anaerobe Atmung durchführen. Die anaerobe Atmung ist ein Vorgang, den Organismen nutzen, um die Energie, die sich in der Nahrung befindet, ohne Verwendung von molekularem Sauerstoff abzubauen. Die Nahrung wird aufgeschlossen und in Energie umgewandelt (als ATP mit CO_2 und H_2O als Nebenprodukte), aber sehr viel weniger ergiebig als in der konventionellen, aeroben Atmung, wie sie alle Lebewesen durchführen, die in einer sauerstoffreichen Umwelt leben. Es ist der Vorgang der anaeroben Atmung, der in Denitrifikationsfiltern genutzt wird. (Siehe Kapitel 6, Seite 338ff., für eine detaillierte Beschreibung der Denitrifikation).

Denitrifikationsfilter – oder vielleicht besser „Reduktionsfilter" genannt – wurden entwickelt, um einen gefährlichen Anstieg des Nitratgehalts im Aquarienwasser zu vermeiden. Im Prinzip handelt es sich hierbei um Filter mit anaeroben Verhältnissen und demzufolge auch langsamer Wasserdurchströmung. Bietet solch ein Filter die Voraussetzungen für eine Denitrifikation, wird Nitrat in Stickstoff (N_2) und Distickstoffoxid (N_2O) durch chemische Reduktion aufgespalten. Beide Stoffe entweichen als Gase.

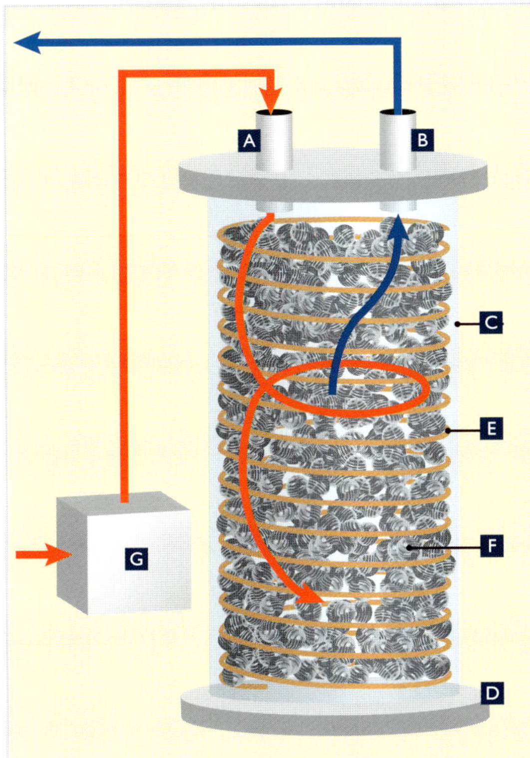

Beispiel eines Denitrifikationsfilters:

A Wassereinlass
B Wasserabfluss
C Zylinder mit Biobällen
D Boden
E Plastikspirale an der inneren Wandung des Zylinders C, beginnt 3 cm unter dem Deckel des Zylinders und endet auf dem Boden D
F Bioballe
G Pumpe

Ein solcher Denitrator benötigt ca. einen Monat, um effektiv zu arbeiten. Das sauerstoffreiche Wasser, das von der Pumpe G durch den Zufluss A gepumpt wird, läuft die Spirale bis zum Boden hinunter. Anschließend steigt es im Zylinder an, kommt mit den Biobällen und den darauf lebenden Bakterien, die sich vielfach vermehren, in Kontakt, bis es durch die Öffnung B wieder in das Aquarium oder das Filterbecken fließt. Da das Wasser sehr langsam die Spirale hinunterfließt, wird der Sauerstoff durch die aeroben Bakterien verbraucht. Ab einer bestimmten Stelle ist der Sauerstoff nahezu verbraucht, und die anaeroben Bakterien, die den benötigten Sauerstoff dem Nitrat entziehen, beginnen zu wachsen. Auch auf den Biobällen wachsen anaerobe Bakterien, die das Nitrat, das nicht im unteren Viertel der Spirale von den Bakterien konsumiert wurde, abbauen. Gerade die Biobälle im Zentrum des Zylinders ermöglichen den stetigen Abbau steigender Nitratmengen, die im Aquarium produziert werden.

Das größte Problem bei dieser Art von Filter besteht darin, dass sich anaerobe Verhältnisse erst nach längerem Betrieb einstellen. Es ist überhaupt sehr schwierig, anaerobe Bedingungen in einem Denitrifikationsfilter zu erreichen. Herrschen aber erst einmal anaerobe Bedingungen vor, kann ein Denitrifikationsfilter recht effektiv sein. Anaerobe Verhältnisse lassen sich über sehr niedrige Sauerstoffwerte im Filterablauf ermitteln. Ein langsamer, aber stetiger Wasserfluss durch den Filter ist essenziell, ebenso wie die Zugabe eines organischen Stoffes (wie Laktose oder Alkohol), der als Nahrungsquelle für die Bakterien dienen kann. Die chemischen Grundlagen hierfür werden im Kapitel 6 erläutert. Manche kommerziellen Systeme, wie die aufgrund der spiralförmigen Wasserführung „Helix-Denitrifikations-Filter" genannten Modelle (ein Zylinder gefüllt mit Biobällen), haben so niedrige Durchflussraten, dass ein kompletter Durchfluss des Aquarienwassers 5–6 Wochen in Anspruch nimmt. Die biologischen Verhältnisse können aber nur durch korrekte Messungen des Redoxpotenzials im Filter erfasst werden. Redoxpotenziale zwischen -50 und -200 mV zeigen eine gute Denitrifikation an, Potenziale über -50 mV signalisieren, dass keine Denitrifikation stattfindet, während es bei Messwerten unter -200 mV zu einer Produktion des sehr giftigen H_2S-Gases kommen kann. BAUM (1989) gibt dazu sehr interessante Kommentare.

Denitrifikationsfilter sind im Bauprinzip den vorher beschriebenen Biofiltern gleich, jedoch erübrigt sich ein Vorfilter, da der Wasserzulauf stets aus einem aeroben Filter erfolgt. Für einen Denitrifikationsfilter müssen die Medien fein strukturiert sein. Gut eignen sich fein zerkleinerte Lebende Steine und natürlich auch speziell zu diesem Zweck entwickelte künstliche Materialien. Der Wasserdurchfluss muss möglichst gering gehalten werden, normalerweise weniger als 50 l pro Stunde. Ferner ist eine gute Abdeckung des Fil-

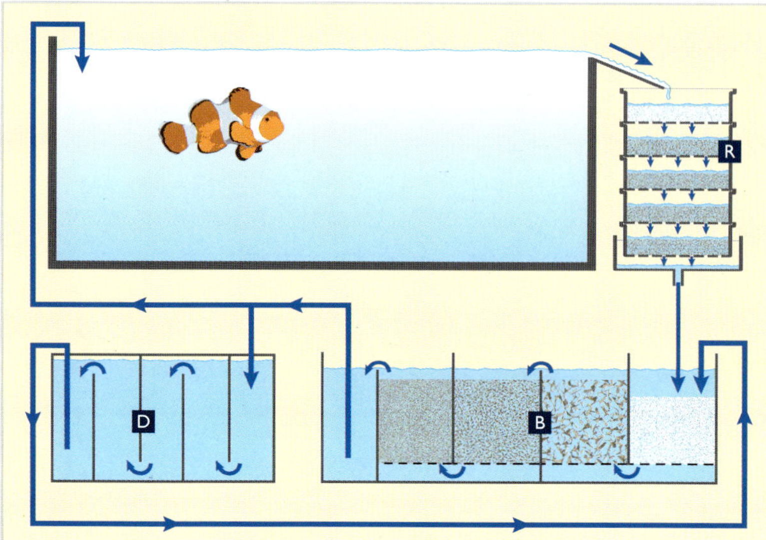

Schemaskizze eines kombinierten biologischen Filtersystems: Das Oberflächenwasser läuft über einen Rieselfilter R in Biofilter B. Der überwiegende Teil wird von hier aus zum Aquarium zurückgepumpt, während ein kleiner Teil über einen Denitrifikationsfilter D erneut in den Biofilter eingeleitet wird.

ters nötig, um den Zutritt von Luftsauerstoff weitgehend auszuschließen. Den Bakterien sollten öfter Nährstoffe zugeführt werden. Hierzu kann man sehr gut Lactose (Milchzucker, $C_{12}H_{22}O_{11}$) verwenden. Die Bakterien spalten Lactose in Kohlendioxid und Wasser, den benötigten Sauerstoff entnehmen sie dem Nitratmolekül. So wird gasförmiger Stickstoff gebildet. Die Lactose wird am besten und einfachsten in die erste Filterkammer gegeben. Man beginnt mit einem gestrichenen Teelöffel pro Woche. Es ist sehr wichtig, die richtige Menge der zu verabreichenden Lactose zu ermitteln, um die optimalen anaeroben Verhältnisse zu schaffen. Ein zu hohes Redoxpotenzial zeigt an, dass man zu wenig, ein zu niedriges, dass man zu viel Lactose zugefügt hat.

Der „Wodka-Filter" von David Saxby, London
Foto: Bioquatic Photo

Bild rechte Seite: Das herrliche 11.000-l-Aquarium von David Saxby, London
Foto: Bioquatic Photo

Wodkafilter

Manchmal wird auch Alkohol als Nahrungsquelle in Denitrifikationsfiltern genutzt, weshalb sich der Name Alkoholfilter – oder populär „Wodkafilter" – eingebürgert hat. Als wirklich gut funktionierendes Beispiel für diese Methode lernten wir das herrliche Aquarium von David Saxby, London, kennen. Der Aufbau dieses Filters wird in der Grafik auf Seite 362 beschrieben. Seine Wirksamkeit wird durch den beachtlichen Einfluss auf die Nitratkonzentration in David Saxbys extrem stark besetztem Aquarium deutlich, das mehr als 200 Fische beherbergt.

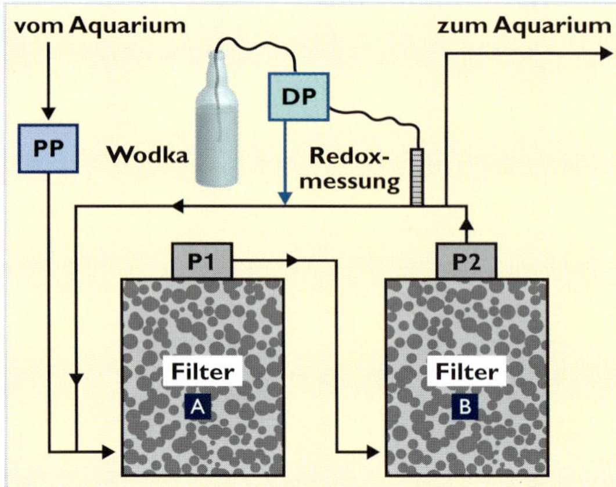

Schemaskizze des Denitrifikations-Filtersystems, das David Saxby, London, bei seinem 11.000-l-Aquarium sehr erfolgreich seit Jahren nutzt. Erstmals kam das System zum Einsatz, als das Wasser des dicht mit Fischen – die täglich reichlich gefüttert werden – und Wirbellosen besetzten Aquariums einen Nitratgehalt von 40 mg/l erreicht hatte. Nach einer Einlaufzeit des Filtersystems sank der Nitratgehalt innerhalb von fünf Wochen auf 1 mg/l. Der eigentliche Denitrifikationsfilter besteht aus zwei Einheiten (A und B), die jeweils mit 18 l Siporax und Biobällen gefüllt und mit jeweils einer EHEIM-Pumpe 1060 (P1 und P2) versehen sind. Die beiden Pumpen sorgen für einen Wasserkreislauf zwischen den beiden Filtereinheiten. Mit einem Redoxpotenzial-Messgerät wird das Redoxpotenzial des aus der Filtereinheit A kommenden Wassers bestimmt. Ein iks-aquastar-Aquariencomputer regelt über eine Dosierpumpe eine Futterzugabe für die Bakterien, wenn der gemessene Redoxwert bei -150 mV liegt (das vom Aquarium kommende Wasser hat ein Redoxpotenzial von 300–400 mV). Als Bakterienfutter setzt David Saxby verdünnten Wodka (Wodka : Osmosewasser = 1 : 3) ein. Mit einer Dosis von 2,5 ml des Wodka-Cocktails wird ein Redoxpotenzial von -190 bis -250 mV erreicht. Eine peristaltische Pumpe (PP), die mit einem kontinuierlichen Druck von 6,5 bar arbeitet und auf 15–60 l/h einstellbar ist, garantiert eine kontinuierliche Wasserzufuhr von 25–30 l/h vom Aquarium zum Filtersystem.

Im Wodkafilter werden die denitrifizierenden Bakterien statt mit Lactose mit Alkohol gefüttert (für chemische Details siehe Kapitel 6, Seite 338–339), und zwar am besten mit Ethanol. Prinzipiell kann zwar auch Methanol genutzt werden, aber da dieses äußerst giftig ist, sollte es auf jeden Fall gemieden werden! Es ist wichtig, den alkoholbasierten Denitrifikationsfilter absolut korrekt zu bedienen. Das heißt im Allgemeinen, der Wasserfluss muss so langsam sein, dass die Denitrifikation allmählich stattfinden kann. Ebenfalls notwendig ist es, ein zweckmäßiges Filtermedium zu verwenden, auf dem sich die Bakterien gut vermehren können. Sebralla (2000) empfiehlt die Verwendung von „Siporax" als Filtermedium sowie einen Wasserdurchfluss von 0,5 l pro Stunde. Außerdem rät er zu einer Dosierung von 1 ml Wodka pro 6 l Filtervolumen, am besten auf zwei Portionen täglich verteilt. Das bedeutet, dass der Betrieb eines alkoholbasierten Denitrifikationsfilters sehr arbeitsaufwändig ist und eine präzise Durchführung erfordert. Man sollte die Nitratkonzentration im Aquarium regelmäßig messen, um sicherzustellen, dass der Filter die Denitrifikation wirklich durchführt und somit die Nitratbelastung verringert. Siehe Brockmann (2007a, b) für mehr Informationen über Denitrifikationsfilter.

Während der letzten Jahre wurde auch mit der direkten Zugabe von Alkohol ins Aquarium zwecks Reduzierung des Nitrat- und Phosphatgehalts experimentiert. Diese Art der Alkoholzugabe dient prinzipiell nicht der Denitrifikation, sondern hat mit Assimilation zu tun. Mit Assimilation meinen wir die Aufnahme von Stickstoff und Phosphor durch Algen und Bakterien (mehr dazu siehe Kapitel 6, Seite 337ff.). Wenn Alkohol zugefügt wird, vergrößert sich die Nahrungsmenge für die Bakterien (in Form von Kohlenstoff) im Aquarium, was wiederum zu einem Anstieg der Anzahl assimilierender Bakterien führt. Damit kommt auch ihr Potenzial für eine verstärkte Assimilation von Phosphor- und Stickstoffverbindungen zum Tragen. Für mehr Informationen zum Thema siehe Brockmann (2007b) und Schlüter (2004).

Schwefelfilter

Die Nahrung für denitrifizierende Bakterien kann auch auf Schwefel basieren, wobei die Schwefelbakterien Nitrat zur Stickstoffgas reduzieren und elementaren Schwefel zu Sulfat oxidieren. Schwefelkugeln mit einer Reinheit von nahezu 100 % dienen zum einen als Wachstumsmedium und zum anderen als chemisches Oxidationsmittel für die Schwefelbakterien (Details in Kapitel 6, Seite 339). Genau wie bei anderen Denitrifikationsfiltern sollte der Wasserdurchfluss sehr gering sein.

In Schwefelfiltern nutzen die Bakterien Nitrat, Schwefel und Wasser, um – unter anaeroben Bedingungen – Stickstoffgas und Sulfat zu produzieren. Nitrat wird zu Stickstoff reduziert, Schwefel zu Sulfat oxidiert. Während dieses Prozesses wird jedoch auch Säure (H^+) hergestellt. Das Wasser, das aus dem Schwefeldenitrifikationsfilter zurückläuft, hat daher einen niedrigen pH-Wert, denn es ist mit Schwefelsäure (H_2SO_4) angereichert. Manche Modelle lassen daher das Auslaufwasser über eine Lage Kalziumkarbonat fließen, um die Säure zu neutralisieren. Theoretisch sollte daher auch Kalzium freigesetzt werden und die Konzentration dieses lebenswichtigen Elements sowie die Alkalinität erhöhen. Diese Idee klingt zwar gut, aber leider wird auf diese Weise nicht viel Kalzium produziert. Wenn pro Woche 10 mg Nitrat pro Liter verbraucht werden, entstehen so 4,3 mg/l Ca^{2+} (Holmes-Farley 2003).

Achtung!

Ein Denitrifikationsfilter darf nur in Verbindung mit einem normalen Biofilter oder einem anderen Gerät, das sauerstoffreiches Wasser verströmt (z. B. ein Refugium oder ein Eiweißabschäumer), betrieben werden! Das sauerstoffarme Wasser aus dem Filterablauf darf auf keinen Fall direkt ins Aquarium eingeleitet, sondern muss immer zuerst belüftet werden.

Abschließend soll ausdrücklich betont werden, dass die Nitratbelastung im Aquarium den Ausschlag geben muss, ob ein Denitrifikationsfilter benötigt wird oder nicht! Wenn die Nitratkonzentration bereits sehr niedrig ist, was für Korallenriffaquarien-Verhältnisse etwa < 1 mg/l bedeutet, besteht kein Bedarf an einem Denitrifikationsfilter o. Ä. Obwohl 1 mg/l viel mehr ist als die Nitratkonzentration in tropischen Korallenriffen, ist dieser Wert für Aquarienriffe absolut akzeptabel. Wir selbst konnten in unseren Aquarien, die mit Lebendgestein dekoriert sind und in denen nur mit Eiweißabschäumern gefiltert wird, nie Nitratkonzentrationen über 1 mg/l messen. Wenn der Nitratgehalt jedoch angestiegen ist oder sich konstant auf einem hohen Niveau – wie 5–20 mg/l – befindet, wie es in manchen Gegenden der Fall sein kann, sollte ein Denitrifikationsfilter in Erwägung gezogen werden.

5) Monokulturfilter

Als Monokulturfilter werden solche Filter bezeichnet, die aus einer möglichst reinen Kultur von Pflanzen oder Tieren bestehen, die einen günstigen Einfluss auf die Wasserqualität haben. Die bekanntesten Monokulturfilter sind Algenfilter.

Bild unten links: Ein Meerwasseraquarium mit Algen und einem *Caulerpa*-Algenfilter, der unter dem Hauptaquarium steht
Foto: Bioquatic Photo

Bild unten rechts: Ein Algenfilter mit Rotalgen unter freiem Himmel
Foto: Bioquatic Photo

Schemaskizze eines Monokulturfilters mit *Caulerpa*-Algen: Dafür eignen sich flache Behälter mit möglichst großer Grundfläche. Die Beleuchtung erfolgt z. B. mit Leuchtstofflampen.

Ein Algenfilter in seiner einfachsten Form besteht aus einem Behälter mit kräftiger, den Algenwuchs fördernder Beleuchtung. In den Filter werden *Caulerpa*-Algen eingesetzt, die durch ihr Wachstum Nitrat (und auch einen Teil anderer Stoffe, z. B. Phosphat) verbrauchen. Durch regelmäßiges Auslichten des Algenbestandes werden somit auch die Schadstoffe entfernt. Ein weiterer günstiger Effekt dieses Monokulturfilters ist, dass sein starker *Caulerpa*-Wuchs andere, weniger wünschenswerte Algen im Aquarium durch Konkurrenzwuchs bzw. Nährstoffentzug nicht oder nur vermindert aufkommen lässt. Andererseits konkurriert der Algenwuchs im Filter aber auch mit den symbiotischen Zooxanthellen der Wirbellosen.

Es ist wichtig, dass die Algen in einem Algenfilter schnell wachsen und regelmäßig abgeerntet werden. Das ist in diesem Refugium des Aquariums von Marko Haaga sicherlich kein Problem (siehe auch die Aquarienpräsentation auf Seite 423ff.), wo die Alge *Chaetomorpha* unglaublich schnell wächst.
Foto: M. Haaga

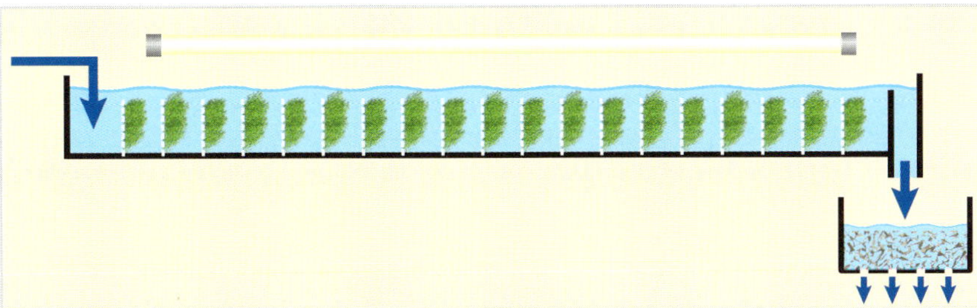

Schemaskizze eines Monokulturfilters mit Fadenalgen: In einen sehr gut beleuchteten, flachen Behälter mit maximal 5 cm Wasserstand wird ein geeignetes Substrat eingebracht, auf dem die Algen wachsen können, z. B. eine Gitterstruktur aus Acrylglas. Da Fadenalgen am besten in starker Strömung gedeihen, ist für einen kräftigen Wasserdurchlauf zu sorgen. Damit losgerissene Algen nicht ins Aquarium gelangen, ist am Auslauf ein mechanischer Filter nachzuschalten.

Fadenalgen können gleichfalls in einem Monokulturfilter kultiviert werden. Es ist jedoch sehr schwierig – wenn nicht gar unmöglich – zu verhindern, dass sie sich dann auch im Aquarium ausbreiten. Wird ein Aquarium zur Pflege von Wirbellosen aus der Flachwasserzone eines Korallenriffs stark beleuchtet, können Fadenalgen zur Plage werden. Bei einem Aquarium mit schwächerer Beleuchtung zur Pflege von Wirbellosen aus größeren Tiefen kann ein Fadenalgenfilter dagegen vorteilhaft sein. Natürlich kann man auch in diesem Fall *Caulerpa* einsetzen, doch erfahrungsgemäß sind Fadenalgen einfacher zu kultivieren und vermögen mehr Nitrat aufzunehmen. Die Abbildung oben zeigt das Schema eines Filters mit Fadenalgen. Die Beleuchtung über einem Algenfilter muss zwischen 12 und 14 Stunden täglich eingeschaltet sein.

1983 veröffentlichte Dr. W. Adey vom Smithsonian Institute, Washington, einen Artikel, in dem er etwas beschrieb, das er als Mikrokosmos bezeichnete. Es handelte sich dabei um ein Aquariensystem, an dessen Entwicklung er seit 1974 ständig gearbeitet hatte. Der Grundgedanke des Systems besteht darin, das Wasser über eine Anzahl bürstenförmiger Algenpolster zu filtern, in denen viele verschiedene Arten von Rasenalgen wachsen und als Filter funktionieren. Wenn die überschüssigen Algen „geerntet“ werden, entfernt man Nährstoffe aus dem System. Insgesamt war das System so geplant, dass es den Aufbau und die Funktion eines karibischen Korallenriffs im flachen Wasser nachahmen sollte. Adeys Überlegungen wurden sehr positiv aufgenommen, und seit 1983 haben viele öffentliche Aquarien, darunter auch das „Great Barrier Reef Aquarium“ (derzeit als Reef HQ bekannt) in Townsville, Australien, das System an ihre Bedürfnisse angepasst und angewendet. Im Reef HQ gibt es ein 4,5-Millionen-Liter-Riffaquarium, das anfänglich mit denselben Techniken betrieben wurde wie der „Mikrokosmos“ im Smithsonian Institute. Dabei wurden ausschließlich Algenfilter mit riesiger Oberfläche eingesetzt (Eager & Peterson 1988; Jones 1992).

Aber mittlerweile hat sich im Reef HQ einiges gewandelt. Seit unserem ersten Besuch in diesem riesigen öffentlichen Aquarium 1991, als die Algenfilter das einzige Filtersystem darstellten, wurden bis zu unserem dritten und vierten Besuch 1998 und 2004 große Veränderungen an der Anlage vorgenommen. Seit 2004 arbeitet das

Das Reef HQ in der Flinders Street, Townsville, liegt unmittelbar benachbart zu dem Museum Tropical Queensland (Vordergrund) und beheimatet das Hauptbüro der Great Barrier Marine Park Authority (GBRMPA). Darin sind das Management für das Große Barriereriff und die Pressestelle für Informationen über den Riffschutz und die Riffbiologie untergebracht. Man sollte es auf jeden Fall besuchen, wenn man in Townsville ist. Foto: Bioquatic Photo

Blick in das gigantische 4,5-Millionen-Liter-Korallenriff-Aquarium von Reef HQ, Townsville, Australien
Foto: Bioquatic Photo

Team des Reef HQ unter der Leitung von Dr. Kirsten Michalek Wagner an der Optimierung des Systems, um die Mikrobiologie und das Korallenwachstum wieder in Gang zu bringen. Sie experimentierten mit der Zugabe von Kalzium und machten das Aquarium zu einem halb-offenen System, in dem Wasser aus dem Ross Creek direkt von der Stelle, wo sich die Einrichtung befindet, verwendet wird. 17 Jahre nach der Eröffnung des GBR-Aquariums und nach vielen Schwierigkeiten wurden die „Algae-Turf-Scrubbers"-Filter (= flache und stark

Das riesige Riffaquarium von Reef HQ ist offen und damit dem natürlichen Sonnenlicht, dem Wind und dem Regenfall ausgesetzt. Links sieht man große Abschäumer, die mittlerweile die ursprünglich verwendeten Algenfilter ersetzen.
Foto: Bioquatic Photo

Rochen (*Dasyatis* sp.), Gitarrenrochen (*Rhinobatus* sp.) und eine Schule des Korallenwelses *Plotosus lineatus* in einem Aquarium von Reef HQ
Foto: Bioquatic Photo

beleuchtete Algenfilter, in denen die stark wachsenden Algen regelmäßig geerntet und aus dem System entfernt werden) endgültig entfernt und durch Eiweißabschäumer ersetzt. So flossen Ideen von den kleinen privaten und geschlossenen Riffaquarien in die Umgestaltung dieser bemerkenswerten öffentlichen Einrichtung ein.

Über diese „Algae-Turf-Scrubbers" als Filter ist viel debattiert und geschrieben worden, siehe z. B. SPRUNG 1993, 1994 und ADEY 1994).

Viele Aquarianer nutzen ein Refugium, das vom Aquarienwasser durchflossen wird. Ein Refugium wird meist unter dem Aquarium platziert und mit etwas Korallensand, etwas Lebendgestein, anderen Filtermedien und manchmal etwas Algenaufwuchs betrieben. Mit der Zeit siedelt und wächst hier eine beeindruckende Anzahl unterschiedlicher Mikro- und Makrowirbelloser. Bei diesem System handelt es sich um keine Monokultur, sondern vielmehr um eine „Multikultur" von Filterorganismen. Diese Flora und Fauna trägt zur Artenvielfalt und zur Filterkapazität des Aquariensystems bei.

6) Sandbett und Sandbettfilter

Die sog „Bodenfilter" waren in den frühen Tagen der Meerwasseraquaristik sehr populär und die gebräuchlichsten Filter für Meerwasseraquarien. Da ihr Funktionsprinzip wohl allgemein bekannt ist, wollen wir es hier nur kurz skizzieren. Normalerweise arbeitet der Bodenfilter, indem ein Luftförderer oder eine Filterpumpe das Aquarienwasser durch den Bodengrund hindurch ansaugen, das Wasser also von oben nach unten strömen lassen. Dadurch soll dem Boden sauerstoffreiches Wasser zugeführt werden, wo es die Abbauprozesse fördert. Später setzte man dann auch Bodenfilter mit umgekehrter Strömungsrichtung ein. Eine Motorpumpe drückt das Wasser von unten nach oben durch den Bodengrund. Beide Varianten wurden über viele Jahre erprobt.

Heute ist man prinzipiell der Meinung, dass Unter-Kies-Filter für Korallenriffaquarien eher ungeeignet sind. Statt einer dicken Schicht Kies mit einem Unter-Kies-Filter nutzen viele Aquarianer nur eine dünne (oder überhaupt keine) Substratschicht, ohne jegliche Wasserzirkulation durch dieses Substrat. Dies ist eine sehr gute Lösung, die sich in Verbindung mit anderen Filtersystemen, wie der Eiweißabschäumung, bewährt hat. Dennoch erreichen Sandbettfilter in letzter Zeit bei vielen Aquarianern neue Popularität, besonders in den USA. Und es gibt bei der Unter-Kies- und der Sandbettfilterung durchaus Aspekte, die es wert sind, in der Korallenriffaquaristik erneut diskutiert zu werden.

Große Sandbereiche zwischen Korallenfelsen in der Flinders Lagune, Korallensee
Foto: Bioquatic Photo

Sandbetten oder hohe Schichten aus Korallenkies gibt es in allen Korallenriffen. Diese können wir als große Sandbänke erkennen, die zum tiefen Wasser der Riffkante hin abfallen und in den Lagunen aus feinem Korallensand, zwischen Korallen und Felsblöcken auf dem Riffdach dagegen aus kleinen Stücken Korallenbruch bestehen.

Es gibt viele Arten von Sandbetten, aber per Definition (HOLM & MACINTYRE 1984) besteht ein Sandbett aus Material mit einer Körnung von 0,0625–2,0 mm. Die Korngröße ist ein entscheidender Faktor für die Biodiversität des Sandbetts. Sie reguliert den Umfang des Wasserflusses, der das Substrat durchdringen kann, und bestimmt daher die Sauerstoffmenge, die für die im Substrat lebenden Organismen verfügbar ist. Auch die Wasserbewegung direkt über dem Substrat ist ausschlaggebend, da die Strömung das Sediment bewegt und somit den Wasseraustausch durch die Körner hindurch gewährleistet. In Gegenden mit starker Wasserbewegung bestehen die Sandbetten nur aus großen Partikeln, während sie in ruhigen Lagunen und im tieferen Wasser aufgrund des geringeren Wellenaufkommens aus kleinen Körnern zusammengesetzt sind. Die Menge organischen Materials, die mit dem Sand vermischt ist, ist ein weiterer wichtiger Faktor für die Art der Organismen, die das Sandbett besiedeln. Bitte beachten Sie SHIMEK (2007) für mehr Informationen zum Thema Sandbett.

Nahaufnahme von natürlichem Korallensand, wie er für die Aquaristik verkauft wird
Foto: Bioquatic Photo

Es gibt eine Vielzahl größerer und kleinerer Organismen, die potenzielle Besiedler eines Sandbetts sind. Sie leben entweder auf dem Sand, sind ständig im Sand vergraben oder nutzen diesen mehr oder weniger regelmäßig als Versteck. Bei diesen Organismen handelt es sich u. a. um Nesseltiere wie Zylinderrosen (*Pachycerianthus* spp. und *Cerianthus* spp.), Anemonen, die sich im Sand eingraben, wie die stark nesselnde *Actinodendron* spp., Seefedern, viele kleine Krustentiere wie Gammariden,

Eine hübsche Seefeder erhebt sich nachts vom Sandboden in Cabilao, Philippinen
Foto: Bioquatic Photo

Erkennen Sie die beiden Krabben (*Calappa* sp.), die sich im Sand versteckt haben? Ein kleines Aquarium mit einem dicken Sandbett und einigen dieser Krabben ist sicherlich ein einzigartiges und sehr interessantes Becken.
Foto: Bioquatic Photo

Ein Substrat voller Leben: frei lebende polychaete Würmer, kleine, Röhren bildende Würmer und andere Organismen im dicken Sandbett von Marco Madeiras Aquarium (siehe auch Seite 406–408)
Foto: Bioquatic Photo

Irreguläre Seeigel findet man typischerweise im Sand eingegraben, wo sie sich durch das Substrat arbeiten und von kleinen Wirbellosen und Detritus ernähren. Als Resteverwerter leisten sie in einem Aquarium ganze Arbeit, benötigen aber viele Nährstoffe, um am Leben zu bleiben.
Foto: Bioquatic Photo

Ein Pärchen der Gelben Symbiosegrundel (*Cryptocentrus cinctus*) und ihr kommensaler Pistolenkrebs (*Alpheus* sp.). Diese faszinierende Partnerschaft kann sehr schön in einem Aquarium mit einem Sandbett beobachtet werden.
Foto: Bioquatic Photo

Bild unten links: Die „Muschelsammlerin" *Phyllchaetopterus* sp. in ihrer Röhre im Sandbett eines Aquariums
Foto: Bioquatic Photo

Gammariden sind kleine Krebstiere, die in großer Zahl im Sandboden leben. Sie bauen Höhlen und zeigen faszinierende Verhaltensweisen. Das Sandbett eines Korallenriff-Aquariums oder eines Filteraquariums ist perfekt, um die Lebensäußerungen dieser Tiere zu beobachten.
Foto: D. Knop

größere Krustentiere wie Garnelen und Krebse, viele Würmer, einige Weichtiere, manche Stachelhäuter und verschiedene Fische. Zusätzlich enthält das Sandbett eine Vielzahl von Algen (vor allem Diatomeen), Cyanobakterien und andere Bakterien sowie eine unbekannte Zahl von Mikroorganismen wie Ciliaten. Die Bewohner des Sandbetts leben entweder auf oder zwischen den Sandkörnern, und es existiert ein komplexes Geflecht aus Mikronährstoffen, die im Sand verteilt sind. Die Flora und Fauna des Sandbetts sind für das natürliche Habitat essenziell wichtig und mit Sicherheit ein sehr hilfreicher Beitrag für jedes Korallenriff-Aquarium, sowohl aus biochemischer Sicht als auch unter dem Gesichtspunkt der Biodiversität.

Ein Sandbettfilter kann im Aquarium selbst installiert werden, wenn er dem Unter-Kies-Filter früherer Tage gleichen soll. Er lässt sich jedoch auch in einem separaten Becken einrichten, das mit dem Hauptaquarium verbunden ist. Das Wasser durchfließt das Sandbett mit einer bestimmten Geschwindigkeit. Der Sandbettfilter erfüllt zwei Hauptfunktionen: Er soll die Fauna der denitrifizierenden Bakterien erhalten, die Nitrat reduzieren können, und er soll die

Ein separates Sandfilter-Refugium (RDSB) ist weitaus pflegeintensiver als ein Sandbettfilter im Riffbecken.
Foto: A. Calfo

Biodiversität des Hauptaquariums fördern. CALFO (2007) empfiehlt ein Sandbett von etwa 25 kg Gewicht und einer Korngröße von maximal 2,0 mm als angemessen für ein 400-l-Aquarium.

Die Entwicklung von Organismen in einem Sandbettfilter ist beeindruckend. Sie zersetzen nicht nur organisches Material wie Futterreste, sondern die winzigen Sandbettorganismen zeigen auch ein sehr natürliches Verhalten. Sie vermehren sich und produzieren große Mengen von Larven und Keimzellen, die gut für die Biologie und Biodiversität des Aquariums sind.

Das Jaubert-System

Dr. J. Jaubert von der Universität Nizza in Frankreich entwickelte ein hoch spezialisiertes biologisches Filtersystem, das man als eine besonders verfeinerte Version sowohl des normalen Bodenfilters als auch des „natürlichen Systems" von Lee Chin Eng ansehen kann. Nach der ersten Veröffentlichung des Systems beim Deuxième Congrès international d'Aquariologie in Monaco 1988 (JAUBERT 1989) meldete Jaubert dieses Prinzip zum Patent an.

Das Jaubert-System basiert auf der Verwendung eines dicken Bodensubstrates, das aus sog. „Lebendem Sand" besteht, also Korallensand oder -kies mit einer Vielzahl lebender Organismen, die sich positiv auf die biologischen Prozesse im Aquarium auswirken. Um gefährlichen Sauerstoffmangel zu vermeiden, benutzt man einen perforierten Rost (ähnlich wie eine Bodenfilterplatte), unter dem sich noch einmal eine Wasserschicht befindet. Das dicke Substrat darüber wird durch eine Trennwand abgeteilt, die Fische und Wirbellose daran hindert, darin zu wühlen. Man muss dabei beachten, dass das Wasser nicht durch das Substrat hindurchgepresst wird. Sauerstoff, Kohlendioxid und Nährstoffe wandern aufgrund der Diffusion durch es hindurch. Entsprechend kann es nicht verkrusten oder verstopfen. Das Wasser zirkuliert nur oberhalb des Substrats, wo es durch Pumpen oder Ausströmersteine in Bewegung gesetzt wird.

Schemaskizze eines Aquariums mit dem Jaubert-System
Modifiziert nach JAUBERT (1989)

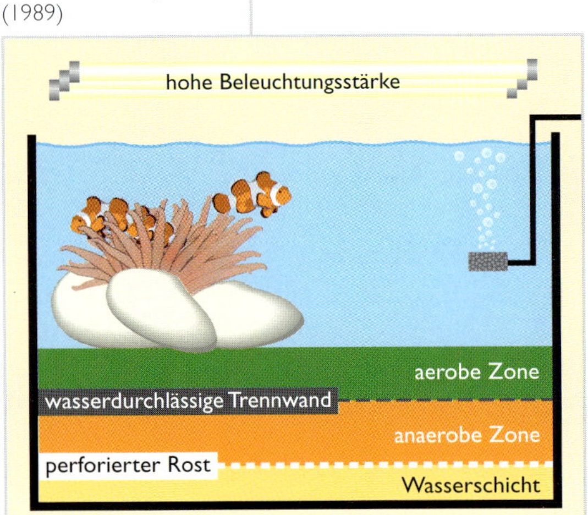

Es hat sich gezeigt, dass eine solche Konstruktion sowohl die Mineralisierung als auch die Nitrifikation und die Denitrifikation aufrechterhalten kann. Mit anderen Worten, die Substrat-

Immense Artenvielfalt in einem kleinen Teil eines flachen Riffaquariums, das mit dem Jaubert-Filtersystem betrieben wird (links von vorne betrachtet und rechts von oben betrachtet). Fotos: Bioquatic Photo

schicht sorgt für die Oxidation und die Reduktion. Eine Reihe von Berichten zeigt, dass dieses System – sogar dann, wenn sonst keine anderen Filtermethoden angewendet werden – eine hervorragende Wasserqualität erzeugen kann, wie sie für Korallenriffaquarien benötigt wird. Der Aquarianer, der es einsetzt, muss die dazu nötige Erfahrung und das nötige Wissen besitzen. Wir gehen auf dieses Verfahren hier genauer ein, weil wir der Ansicht sind, dass es als Zusatz zu anderen Methoden der Filterung (z. B. Abschäumung) interessanter ist denn als eigenständige Filterungsmethode. Zu Prinzipien und Einzelheiten des Verfahrens siehe Jaubert (1989), Delbeek & Sprung (1994) sowie Sprung (2004).

Leng Sys Ökosystem-Filtermethode (von Mike Paletta, Pittsburg, USA)
Lengs Ökosystem-Methode ist nun schon seit über zehn Jahren in Gebrauch, weshalb sie mittlerweile weitestgehend vereinheitlich ist. Sie beginnt genau wie die meisten anderen Systeme: Wasser wird von der Oberfläche des Aquariums durch einen Überlaufschacht ins Unterbecken geleitet. Zuerst fließt das Wasser in eine schmale Kammer, die Biobälle enthält. Die Biobälle sind nicht trocken, sondern von Wasser bedeckt und dienen dazu, größere Detrituspartikel aufzulösen und das Wasser mit Sauerstoff anzureichern. Dann fließt das Wasser durch zwei Auslässe in Bodennähe des Abteils in die Hauptfilterkammer. In dieser zentralen Kammer, die zwei synergistisch zusammenarbeitende Komponenten enthält, findet die eigentliche Filterung statt. Im Boden dieser Kammer befinden sich zwei ca. 2,5 cm hohe Abtrennungen zwischen Front- und Rückseite. Diese Trennwände verhindern, dass der Schlamm von der Strömung verwirbelt wird und sich in einem Teil der Kammer anhäuft. Zwischen diesen Abtrennungen liegt Lengs spezielles „Miracle Mud"-Substrat, das ca. 3,5–5 cm hoch geschichtet sein sollte. Der „Schlamm" ist der entscheidende Bestandteil dieses Systems. Nachdem er einmal vom Lebendgestein angeimpft wurde, ist er voll von Würmern, Copepoden, Amphipoden und vielen anderen Tieren. Der Schlamm wird trocken geliefert, so dass das tierische Leben, das ihn bevölkern soll, noch nicht in der Packung enthalten ist. Über dem Schlamm befindet sich ein dichter Wald aus *Caulerpa*, der 24 Stunden am Tag beleuchtet werden sollte. Durch die Beleuchtung rund um die Uhr

Schlammfilter für die „Leng Sy's Ecosystem Filtration Method" von Howard Swimmer, USA. (Für weitere Informationen über dieses Aquariensystem siehe Mike Palettas Aquarium-Präsentation auf Seite 423–429)
Foto: M. Paletta

wird die Fotosynthese-Dunkelreaktion unterdrückt. Daher lösen sich die Chloroplasten innerhalb der *Caulerpa* nicht auf, weshalb es auch zu keiner Gelbfärbung des Wassers in dem Ausmaß kommt, wie es bei anderen Arten der Algenfilterung auftritt. *Caulerpa* entfernt in erster Linie Nitrat aus dem Wasser, denn als Phosphatfilter ist diese Alge nicht sonderlich effektiv. Sobald das Wasser durch das *Caulerpa*-Abteil geflossen ist, strömt es durch eine Abtrennung und über Auslässe in Bodennähe in ein weiteres Abteil sowie in eine Kammer, die Biobälle enthält, von wo aus es in das Hauptaquarium weitergeleitet wird. Die abschließenden Biobälle verhindern, dass *Caulerpa*-Algen von der Pumpe angesaugt werden und ins Hauptaquarium gelangen können. Der Wasserdurchfluss sollte etwa das 5–10fache des Hauptaquarienvolumens pro Stunde betragen.

Dieses Algenfiltersystem weist im Gegensatz zu anderen algenbasierten Systemen mehrere besondere Merkmale auf. Zunächst einmal ist Lengs Schlamm einzigartig, denn es hat sich herausgestellt, dass er erhebliche Mengen an Eisen und Iod enthält, die langsam ins Aquarienwasser ausgewaschen werden. Bei diesen und anderen Elemente, die in Lengs Schlamm enthalten sind, wurde herausgefunden, dass sie Seitenlinienerkrankungen bei den meisten Fischen kurieren oder ihnen vorbeugen. Außerdem bietet der Schlamm ein gutes Substrat für die Entwicklung der Mikrofauna, die den Fischen, Korallen und anderen Tieren als zusätzliche natürliche Nahrung dient. Jedoch müssen die *Caulerpa*-Algen regelmäßig geerntet werden, um das in ihnen gebundene Nitrat aus dem Aquarium zu entfernen. Die Art der verwendeten *Caulerpa* spielt keine Rolle, denn es wurden bereits viele verschiedene Spezies äußerst erfolgreich eingesetzt. Der Schlüssel zum Erfolg scheint der Schlamm zu sein. Wegen der Ökosystem-Methode nutzen immer mehr Hobbyisten Algenrefugien, denn diese erhöht die Erfolgswahrscheinlichkeit sehr, wenn der Filter richtig installiert und benutzt wird.

Mechanische Filter

Ein mechanischer Filter dient dazu, schwebende Partikel aus dem Aquarienwasser zu entfernen, bevor diese abgebaut werden. Mit der Beseitigung verhindert man eine zusätzliche Belastung des biologischen Filters und begrenzt die abzubauende Schadstoffmenge. Es ist sehr wichtig, den mechanischen Filter möglichst oft zu reinigen, mindestens einmal in der Woche. Versäumt man die Reinigung, beginnt auch im mechanischen Filter ein Abbauprozess, und die beabsichtigte Wirkung bleibt aus. Je stärker ein Aquarium belastet ist, umso öfter muss der mechanische Filter gereinigt werden.

Wir haben bereits einen mechanischen Filter als Vorfilter für den Biofilter beschrieben. In diesem und auch allen anderen mechanischen Filtern ist Filterwatte das beste Medium. Schaumstoff wird ebenfalls häufig eingesetzt. Es ist aber denkbar, dass dieses Material schädliche Stoffe abgibt.

Als mechanische Filter kommen zwei weitere Typen in Betracht: Innen- und Außenmotorfilter. Motorgetriebene geschlossene Außenfilter lassen sich nach unserer Meinung nur umständlich reinigen. Nimmt man diesen Nachteil in Kauf, spricht nichts gegen ihre Verwendung. Allerdings muss man beachten, dass die mitgelieferten Kunststoffschläuche Weichmacher an das Aquarienwasser abgeben und somit zu Vergiftungen führen können. Wir empfehlen daher bei diesen Filtern den Einsatz von Silikonschläuchen oder eine Verlegung von PVC-Rohren. Sehr praktisch sind motorbetriebene Innenfilter mit Wattepatronen. Sie sind leicht zu reinigen, und man vermeidet das Verlegen von Schläuchen oder Rohren.

Beim „Einfahren“ eines neu eingerichteten Korallenriff-Aquariums sind mechanische Filter besonders wichtig. Während der Einlaufphase bilden sich nacheinander verschiedene flottierende Mikroalgen, die sich massenhaft vermehren und in entsprechend großen Mengen absterben. Das kann zu bedrohlichen Wasserbelastungen führen, wenn die toten Algen nicht entfernt werden. In dieser Phase kann eine tägliche Reinigung des mechanischen Filters notwendig werden.

Kohlefilter und andere chemische Adsorbtionsfilter

Mit „chemischen Adsorbtionsfiltern“ meinen wir die Filterung mit Medien, die diejenigen Elemente und Verbindungen chemisch anziehen, die wir aus dem Wasser entfernen wollen. Die Elemente bleiben am Filtermedium haften und werden entfernt, wenn wir das Medium auswechseln oder erneuern. Die Filterung über Aktivkohle ist wohl das bekannteste Beispiel für einen Adsorbtionsfilter, aber wie wir im Folgenden erläutern, gibt es auch andere Möglichkeiten.

Kohlefilter sollen in erster Linie schwer abbaubare organische Farbstoffe (Phenolderivate und Indole) aus dem Aquarienwasser entfernen. Diese Verbindungen entstehen als Nebenprodukt des bakteriellen Abbaus und färben das Wasser gelblich.

Tunze-Filterkohle
Foto: Tunze

Nahaufnahme von Aktivkohlestückchen. Jedes dieser Pellets ist durch Mikroporen perforiert und hat somit eine enorme Oberfläche und Adsorptionskapazität.
Foto: Bioquatic Photo

Kohle hat die Eigenschaft, diese Stoffe, die keine elektrische Ladung haben, zu adsorbieren. Damit die Kohle ein genügend großes Adsorptionsvermögen hat, muss sie bei der Herstellung speziell behandelt werden. So aufbereitet, nenn man sie Aktivkohle. Leider sind die im Handel befindlichen Aktivkohlen von sehr unterschiedlicher Qualität. Bei billigen Produkten hat sich im Versuch gezeigt, dass sie nicht nur ein geringeres Adsorptionsvermögen haben, sondern sogar schädliche Stoffe an das Wasser abgegeben können, darunter große Mengen Phosphate. Im Allgemeinen sind die wegen der aufwändigen Behandlung teureren Produkte renommierter Firmen für unsere Zwecke geeignet. Zur Herstellung von Aktivkohle sind komplizierte und logischerweise auch kostspielige Verfahren notwendig. Die Fachleute im Handel können Sie zum Thema Aktivkohle ausführlich beraten.

Über die Kohlefilterung wird viel diskutiert. Dabei wird u. a. die Meinung vertreten, dass durch diese Art der Filterung auch nützliche Stoffe aus dem Aquarienwasser entfernt werden. Andererseits ist Kohlefilterung aber eine der wenigen Methoden, Farbstoffe zu entfernen und so die Einfärbung (Gelbfärbung) des Wassers zu verhindern. Die Gelbfärbung des Aquarienwassers wirkt sich negativ auf die Lichtqualität aus.

Wir haben allerdings mehrfach beobachtet, dass eine starke Filterung mit Aktivkohle das Ausbleichen von Steinkorallen verursachen kann. Ausbleichen tritt auf, wenn Korallen ihre Pigmentierung verlieren, meist als Folge einer Reduzierung der Zahl der Zooxanthellen. In Kapitel 5 wird auf dieses Problem genauer eingegangen. Ein möglicher Grund für den Zusammenhang zwischen dem intensiven Gebrauch von Aktivkohle und dem Ausbleichen der Korallen könnte darin bestehen, dass die Kohle wichtige Nährstoffe entfernt, die die Korallen und/oder die Zooxanthellen benötigen. Bingman (1995) befasst sich mit einer anderen Möglichkeit, diesen Prozess zu erklären. Es wurde eindeutig nachgewiesen, dass ein Anstieg der Menge der UV-Einstrahlung sich schädlich auf Korallen auswirkt und zum Ausbleichen führen kann. Bingman zeigte, dass die Durchlässigkeit für UV-Licht nach und nach ansteigt, wenn Wasser über Aktivkohle gefiltert wird (siehe Schema links).

Nach der Filterung von Aquarienwasser über Aktivkohle nimmt seine Durchlässigkeit für UV-Licht in Abhängigkeit von der Wellenlänge zu. Die Zunahme der Durchlässigkeit wurde im Experiment bestimmt, indem die prozentuale Durchlässigkeit nach einer 96-stündigen Filterung über Aktivkohle (% 96) durch die anfängliche Durchlässigkeit (% 0) dividiert wurde. Die Farbskala rechts zeigt, dass – je nach Wellenlänge und Wassertiefe – die Spannweite der Zunahme von weniger als 1,2fach bis über 100fach reicht.
Modifiziert nach Bingman (1995a)

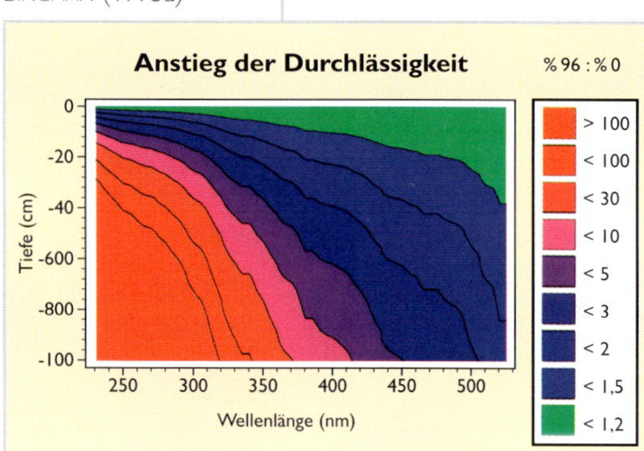

In Fällen von Vergiftungen ist Kohle unentbehrlich, da sie durch ihre Adsorptionswirkung maßgeblich an der Beseitigung von Giftstoffen beteiligt ist. Sehr wahrscheinlich werden auch lebenswichtige Mikroelemente von der Kohle aus dem Aquarienwasser entfernt. Das Fehlen dieser Elemente behindert die Produktion bestimmter, vor UV-Strahlung schützender Verbindungen und den Metabolismus der Zooxanthellen. In Fällen, bei denen wir nach dem Gebrauch von Aktivkohle ein Ausbleichen der Korallen beobachten konnten, zeigten nämlich die Korallen nach Beendigung der Kohlefilterung und der Zugabe von Spurenelementen einschließlich Jod als Kaliumjodid wieder ihr gewohntes Wachstum und Wohlbefinden.

Kohle kann in mechanischen Filtern untergebracht oder einfach in einem Nylonbeutel in die Klarwasserkammer eines Biofilters gehängt werden. Die Menge sollte im Dauerbetrieb normalerweise 100–200 g Kohle pro 100 l Aquarienwasser betragen. Kohlefilterung kann kontinuierlich oder nur zeitweilig betrieben werden, wenn sich das Aquarienwasser einfärbt. Aktivkohle hat nur eine begrenzte Wirkungszeit und muss deshalb in regelmäßigen Abständen gewechselt werden, sonst wirkt sie lediglich wie ein mechanischer/biologischer Filter. Die Wirkungsdauer ist von Produkt zu Produkt unterschiedlich und natürlich von der jeweiligen Belastung des Aquarienwassers abhängig.

Während es früher unter Riffaquarianern in Europa üblich war, Aktivkohle praktisch ständig einzusetzen, neigt man heute dazu, sie weniger und nur in regelmäßigen Abständen zu nutzen. Für ein 500-l-Aquarium bedeutet dies z. B., dass man nur 200 g Aktivkohle einmal im Monat für 2–3 Tage einsetzt.

Phosphatfilter

Bei diesem Thema sollte man sich auch mit anderen Adsorbtionsfiltermaterialien beschäftigen, besonders mit den eisen- und aluminiumbasierten Materialien, die zum Adsorbieren und Entfernen von Phosphat genutzt werden können (siehe Kapitel 6, Seite 339ff. für chemische Details). Phosphat ist ein entscheidender Nährstoff für Algen, weshalb hohe Konzentrationen in geschlossenen Aquariensystemen ein Hauptgrund für übermäßiges Algenwachstum sind. Erhöhte Phosphatwerte wirken sich auch negativ auf Korallen aus, besonders auf Steinkorallen (Brockmann 2006a, b). Dies sind die wichtigsten Gründe für den Erfolg von Phosphatabsorbern in geschlossenen Aquariensystemen. Im Prinzip adsorbiert das Medium Phosphat, bis es gesättigt ist und erneuert werden muss. Dabei ist äußerst wichtig, dass das Wasser effizient durch das Material fließen kann. Dies kann am besten sichergestellt werden, indem das Filtermedium in einem eigenen Topffilter oder in einer separaten Kammer im Unterbecken oder im biologischen Filter platziert wird. Beutel mit Phosphatadsorbermaterial direkt ins Aquarium oder Unterbecken zu hängen, ist nicht empfehlenswert, denn so erzielt man nur einen geringen oder überhaupt keinen Effekt. Einige Phosphatadsorber müssen vor Gebrauch in Süßwasser gespült werden, dies trifft jedoch nicht auf alle Marken zu. Jedoch gibt es keine allgemein gültige Regel, wie lange das Material verwendet werden kann, bevor es ausgetauscht werden muss. Dies hängt von der Menge des Filtermediums im Verhältnis zur zu filternden Wassermenge und natürlich auch von der Menge des vorhandenen und zu adsorbierenden Phosphats ab. Am besten findet man den richtigen Zeitpunkt zum Austauschen des Materials heraus, indem man die Phosphatkonzentration regelmäßig misst.

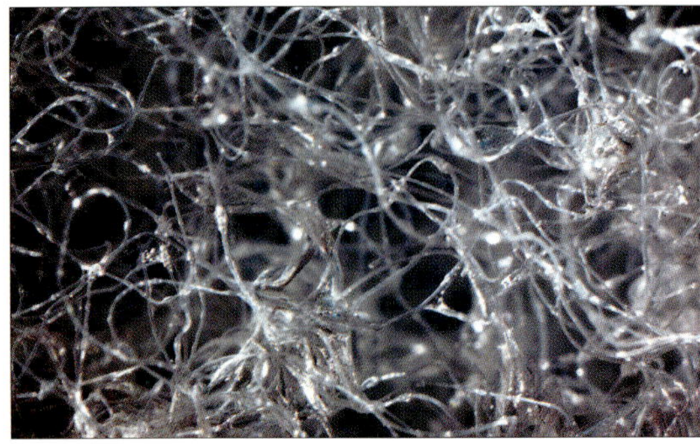

Polyfilter im Überblick und Nahaufnahme
Fotos: D. Knop

Polyfilter

Ein verhältnismäßig neuer Adsorbtionsfilter im Aquarienhandel ist der „Polyfilter", der von Poly-Bio-Marine Inc., USA, entwickelt wurde. Wir möchten jedoch betonen, dass wir keine eigenen Erfahrungen mit diesem Filter vorzuweisen haben. Die nachfolgenden Zeilen sind der Web-Seite des Herstellers entnommen. Sie sind die ersten Sätze einer umfassenden Produktbeschreibung:

„Der Polyfilter dient der Filterung und Wasseraufbereitung sowohl in Süß- als auch in Meerwasseraquarien. Er basiert auf einem speziellen patentierten Material, das mit einem synthetischen Grundstoff verbunden ist. Durch einen einzigartigen, patentierten Vorgang ist der Filter salzundurchlässig und zieht manche organische Stoffe an. Auch kann das Material Schadstoffe und andere giftige Substanzen adsorbieren, die sich in der Natur oder in Süß- und Meerwasseraquarien finden, die mit Fischen und/oder Wirbellosen besetzt sind."

Die gesamte Produktbeschreibung hört sich sehr interessant an. Man sollte sich jedoch darüber im Klaren sein, dass das obige Zitat von der kommerziellen Webseite übernommen wurde, auf der der Polyfilter vorgestellt wird. Nur einige wenige Aquarianer haben Erfahrungen mit diesem Filtertyp, und daher sind weitere Test in mehreren Korallenriffaquarien notwendig, um seinen Nutzen sicher herauszustellen. Wenn sich die Theorie bewahrheitet, könnte der Polyfilter eine wichtige Funktion im Korallenriff-Aquarium erfüllen. Nur praktische Tests durch engagierte Aquarianer vermögen hier Klarheit zu schaffen.

Abschäumung

In unseren Korallenriffaquarien wird das Wasser stark mit Proteinen (Eiweißstoffen) angereichert, die von abgestorbenen Algen und Tieren, von Futterresten und organischen Abfallstoffen stammen. Diese Proteine müssen entweder direkt beseitigt oder von Bakterien abgebaut werden. Intensive Bakterientätigkeit im Aquarium kann jedoch zu einer Anhäufung schädlicher Zwischenprodukte führen. Da die Nitrifikation normalerweise – und definitiv in einem Aquarium, in dem der Tierbesatz die natürliche Populationsdichte weit übersteigt – schneller als die Denitrifikation erfolgt, kommt es zudem zu einer Anreicherung von Nitrat. Besonders in stark belasteten Aquarien ist es deshalb vorteilhaft, die Proteine zu beseitigen, bevor Bakterien sie abbauen. Dies erfolgt mit Hilfe eines Abschäumers.

Vereinfacht betrachtet, funktioniert die Abschäumung, indem die elektrisch geladenen Eiweißmoleküle an Luftblasen haften bleiben. Im Kontaktrohr des Abschäumers, in dem die Luftblasen das Wasser durchströmen, wird eine besonders kräftige Schaumbildung erzielt. Dieser Schaum besteht grundsätzlich aus zwei Formen, die unterschiedlich aussehen: Der Normalschaum aus kleinen, gleich großen und sich schnell auflösenden Blasen lagert sich zuunterst ab. Er entsteht immer, wenn Meerwasser mit Luft aufgewirbelt wird. Oberhalb des Normalschaums bildet sich der bräunliche Eiweißschaum mit größeren, verschieden großen Luftblasen. Er enthält die Stoffe, die wir aus dem Korallenriff-Aquarium entfernen wollen. Daher wird er abgeschäumt und in einem Auffanggefäß abgeschieden. Hier bildet er allmählich eine dickflüssige, dunkelbraune Flüssigkeit, das sog. Adsorbat, das unter keinen Umständen zurück ins Aquarium gelangen darf! Auf diese Weise werden organische Verbindungen vollständig aus dem Aquarium entfernt, anstatt von Bakterien zersetzt zu werden. Dies bedeutet, dass mit einem Abschäumer sehr viel mehr Biomasse (oder besser gesagt: Tiere) pro Liter Wasser gehalten werden können, als es ohne ein solches Gerät möglich wäre. Daher gab es überwältigende Ergebnisse, als der Eiweißabschäumer vor über 20 Jahren in der modernen Riffaquaristik populär wurde. Aquarien, in denen das

Grundsätzliche Darstellung der Funktionsweise eines Abschäumers:

1 Luftblasen vermischen sich mit Wasser und steigen im Kontaktrohr zur Oberfläche.

2 Wenn die Luftblasen die Oberfläche des Kontaktrohres erreicht haben, bildet sich Normalschaum.

3 + 5 Im Steigrohr wird Eiweißschaum nach oben gedrückt.

4 Organische Partikel lagern sich an den Wänden des Steigrohres ab, weshalb es regelmäßig gereinigt werden muss.

6 Das Adsorbat wird schließlich im Schaumbecher gesammelt und kann leicht entnommen werden.
Foto: Bioquatic Photo

Das Adsorbat eines gut funktionierenden Abschäumers sollte zäh sein und die Konsistenz einer Paste haben.
Foto: Bioquatic Photo

Algenwachstum überhand genommen und in denen sich Nährstoffmengen angehäuft hatten, mit denen die Korallen nicht zurechtkamen, verwandelten sich schnell in ausgewogene Aquarienökosysteme.

Der Eiweißabschäumer wurde eigentlich in den 1960er-Jahren erfunden. Peter WILKENS (1973) schreibt in seinem Buch: „Vor annähernd fünf Jahren (WILKENS verweist offensichtlich auf den Zeitpunkt fünf Jahre zuvor, als er diese Passage für die erste Auflage seines Buches schrieb, also vermutlich Mitte der 1960er-Jahre) hatte ein findiger Seewasseraquarianer aus Solingen die einfache, aber darum nicht weniger geniale Idee, den in altem Seewasser oder nach der Fütterung durch die Belüftung gebildeten Schaum in einem Rohr aufzufangen und durch ein einfaches Schaumbechersystem aus dem Kreislauf zu entfernen. G. HÜCKSTEDT, rühriger Fachmann auf dem Gebiet der Aquarienchemie und -technik, verband das Gerät mit dem von ihm entwickelten Ozonkontaktrohr, und bald waren die ersten Eiweißabschäumer im Handel erhältlich.“ Folglich ist die Eiweißabschäumung gewiss keine neue Technik, und HÜCKSTEDTS (1965) Buch über Aquarientechnik ist noch immer lesenswert.

Die tatsächliche Geschichte der Eiweißabschäumung ist jedoch nicht so einfach zu erklären. Mit Sicherheit war das Prinzip von gelösten organischen Verbindungen, die an Luftblasen hängen bleiben, schon länger bekannt, denn in der wissenschaftlichen Literatur der 1960er-Jahre finden sich mehrere Beispiele von Arbeiten, die dieses Thema behandeln, z. B. SEBBA (1962) sowie

Groß und klein! Ein gigantischer Eiweißabschäumer (links) neben einem kleinen Aquarium und seinem Filterbecken auf der Interzoo in Nürnberg (1996) und ein sehr kleiner Eiweißabschäumer (rechts), der für eine Nutzung direkt im Aquarium hergestellt wurde.
Fotos: Bioquatic Photo

WACE & BANFIELD (1966). Es ist wichtig, auch zu beachten, dass die Technik der Eiweißabschäumung neben ihren vielen Vorteilen auch Nachteile mit sich bringt. Sehr wahrscheinlich werden beim Abschäumen neben Eiweiß auch einige andere Substanzen abgeschieden. Darunter sind solche Stoffe, die für das Funktionieren eines Korallenriff-Aquariums notwendig sind. Allerdings ist schwer zu beurteilen, welche Substanzen in welcher Menge abgeschäumt werden. Dennoch ist dies eine Argumentation, die gegen den Einsatz von Abschäumern sprechen könnte. Wir haben indes selten Nährstoffmangel oder andere Schadwirkungen festgestellt, die mit der Abschäumung in Verbindung gebracht werden müssten. Die Vorteile der Abschäumung sind wesentlich größer als ihre Nachteile, aber wir möchten betonen, dass nicht alle Arten von Aquarien einen Abschäumer benötigen und dass es keinen direkten Zusammenhang zwischen der Größe des Eiweißabschäumers und dem Erfolg bei der Pflege eines Korallenriff-Aquariums gibt.

Der Vorgang der Eiweißabschäumung ist auch ein natürliches Phänomen. Menschen, die wie wir an der Nordseeküste leben, können es regelmäßig während der starken Stürme erleben, die im Herbst und im Winter auf unsere Strände treffen. Bei rauer See bildet sich auf der Meeresoberfläche Eiweißschaum, der vom Sturm an den Strand geweht wird, wie es auf dem Foto unten zu sehen ist. Als Kinder spielten wir oft in diesem Schaum, der sich kubikmeterweise an den lokalen Häfen sammelte.

Wenn Sturm aufkommt, wie hier in der Nordsee bei der Insel Hidra vor der äußeren Südküste von Norwegen, bildet sich an der Wasseroberfläche Eiweißschaum, der an den Strand gespült wird. Hier steuern der 14-jährige Jonas und sein 90-jähriger Freund, der Fischer Georg, bei ihrer Rückkehr direkt durch den Ozean-eigenen Eiweißabschäumer.
Foto: Bioquatic Photo

Bild oben: Ein mittelgroßer Eiweißabschäumer der Firma Aqua Medic in einem Filterbecken unter einem 350-l-Aquarium
Foto: Bioquatic Photo

Bild rechts: Ein großer Abschäumer für ein sehr großes Korallenriff-Aquarium
Foto: Bioquatic Photo

Eine Voraussetzung für die Schaumbildung ist eine hohe elektrische Spannung der Wasseroberfläche. Dies ist auch der Grund dafür, warum Abschäumer für Meerwasseraquarien unter einer Salinität von etwa 15 ‰ nicht funktionieren. Auch im Meerwasser gibt es Schwankungen der Oberflächenspannung. Dies beruht zu einem nicht geringen Teil auf den im Wasser suspendierten (= fein verteilten) Fettstoffen. Nach einer Fütterung mit besonders fetthaltigem Futter kann man einen starken Rückgang oder sogar das vollständige Aufhören der Schaumbildung bis zu mehreren Stunden beobachten. Fettstoffe lagern sich allmählich auch im Abschäumer ab. Es ist deshalb besonders wichtig, das Steigrohr, in dem der Schaum gebildet wird, häufig zu reinigen, am besten zweimal in der Woche. Ansonsten könnten die Fettstoffe, die auf den Seitenwänden des Rohrs abgelagert sind, die Schaumblasen zerstören, bevor sie das Auffanggefäß erreichen.

Viele Eiweißstoffe lagern sich in einer dünnen Haut an der Oberfläche des Aquarienwassers ab. Daher erzielt man die effektivste Wirkung der Abschäumung, wenn Oberflächenwasser direkt dem Abschäumer zugeleitet wird.

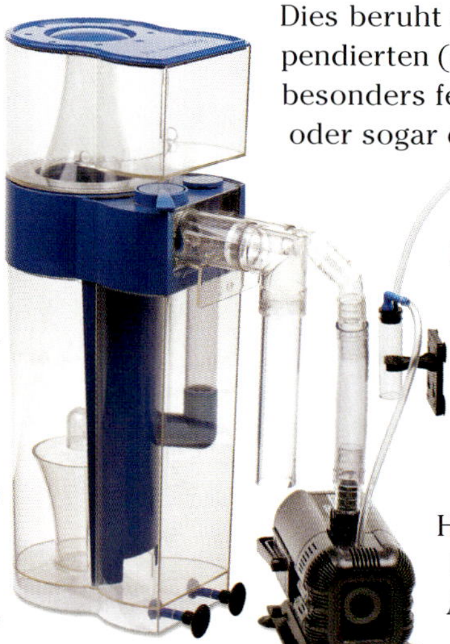

Der Turboflotor Blue 3000 ist ein kleiner, 58 cm hoher Eiweißabschäumer der Firma Aqua Medic. Er kann entweder an das Aquarium gehängt werden, so dass sich nur die Venturi-Pumpe (OR3500, 3.500 l/h) im Aquarium befindet, oder unter dem Aquarium installiert werden.
Foto: Aqua Medic

Heute bietet der Markt eine Vielzahl verschiedener Typen, Marken und Größen von Eiweißabschäumern.Wir haben uns entschlossen, die Eiweißabschäumer hier in fünf Gruppen einzuteilen:

1 **Gleichstromabschäumer** sind kleine Geräte, bei denen sich die Luftblasen und der Wasserstrom in dieselbe Richtung bewegen. Diese Abschäumer werden oft in einem Unterbecken oder im Aquarium selbst untergebracht. Die Luftblasen können entweder durch eine Luftpumpe oder durch ein Vakuum hergestellt werden, das von der Wasserpumpe des Abschäumers ausgeht. Einen solchen Abschäumer haben wir mit großem Erfolg in unserem Versuchsaquarium eingesetzt (siehe NILSEN 2000).

2 **In Gegenstromabschäumern** fließt das Wasser normalerweise von oben nach unten, die Luftblasen nehmen den entgegengesetzten Weg. Durch das Einleiten des Wassers oben im Reaktionsrohr und die Positionierung der Luftblasenquelle unten im Reaktionsrohr sowie ein einzelnes Auslassrohr, das sich ebenfalls unten im Reaktionsrohr befindet, muss das Wasser „gegen" die aufsteigende Wand aus Luftblasen fließen. Dies verdoppelt die Verweilzeit der Blasen und erhöht die Effektivität des Geräts. Viele Firmen vermarkten heute Variationen dieser Gegenstromtechnik. In unserem 800-l-Versuchsaquarium nutzten wir über zehn Jahre lang ein selbst gebautes Gegenstrommodell mit einem Durchmesser von 10 cm und einer Länge von 120 cm.

2

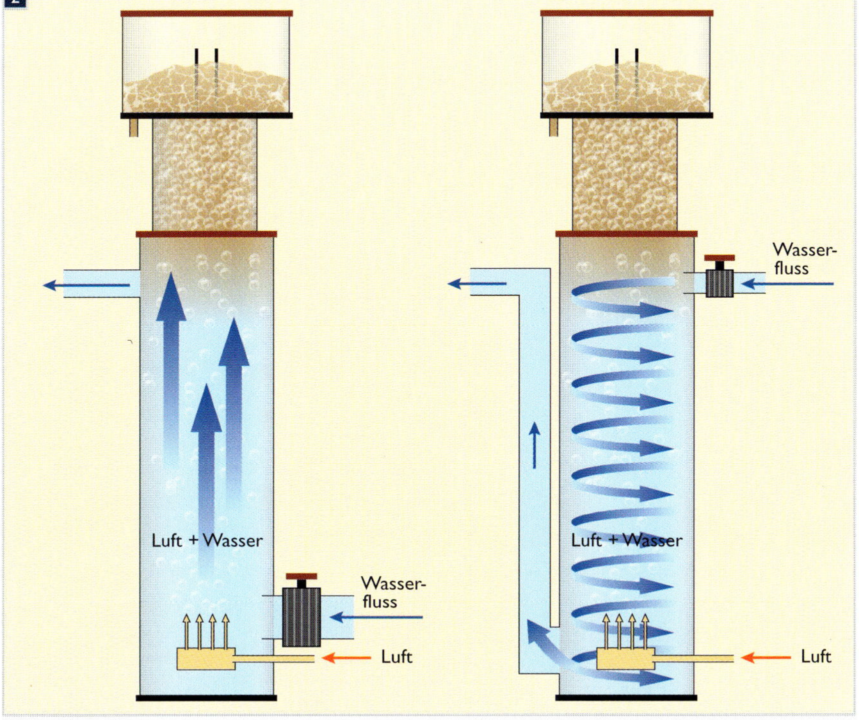

Schemaskizze eines Steigstrom-Abschäumers (links) und eines Gegenstrom-Abschäumers (rechts)

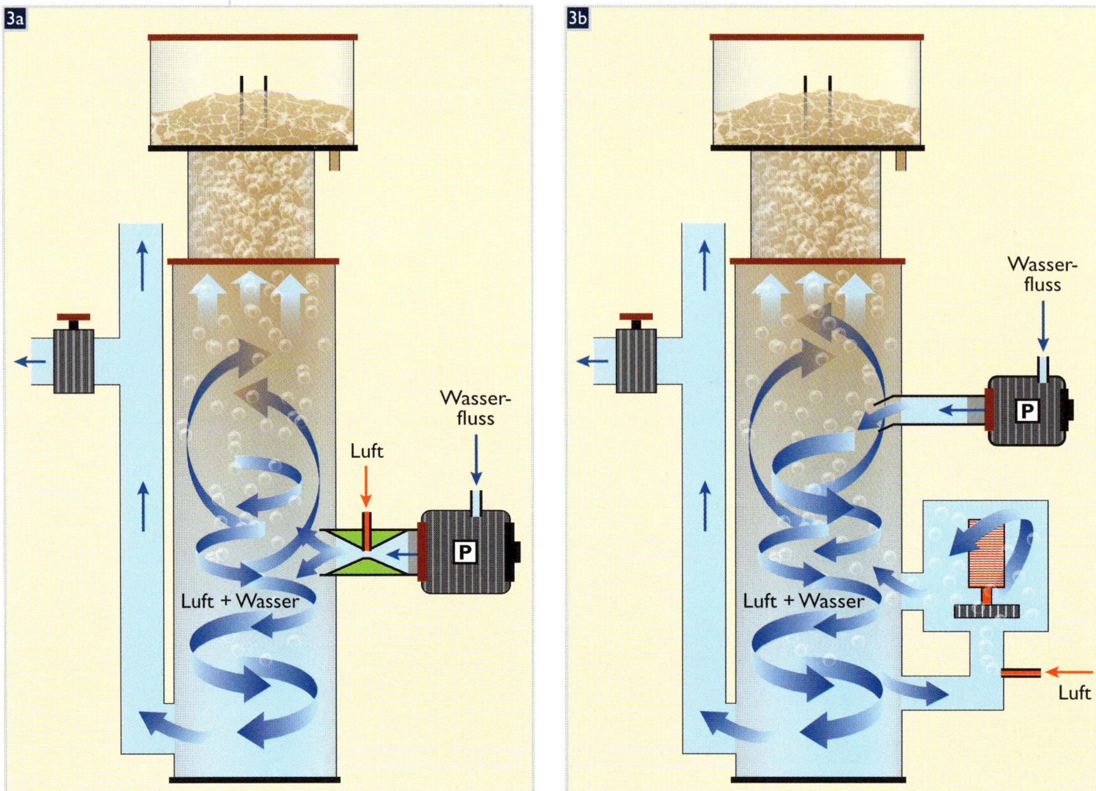

Schemaskizze zum Funktionsprinzip eines Venturi-Abschäumers (links) und mit zusätzlicher Dosierpumpe (rechts)

3 Der dritte Typ wird **„Venturi-Abschäumer"** genannt, da er keinerlei Aus strömersteine (z. B. aus Lindenholz) benötigt, um die Luftblasensäule zu produzieren. Er beruht vielmehr auf einer Venturi-Düse (siehe Zeichnung **3c**), die sowohl das zu behandelnde Wasser als auch Milliarden mikroskopisch kleiner Luftblasen transportiert. Wenn Wasser schnell in den Hauptteil der Düse gepumpt wird, erreicht der Durchflusskanal bald den Sperrvolumenpunkt, und ein Auslassstutzen erlaubt der Raumluft, in die Düse gezogen zu werden, wo sie in einem verwirbelten Wasserstrahl in die Reaktionskammer des Abschäumers eingespritzt wird. Durch Öffnen des Auslasses am Boden des Zylinders entsteht eine Verwirbelung, und die Kontakt- oder Verweildauer wird mehrfach vergrößert. Eine Variante dieses Abschäumertyps ist in Abbildung **3b** zu sehen. Sie nutzt eine separate Pumpe mit einem modifizierten Rotor, um Luft und Wasser zu vermischen, sowie eine weitere Pumpe, die für den Wasserfluss durch den Abschäumer sorgt. Diese Lösung hat sich als äußerst effizient herausgestellt und ist in Deutschland weit verbreitet.

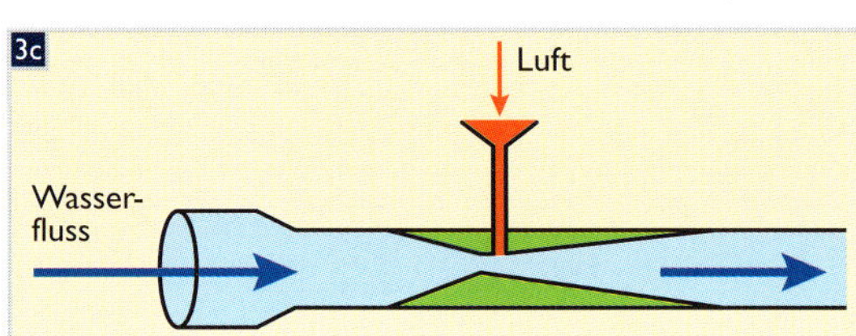

Schemaskizze zum Funktionsprinzip einer Venturi-Düse

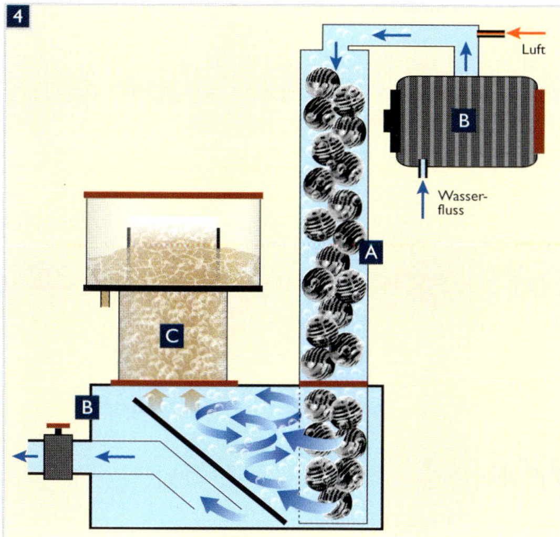

4 In Europa verhältnismäßig neu, in den USA jedoch schon seit einigen Jahren in Gebrauch, ist der **Fallstrom-Abschäumer**. Hierbei handelt es sich um eine eher ungewöhnliche Konstruktion aus vier Hauptbestandteilen: einem dünnen, abwärts verlaufenden Rohr **A**, das mit Bio-Bällen gefüllt ist, einer quadratischen Kammer **B**, einer hohen Röhre mit einem Schaumbecher **C** und einer starken Wasserpumpe **P** (1.800–6.000 l/h). Das mit Luft vermischte Wasser wird oben in die dünne Röhre eingeleitet und läuft nach unten, wo die Luftblasen auf die Bio-Bälle treffen und sich mit dem Wasser vermischen. Wenn das Wasser unten ankommt, ist es zu weißem Schaum geworden. Die Absperrung innerhalb der Box sorgt für eine ausreichende Verweildauer und erlaubt dem eiweißreichen Schaum, in ein weithalsiges Rohr aufzusteigen, an dessen Oberkante sich der Schaumbecher befindet. Diese Konstruktionen sind in der Lage, große Wassermengen zu bearbeiten, weshalb sie in den USA von vielen Besitzern großer Aquarien bevorzugt werden. Das Wasser fließt aus der Box heraus zurück ins Aquarium. Dieser Abschäumertyp ist effizient, hat aber auch seine Nachteile: Wegen der großen Abmessungen – die Bio-Ball-Röhre ist normalerweise etwa 150 cm lang – ist es unmöglich, solch ein Gerät unter dem Aquarium zu installieren, weshalb es kaum zu verstecken ist. SCHIEMER (2000) beschreibt den Fallstrom-Abschäumer im Detail.

Schemaskizze (oben links) zum Funktionsprinzip eines Fallstrom-Abschäumers (rechts)
Fotos: Bioquatic Photo

Tunze Classic 9210. Dieser Rotationsabschäumer kann entweder im Filterbecken oder direkt im Aquarium installiert werden. Foto: Tunze

5 Ein weiterer Abschäumertyp ist der **Rotationsabschäumer** (z. B. der Firmen Tunze oder Fischer). Er hat ein sehr kurzes Kontaktrohr. Die notwendige Kontaktzeit zwischen Wasser und Luft wird dadurch erzielt, dass ein harter Wasserstrahl durch eine Düse in kreisförmigen Wirbeln durch das Kontaktrohr gedrückt wird. Der hierfür erforderliche Wasserdruck wird durch eine Rotationspumpe mit einer Leistung von einigen tausend Litern pro Stunde erzeugt. Gleichzeitig wird durch den Venturi-Effekt Luft in den Wasserwirbel gepumpt, so dass ein feinperliges Wasser-Luft-Gemisch entsteht. Ein Vorteil von Rotationsabschäumern ist, dass sie verhältnismäßig klein und kompakt sind. Sie lassen sich daher leicht unterbringen. Rotationsabschäumer können entweder in das Aquarium eingehängt, seitlich befestigt oder unter dem Aquarium platziert werden. Auch Rotationsabschäumer müssen häufig gereinigt werden.

Eine wirkungsvolle Schaumbildung erfordert eine genügend große Menge feinperliger Luftblasen. Der Luftbedarf beträgt normalerweise 100–1.000 Liter pro Stunde, je nach Typ des Abschäumers, Länge und Durchmesser des Kontaktrohres sowie Belastung des Wassers. Es ist also zu beachten, dass die Luftförderleistung entsprechend hoch sein muss. Da neue Abschäumer nach dem Venturi-Prinzip entwickelt werden, sind die nötige Luftmenge und der Luftdruck keine unüberwindbaren Probleme mehr. Die einzigen Möglichkeiten zur Regulierung der Schaumbildung bestehen in der Dosierung der Luftmenge und der Höheneinstellung des Steigrohres. Die Einstellung muss so gewählt sein, dass nur der Eiweißschaum in das Auffanggefäß gelangt; Normalschaum dagegen soll nicht hineinkommen. Ist das Adsorbat im Auffanggefäß zu hell und dünnflüssig, ist sein Wassergehalt zu groß, was bedeutet, dass Normalschaum überfließt. Dann muss man die Luftmenge verringern oder das Steigrohr verlängern. Für die mit Ausströmersteinen betriebenen Abschäumer gibt es heute außer Lindenholzausströmern auch keramische Luftausströmer, die jedoch, aus welchen Gründen auch immer, nicht zu einer optimalen Schaumbildung zu führen scheinen. Um eine effektive Abschäumung zu gewährleisten, müssen Luftausströmer – gleichgültig, aus welchem Material sie bestehen – häufig ausgewechselt werden. Sobald man merkt, dass die Schaumbildung abnimmt und die Ausströmer verschmutzen, ist ein Austausch nötig.

Der Wirkungsgrad des Abschäumers wird außerdem noch vom Durchmesser und der Höhe des Rohres beeinflusst, in dem sich Wasser und Luft vermischen, ebenso von der Fließgeschwindigkeit des Wassers, der „Trefferrate" (die Häufigkeit, mit der eine aufsteigende saubere Luftblase auf einen absinkenden Wassertropfen trifft) und auch von der Menge der Fettstoffe, die das Wasser enthält, das in den Abschäumer eingeleitet wird. Äußerst detaillierte Erläuterungen über die Vorgänge innerhalb eines Eiweißabschäumers finden sich bei Escobal (1995).

Wir selbst haben mit Gegenstromabschäumern große Erfolge erzielt. Unser 850-l-Testaquarium mit Steinkorallen hatte einen solchen Abschäumer mit einem Innendurchmesser von 10 cm und einer Wassersäule von 120 cm Höhe, wie in der Abbildung auf Seite 383 gezeigt. Dieser Abschäumer arbeitete über die zehn Jahre, die das Aquarium in Betrieb war, perfekt, ohne dass weitere Filter installiert waren.

Zusammenfassend können wir aufgrund der Beobachtung vieler Korallenriffaquarien feststellen, dass mit der Abschäumung ausgezeichnete Ergebnisse erzielt werden. Ohne Zweifel führt sie zu stabilen Wasserverhältnissen und erleichtert somit die Wasserpflege. Mit der Abschäumung erreichen wir ein nährstoffarmes Wasser und nähern uns damit wesentlich der Wasserqualität eines Korallenriffes im Meer.

Bei einer geringeren Konzentration angesammelter organischer Verbindungen baut dieselbe Anzahl von Bakterien das vorhandene Nitrat schneller in Stickstoffgas ab. Die Erfahrung zeigt, dass die Nitratkonzentration in Riffaquarien mit Abschäumung zusammen mit Lebenden Steinen und genügend starker Wasserbewegung sehr niedrig bleibt. Dies macht es wiederum möglich, das Algenwachstum in Grenzen zu halten. Für uns ist dies das einfache, aber wichtigste Grundprinzip der modernen Riffaquaristik und ein entscheidender Teil des nahezu revolutionären Umdenkens ihrer Pioniere in Europa in den späten 1970er- und frühen 1980er-Jahren, das es ermöglichte, Korallen im Aquarium in der Obhut des Menschen zu halten.

Heutzutage wird eine große Zahl verschiedener Abschäumertypen im Handel angeboten. Von den meisten kann man hervorragende Ergebnisse erwarten, wenn man sich an die Empfehlungen der Hersteller hält. Bedenken haben wir allerdings, wenn wir sehen, wie oft Aquarianer überdimensionierte Abschäumer für ihre Aquarien wählen. Vor allem in Europa scheinen Aquarianer zu glauben, dass das Motto „je größer, desto besser“ auch für Abschäumer Gültigkeit habe. Dies ist aber nicht der Fall. Obwohl auch wir überzeugt sind, dass eine gut arbeitende Abschäumung die beste Filtereinrichtung für ein Korallenriff-Aquarium ist, kann die Wahl eines zu großen Abschäumers zu Problemen führen. Denken Sie bitte immer daran, dass das Wohlbefinden der Wirbellosen und der Fische stärker von den Kenntnissen des Aquarianers und seiner wohl überlegten Anwendung der gewählten Technik abhängt als von der Größe des Abschäumers oder der Menge an komplizierter Apparatur.

Umkehrosmose

In diesem Buch haben wir schon mehrfach darauf hingewiesen, dass ein Korallenriff ein nährstoffarmes Ökosystem ist und dass die dort lebenden Organismen an diese Lebensbedingungen angepasst sind. Nährstoffarme Milieuverhältnisse sind nach unserer Meinung auch die Voraussetzung für den erfolgreichen Betrieb eines Korallenriff-Aquariums. Man erhält sie in erster Linie durch eine effektive Abschäumung. Aber auch das Ersetzen verdunsteten Wassers durch Kalkwasser, das wenig oder gar keine Nährstoffe enthält, ist wichtig. In der Praxis bedeutet dies, dass man dem zur Aufbereitung des Kalkwassers benutzten Süßwasser so weit wie nur irgend möglich die Algennährstoffe entzieht. Als Algennährstoffe kommen vor allem die Verbindungen Nitrat, Phosphat und Silikat in Betracht. Welche Substanzen in welchen Mengen im

Süßwasser vorhanden sind, hängt von den jeweiligen örtlichen Verhältnissen ab. Die Werte kann man beim zuständigen Wasserwerk erfragen oder selber messen. Letzteres kommt natürlich besonders dann in Frage, wenn Brunnenwasser verwendet wird.

Wir haben wiederholt mit Aquarianern gesprochen, denen es unbegreiflich war, worauf die permanente Nitratbelastung ihres Aquariums zurückzuführen war. Oft fanden wir die Erklärung darin, dass für den Kalkwasseransatz nährstoffhaltiges Süßwasser verwendet wurde. Andere organische Belastungen und anorganische Ionen sowie Verbindungen können ebenfalls zum Problem werden. Heute sind weite Teile Europas vom sog. Sauren Regen betroffen. Saure Niederschläge führen dazu, dass der pH-Wert des Süßwassers sinkt, oft niedriger als pH 5. Bei diesen Werten lösen sich einige metallische Verbindungen im Wasser, in erster Linie Aluminium. Wird solches Wasser aus der Hausleitung entnommen, können zusätzlich noch Kupfer oder Zink darin gelöst sein. Alle diese Metalle sind, wie schon angesprochen, im Korallenriff-Aquarium bereits in geringsten Konzentrationen sehr schädlich.

Eine gute Methode, schädliche Verbindungen aus dem Leitungswasser zu entfernen, ist die Umkehrosmose. Bei diesem Verfahren wird Wasser unter Druck, der höher als der osmotische Druck ist, durch eine ultrafeine Membran gepresst. Diese hält die im Wasser gelösten organischen und anorganischen Verbindungen weitestgehend zurück, lässt die Wassermoleküle aber passieren. Eine Umkehrosmose-Anlage entfernt also (bis auf geringe Restmengen) die unerwünschten Stoffe, wie Nitrat, Phosphat, Silikat, Aluminium, Kupfer usw., jedoch auch erwünschte Substanzen, wie Kalzium und Karbonate. In Gebieten, in denen das Wasser eine hohe Nitratbelastung aufweist, bleibt dem Aquarianer oft aber keine andere Wahl als der Einsatz einer Umkehrosmose-Anlage.

Der Handel bietet eine ganze Reihe unterschiedlicher Umkehrosmose-Modelle an. Die Geräte benötigen einen Wasserdruck von 3–5 bar und können direkt an die Hauswasserleitung angeschlossen werden. Das Wasser läuft zunächst durch einen Filter mit Aktivkohle, der u. a. Chlor entfernt, und zur Eliminierung größerer Partikel durch einen mechanischen Filter, bevor es die Membran passiert. Das erhöht salzhaltige Abwasser fließt über einen gesonderten Ablauf ab und kann für andere Zwecke genutzt werden (Toilettenspülung usw.). Sowohl Vorfilter als auch Membran müssen in bestimmten Intervallen ausgewechselt werden. Die Häufigkeit hängt vom Grad der Verschmutzung des Leitungswassers ab. Wir raten dringend dazu, das Frischwasser für das Ansetzen von Seewasser einer Umkehrosmose-Anlage zu entnehmen. Gleiches gilt für das Wasser, mit dem das aus dem Aquarium verdunstete Volumen ersetzt wird, ganz gleich, ob es nun „Kalkwasser“ ist oder nicht. Zumindest in Europa ist die Qualität des Leitungswassers manchmal schlecht, und es kann hohe Konzentrationen von Nitrat und Phosphat sowie andere Schadstoffe enthalten. In vereinzelten Fällen haben wir auch beobachtet, dass alte Wasserleitungen und Verbindungsstücke aus Kupfer, Eisen oder Messing Schadstoffe an das Leitungswasser abgeben. Wenn dieses Wasser dann nicht durch Umkehrosmose gefiltert wird, können sich metallische Verbindungen im Aquarium ansammeln.

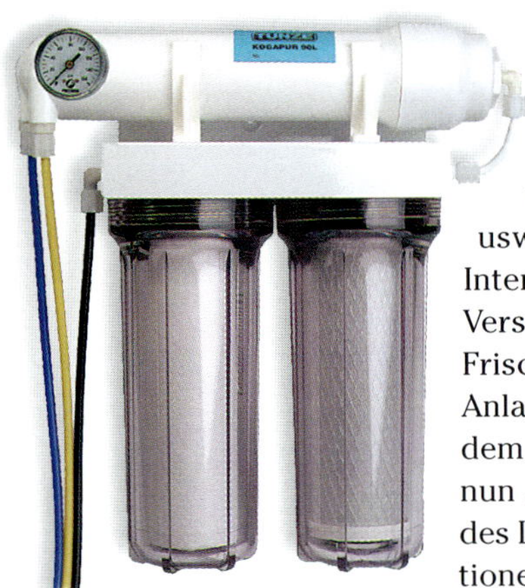

Umkehrosmose-Anlage Kogapur L der Firma Tunze
Foto: Tunze

Ozonisierung

Ozon (Trisauerstoff, O_3), besteht aus drei Sauerstoffatomen. Es stellt ein unbeständiges, charakteristisch riechendes Gas dar, das normalerweise schnell durch Reduktion zerfällt. Ozon entsteht, wenn Sauerstoff hoher elektrischer Spannung ausgesetzt wird, z. B. in den für Aquarien benutzten Ozonisatoren. Aber auch in der Luft kann man nach einem Gewitter Ozongeruch wahrnehmen. Selbst in einer Verdünnung von 1 : 500.000 kann man Ozon noch riechen (was auch beim Einsatz von Ozon in der Aquaristik von Bedeutung ist).

In der Aquaristik wird Ozon genutzt, weil es ein starkes Oxidationsmittel darstellt. Ozon kann organische Moleküle spalten, ohne dass dabei schädliche Nebenprodukte entstehen, wie es beim bakteriellen Abbau der Fall ist. Man kann die Wirksamkeit von Ozon so darstellen:

$$\text{Organische Moleküle} \xrightarrow{O_3} \text{Ammoniak/Ammonium} \xrightarrow[\textit{Bakterien}]{O_2} \text{Nitrit} \xrightarrow{O_3} \text{Nitrat}$$

(nach De Graaf 1988)

Die gebräuchlichste Methode der Ozonisierung ist der Zusatz von Ozon zur Luftzufuhr des Abschäumers. Die Dosierung muss dabei so gewählt werden, dass alle Ozonmoleküle zu Sauerstoff zerfallen sind, bevor das Wasser zum Aquarium zurückläuft. Dies kann man bis zu einem gewissen Grad kontrollieren, indem man die Luft über dem Abschäumer auf Ozongeruch prüft. Ganz sicher ist diese Methode freilich nicht.

Um die Herstellung von Ozon im Ozonisator zu gewährleisten, muss die durchgeleitete Luft absolut trocken sein. Im Handel gibt es hierfür spezielle Lufttrockner. Wir haben mehrere schöne und einwandfrei funktionierende Korallenriffaquarien gesehen, die mit Ozonisierung betrieben wurden. Andererseits standen wir aber auch schon vor gleich gut laufenden Korallenriffaquarien ohne Ozonanwendung. Es erscheint uns zweifelhaft, ob die Ozonisierung wirklich so große Vorteile bietet, dass ihre Risiken bei der Anwendung aufgehoben werden. Schließlich muss man daran denken, dass Ozon auch für den Menschen giftig ist (Wendler 1986).

Ozon ist sehr giftig, schädigt alle lebenden Organismen und darf niemals direkt in das Aquarienwasser gelangen!

UV-Wasserklärer

UV-Wasserklärer geben eine Strahlung der Wellenlänge 253,7 nm ab, die zum UV-C-Bereich gehört (siehe Seite 180). UV-C-Strahlung hat eine letale (abtötende) Wirkung auf lebendes Gewebe. In erster Linie setzt man UV-Wasserklärer zum Abtöten von Fischparasiten im Planktonstadium ein. Auch Bakterien und flottierende Mikroalgen gehen durch sie zugrunde. Der UV-Wasserklärer ist ein Gerät, in dem ein Wasserstrom an einer eingekapselten UV-Lampe vorbeigeführt wird. Die Geschwindigkeit des Wasserstroms und die Stärke der UV-Lampe bestimmen, wie groß der Sterilisationseffekt ist. Auch die Temperatur

Kleine UV-Lampe für ein kleines Aquarium
Foto: Bioquatic Photo

des Wassers spielt eine Rolle. Der höchste Wirkungsgrad der UV-Wasserklärer liegt bei 40 °C.

Insgesamt sind die biologischen Auswirkungen von UV-Wasserklärern noch nicht vollständig erforscht, weshalb wir zu vorsichtigem Umgang damit raten. Bei einem besonders hartnäckigen Parasitenbefall von Fischen können die UV-Wasserklärer jedoch möglicherweise von Nutzen sein.

Teilwasserwechsel

Lange wurde die Auffassung vertreten, dass regelmäßig ein Teil des Aquarienwassers gewechselt werden müsse. Meist betrachtete man einen monatlichen Teilwasserwechsel von 10 % des Beckenvolumens als normal. Inzwischen hat sich die generelle Ansicht aber geändert, und man differenziert von Aquarium zu Aquarium.

Ein Becken mit biologischer Filterung wird normalerweise eine stärkere Belastung mit Nährstoffen aufweisen und einen häufigeren Wasserwechsel erfordern als ein Aquarium mit effektiver Abschäumung. Wie häufig und in welcher Menge ein Teilwasserwechsel vorgenommen werden muss, hängt vom Volumen des Aquariums, vom Filtersystem und nicht zuletzt vom Wohlbefinden der gepflegten Tiere ab.

Während der Startphase eines Korallenriff-Aquariums sollte man, sofern der Algenwuchs sehr stark ist, einen regelmäßigen Teilwasserwechsel durchführen. Dagegen ist nur noch ein minimaler Wasserwechsel notwendig, wenn sich die Verhältnisse stabilisiert haben und das Kalkalgenwachstum in Gang gekommen ist, wodurch gleichzeitig das Wachstum unschöner Schmier- und Fadenalgen vermieden wird. In unseren Aquarien wechseln wir nur 10 % des Wasservolumens im Jahr. Nach unseren Erfahrungen führen großvolumige Wasserwechsel zu instabilen Verhältnissen im Aquarium und nicht selten zu unerfreulichem Algenwuchs. Andererseits haben wir es auch erlebt, dass ein 75-prozentiger Teilwasserwechsel in einem alteingerichteten, gut eingefahrenen Aquarium zu einer drastischen Steigerung der Wachstumsrate der Steinkorallen führte. Es ist eine Tatsache, dass sich die meisten Spurenelemente (und sogar Mengenelemente) in einem geschlossenen Aquariensystem mit der Zeit immer weiter ausdünnen, sofern nichts hinzugefügt oder ersetzt wird. Dies ist ein Argument für einen regelmäßigen Wasserwechsel. Das von uns beobachtete verbesserte Wachstum von Steinkorallen kann eine Folge davon sein, aber es könnte auch andere Ursachen haben. Offensichtlich gibt es in der Riffaquaristik nur wenige „absolute Wahrheiten“.

Es ist selbstverständlich, dass für den Wasserwechsel nur einwandfreies Meerwasser aus hochwertigen Salzmischungen verwendet werden darf. Dieses muss vor Gebrauch gut durchlüftet werden und genügend „reifen“.

Wasserbewegung und Strömungstechnik

Betrachtet man die Erde von einem erhöhten Standpunkt aus, sieht man eine Menge Wasser. Bewegtes Wasser! Die vorherrschenden Hauptströme folgen immer denselben Wegen rund um den Globus – jeden Tag, jeden Monat, das ganze Jahr lang. Beim Blick auf die entscheidenden Korallenriffgebiete stellen wir fest, dass diese permanent von Strömen aus derselben Richtung durchflossen werden. Die Hauptauslöser für diese Oberflächenströmungen sind die Sonnenenergie, die die oberen Wasserschichten aufheizt, sowie die Reibung durch den Wind, der über die Wasseroberfläche bläst.

Die meisten Korallenriffe haben eine grundlegende Strömungsrichtung, die weitestgehend unveränderlich ist. Dieser stetige Fluss kann sich in Abhängigkeit von der lokalen Geografie etwas beruhigen oder verstärken, aber auf jeden Fall verfügt er über wenig oder keine Turbulenzen. Der Hauptwasserstrom am Großen Barriereriff z. B. fließt von Norden nach Süden entlang dem Riff. Bei den Malediven strömt das Wasser aus südlicher Richtung nach Nordosten und setzt seinen Weg dann in einem großen Bogen westwärts fort.

Zusätzlich zur Grundrichtung des Wasserflusses werden die Korallenriffe auch von anderen Kräften der Wasserbewegung beeinflusst. Gezeitenkräfte werden von der Gravitationskraft des Mondes verursacht und hängen von den Mondphasen ab. Der Effekt der Gezeitenverschiebungen variiert von Ort zu Ort. Die dritte und weitaus komplexeste Kraft der Wasserbewegung ist die Wellenbewegung. Wellen sind bewegte Impulse aus gespeicherter Energie, die sich durch die obere Wasserschicht ziehen. Dies kann leicht beobachtet werden, wenn man aus einem Flugzeug auf das stürmische Meer schaut. Garrat (2007) bietet Detailinformationen über Wasserbewegung im Korallenriff.

Folglich sind die Wasserbewegungen in tropischen Korallenriffen vielfältig. Ein stetiger Wasserstrom fließt über der Riffkante – Wellen, die gegen die Riffkante schlagen und Tonnen von Wasser auf das Riffdach drücken. Gezeitenströmungen bewegen das Wasser entlang der Riffkante sowie in und aus der Lagune, wobei die Strömungsrichtung mit Ebbe und Flut wechselt. Tiefer unten ist die Strömung variabel, aber zu bestimmten Tageszeiten normalerweise stark. Das Leben im Riff ist an die natürlichen Wasserbewegungen angepasst. Schulen aus *Chromis* und *Pseudanthias* verbringen den ganzen Tag damit, gegen die Strömung Plankton zu jagen, und riesige Gorgonien wachsen im rechten Winkel zur Strömung, um so effektiv wie möglich Nahrung zu fangen. Obwohl es unmöglich ist, die natürliche Wasserbewegung des Korallenriffs zu kopieren, sollten wir versuchen, in unseren Riffaquarien eine starke und möglichst abwechslungsreiche Strömung zu installieren – insbesondere dann, wenn sessile Tiere gepflegt werden, die nicht in der Lage sind, ihren Standort selbst auszuwählen. Viele Korallentiere sind von der Wasser-

Wellen brechen sich an der Riffkante von Rarotonga im Süd-Pazifik. Die Pflanzen und Tiere, die hier leben, haben sich an die enorme Wasserbewegung angepasst.
Foto: Bioquatic Photo

Strömungspumpe Tunze Turbelle Stream im Einsatz
Foto: D. Brockmann

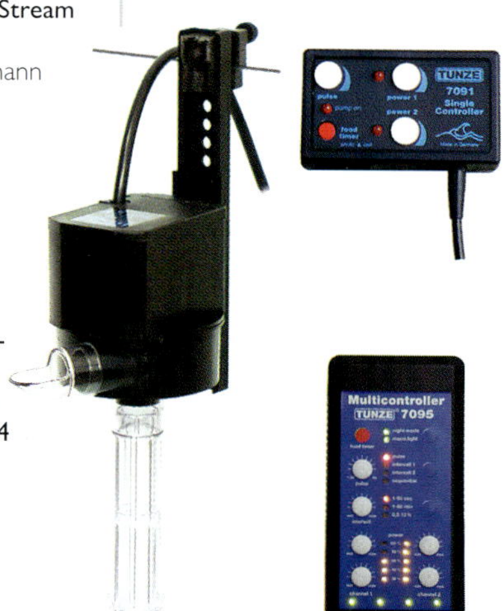

Turbelle Powerhead mit elektronischem Controller TF04
Foto: Tunze

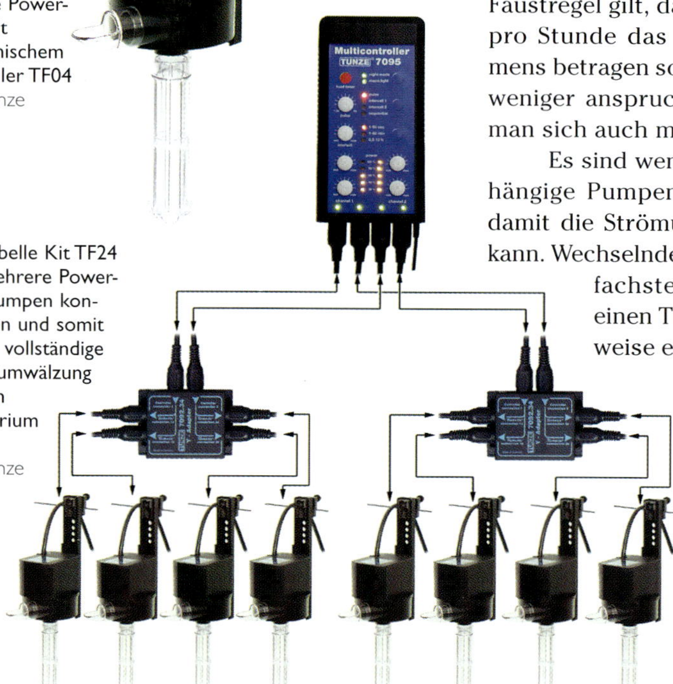

Das Turbelle Kit TF24 kann mehrere Power-Head-Pumpen kontrollieren und somit für eine vollständige Wasserumwälzung in einem Riffaquarium sorgen.
Foto: Tunze

strömung abhängig, um einerseits ihre Körperfläche zu reinigen und andererseits sich ihrer Abfallstoffe zu entledigen. Für viele Tiere bringt die Wasserströmung gleichzeitig Nahrung herbei. Schließlich sorgt die Wasserströmung auch für eine gleichmäßige Wärme- und Sauerstoffverteilung im Aquarium.

An dieser Stelle soll erwähnt sein, dass manche Aquarien auch ohne kräftige Wasserbewegung auskommen, beispielsweise ein sandiges Lagunenaquarium. Ein Mangrovenaquarium erfordert eine gezeitenähnliche Wasserbewegung, aber auch Phasen, in denen das Wasser nahezu unbewegt ist. Wie bei den vorigen Themen müssen wir hier ganz genau den Typ des Aquariums berücksichtigen, für den wir uns entschieden haben.

Es gibt mehrere Methoden, um im Korallenriff-Aquarium Wasserbewegung zu erreichen. Rotationspumpen, sog. Tauchkreiselpumpen, sind sehr wirkungsvoll. Sie sind unauffällig und können so platziert werden, dass man eine effektive Wasserumwälzung erreicht. Umwälzpumpen werden jedoch vor allem eine Art Strom anstatt einer Wasserbewegung durch Wellen erzeugen. Als Faustregel gilt, dass die geförderte Wassermenge pro Stunde das Zehnfache des Aquariumvolumens betragen sollte. Sofern man nur Fische oder weniger anspruchsvolle Wirbellose pflegt, kann man sich auch mit weniger begnügen.

Es sind wenigstens zwei voneinander unabhängige Pumpen im Aquarium zu installieren, damit die Strömungsrichtung verändert werden kann. Wechselnde Strömungen erzielt man am einfachsten, indem man die Pumpen an einen Timer anschließt, der sie wechselweise ein- und ausschaltet. Im Korallenriff wechseln die Strömungen oft morgens und am späten Nachmittag. Das sollte man berücksichtigen, wenn man die Schaltintervalle einstellt.

Einen wesentlich effektiveren und auch ästhetisch ansprechenderen Strömungswechsel erreicht man mit sog. Pulsautomatik oder Intervallregelung. Diese Geräte werden von verschiedenen Herstellern angeboten. Mit einer elektronischen Pulsautomatik wird die Leistung der einzelnen Pumpen gesteuert. So können die Pumpen für kürzere Intervalle mit einer – z. T. stufenlos einstellbaren – geringeren Leistung (z. B. 20 %) arbeiten, um dann auf volle Leistung zu gehen. So erhält man einen pulsierenden Wasserstrom. Zusätzlich können die Pumpen noch im Tagesrhythmus unabhängig voneinander ein- und ausgeschaltet werden.

In der Natur erzeugen kleine und große Wellen eine starke, manchmal äußerst wilde Bewegung des Wassers. Wellenähnliche Bewegungen sind definitiv nicht leicht in Aquarien zu imitieren, aber mit der aktuellen Technologie können wir wellenähnliche Bewegungen zumindest bis zu einem gewissen Grad simulieren. Eine Möglichkeit, in großen Aquarien Wellen und allgemeine Wasserbewegung herzustellen, stellen ellipsoide Wasserrührer wie die Schweizer Erfindung „Oloid" dar. Dieser eierförmige Rührer kann die natürlichen Wasserbewegungen sehr viel genauer simulieren als alle übrigen Technologien. Er wird von zwei Achsen angetrieben und bewegt sich sehr ähnlich wie ein Paddel oder die Schwanzflosse eines Fisches. Mit nur einem Bruchteil der Energie, die bei herkömmlichen Pumpen üblich ist, ist der Oloid in der Lage, große Wassermengen zu bewegen, indem er eine Strömung mit einer pulsierenden Bewegung erzeugt, die feine Schwingungen in der gesamten Wassermasse generiert. Momentan sind Oloid nur in Versionen für Aquarien mit mehreren tausend Litern Volumen verfügbar. Das kleinste Modell, das gerade gefertigt wird (Oloid 200 A) wiegt 11 kg. Es ist dazu im Stande, eine 3 m tiefe und 30 m weite Strömung zu erzeugen. Für große Experimentieraquarien und öffentliche große Schauaquarien ist der Oloid eine kosteneffektive Methode, um Strömung zu schaffen.

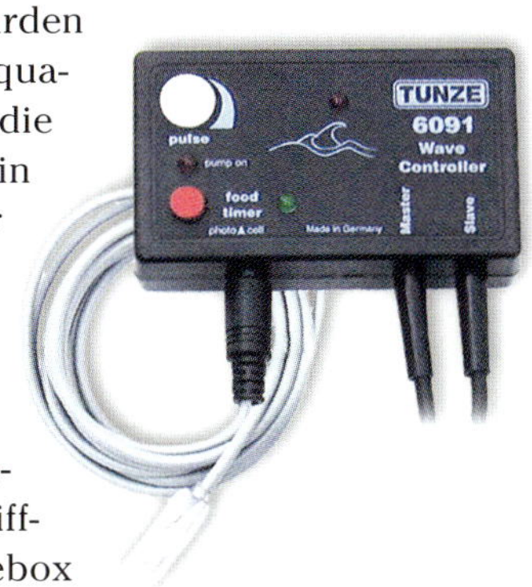

Während der letzten Jahre wurden mehrere neue Geräte für kleine Aquarienriffe entwickelt. Ein Beispiel ist die „Wavebox" der Firma Tunze, die ein ausgezeichneter Wellengenerator für Aquarien von 200–1.200 l ist. Das Gerät erzeugt eine oszillierende Strömung, und laut Herstellerangaben entspricht die Strömung exakt der Wellenstruktur und Wasserbewegung, wie sie sich in den oberen Riffzonen findet. Dies macht die Wavebox besonders für Korallenriffaquarien geeignet. Das Oszillationsprinzip erreicht die Wavebox durch den Tunze Wave Controller, der die Eigenresonanz des Aquariums nutzt. Mit minimalem Energieaufwand erzeugt er eine beeindruckende Wasserbewegung in allen Bereichen des Aquariums. Beispielsweise kann ein Wellenschlag den minimalen Wasserstand um 2 cm anheben – in einem Aquarium mit einer Länge von 1,5 m sogar noch um viel mehr. Die Wellenhöhe kann elektronisch eingestellt werden.

Wave-Box mit elektronischer Kontrolleinheit der Firma Tunze
Foto: Tunze

Ein anderes Beispiel ist der „Wave2K" von Jomi Aquatic Products, USA, eine Wellenmaschine, die dem Hobbyisten ermöglichen soll, in geschlossenen

Systemen ein natürlicheres Strömungsmuster zu erzeugen. Die Wasserbewegung, die der Wave2K erzeugt, ähnelt den natürlichen Gezeitenmustern stark, da sich vorwärts und rückwärts gerichtete Bewegungen abwechseln, so dass sich ein kreisförmig-vertikales und alternierendes Strömungsmuster im Aquarium einstellt. Der Wave2K-Generator ist in mehreren Versionen und Größen erhältlich. Während eines Wellenzyklus der kleineren Einheit, der sechs Sekunden dauert, werden etwa 10 Liter Wasser durch die oben angebrachten, schlitzförmigen Öffnungen gedrückt. Währenddessen dringt die gleiche Wassermenge durch die unten befindlichen Schlitze ein. Und weil die Einheit die Strömungsrichtung alle 6 Sekunden wechselt, beträgt das Gesamtvolumen von durch Ein- und Ausfluss bewegtem Wasser nahezu 40 Liter während dieses Zeitraums. Das Ergebnis sind eine Welle aus Oberflächenwasser, die vom Gerät wegfließt, und eine Welle aus Wasser, das über die Bodengegend des Aquariums gedrückt wird. Dann, sechs Sekunden später, wird eine Welle aus den unteren Schlitzen gedrückt, während Wasser durch die oberen Schlitze eindringt. Diese Strömungsmethode produziert eine ähnliche Wasserbewegung, wie sie in der Natur zu finden ist, und fördert die typische Vor- und Zurückbewegung, der die Korallen im natürlichen Lebensraum ausgesetzt sind.

Wave2K-Gerät von Jomi Aqua Products, USA
Fotos: Wave2K

Die Wasserbewegung im Korallenriff-Aquarium ist lange vernachlässigt worden. Nach unseren Beobachtungen gibt es jedoch deutliche Hinweise darauf, dass ein kräftiger und wechselnder Wasserstrom günstige Auswirkungen auf viele Tiere hat. Wer ein Korallenriff-Aquarium wirklich optimal betreiben will, darf auf diesem Gebiet weder Mühen noch Kosten scheuen, um eine effektive Wasserbewegung zu erreichen. Als allgemeinen Maßstab empfehlen wir eine Wasserumwälzung von mindestens dem zehnfachen Aquarienvolumen pro Stunde. Der Aquarientyp sowie die Dekoration und ihr Aufbau spielen bei dieser Berechnung aber ebenfalls eine Rolle.

Kombination von Filtern

Der Zweck aller technischen Hilfsmittel für ein Korallenriff-Aquarium besteht darin, allen Organismen Lebensbedingungen zu bieten, die der Natur so nahe wie nur möglich kommen. Dabei ist es durchaus nicht einfach zu sagen, welche Technik hierfür optimal ist. Wir haben in diesem Kapitel bereits einige für ein Korallenriff-Aquarium in Betracht kommende Filtertypen und Geräte zur Wasserreinigung und Wasserpflege beschrieben.

Es gibt eine Reihe von Beispielen dafür, dass Korallenriffaquarien mit recht guten Erfolgen auch ohne viel Technik, sondern lediglich mit Beleuchtung und Belüftung betrieben werden können. Die meistdiskutierte Variante dieses Systems ist die sog. „Naturmethode“, deren Grundzüge der Indonesier Lee Chin Eng entwickelte. Seine Ideen fanden in den 1960er- und 1970er-Jahren in vielen Teilen der Welt weite Verbreitung. Die ausführlichste Einzeldarstellung dieses Systems findet sich bei Riseley (1971). Die Methode beruht ausschließlich auf dem Effekt des biologischen Abbaus, der im Einrichtungsmaterial (Lebende Steinen) vor sich geht. Trotz der Erfolge besteht wohl kein Zweifel darüber, dass die Naturmethode ein sehr anfälliges System ist und an den Aquarianer äußerst hohe Anforderungen bezüglich Wissen und Zeit stellt.

Die erfolgreiche Entwicklung der Meerwasseraquaristik während der letzten Jahrzehnte führte auch zur Entwicklung neuer Aquarientechnik. Die Auswahl an unterschiedlicher kommerziell erhältlicher Filtertechnik ist enorm. Laufend kommen neue Filterprodukte für Meerwasseraquarien auf den Markt. Bei vielen sog. Neuheiten handelt es sich allerdings eher um Varianten bereits gut bekannter Produkte, und es ist kein Wunder, dass dabei viele Aquarianer den Überblick verlieren! Dennoch beeinflusst das Angebot an Produkten maßgeblich die Entscheidung, welche Filtereinheit der Aquarianer schließlich aussuchen wird. Auch Empfehlungen anderer Aquarianer sind hierbei von großer Bedeutung. Sieht man bei einem Freund ein gut funktionierendes Aquarium, möchte man diese Technik für das eigene Becken übernehmen – selbstverständlich! Es ist jedoch wichtig, dass jeder Aquarianer seine Filtertechnik gemäß den Tieren

Aqua Medic Blue Reef 2000 enthält die folgenden Komponenten:
- Filterbecken mit Vorfiltereinheit
- Vorfiltereinheit mit Biofilter
- Eiweißabschäumer Turboflotor 5.000 Shorty zum Einbau im Filterbecken
- Umwälzpumpe Ocean Runner OR 6500

Außerdem ist im Filterbecken ausreichend Platz, um weitere Komponenten zu installieren, wie den Nitratreductor 1000 oder den Kalkreaktor 1000.
Foto: Aqua Medic

Tunze-Unterschrankanlage System Kit 20 für Meerwasseraquarien von 800–1.500 l: Glasbehälter (550 x 540 x 440 mm), Sicherheitsvolumen von 77 l, System-Filter, Filterpumpe Turbelle 3000/2, System-Abschäumer 245/3, System-Bio-Reaktoren, Bioanschluss, Osmolator mit Infrarot-Technologie und Sicherheitswarnton, zwei Rückförderpumpen, Kalzium-Automat und Vorratsbehälter
Foto: Tunze

Der Aquarianer Hans Jürgen Martens, Tornesch, Deutschland, in seinem Technikraum mit Anschluss an das Riffaquarium
Foto: Bioquatic Photo

auswählt, die er pflegen möchte. Wir finden, dass der Hobbyist seine Ausrüstung in erster Linie unter Berücksichtigung der zu pflegenden Tiere planen und sich nicht danach richten sollte, was am meisten angeboten wird und was andere Aquarianer verwenden.

Das bedeutet, Sie müssen eine genaue Vorstellung davon haben, was für einen Aquarientyp Sie aufbauen wollen. Ist klar, dass Sie ein Aquarium mit großen Fischen möchten, z. B. mit einem Paar Muränen, wie etwa *Echidna nebulosa* oder *Gymnomuraena zebra*, muss die Filtertechnik ganz anders konzipiert werden, als wenn man ein ruhiges Aquarium nur für heikle Filtrierer pflegen möchte, wie z. B. planktonfressende Seegurken, Anemonenkrabben und -garnelen, Schwämme, Weichtiere, Seefedern und Seescheiden. Für das erste Beispielaquarium wird eine Menge Futter nötig sein, wie gefrorene Krabben, Garnelen und Fische, während sich das Futter im zweiten Becken auf Partikel in Plankton-

Schön und interessant, jedoch nur selten zu sehen – ein kleineres Aquarium mit einer Sandzone, *Caulerpa*-Kriechsprossalgen und den Muränen *Gymnomuraena zebra* sowie *Echidna nebulosa*. Diese prächtigen Fische verlangen viel Nahrung. Daher ist ein Filtersystem erforderlich, das sich von dem der üblichen Korallenriffaquarien unterscheidet.
Foto: Bioquatic Photo

größe beschränken wird, das jedoch in großen Mengen zur Verfügung stehen muss. Ein Eiweißabschäumer in Verbindung mit einer leistungsstarken mechanischen Filterung, die regelmäßig gereinigt werden muss, um zu verhindern, dass sich organisches Material anreichert, abgebaut wird und als anorganische Nährstoffe zurück in das Aquarienwasser gelangt, ist ein Muss für das Muränenaquarium, während dieselbe Ausrüstung im Becken für Filtrierer vermutlich eher nachteilig wäre.

Kleine Seescheiden *Symplegma brackenhelmi*. Diese schönen Filtrierer gelangten gelangten mit einer Schale der Riesenmuschel *Tridacna* sp. in das Aquarium von Daniel Knop. Um zu wachsen und neue Individuen hervorzubringen, wie hier auf dem Bild zu sehen ist, benötigen sie viel Nahrung wie organisches Material und kleinstes Plankton. In stark gefilterten und spärlich befütterten Aquarien haben sie nur geringe Überlebenschancen.
Foto: D. Knop

Möchte man aber ein Sandzonenaquarium mit Tieren verwirklichen, die das Substrat umschichten oder darin graben, wie die Baggergrundeln der Gattung *Valenciennea*, nachtaktive Seefedern oder Wächtergrundeln mit ihren Symbiosekrebsen, bietet sich eine dicke Schicht Bodengrund an. Eine Möglichkeit könnte hier das Jaubert-System sein, das man gut mit einem kleinen Abschäumer und vorsichtiger mechanischer Filterung verbindet, um die gröbsten Schmutzpartikel zu entfernen, die von den Fischen aufgewühlt wurden. Ein großer Brocken Lebendgestein könnte, falls der Nährstoffgehalt etwas höher ist als in den meisten Riffaquarien, zu einem interessanten und wunderschönen Wachstum verschiedener Algenarten führen.

Ein allgemeines Filterkonzept, das mit Schauaquarien gut funktioniert, die verschiedene Korallen und kleine Fische beherbergen, ist die Verwendung eines Eiweißabschäumers in Kombination mit guter Wasserbewegung und der Verwendung von Lebendgestein als Dekorationsmaterial, das als interner biologischer Filter wirkt. Sowohl bei Aquarien- als auch bei Filtertypen gibt es viele verschiedene Möglichkeiten.

Jedoch ist ebenfalls wichtig, sich über die Qualität des Wassers Gedanken zu machen, das man dem Aquarium zufügt. Wenn man zum Nachfüllen des verdunsteten Wassers nährstoffreiches Wasser verwendet, muss dieses mit einer Umkehrosmoseanlage behandelt werden. Fachwissen über die Beschaffenheit synthetischer Salzwassermischungen ist ebenfalls wertvoll. Wir haben einmal erlebt, dass ein guter Aquarienfreund, der permanent Probleme mit seinen Korallen hatte, die Ursache bis zu einer veralteten Verrohrung in seinem Haus zurückverfolgen konnte, wo Kupferrohre mit Zinkverschraubungen kombiniert worden waren. Durch galvanische Kräfte wurde das Süßwasser mit Schwermetallen kontaminiert, das wiederum zum Ansetzen von Kalkwasser verwendet wurde, mit dem er das verdunstete Wasser ersetzte – so gelangten die Schwermetalle ins Aquarium und schädigten die Wirbellosen. Nur eine neue Süßwasserquelle konnte Abhilfe schaffen. In einem anderen Fall kam es zu einem starken Algenbewuchs in einem Aquarium, das zuvor mit wunderschönen, gesunden und gut wachsenden Korallen dicht besiedelt war. Es stellte sich heraus, dass der Grund dafür die Salinität war, die von den normalen 34 ‰ auf weniger als 25 ‰ abgesunken war. Dieser Unfall veranschaulicht, wie wichtig es ist, die lebensnotwendigen Wasserparameter regelmäßig zu überprüfen und darüber Aufzeichnungen zu führen.

Dies leitet zu einem allgemeinen Problem über – ein stabiles, gut aussehendes und augenscheinlich gut funktionierendes Aquarium kann durch einen Wechsel der Technik, der Filterung, durch die Zugabe von Chemikalien oder schlicht und einfach durch Unterlassen der täglichen und wöchentlichen Wartungsarbeiten sehr schnell ruiniert werden. Wenn Sie ein Aquarium besitzen, das seit vielen Jahren gut funktioniert, kann eine kleine Veränderung große Folgen haben. Nachdem wir – nach zehn Jahren erfolgreicher Arbeit mit Kalkwasser in unserem Versuchsaquarium – zum Löbbecke-Kalkreaktor wechselten, führte dies zu einem massiven Anstieg der dKH und einem gleichzeitigen dramatischen Anstieg der PO_4-Konzentration, weshalb es zu extrem starkem Wachstum von Algen kam, die die Korallen überwucherten. Der Löbbecke-Kalkreaktor selbst ist definitiv nicht unnütz oder gefährlich, aber der plötzliche Wechsel der Umweltbedingungen war es! Ein weiteres Beispiel ist die Zugabe von Fischmedikamenten gegen *Oodinium*, die in den 1980er-Jahren weit verbreitet war, um die „rote Plage" zu bekämpfen, die damals ein großes Problem darstellte. Der Zusatz von Medikamenten, um das unkontrollierbare Wachstum der roten Schmieralgen zu bekämpfen, war ein Fehler. Wir raten ausdrücklich von der Verwendung jeder Art von Antibiotika oder anderen Medikamenten im Riffaquarium ab, denn sie können die Ergebnisse der besten Filtertechnik und des besten Lebendgesteins innerhalb kürzester Zeit zerstören und Schaden anrichten, der kaum wieder zu beheben ist!

Unabhängig davon, welchen Filtertyp wir benutzen, wird sich das Wasser mit der Zeit verändern, wie bereits am Anfang des Kapitels erläutert. Abhängig davon, auf welche Elemente wir uns konzentrieren, und abhängig auch vom Alter und der Beschaffenheit des Systems, werden die Veränderungen manchmal schwerwiegend sein, während sie in anderen Fällen moderat ausfallen. Tabelle 4.8 auf Seite 279 zeigt, was mit einigen Elementen in einem kleinen Versuchsaquarium mit der Zeit geschieht (NILSEN 2000), und ist ein Beispiel dafür, dass diese Veränderungen in der Tat stattfinden. Ist es demnach möglich, ein Aquarium zu „überfiltern"? Oder mit anderen Worten, ist es möglich, so stark zu filtern, dass die Organismen leiden? Unserer Meinung nach ist die Antwort eindeutig „ja"! Genauso, wie es möglich ist, dem Aquarium zu viele Nährstoffe zuzufügen, kann man auch zu viele Nährstoffe entfernen. Ein leistungsstarker Eiweißabschäumer in Verbindung mit Ozon und Kohlefilterung wird sich in einem Aquarium, das Tiere beherbergt, die auf Plankton und gelöstes organisches Material angewiesen sind, als wenig nützlich erweisen. Wir haben die Erfahrung gemacht, dass ein übermäßiger Gebrauch von Aktivkohle die Steinkorallen sterben lässt. Es stellte sich heraus, dass die Kohle so viele lebensnotwendige Bestandteile (es ist unbekannt, welche und wie viele genau) entfernt, dass die Menge an Lichtenergie – einschließlich der Menge der UV-Strahlung –, die von den HQI-Strahlern stammte und auf die Korallen traf, anstieg – mit dem Ergebnis, dass die meisten ausblichen und eingingen. Dies ist ein klarer Fall von „Überfilterung". Wir haben auch viele ausschließlich biologisch betriebene Miniriffsysteme gesehen, die allmählich von Algen überwachsen wurden. Selbst wenn sie genau kontrolliert und gewartet werden, produzieren die Biofilter so viele Nährstoffe, dass die Algen das ganze Aquarium überwuchern können. Oft geht diese unzulängliche Filterung mit einer viel zu großen Zahl an Tieren pro Liter Wasservolumen einher – was natürlich zu Problemen führt. Die Lösung ist meistens die Ergänzung des Systems durch einen Eiweißabschäumer und die Verwendung von Kalkwasser (NILSEN 1987).

Riesiges Aquarium in Atlantis Marine World, Long Island, New York, USA
Foto: D. Knop

Bedauerlicherweise gibt es keine Formel, die besagt, welches Filtersystem für Sie das Richtige ist und wie es dimensioniert sein sollte. Die beste Lösung ist es, das Wohlbefinden der gepflegten Organismen genau zu beobachten und vor allem auf das Algenwachstum in Ihrem Aquarium zu achten. Dies erfordert natürlich Fachwissen über Biologie und Ökologie. Sachkenntnisse über die technischen Aspekte der Riffaquaristik sind sehr hilfreich, aber wertlos, sofern sie nicht mit biologischem Wissen verbunden sind. Leider haben wir das Gefühl, dass sich viele Aquarianer lieber über Technik informieren, als etwas über Biologie zu lernen. Wir hoffen jedoch, dass wir mit dieser Annahme falsch liegen, denn Aquarianer dürfen nie vergessen, dass ein Korallenriff-Aquarium ein lebendiges, biologisches System ist, für dessen Wohlergehen unsere biologischen Sachkenntnisse den Schlüssel darstellen.

Das Filtersystem sollte im adäquaten Verhältnis zum Aquarium proportioniert sein. Wir haben schon viele Aquarien mit riesigen Mengen technischer Ausrüstung gesehen. Manche von ihnen funktionieren nahezu perfekt und sind sehr beeindruckend, aber andere funktionieren überhaupt nicht – sie halten zwar die Korallen und Fische am Leben, entwickeln sich aber nicht wie ein bio-

Ein Ausschnitt aus dem mehr als 10 Jahre alten Korallenriff-Aquarium von Kenneth Olsen, Moss, Norwegen. Heute ist es möglich, Steinkorallen und zahlreiche andere Invertebraten aus den tropischen Riffen im Aquarium zu pflegen. Was noch vor zwei Jahrzehnten als unmöglich erschien, ist heute die Basis für den erfahrenen Meerwasseraquarianer. Foto: Bioquatic Photo

logisches System. Man bedenke, dass ein gut funktionierendes Aquariensystem auch über Planktonvermehrung, Algenwachstum und zahlreiches Mikro- und Makroleben verfügen und nicht nur bunte Fische und riesige Korallen wie in einer „halb sterilen" Umwelt enthalten sollte. Auch wenn das etwas allgemein ausgedrückt ist, unser Thema ist wieder die Biologie. Sollten wir vielleicht die Filterung verringern und die Zahl der Arten verkleinern, dafür aber die Anzahl der Exemplare erhöhen und den kleineren Organismen einen größeren Teil des Aquariums zugestehen? Sollte man vielleicht auch die durchschnittliche Aquariengröße verringern? Was immer man tut, man kann nicht das Verhältnis von Wassermenge und Tieranzahl kopieren, das wir in der Natur vorfinden.

Es ist möglich, ein kleines Aquarium mit einem einfachen Filter gut funktionieren zu lassen. Es ist auch möglich, ein riesiges Aquarium mit viel Ausrüstung nahezu perfekt zu gestalten (wie einige der Aquarienvorstellungen in diesem Band zeigen). Die Unterschiede liegen hauptsächlich in der Wirtschaftlichkeit und in der Anzahl der Tiere, die gehalten werden können, unserer Meinung nach allerdings nicht beim biologischen Potenzial. Ein kleines Aquarium kann ebenso beeindruckend sein wie ein sehr großes.

Ihnen stehen alle Möglichkeiten offen, aber Sie tragen auch die Verantwortung! Was immer Sie entscheiden, vergessen Sie bitte nicht, dass Sie es mit Lebewesen zu tun haben, und denken Sie immer an die Worte des legendären 2008 verstorbenen Riffaquarien-Pioniers Peter WILKENS, die er uns vor vielen Jahren mit auf den Weg gab: „Die Augen des Bauern machen das Kalb fett". Viel Erfolg!

Ein kleines Korallenriff-Aquarium, hauptsächlich mit Weichkorallen, Lebendgestein und kleinen Fischen besetzt. Die Weichkorallen wiegen sich in der Strömung hin und her und bringen Leben in das Aquarium.
Foto: Bioquatic Photo

Das große Korallenriff-Aquarium von Dag-Jostein Andresen, Norwegen. Der blaue Lobster (*Panulirus versicolor*) beherrscht das Aquarium, und der Aquarianer erfreut sich an der hübschen Unterwasserlandschaft.
Foto: Bioquatic Photo

Das Nanoaquarium nach sechs Betriebsmonaten
Foto: D. Knop

Ausgewählte Aquarienporträts

Während der letzten Jahrzehnte hat sich die Korallenriffaquaristik weltweit dramatisch weiterentwickelt. Heute betreiben wir Aquarien, von denen wir noch nicht einmal zu träumen wagten, als wir in den späten 1980er-Jahren mit dieser Buchserie begannen. Dieses Kapitel zeigt einige unserer Aquarienfavoriten. Wir haben versucht eine Auswahl von Aquarien zusammenzustellen, die sich in Größe, Form, technischer Ausstattung und Bewohnern unterscheiden. Die Fotos und Informationen zu den Aquarien wurden uns freundlicherweise von den jeweiligen Besitzern zur Verfügung gestellt. In den Aquarienbeschreibungen finden sich auch sehr interessante persönliche Ansichten zur Aquarienphilosophie des Besitzers. Wir hoffen, dass Ihnen dieses Kapitel zahlreiche Ideen und Tipps zur Aquariengestaltung und -pflege vermitteln wird!

Nano-Aquarium — 5 Liter

Daniel Knop (Sinsheim, Deutschland)

Aquariengröße: 20 x 15 x 15 cm (B x T x H) = 5 Liter
Betriebszeit: 6 Monate
Beleuchtung: Eine Tageslicht-Fluoreszenzlampe, 12 Stunden täglich

In solch winzigen Aquarien sind kleine Lebewesen von besonderem Interesse.
Foto: D. Knop

Octokorallen wie diese *Knopia octocontacanalis* (Bild links) und kleine Scheibenanemonen wie diese *Pseudocorynactis caboverdensis* (Bild rechts) sind perfekte Bewohner für Nanoaquarien.
Fotos: D. Knop

Filtersystem: Ein Lebender Stein mit interner Bohrung für die luftgetriebene Strömung. Grober Bodengrund als Biofilter.

Kalziumzugabe: Keine

Andere Zusätze: Keine

Wasserwechsel: 20 % monatlich

Strömung: Durch eine Luftpumpe, siehe Filtersystem

Dekoration: Lebendgestein

Wasserwerte: Die Temperatur ist abhängig von der Raumtemperatur, Salinität 1.022, KH 7 °dKH, PO_4 nicht nachweisbar. Wegen der normalerweise sehr begrenzten Fütterung in Nano-Aquarien – aufgrund der Abwesenheit großer, carnivorer Tiere – kann das Fehlen von Phosphat unter bestimmten Umständen zu einem Problem werden; ein Nachdosieren wird empfohlen, falls die zooxanthellaten Nesseltiere ausbleichen.

Besatz: Verschiedene kleine Anemonen („*Anemonia*" cf. *manjano* und andere), Krustenanemonen, ein Schwamm (*Collospongia auris*), Schnecken *Stomatella* sp., *Euplica* sp., Weichkorallen *Sinularia dura*, *Briareum* sp., eine Harlekingarnele (*Hymenocera picta*), Seesterne *Asterina* sp., eine Boxerkrabbe (*Lybia tessellata*)

Das Fehlen farbenfroher Fische führt zur Fokussierung auf kleine Organismen wie Foraminiferen und hilft dabei, deren Schönheit zu entdecken.
Foto: D. Knop

Fütterung: Tägliche sparsame direkte Fütterung der *Lybia tessellata* mit einigen *Mysis*, *Hymenocera picta* frisst die Seesterne *Asterina*. Die *Asterina* sowie die Schnecken der Gattungen *Stomatella* und *Euplica* verzehren Algen und Bakterienbeläge der Dekoration und Scheiben.

Kommentar: Das Konzept für Nanoaquarien, das ich für mein Buch „Nano-Riffaquarien" entwickelt habe (Knop 2003), sollte aus folgenden Gründen

eine neue, sehr einfache Methode zur Pflege eines Riffaquariums sein:

1. Ich wollte nachweisen, dass ein Meerwasseraquarien-Biotop technisch sehr einfach sein kann und keine aufwändigen Pflegemaßnahmen benötigt, falls die entsprechenden Organismen für das Aquarium ausgewählt werden.
2. Ich wollte ein System ohne irgendeine technische Ausstattung – außer einer Membranpumpe – entwickeln.
3. Ich wollte ein Aquarium entwickeln, in dem die kleinen und einfachen Organismen, die in einem konventionellen Aquarium leicht übersehen oder von den Fischen gefressen werden, im Mittelpunkt stehen. Denn ich bin davon überzeugt, dass auch die kleinsten Krebstierchen oder Würmer absolut faszinierend sein können – zumindest für den wirklichen, begeisterten Riffaquarianer. Das Fehlen farbenprächtiger Fische sowie die geringe Größe eines Nanoaquariums machen es sehr viel einfacher, sich auf diese „Mikro"-Organismen zu konzentrieren. ■

Bild links: Kleine *Asterina*-Seesterne sind faszinierende Beobachtungsobjekte in Nanoaquarien. Dieser Seestern teilt sich gerade.
Foto: D. Knop

Bild rechts: Das Gelege von *Euplica*-Schnecken, das in seiner Entwicklung sehr schön in Nanoaquarien beobachtet werden kann.
Foto: D. Knop

Dieses Nanoriffaquarium beinhaltet neue Methoden zum Aufbau und zur Pflege kleiner Aquarien.
Foto: D. Knop

Korallen und Fische wachsen außerordentlich gut.
Foto: Bioquatic Photo

Hohe Biodiversität in einem kleinen Aquarium 240 Liter

Marco António da Veiga Valbontim Madeira (Lissabon, Portugal)

Aquariengröße: 120 x 40 x 50 cm (L x T x H) = 240 Liter
Betriebszeit: seit 2005
Beleuchtung: Aquaconnect Riga – 2 x HQI 150W BLV 14.000K, 2 x T5 54W aktinisch blau

Marcos Aquarium, Stand 2005
Foto: Bioquatic Photo

Bild links: Bitte schauen Sie sich die Bauchregion dieses Mandarinfisches, *Synchiropus splendidus*, an. Er ist wirklich gut gefüttert. In Aquarien mit vielen mikroskopischen Invertebraten haben empfindliche Fische wie die Mandarinfische wenig Probleme, ausreichend Futter zu finden.
Foto: Bioquatic Photo

Bild rechts oben: Wunderhübsche Polypen von *Blastomussa merleti*
Foto: Bioquatic Photo

Bild rechts unten: In Marcos Aquarium blühen die mikroskopischen Lebensformen, was dieses Foto dokumentiert. Das Substrat ist voller Leben.
Foto: Bioquatic Photo

Filtersystem: Tiefsandbett 12 cm, Dekoration als Filter (35 kg Lebendgestein), Deltec-MC600-Abschäumer
Kalziumzugabe: Kalkwasser-Reaktor
Wasserwechsel: 10 % jede Woche mit natürlichem Meerwasser
Strömung: 4 Maxijets, 1.200 l/h
Dekoration: 35 kg Lebendgestein (Brasilien, Indonesien und Fidschi)
Wasserwerte: Temperatur: 26–28 °C, pH: 8,3, Dichte: 1,026–1,028 g/cm^3, KH: 7–8 dKH, Nitrat: < 1 mg/l, Kalzium: 320–380 mg/l
Besatz: **Wirbellose:** 2 *Lysmata amboinensis*, 1 *Mitrax* sp., *Xenia* sp., *Sarcophyton* sp., *Sinularia brassica*, *S. dura*, *Briarium* sp., *Anthelia* sp., 4 *Discosoma* sp., 2 *Ricordea* sp., *Briareum* sp., *„Parazoanthus gracilis“*, 3 *Zoanthus* sp., *Trachyphyllia geoffroyi*, *Euphyllia ancora*, *Blastomussa merleti*, *Seriatopora hystrix*, 2 *Pocillopora* sp., 4 *Acropora* spp., *Porites cylindrica*, 5 *Montipora* sp., 1 *Tridacna derasa* und 1 *T. maxima*
Fische: 1 *Paracanthurus hepatus*, 1 *Zebrasoma flavescens*, 1 *Acanthurus achilles*, 4 *Amphiprion ocellaris*, 3 *A. percula*, 1 *Chrysiptra parasema*, 1 *Synchiropus splendidus*
Fütterung: Ich füttere vier Mal täglich mit einer Mischung aus Flockenfutter, Pellets, Algen, *Cyclops*-Zysten, *Mysis*, *Artemia*, kleinen Garnelen, Muschelfleisch und zahlreichen anderen Futtersorten (siehe Foto, nächste Seite).

Freilebende Polychaeten kommen zur Fütterungszeit aus ihren Verstecken aus den Steinen hervor.
Foto: Bioquatic Photo

Bild unten rechts: Der Aquarianer: Marco António da Veiga Valbontim Madeira vor einer Auswahl des Aquarienfutters
Foto: Bioquatic Photo

Ein typisches Bild aus dem Aquarium mit Schwämmen, Hydrozoen und anderen sessilen und mobilen Invertebraten, die auf und in den Steinen leben. Die Korallen sind vollständig geöffnet, und die Biodiversität in diesem Aquarium spiegelt die Verfügbarkeit vieler Nährstoffe wider.
Foto: Bioquatic Photo

Was würde ich das nächste Mal anders machen? Ich würde ein Filterbecken in den Kreislauf integrieren. Außerdem würde ich ein größeres Aquarium wählen und weniger Steine zum Dekorieren verwenden, so dass die Korallen besser wachsen können.

Kommentar: Ich denke, natürliches Meerwasser ist sehr wichtig für das chemische Gleichgewicht. Ich verwende Makroalgen zum Nährstoffexport. Ich füttere sehr viel, so dass die Fische z. T. schon fast fett aussehen. Meiner Meinung nach sollte ein Aquarium so natürlich wie möglich sein und eine große Biodiversität aufweisen.

Anmerkung der Autoren: Das Aquarium von Marco hebt wirklich den Effekt des Futters und der Fütterung hervor. Durch die Zugabe von viel Futter besitzt das Aquarium mehr Nährstoffe als andere Becken. Ein interessanter Nebeneffekt ist die explosionsartige Entwicklung aller Arten kleiner Invertebraten wie Schwämme, Würmer, Schnecken, Krebstiere und Stachelhäuter. Die verstärkte Fütterung führt zu einer höheren Biodiversität in diesem Aquarium! ■

Mein Miniriff; 400 Liter, voll mit bunten Korallen und Fischen. An der Aquarienrückwand ist von außen eine blaue Folie aufgeklebt. Mit der kleinen Riffschlucht in der Mitte entsteht eine interessante Tiefenwirkung. Je nach Jahreszeit wird mein Miniriff stundenweise mit direktem Sonnenlicht bestrahlt. Es ist immer ein besonders schöner Anblick, zu sehen, wie prall sich manche Korallen dann öffnen.
Foto: J. Schmitt

Ein Aquarium nach der Balling-Methode — 400 Liter

Jürgen Schmitt (Mendig, Deutschland)

Aquariengröße: 160 x 50 x 50 cm (B x T x H) = 400 Liter
Betriebszeit: 9 Jahre (Stand April 2009)
Beleuchtung: 12 Stunden 6 x 80 Watt T5 blue, 10 Stunden Aquablue Spezial und 10 Stunden Coral Light Fiji Purple
Filtersystem: Externer Abschäumer der Firma Sander, Eheim Professional II mit Phosphat-Adsorber und/oder Aktivkohle
Kalziumzugabe: Balling-Methode mit Balling-Spurenelementen, 300 ml/Tag (siehe Seite 272ff. für Details zur Balling-Methode)
Wasserwechsel: 5–10 % pro Monat
Strömung: 2 Tunze Stream 6000 mit Multicontroller 2.000–6.000 l/h
Dekoration: Lebendgestein und Kalkgestein, insgesamt ca. 60 kg

Solche blau durchgefärbten *Acropora*-Korallen findet man sehr selten im Handel. Dieses Tier habe ich als Ableger von Bernd Mohr bekommen. Es handelt sich vermutlich um *Acropora carduus*. Mit Bestimmtheit lässt sich das jedoch nicht sagen, da die Tiere in unseren Aquarien durch geänderte Licht-, Strömungs- und Wasserverhältnisse ihre Färbung und Wuchsform verändern.
Foto: J. Schmitt

Bild oben: Diese Baggergrundel (*Valencianea puellaris*) fühlt sich im „lebenden Sand" pudelwohl. Neben dem Kleingetier, das sie dort findet, frisst sie aber auch Frost- und Flockenfutter. Jeden Abend schaufelt sie sich unter einer *Goniopora* einen kleinen Hügel auf, in dem sie die Nacht verbringt. Diese Tiere sollte man nur in abgedeckten Becken pflegen, da sie gerne springen.
Foto: J. Schmitt

Bild oben rechts: Meinen Traumkaiserfisch (*Pomacanthus navarchus*) habe ich als 4 cm großes Jungtier bekommen. Er frisst alle Futtersorten und ist gut genährt. Er pickt zwar hier und da mal an der Dekoration und den Korallen, allerdings nicht so heftig, dass diese Schaden nehmen.
Foto: J. Schmitt

Wasserwerte: Temperatur: 24–28 °C, pH 7,8–8,2, Salinität: 35 ‰, KH: 6, NO_3: 5–10 mg/l, Ca^{2+}: 420 mg/l, PO_4: 0,1 mg/l, Mg^{2+}: 1,350 mg/l

Besatz: **Wirbellose:** 45 verschiedene Arten an klein- und großpolypigen Steinkorallen

Fische: 1 *Pomacanthus navarchus*, 1 *Zebrasoma flavescens*, 1 *Paracanthurus hepatus*, 1 *Ostracion cubicus*, 1 *Pseudanthias squamipinnis*, 1 *Macropharyngodon bipartitus*, 1 *Pseudocheilinus hexataenia*, 2 *Doryrhamphus excisus*, 4 *Chrysiptera parsema*, 1 *Valenciennea puellaris*, 2 *Amblygobius hectori*, 1 *Oxycirrhites typus*, 2 *Amphiprion ocellaris*, 1 *Pseudochromis aldabraensis*, 2 *Synchiropus marmoratus*, 1 *Synchiropus picturatus*

Die linke Seite des Aquariums. Der Steinunterbau ist von vielen Höhlen durchzogen und reicht nur bis zur Hälfte der Beckenhöhe. Das schafft viele Versteckmöglichkeiten für die Fische, und die Korallen haben nach oben Platz zum Wachsen.
Foto: J. Schmitt

Fütterung: 4 Würfel Frostfutter sowie zweimal täglich Flockenfutter

Was würde ich das nächste Mal anders machen? Ich würde ein größeres Aquarium wählen.

Kommentar: Wir dürfen nie vergessen – wie groß unsere Aquarien auch sind –, wir haben alle nur kleine Tümpel, in denen wir Tiere pflegen, die aus einem Milieu stammen, das ihnen seit Millionen von Jahren optimale Lebensbedingungen bietet. Deshalb muss es unser oberstes Ziel sein, diese Lebensbedingungen so gut und gleichmäßig wie nur möglich nachzuahmen.

Bild oben links: Dieses Exemplar von *Blastomussa merleti* ist in 8 Jahren aus einem einzelnen Polypen auf eine Kolonie von über 200 Polypen gewachsen. Leider kann man sie nur sehr schwierig fragmentieren. Beim Abbrechen einzelner Polypen werden oft die Nachbarpolypen verletzt. Die schöne runde Wuchsform leidet dann darunter.
Foto: J. Schmitt

Bild oben rechts: Eine *Clavularia viridis*. Die Mundscheibe ist neongrün gefärbt. Die Tentakel haben orange Streifen. Die Ausbreitung der Kolonie muss man durch Rückschnitt kontrollieren, sonst würde sie zwischen anderen Korallen hindurchwachsen.
Foto: J. Schmitt

Die rechte Seite des Aquariums. Auch hier haben die Korallen den Unterbau vollständig überwachsen. Alle paar Wochen muss ich wie ein Gärtner zu groß gewordene Tiere zurückschneiden, um Vernesselungen zu vermeiden.
Foto: J. Schmitt

Die „vordere" Seite des Aquariums: Sie wird von einer fast bis zur Wasseroberfläche reichenden Stüberschen *Acropora* und verschiedenen Steinkorallen-Arten geprägt.
Foto: D. Brockmann

Ein Riffdach im Aquarium — 640 Liter

Dieter Brockmann (Ulm, Deutschland)

Aquariengröße: 150 x 80 x 60 cm (L x T x H) = 640 Liter, Raumteiler
Betriebszeit: 5 Jahre; danach wurde das Aquarium aufgrund eines Umzugs durch ein neues ersetzt. Die meisten Korallen sind jedoch viel älter, da ich sie aus meinem vorherigen Aquarium übernommen habe

Gesamtansicht des Raumteiler-Aquariums
Foto: D. Brockmann

Die „hintere" Seite des Aquariums: Im Zentrum steht eine auf 50 cm herangewachsene *Turbinaria*, links daneben eine noch größere *Montipora* sp.
Foto: D. Brockmann

Beleuchtung:	2 x 250-Watt-HQI, 10.000 Kelvin, Beleuchtungszeit 10 Stunden, 2 Leuchtstofflampen Lichtfarbe 67, Beleuchtungszeit 11 Stunden, Mondlicht
Filtersystem:	SKS Rotationsabschäumer Tunze, Rowaphos im Dauereinsatz
Kalziumzugabe:	Kalkwasser und Kalkreaktor
Andere Zusätze:	Lugolsche Lösung 800 µl/Woche auf zwei Dosierungen verteilt
Wasserwechsel:	10 Liter wöchentlich
Strömung:	2 x Turbelle 2002, 1 x Turbelle 4002

Die Stirnseite: Dominant ist hier die *Tridacna gigas*. Am linken Bildrand ist die *Pocillopora damicornis*, 4. Generation, zu sehen.
Foto: D. Brockmann

Pavona-Steinkoralle mit *Tridacna* sp.
Foto: D. Brockmann

Dekoration: Ausschließlich „totes" Kalkgestein, das jedoch weit über 15 Jahre alt ist und aus meinen vorherigen Aquarien stammt

Wasserwerte: Temperatur: 24–26 °C, Dichte: 1,023 g/cm³
Karbonathärte: 10–14 °dKH, pH: 7,7– 7,9/8,0
Kalzium-Konzentration: 400 mg/l
Nitrat-Konzentration: nn–12,5 mg/l
Phosphat: unter 0,046 mg/l

Besatz: **Invertebraten** (ca. 90 % Steinkorallen) u. a.: *Acropora* spp., *Anacropora* sp., *Montipora* spp., *Pocillopora damicornis* (4. Generation), *Seriatopora* spp., *Turbinaria* spp. (größte Kolonie von 15 cm auf ca. 50 cm Durchmesser herangewachsen), *Mycedium elephantotus*, *Echinopora lamellosa*, *Pavona* spp., *Leptastrea* sp., *Porites* spp., *Hydnophora* exesa, *Hydnophora grandis*, *Blastomussa* spp., *Fungia* spp., *Lithophyllon* sp., *Favia* spp., *Pectinia* spp., *Plerogyra* sp.
Andere sessile Wirbellose: *Sinularia* sp., *Sarcophyton glaucum*, *Capnella imbricata*, *Xenia* spp., *Heliopora cerulea*, *Pseudoplexaura* sp., *Gorgonia* sp., *Pseudopterogorgia* sp., *Discosoma* sp., *Ricordea yuma*, *Protopalythoa* sp., *Tridacna gigas* (von 10 cm auf mittlerweile gut 50 cm Schalenlänge herangewachsen), mehrere *Tridacna crocea* und *T. maxima*, *Hippopus* sp.
Bewegliche Wirbellose: 2 *Mespilia globulus*, unzählbare Menge an Schnecken aus der Familie Trochidae (vermehren sich regelmäßig geschlechtlich), *Holothuria edulis*, 2 *H. atra*,

Amblyeleotris wheeleri
Foto: D. Brockmann

1 Pärchen *Stenopus hispidus*
Fische: 3 *Zebrasoma flavescens*, 1 *Zebrasoma xanthurum*, 1 *Acanthurus japonicus*, 1 *Calloplesiops altivelis*, 2 *Assessor flavissimus*, 2 *Pseudochromis springeri* (Nachzuchten), 2 *Pseudochromis fridmani* (Nachzuchten), 1 *Pseudochromis splendens*, 1 *Neocirrhites armatus*, 5 *Chrysiptera parasema*, 3 *Amblyeleotris wheeleri*, 1 *Synchiropus splendidus*, 1 *Synchiropus stellatus*

Fütterung: Die Fütterung der Fische erfolgt täglich über ca. 3 Stunden auf viele kleine Portionen verteilt, hauptsächlich mit Frostfutter, gelegentlich mit Trockenfutter.

Kommentar: Ein gut funktionierendes Korallenriff-Aquarium ist ein ausgesprochen dynamisches System, das ständigen Veränderungen unterliegt. Meine Philosophie besteht darin, aus kleinen Korallenresten/-fragmenten natürlich große Kolonien heranwachsen, also ein natürlich wirkendes „Korallenriff“ im Aquarium entstehen zu lassen. Damit widerspricht meine Herangehensweise dem heute häufig zu findenden Trend, viele kleine, möglichst bunte Korallen nebeneinander zu stellen und diesen Zustand – gleich einem Blumenbeet – zu erhalten. So sieht ein Korallenriff aber nicht aus, denn dort dominieren die großen Korallenstöcke. Verdrängungsprozesse sind allgegenwärtig. Nur hier und da wird man in gesunden Riffen einige Jungkorallen finden. Diese Prozesse des Riffentstehens und des Riffwachstums mit allen ihnen zu Grunde liegenden Mechanismen und Veränderungen versuche ich auf meine Aquarien zu übertragen, auch wenn dies nicht immer ganz einfach ist. ■

Die linke Seite des *Tubastraea*-Aquariums
Foto: D. Knop

Tubastraea-Aquarium 720 Liter

Daniela Stettler (Bern, Schweiz)

Aquariengröße: 150 x 80 x 60 cm (B x T x H) = 720 Liter
Betriebszeit: 14 Jahre (März 2009)
Beleuchtung: 2 x 150-Watt-Halogenmetalldampflampe, 14.000 Kelvin, 2 x 18-Watt-Leuchtstofflampen, blau. Beleuchtungsdauer pro Tag: Halogenmetalldampflampe 8,5 Std., Leuchtstofflampe 12 Std., nachts Mondlicht.
Filtersystem: Biofilter, Schnellfilter, Abschäumer Tunze Comline 3140/2
Kalziumzugabe: Jeden Morgen 3 – 4 l Kalkwasser
Andere Zusätze: Strontiumchlorid 10 %, 7–8 ml pro Woche
Kaliumjodid 5 %, 3 ml jede zweite Woche
Wasserwechsel: Jede Woche 15 % des Aquarienvolumens (ca. 100 l)
Strömung: Biologischer Innenfilter (54 l) wird mit drei 1.000-l-Tauchpumpen betrieben, Schnellfilter mit einer 1.500-l-Tauchpumpe, Gesamtumwälzung 4.500 l/h
Dekoration: 80 % Lebendgestein
Besatz: **Invertebraten (80 % Steinkorallen):**
Tubastraea aurea, *Tubastraea diaphana*, *Tubipora musica*, *Euphyllia divisa*, *Euphyllia glabrescens*, *Seriatopora hystrix*, *S. guttatus*, *Acropora* spp., *Duncanopsammia axifuga*, *Montipora* sp., *Entacmaea quadricolor*, *Tridacna maxima*

Daniela Stettler beim Füttern der azooxanthellaten Korallen in ihrem wunderschönen Aquarium
Foto: D. Knop

Fische: *Zebrasoma xanthurus*, 11 *Pseudanthias squamipinnis*, 3 *Pholidichthys leucotaenia*, 2 *Amphiprion ocellaris*, 2 *Chromis viridis, Synchiropus splendidus*, *Halichoeres chrysus*, *Pterapogon kauderni*

Fütterung: Täglich intensive Direktfütterung der *Tubastraea*-Polypen mit Frostfutter (adulte Artemien)

Kommentar: Vor zwölf Jahren richtete sich Daniela Stettler aus Bern in der Schweiz zusätzlich zu ihren zwei Mittelmeeraquarien ein tropisches Riffaquarium ein. Neben Riesenmuscheln, die sie schon damals außerordentlich faszinierten, setzte sie vor allem Steinkorallen hinein. Sie hoffte damals, durch regelmäßige und üppige Fütterung viele dieser Steinkorallen nicht nur erhalten, sondern auch vermehren zu können. Dass ihr dies aber ausgerechnet mit einer Steinkorallenart der Gattung *Tubastraea* gelingen sollte, die allgemein als kaum aquarienhaltbar galt, das hatte sie nicht einmal zu träumen gewagt.

„Wir hoffen vor allem, dass diese wunderschöne Steinkoralle eine echte Chance bekommt, in Heimaquarien artgerecht gepflegt zu werden, so dass sie vielleicht ein wenig den Ruf verliert, nicht ausdauernd zu sein“, sagt Daniela Stettler. „Allerdings sollte nicht vergessen werden, dass die tägliche üppige Fütterung eine unabdingbare Voraussetzung für den Erfolg ist“, fügt die begeisterte Aquarianerin hinzu. Sie selbst achtet daheim sorgfältig darauf, dass jeder einzelne *Tubastraea*-Polyp täglich sein Futter bekommt.

Bild oben links: Nahaufnahme einer sehr gesunden *Tubastraea*-Kolonie, die sehr stark wächst
Foto (aus dem Jahr 2007): D. Stettler

Bild oben rechts: Voll geöffnete *Tubastraea*-Polypen
Foto: D. Knop

Bild unten links: Ein einzelner *Tubastraea*-Polyp hat sich an der Glasscheibe niedergelassen und durch Knospung vermehrt.
Foto: D. Knop

Bild unten rechts: Das immense Wachstum von *Tubastraea* im Aquarium von Daniela Stettler zeigt die Wichtigkeit der Fütterung in diesem Typ von Riffaquarium.
Foto: D. Knop

Vor neun Jahren kaufte sich Daniela zwei faustgroße *Tubastraea*-Stöcke. Sie bohrte die Korallen von unten so an, dass man sie mit einem Holzstab kopfüber hängend an einer schattigen, strömungsreichen Stelle im Aquarium platzieren konnte. *Tubastraea*-Polypen sind gierige Fresser und müssen regelmäßig direkt gefüttert werden. Kommt man ihrem großen Nahrungsbedarf aber entgegen, dann sind diese Korallen, wie das Beispiel des hier vorgestellten Aquariums zeigt, nicht nur über Jahre hinweg haltbar, sondern vermehren sich unter geeigneten Aquarienbedingungen auch prächtig.

Die Korallen wurden von nun an jeden Abend mit Frostfutter (adulte Artemien) gefüttert. Dabei stellte Daniela die Pumpen jeweils für 15 Minuten ab, damit die Polypen genug Zeit zum Fressen hatten. Die Stöcke wuchsen prächtig. Nach einem halben Jahr war es dann so weit: Die Korallen begannen mit ihrer Vermehrung. Überall in der Nähe tauchten auf dem Gestein plötzlich kleine, gelbe Polypen auf, von denen sich viele weiter vermehrten und so zu einem kleinen Stock heranwuchsen. Daniela war stolz auf ihre „*Tubastraea*-Nachkommen“, die mittlerweile alle Ecken ihres Aquariums bevölkerten. Den kleinen Polypen wurde anfangs mit einer Spritze direkt feines Staubfutter gereicht. Nach gut einem Monat waren sie dann meist groß genug, um gefrorene Artemien zu fressen.

„Ich bin oft gefragt worden, woran es liegt, dass meine *Tubastraea* sich so gut vermehren. Ich denke, der Erfolg kommt durch den großen wöchentlichen Wasserwechsel und die kontinuierliche Fütterung“, erklärt sie. „Phosphat- und Nitratwert waren über Jahre hinweg gleich Null, und das ohne Abschäumer. Da ich aber immer mehr *Tubastraea* zu füttern hatte, wurde nach einiger Zeit ein Abschäumer installiert. Vielleicht liegt das Geheimnis in der einfachen Art der Pflege meines Beckens und darin, wie ich die *Tubastraea*-Korallen füttere: möglichst jeden Abend, am besten eignet sich eine Injektionsspritze ohne Kanüle, denn so ist es möglich, mehr oder weniger jeden Polypen zu füttern.“

Die Futtergabe ist der Schlüssel zum Erfolg mit *Tubastraea* und anderen azooxanthellaten Korallen. Gefüttert jeder einzelne Polyp täglich von Hand.
Foto: D. Knop

Allerdings vermehren sich in diesem Aquarium nicht nur Steinkorallen. Interessant sind vor allem die Orgelkorallen, denn sie wachsen buchstäblich wie Unkraut. Alle 2–3 Monate schneidet Daniela das feste Röhrenskelett mit einem Brotmesser zurück, weil diese Koralle an der Oberfläche wächst und massiv die Strömung behindert. Sie konnte schon viele Ableger an zoologische Gärten und an Privatpersonen abgeben.

Aber auch die Fische sind in diesem Aquarium vermehrungsfreudig, zumindest der Banggai-Kardinal (*Pterapogon kauderni*). Vor einigen Jahren zog Daniela Stettler 120 Jungfische dieser Art im Becken groß. Während dieser Zeit gab es für alle Fische und Korallen besseres Futter: frisch geschlüpfte *Artemia*-Nauplien, die zuvor mit der Nährlösung „Selco“ gefüttert und dadurch angereichert worden waren. Das tat nicht nur den Fischbabys gut, denn innerhalb eines Monats gewannen die *Tubastraea*-Polypen an Farbe: Ihr Hellgelb wich einem kräftigen Orange.

Da das *P.-kauderni*-Männchen nicht mehr lebt („es starb mit dem Maul voller Eier, einfach traurig, ich glaube, es ist verhungert“), wurden seitdem auch keine angereicherten *Artemia*-Nauplien mehr verfüttert, und nach 1–2 Monaten wurden die *Tubastraea*-Polypen wieder hellgelb. Doch so etwas gehört zum Leben eines Aquarianers einfach dazu. Die Schweizerin freut sich über die großen Fortpflanzungserfolge im Aquarium und genießt es, den Zauber der Unterwasserwelt im Wohnzimmer zu haben. ■

Das vollständige Aquarium. Die Farben der Korallen in diesem Aquarium sind wirklich zauberhaft.
Foto: I. Lässer

„Korallen eines Regenbogens" 1.033 Liter

Iwan Lässer (Lenzburg, Schweiz)

Aquariengröße: 170 x 70 x 70 cm = 833 Liter, + 200 Liter Filterbecken
Betriebszeit: 5 Jahre (Stand März 2009)
Beleuchtung: ATI-T5-Beleuchtung 12 x 80 Watt, von 8.30–21.00 Uhr 4 Röhren, von 9.00–21.30 Uhr 12 Röhren, von 9.30–22.00 Uhr 4 Röhren, von 21.00–8.30 Uhr Mondlichtbeleuchtung
Filtersystem: Zeovit-System, Abschäumer (ATI BubbleMaster 250)
Kalziumzugabe: Balling-Methode: Kalziumchlorid, Natriumhydrogenkarbonat, NaCl-freies Salz 800 ml pro Tag, Kalkwasser
Andere Zusätze: Kaliumjodid, B-Balance (Korallenzucht), Zeostart 2 (Bakterienfutter, Korallenzucht), Zeofood 7 (Bakterienfutter, Korallenzucht), Zeospur 2 (Korallenzucht), Aminosäuren, Planktonersatz
Wasserwechsel: 10 % wöchentlich
Strömung: 18.000 l/h
Dekoration: Trockenes und „Lebendes" Riffgestein, je 50 %
Wasserwerte: Temperatur: 25 °C, Salinität: 35 ‰, KH: 8, NO_3: nicht nachweisbar, Ca: 420 mg/l, PO_4: nicht nachweisbar (MERCK-Test), Mg: 1250 mg/l

Besatz: **Invertebraten:** 15 Einsiedlerkrebse, 1 *Percnon gibbesi*, 6 *Lysmata amboinensis*, 2 *Stenopus hispidus*, zahlreiche *Acropora* spp. und andere Steinkorallen
Fische: 25 *Pseudanthias squamipinnis*, 20 *Chromis viridis*, 2 *Gramma loreto*, 2 *Oxycirrhites typus*, 2 *Zebrasoma flavescens*, 1 *Zebrasoma desjardinii*, 2 *Salarias fasciatus*, 2 *Valenciennea wardi*, 2 *Synchiropus splendidus*

Bild unten links: Pärchen des Langschnäutzigen Korallenwächters, *Oxycirrhites typus*
Foto: I. Lässer

Bild unten rechts: *Bothus* sp.
Foto: I. Lässer

Der axiale Korallit, viele radiale Koralliten mit dunkelblauen Spitzen und gelbe Tentakel von Korallenpolypen einer *Acropora* sp.
Foto: R. Hessing

Fütterung: Zweimal täglich: Mysis, Artemia, Krill, Algen. Für die Korallen und Invertebraten: täglich einmal Planktonersatz und Aminosäuren

Nahaufnahme einer *Acropora* sp.
Foto: R. Hessing

Kommentar: Meiner Meinung nach sind die wichtigsten „Zutaten" für eine erfolgreiche Riffaquaristik: Geduld, nochmals Geduld und die intensive Beobachtung der Tiere. Wechsel im System dürfen nur langsam erfolgen. Schnelle Änderungen haben häufig negative Auswirkungen. Man sollte die Tatsache nicht übersehen, dass die meisten Tiere und das Lebendgestein direkt aus dem Ozean stammen. ■

Das Aquarium im August 2006. Schon zu dieser Zeit lief es für mehr als 1 Jahr ohne Abschäumer. Ende 2006 wurden viele Korallen fragmentiert und entfernt, etwa die Hälfte des Lebendgesteins wurde herausgenommen und die Dekoration neu arrangiert.
Fotos: M. Haaga

Neuaufbau einer zugewachsenen Dekoration 1.105 Liter

Marko Haaga (Kalliola, Finnland)

Aquariengröße: 200 x 65 x 65 cm (B x T x H) = 845 Liter, Refugium 170 Liter, Filterbecken 90 Liter

Betriebszeit: Das Aquarium steht seit September 2003. Es wurde zuerst mit einem Abschäumer, einem halbtiefen Sandbett und einem Refugium betrieben, dann für 1,5 Jahre mit der Zeovit-Methode und nun seit 1,5 Jahren ohne Abschäumung.

Beleuchtung: 8 x 39 W ATI T5 Powermodule. Ich habe sie nun seit mehr als einem Jahr und bin sehr zufrieden damit. Bei den Leuchtstoffröhren handelt es sich um 2 ATI Blue, 4 ATI Aquablue Spezial und 2 Korallenzucht-Coral Light Fiji Purple. Dies ist die beste Kombination, die ich jemals ausprobiert habe. Früher benutzte ich 3 x 250-W-HQI-Lampen in Kombination mit 4 x 80 W T5. Aber ich mag die Beleuchtung mit ausschließlich T5-Röhren lieber. Sie geben mir ein weicheres Licht und leuchten zudem das Aquarium besser aus. Es gibt weniger Schatten und sehr viel weniger Hitzeprobleme.

Filtersystem: Das Aquarium ist nun seit über 1,5 Jahren nicht mehr an einen Abschäumer angeschlossen. Es besitzt ein halbtiefes Sand-

Ein Blick auf das gesamte System. Das Refugium ist voll mit Spaghetti-Algen, das Filterbecken und der Eheimfilter befinden sich unter dem Hauptaquarium. Nur die Kanister mit den Balling-Lösungen und die Dosierpumpe sind nicht zu sehen, da sie sich hinter der Wand im Badezimmer befinden.
Foto: M. Haaga

bett aus 4–6 cm hohem Korallensand mit etwa 2 mm Körnung, im Refugium beträgt die Höhe des Bodengrundes 6 cm. Im Refugium wachsen Algen, anfänglich hauptsächlich *Caulerpa prolifera*. Als ich *Chaetomorpha*-Algen erhielt, überwuchsen diese in kurzer Zeit die *Caulerpa*. Heute wird alle zwei Wochen eine große Menge an „grünen Spaghetti" aus dem Refugium entfernt. Ein Eheim-2026-Filter wird als chemischer Filter benutzt. Darin befinden sich 0,5–1 Liter eines auf Eisen-Basis beruhenden Phosphatadsorbers und eine geringe Menge an Aktivkohle. Diese Füllung wird alle 1–2 Monate gewechselt.

Kalziumzugabe: Seit etwa 1,5 Jahren setze ich die Balling-Methode ein (siehe Seite 272ff. für Details). Davor benutzte ich einen Kalkwasser-Reaktor und einen Kalkreaktor, um die Kalziumkonzentration und die Karbonathärte konstant zu halten. Damit war ich aber unzufrieden. Ich hatte einige Unfälle mit dem Kalkwasser-Reaktor, die beinahe mein ganzes Miniriff zerstörten. Der Kalkreaktor musste dagegen regelmäßig justiert werden, damit er effizient arbeitete.

Die Balling-Methode ist sehr einfach und sicher, um adäquate Kalziumkonzentrationen und Karbonathärten zu erhalten. Ich denke, es handelt sich dabei um die beste Methode. Ich habe nun zwei 20-l-Kanister, die an eine Dosierpumpe Grotech TEC III NG angeschlossen sind. Ich benutze 3 x 147 g Kalziumchlorid-Dihydrat auf 2 l Umkehrosmosewasser in einem Kanister. In den anderen Kanister gebe ich 168 g Natriumhydrogenkarbonat auf 2 l (man kann es nicht in höheren Konzentrationen verwenden, da es sich dann nicht mehr löst). Die Dosierpumpe gibt gleiche Mengen 24 Mal pro Tag ins Aquarienwasser. Zurzeit verwende ich täglich 200 ml Kalziumchlorid-Lösung und 600 ml Natriumhydrogenkarbonatlösung. Wenn man mit der Balling-Methode startet, sollten die Kalziumkonzentration und insbesondere auch die Karbonathärte mehrmals die Woche gemessen werden, um die Dosierpumpe so einzustellen, dass eine Kalziumkonzentration von 400–420 mg/l und eine Karbonathärte von 7–8 °dKH erhalten wird. Nach ein paar Wochen ist die richtige Dosierung eingestellt, und man muss die Messungen zur Nachjustierung nur noch selten durchführen.

Die Verwendung von Kalziumchlorid und Natriumhydrogenkarbonat führt zu einem Anstieg der Natriumchlorid-Konzentration im

Das Aquarium von der rechten Seite, dominiert von einer großen *Acropora* „Enzmann“. In Finnland wird sie von manchen „Haagan vihreä“ genannt, was soviel wie Haagas Grün bedeutet, da ich der Erste war, der diese Art vor 10 Jahren hier bekam. Seitdem wurde sie häufig fragmentiert und an viele Aquarianer verteilt. Foto: M. Haaga

Herrlich rötliche Platte einer *Montipora* neben zwei *Acropora* spp. Foto: M. Haaga

Viele grüne Schlangensterne auf dem Boden des Aquariums. Sie sind Nachzuchten von Schlangensternen, die ich vor mehr als 10 Jahren bekommen habe. Mittlerweile leben etwa 30 in dem Aquarium. Ich hatte schon mehr als 40 Schlangensterne, aber ich habe einige an befreundete Aquarianer hier in Finnland abgegeben.
Foto: M. Haaga

Ein Blick von oben in das Aquarium. Er zeigt viele verschiedene Korallenarten und Farben.
Foto: M. Haaga

Aquarienwasser. Dies kompensiere ich dadurch, dass ich Natriumchlorid-freies Salz wie Tropic Marin Pro-Special Mineral verwende. Um die steigende Natriumchlorid-Konzentration auszubalancieren, benötigt man 50 g des Natriumchlorid-freien Salzes auf 147 g Kalziumchlorid-Dihydrat. Ich berechne die Menge an Kalziumchlorid, die ich in der Woche verbrauche, und gebe entsprechende Mengen des Natriumchlorid-freien Salzes einmal die Woche in das Filterbecken. Das Natriumchlorid-freie Salz löst sich nur langsam. Bei diesem Verfahren wird die Dichte langsam ansteigen. Dem wirke ich durch Teilwasserwechsel mit leicht verdünntem Meerwasser entgegen.

Magnesiumchlorid (34 g Magnesiumchlorid-Hexahydrat + 147g Kalziumchlorid-Dihydrat in 2 l Wasser) können zu der Kalziumchloridlösung gegeben werden, um die Magnesiumkonzentration konstant zu halten.

Andere Zusätze: Ich benutze nur eine Aminosäurelösung regelmäßig. Unregelmäßig dosiere ich Eisen, Strontium und Jod nach.

Herrliche Farben einiger plattenförmig wachsender *Acropora*-Korallen
Foto: M. Haaga

Wasserwechsel: Ein Teilwasserwechsel von 110 l wird alle zwei Wochen durchgeführt. Ich verwende Umkehrosmosewasser in Verbindung mit Tropic Marin PRO-REEF oder hw Sea Salz professional.

Strömung: Tunze Stream 12000, Tunze 7410 und Tunze Wavebox. Die Wavebox ist Tag und Nacht in Betrieb, die anderen Pumpen ebenfalls, mit maximaler Leistung die ganze Zeit. Eine Ocean-Runner-3500-Pumpe arbeitet als Rückflusspumpe zum Aquarium. Insgesamt ergibt dies eine Strömung von etwa 18.000 l/h zuzüglich der Wavebox.

Dekoration: Feiner Bodengrund, ca. 4–6 cm hoch, 60 kg Lebendgestein. Davor hatte ich doppelt so viel Lebendgestein, aber ich habe es deutlich reduziert.

Wasserwerte: Temperatur: 26 °C, pH: 7,9–8,3, Salinität 35 ‰, KH 7–8, Ca^{2+}: 400–420 mg/l, Mg: 1.300–1.350 mg/l, NO_3 und PO_4 sind mit Salifert Test Kits nicht nachweisbar

Besatz:

Korallen: 18 verschiedenene *Acropora*-Arten, 2 plattenförmig wachsende *Montipora* spp., 3 astförmig wachsende *Montipora* spp., 2 *Stylophora pistillata*, 2 *Seriatopora* spp., grüne und rote *Pocillopora damicornis*, *Porites cylindrica*, 2 *Fungia* spp., 2 *Galaxea fascicularis*, *Lobophyllia* sp., *Hydnophora* sp., *Euphyllia divisa*, *Plerogyra sinuosa*, *Turbinaria reniformis*, *Xenia* sp., grüne *Lobophytum* sp., grüne und purpurne *Sinularia* sp. und *Gorgonia ventilina*

Andere Wirbellose: *Tridacna crocea*, *T. derasa* und *T. squamosa*, ungefähr 30 *Ophiarachna incrassate* (alles Nachzuchten von einem Pärchen, das ich vor 10 Jahren erhielt. Bisher haben sich diese Schlangensterne zweimal in meinem Aquarium vermehrt.), 2 *Holothuria atra* (Seegurken). Eine der Seegurken hat sich zweimal geteilt. 10–20 Einsiedlerkrebse verschiedener Arten, 10–20 Schnecken der Art *Astraea tectum*.

Fische: *Ctenochaetus strigosus*, 3 *Paracanthurus hepatus*, *Zebrasoma flavescens*, *Siganus vulpinus*, 1 Pärchen *Gobiodon okinawae*, *Synchiropus splendidus*, *Pseudocheilinus hexataenia*, 3 *Chrysiptera cyanea*, 1 Pärchen *Amphiprion ocellaris*, 3 Pärchen *Pterapogon kauderni* und ein junger *Pomacanthus imperator*. Letzterer ist mein Lieblingsfisch. Er hat einen sehr neugierigen Charakter. Er ist wirklich der König meines Aquariums, obwohl er gelegentlich an den Korallen und an der *Tridacna crocea* knabbert. Zurzeit befindet er sich in der Umfärbungsphase zur Adultfärbung.

Ein subadultes Exemplar des Imperatorkaiserfisches (*Pomacanthus imperator*) in der Umfärbungsphase von der Jugend- zur Erwachsenenfärbung
Foto: M. Haaga

Einige meiner Fische: das Fuchsgesicht (*Siganus vulpinus*), der Gelbe Doktorfisch (*Zebrasoma flavescens*), der Goldring-Borstenzahndoktorfisch (*Ctenochaetus strigosus*) und der Palettendoktorfisch (*Paracanthurus hepatus*)
Foto: M. Haaga

Fütterung: Ich habe die besten Erfahrungen mit einer mäßigen Fütterung gemacht. Die Fische werden mit 5 ml – hauptsächlich Flocken- und Granulatfutter – täglich oder alle zwei Tage gefüttert. Ich habe viele Sorten Korallenfutter ausprobiert, aber keine guten Resultate damit erzielt. Nur eine Aminosäure-Lösung hat einen wirklich positiven Effekt auf mein Aquarium. Mein abschäumerfreies Aquarium hält viel planktonisches Futter für meine Korallen und Fische bereit. Trotz der geringen Fütterung sind meine Fische besser genährt und gesünder als jemals zuvor.

Was würde ich das nächste Mal anders machen? Ich bin sehr zufrieden mit meinem Aquarium, wie es jetzt ist. Ich stellte mein erstes Riffaquarium 1995 auf, danach probierte ich viele Methoden zu dessen Betrieb aus, z. B. die Berliner Methode mit und ohne Refugium, DSB oder die Zeovit-Methode. In den letzten Jahren war mein Ziel, das Aquariensystem so einfach wie nur möglich zu betreiben. Mein jetziges abschäumerfreies System ist sehr erfolgreich, da es gesündere Fische und hübschere Korallen aufweist als jemals zuvor. Natürlich kann man immer etwas besser machen. Wenn ich etwas verändern würde, würde ich das Filterbecken und das Refulgium einfacher gestalten. Ich würde einige PVC-Röhren unter das Sandbett geben, so dass ich das Wasser durch sie direkt an unterschiedliche Stellen leiten und die Pumpen besser verstecken könnte. Ich würde das System auch so aufbauen, dass Teilwasserwechsel einfacher und schneller durchzuführen wären.

Kommentar: Am Anfang war ich sehr stark an der technischen Seite des Hobbys interessiert. Aber mit den Jahren wurde ich mehr und mehr durch die Einfachheit des Systems und die Schönheit des kleinen Riffes in meinem Aquarium fasziniert. ■

Das Aquarium wurde ansprechend in das Wohnzimmer integriert.
Foto: R. Placht

Ein Raumteiler 1.110 Liter

Rudi A. Placht (Oslo, Norwegen)

Aquariengröße: 200 x 75 x 60 cm (B x T x H), 900 Liter. Es dient als Raumteiler im Wohnzimmer und kann von drei Seiten eingesehen werden. Der Boden des Zimmers ist extra verstärkt worden. Das Wasser gelangt über Rohrleitungen in den unter dem Wohnzimmer liegenden Keller. Hier ist die meiste Technik untergebracht, ebenso ein 210 l fassendes Filterbecken.

Das Aquarium von einer Seite aus betrachtet
Foto: R. Placht

Die Dekoration von der Stirnseite: Ein kleines Riff auf sandigem Bodengrund!
Foto: R. Placht

Betriebszeit: Das Aquarium läuft seit September 2006 und ersetzt ein kleineres Aquarium (325 l), das ich zuvor zwei Jahre hatte. Das Hobby Meerwasseraquaristik betreibe ich seit 2002.

Beleuchtung: 3 x 250 HQI (14.500 Kelvin, Giesemann), Betriebszeit täglich von 10:00–20:00 Uhr; 4 x 80 Watt T5 (2 x Actinic Plus + 2 x Actinic Pure), Betriebszeit täglich 08:00–21:00 Uhr. Nachdem ich HQI-Brenner mit verschiedenen Lichtfarben ausprobiert habe (10.000–20.000 K), bin ich mit denen, die ich zurzeit einsetze, sehr zufrieden. In Kombination mit den aktinisch blauen T5-Leuchtstofflampen gibt dies ein sehr angenehmes Licht, und die Korallen entwicklen sich ausgezeichnet.

Das Aquarium von der anderen Seite aus gesehen
Foto: R. Placht

LSD-Mandarinfisch (*Synchiropus picturatus*)
Foto: R. Placht

Schnecken der Gattung *Astraea* bei der Gametenabgabe im Aquarium
Foto: R. Placht

Filtersystem: Das Oberflächenwasser läuft direkt in einen Deltec-AP1004-Abschäumer, den ich mit einer geringen Ozon-Dosierung betreibe. Aktivkohle wird im Sumpf eingesetzt. Außerdem strömt das Wasser durch einen Algenfilter, in dem Algen der Gattung *Chaetomorpha* wachsen. Der Algenfilter wird nachts beleuchtet, wenn die Aquarienbeleuchtung ausgeschaltet ist. Das führt einerseits zu weniger Hitze am Tag und andererseits zu einem höheren pH-Wert während der Nacht. Ein Deltec-FR509-„Rowaphos"-Reaktor und eine Deltec-39-W-T5-UV-Lampe laufen kontinuierlich.

Ein IKS-Aquastar-Computer ist das „Gehirn" des Aquariums. Er misst den pH-Wert, die Temperatur und die Wasserhöhe und reguliert die CO_2-Dosierung in einen Deltec-P601S-Kalkreaktor. Er kontrolliert außerdem eine peristaltische IKS-Vario-180-Pumpe, die verdunstetes Wasser durch einen Deltec-KM500S-Kalkwassermischer nachfüllt. Zwei 400-W-Heizer und ein Aqua-Medic-Titan-1500-Kühlgerät regulieren die Temperatur auf 27–28 °C.

Zwei Ventilatoren sind über dem Aquarium installiert. Diese kühlen die Luft über dem Aquarium und helfen dabei, die Luftfeuchtigkeit zu verringern. Dies ist sehr wichtig, denn täglich verdunsten mehr als 16 Liter Wasser aus dem Aquarium.

Acropora millepora
Foto: R. Placht

Einsiedlerkrebs
Calcinus elegans
Foto: R. Placht

Kalziumzugabe: Kalzium wird hauptsächlich durch einen Deltec-P 601S-Kalkreaktor nachdosiert. Der Reaktor ist gefüllt mit „ARM Aragonite". Er ist für einen stabilen KH-Wert verantwortlich. Der pH-Wert ist im Reaktor auf 6,8 am Tag und 7,1 während der Nacht eingestellt. Das gesamte verdunstete Wasser wird durch Kalkwasser (16 l täglich, hauptsächlich während der Dunkelphase) ersetzt. „Kent Turbo Calcium" wird ab und zu in das Aquarium gegeben.

Andere Zusätze: Einmal wöchentlich Tropic Marin Magnesium; mehrmals wöchentlich Kent Turbo Strontium, Salifert Coralline Aminosäuren, Tropic Marin Pro-Coral A-Elements und Tropic Marin Pro-Coral K+ Elements.

Wasserwechsel: 10 % jede zweite Woche. Meerwasser wird aus Umkehrosmosewasser und Tropic-Marin-Pro-Reef-Salz angesetzt.

Strömung: Vier Tunze-Stream-Pumpen, die durch einen Tunze-multi-Controller gesteuert werden. Dies ergibt eine Wasserumwälzung von 2 x 20.000 l/h plus 2 x 7.000 l/h.

Dekoration: Das Dekorationsmaterial besteht aus 2–3 cm hoch eingefülltem CaribSea Special Grade Reef Sand und 110 kg Lebendgestein. Das Lebendgestein fungiert als biologischer Filter und als Siedlungssubstrat für die Korallen. Die relativ geringe Menge an Lebendgestein gibt den Korallen viel Platz zum Wachsen und den Fischen viel Schwimmraum, aber dennoch ausreichend Versteckmöglichkeiten.

Wasserwerte: Temperatur: 27–28 °C, Dichte: 1,026, pH: 8,2–8,3, Kalzium: 400–420 mg/l, Karbonathärte: 10 dKH, Magnesium: 1.450 mg/l, Strontium: 10 mg/l, Nitrat, Nitrit und Phosphat: nicht nachweisbar mit Aquarien-Testkits

Besatz: **Korallen:** 50 Kolonien kleinpolypiger Steinkorallen u. a. aus den Gattungen *Acropora*, *Montipora*, *Stylophora*, *Pocillopora* und *Seriatopora*. 2 großpolypige Steinkorallen, *Trachyphyllia geoffroyi* und *Caulastrea furcata*. Verschiedene Scheibenanemonen (Corallimorpharia, *Ricordea* spp.)

Andere Wirbellose: 2 Einsiedlerkrebse *Calcinus elegans*, 2 Putzergarnelen *Lysmata amboinensis*, 2 Seesterne *Astropecten polycanthus*, 8 Schlangensterne *Ophiolepis superba*, 2 Florida-Fechterschnecken (*Strombus alatus*), 3 Riesenmuscheln *Tridacna crocea*, 30–40 Schnecken aus den Gattungen *Turbo*, *Astraea*, *Trochus* und *Cerithium*

13 Fische: 1 *Apolemichthys xanthopunctatus*, 1 *Pomacanthus navarchus*, 1 *Centropyge potteri*, 1 *Zebrasoma gemmatum*, 1 *Naso lituratus*, 1 *Neocirrhites armatus* (Feuer-Korallenwächter), *Amphiprion ocellaris*, 1 *Amphiprion percula*, 2 *Synchiropus picturatus*, 1 *Pseudocheilinus hexataenia*, 1 *Halichores iradius*, 1 *Labroides dimidiatus*

Fütterung: In meinem jetzigen Aquarium füttere ich sehr viel mehr als in meinem letzten. Ich versuche das richtige Futter zu verwenden und abwechslungsreich zu füttern, um eine Fehlernährung zu vermeiden. Ich füttere auch sehr häufig, damit die Kaiserfische nicht an den Korallen picken. Das funktioniert gut! Ich verwende viele verschiedene Futtersorten und habe mir eine Mischung hergestellt aus Ocean Nutrition Formula One und Formula Two, Kent Herbivore und Carnivore sowie New Life Spectrum Pellets. Ein Futterautomat gibt zweimal täglich dieses Futter ins Aquarium. Ich verfüttere außerdem verschiedene Frostfuttersorten von Ocean Nutrition und San Francisco Bay Brand sowie O.S.I. Spirulina und O.S.I. Marine Flockenfutter 2–3 Mal die Woche und ein Mal wöchentlich Sea Veggies (eine Mischung aus getrockneten Algen der Firma Two Little Fishies).

Potters Zwergkaiserfisch (*Centropyge potteri*) Foto: R. Placht

Was würde ich das nächste Mal anders machen?
Ich würde die Leuchtmittel von 250 W auf 400 W aufrüsten und außerdem „Lumen Arc Reflektoren“ verwenden. Außerdem würde ich die Nach-

füllautomatik direkt an die Wasserleitung des Hauses anschließen, damit ich auch längere Zeit von zu Hause fortbleiben kann. Schließlich würde ich das Aquarium 10 cm tiefer bauen lassen, um zu vermeiden, dass die Korallen so schnell an die Frontscheibe heranwachsen, wie sie es zurzeit machen.

Der Mauritius-Seebader (*Zebrasoma gemmatum*) Foto: R. Placht

Kommentar: Ich bin sehr zufrieden mit meinem jetzigen Aquarium. Im Gegensatz zu meinem letzten Aquarium ist das neue „ruhig". Dies empfinde ich als sehr wichtig, insbesondere wenn das Aquarium im Wohnzimmer steht. Früher habe ich das Aquarium fast nur manuell gepflegt, jetzt haben aber mehr und mehr technische Aggregate diese praktischen Arbeiten übernommen. Ich habe viel Zeit damit verbracht, die chemischen und physikalischen Parameter zu optimieren. Meiner Meinung nach ist dies sehr wichtig, um die hübschen Farben der Aquarienbewohner zu entwickeln und zu erhalten. ■

Fische und wunderschöne Korallen in meinem Aquarium Foto: R. Placht

Das Aquarium im Porträt; die Standzeit betrug hier sieben Jahre. Foto: D. Brockmann

Riffwand 1.200 Liter

Robert Grismar (Ulm, Deutschland)

Aquariengröße: 200 x 90 x 75 cm (B x T x H); aufgrund der abgeschrägten Ecken ca. 1.200 Liter brutto
Betriebszeit: 9 Jahre (Stand März 2009)
Beleuchtung: 2 x 400 Watt HQI, 10.000 Kelvin, Beleuchtung 7,5 Stunden tägl., 3 Röhren 58 Watt, 2 x Osram, Lichtfarbe 67, 1 x Lumilux, Lichtfarbe 11, Beleuchtung 12 Stunden tägl., Mondlicht
Filtersystem: Abschäumer Eigenbau, Aktivkohlefilterung und PhosEx im Dauereinsatz
Kalziumzugabe: Kalkwasser über Nachfüllautomatik, Kalkreaktor
Andere Zusätze: Spurenelemente, täglich von Hand dosiert
Wasserwechsel: 40 l wöchentlich
Strömung: 1 x Tunze-Stream 20.000 l, 1 x Tunze Turbelle powerhead 3000, Pumpen sind intervallgesteuert (30–100%).
Dekoration: Ausschließlich Tuffgestein, das allerdings aus einem eingerichteten Becken stammt und ca. 15 Jahre alt ist
Wasserparameter: Temperatur: 25–28 °C, Dichte: 1,023 g/cm^3, Karbonathärte: 8 °dKH, pH: 7,9–8,3, Kalzium: 400 mg/l, Nitrat: 10–12 mg/l
Besatz: **Sessile Wirbellose** (fast ausschließlich zooxanthellate Steinkorallen)**:** Ca. 25 Stöcke Familie Acroporidae, 7 Arten Familie Pocilloporidae, 15 Arten aus der Familie Faviidae sowie einige andere Steinkorallen, z. B. Blasenkoralle (*Plerogyra sinuosa*), 4 Kolonien *Turbinaria* spp., Hammerkoralle

Ein Aquarium ohne Fische finde ich langweilig, daher pflege ich viele in meinem Riffaquarium, zumeist paarweise oder in kleinen Gruppen.
Foto: D. Brockmann

(*Euphyllia anchora*), ca. 40 cm im Durchmesser, wurde bereits zwei Mal fragmentiert und dient den Clown-Anemonenfischen (*Amphiprion percula*) als Symbioseanemonen-Ersatz, *Hydnophora* sp., *Galaxea fascicularis*, *Porites* sp., *Goniopora* sp. und drei Muttertiere *Fungia* sp., von denen sich zwei seit Jahren über Anthocauli vermehren. Symbiose-

Meine Pilzkorallen-Nachzuchten (*Fungia* spp.); bis heute konnte ich mehr als 100 Jungkorallen dieser Art abgeben.
Foto: D. Brockmann

Entacmaea quadricolor
Foto: D. Brockmann

anemone (*Entacmaea quadricolor*), rote Farbmorphe, Durchmesser ca. 40 cm, hat sich bisher 15 Mal geteilt; wird von den Samt-Anemonenfischen (*Premnas biaculeatus*) als Symbioseanemone genutzt, Blaue Koralle (*Heliopora coerulea*), 8 Leder- und Weichkorallen (u. a. *Sarcophyton* sp., *Sinularia* sp., *Xenia* sp., *Anthelia* sp.), 6 zooxanthellate Hornkorallen (u. a. *Pseudopterogorgia* sp., *Pterogorgia* sp.), diverse Kolonien von Krusten- und Scheibenanemonen, Feuerkoralle (*Millepora* sp.), Lederröhrenwürmer/Kalkröhrenwürmer und 4 *Tridacna* spp.

Nicht sessile Wirbellose: Eine Putzergarnele (*Stenopus hispidus*), 2 x *Lysmata debelius*, 2 x *L. grabhami*, 3 Harlekingarnelen (*Hymenocera picta*) zur Beseitigung der Seesternplage, 1 Knallkrebs, 2 Rote-Karibik-Schlangensterne (*Ophioderma squamosissimus*, 15 Jahre alt) sowie diverse andere Schlangensterne, Einsiedlerkrebse und *Trochus*-Schnecken (Nachzuchten)

Fische: 1 Paar Flammen-Herzogfische *Centropyge loriculus* (6 Jahre), Pfauen-Kaiserfisch (*Pygoplites diacanthus*, Indopazifische Farbform; 7 Jahre), 1 Paar Samt-Anemonenfische (*Premnas biaculeatus*), 1 Paar Clown-Anemonenfische (*Amphiprion percula*, 4 Jahre), 8 Neon-Riffbarsche (*Neoglyphidodon oxyodon*), Grünes Schwalbenschwänzchen (*Chromis viridis*), Mirakelbarsch (*Calloplesiops altivelis*), 6 Purpur-Fahnenbarsche (*Pseudanthias tuka*), 1 Paar Langschnäuzige Korallenwächter (*Oxycirrhites typus*, 5/4 Jahre) 2 Gelbe Seebader (*Zebrasoma flavescens*, 15/6 Jahre), 2 Rotmeer-Seebader (*Zebrasoma xanthurus*, 15 Jahre), Kirschfleck-Doktorfisch (*Acanthurus achilles*), 1 Paar Putzer-Lippfische (*Labroides dimidiatus*, 5 Jahre), Leoparden-Lippfisch (*Macropharyngodon meleagris*), ein Paar Mandarinfische (*Synchiropus splendidus*), *Synchiropus ocellatus*, 2 Lanzen-Symbiosegrundeln (*Stonogobiops nematodes*)

Fütterung: Die Fütterung der Fische erfolgt 2 Mal täglich, hauptsächlich mit Frostfutter, gelegentlich mit Trockenfutter

Riffschluchtbecken 1.232 Liter

Gerhard Both (Hannover, Deutschland)

Aquariengröße: 160 x 110 x 70 cm (B x T x H) = 1.232 Liter
Betriebszeit: 3 Jahr (Stand März 2009)
Beleuchtung: 8 x Leuchtstofflampe T5, 80 W, 4 x Tageslichtfarbe und 4 x blau, alternierend platziert, Beleuchtungsdauer 11 Stunden täglich, 3 x Leuchtstofflampe T5, 39 W, Typ ATI Spezial, 6 Stunden täglich
Filtersystem: Tunze-Turbelle 2000 mit Filterpatrone, wöchentliche Reinigung; Abschäumer-Eigenbau nach System Sander, Durchfluss 700 l/h, 3 große Lindenholz-Ausströmersteine und Membranpumpe Wisa 300
Kalziumzugabe: Kalzium wird durch einen selbst gebauten Kalkreaktor, der auf einem Eheimfilter beruht, nachdosiert. Eheim-Filter. Durchlauf 3–4 l/h, Karbonathärte im Auslaufwasser auf 20 °dKH eingestellt.
Andere Zusätze: Keine
Wasserwechsel: Alle vier Wochen 5 %; das Meerwasser wird mit Umkehrosmosewasser aufbereitet.
Strömung: Strömung durch zwei Tunze-Stream 6000, die auf unterschiedlichen Höhen angebracht sind
Dekoration: Die Dekoration wurde zu einem großen Teil aus Polyurethanschaum („PU-Schaum“) hergestellt. Mit speziellen, ungiftigen Produkten lassen sich Pumpen, Abschäumer und andere Aggregate im Becken auf hervorragende Weise verstecken. Darüber hinaus setzte ich 50 kg Lebendgestein aus Bali ein.

Das Aquarium ist von zwei Seiten einsehbar (A und B, hier Seite A). Die beiden Stirnseiten des Aquariums besitzen einen riffwandförmigen Dekorationsaufbau, der von den beiden Betrachtungsseiten aus wie eine Riffschlucht wirkt.
Foto: G. Both

Hier ist die linke Seite von Ansicht A zu sehen
Foto: G. Both

Wasserwerte: Temperatur: 25–28 °C, pH-Wert: 8,0–8,4, Phosphat: < 0,01 mg/l (Phosphattest Merck), Karbonathärte: 7–8 °dKH, Kalziumkonzentration: 360–380 mg/l

Besatz: **Korallen:** Neben einer Seeanemone (die vor 24 Jahren mit zwei *Amphiprion percula* gekauft wurde, von denen einer ebenfalls noch lebt) verschiedene *Acropora*-Arten und Steinkorallen der Gattungen *Caulastrea, Alveopora, Stylophora, Pocillopora, Seriatopora, Porites* und *Tubastraea* sowie zahlreiche Stöcke von *Duncanopsammia axifuga*

Fische: Clownfische *Amphiprion percula* und *A. alkallopisos*, der brutpflegende Riffbarsch *Acanthochromis polyacanthus*, Doktorfische *Zebrasoma* sp., Königsgramma (*Gramma loreto*), Kupferband-Pinzettfisch (*Chelmon rostratus*), Kardinalbarsche (*Sphaeramia* sp.) und der Pracht-Lyrakaiserfisch (*Genicanthus bellus*); alle Fische außer den Riffbarschen werden paarweise gehalten.

Die „Australierin" in Hannover: die Steinkoralle *Duncanopsammia axifuga*
Foto: G. Both

Kommentar: Der ungewöhnlichste Bewohner dieses Aquariums ist die Korallenart *Duncanopsammia axifuga*, die aus Australien stammt und sonst nirgendwo auf der Welt im Riff zu finden ist. Vor drei Jahren erhielt ich von einem befreundeten Aquarianer zwei ca. 8 cm große Stöcke dieser australischen Steinkoralle. Sie hatten sich zuvor im Meerwasseraquarium des australischen Standes auf der EXPO-Weltausstellung in Hannover befunden, waren also für diese Veranstaltung importiert worden.

Ansicht B, rechte Seite
Foto: G. Both

Als ich sie bekam, waren sie stark geschädigt, und es bestand eigentlich kaum Hoffnung, dass sie sich regenerieren würden. Ich setzte sie in eines meiner damaligen Aquarien ein, das überwiegend mit Steinkorallen besetzt war. Vier Wochen lang war keine Veränderung zu sehen, und die geschädigten Korallen öffneten sich nicht. Nach einem Monat begannen die ersten Polypen damit, ihre Tentakel dem Licht entgegenzustrecken, und geschädigtes Gewebe regenerierte sich allmählich. Anschließend entwickelte sich die Sache dann sehr dynamisch, denn in den folgenden zehn Monaten wuchsen die Korallen zu beachtlichen Stöcken heran und bildeten auch die aquarientypische Kugelform. Interessant war außerdem, dass sich sogar an der abgeschatteten Unterseite dieser „Kugeln" neue Polypen bildeten.

Eine spezielle Fütterung der *Duncanopsammia axifuga* führte ich nicht durch, und trotzdem wuchs sie so hervorragend, dass ich mehrere Fragmente mit je 4–5 Polypen abtrennen konnte, um sie mit Unterwasser-Epoxidharz auf separates Substrat zu kleben. Innerhalb eines Jahres wuchsen diese zu Korallenstöcken mit jeweils ca. 10 cm Durchmesser heran, und im Lauf der Zeit erhielt ich auf diese Weise insgesamt elf Korallenstöcke mit Durchmessern von 6–25 cm.

Erstaunlich sind bei *Duncanopsammia axifuga* das schnelle Wachstum und die Robustheit. Nach meiner Erfahrung bevorzugt sie eine mittelstarke bis starke Strömung. Die Beleuchtungsstärke ist weniger von Bedeutung, solange die Korallen nicht völlig abgeschattet und damit zu dunkel stehen. Sie können sich innerhalb einer großen Bandbreite an die Beleuchtungsstärke anpassen. ■

Frontansicht des Riffaquariums, das für 8 Jahre betrieben wurde
Foto: M. Paletta

Ecosystem-Schlammfilter-Becken 1.620 Liter

Michael Paletta (Pittsburg, USA)

Aquariengröße: 240 x 90 x 75 cm (B x T x H) = 1.620 Liter
Betriebszeit: 8 Jahre (1999–2007)
Beleuchtung: 4 x 400 W HQI-Lampen: „Luminarc-Reflektoren". 4 x VHO Fluoreszenzlampen: 2,40 m, 160 W. Die HQI-Lampen laufen 10, die Fluoreszenzlampen 8 Stunden täglich
Filtersystem: Rund 210 l fassender Ecosystem-Schlammfilter und „Deltec 1103"-Abschäumer
Kalziumzugabe: Deltec-Kalkreaktor, Kalkwasser-Rührgerät mit täglicher Zugabe von 20 g Kalziumhydroxid
Andere Zusätze: Jod und Strontium

Bild unten links: Eine seltene dreifarbige *Euphyllia*-Koralle. Diese Kolonie wuchs aus einem einzigen Polypen über mehrere Jahre heran.
Foto: M. Paletta

Bild unten rechts: *Chirrilabrus rubripinnis*
Foto: M. Paletta

Ein Überblick längs über das Aquarium. Die 4.160-Watt-VHO-Fluoreszenzröhren spiegeln sich auf der Wasseroberfläche. Sie helfen dabei, die Farben vieler Korallen richtig zur Geltung zu bringen. Foto: M. Paletta

Wasserwechsel:	10 % monatlich
Strömung:	33.600 l/h über einen geschlossenen Kreislauf und Rückflusspumpen
Dekoration:	225 kg Lebendgestein von den Fidschi-Inseln
Wasserwerte:	Temperatur: = 24 °C, pH: 8,1, Dichte: 1,025 g/cm^3, KH: 3,2, Kalzium: ca. 410 mg/l, PO_4: nicht nachweisbar mit dem Deltec-Testkit, Mg: 1.320 mg/l
Besatz:	Über 100 Kolonien von kleinpolypigen Steinkorallen und mehr als 60 Fische verschiedener Arten
Fütterung:	Verschiedene Futterarten einschließlich tiefgefrorener *Mysis*, Cyclop-Eeze, Nori und selbst gemachte Mischungen. Ich verfüttere ungefähr 100 g pro Woche.

Was würde ich das nächste Mal anders machen?
Ich habe dieses Aquarium 2007 abgebaut, um auf ein 4.300-l-Aquarium umzusteigen. Rückblickend kann ich sagen, dass ich es niemals hätte aufgeben sollen, da es sehr schön war. Mit dem neuen Aquarium fühle ich mich immer noch, als sei ich in den Anfängen.

Kommentar: Die Verwendung des Ecosystem-Filters mit Miracle Mud (siehe dazu auch Seite 373ff.) ist meines Erachtens dafür verantwortlich, dass dieses Aquarium so lange hervorragend gelaufen ist. Die Unkompliziertheit dieses Systems machte es sehr einfach, das Aquarium zu betreiben.

Ein Blick von oben auf einen Teil des Aquariums. Die meisten der auf diesem Bild zu sehenden Korallen wurden aus kleinen Fragmenten von marikultivierten Korallen herangezogen. Foto: M. Paletta

Gesamtaufnahme des Aquariums (November 2006)
Foto: Bioquatic Photo

Ein gut etabliertes Korallenriff-Aquarium 2.200 Liter

Karl Heinz Fischer (Wiefelstede, Deutschland)

Aquariengröße: 260 x 100 x 90 cm (B x T x H) = 2.200 Liter ohne das Filtersystem
Betriebszeit: 10 Jahre (Stand März 2009)
Beleuchtung: 3 x 400 W HQI und 4 x 36 W T8 Osram 67. Blau-aktinisches Licht: 12 Stunden täglich, HQI Lampen 10 Stunden täglich
Filtersystem: ATI-Eiweißabschäumer, 2 x Flächenfilter mit Vliesmatten und Bioballen. Aus dem Aquarium fließt das Wasser über die Vliesmatten und 2 Filterböden, die mit Bioballen bedeckt sind. Drei Deltec Pumpen fördern das Wasser mit einer Rate von 25.000 l/h zurück in das Aquarium. Gelegentlich wird ein Wodka-Denitrifikations-Filter an das System angeschlossen. Aktivkohle und RowaPhos werden kontinuierlich verwendet.
Kalziumzugabe: 15 kg Kalkreaktor
Andere Zusätze: Spurenelemente nach Balling-Methode
Wasserwechsel: 100 Liter pro Woche. Das Süßwasser wird über Umkehrosmose und Austauscherharz aufbereitet.
Dekoration: 600 kg fossiles Riffgestein und 100 kg Lebendgestein
Wasserwerte: Dichte: 1,024 g/cm^3, Temperatur: 26 +/- 1 °C, KH: 8, Ca_2^+: 420 mg/l, Mg_2^+: 1.300 mg/l, Nitrat: 5–10 mg/l, Phosphat: 0,02–0,2 mg/l

Gesamtaufnahme des Aquariums (November 2006, oben) (November 2005, unten)
Fotos: Bioquatic Photo

Besatz: **Wirbellose:** 2 *Stenopus hispidus*, 3 *Periclimenes* sp., 2 *Lysmata debelius*, 3 *Alpheus* sp., 1 *Enoplometopus occidentalis*, mehrere Krabben unterschiedlicher Arten, 1 *Heteractis magnifica* (12 Jahre alt, sie stammt noch aus meinem allerersten Aquarium), 10 *Strombus fasciatus*, zahlreiche Schnecken, 4 *Cerianthus membranaceus*, 40 verschiedene Kolonien an Steinkorallen einschließlich *Acropora* spp., *Pocillopora* spp., *Montipora* spp., *Caulastrea furcata*, *Fungia* sp., *Tubastraea micrantha*. Krustenanemonen, Scheibenanemonen (*Discosoma* spp.), Weich- und Lederkorallen der Gattungen *Anthelia*

Bild unten links: *Pseudanthias dispar* (dominantes Männchen)
Foto: Bioquatic Photo

Bild unten rechts: *Genicanthus melanospilos*
Foto: Bioquatic Photo

Wunderhübsche *Anthelia*-Polypen, die von einigen Strudelwürmern „infiziert" sind
Foto: Bioquatic Photo

Pärchen der Grundel *Cryptocentrus cinctus* mit ihrer Partnergarnele *Alpheus* sp.
Foto: Bioquatic Photo

und *Sarcophyton*, 5 Gorgonien, 1 *Rumphella* sp., 1 *Tridacna* sp., 1 *Heterometra* sp., 1 *Linckia laevigata*, 1 *Ophiarachna incrassata* (12 Jahre alt, er stammt noch aus meinem allerersten Aquarium), ungefähr 15 Schlangensterne der Gattung *Ophiarachna*, 1 *Ophioderma squeamosissimus*, 1 *Diadema setosum*, 1 *Holothuria leucospilota* (12 Jahre alt, sie stammt noch aus meinem allerersten Aquarium)

Fische: 2 *Zebrasoma flavescens*, 2 *Zebrasoma xanthurum*, 2 *Chelmon rostratus*, 2 *Genicanthus melanospilos*, 5 *Amphiprion ocellaris*, 2 *Cryptocentrus cinctus*, 2 *Gobiodon okinawae*, 1 *Gobiodon rivulatus*, 2 *Meiacanthus grammistes*, 1 *Pseudocheilinus hexataenia*, 1 *Macropharyngodon bipartitus*, 1 *Labroides dimidiatus*, 2 *Neocirrhites armatus*, 5 *Chrysiptera parasema*, 6 *Chromis viridis*, 2 *Pseudochromis fridmani*, 2 *Pseudochromis springeri*, 10 *Pseudanthias dispar*

Fütterung: Wann immer es möglich ist, wird jede Stunde mit geringen Mengen gefüttert. Dazu verwende ich verschiedene Futtersorten (Trockenfutter, Frostfutter, im Sommer lebende Artemien). Für einige Tiere gibt es Spezialfutter (z. B. Flüssigfutter für Vögel, Vitamine), und manche werden selektiv gefüttert.

Bild links: Gorgonie (wahrscheinlich *Menella* sp.) mit kommensalischen Schlangensternen
Foto: Bioquatic Photo

Bild rechts: Zylinderrose *Cerianthus* sp.
Foto: Bioquatic Photo

Kommentar: Von Anfang an wird das Aquarium nur durch die Wärmeabstrahlung der Lampen geheizt, es gibt kein separates Heizsystem. Die Temperatur beträgt im Sommer maximal 24 °C, im Winter 24–26 °C. Im Sommer wird das Aquarium über ein Schlauchsystem gekühlt, das im Gartenboden 1,5 m tief eingelassen ist. Es gibt drei Schlauchsysteme mit einem Durchmesser von 4 mm und einer Gesamtlänge von 100 m. Das Wasser wird – kontrolliert über einen Thermostaten – mit einer Eheim-Pumpe durch das Kühlsystem gefördert.

Seien Sie geduldig mit Ihrem Aquarium und den darin lebenden Tieren. Nehmen Sie nicht zu viele Veränderungen vor und überlegen Sie genau, wenn Sie neue Tiere in das System geben, ob sie zu den alten Bewohnern passen. Lesen Sie zuerst über diese Tiere, um etwas über ihre Bedürfnisse zu erfahren.

Auch das Reinigen ist sehr wichtig. Der Eiweißabschäumer muss täglich gereinigt werden, in heißen Sommern sogar zweimal täglich! Es ist auch wichtig, mechanische Filtermatten regelmäßig zu reinigen.

Futter ist extrem wichtig und wird häufig vernachlässigt. Einige Organismen müssen separat mit großer Vorsicht gefüttert werden, wie z. B. große Anemonen, die ich mit Muschelfleisch versorge. ■

Das Aquarium ist wunderhübsch in das Wohnzimmer integriert.
Foto: W. Tysman/B. Meru

Ein „Terassenaquarium" in den Tropen 3.600 Liter

Joseph Uy Jr. (Manila, Philippinen)

Aquariengröße: 180 x 180 x 90 cm (B x T x H) = 3.600 Liter einschließlich des Filtersystems

Betriebszeit: 3 Jahre und 5 Monate (von 2001–2004)

Beleuchtung: 4 HQI-Lampen à 250 W, 20.000 K, 8 Stunden täglich

Filtersystem: Filterbecken 540 Liter, 100 Liter Refugium, 2 HP DIY Kühlgeräte, 1/4HP-Sequence- 1000-Pumpe als Hauptumwälzpumpe, 1/8HP-Sequence-1000-Pumpe für einen DIY-Beckett-Down-Draft-Protein-Skimmer, elektronische pH-Meter, Ozon. Das große Tiefsandbett-System und das Refugium sind Teil des Wasserzirkulationssystems.

Kalziumzugabe: Kalkreaktor mit pH-Kontroller und ein „Nilsen-Reaktor" (siehe Seite YXY), der an einer Umkehrosmoseanlage angeschlossen ist

Wasserwechsel: Jede Woche 10 % mit natürlichem Meerwasser

Strömung: 14.500 Liter pro Stunde durch die Hauptpumpe, 4 Powerhead-Pumpen (je 1.500 Liter pro Stunde) für die Nachahmung einer Wellenbewegung, die an einen elektronischen Timer angeschlossen sind.

Dekoration: 300 kg Lebendgestein, das auf einem PVC-Rahmen angebracht ist

Rechte Seite:
Bild oben: Wunderschönes Korallenwachstum im Aquarium
Foto: J. Uy Jr.

Bild links: Muräne *Gymnothorax melatremus*
Foto: Bioquatic Photo

Bild rechts Mitte: Subadulter *Acanthurus olivaceus* (Vordergrund) mit dem Nachahmer-Doktorfisch (*Acanthurus pyroferus*, Mitte) und *Zebrasoma scopas* (hinten)
Foto: Bioquatic Photo

Bild rechts unten: *Coris gaimard* (subadult)
Foto: Bioquatic Photo

Überblick über das gesamte Aquarium
Foto: J. Uy Jr.

Wasserwerte: Temperatur: 27 °C, pH: 8,23, Dichte 1,023 g/cm^3, KH: 12 °dKH, NO_3: nicht nachweisbar, Kalzium: 370 mg/l, PO_4: nicht nachweisbar, das Redoxpotenzial wird bei 300 mV gehalten.

Besatz: **Korallen** (hauptsächlich großpolypige Steinkorallen, LPS): *Trachyphyllia, Colpophyllia, Erythrastrea, Favia, Lobophyllia, Euphyllia glabrescens, Euphyllia ancora, Euphyllia paradivisa, Catalaphyllia, Galaxea* sowie eine wunderhünsche Weichkoralle aus der Gattung *Lemnalia*
Fische: *Paracanthurus hepatus, Zebrasoma flavescens, Zebrasoma scopas, Acanthurus olivaceus, Acanthurus pyroferus, Naso lituratus, Chyriptera parasema, Chromis viridis, Coris gaimard, Dascyllus trimaculatus, Anthias* sp., *Gymnothorax melatremus*

Fütterung: Für die Fische: Tetramin Flockenfutter – so viel, wie die Fische in 3 Minuten fressen können
Für die Invertebraten: täglich Cyclopeeze, 2–3 Esslöffel

Was würde ich das nächste Mal besser machen? Ich würde mich mehr auf die kleinpolypigen Steinkorallen konzentrieren und weniger großpolypige Steinkorallen pflegen. Ich finde es sehr schwierig, meine großpolypigen Steinkorallen immer gezielt zu füttern. ■

Der zentrale Bereich des Aquariums mit farbenprächtigen Korallen und Fischen
Foto: D. Brockmann

Ein Fenster zum Riff — 4.700 Liter

Wilhelm Zimmermann (Munderkingen, Deutschland)

Aquariengröße: 250 (Breite; Sichtscheibe) x ca. 180 (Tiefe; als Dreieck) x 100 (Höhe) cm; aufgrund der abgeschrägten Ecken ca. 4.000 Liter brutto. Hinzu kommt ein externer Wasserkreislauf (ein angeschlossenes Zweitbecken und die Filteranlage) von 700 Litern.
Betriebszeit: 8,5 Jahre (Stand März 2009)
Beleuchtung: 4 x 400 Watt HQI, 10.000 Kelvin, Beleuchtung 9 Stunden täglich, 4 x 58 Watt Osram 67, Beleuchtung 14 Stunden täglich
Filtersystem: Deltec-Abschäumer, Grobfilterung mit 2 x wöchentlichem Wechsel der Filterwatte; Kohlefilterung und RowaPhos im Dauereinsatz mit wöchentlichem Wechsel, dazu nach Bedarf UV und Ozon
Kalziumzugabe: Kalkreaktor sowie Zugabe von 5 Messlöffeln BioCalcium täglich
Wasserwechsel: wöchentlich 200–300 l, mit Umkehrosmosewasser aufbereitet
Strömung: 1 x Tunze-Stream 8.000 l (im Aquarium eingebaut), 3 x 12.000 l Red Dragon (über eine Verrohrung von außen), die Pumpen sind nicht intervallgesteuert, sondern laufen permanent mit konstanter Leistung

Überblick über das Gesamtaquarium
Foto: D. Brockmann

Dekoration: Ca. 600 kg Tuffgestein aus dem Schmiechtal, Schwäbische Alb

Wasserwerte: Temperatur: im Winter: 23 °C, im Sommer maximal 28 °C. Dichte: 1,020–1,021 g/cm^3 Die anderen Wasserwerte, die alle im Normbereich sind, werden nicht regelmäßig, sondern nur nach Bedarf bestimmt.

Besatz: **Sessile Wirbellose:** Der Besatz ist gemischt und besteht aus Leder-, Weich- und Hornkorallen, Steinkorallen, Krusten- und Scheibenanemonen. Hervorzuheben ist die Größe der einzelnen Tierstöcke. Insbesondere werden gepflegt: Zooxanthellate Steinkorallen (u. a. *Acropora*, *Pocillopora*, *Pavona*, *Plerogyra*, *Caulastrea* und *Pachyseris*), 2 Symbioseanemonen (*Entacmaea quadricolor*; rote Variante), die durch Teilung entstanden sind. Die Anemonen beherbergen jeweils 1 Pärchen *Amphiprion clarkii* und *A. percula*. Dazu Scheiben- und Krustenanemonen; insbesondere die früher unter dem Namen *Parazoanthus gracilis* bekannte Krustenanemone vermehrt sich zurzeit enorm. Diverse Leder-,

Weich- und Hornkorallen, zwei Riesenmuscheln *Tridacna* spp., der zooxanthellate Schwamm *Collospongia auris*, der große Flächen des Substrates überwuchert, sowie zahlreiche Einsiedlerkrebse und Schlangensterne

Fische: 1 *Centropyge loricula*, 1 *Pomacanthus navarchus*, 1 *Chelmon rostratus*, 1 *Chaetodon lunulas*, 3 *Heniochus acuminatus* (zupfen zwar auch an den Krustenanemonen, fressen sie aber nicht, sondern verteilen sie vielmehr im Aquarium), 3 *Zebrasoma flavescens*, 1 *Zebrasoma xanthurus*, 2 *Paracanthurus hepatus*, 1 *Acanthurus japonicus*, 2 *Pseudochromis aldabraensis* (Nachzuchten), 1 *Oxycirrhites typus*, 1 *Nemateleotris magnifica*, 1 *Amphiprion clarkii*, 1 *Amphiprion percula*, 4 *Chromis viridis*, 2 *Plotosus lineatus* sowie 13 Fahnenbarsche *Anthias* spp. aus zwei Arten. Im Nachhinein war das Einsetzen der Korallenwelse sicherlich ein Fehler. Denn von diesem Zeitpunkt an kann ich keinerlei Garnelen mehr pflegen. In dem angeschlossenen Zweitbecken befinden sich 2 weitere *Zebrasoma flavescens*, 1 *Pseudocheilinus hexataenia*, 1 *Pseudochromis aldabraensis* (Nachzucht) und 1 *Salarias fasciatus* zur Beseitigung der Algen.

Fütterung: Die Fütterung der Fische erfolgt 1–2 Mal täglich (ein Drittel Frostfutter, zwei Drittel Trockenfutter).

Kommentar: Nun, was ist mein persönliches Resümee nach der achtjährigen Pflege des Großaquariums? Natürlich darf man die Schwierigkeiten, die mit so einem Becken verbunden sind, nicht verschweigen. Glasrosen- und Feueranemonenplagen beispielsweise sind nur schwer zu beherrschen, und auch die Energie- und Folgekosten – man denke nur an die 400-Watt-HQI-Strahler – darf man in der heutigen Zeit nicht unterschätzen. Vieles, insbesondere die Pflege der Fische, ist jedoch einfacher, und der optische und ästhetische Eindruck ist überwältigend. Der große Technikraum hinter dem Aquarium mit eigenem Wasseranschluss und -abfluss, dem Zweitbecken und der gesamten Technik ist nicht mit Gold aufzuwiegen. Wasserplanschereien im Wohnzimmer wie in früheren Zeiten gibt es nicht mehr. Kurzum: Ich persönlich würde es immer wieder so machen. ■

Pavona sp., *Acropora* sp. und Weichkorallen der Gattung *Sinularia*
Foto: D. Brockmann

Überblick über das Hauptaquarium
Foto: Bioquatic Photo

Das besondere Gesellschaftsaquarium 7.700 Liter

Erwin Kerkenberg (Varel, Deutschland)

Aquariengröße: Hauptbecken: 380 x 160 x 87 cm = 5.200 Liter brutto
Im Kreislauf: Ein Spezialbecken für fluoreszierende Tiere, hauptsächlich Scheibenanemonen (Corallimorpharia) und Krustenanemonen (Zoantharia), sowie einige andere Invertebraten und kleine Fische: 260 x 60 x 50 cm = 780 Liter brutto
Ein Refugium: 260 x 60 x 50 cm = 780 Liter brutto
Ein Wasserauffangbecken: 250 Liter
Zwei Technikbecken: 700 Liter
Insgesamt 7.700 Liter brutto

Betriebszeit: 41 Monate (Stand März 2009)

Beleuchtung: Hauptbecken: Tageslicht von oben durch drei Dachfenster. 4 HQI à 250 Watt, 10.000 Kelvin. 8 T5-Röhren, Lichtfarbe 67
Spezialbecken: 10 T5-Röhren, weiß und Lichtfarbe 67 gemischt Refugium: 4 T5-Röhren weiß, eine HQI, 150 Watt

Filtersystem: Im Mittelteil des Hauptbeckens: DSB: 15 cm hohe Sandschicht, Körnung 0–1 mm, gut überströmt
Im Spezialbecken: Jaubert-System im Refugium: *Chaetomorpha* (Drahtalge) über einer Schicht von gröberem Korallensand; ein 2 m hoher Nadelrad-Abschäumer (H&S) mit geringer Durchflussrate, der mit Ozon betrieben wird, ein niedriger

Kalkröhrenwürmer *Spirobranchus gardineri*. Diese Art gehört zum *Spirobranchus-gardineri*-Komplex, dessen Vertreter eine runde Operculum-Platte mit hohen, geweihähnlichen Aufwüchsen aufweisen.
Foto: Bioquatic Photo

Nadelrad-Abschäumer (H&S) mit hoher Durchflussrate ohne Ozon, UV-Anlage
Kalziumzugabe: Kalkrührer und Kalkreaktor
Andere Zusätze: Einer meiner Grundsätze ist: Als Naturwissenschaftler schütte ich nichts ins Becken, von dem ich nicht weiß, was in welcher Menge enthalten ist. Daher habe ich schon frühzeitig mit der Dosierung eigens entwickelter Spurenelement-Lösungen begonnen. Heute gebe ich zu: Barium, Chrom, Eisen, Fluor, Jod, Kalium, Kobalt, Kupfer, Magnesium, Mangan, Molybdän, Nickel, Strontium, Zink und eine selbst hergestellte Lösung aus verschiedenen Aminosäuren
Wasserwechsel: 500 l pro Monat
Wasserbewegung: 5 Red Dragon à 12.000 l/h
Dekoration: Hauptbecken: Als Basis eine Spezialanfertigung eines ca. 8 m langen „Walls“ aus Riffkeramik. Darauf ca. 600 kg große „Lebende Steine“. Spezialbecken: 200 kg „Lebende Steine“
Wasserwerte: Temperatur: 24 °C (auch im Sommer, da der gesamte Raum

Schöne Krustenanemonenkolonie, *Protopalythoa grandis*
Foto: Bioquatic Photo

Die linke Seite des Hauptaquariums. Auf Seite 134 sehen Sie einen Ausschnitt mit der großen Sandfläche für Sandbewohner. Solche Sandflächen fehlen in vielen Aquarien, obwohl es etliche interessante und hübsche Sandbewohner gibt.
Foto: Bioquatic Photo

per Klimaanlage gekühlt werden kann),
pH: 8,05–8,25 (elektronisch), Dichte: 1,024 (Spindel),
KH: 7–8 (Salifert), Nitrat: 5–10 mg/l (Macherey-Nagel),
Kalzium: 480 mg/l (Salifert), Magnesium: 1.400 mg/l (Salifert),
Posphat: 0,046–0,092 mg/l (Merck)

Besatz: **Hauptbecken - Niedere Tiere:** (von den genannten Familien bzw. Gattungen sind teilweise Tiere in mehreren Arten und Farbvarianten vorhanden.) **Weichkorallen:** *Clavularia, Cervera, Tubipora, Sinularia, Cladiella, Klyxum, Sarcophyton, Lobophytum, Nephthea, Litophyton, Stereonephthya, Lemnalia, Paralemnalia, Capnella, Xenia, Cespitularia, Anthelia, Briareum, Erythropodium* · **Gorgonien:** *Euplexaura, Menella, Rumphella, Gorgonia ventalina, Plexaurella, Muricea, Pterogorgia, Pseudopterogorgia* · **Steinkorallen:** *Acropora, Montipora, Acanthastrea, Euphyllia, Trachyphyllia, Fungia, Catalaphyllia jardinei, Blastomussa, Goniopora, Porites, Pocillopora, Seriatopora, Favites, Tubastraea* · **Weitere Wirbellose:** *Spirobranchus gardineri*

Hauptbecken - Fische: 2 *Xanthichthys auromarginatus*, 2 *Zebrasoma flavescens*, 2 *Zebrasoma xanthurum*, 2 *Zebrasoma desjardinii*, 2 *Naso lituratus*, 5 *Ctenochaetus tominiensis*, 2 *Doryrhamphus janssi*, 6 *Gramma loreto*, 8 *Assessor flavissimus*, 2 *Pseudochromis sankeyi*, 2 *Chelmon rostratus*, 3 *Genicanthus melanospilos*, 2 *Centropyge potteri*, 2 *Macropharyngodon meleagris*, 2 *Salarias ramosus*, 2 *Ecsenius lividanalis*,

2 *Ecsenius lineatus*, 4 *Stonogobiops nematodes* + 4 *Alpheus randalli*, 2 *Signigobius biocellatus*, 6 *Priolepis nocturna*, 5 *Synchiropus* sp. 2 *Halichoeres chrysus*
Spezialbecken - Niedere Tiere: *Protopalythoa grandis, Ricordea florida, Ricordea yuma, Rhodactis inchoata, Rhodactis indosinensis, Rhodactis mussoides, Rhodactis sanctithomae, Zoanthus sociatus, Isaurus tuberculatus, Discosoma* spp.
Spezialbecken - Fische: 2 *Belonepterygion fasciolatum*, 4 *Paracheilinus cyaneus*, 2 *Ecsenius stigmatura*, 4 *Stonogobiops yasha* + 4 *Alpheus randalli*, 2 *Signigobius biocellatus*, 2 *Synchiropus* sp.

Fütterung: Täglich: Mysis, Krill, *Artemia*, Lobstereier, *Cyclops*, Flockenfutter, Granulatfutter, Cyclop-Eeze

Bild unten links: Drückerfisch *Xanthichthys auromarginatus* (Weibchen)
Foto: Bioquatic Photo

Bilder rechts: Tangaroa-Grundel, *Ctenogobiops tangaroai* (oben); Krabbenaugen-Sandgrundel, *Signigobius biocellatus* (Mitte); Tominis Borstenzahndoktorfish, *Ctenochaetus tominiensis* (unten)
Fotos: Bioquatic Photo

Dieses schöne Aquarium, das hauptsächlich fluoreszierende Nesseltiere enthält, ist an das Hauptaquarium angeschlossen.
Foto: Bioquatic Photo

Was würde ich das nächste Mal anders machen? Dieses Aquariensystem ist nicht mein Erstes. Ich betreibe die Meerwasseraquaristik seit über 30 Jahren: Dies ist ein Zeitraum, in dem ich sehr viele Fehler gemacht habe. In die neue Anlage ist also die Erfahrung dreier Jahrzehnte geflossen. Da ich genügend Zeit für die Planung des aktuellen Aquariensystems hatte, konnte ich mir über Fragen zu Beleuchtung, Strömung und Filterung reichlich Gedanken machen. Nach einer Betriebszeit von 41 Monaten kann ich sagen: All das, was ich mir überlegt hatte, funktioniert einwandfrei. Technisch würde ich also überhaupt nichts ändern. Beim nächsten Mal würde ich mir allerdings sehr viel mehr Zeit mit der Erstbesetzung lassen: Da ich überhaupt kein Altwasser benutzt habe, kamen die Tiere in ein System, das biologisch noch zu jung war. Das führte zu Verlusten, die vermeidbar gewesen wären.

Kommentar: Ich hatte nie den Anspruch, ein typisches Biotop nachzubilden. Ziel war also kein Riffdach-, Höhlen-, Lagunen-, Seegras-, Oberflächen- oder Monokulturaquarium. Auch war nie beabsichtigt, nur Tiere einer einzigen Region zu pflegen. Damit ist klar: Es sollte ein Aquarium werden, wie es wohl die meisten Aquarianer besitzen, ein Gesellschaftsaquarium mit Tieren aus aller Welt. Diese Tiere sollten allerdings halbwegs „bekannte" Verhältnisse vorfinden. Daher habe ich mir reichlich Gedanken zur Einrichtung gemacht.

Erstes Ziel war, den Gezeitenwechsel zu imitieren; zwar nicht in Hinblick auf unterschiedliche Wasserstände, aber sehr wohl in Hinblick auf die Strömungsrichtung. Da es sich beim Hauptbecken um ein Raumteileraquarium handelt, bei dem sich der wesentliche Aufbau in der Mitte befindet, war es technisch recht ein-

fach, die Strömungsrichtung im Aquarium periodisch zu wechseln. Dies führt dazu, dass es keine „Gammelecken“ mehr gibt: Bei jedem Wechsel der Strömungsrichtung wird aller Detritus aufgewirbelt. Das kommt allen Filtrieren sehr zugute. Der „Nachteil“: Man muss für Weichkorallen sehr viel mehr Platz kalkulieren, da sie sich einmal nach links und dann wieder nach rechts wiegen.

Zweites Ziel war, der Vielzahl von Fischen reichlich Versteckmöglichkeiten zu bieten. Da Fische, die sich nicht zurückziehen können, kein natürliches Verhalten zeigen, wurden viele Höhlen und Unterstände gebaut. Wie mir Biologen und Aquarianer bereits bestätigt haben, wirken die Fische in meinem Aquarium völlig natürlich: Sie machen keinen gestressten Eindruck, zeigen keine Aggressionen und vermitteln ein sehr „harmonisches Bild“.

Drittes Ziel war, einen weit verbreiteten Gestaltungsfehler zu vermeiden. Zu Beginn meiner Aquarianerlaufbahn lernte ich einen Mann kennen, der viele Aufbauten als „Hundegräber“ bezeichnete. Ich denke, es ist nahezu sofort klar, was damit gemeint ist: Ein von vorne nach hinten aus kleinen Gesteinsbrocken aufgeschichteter Hügel. Damit dieser Eindruck nicht entsteht, hatte ich eine Kombination aus Riffkeramik mit großen lebenden Steinen geplant. Weitere Details würden hier sicher zu weit führen. Das Resultat ist jedenfalls eine offene Gesteinsformation mit großen, einsehbaren Höhlen und frei stehenden Säulen.

Viertes Ziel war, mehrere große Sandflächen zu schaffen. Sie bieten einerseits Lebensraum für spezielle Tiere und dienen andererseits auch der Beleuchtung der Korallen „von unten“, da am hellen Sand sehr viel Licht nach oben reflektiert wird.

Fünftes Ziel war, eine Fischfalle ins Becken zu integrieren. Diese Idee ist ebenfalls realisiert, und sie funktioniert völlig problemlos (sie ist natürlich vom Wohnbereich aus nicht zu sehen).

Schließlich war mir wichtig, einen Pumpenraum zu schaffen, der auf demselben Niveau wie das Hauptbecken liegt, damit keine elektrische Energie für das Heben des Wassers benötigt wird. Zudem sollte er vom Hauptbecken getrennt sein, so dass keine Tiere in den Ansaugbereich der Pumpen gelangen können. Schließlich sollte er leicht zugänglich sein. Dieser Punkt war sicher derjenige, der mir am meisten Kopfzerbrechen bereitet hat – aber es ist recht überzeugend gelungen, allen Vorgaben Rechnung zu tragen. ■

Die gebogene Frontscheibe kreiert einen fantastischen Eindruck von diesem spektakulären Aquarium.
Foto: M. Oorthuis

Ein gebogenes Riffaquarium 7.850 Liter

Pieter van Suijlekom (Vlaardingen, Niederlande)

Aquariengröße: 600 x 80–165 x 90 cm (L x T x H) = 7.850 Liter
Gebogenes Aquarium mit variabler Breite.

Betriebszeit: 4 Jahre (Stand März 2009)

Beleuchtung: 6 x 400 W HQI, 14.000 K, von 8:00–22:30 Uhr, 3 x 1000 W HQI, 14.000 K, von 9:30–21:00 Uhr, 4 x 140 W HO Philips TL03 aktinisch von 7:30–23:00 Uhr

Filtersystem: Deltec-Abschäumer H&S Pro, 2 m hoch, für Beckenvolumen bis zu 10.000 Liter. Phosphat wird durch Deltec-Phosphat-Adsorber entfernt.

Kalziumzugabe: Kalzium wird durch einen Deltec-PF1000-Kalkreaktor nachdosiert, der mit Kalzium- und Magnesiumkarbonat-Granulat gefüllt ist. Verdunstetes Wasser wird durch Kalkwasser ersetzt, hergestellt aus Kalziumhydroxid.

Wasserwechsel: 1.500 l pro Woche

Halfterfisch,
Zanclus cornutus
Foto (aus dem Jahr 2007):
R. Hessing

Strömung: 6 Pumpen mit einer Gesamtumwälzung von 150.000 Liter pro Stunde

Dekoration: 1.000 kg Lebendgestein

Wasserwerte: Temperatur: 24–26 °C, Salinität: 37 ‰, pH: 8,0–8,3, Karbonathärte: ~10 KdH, Ca: 450 mg/l, Mg: 1.470 mg/l, Phosphat: <0,1 mg/l, Nitrat: nicht nachweisbar

Besatz: **Kleinpolypige Steinkorallen:** *Montipora digitata*, *Montipora* sp., *M. capricornis*, *Porites* sp., *Seriatopora hystrix*, *S. caliendrum*, *Acropora formosa*, *A. suharsonoi*, *A. gemmifera*, *A. granulosa*, *A. jaquelinae*, *A. humilis*, *Acropora* sp., *Psammocora contigua*, *Pocillopora verrucosa*, *Pavona* sp.
Großpolypige Steinkorallen: *Plerogyra sinuosa*, *Euphyllia ancora*, *E. parancora*, *E. divisa*, *E. paradivisa*, *Euphyllia* sp., *Goniopora stokesi*, *Goniopora* sp., *Fungia* spp., *Tubastraea* sp., *Caulastrea furcata*, *Herpolitha limax*, *Turbinaria reniformis*, *Favia* sp., *Favites* sp., *Physogyra* sp., *Lobophyllia* sp., *Pectinia* sp.

Blick auf das Gesamtaquarium im Jahr 2007
Foto: M. Oorthuis

Der mittlere Teil des Aquariums mit einer Schule Fahnenbarsche *Pseudanthias*
Foto (aus dem Jahr 2007): Ron Hessing

Bild links: Dominantes Männchen des Seitenstreifen-Fahnenbarsches, *Pseudanthias pleurotaenia*
Foto: Bioquatic Photo

Bild rechts: Seltene Feilengrundel, *Ptereleotris grammica*
Foto: Bioquatic Photo

Andere Wirbellose: *Tridacna maxima*, *T. crocea*, *T. squamosa*, verschiedene Gorgonien, *Capnella* sp, *Xenia* sp., *Anthelia* sp., *Entacmaea quadricolor*, *Dendronephthya* sp.
Fische: 10 *Opistognathus aurifrons*, 40 *Mirolabrichthys tuka*, 22 *M. dispar*, 25 *Pseudanthias squamipinnis*, 5 *P. pleurotaenia*, 10 *Chromis viridis*, 1 *Nemateleotris helfrichi*, 1 *Ptereleotris grammica*, 3 *Gobiosoma aoceanops*, 6 *Synchiropus* sp., 2 *Pterosynchiropus splendidus*, 1 *Acanthurus achilles*, 4 *Paracanthurus hepatus*, 3 *Naso lituratus*, 1 *Salarias fasciatus*, 3 *Pseudocheilineus hexataenia*, 3 *Cirrhilabrus* sp., 2 *Amphiprion ocellaris*, 1 *Pomacanthus navarchus*, 6 *Centropyge acanthops*, 1 *C. loriculus*, 1 *C. potteri*, 1 *Chelmon rostratus*, 1 *Halichoeres chrysurus*, 1 *H. trispilus*, 1 *Siganus uspi*, 1 *Pholidichthys leucotaenia*, 1 *Apolemichthys trimaculatus*, 2 *Calliplesiops altivelis*

Fütterung: Große Mengen an verschiedenen Frost- und Flockenfuttersorten

Man kann auch durch eine der Seitenscheiben in das Aquarium blicken. Das sieht dann fast so aus, als ob man an einem Riffhang entlangschaut und zahlreiche Fische auf den Taucher zuschwimmen.
Foto (aus dem Jahr 2005): Bioquatic Photo

Farbenfrohe *Acropora* sp.
Foto (aus dem Jahr 2007): R. Hessing

Literatur

ADEY, W.H. (1983): The microcosm: A new tool for reef research. – Coral Reefs 1: 193-201.

ADEY, W.H. (1994): Algal Turf Scrubbers and Model Ecosystems – A Continuing Dialog. – Aquarium Frontiers (Spring 1994): 1-6.

AIMS (1998) http://www.aims.gov.au/pages/search/search-coral-bleaching.html.

ALEXANDER, B. (2005a): The first Parlour Aquariums and the Victorian Aquarium Craze. In: A student history of Victorian marine parlour aquariums. – http://www.parlour aquariums.org.uk/ Stand 10 Juni 2007.

ALEXANDER, B. (2005b): William Alford Lloyd. The first Aquarist. In: A student history of Victorian marine parlour aquariums. – http://www.parlouraquariums.org.uk/ Stand 10 Juni 2007.

ANDERSON, R.C. (1990): Living Reefs of the Maldives. – Novelty Printers and Publishers, Male.

ATKINSON, M.J. (1981): Phosphate flux as a measure of net coral reef flat productivity. – Proc. 4th Int. Coral Reef Symp. Manila. Vol. 1, 417-418.

ATKINSON, M.J. (1987a): Alkaline phosphatase activity of coral reef benthos. – Coral Reefs 6: 59-62.

ATKINSON, M.J. (1987b): Rates of phosphate uptake by coral reef flat communities. – Limnol. Oceanogr. 37: 426-435.

ATKINSON, M.J. (1988): Are Coral Reefs Nutrient-limited? – Proceedings of the 6th International Coral Reef Symposium, Australia. 1: 157-166.

ATKINSON, M.J. & C. BINGMAN (1999a): Elemental composition of commercial sea salts. – Journal of Agriculture and Aquatic Science. Volume VII, No.2: 39-43.

ATKINSON, M.J. & C. BINGMAN (1999b): The composition of several Synthetic Seawater Mixes. – Aquarium Frontiers On-line Magazine, March 1999. http://members.home.net/kevdone/AF/Articles.html.

ATKINSON, M.J. & R.W. GRIGG (1984): Model of a Coral Reef Ecosystem. II. Gros and Net Bentic Primary Production at French Frigat Shoals, Hawaii. – Coral Reefs 3: 13-22.

ATKINSON, M.J. & D.F. SMITH (1987): Slow uptake of ^{32}P over a barrier reef flat. – Limnol Oceanogr. 32: 436-441.

ATKINSON, M.J., B. CARLSON & G.L. CROW (1995): Coral growth in high-nutrient, low pH seawater: a case study of corals cultured at Waikiki Aquarium, Honolulu, Hawaii. – Coral Reefs 14: 215-223.

BALLING, H.W. (1994): Kalkwasser für das Riffaquarium. – DATZ 47 (8): 523-525.

BALLING, H.W. (1995 & 1996a): Riffaquarium: Spurenelemente im Riffaquarium – Funktion, Festlegung und Ergänzung. Teil 1-3. – DATZ 48(12) bis 49(2): 108-111.

BALLING, H.W. (1996b): Riffaquarium: Spurenelemente und Calciumhydrogencarbonat. – DATZ 49(5).

BALLING, H.W. (2002): Die Balling-Methode – Eine nicht mehr ganz neue Methode der Calciumhydrogencarbonat-Zufuhr für Riffaquarien. – Koralle 3: 72-75.

BANISTER, K. & T. ADAMS (1977): Aquarial Fish. – Frederich Müller Limited, London.

BATTENCOURT, V. & A. GUERRA (2000): Growth increments and biomineralization process in cephalopod statoliths. – Journal of Experimental Marine Biology and Ecology, 248: 191-205.

BAUM, A. (1989): Nitratfilter im Seewasser. – DATZ, 42: 56.

BAUMEISTER, W. (1990): Meeresaquaristik. – Verlag Eugen Ulmer, Stuttgart.

BEISSNER, R.S., W.J. GUILFORD, R.M. COATES & L.P. HAGER (1981): Synthesis of brominated hepanones and bromoform by bromoperoxidase of marine origin. – Biochem. 20: 1254-1260.

BENNET, I. (1971): The Great Barrier Reef – Lansdowne Press, Dee Why West, NSW.

BENTLEY, N. (1998): An Overview of the Exploitation, Trade and Management of Corals in Indonesia. – TRAFFIC Bulletin 17: 67-78.

BERKELMANS, R. (2002): Time-integrated thermal bleaching thresholds of reefs and their variation on the Great Barrier Reef. – Marine Ecology Progress Series 229: 73-82.

BERKELMANS, R. & J.H.M. van OPPEN (2006):. The role of zooxanthellae in the thermal tolerance of corals: a 'nugget of hope' for coral reefs in an era of climate change. – Proc. R. Soc. B. 273: 2305-2312.

BERNER, T. (1990): Coral Reef Algae. In: DUBINSKY, Z. (Hrsg.): Ecosystems of the World, B. 25 Coral Reefs, S. 253-264. – Elsevier, New York.

BIDDULP, D.K.L., J.W. BECK, G.S. BURR, D.J. DONAHUE & F.W. TAYLOR (2005): Measurement of ^{129}I in Coral Skeletons from South Pacific Ocean. – The 10th International Conference on Accelerator Mass Spectometry, Berkeley, California.

BIDWELL, J.P., J.A. PAIGE, A.M. KUZIRIAN & H. HUGES (1986): Effects of strontium on the embryonic development of *Aplysia californica*. – Biological Bulletin 170: 75-901.

BILGER, R.W. & M.J. ATKINSON (1995): Effects of nutrient loading on mass-transfer rates to a coral-reef community. – Limnol. Oceanogr. 40: 279-189.

BINGMAN, C. (1995a): The effect of Activated Carbon Treatment on the transmission of Visible and UV Light Through Aquarium Water. Part 1. – Aquarium Frontiers (Summer 1995): 16-19.

BINGMAN, C. (1995b): Green-Fluorescent Protein: A model for coral host fluorescent proteins? – Aquarium Frontiers (Summer 1995): 6-9.

BINGMAN, C. (1995c): Limewater; Part I. Precipitation of Phosphate in Limewater and in the Aquarium. – Aquarium Frontiers (Fall 1995): 6-9.

BINGMAN, C. (1997a): The Halogens – Part I: Bromine in Seawater and Aquaria. Aquarium Frontiers On-line Magazine. – October 1997: http://members.home.net/kevdone/AF/Articles.html.

BINGMAN, C. (1997b): The Halogens – Part II: Fluoride. – Aquarium Frontiers On-line Magazine – November 1997: http://members.home.net/kevdone/AF/Articles.html.

BINGMAN, C. (1997c): The Halogens – Part III: Iodine. – Aquarium Frontiers On-line Magazine. December 1997: http://members. home.net/kevdone/AF/Articles.html.

BINGMAN, C. (1997d): Calcium Carbonate $CaCO_3/CO_2$ Reactors: More than meets the eye. – Aquarium Frontiers Online Magazine. August 1997: http://members.home. net/kevdone/AF/Articles.html.

BINGMAN, C. (1997e): Magnesium Ion Precipitation in Reef Aquaria: A Tempest in a Teapot. – Aquarium Frontiers On-line Magazine. July 1997: http://members.home. net/kevdone/AF/Articles.html.

BINGMAN, C. (1998a): Calculation of Calcium Carbonate Saturation States in Reef Aquaria. – Aquarium Frontiers On-line Magazine. January 1998: http://members.home. net/kevdone/AF/Articles.html.

BINGMAN, C. (1998b): More About Calcium and Alkalinity. – Aquarium Frontiers On-line Magazine. July 1998: http://members. home.net/kevdone/AF/Articles.html.

BINGMAN, C. (1999a): Magnesium – Part I. – Aquarium Frontiers On-line Magazine. March 1999: http://members. home.net/ kevdone/AF/Articles.html.

BINGMAN, C. (1999b): Magnesium – Part II. – Aquarium Frontiers On-line Magazine. April 1999: http://members. home.net/kevdone/AF/Articles.html.

BINGMAN, C. (1999c): Limits to Limewater – revisit(ed.). – Aquarium Frontiers On-line Magazine. August 1999: http://members.home.net/kevdone/AF/Articles.html.

BINGMAN, C. (1999d): Expanding the Limits of Limewater: Adding Organic Carbon Sources. – Aquarium Frontiers On-line Magazine. October 1999: http://members.home. net/kevdone/AF/Articles.html.

BINGMAN, C. (2000): Fluoride Depletion In Four Reef Aquariums. – Aquarium Frontiers On-line Magazine. January 2000: http://members.home.net/kevdone/AF/Articles.html.

BLUNDELL, A., (2005): Lateral Lines: The Seen and Unseen World of Coral Fluorescence. – Advanced Aquarist Online. http://www.advancedaquarist.com/2005/2/lines/.

BORNEMAN, E.H. (2001): Aquarium Corals. – Tropical Fish Hobbyist, Neptune City, New Jersey.

BOWDEN-KERBY, A. (2003): Community-Based Management of Coral Reefs: An Essential Requisite for Certification of Marine Aquarium Products Harvested from Reefs under Customary Marine Tenure. In: CATO, J.C. & C.L. BROWN (Hrsg.): Marine Ornamental Species – Collection, Culture & Conservation, S. 141-166. – Iowa State Press, Ames, Iowa.

BROCKMANN, D. (1991a): Was ist Kalkwasser? – Das Aquarium, 25: 23-26.

BROCKMANN, D. (1991b): Bedeutung einiger chemischer Parameter für die Seewasseraquaristik unter spezieller Berücksichtigung der Bedürfnisse von wirbellosen Riffbewohnern. – Symposiumband I. Inter- nationales Meerwasser-Symposium VDA/ ZZF/Tierpark Bochum: 11-16.

BROCKMANN, D. & A. J. NILSEN (1995): Wer die Wahl hat, hat die Qual – Ein kritischer Vergleich gebräuchlicher Calcium-Dosierungsverfahren. Teil 1: Das $CaCl_2/NaHCO_3$-Verfahren und die Kalkwasser ($Ca(OH)_2$)-Methode. – Das Aquarium 29: 27-32.

BROCKMANN, D. & A. J. NILSEN (1995): Wer die Wahl hat, hat die Qual – Ein kritischer Vergleich gebrauchlicher Calcium- Dosierungsverfahren. Teil 2: Die Kalkwasser ($Ca(OH_2)$-Methode in Verbindung mit einem CO_2-Injetionsystem und der Kalkreaktor. – Das Aquarium 29: 27-33.

BROCKMANN, D. (2006a): Phosphat in der Riffaquaristik – Ursachen und Wirkung. – KORALLE 7(2): 86-89.

BROCKMANN, D. (2006b): Phosphat in der Riffaquaristik – Grenzewertkonzentration von Phosphat. – KORALLE 7(3): 70-74.

BROCKMANN, D. (2006c): Jod – Mehr Fragen als Antworten. – KORALLE 7(6): 68-74.

BROCKMANN, D & D. KNOP (2006): Friss oder stirb – Überlebensstrategie ausgebleichter Steinkorallen. KORALLE 7(5): 66-69.

BROCKMANN, D. (2007a): Nitrat. Teil 1: Assimilation, Denitrifikation und Nitrat-Abbau im Aquarium. – KORALLE 8(1): 71-75.

BROCKMANN, D. (2007b): Nitrat. Teil 2: Denitrifikationsfilter. – KORALLE 8(2): 56-60.

BROWN, B.E. (1990): Coral Bleaching. – Coral Reefs 8: 153-232.

BROWN, B.E. (1997a): Coral Bleaching: causes and consequences. – Coral Reefs 16: 129-138.

BROWN, B.E. (1997b): Disturbances to Reefs in Recent Times. In C. BIRKELAND (Hrsg.): Life and Death of Coral Reefs. – Chapman and Hall, New York.

BROWN, B.E. & SUHARSONO (1990): Damage and recovery of coral reefs affected by El Niño related seawater warming in the Thousand Islands, Indonesia. – Coral Reefs 8: 163-170.

BUDDEMEIER, R.W. & D.G. FAUTIN (1993): Coral bleaching as an adaptive mechanism. – BioScience 43: 320-326.

BUNTING, B., P. HOLTHUS & S. SPALDING (2003): The Marine Aquarium Industry and Reef Conservation. In CATO, J.C. & C.L. BROWN (Hrsg.):Marine Ornamental Species – Collection, Culture & Conservation. – Iowa State Press, Ames, Iowa, pp. 141-166.

CALFO, A. (2005): Magnificent fluorescence! Aquaristic perspectives. – http://reefkeeping.com/issues/2005-11/ac/ index.php.

CALFO, A. (2007): Wissenswertes über Sandbettfilter. – KORALLE 8(2): 36-40.

CARBALLEIRA, N.M. & J.R. MEDINA (1994): New delta 5.9 fatty acids in the phospholipids of the sea anemone *Stiochactis helianthus*. – J. Nat. Prod. 57: 1688-1695.

CARNEY, J.R. & K.L. RINEHART (1995): Biosynthesis of brominated tyrosine metabolites by *Aplysina fistularis*. – J. Nat. Prod. 58: 971-985.

CHEN, J.L., W.H. GERWICK, R. SCHATZMANN & M. LANEY (1994): Isorawsonol and related IMP dehydrogenase inhibitors from the tropical green algae *Avrainvillea rawsonii*. – J. Nat. Prod. 57: 947-952.

CHIBANI, M., M. PAIS, J.M. DELANEUZ & C. DEBITUS (1993): Brominated indole alkaloids from the marine tunicate *Pseudodistoma arborescens*. – J. Nat. Prod. 56: 99-104.

CHRISTOPHERSEN, C. (1985): Secondary metabolites from marine bryozoans. A review. – Acta Chem. Scand – Series B – Organic Chem. Biochem. 39: 517-529.

CITES (2008): AC23 Dodc. 8.5 http://www.cites.org/eng/ com/AC/23/E23-08-05.pdf

CODE, P.L. & A.T. MARSHALL (2002): Low temperature x-ray microanalysis of calcium in a scleractinian coral: evidence of active transport mechanisms. – Journal of Experimental Biology 205: 3543-3552.

COLES, S.L. & Y.H. FADLALLAH (1991): Reef coral survival and mortality at low temperatures in the Arabian Gulf: new species-specific lower temperature limits. – Coral Reefs 9: 231-237.

COX, G. & A. SALIH (2005): A. Fluorescent characteristics of fluorochromatophores in corals. In: CHENG, P.C, HWANG, P.P., WU, J.L., WANG, G. & H. KIM (Hrsg.): Focus on Multidimensional Microscopy, Vol 13. – World Scientific Publishing Co.

CREDABEL, J. (2006): Notes from the trenches: Coral fusion and grafting. – http://reefkeeping.com/issues/2006-02/nftt/index. php.

CROSSLAND, C.J., B.G. HATCHER, M.J. ATKINSON & S.V. SMITH (1984): Dissolved nutrients of a high-latitude coral reef, Houtman Abrolhos Islands, Western Australia. – Mar. Ecol. Prog. Ser. 14: 159-163.

DARWIN, C.R. (1842): The structure and distribution of coral reefs. Being the first part of the geology of the voyage of the Beagle, under the command of Capt. Fitzroy, R.N. during the years 1832 to 1836. – Smith Elder and Co., London.

DEBELIUS, H. (1982): Erfolgreiches Seewassersystem: Das holländische Miniriff. – DATZ 35: 184-187.

DELBEEK, J. C. (2003): Media Review – Advanced Aquarist Online, June 2003. http://www.advancedaquarist.com/issues/june2003/media.htm

DELBEEK, J. C. & J. SPRUNG (1994): The Reef Aquarium, Volume 1. – Ricordea Publication, Miami.

D'ELIA, C.F. & W.J. WIEBE (1990): Biogeochemical Nutrient Cycles in Coral Reef Ecosystems. In: DUBINSKY, Z. (Hrsg.): Ecosystems of the World, vol. 25 Coral Reefs, S. 49-74. – Elsevier, New York.

DOHERTY, P. (1991): Spatial and temporal patterns in recruitment. In: P. SALE (Hrsg.): The Ecology of Fishes on Coral Reef, S. 261-293. – Academic Press.

DONE, T.J., J.C. OGDEN, W.J. WIEBE & B.R. ROSEN (1996): Biodiversity and Ecosystem Function of Coral Reefs. In: MOONEY, H.A., J.H. CUSHMAN, E. MEDINA, O.E. SALA & E.-D. SCHULZE (Hrsg.): Functional Roles of Biodiversity: A Global Perspective, S. 393-429. – John Wiley & Sons, New York.

DOVE, S.G., O. HOEGH-GULDBERG & S. RANGANATHAN (2001): Major colour patterns of reefbuilding are due to a family of GFP-like protein. – Coral Reefs 19: 197-204.

DOXTADER, K.G. & M. ALEXANDER (1966): Nitrification by heterotrophic soil microorganisms. – Proc. Soil. Sci. Amer. 30: 351-355.

DRING, M.J. (1986): The Biology of Marine Plants. – Edward Arnold, London.

DUCKLOW, H.W. (1990): Biomass, production and fate of bacteria in Coral Reefs. In: Z. DUBINSKY (Hrsg.): Ecosystems of the world, vol. 25 Coral Reefs, S. 265-289. – Elsevier, New York.

DUNLAP, W.C. & B.E. CHALKER (1986): Identification and quantitation of near-UV absorbing compounds (S-20) in a hermatypic scleractinian. – Coral Reefs 5: 155-159.

EAGER, E. & K. PETERSON (1988): Great Barrier Reef Aquarium. – Australian Science Mag. 3: 16-57.

ESCOBAL, P.R. (1995): Inside Protein Skimmers. – Aquarium Fish Magazine 7: 62-77.

FABRICIUS, K.E., A. GENIN & Y. BENAYAHU (1995): Flow-Dependent Herbivory and Growth in Zooxanthellae-Free Soft Corals. – Limnology and Oceanography 40: 1290-1301.

FABRICIUS, K. & G. DE'ATH (2004): A framework to identify ecological changes and its causes: a case study on the effects of terrestrial run-off on coral reefs. – Ecological Applications: 14: 1448-1465.

FABRICIUS K.E., P. ALDERSLADE, G.C. WILLIAMS, P.L. COLIN & Y. GOLBUU (2007): Octocorallia in Palau, Micronesia: Effects of biogeography and coastal influences on local and regional biodiversity. pp. 79-92. In: H. KAYANNE, M. OMORI, K.E. FABRICIUS, E. VERHEIJ, P.L. COLIN, Y. GOLBUU & H. YUKIHIRA (Hrsg.) Coral Reefs of Palau. Palau International Coral Reef Centre.

FALKOWSKI, P.G., P.L. JOKIEL & R.A. KINZIE III (1990): Irradiance and Corals. In: Z. DUBINSKY (Hrsg:): Ecosystems of the World, vol. 25 Coral Reefs, S. 89-107. – Elsevier, New York.

FAO (1999): Ornamental aquatic life: What's FAO go to do with it? – News highlights: 2 Sept 1999. UN Food and Agricultural Organization (FAO).

FARRENKOPF, A.M., M.E. DOLLHOPF, X.X. CHADHAIN, N. SINEAD, G.W. LUTHER III & K.H. NEALSON (1997): Reduction of iodate in seawater during Arabian Sea shipboard incubations and in laboratory cultures of the marine bacterium *Shewanella putrefaciens* strain MR-4. – Mar. Chem. 57: 347-354.

FAULKNER, D.J., J. FAYOS & J. CLARDY (1973): Oppositol, a brominiated sesquiterpene alcohol of a new skeletal class from the red algae, laurensica subopposita. – J. Am. Chem. Soc. 95: 7187-7189.

FELL, H.B. (1967): Cretaceous and tertiary surface currents of the ocean. – Mar. Biol. Ann. Rev. 5: 317-341.

FERRIER-PAGES, C., F. BOISSON, D. ALLEMEAND & E. TAMBUTTE (2002): Kinetics of strontium uptake in the scleractinian coral *Stylophora pistillata*. – Marine Ecology: Progress Series 245: 93-100.

FINET, B. & F. LESAGE (2005): Colors by the thousands – Light, Colors and Corals, Part 1. – Advanced Aquarist Online, December 2005. http://www.advancedaquarist.com/2005/12/aafeature2.

FOSSÅ, S. A. (1981): Fisk i det gamle Egypt. – Akvariet 55: 64-66.

FOSSÅ, S. A. (1982): Om akvaristikkens spede begynnelse, dengang da Robert Warington var en foregangsmann. – Akvariet 56: 433-434.

FOSSÅ, S. A. (1995): Zur Geschichte der Aquarienkunde – Die „Liebig-Karten"; I-III. – Das Aquarium 9(7): 2-3, 29 (10): 8-11, 29 (12): 36-38.

FOSSÅ, S. A. (2002): Genetically Modified Organisms in the Aquatic Trade? – OFI Journal 39: 28-31.

FOSSÅ, S. A. (2004): Man-Made Fish: Domesticated Fishes and Their Place In the Aquatic Trade and Hobby (Keynote Address, Aquarama 2003, Singapore). – OFI Journal 44: 3-4, 6-10, 12-16.

FOSSÅ, S. A. (2007a): Warning! Transgenic fishes could be imported illegally. – PETS International Magazine 19: 56-57.

FOSSÅ, S. A. (2007b): Description of the Supply Chain. In: FOSSÅ, S.A., G.M.O. BASSLEER, L.L. CHUAN & A. PLOEG (Hrsg.): International Transport of Live Fish in the Ornamental Aquatic Industry, S. 11-21. – OFI Eductaional Publication 2. Ornamental Fish International, CA Maarssen.

FOSSÅ, S. A. & A.J. NILSEN (1995b): Korallenriff Aquarium, Bd. 4, 1. Aufl. – Birgit Schmettkamp Verlag, Bornheim.

FURNAS, M.J., A.W. MITCHELL, M. GILMARTIN & N. REVELANTE (1990): Phytoplankton biomass and primary production in semi-enclosed reef lagoons of the central Great Barrier Reef, Australia. – Coral Reefs 9: 1-10.

GARRAT, S. (2007): Go with the Flow. Advanced flow principles and recreating the hydrodynamics of the reef environment. Part 1. – Ultramarine Magazine 3: 28-31.

GOEMANNS, B. (2007): Teco Fritz "SeaChill" Chiller Review. – Ultramarine Magazine 1: 34-35.

GOLDBERG, W.M. (1978): Chemical changes accompanying maturation of the connective tissue skeletons of gorgonian and antipatharian corals. – Marine Biology 49: 203-10.

GOLDBERG, W.M., T.L. HOPKINS, S.M. HOLL, J. SCHAEFFER, K.J. KRAMER & T.D. MORGAN (1994): Chemical composition of the sclerotized black coral skeleton (Coelenterata: Anthipatharia): A comparison of two species. – Comp. Biochem. 107: 633-643.

GOLBUU, Y. & S. VICTOR (2007): Selective mortality in coastal reef organisms from an acute sedimentation event. – Coral Reefs 26(1): 69.

GORBMANN, A. (1978): Evolution of thyroid function. In C.H. LI (Hrsg.): Hormonal Proteins and Peptides, Volume 6, 383-398. – Academic Press, New York.

GOSSE, P. H. (1854): The Aquarium: An Unveiling of the Wonders of the Deep Sea. – John van Voorst, London.

GRAAF, F. de (1988): Das Tropische Meerwasser Aquarium 6. Auflage. – Verlag J. Neumann – Neudamm, Melsengen.

GRASSHOFF, M., M. ERHARDT & K. KREMLING (Hrsg.) (1983): Methods of Seawater Analysis. – Verlag Chemie, Weinheim, Germany.

GREEN, E. & F. SHIRLEY (1999): The Global Trade in Coral. – WCMC Biodiversity Series no. 9. World Conservation Monitoring Centre.

GRIGG, R. (1984): Resource Management of Precious Corals: A Review and Application to Shallow Water Reef Building Corals. – Marine Ecology 5: 57-74.

GROTTOLI, A.G., L.J. RODRIGUES & J.E. PALARDY (2006): Heterophobic plasticity and recilience in bleached corals. – Nature 440: 1186-1189.

GUNDERSEN, K. (1966): The growth and respiration of Nitrosocystis oceanus at different partial pressures of oxygene. – J. Gen. Microbiol. 42: 387-396.

HANLON, R.T., J.P. BIDWELL & R. TAIT (1989): Strontium is required for statolith development and thus normal swimming behavior of hatchling cephalopods. – Journal of Experimental Biology 141: 187-95.

HANSEN, J.A., D.M. ALONGI, D.J.W. MORIARTY & P.C. PLOOARD (1987): The dynamics of microbial communities at Davies Reef, central Great Barrier Reef. – Coral Reefs 6: 63-70.

HEBBINHAUS, R. (1994): Der Löbbecke-Kalkreaktor. – DATZ 8: 517-522.

HIBBERD, S. (1860): The Book of the Aquarium, revised – Groombridge and Sons, London.

HIGGINBOTHAM, J. (1997). Piscinae: Artificial Fishponds in Roman Italy. – The University of North Carolina Press, Chapel Hill.

HILLIS-COLINVAUX, L. (1986): Have reefs been misnamed? - Oceanus 29(2): 43-48.

HIRANO, S., T. ISHILL, R. NAKAMURA, M. MATSURA & T. KAYANAGI (1983): Chemical forms of radioactive iodine in seawater and its effects upon marine organisms. – Radioisotopes 37: 319-322.

HOEG-GULDBERG, O. (1999): Coral bleaching, climate change, and the future of the world's coral reefs. – Mar. Freshw. Res. 50: 839-866.

HOLLEMANN, A.F. & E. WIBERG (1976): Lehrbuch der anorganische Chemie. – Walter de Gruyter, New York.

HOLM, N.A. & A.D. MCINTYRE (1984): Methods for the study of marine benthos. IBP Handbook Nr. 16, zweite Ausgabe. – Blackwell Scientific Publications, Oxford.

HOLMES-FARLEY, R. (2002a): Iron in a reef tank. – Advance Aquarist Online Magazine (August & October 2002).
Part1: http://www.advancedaquarist.com/issues/aug2002/chem.htm
Part 2: http://www.advancedaquarist.com/issues/oct2002/chem.htm

HOLMES-FARLEY, R. (2002b): Chemistry and the Marine Aquarium: Phosphorus: Algae's Best Friend. – Advance Aquarist Online Magazine (September 2002). http://www.advancedaquarist.com/issues/sept2002/chem.htm

HOLMES-FARLEY, R. (2003a): Chemistry and the Marine Aquarium: Strontium and the Reef Aquarium. – Advanced Aquarist Online Magazine (November 2003). http://www. advancedaquarist.com/issues/nov2003/chem.htm

HOLMES-FARLEY, R. (2003b): Chemistry and the Marine Aquarium: Iodine in marine aquaria. – Advanced Aquarist Online Magazine (March/April 2003).
Part 1: http://www.advancedaquarist.com/issues/mar2003/chem.htm
Part 2: http://www.advancedaquarist.com/issues/april2003/chem.htm

HOLMES-FARLEY, R. (2003c): Chemistry and the Marine Aquarium: Nitrate in the Reef Aquarium. – Advanced Aquarist Online Magazine (August 2003). http://www.advancedaquarist.com/issues/august2003/ chem.htm

HOLMES-FARLEY, R. (2004): Chemistry and the Marine Aquarium: Iron Oxide Hydroxide (GFO) Phosphate Binders. – Reefkeeping online magazine 11/2004. http://www.reefkeeping.com.

HOLTHUIS, P. (1999): Sustainable development of oceans and coasts: the role of the private sector. – UN Natural Resources Forum 23: 169-176.

HOVANEC, T.A. & E.F. DELONG (1996): Comparative analysis of nitrifying bacteria associated with freshwater and marine aquaria. – Appl. Environ Microbiol 62: 2888-2896.

HOVANEC, T.A., L.T. TAYLOR, A. BLAKIS & E.F. DELONG (1998): Nitrospira-like bacteria associated with nitrite oxidation in freshwater aquaria. – Appl. Environ Microbiol 64: 258-264.

HOVLAND, M.P. & P.B. MORTENSEN (1999): Norske Korallrev og Prosesser I havbunnen. (In Norwegisch, Englisch und Russisch. English title: Norwegian coral reefs. and seabed processes). – John Grieg Forlag.

HOVLAND, M., P. B. MORTENSEN, E. THOMSEN & T. BRATTEGARD (1997): Substratum-related Ahermatypic Coral Banks on the Norwegian Continental Shelf. - Proc. 8th International Coral reef Symposium, 2: 1203-1206.

HÜCKSTEDT, G. (1965): Aquarienchemie. – Kosmos, Stuttgart.

HUGHES, N.P., C.C. PERRY, O.R. ANDERSON & R.J.P. WILLIAMS (1989): Biological minerals formed from strontium and barium sulfates. III. The morphology and crystallography of strontium sulfate crystals from the colonial radiolarian, *Sphaerozoum punctatum*. – Proceedings of the Royal Society of London, Series B: Biological Sciences 238: 223-233.

HUMPHREYS, H.N. (1857): The History of the Marine Aquarium and the Best Methods Now Adopted for its Establishment and Preservation, 2. ed. – Samson Low, Son and Co., London.

HÜSTER, R. (1999): Ein unterschätzer Problemstoff: Phosphat. – 5. Internationales Meerwasser-Symposium. Verband Deutscher Aquarien- und Terrarienkunde e. V. (Hrsg.), Bochum, S. 47-58.

INNES, W.T. (1921): Goldfish Varieties and Tropical Aquarium Fishes, 2. ed. – Innes & Sons, Publishers, Philadelphia.

INNES, W.T. (1935): Exotic Aquarium Fishes. – Innes Publishing Company, Philadelphia.

IPCC (2001): Climate Change 2001: The Scientific Basis. Contribution of Working Group I to the Third Assessment Report of the Intergovernmental Panel on Climate Change, HOUGHTON, J.T., Y. DING, D.J. GRIGGS, M. NOGUER, P.J. van der LINDEN, X. DAI, K. MASKELL & C. A. JOHNSON (Hrsg.). – Cambridge University Press, Cambridge and New York.

JAUBERT, J. (1989): An integrated nitrifying-denitrifying biological system capable of purifying sea water in a closed circuit aquarium. – Bulletin de l'Institut Oceanographique, Monaco, n° spécial 5: 101-106.

JENSEN, H.L. & K. GUNDERSEN (1955): Biological decomposition of aromatic nitro-compounds. – Nature 175: 341.

JERLOV, N.G. (1968): Optical Oceanography. – Elsevier, Amsterdam.

JOHNSON, P.W. & J.M. SIEBURTH (1976): In situ morphology of nitrifying-like bacteria in aquaculture systems. – Appl. Environ. Microbiol. 31: 423-432.

JOKIEL, P.L. & R.H. YORK (1982): Solar ultraviolet photobiology of the reef coral *Pocillopora damicornis* and symbiotic zooxanthellae. – Bull. Mar. Sci. 32: 301-315.

JOKIEL, P.L., R.Y. ITO & P.M. LIU (1985): Night irradiance and synchronization of lunar release of planula larvae in the reef coral Pocillopora damicornis. – Marine Biology 88: 167-174.

JONES, M.S. (1992): The Living Coral Reef Ecosystem Exhibit. – AAZPA/CAZPA 1992 Annual Conference Proceedings: 381-387.

JOSHI, S. & D. MORGAN (1998): Spectral Analysis of Metal Hallide Lamps in the Reef Aquarium Hobby. Part 1: New 400-watt Lamps. – Aquarium Frontiers On-line Magazine November 1998: http://members.home.net/kevdone/AF/Articles.html.

JOSHI, S. & D. MORGAN (1999a): Spectral Analysis of Metal Hallide Lamps in the Reef Aquarium Hobby. Part 2. – Aquarium Frontiers On-line Magazine, January 1999: http://members.home.net/kevdone/AF/Articles.html.

JOSHI, S. & D. MORGAN (1999b): Spectral Analysis of Metal Hallide Lamps in the Reef Aquarium Hobby. Part 3: 250-Watt Metal Halide Lamps. – Aquarium Frontiers On-line Magazine, December 1999. http://members.home.net/kevdone/AF/Articles.html.

KAWAGUTI, S. (1944): On the physiology of reef corals VI. Study on the pigments. – Palao Trop. Biol. Stn. Stud. 2: 617-674.

KAWAGUTI, S. (1969): Effect of the green fluorescent pigment on the productivity of the reef corals. – Micronesia, 5: 313.

KELLER, O. (1913): Fische, In: O. KELLER (Hrsg.): Die Antike Tierwelt, Zweiter Band: Vögel Reptilien, Fische, Insekten, Spinnentiere, Tausendfüssler, Krebstiere, Würmer, Weichtiere, Stachelhäuter, Schlauchtiere, S. 323-393. – Verlag von Wilhelm Engelmann, Leipzig.

KENCHINGTON, R. (1985): Coral-reef ecosystems: a sustainable resource. Nature and Resources. – UNESCO 21: 18-27.

KIRK, K.L. (1991): Biochemistry Of The Elemental Halogens And Inorganic Halides. – Plenum Press, New York.

KNOP, D. (2002a): Aquarienwasser kühlen – kein Problem. – KORALLE 3: 74–77.

KNOP, D. (2002b): Steinkorallen im Aquarium, Band 2. – Natur und Tier – Verlag, Münster.

KNOP, D. (2003): Nano-Riffaquarien. – Natur und Tier – Verlag, Münster.

KNOP, D. & D. BROCKMANN (2006): Friss oder stirb – Überlebensstrategie ausgebleichter Korallen. – KORALLE 7(5): 66-69.

KOSMULSKI, M., E. MACZKA, E. JARTYCH & J.B. ROSENHOLM (2003): PO-binding Synthesis and characterization of goethite and goethite-hematite composite: experimental study and literature survey. – Advances in Colloid and Interface Science 103: 57-76.

LABAS, Y.A., N.G. GURSKAYA, Y.G. YANUSCHEVICH, A.F. FRADKOV, K.A. LUKYANOV, S. A. LUKYANOV & M.V. MATZ (2002): Diversity and evolution of the green fluorescent protein family. – Proc. Natl. Acad. Sci. 99: 4256-4261.

LAL, P. & A. CERELALA (2005): Financial and Economic Analysis of wild harvest and cultured Live Coral and Live Rock in Fiji. – A report prepared for the Foundation of Peoples of the south Pacific International (Suva, Fiji), South Pacific Regional Environmental Programme (Apia, Samoa) and Department of Environment, Ministry of Lands & Mineral Resources (Republic of Fiji Islands). http://www.fspi.org.fj/Publications/Coastal/Socio-economic_analysis_aquarium_coral-Fiji.pdf

LARNED, S. T. (1998): Nitrogen- versus phosphorus-limited growth and sources of nutrients for coral reef macroalgae. – Marine Biology 132: 409-421.

LARSSON, A. (1984): Något om kalcium. – Bläckfisken, Organ för Saltforum Norden, (Sweden) 2: 12-19.

LEWBARD, G. A. (Hrsg.) (2006): Invertebrate Medicine. – Blackwell Publishing, Ames, Iowa.

LESSER, M. P., W.R. STOCHAJ, D.W. TAPLEY & J.M. SHICK (1990): Bleaching in coral reef anthozoans: efects of irradiance, ultraviolet radiation, and temperature on the activities of protective enzymes against active oxygen. – Coral Reefs 8(4): 225-232.

LEWIS, J. B. (1977): Processes of organic production on coral reefs. – Biol. Rev. 52: 305-347.

LOH, W., D. CARTER & O. HOEGH-GULDBERG (1998): Diversity of Zooxanthellae from Scleractinian Coral of One Tree Island (The Great Barrier Reef): In: GREENWOOD, J. G. & N. J. HALL (Hrsg.). – Proceedings of the Australian Coral Reef Society 75th Anniversary Conference, Heron Island, October 1997.

LOYA, Y., K. SAKAI, K. YAMAZATO, Y. NAKANO, H. SAMBALI & R.van WOESIK (2001): Coral bleaching: the winners and the loosers. – Ecol. Lett. 4: 122-131.

LUBBOCK H. & N. POLUNIN (1975): Conservation and the tropical marine aquarium trade. – Environmental Conservation 2: 229-232.

LUMBANG, W.A. & V.J. PAUL (1996): Chemical defenses of tropical green seaweed *Neomeris annulata*. Effects of multiple compounds on feeding by herbivores. – J. Exp. Mar. Biol. Ecol. 201: 185-195.

LUTHER, T. & E. PAWLOWSKY (1997): Stichwort „Phosphat". Teil I. – Das Aquarium 31: 40-46.

LUTHER, T. & E. PAWLOWSKY (1998): Stichwort „Phosphat". Teil II. – Das Aquarium 32: 38-41.

LUTHER, T. & E. PAWLOWSKY (1998): Stichwort „Phosphat". Teil III. – Das Aquarium 32: 38-44.

LUTHER, T. & E. PAWLOWSKY (1999): Stichwort „Phosphat". Teil IV. – Das Aquarium 33: 35-40.

LUTHER, T. & E. PAWLOWSKY (1999): Stichwort „Phosphat". Teil V. – Das Aquarium 33: 40-44.

MATZ, M.V., A.F. FRADKOV, Y.A. LABAS, A.P. SAVITSKY, A.G. ZARAISKY, M.L. MARKELOV & S.A. Lukyanov (1999): Fluorescent proteins from nonbio-luminescent Anthozoa species. – Nature Biotechnology 17: 969-973.

MATZ, M.V., N. J. MARSHALL & M. VOROBYEV (2006): Are corals colourful? – Photochemistry and Photobiology 82: 345-350.

MAZEL, C.H. (1995): Spectral measurements of fluorescence emission on Caribbean cnidarians. – Marine Ecology Progress Series 120: 185-191.

MAZEL, C.H. (1997): Coral fluorescence characteristics: excitation – emission spectra, fluorescence efficiencies, and contribution to apparent reflectance. – SPIE 2963: 240-245.

MAZEL, C.H. (2005): Underwater fluorescence photography in the presence of ambient light. – Limnol. Oceanogr. 3: 499-510.

MAZEL, C.H. & E. FUCHS (2003): Contribution of fluorescence to the spectral signature and perceived color of corals. – Limnol. Oceanogr. 48: 390-401.

MERGNER, H. (1979): Quantitative Analyse eines Rifflagunareals bei Aqaba (Golf von Aqaba, Rotes Meer). – Helgol. Wiss. Meeresunters. 32: 476-507.

MERGNER, H. & H. SCHUHMACHER (1974): Morphologie, Ökologie und Zonierung von Korallenriffe bei bei Aqaba (Golf von Aqaba, Rotes Meer). – Helgol. Wiss. Meeresunters. 26: 238-358.

MERGNER, H. & H. SCHUHMACHER (1981): Quantitative Analyse der Korallenbesiedlung eines Vorriffareals bei Aqaba (Golf von Aqaba, Rotes Meer). – Helgol. Wiss. Meeresunters. 34: 337-354.

MORTENSEN, P.B., M. HOVLAND, T. BRATTEGARD & R. FARSTVEIT (1995): Deep Water Bioherms of the Scleractinian Coral *Lophelia pertusa* (L.) at 64°N on the Norwegian Shelf: Structure and associated megafauna. – Sarsia 80: 145-158.

MORTENSEN P.B., E. THOMSEN & T. BRATTEGARD (1997): Substratum-related Ahermatypic Coral Banks on the Norwegian Continental Shelf. – Proc. 8th International Coral reef Symposium, 2: 1203-1206.

MUSCATINE, L. (1973): Nutrition of corals. – Biology and Geology of Coral Reefs 2: 77-115.

MUSCATINE, L. (1990): The role of symbiotic algae in carbon and energy flux in reef corals. In: DUBINSKY, Z. (Hrsg.): Ecosystems of the World, vol. 25, Coral Reefs, S. 75-87. – Elsevier, New York.

NEWELL, N. D. (1959): Question of coral reefs, part I. – Nat. Hist. Mag. 68: 118-131.

NILSEN, A. J. (1987): Ein erfolgreiches Korallenriff-Aquarium. – Das Aquarium 21: 220, 524-528.

NILSEN, A. J. (2000): Ein Experimentier-Aquarium. Teil 1: Technische Ausstattung und Vorstellung einiger ausgewählter Tiere. – Das Aquarium 34(3): 48-55.

NILSEN, A. J. (2000): Ein Experimentier-Aquarium. Teil 2: Algenwachstum und Mikrofauna. – Das Aquarium 34 (4): 44-50.

NILSEN, A. J. (2000): Ein Experimentier-Aquarium. Teil 3: Das Wachstum von Steinkorallen und einige chemische Aspekte. – Das Aquarium 34 (5): 50-56.

NILSEN, A. J. (2000): Ein Experimentier-Aquarium. Teil 4: Skelettuntersuchungen von Steinkorallen und Zusammenfassung. – Das Aquarium 34 (6): 52-57.

NILSEN, A. J. (2004): Das Verhalten von Doktorfisch-Schwärmen (Familie Acanthuridae). – KORALLE 30: 26-31.

OLALQUIAGA, C. (1999): The Artificial Kingdom: A Treasury of the Kitsch Experience. – Bloomsbury Publishing Plc, London.

PAPINA, M., Y. SAKIHAMA, C. BENA, R. van WOESIK & H. YAMASAKI (2002). Separation of highly fluorescent proteins by SDS-PAGE in Acroporidae corals. – Comp. Biochem. Physiol., 131(4): 767-774.

PAUL, V.J., J.M. CRONANA Jr. & J.H. CARDELLINA II (1993): Isolation of new brominiated sesquiterpene feeding deterrents from tropical green algae *Neomeris annulata* (Dasycladaceae: Chlorophyta). – J. Chem. Ecol. 19: 1847-1860.

PAWLOWSKY, E. (1994): Calcium im Korallenriff-Aquarium. – Das Aquarium, 28: 28-35.

PENNISI, E. (1998): New Threat Seen From Carbon Dioxide. – Science 279: 989.

PETTIT, G.R., M.S. BUTLER, M.D. WILLIAMS, M.J. FILIATRAULT & R.K. PETTIT (1996): Isolation and structure of new hemiblastindiols 1-3 from Papua New Guinea marine sponge *Ianthella basta*. – J. Nat. Prod. 59: 927-934.

PHINNEY, J., W. SKIRVING, J. KLEYPAS & O. HOEGH-GULDBERG (Hrsg.) (2006): Coral Reefs and Climate Change: Science and Management (Coastal and Estuarine Sciences). – Armer Geophysical Union, USA.

PLOEG, A. (2007a): The Volume of the Ornamental Fish Trade. In: FOSSÅ, S.A., G.M.O. BASSLEER, L.L. CHUAN & A. PLOEG (Hrsg): International Transport of Live Fish in the Ornamental Aquatic Industry, S. 48-61. – OFI Eductaional Publication 2. Ornamental Fish International, CA Maarssen.

PLOEG, A. (2007b): Import and Export Legislation. In: FOSSÅ, S. A., G. M. O. BASSLEER, L. L. CHUAN & A. PLOEG: International Transport of Live Fish in the Ornamental Aquatic Industry, S.65-87. – OFI Eductaional Publication 2. Ornamental Fish International, CA Maarssen.

QUASTEL, J.J., P.G. Scholefield & J.W. Stevenson (1950): Oxidation of pyrivic-oxime by soil organisms. – Nature 166: 940-942.

RANDALL, J. (1987): Collecting Reef Fishes for Aquaria. In: B. SALVAT (Hrsg.): Human Impacts on Coral Reefs: facts and recommendations, 29-39. – Antenne Musee, EPHE, French Polynesia.

RAY, P.M. (1972): The Living Plant. – Holt, Rinehart and Winston, Inc., New York.

REDFIELD, A.C., B.H. KETCHUM & F.A. RICHARDS (1963): In M. N. HILL (Hrsg.): The influence of organisms on the composition of seawater, S. 26-77. – The sea, v. 2. Interscience.

REVELANTE, N. & M. GILMARTIN (1982): Dynamics of phytoplankton in the Great Barrier Reef lagoon. – J. Plank. Res. 4: 47-76.

RICARD, M. (1977): Phytoplankton contribution to primary productivity in two coral reef areas of Fiji Islands and French Polynesia. – Proc. 3rd Int. Coral Reef Symp. 1: 343-348.

RIDDLE, D. (2006): Coral Colouration, part 1-4. – Advance Aquarist Online: http://www. advancedaquarist.com.

RIDDLE, D. (2007): An Update on Zooxanthellae (Symbiodinium spp.) What a Difference a Year Makes! – Advance Aquarist Online: http://www.advancedaquarist.com/2007/4/aafeature.

RIDDLE, D. & A. AMUSSEN (1998): Coral pigments. – Online presentation. http://www.reefs.org/library/talklog/d_riddle_042698.html.

RISELEY, R.A. (1971): Tropical marine aquaria; the Natural System. – George Allen & Unwin Ltd., London.

ROOS, P. J. (1967): Growth and occurence of the Reef Coral porites asteroides Lamark in relation to Submarine Radiance Distribution. – Drukkerij Elinkwijk, Utrecht.

ROUGERIE, F. & B. WAUTHY (1993): The endo-upwelling consept: from geothermal convection to reef construction. – Coral Reefs 12: 19-30.

RUTTIMANN, J. (2006): Sick Seas. – Nature 44: 978-980.

SALIH, A., O. HOEGH-GULDBERG & G. COX (1998): Photoprotection of symbiotic dinoflagellates by fluorescent pigments in reef corals. – Proceedings of Australian Coral Reef Society 75th Anniversary Conference, S. 217-230.

SALIH, A., A. LARKUM, G. COX, M. KÜHL & O. HOEGH-GULDBERG (2000): Fluorescent pigments in corals are photoprotective. – Nature 408: 850-853.

SALIH, A., A. LARKUM, T. CRONIN, J. WIEDENMANN, R. SZYMCZAK & G. COX (2004): Biological properties of coral GFP-type proteins provide clues for engineering novel optical probes and biosensors. – Proceedings of SPIE Vol. 5329: Genetically Engineered and Optical Probes for Biomedical Applications II, 61-72.

SALVAREZZA, M. & C.P. WEAVER (2008): Heron Island – Island of the Turtles. www.divetheblue.net, ISSUE 243, October 2008 | DIVE LOG Australasia.

SCHIEMER, G. (1995): What's your Salinity? – Testing Specific Gravity. – Aquarium Frontiers, Spring 1995: 28-31

SCHIEMER, G. (2000): Ein neues Abschäumverfahren – Der Fallstromabschäumer. – KORALLE 1: 62-67.

SCHLAIS, J. (1979): Aiptasia: Nature's filter. – FAMA 2: 51-53, 69-70.

SCHLÜTER, M. (2004): Was bewirkt die Ethanoldosierung direkt in Korallenriffaquarium? – Der Meerwasseraquarianer 3: 22-27.

SCHUHMACHER, H. & H. MERGNER (1985a): Quantitative Analyse von Korallengemeinschaften des Sanganeb-Atolls (mittleres Rotes Meer): I. Die Besiedelungsstruktur hydrodynamisch unterschiedlich exponierter Aussen- und Innenriffe. – Helg. Wiss. Meeresunt. 39: 375-417.

SCHUHMACHER, H. & H. MERGNER (1985b): Quantitative Analyse von Korallengemeinschaften des Sanganeb-Atolls (mittleres Rotes Meer): II. Vergleich mit einem Riffareal bei Aquana (Nördliches Rotes Meer) am Nordrande des indopazifischen Riffgürtels. – Helgol. Wiss. Meersunt. 39: 419-440.

SEBBA, F. (1962): Ion flotation. – Elsevier, Amsterdam.

SEBRALLA, L. (2000): Spurenelemente. – Das Aquarium 34(11): 52-55.

SHIMEK, R. (2002): It's (in) the water. – Reefkeeping 1(1). http://reefkeeping.com/issues/2003-04/rhf/feature/index.htm

SHIMEK, R. (2007a): Down the Drain. Exports from reef aquaria. – Reefkeeping 6(1). http://www.reefkeeping.com/issues/2002-12/rs/feature/ index.php.

SHIMEK, R. (2007b): Die Funktionsweise eines Sandbettfilters. – KORALLE 8: 26-35.

SOROKIN, Y.I. (1971): On the role of bacteria in the productivity of tropical oceanic waters. – Int. Rev. Ges. Hydrobiol. 56: 1-48.

SOROKIN, Y.I. (1973a): Microbiological aspects of the productivity of coral reefs. In: O.A. JONES & R. ENDEAN (Hrsg.): Biology and Geology of Coral Reefs 2, S. 17-45. – Academic Press, New York.

SOROKIN, Y.I. (1973b): Tropical role of bacteria in the ecosystem of the coral reef. – Nature 242: 415-417.

SOROKIN, Y.I. (1978): Microbial production in the coral-reef community. – Arch. Hydrobiol. 83: 281-323.

SOROKIN, Y.I. (1995): Coral Reef Ecology. – Springer Verlag, Berlin.

SPALDING, M.D., C. RAVILIOUS & E.P. GREEN (2001): World Atlas of Coral Reefs. – University of California Press, Los Angeles.

SPOTTE, S. (1979): Seawater Aquarium, the Captive Enviroment. – John Wiley & Sons, New York.

SPRUNG, J. (1993): A Review Of Algal Filtration: History & Future. – Aquarium Frontiers (Fall 1993): 1-6.

SPRUNG, J. (1994): Algal Turf Scrubbers and Model Ecosystems – A Continuing Dialog. Comments by J. Sprung. – Aquarium Frontiers (Spring 1994): 6-7.

SPRUNG, J. (2006): Jaubert's Method, the "Monaco System", Defined and Refined. – Coral 1: 64-69.

STARR, M.P., C.L. JENKINS, L.B. BUSSEY & A.G. ANDREWES (1977): Chemotactic significance of the xanthomonadins, novel brominated aryl-polyene pigments produced by bacteria of the genus *Xanthomonas*. – Arch Microbiol 113: 1-9.

STODDARD, D.R. (1973): Coral Reefs of the Indian Ocean. In: JONES, O.A. & R. ENDEAN (Hrsg.): Biology and Geology of coral reefs, vol. 1. – Academic Press, New York.

STOTT, R. (2003): Theatres of Glass: The Woman Who Brought the Sea to the City. – Short Books, London.

SU, C. & D.L.R.S. SUAREZ (2000): Selenate and selenite sorption on iron oxides: an infrared and electrophoretic study. – Soil Science Society of America Journal 64: 101-111.

TAIT, R.V. (1971): Meeresökologie. – George Thieme Verlag, Stuttgart.

TARDENT, P. (1979): Meeresbiologie. – Georg Thieme Verlag, Stuttgart.

TATE, R.L. (1977): Nitrification in histosols: A potential role for the heterotrophic nitrifier. – Appl. Environ. Microbiol. 33: 911-914.

THYNNE, M. (1859): On the Increase of Madrepores. – Ann Mag Nat. Hist Ser 3: 449–461.

THWAITE, A. (2002): Glimpses of the Wonderful: The Life of Philip Henry Gosse. – Faber and Faber Ltd, London.

TISSOT, B. (1999): Adaptive Management of Aquarium Fish Collecting in Hawaii. – SPC Live Reef Fish Information Bulletin 6: 16-19.

TITLYANOV, Y. & Y. LATYPOV (1991): Light-dependence in scleractinian distribution in the sublittoral zone of South China Sea Island. – Coral Reefs 10: 133-138.

TRIBBLE, M., M.J. ATKINSON, F.J. SANSONE & S.V. SMITH (1994): Reef metabolism and endo-upwelling in perspective. – Coral Reefs 13: 199-201.

TUREKIAN, K.K. (1968). Oceans. – Prentice Hall.

TYREE, S. (1994): Sexual Reproduction and Recruitment of the Stony Coral *Pocillopora verrucosa* (ELLIS and SOLANDER, 1786) with discussion of Spawning Introduction Techniques. Part 1. – Aquarium Frontiers (Spring 1994) 3: 13-26.

TYREE, S. (1994): Sexual Reproduction and Recruitment of the Stony Coral *Pocillopora verrucosa* (Ellis and Solander, 1786) with discussion of Spawning Introduction Techniques. Part 2. – Aquarium Frontiers (Summer 1994) 4: 12-17.

VERON, J. E. N. (1986): Corals of Australia and the Indo-Pacific. – Angus & Robertson Publishers, North Ryde NSW, Australia & London, U.K.

VERON, J.E.N. (1995): Corals in Space and Time. – Comstock/Cornell, London.

VERON, J.E.N. (2000): Corals of the World, volume 1-3. – Australian Institute of Marine Science and CRR Qld. Pty. Ltd.

WABNITZ, C., M. TAYLOR, E. GREEN & T. RAZAK (2003): From Ocean to Aquarium. The global trade in marine ornamental species. – UNEP and World Conservation Monitoring Centre, Cambridge. http:// www.unep-wcmc.org/ resources/PDFs/ WCMC_Aquarium.pdf.

WACE, P.F. & D.L. BANFIELD (1966): Foam separation. – Rpt. AERE-R5189, U.K. At. Ener. Res. Estab., Harwell, Berkshire.

WALLACE, C. (1999): Staghorn Corals of the World. A revision of the genus *Acropora*. – Csiro Publishing, Collingwood.

WALSH, G.E., M.J. YODER, L.L. MCLAUGHLIN & E.M. LORES (1987): Responses of marine unicellular algae to brominiated organic compounds in six growth media. – Ectoxicol Environ Saftey 14: 215-222.

WANDERS, J.B.W. (1976): The role of benthic algae in the shallow reef of Curacao (Nederland Anthilles): I. Primary productivity in the coral reef. – Aqu. Bot. 2: 235-270.

WANDERS, J.B.W. (1976): The role of benthic algae in the shallow reef of Curacao (Nederland Anthilles): II. Primary productivity of the *Sargassum* beds on the north-east coast submarine plateau. – Aqu. Bot. 2: 327-337.

WANDERS, J.B.W. (1977): The role of benthic algae in the shallow reef of Curacao (Nederland Anthilles): III. The significance of grazing. – Aqu. Bot 3: 375-390.

WARD, W.W. (2002): Fluorescent proteins: who's got 'em and why? In: P.E. STANLEY & L.J. KRICKA (Hrsg.) Bioluminescence and Chemiluminescence. – World Scientific, Cambridge UK.

WARINGTON, R. (1850): Notice of Observations on the adjustment of the relations between the Animal and Vegetable Kingdoms, by which the vital functions of both are permanently maintained. – The Quarterly Journal of the Chemical Society of London 3: 52-54.

WELLS, S., P. HOLTHUIS & J. MARAGOS (1994): Environmental Guidelines for Coral Harvesting Operations. – SPREP Reports and Studies No. 75. South Pacific Regional Environment Programme.

WENDLER, E. (1986): Ozoneinsatz im Meerwasser-Aquarium. I. – Das Aquarium 208: 543-544.

WENDLER, E. (1986): Ozoneinsatz im Meerwasser-Aquarium. II. – Das Aquarium 209: 595-599.

WIEDENMANN, J. (2005): Gene Hunting in Poseidon's Garden. From the Discovery of Multi-colored GFP-like Proteins to their Application as Molecular Tools. – Habilitationsschrift aus dem Institut Allgemeine Zoologie und Endokrinologie, Universität Ulm, Deutschland.

WIEDENMANN, J., C. RÖCKER & W. FUNKE (1999): The morphs of Anemonia aff. sulcata (Cnidaria, Anthozoa) in particular consideration of the ectodermal pigments. In: J. PFADENHAUER (Hrsg.): Verhandlungen der Gesellschaft für Ökologie, Band 29, S. 497-503. – Spektrum Akademischer Verlag, Heidelberg, Berlin.

WIEDENMANN, J., C. ELKE, K-D. SPINDLER & W. FUNKE (2000): Cracks in the beta-can: fluorescent proteins from Anemonia sulcata. – Proc. Natl. Acad. Sci U.S.A. 97: 14091-14096.

WIEDERHOLD, M.L., C.E. SHERIDAN & N.K. SMITH (1986): Statoconia formation in molluscan statocysts. – USA Scanning Electron Microscopy 2: 781-792.

WILKENS, P. (1973): Niedere Tiere im tropischen Seewasseraquarium, Band 1, 2. erweiterte Auflage. – Engelbert Pfriem Verlag, Wuppertal.

WILKENS, P. (1980): Niedere Tiere im tropischen Seewasseraquarium, Band 2. – Engelbert Pfriem Verlag, Wuppertal.

WILKENS, P. (1982a): Meerwasser (I): Salzgehalt und Dichte. – Das Aquarium 16: 595-597.

WILKENS, P. (1982b): Meerwasser (II): pH-Wert und Pufferkapazität. – Das Aquarium 16: 649-651.

WILKENS, P. (1983a): Meerwasser (III): Problemelement Calcium. – Das Aquarium 17: 140-146.

WILKENS, P. (1983b): Meerwasser (IV): Spurenelemente. – Das Aquarium 17: 537-539.

WILKENS, P. (1983c): Meerwasser (V): Spurenelemente, II. – Das Aquarium 17: 593-594.

WILKENS, P. (1985c): „Lebenselixier Licht" im Meeresaquarium. – Aquarien Magazin 19: 320-323.

WILKENS, P. (1990): Invertebrates: Stone and False Corals, Colonial Anemones. – Engelbert Pfriem Verlag, Wuppertal.

WILKINSON, C. (Hrsg.) (2004): Status of coral reefs of the world: 2004. Volume 2. – Australian Institute of Marine Science, Townsville, Queensland.

WILKINSON, C. & G. HODGSON (1999): Coral reefs and the 1997-1998 mass bleaching and mortality. – Nature & Resources 35: 16-25.

WOOD, E.M. (1983): Corals of the World. – TFH Publications, Neptune City, New Jersey.

WOOD, J.G. (1868): The Fresh and Salt-Water Aquarium. – George Routledge and Sons, London.

WOOD, R. (1999): Reef Evolution. – Oxford University Press, New York.

WOOD, E. & N. DAKIN (2003): The responsible marine aquarist. – Marine Conservation Society, Ross-on-Wye.

YANUSCHEVICH, Y.G., D.B. STAROVEROV, A.P. STRAVITSKY, A.F. FRADKOV, N.G. GURSKAYA, M.E. BULINA, K.A. LULYANOV & S. A. LUKYANOV (2002): A strategy for the generation of nonaggregating mutants of Anthozoa fluorescent proteins. – FEBS Letters 511: 11-14.

YONGE, C.M. & A.G. NICHOLS (1931): Studies on the physiology of corals. IV: The structure, distribution and physiology of zooxanthellae. – Sci. Rep. Great Barrier Reef Exped. 1: 135-212.

ZERNECKE, E. (1913): Zerneckes Leitfaden für Aquarien- und Terrarienfreunde, 4. u. 5. gänzlich neu bearbeitete Auflage von Heller und Ulmer. – Verlag von Quelle & Meyer, Leipzig.

Stichwortverzeichnis

Fett gedruckte Seitenzahlen weisen auf Abbildungen, Diagramme und Tabellen hin.

A

B

P

R

DAS MEERWASSER-
AQUARIUM
Von der Planung bis zur
erfolgreichen Pflege
Dieter Brockmann
NTV

„TROJANER“ IM
MEERWASSERAQUARIUM
Unerwünschte Aquariengäste
erkennen und bekämpfen
Daniel Knop
NTV

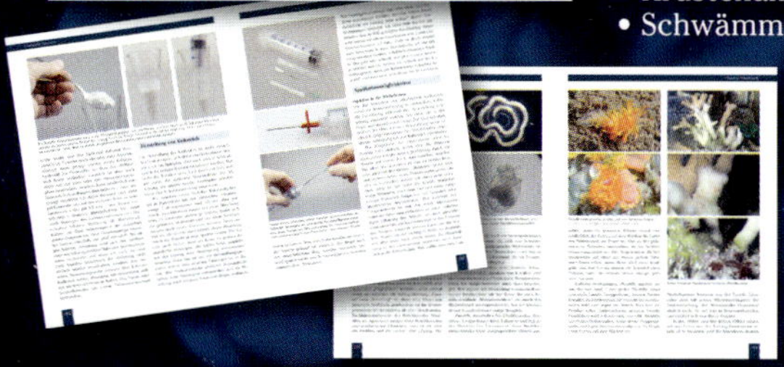